Handbuch
der
Elektricität und des Magnetismus.

Für Techniker

bearbeitet
von
Dr. O. Frölich.

Mit in den Text gedruckten Holzschnitten und zwei Tafeln.

Zweite vermehrte und verbesserte Auflage.

Springer-Verlag Berlin Heidelberg GmbH
1887

Additional material to this book can be downloaded from http://extras.springer.com

ISBN 978-3-642-50378-8 ISBN 978-3-642-50687-1 (eBook)
DOI 10.1007/978-3-642-50687-1
Softcover reprint of the hardcover 2nd edition 1887

Vorwort.

Eine populär gehaltene Lehre von der Elektricität und dem Magnetismus für Techniker zu schreiben, ist heutzutage keine ganz leichte Aufgabe. Es ist hierbei weniger die Form, welche ins Gewicht fällt; denn obschon eine ansprechende Form gerade in diesem Fall ein sehr wesentliches Hülfsmittel zur Verbreitung des Buches bildet, wird der Techniker gerne auch nach einer Schrift von weniger ansprechender Form greifen, wenn er nur den von ihm gesuchten Inhalt findet. Der Inhalt ist es vielmehr, welcher Schwierigkeiten bereitet, die Auswahl des Stoffes, die Anordnung desselben, namentlich aber der Gesichtspunkt der Behandlung.

Es versteht sich von selbst, dass in einer Schrift, wie der nachstehenden, die Beziehungen zu der Technik in den Vordergrund treten müssen, dass diejenigen Theile, welche dem Techniker ferne liegen, cursorisch, diejenigen, in welchen er meistentheils arbeitet, eingehender behandelt werden müssen. Dies ist aber nicht Alles, dessen der Techniker bedarf; was der Techniker häufig in Schriften dieser Art sucht und nicht immer findet, ist eine einfache, bündige, womöglich von einem Punkte ausgehende Zusammenfassung des ganzen Gebietes, welche seinen Bedürfnissen entspricht.

Ueber die Art, wie eine solche Zusammenfassung auszuführen ist, kann man verschiedener Meinung sein. Die Theorie ist bekanntlich so weit vorgeschritten, dass die Aufgabe der Zusammenfassung des ganzen Gebietes im Allgemeinen als gelöst zu betrachten ist; der Begriff, durch dessen Einführung dies gelang, ist das Potential. Von einer, wenn auch noch so einfachen Wiedergabe der Potentialtheorie in einer Schrift, wie der nachfolgenden, kann nicht die Rede sein, und es kann sich in einer solchen Schrift nur um die Art und Weise handeln, wie sich trotz des Verzichtes auf die Wiedergabe dessen, was die Theorie besitzt, doch einige Grundzüge derselben in die populäre Darstellung verflechten lassen.

In dieser Beziehung war mir sehr lehrreich die Schrift von Fl. Jenkin: Electricity and Magnetism, welche denselben Zweck verfolgt, wie die nachstehende. H. Jenkin, selbst einer der hervorragendsten Kenner und Begründer der elektrischen wissenschaftlichen Technik, macht in diesem Buche den Versuch einer populären Darstellung der Potentialtheorie, ohne jeden Aufwand von Rechnung, bloss von der Definition des Potentials als Arbeitsgrösse ausgehend.

Dieser Versuch entspringt ebenfalls aus dem Bedürfniss nach einer einheitlichen Darstellung und ist in so origineller und fesselnder Weise durchgeführt, dass ich Anfangs nichts Besseres thun zu können glaubte, als diesen Versuch nachzubilden. Ich gelangte jedoch bald zu der Ueberzeugung, dass das Jenkin'sche Buch, so weit es die Durchführung des Potentialbegriffes betrifft, von den englischen Technikern nicht verstanden wird, und zwar drängte sich mir diese Ueberzeugung um so mehr auf, je mehr ich in englischen technischen Abhandlungen, Broschüren, ja sogar Patenten das Wort „potential“ fand.

Aus diesen Gründen entschloss ich mich, in der nachfolgenden Darstellung zwar den erwähnten Zweck möglichst im Auge zu behalten, aber doch, wenn ich so sagen darf, einen etwas tieferen Ton anzustimmen, als H. Jenkin es that, und glaube dadurch dem augenblicklichen Stande der Dinge entsprochen zu haben.

Bei der Beschreibung des experimentellen Details war es mein Bestreben, das Principielle hervorzuheben und das Unwesentliche möglichst kurz zu fassen oder dessen Ausführung ganz dem Leser zu überlassen; ich zählte in dieser Beziehung auf die Fähigkeit der Construction, welche dem Techniker mehr eigen ist und welche er auch mehr übt, als der Mann der Wissenschaft.

Aehnlich wurde es auch mit der Rechnung gehalten, indem

jede längere Rechnung vermieden und nur die Kenntniss des gewöhnlichen algebraischen Rechnens vorausgesetzt wurde.

Was Literatur betrifft, habe ich von dem sämmtlichen mir zu Gebote stehenden Material ausgedehnten Gebrauch gemacht.

Berlin, Ende Juli 1878.

Dr. O. Frölich.

Vorwort zur zweiten Auflage.

Die zweite Auflage des von mir verfassten, 1878 erschienenen zweiten Bandes von Dr. Zetzsche's Handbuch der Telegraphie erscheint hiermit als Handbuch der Elektricität und des Magnetismus für Techniker. Der Inhalt der Schrift ist im Wesentlichen derselbe geblieben, d. h. die Gesichtspunkte bei der Bearbeitung, die Anordnung des Stoffes und die Art der Behandlung; im Einzelnen jedoch ist diese Schrift vollständig durchgearbeitet, verbessert, vermehrt und dem heutigen Stand der Elektrotechnik angepasst. Während in der ersten Auflage von den technischen Beziehungen fast nur die Telegraphie gepflegt wurde, weil es damals noch wenig andere solche Beziehungen gab, sind in der vorliegenden zweiten Auflage namentlich die Telephonie und die Dynamomaschinen hinzugetreten; es ist also das ganze Gebiet der modernen Elektrotechnik, wenn auch nur im Abriss, berührt.

Diese Schrift wendet sich daher nicht mehr bloss an die Telegraphentechniker, sondern auch an alle anderen Techniker, denen ein Studium der Elektricität von Nutzen ist, an die Elektrotechniker (im ersten Studium), Militärs, Ingenieure, Maschinenbauer, Hüttenleute, Chemiker. Als Hauptgesichtspunkt ist hierbei festgehalten, dass Erklärung und Theorie nur so weit zu führen sei, als ohne Rechnung und ohne genaueres Eingehen möglich ist, dass aber die Vorgänge, welche sich dem Techniker namentlich darbieten, möglichst ins Einzelne verfolgt und zergliedert werden.

Die Nennung von Namen ist möglichst vermieden, weil ich den Inhalt dadurch unnütz zu überbürden fürchtete; unter den Autornamen, die nicht genannt sind, befindet sich auch der meinige.

Von Messinstrumenten sind beinahe nur solche von Siemens und Halske beschrieben; ich hoffe, dass man dies natürlich findet, da ich seit längerer Zeit bei dieser Firma dieses Gebiet bearbeite und es keinem Autor zur Pflicht gemacht werden kann, die Meinung Anderer der eigenen vorzuziehen.

Berlin, im September 1887.

Dr. O. Frölich.

Inhaltsverzeichniss.

Seite

V. Die Wirkungen des elektrischen Stromes.

VI. Magnetismus und Elektromagnetismus.

VII. Elektromagnetische Apparate für Wechselstrom.

Seite

VIII. Elektromagnetische Apparate für gleichgerichteten Strom.

IX. Die elektrischen Erscheinungen in Kabeln.

Seite

X. Die elektrischen Messinstrumente.

XI. Die Messmethoden.

XII. Das absolute Masssystem.

I.

Der elektrische Zustand.

1. Entstehung des elektrischen Zustandes; Anziehung und Abstossung. Wenn man ein Stück Harz mit Wolle oder Seide reibt, so erhält es die Eigenschaft, kleine, leichte Körperchen, wie Papierschnitzel, Stücke von Vogelfedern, Haare u. s. w. anzuziehen. Dieselbe Eigenschaft erhält Glas, wenn es mit Wolle oder Seide gerieben wird; der Zustand, in welchen das so geriebene Glas oder Harz geräth, heisst der elektrische Zustand.

Dieser sogenannte elektrische Zustand entsteht nicht nur durch Reibung von Glas und Harz, sondern beinahe allgemein durch Reibung heterogener Körper, ferner nicht nur durch Reibung von gewissen Körpern, sondern auch durch blosse Berührung einer gewissen anderen Klasse von Körpern, endlich durch noch andere, völlig von den genannten verschiedene Ursachen. Ohne uns jetzt auf die Natur dieser Ursachen einzulassen, beschäftigen wir uns im Folgenden nur mit den Eigenschaften des elektrischen Zustandes, gleichviel durch welche Ursache derselbe entstanden sei.

Die Anziehung kleiner Körper ist zwar charakteristisch für den elektrischen Zustand, reicht aber bei Weitem nicht aus, um denselben vollständig zu charakterisiren. Es giebt noch viele andere Anziehungserscheinungen in der Natur: Jedermann weiss, dass die Erde von der Sonne angezogen wird; zwei Blumenblätter, die in einem ruhigen Teich nicht allzuweit von einander liegen, nähern sich einander allmählig und bleiben, vereinigt, an einander kleben; der Magnet zieht Eisenfeile, eiserne Nägel u. s. w. an; aber diese Anziehungen, sowie alle übrigen, die man an Körpern beobachtet, die nicht im elektrischen Zustand sich befinden, sind wesentlich verschieden von der Anziehung von Körpern im elektrischen Zustand.

Die Anziehung im elektrischen Zustand kann in eine Abstossung übergehen. Schon die Papierschnitzel, die vom Harzstab angezogen werden und an demselben kleben, werden nach einiger Zeit wie durch einen Stoss weggeschleudert. Deutlicher noch zeigen sich die elektrische Abstossung und Anziehung in folgenden Versuchen: man elektrisire zwei Harzstücke und zwei Glasstücke und hänge sie sämmtlich an Seidenfäden auf; nähert man dann die beiden Harzstücke einander, so stossen sie sich ab, nähert man die beiden Glasstücke einander, so stossen sie sich ebenfalls ab; nähert man aber ein Harzstück und ein Glasstück, so ziehen sie sich an.

Ganz ähnliche Erscheinungen zeigen jedoch bekanntlich auch die Magnete. Jeder Magnet besitzt einen Südpol und einen Nordpol; setzt man nun zwei Magnetstäbe in der Mitte auf Spitzen, so dass sie sich frei drehen können, und nähert die beiden Südpole einander, so erfolgt Abstossung; nähert man die beiden Nordpole einander, so erfolgt ebenfalls Abstossung; nähert man dagegen einen Südpol einem Nordpol, so erfolgt Anziehung. Hiernach wäre also durchaus in Bezug auf Anziehung und Abstossung z. B. ein magnetischer Südpol einem elektrischen Harzstab, ein magnetischer Nordpol einem elektrischen Glasstab zu vergleichen, und dennoch sind der magnetische und der elektrische Zustand völlig verschiedene Dinge. Eine Vergleichung der beiden Zustände lässt sich nicht durchführen, ohne die vollständige Kenntniss aller hieher gehörigen Thatsachen vorauszusetzen; an dieser Stelle können wir nur hervorheben, dass zwar das Grundgesetz der Wirkungsweise für beide Zustände dasselbe ist, dass dieselben aber in ganz verschiedener Weise erzeugt werden und an ganz verschiedenen Körpern auftreten.

Die Wirkungsweise des elektrischen Zustandes lässt sich folgendermassen aussprechen: *es gibt zwei verschiedene Arten des elektrischen Zustandes, diejenige, welche das Harz annimmt, und diejenige, welche das Glas annimmt; zwei Körper in ungleichnamigen elektrischen Zuständen ziehen sich an, zwei Körper in gleichnamigen elektrischen Zuständen stossen sich ab.*

In der Wissenschaft hat sich eine Bezeichnung der beiden Arten des elektrischen Zustandes eingebürgert, welcher wir uns, ihres allgemeinen Gebrauches wegen, ebenfalls anschliessen müssen, deren Bedeutung wir aber völlig unerörtert lassen, weil sie zur Erkenntniss des elektrischen Zustandes nichts beiträgt. Man nennt nämlich den elektrischen Zustand des Glases den *positiv* (+) elektrischen, denjenigen des Harzes den *negativ* (—) elektrischen.

2. Fortpflanzung des elektrischen Zustandes; Leiter und Nichtleiter. Ein zweiter, für den elektrischen Zustand charakteristischer Punkt ist die Art, wie die einzelnen Körper den elektrischen Zustand, sowohl den positiven als den negativen, *fortpflanzen*.

Ein Stab von Harz oder Glas, welcher gerieben wird, zeigt den elektrischen Zustand nur an den Stellen, an welchen er gerieben wurde;

alle anderen Theile desselben sind nicht elektrisirt, mögen sie auch noch so nahe den elektrisirten Stellen liegen. Ein Metallstück verhält sich ganz anders. Wenn es auf irgend eine Art an einer Stelle elektrisirt wird, so verbreitet sich der elektrische Zustand beinahe in demselben Augenblick, in welchem jene Stelle denselben annimmt, über die ganze Oberfläche des Metalles. Die Form des Metallstückes ist hierbei ganz gleichgültig; die Stärke und die Art des elektrischen Zustandes, den die einzelnen Stellen annehmen, ist allerdings je nach der Form des Körpers verschieden, aber elektrisch werden alle Theile des Körpers in einer äusserst kurzen Zeit nach der Elektrisirung eines Theiles desselben. Man unterscheidet daher für den elektrischen Zustand Leiter und Nichtleiter (Conductoren und Isolatoren); in die erstere Klasse gehören sämmtliche Metalle, die Kohle, eine grosse Anzahl von Flüssigkeiten und Alles, was mit denselben getränkt ist, in die zweite gehören z. B. die Harze, Gummi und Guttapercha, Glas und die atmosphärische Luft.

Wie bei den meisten physikalischen Eintheilungen, so ist auch hier die Unterscheidung der beiden Klassen von Körpern nicht streng durchführbar. Die besten sogenannten Nichtleiter, welche beim Experimentiren Verwendung finden, fangen unter gewissen Umständen an zu leiten. Gut isolirendes Glas, das bei gewöhnlicher Temperatur keine bemerkbare Spur von Elektricität durchlässt, leitet bei stärkerer Erwärmung; andere sogenannte Nichtleiter, wie z. B. die Harze, scheinen bei schwacher Elektrisirung nicht zu leiten, werden aber leitend bei stärkerer Elektrisirung; und ähnliche Erscheinungen treten bei beinahe sämmtlichen Isolatoren auf. Der Begriff der Leitung ist daher meistens nur ein relativer, er gilt nur für gewisse Umstände und innerhalb gewisser Grenzen, und wir dürften eigentlich nur von guten und schlechten Leitern reden. Wie wir später sehen werden, setzen auch die besten Leiter, wie Silber, Kupfer u. s. w. der Elektricität einen gewissen Widerstand entgegen, und es gibt keinen absolut guten Leiter, welcher der Elektricität gar kein Hinderniss darböte; und ebenso ist noch von keinem Körper bewiesen, dass er die Elektricität unter allen Umständen gar nicht leite; man kann also sagen, dass alle Körper im Allgemeinen die Elektricität leiten, aber allerdings in sehr verschiedenem Masse. Die Leitung der Elektricität verhält sich in jeder Beziehung ähnlich wie die Leitung der Wärme, auch für Wärme gibt es weder absolut gute, noch absolut schlechte Leiter; ja es ist wahrscheinlich, dass jeder Körper in demselben Masse die Wärme, wie die Elektricität leitet.

Wir geben im Folgenden eine Tabelle der Leiter, Nichtleiter und der sogenannten Halbleiter, d. h. mittelmässig leitenden Körper.

Leiter.

Die Metalle	Seewasser	Lebende animalische Theile
Holzkohle	Quellwasser	Lösliche Salze.
Graphit	Regenwasser	Leinen
Säuren	Schnee	Baumwolle.
Salzlösungen	Lebende Vegetabilien	

Halbleiter.

Alkohol	Schwefelblumen	Papier
Aether	Trockenes Holz	Stroh
Glaspulver	Marmor	Eis bei 0°.

Nichtleiter.

Trockene Metalloxyde	Aetherische Oele	Seide
Fette Oele	Porzellan	Edelsteine
Asche	Getrocknete Vegetabilien	Glimmer
Eis bei — 25° C.	Leder	Glas
Phosphor	Pergament	Gagat
Kalk	Trockenes Papier	Wachs
Kreide	Federn	Schwefel
Semen Lycopodii	Haare	Harze
Kautschuk	Wolle	Bernstein
Kampher	Gefärbte Seide	Schellack.

3. Die elektrischen Fluida. Wenn irgend ein Körper z. B. positiv elektrisirt wird, so kann dies nicht geschehen, ohne dass ein anderer Körper in demselben Masse negativ elektrisirt wird. Wenn der Horngummistab mit Wolle gerieben wird, so wird das Horngummi negativ elektrisch, die Wolle jedoch positiv; wird der Glasstab mit derselben Wolle gerieben, so wird das Glas positiv, die Wolle aber negativ elektrisch. Ebenso, wenn man ein Stück Kupfer und ein Stück Zink in verdünnte Säure steckt, wird das Kupfer positiv, das Zink negativ elektrisch. Wenn man mit später zu beschreibenden Instrumenten die elektrischen Zustände auf den beiden elektrisirten Körpern vergleicht, ergibt sich, dass beide dasselbe Mass haben. Wenn man nun auf irgend einen dritten Körper den elektrischen Zustand des einen jener beiden elektrisirten Körper überträgt, und dann auch denjenigen des andern, so wird der dritte Körper bei der ersten Operation elektrisirt, bei der zweiten jedoch wieder vollkommen unelektrisch; zwei elektrische Zustände von gleicher Kraft, aber entgegengesetzter Natur, neutralisiren sich also gegenseitig.

Aus dieser Thatsache, sowie aus den übrigen Merkmalen und Gesetzen des elektrischen Zustandes hat sich die Vorstellung der sogenannten elektrischen Fluida herausgebildet; diese hat sich, nachdem sie sich seit langer Zeit in der Wissenschaft eingebürgert, bis auf die Neuzeit erhalten, und wenn auch in unseren Tagen die Wissenschaft auf dem Punkte zu stehen scheint, diese Vorstellung durch eine andere, natürlichere zu ersetzen, so wird dieselbe doch stets bedeutenden Werth behalten, weil sämmtliche elektrische Erscheinungen von dieser Vorstellung aus erklärt werden können. Da an der Hand dieser Vorstellung die elektrischen Erscheinungen sich viel leichter und bequemer besprechen lassen, so führen wir dieselbe in dem Folgenden kurz vor.

Wenn beide elektrischen Zustände, von gleicher Kraft, sich gegenseitig neutralisiren, so muss auch ein jeder unelektrischer Körper diese Zustände in sich enthalten, ohne dass einer derselben nach Aussen wirksam werden kann. Wir denken uns desshalb in jedem Theilchen eines Körpers positive und negative Elektricität angehäuft, aber in gleichem Masse. Wird der Körper elektrisirt, z. B. gerieben mit einem Reibzeuge, so entsteht nicht etwa Elektricität, sondern man hat sich nur vorzustellen, dass sich die beiden im natürlichen Zustande verbundenen Elektricitäten von einander trennen und die eine sich auf dem einen, die andere sich auf dem anderen Körper sammelt. Wird Harz mit Wolle gerieben, so trennen sich im Harz und in der Wolle die Elektricitäten; die negative des Harzes bleibt auf dem Harze, die positive des Harzes geht auf die Wolle über, die negative der Wolle geht auf das Harz über, die positive der Wolle bleibt auf der Wolle; auf diese Weise wird das Harz negativ, die Wolle positiv elektrisch. Die Erzeugung von Elektricität, oder vielmehr die Trennung der beiden Elektricitäten im natürlichen Zustand, kann in's Unendliche fortgetrieben werden; wenn man dem Glas und der Wolle immer die Elektricität wegnimmt, welche eben erzeugt wurde, so wird durch fortgesetztes Reiben der elektrische Zustand beider Körper stets wieder in gleichem Masse erneuert; ein Körper im natürlichen Zustand muss daher nach dieser Vorstellung unendliche Quantitäten von Elektricität enthalten.

Unter den beiden Elektricitäten stellt man sich nach dieser Theorie feine, unendlich leicht bewegliche Flüssigkeiten vor, welche mit einer ungeheuren Geschwindigkeit sich bewegen können; in den leitenden Körpern verbreitet sich eine ihnen irgendwie mitgetheilte Ladung von Elektricität beinahe momentan über den ganzen Körper, in den Isolatoren ist die Elektricität an die Stelle gebunden, an welche sie bei der Mittheilung gebracht wurde. Wie wir oben sahen, ziehen ungleichnamige Elektricitäten sich an, gleichnamige stossen sich ab.

Von der Kraft der Anziehung oder Abstossung, welche zwei elektrische Theilchen auf einander ausüben, gilt folgendes Gesetz: dieselbe ist

proportional den in den Theilchen enthaltenen elektrischen Massen,

umgekehrt proportional dem Quadrat der Entfernung.

Freie Elektricität nennt man die Menge von nicht neutralisirter Elektricität, welche der Körper enthält; das an der Wolle geriebene Harz z. B. enthält, ausser dem unendlichen Vorrath von neutralisirter Elektricität beiderlei Art, freie negative Elektricität, die Wolle, ausser der neutralisirten, freie positive Elektricität. Es können sich aber auch die Elektricitäten in einem Körper durch Einwirkung äusserer Körper trennen, ohne dass, wie bei Harz und Wolle, die eine in einen anderen Körper übergeht, es kann sich dann an einer Stelle des Körpers ausser der neutralisirten positive, an einer anderen Stelle negative Elektricität aufhäufen; auch diese Elektricitätsmassen nennen wir frei, weil sie von einander getrennt sind.

Die Theorie der elektrischen Fluida ist zwar bei jeder Darstellung der Elektricitätslehre heutzutage nicht zu umgehen; jedoch enthält dieselbe theils Ungereimtes, theils Vorstellungen, für welche kein Seitenstück in der Natur existirt. So ist die Annahme von unendlichen, im natürlichen Zustand enthaltenen Quantitäten etwas natürlich Unmögliches, und diejenige von positiven und negativen Massen mit Anziehung und Abstossung ohne Seitenstück in der Natur. Diese ganze Theorie ist daher mehr dahin zu verstehen, dass die Erklärung der Erscheinuugen von der Grundvorstellung aus auch bei Aufstellung von neuen Theorien im Allgemeinen dieselbe bleiben wird, dass aber voraussichtlich an die Stelle der Grundvorstellung eine andere natürlichere treten wird, welche dasselbe leistet.

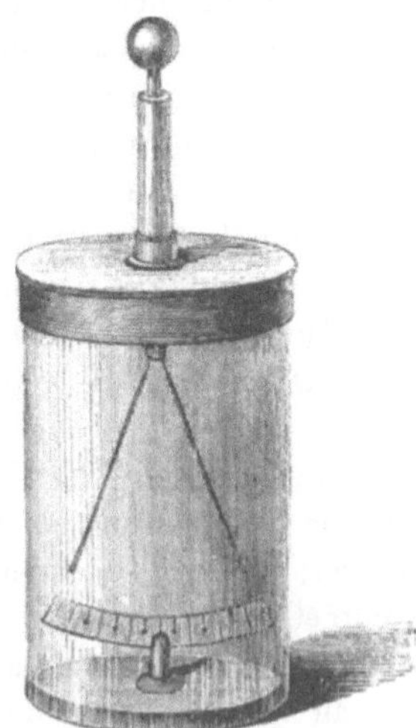

Fig. 1.

4. Elektroskop; Probescheibchen. Bereits an dieser Stelle ist das einfachste Instrument zu erwähnen, welches dazu dient, einen elektrischen Zustand anzuzeigen, das Elektroskop.

Die gewöhnlichste Form desselben ist die nebenstehende. Eine Flasche von gut isolirendem Glas ist durch einen Pfropfen von Metall oder auch von isolirendem Material verschlossen. Durch diesen Pfropfen hindurch ist ein Messingdraht gesteckt, dessen oberes Ende in eine Messingkugel endigt, und an dessen unterem Ende zwei senkrecht herunterhängende Blättchen von Goldschaum befestigt sind. Berührt man den Knopf mittelst irgend eines elektrisirten Körpers, so werden Kugel, Draht und Blättchen durch Mittheilung elektrisirt, und es müssen die Blättchen divergiren, weil sie gleichnamig geladen sind und sich daher abstossen.

5. Sitz des elektrischen Zustandes. Der elektrische Zustand hat seinen Sitz nur in der Oberfläche des Körpers, die inneren Theile enthalten keine freie Elektricität; dieser Satz wurde bereits frühe entdeckt und in neuerer Zeit auf verschiedene Weise schlagend illustrirt. Die ersten Beobachter dieser Eigenschaft der Elektricität hatten nachgewiesen, dass ein hohler Metallkörper, Cylinder oder Kugel, gleichviel Elektricität aufnimmt, ob man ihn mit Metall ausfüllt oder nicht. Franklin versenkte in eine silberne Theekanne eine Metallkette von 9 Fuss Länge; er elektrisirte die Kanne, nachdem die Kette in dieselbe versenkt war, und zog dann mittelst eines nichtleitenden Fadens die Kette allmählig heraus — die Dichte an der Kanne verminderte sich, aber erreichte wieder dieselbe Stärke wie vorher, wenn die Kette wieder in derselben lag. Die Kette nahm also bloss Elektricität an, wenn sie in und über die Oberfläche des Gefässes gelangte.

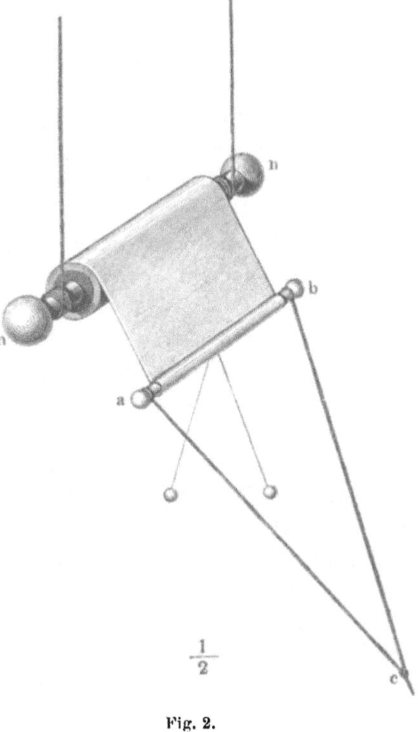

Fig. 2.

Magnus hängt einen Metallcylinder an Seidenschnüren auf und bewickelt denselben mit einem dünnen Metallblatt, an dessen Ende ein kleines Elektroskop und eine Handhabe mit Seidenschnüren befestigt sind. Ist der Cylinder elektrisirt bei aufgerolltem Metallblatt, so vermindert sich die Dichte, wenn man das Blatt abrollt, und vermehrt sich wieder beim Aufrollen. (Fig. 2.)

Faraday baute aus Latten eine Kammer von 12 Fuss Seite,

deren Wände aus Drahtgeflecht und Papier bestanden, hing dieselbe an isolirenden Schnüren in einem grossen Saale auf und begab sich mit feinen Elektroskopen selbst hinein; die Kammer wurde kräftig elektrisirt, im Innern war jedoch keine Spur von Elektricität zu entdecken.

Gewöhnlich wird das Elektroskop in Verbindung mit dem Probescheibchen benutzt, welches gestattet, den elektrischen Zustand eines Körpers an einer bestimmten Stelle desselben zu untersuchen.

An einem isolirenden Stiel, s. Fig. 3, befestige man ein Scheibchen von Papier, Stanniol oder Blech und berühre damit die zu untersuchende Stelle des Körpers; hierdurch wird das Scheibchen dem Körper gleichsam elektrisch einverleibt, es nimmt durch Mittheilung aus dem Körper die dieser Stelle zukommende Ladung an. Nimmt man dann dasselbe weg und theilt seine Ladung dem Elektroskop mit, so ist der Ausschlag desselben ein Mass für die Elektrisirung jener Stelle des Körpers.

$\frac{1}{2}$

Fig. 3.

6. Dichte und Spannung. Die beiden wichtigsten Merkmale des elektrischen Zustandes sind die Dichte und die Spannung (Potential); wir wollen diese beiden Begriffe im Allgemeinen besprechen.

Dasjenige, was man mittelst des Probescheibchens misst, ist die Dichte der Elektricität, vorausgesetzt, dass das Probescheibchen stets dieselbe Grösse hat. Man darf von den elektrischen Flüssigkeiten wie von gewöhnlichen Flüssigkeiten annehmen, dass ihre Dichte im gewöhnlichen Sinn oder ihr specifisches Gewicht stets gleich sei; dann bedeutet die Dichte des elektrischen Zustandes, von der wir hier sprechen, die Dicke der elektrischen Schicht. Findet man z. B. mittelst des Probescheibchens, dass ein elektrisirter Körper an einer Stelle doppelt soviel elektrische Dichte besitze, als an einer anderen, so hat man sich vorzustellen, dass an der ersteren Stelle die Schicht der elektrischen Flüssigkeit doppelt so dick sei als an der letzteren.

Mit dem Wort Spannung bezeichnen wir ein ganz anderes Merkmal des elektrischen Zustandes, welches mit der diesem Zustande innewohnenden Arbeitskraft zusammenhängt.

Ein elektrisirter Körper kann Arbeitsleistungen der mannigfachsten Art ausführen, z. B. Papierschnitzel von seiner Oberfläche wegschleudern (s. S. 1); ladet man umgekehrt einen kleinen Körper mit einer gewissen Menge Elektricität und bewegt denselben aus der Nähe des elektrisirten Körpers bis in grosse Entfernung, so unterstützen oder hindern die von der Elektricität ausgeübten Kräfte diese Bewegung; es wird also von der Elektricität eine gewisse kleine Arbeit geleistet oder verbraucht.

Hat der elektrisirte Körper nun keine einfache Form, so wird die Dichte der Elektricität, mit dem Probescheibchen gemessen, im Allgemeinen an jeder Stelle eine andere sein; misst man jedoch die Arbeit, welche geleistet oder verbraucht wird, wenn man das mit einer bestimmten Elektricitätsmenge geladene Scheibchen aus der Nähe des elektrisirten Körpers in grosse Entfernung bringt, so findet man, dass dieselbe an allen Stellen des Köpers gleich ist. Wenn wir daher mit dem Worte: Spannung die Fähigkeit des elektrischen Zustandes, Arbeit zu leisten oder zu verbrauchen, bezeichnen, so müssen wir den Satz aufstellen, dass die Oberfläche eines elektrisirten Körpers überall dieselbe Spannung besitzt.

Dieses Verhalten lässt sich am besten durch den Vergleich mit Wasserkräften veranschaulichen.

Einem jeden Binnensee wohnt eine gewisse Arbeitskraft inne, wenn derselbe höher liegt als das Meer; denn gräbt man einen Kanal zwischen dem See und dem Meer, so fliessen die Gewässer des See's ab und können durch Wasserräder u. s. w. eine gewisse Arbeit verrichten; das Mass dieser Arbeit ist das Produkt aus der Wassermenge und dem Gefälle, d. h. dem Höhenunterschied zwischen See und Meer.

Ein elektrisirter Körper ist nun in Beziehung auf Arbeitskraft einem solchen See zu vergleichen, die Menge der auf seiner Oberfläche vertheilten Elektricität der Wassermenge des See's, die „Spannung" aber dem Gefälle.

Die elektrische Dichte entspricht alsdann der Tiefe des See's; die letztere mag an jeder Stelle verschieden sein, das Gefälle zwischen See und Meer ist dennoch im ganzen See gleich gross, wenn, wie wir hier voraussetzen, die Tiefe des See's überall klein ist im Verhältniss zum Gefälle.

Setzt man mehrere elektrisirte Körper unter einander in leitende Verbindung, so gleicht sich die elektrische Spannung unter denselben aus, wie bei mehreren Seen von verschiedenem Gefälle, die man unter einander verbindet; jedes System von elektrisirten, leitenden und unter einander verbundenen Körpern besitzt überall dieselbe Spannung.

7. Elektrisirung durch Mittheilung. Will man mit Elektricität experimentiren, so braucht man natürlich erstens eine passende Elektricitätsquelle, gewöhnlich eine Elektrisirmaschine oder ein galvanisches Element — diese werden wir später betrachten; in zweiter Linie bedarf man eines oder mehrerer Körper, welche durch jene Quelle elektrisirt werden, und in oder an welchen die Elektricität eine Wirkung ausübt. Diese Elektrisirung geschieht entweder durch Mittheilung oder durch Vertheilung; im ersteren Falle wird der zu elektrisirende Körper mit dem bereits elektrisirten Theil der Quelle in Berührung gebracht, im zweiten Fall wird derselbe der Quelle nur genähert.

Denken wir uns einen Leiter von irgend welcher Form, z. B. eine Messingkugel, elektrisirt und isolirt aufgestellt, z. B. auf einem Glasfuss, und berühren denselben mit einem zweiten Leiter, z. B. einer gleich grossen Messingkugel, so verbreitet sich die Elektricität der ersten Kugel auch auf die zweite Kugel, so dass nun jede Kugel die Hälfte jener Elektricität hat, welche ursprünglich die erste Kugel besass. Im Allgemeinen, wenn man den ersten Leiter mit irgend einem anderen Leiter berührt, so verbreitet sich die Elektricität des ersteren auf beide Leiter, und zwar, abgesehen von besonderen Verhältnissen, so, dass jeder der beiden Leiter ungefähr im Verhältniss zu seiner Grösse Elektricität erhält; ist also der erste Leiter recht klein, der zweite recht gross, so kann man dem ersteren durch den letzteren beinahe sämmtliche Elektricität entziehen. Die Verbreitung derselben Elektricitätsmenge über grössere Leiter geschieht aber stets auf Kosten der Dichte und der Spannung; bei Gleichheit der beiden Kugeln sind Dichte und Spannung nach der Berührung derselben nur noch ungefähr die Hälfte von derjenigen, welche vorher die Elektricität der ersten Kugel besass; und allgemein, auf je grössere Fläche ein Elektricitätsquantum vertheilt wird, um so mehr sinken Dichte und Spannung. Man kann also durch Mittheilung von einem ganz kleinen Körper aus beliebig grosse Körper elektrisiren; aber je grösser diese Körper sind, desto geringer werden Dichte und Spannung ihrer Elektricität.

Die Elektrisirung durch Mittheilung ist daher zu vergleichen mit der Ausdehnung von Gasen in verschieden grossen Räumen. Hat man Luft in einem Raume abgeschlossen, z. B. in einer Röhre mittelst eines Kolbens, und verschiebt nun den Kolben, so dass der Raum z. B. der doppelte wird, so hat man dasselbe Quantum Luft auf den doppelten Raum ausgedehnt, aber der Druck der Luft ist auf die Hälfte herabgesunken. Mit derselben Luft kann man auf diese Weise beliebig grosse Räume anfüllen, aber in demselben Verhältniss, wie der Raum wächst, sinkt der Druck.

Bei der Elektrisirung durch Mittheilung ist es gleichgültig, aus welchem Stoff der Körper besteht. Man habe z. B. eine elektrisirte Messingkugel; berührt man dieselbe mit gleich grossen Kugeln von Messing, Eisen, Hollundermark, Papier, so üben alle denselben Effect aus: die Elektricität der Messingkugel vertheilt sich stets zu gleichen Theilen auf dieselbe und die jeweilen berührende Kugel, vorausgesetzt natürlich, dass die letztere aus leitendem Material bestehe.

8. Elektrisirung durch Vertheilung. Wenn ein Körper mit Elektricität geladen ist, so ruft diese Ladung auf allen umgebenden Körpern eine Trennung der Elektricitäten und in Folge dessen elektrische Zustände hervor. Sei der Körper z. B. positiv geladen, so wird die positive Elektricität auf seiner Oberfläche auf allen umgebenden Körpern die negative Elektricität anziehen, die positive abstossen; sind diese Körper leitend, so sammelt die negative Elektricität sich an den jenem positiv geladenen Körper zunächst liegenden Stellen, die positive dagegen an den von jenem Körper am weitesten entfernten Stellen. Diese Erscheinung nennt man Elektrisirung durch Vertheilung oder statische Induction, statisch, weil hier nur die Elektricität im Gleichgewicht betrachtet wird. Derjenige Körper, welcher mit freier Elektricität geladen ist und auf den andern Körpern Trennung der Elektricitäten hervorruft, heisst der inducirende, die übrigen die inducirten.

Die statische Induction ist um so stärker, je näher die inducirten Körper dem inducirenden liegen, weil mit der Annäherung auch die anziehenden und abstossenden Kräfte wachsen, aber sie hört auch in der grössten Entfernung nicht ganz auf. Daraus geht unmittelbar hervor, dass kein Körper in der Natur elektrisirt werden kann, ohne dass seine ganze Umgebung in gewissem Grade mit elektrisirt wird; dass also z. B. auch, wenn irgend ein Himmelskörper elektrisch ist, alle andern durch Induction elektrisirt sein müssen, weil ein jeder alle anderen als Umgebung hat.

Bei allen elektrischen Experimenten im Zimmer, bei dem Elektrisiren von Telegraphendrähten und Kabeln, bei den elektrischen Vorgängen in der Natur selbst, hat man stets ein System von Leitern und Halbleitern, umgeben von einer isolirenden Substanz und weiterhin wieder von Leitern und Halbleitern. Ist z. B. im Zimmer eine Messingkugel elektrisirt, so ist deren nächste Umgebung die isolirende Luft und der isolirende Fuss, auf welchem dieselbe befestigt ist; die weitere Umgebung sind die leitenden Gegenstände im Zimmer, oder, wenn sonst gar keine Gegenstände vorhanden wären, die Zimmerwände, also halbleitende Flächen; wären z. B. auch Fenster vorhanden, so wäre jenseits der Fenster Luft, dann Bäume, Häuser, Erdboden etc.; stets steht die Messingkugel in einem Isolator, jenseits des Isolators befindet sich eine geschlossene Hülle von Leitern. Ist die Kugel also z. B. positiv elektrisch, so erfolgt in der Hülle, d. h. den Zimmerwänden etc. eine Vertheilung von Elektricität, die der Kugel zugekehrte Oberfläche wird negativ elektrisch. Ein im Meere liegendes Kabel besteht aus einer leitenden Seele, den Kupferdrähten, einer umgebenden isolirenden Schicht, Guttapercha oder Gummi, und einer leitenden Umgebung, dem Wasser; ist der Kupferdraht positiv elektrisch, so wird das am Kabel anliegende Wasser negativ elektrisch. Nur ein in's Freie gestellter

Gegenstand mag vielleicht jenseits der isolirenden Luft nicht ganz von Leitern umgeben sein; ein oberirdischer Telegraphendraht z. B. inducirt zwar auf der Erde und, streng genommen, auch auf den Himmelskörpern etwas Elektricität, aber wenn diese letzteren keine geschlossene Hülle bilden, so gibt es also hier Stellen, wo der Leiter jenseits des Isolators nicht von leitendem Material umgeben ist.

Hieraus geht hervor, welche wichtige Rolle die statische Induction bei elektrischen Erscheinungen spielt; wir wollen nun einige Beispiele betrachten.

9. Beispiele; Anziehung durch Induction. Einer negativ elektrischen Messingkugel sei eine andere gleich grosse gegenüber gestellt; auf der letzteren wird in der Richtung nach der ersteren hin positive, auf der entgegengesetzten negative Elektricität auftreten; von beiden Elektricitäten gleichviel. Ferner muss umgekehrt die positive Elektricität der inducirten Kugel wieder anziehend wirken auf die negative der inducirenden, und im Gleichgewicht muss sich auch auf der letzteren Kugel nach der inducirten hin die negative Elektricität aufhäufen. Rückt man die inducirte Kugel der inducirenden näher, so wächst die inducirte Elektricität, die positive sowohl als die negative, denn die Anziehung und Abstossung der Elektricitäten ist um so grösser, je kleiner die Entfernung, also ist auch die Vertheilung, welche die Elektricität der inducirenden Kugel auf diejenige der inducirten ausübt, grösser bei kleinerer Entfernung. Aus demselben Grunde ist die Menge der inducirten positiven Elektricität an dem der inducirenden Kugel nächsten Punkt am grössten; die negative, abgestossene flüchtet sich in die entlegeneren Theile der inducirten Kugel; in dem entlegensten Punkte derselben befindet sich am meisten negative Elektricität. (Die elektrischen Ladungen sind in den beifolgenden Figuren durch punktirte Linien angegeben, positive ausserhalb des Körperumrisses, negative innerhalb.)

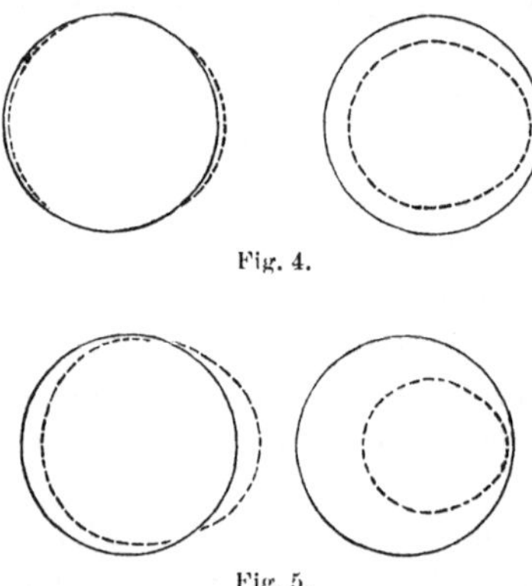

Fig. 4.

Fig. 5.

In Bezug darauf, wie sich die Spannung in diesem Falle verhält, bemerken wir nur, dass dieselbe an jeder Stelle einer der Kugeln gleich ist, dass aber die Spannung der beiden Kugeln verschieden ist und dass jede Stellungsänderung der Kugeln eine Veränderung der auf den selben herrschenden Spannungen hervorruft.

Als erstes Beispiel der Elektrisirung führten wir die Papierschnitzel oder anderen kleinen Leiter an, die von der geriebenen Harzstange angezogen werden; diese Erscheinung ist eine Folge der Induction. Auf jedem Papierschnitzelchen ordnet sich die Elektricität in ähnlicher Weise an, wie oben auf der inducirten Kugel; da nun hierbei stets nach der Harzstange hin die der Harzelektricität entgegengesetzte Elektricität sich sammelt, auf der anderen Seite die gleichnamige, so wird das näher liegende Ende des Papierschnitzelchens angezogen, das entferntere abgestossen; die Anziehung ist aber stärker als die Abstossung, weil das angezogene Ende näher liegt, also wird das Papierschnitzelchen von der Harzstange angezogen.

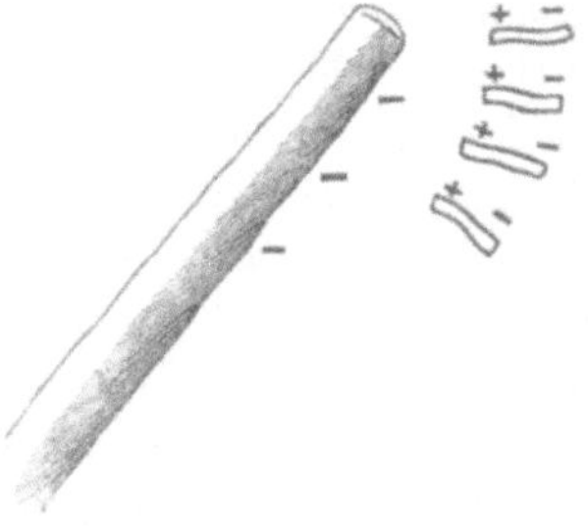

Fig. 6.

Da die Vertheilung der Elektricitäten auf allen Leitern in ähnlichem Sinne erfolgt, wie hier bei den Papierschnitzeln, so bewirkt die Induction auch stets eine Anziehung des inducirten Körpers, die natürlich mit wachsender Entfernung stark abnimmt.

Eine interessante Anwendung dieser Eigenschaft ist das elektrische Pendel. Vor einer geriebenen Harzstange ist ein Hollundermarkkügelchen an einem Faden aufgehängt; auf demselben wird Elektricität inducirt und das Kügelchen in Folge dessen angezogen. Sobald es die Stange berührt, lädt es sich durch Mittheilung mit negativer Elektricität, die positive wird neutralisirt; nun sind die Elektricitäten der Stange und des Kügelchens gleichnamig, es erfolgt daher Abstossung; nach und nach gibt das Kügelchen seine Ladung in die Luft, an die Aufhängung u. s. w. ab, es erfolgt wieder Anziehung durch Induction u. s. f. Bringt man gegenüber der Harzstange eine geriebene Glasstange an, so schwingt das Kügelchen unaufhörlich zwischen beiden Stangen hin und her.

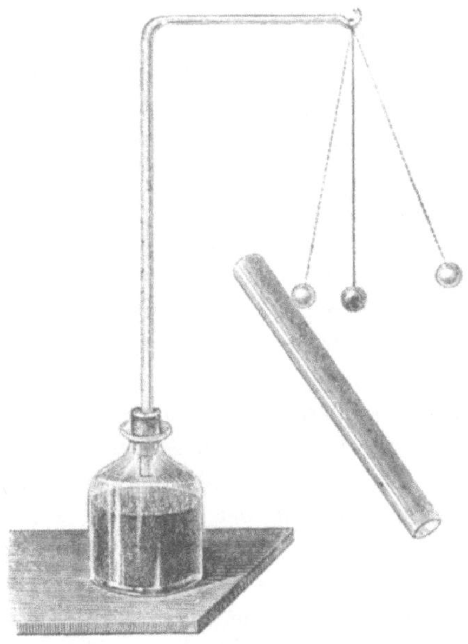

Fig. 7.

10. Ableitung zur Erde; gebundene Elektricität. Ein wichtiges

Hülfsmittel, um Inductionserscheinungen zu verstärken, ist die sogenannte Ableitung zur Erde. Die Erde betrachten wir hier als einen sehr grossen Körper, über dessen Elektrisirungsgrad sich kein Urtheil mit Sicherheit fällen lässt, dessen Spannung aber naturgemäss den Nullpunkt aller unserer elektrischen Versuche bildet. Die Häuser und die Zimmerwände bestehen aus Leitern und Halbleitern, ebenso der menschliche Körper, so dass der Experimentator einen elektrisirten Körper nur mit der Hand zu berühren braucht, um denselben mit der Erde in Verbindung zu bringen, oder, wie man sich ausdrückt, dessen Elektricität zur Erde abzuleiten. Streng genommen, elektrisirt sich hierbei die ganze Erde durch Mittheilung, und auch der berührte Körper bleibt etwas elektrisch; aber die Erde ist so gross im Verhältniss zu dem Körper, dass sich die Elektricität auf derselben gleichsam verläuft, d. h. dass der Körper beinahe keine Spur von Ladung behält und auch die Erde nicht merkbar elektrisirt wird. Die Ableitung zur Erde ist also ein bequemes Mittel, um diejenige Elektricität, welche den Körper verlassen kann, zu entfernen.

Wird nun irgend ein Leiter durch Induction elektrisirt, so hat stets eine Elektricität das Bestreben, den Körper zu verlassen. Wird z. B. auf einer Messingkugel Elektricität inducirt durch eine andere, negativ geladene, so wird die negative Elektricität in derselben abgestossen; berührt man daher die Kugel mit dem Finger, so geht die negative Elektricität in die Erde, und die Kugel hat nun eine Ladung freier positiver Elektricität. Diejenige Elektricität, welche auf dem inducirten Körper zunächst dem inducirenden sich befindet und von dessen Elektricität angezogen wird, heisst auch gebundene Elektricität. Dieselbe verlässt den Körper nicht, wenn derselbe zur Erde abgeleitet wird; sie kann denselben nur verlassen, wenn der inducirende Leiter entfernt oder entladen wird. Alle Elektricität, welche einen Körper trotz Berührung mit der Hand nicht verlässt, ist irgendwie durch Induction benachbarter Körper gebunden. Wir sehen hieraus, dass die Induction eines elektrisirten Körpers in einem anderen nicht nur Trennung der beiden Elektricitäten bewirken, sondern auch, in Verbindung mit der Ableitung zur Erde, dem anderen Körper eine Ladung von einer einzigen Art von Elektricität ertheilen kann.

Betrachten wir noch ein complicirteres Beispiel der Induction. In einem Zimmer stehe eine positiv geladene Metallkugel, zu ihren beiden Seiten zwei Metallcylinder, s. Fig. 8; diese letzteren erhalten Ladungen durch Induction — die Stärke der Ladungen ist in der Figur durch punktirte Linien angedeutet, positive Elektricität ist ausserhalb des Körperumrisses gezeichnet, negative innerhalb —; die Zimmerwände erhalten schwache Ladungen, abwechselnd positive und negative, je nachdem die nächsten Ladungen der elektrisirten Körper negativ oder positiv sind. Die Spannung ist auf der Kugel am grössten, kleiner auf den beiden Cylindern, Null oder gleich der Spannung der Erde an den Wänden.

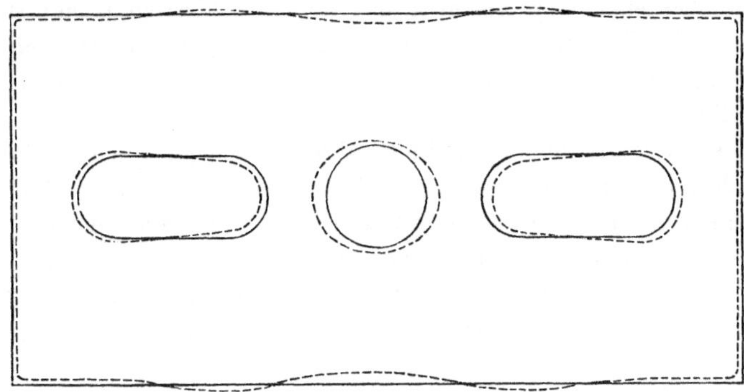

Fig. 8.

Berührt man beide Cylinder mit der Hand (s. Fig. 9), so verschwindet ihre positive Ladung, während die negative, gebunden durch die positive Kugelladung, bleibt; auch die Ladung der Zimmerwände verändert sich. Nun haben auch die Cylinder die Spannung Null, wie die Zimmerwände.

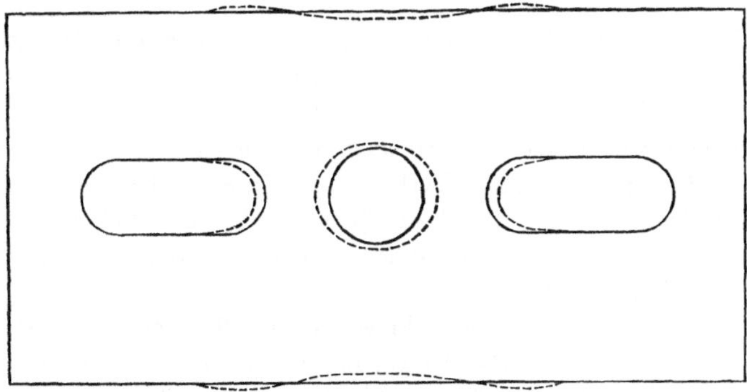

Fig. 9.

11. Wirkung der Krümmung und der Spitzen; Zerstreuung durch die Luft; Flammen. Untersucht man mittelst des Probescheibchens die Stärke der Ladung an einem Leiter von beliebiger Form, dessen Elektricität nur in geringem Grade — mit den Zimmerwänden — gebunden ist, so findet man sehr bald, dass die Ladung am stärksten ist an den am stärksten gekrümmten Stellen, am schwächsten an ebenen Stellen. Wäre der Körper ein lang gestreckter Cylinder, so würde die Elektricität sich etwa in der aus Fig. 10 ersichtlichen Weise vertheilen; gibt man den Enden des Cylinders immer stärkere Krümmung, so häuft sich die Elektricität immer mehr an denselben an; lässt man dieselben endlich in Spitzen auslaufen, so tritt ein Umstand ein, der bei allen Experimenten mit Reibungselektricität sehr störend wirkt — die Elektricität zerstreut sich in die Luft, und es ist gar nicht möglich, auf dem Cylinder eine elektrische Ladung dauernd zu erhalten.

Diese Zerstreuung in die Luft rührt namentlich von dem Wassergehalt derselben her, der dieselbe schwach leitend macht; je höher der Feuchtigkeitsgrad der Luft, desto stärker ist ihre zerstreuende Kraft. Aber auch in vollkommen trockener Luft findet Zerstreuung statt; diese rührt namentlich von den Luftströmungen her: die Lufttheilchen, welche an dem geladenen Körper vorbeistreichen, nehmen immer etwas Elektricität mit sich fort.

Solche Zerstreuung findet aber auch bei festen Isolatoren statt, bei Glasstangen, Harzsäulen etc. Auch hier ist die an der Oberfläche des Isolators sich verbreitende Feuchtigkeit die Hauptursache; aber es bleibt

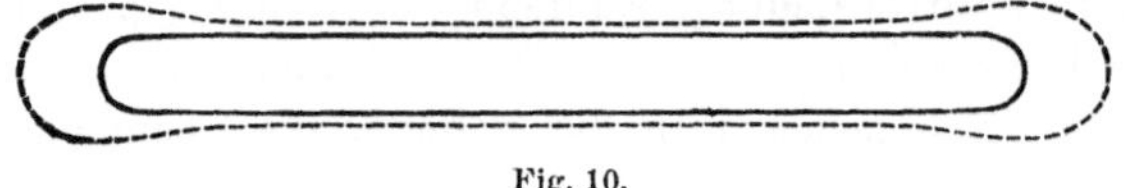

Fig. 10.

auch eine zerstreuende Wirkung übrig, wenn man die Feuchtigkeit durch Erwärmen völlig vertrieben hat; hierauf werden wir noch später zurückkommen.

Aehnlich wie Spitzen wirken auch Flammen. Bringt man einen geladenen Leiter in leitende Verbindung mit einer Flamme, so verschwindet seine Ladung; das beste Mittel, um einen Leiter oder Isolator seiner Elektricität zu berauben, ist das Durchziehen desselben durch eine Flamme.

Gerade desshalb aber, weil Flammen und Spitzen die Elektricität eines Leiters so gut in die Umgebung abführen, sind sie auch die besten Mittel, um Elektricität aus der Umgebung aufzusaugen. Will man z. B. bei den unten zu beschreibenden Elektrisirmaschinen die Elektricität aus einer rotirenden Scheibe überführen in einen feststehenden Conductor, so wendet man nicht etwa Schleiffedern an, sondern setzt, gegenüber der Scheibe, Spitzen auf den Conductor; so lange Elektricität auf der Scheibe ist, wird dieselbe durch die Spitzen auf den Conductor übertragen. Eine fernere wichtige Anwendung finden die Spitzen und Flammen in den Messinstrumenten für atmosphärische Elektricität; die Luft ist stets etwas elektrisch, und um ihre Ladung einem zum Messinstrument führenden Conductor mitzutheilen, setzt man am besten eine Spitze oder Flamme auf denselben.

Aehnlich wie eine Flamme wirkt auch ein Wasserstrahl; elektrisirt man ein isolirtes Wassergefäss, so verliert dasselbe seine elektrische Ladung, wenn man das Wasser ausströmen lässt.

12. Der elektrische Ansammlungsapparat. Eine runde Metallscheibe auf isolirendem Fuss, auf der einen Seite mit einem Ansatz für Zuleitungen versehen, werde elektrisch geladen; die Elektricität wird sich über die ganze Scheibe verbreiten, aber die grösste Dichte am Rande besitzen, während die Spannung überall dieselbe ist. Nun

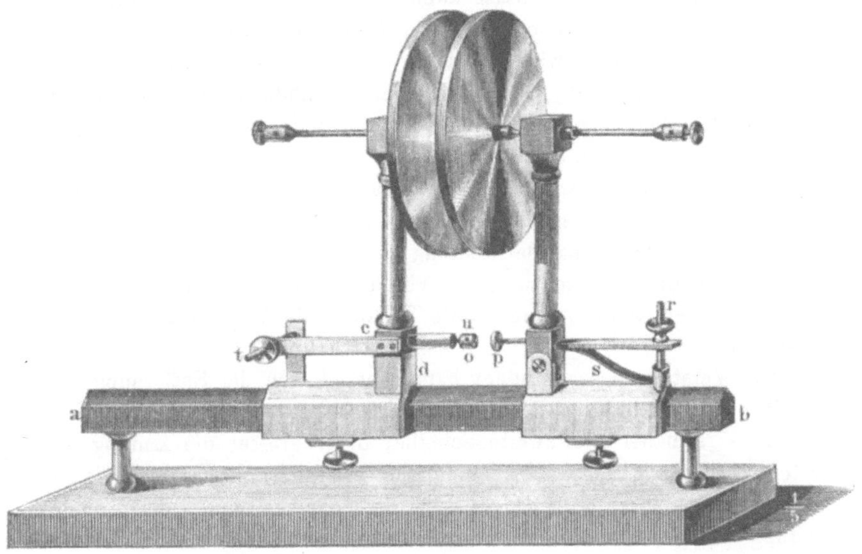

Fig. 11.

werde derselben in einiger Entfernung eine ähnliche Scheibe gegenüber gestellt und dieselbe ableitend mit dem Finger berührt; dann wird auf dieser letzteren Scheibe eine Ladung von entgegengesetztem Zeichen inducirt, die gleichnamige fliesst in die Erde ab. Hierdurch wird aber auch die Vertheilung der Elektricität auf der ersten Scheibe wieder geändert, indem diejenige der zweiten Scheibe anziehend auf diejenige der ersten wirkt; in beiden Scheiben zieht sich die Elektricität mehr nach den inneren, einander zugekehrten Flächen; die äussere Fläche der ersten und der Ansatz zeigen jetzt geringere Dichte. Da nun ein grosser Theil der Elektricität der ersten Scheibe gebunden ist, so ist es klar, dass dieselbe nun bei fortgesetzter Ladung mehr Elektricität aufnehmen kann als bei der ersten Ladung.

Eine Elektrisirmaschine, wie sie in § II. beschrieben werden wird, gibt unaufhörlich Elektricität von bestimmter Dichte; wenn die erste Scheibe frei stehend durch Drehung der Maschine geladen wird, so erreicht bald jede Stelle derselben ein gewisses Maximum von Dichte, das in einem bestimmten Verhältniss steht zu der Dichte in der Maschine; nehmen wir an, dass, wenn die Dichte in der Maschine $= 1$ gesetzt wird, der Ansatz an der Scheibe im Maximum auch die Dichte 1 annehme. Wenn nun die zweite Scheibe der ersten gegenüber gestellt wird, so vermindert sich die Dichte an jenem Ansatz, weil ein Theil seiner Ladung nach der Scheibenfläche abfliesst; sie sinke z. B. auf $^1/_2$. Der Ansatz kann aber, bei Verbindung mit jener Elektrisirmaschine, Elektricität bis zur Dichte 1 aufnehmen, also wird nun, wenn die Scheibe wieder mit der Maschine verbunden wird, dieselbe Elektricitätsmenge, wie bei der ersten Ladung, noch einmal in den Ansatz übergehen. Dasselbe gilt für jeden anderen Punkt der Scheibe; die Ladung der ganzen Scheibe wird daher durch das Gegenüberstellen der zweiten Scheibe auf das Doppelte gesteigert. Dieser Eigenschaft wegen heisst der Apparat Ansammlungsapparat und das Mass der Steigerung der Ladung durch das Gegenüberstellen der zweiten Scheibe, oder genauer, das Verhältniss der Ladung mit zweiter Scheibe zu der Ladung ohne zweite Scheibe, die Verstärkungszahl desselben.

Die Verstärkungszahl hängt hauptsächlich von der Entfernung der Scheiben von einander ab und ist ungefähr umgekehrt proportional derselben — je näher die zweite Scheibe, desto grösser die Ladung der ersten; sie hängt aber noch, nicht unwesentlich, von verschiedenen anderen Umständen ab. Je grösser die Scheiben sind, desto mehr Ladung können sie auf der Flächeneinheit aufnehmen; eine Scheibe von 2 Quadratmeter Fläche nimmt, bei sonst gleichen Verhältnissen, mehr Ladung an als zwei Scheiben von je 1 Quadratmeter Fläche. Ferner ist die Ladung um so stärker, je kürzer der Zuleitungsdraht von der Maschine zur Scheibe; und endlich ist es vortheilhafter, den Draht, mit welchem man die zweite Scheibe zur Erde ableitet, parallel an die Scheibe anzulegen, statt senkrecht zu derselben.

Der Ansammlungsapparat, namentlich in Form der sogleich zu besprechenden Condensatoren, ist von grosser Wichtigkeit für das elektrische Experimentiren. Ueberall, wo man mit schwacher Elektricitätsentwickelung zu thun hat, wird ein solcher Apparat damit geladen; die Wirkungen desselben sind dann viel kräftiger als diejenige der Quelle selbst. Er ist einem Behälter zu vergleichen, in welchem man Elektricität aufspeichern kann.

13. Die Condensatoren. Die oben beschriebene Form des Ansammlungsapparates war nicht die ursprüngliche; die erste Form desselben heisst nach ihrem Erfinder die Franklin'sche Tafel (Fig. 12). Dieselbe besteht einfach aus einer Glastafel, welche zu beiden Seiten bis auf einen gewissen Abstand vom Rand mit Stanniol beklebt ist und auf einem isolirenden Fusse steht. Um dieselbe zu laden, wird eine Stanniolfläche zur Erde abgeleitet, die andere mit der Elektrisirmaschine verbunden. Eine spätere, noch heutzutage im allgemeinen Gebrauch stehende Form ist die Leydner Flasche (Fig. 13): ein hohes, cylindrisches Glas oder eine Flasche mit weiter Oeffnung erhält auswendig und inwendig je eine Belegung mit Stanniol bis auf einen Abstand von 2 bis mehreren Centimetern vom Rande, der Hals der Flasche ist meist

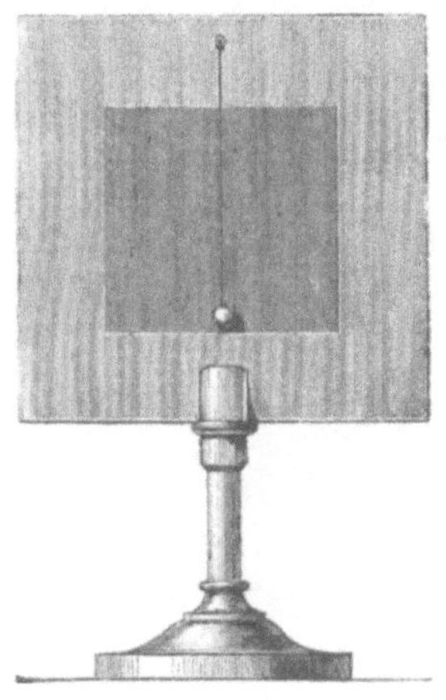

Fig. 12.

Fig. 13.

durch einen Holzdeckel verschlossen und in diesen ein bis auf den Boden reichender Messingdraht gesteckt, welcher oben in eine Messingkugel endigt; die Verbindung des Drahtes mit der inneren Belegung wird durch metallene Ketten oder Federn bewerkstelligt. Heutzutage endlich, namentlich seitdem der Ansammlungsapparat in der Telegraphie praktisch verwerthet wird, baut man solche Apparate im Grossen wieder in der einfachen Tafelform, aber als isolirende Schicht wird nicht Glas verwendet, sondern verschiedene andere Materialien, hauptsächlich Glimmer, Schelllack, Guttapercha, Gummi, Paraffin, Wachs, Asphalt, Colophonium u. s. w.; in dieser Form heisst der Apparat gewöhnlich Condensator.

Der Condensator unterscheidet sich hauptsächlich dadurch vom Ansammlungsapparat, dass die beiden leitenden Flächen einander bleibend gegenüber gestellt sind, und dass die trennende Schicht nicht durch Luft, sondern durch andere Stoffe gebildet ist. Seine Hauptverwendung besteht darin, dass Elektricität, die sich stetig aus einer Elektrisirmaschine oder aus galvanischen Elementen entwickelt, in demselben gesammelt und condensirt und dann mit einem Schlage entladen wird. Jede Elektricitätsquelle braucht eine gewisse Zeit, um Elektricität zu entwickeln — dies zeigen am besten die in § II. zu beschreibenden Elektrisirmaschinen, die, um ein gewisses Quantum von Elektricität

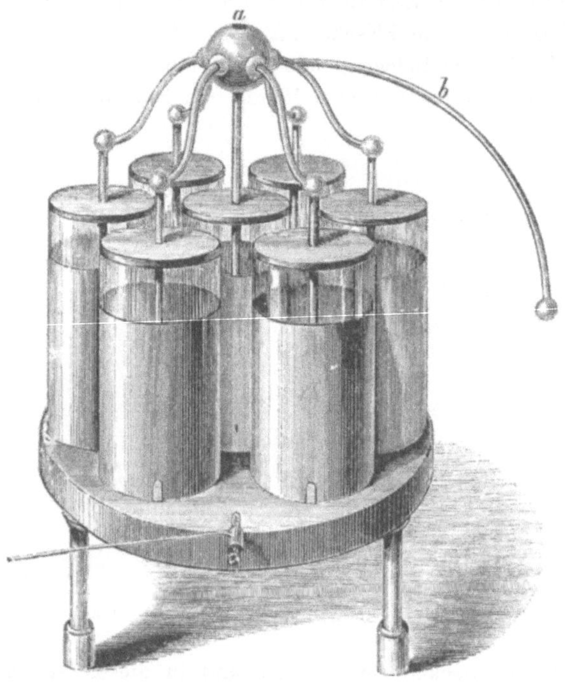

Fig. 14.

zu liefern, stets einer gewissen Anzahl von Umdrehungen bedürfen —; es erhellt hieraus, dass Experimente, die in einer gegebenen Zeit mehr Elektricität bedürfen, als die Maschine zu liefern vermag, mit derselben gar nicht ausgeführt werden können; durch Anwendung von Condensatoren lässt sich diese Schwierigkeit stets überwinden.

Um grosse Wirkungen zu erzielen, wird eine Anzahl von Condensatoren irgend welcher Art so unter sich verbunden, dass sie einen einzigen, grossen Condensator repräsentiren; Fig. 14 zeigt eine elektrische Batterie, d. h. eine Anzahl von Leydner Flaschen, bei denen alle inneren Belegungen unter sich und alle äusseren unter sich verbunden sind, so dass man eigentlich nur zwei Belegungen hat. Will man eine Anzahl von Condensatoren in Tafelform in einen einzigen vereinigen, so bedient man sich folgender Anordnung: Stanniolblätter und isolirende Schichten folgen stetig auf einander, die ersteren stehen abwechselnd an den beiden Seiten vor und werden so verbunden, dass die rechts vorstehenden die eine und die links vorstehenden die andere Belegung bilden.

Nicht zu verwechseln mit den eben beschriebenen Condensatoren ist der Condensator der Experimentirtechnik; derselbe ist ein Ansammlungsapparat, d. h. mit entfernbarer zweiter Scheibe und steht in Verbindung mit einem Elektroskop; derselbe hat nämlich den Zweck, ganz geringe Dichten noch am Elektroskop sichtbar zu machen. Die eine Platte ist auf das Elektroskop aufgeschraubt und steht in leitender Verbindung mit den Goldblättchen, die andere besitzt einen isolirenden Stiel, eine von beiden Platten ist mit einer isolirenden Firnissschicht überzogen. Beim Gebrauche wird die obere, bewegliche Platte aufgesetzt und ableitend mit dem Finger berührt; die Elektricitätsquelle wird an die untere, feste Platte angelegt und diese geladen. So lange die obere Platte die Elektricität der unteren hauptsächlich in der oberen Fläche der letzteren festhält, divergiren die Goldblättchen nicht; sie divergiren aber, sowie die obere Platte abgehoben wird, während kein Divergiren erfolgt, wenn die schwache Elektricitätsquelle allein angelegt wird, ohne Aufsetzen der oberen Platte.

Ein einfaches und bequemes Mittel, um Elektricitätsmengen zu messen, bietet die Lane'sche Massflasche (Fig. 15) dar. Dieselbe besteht aus einer Leydner Flasche, deren innere Belegung, wie sonst, in einen Knopf endigt, und deren äussere Belegung mit einem isolirt aufgestellten, zweiten Knopf verbunden ist; dieser letztere steht dem Knopf der inneren Belegung gegenüber, die Entfernung beider Knöpfe lässt sich durch Verschiebung verändern. Um nun die Elektricitätsmenge zu messen, welche man einer Batterie mittheilt, verbindet man diejenige Belegung derselben, welche man sonst zur Erde ableitet, mit der inneren Belegung der Massflasche; die äussere Belegung dieser letzteren ist mit der Erde verbunden. Beim Laden der Batterie fliesst dann die durch Influenz abgestossene Elektricität der Batterie in die innere Belegung der Massflasche, statt in die Erde; in der äusseren Belegung und dem mit derselben verbundenen Knopf wird die entgegengesetzte Elektricität

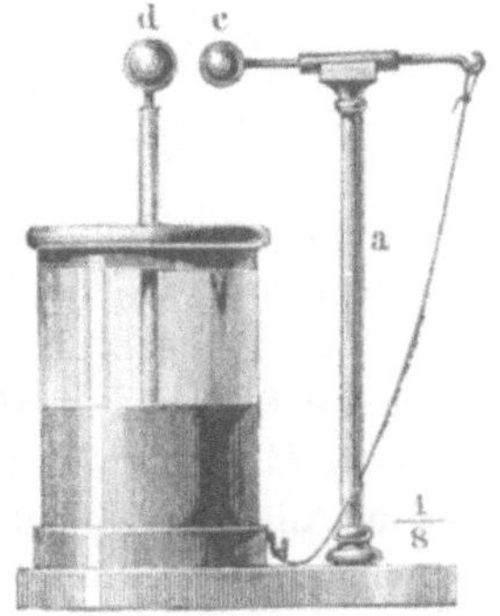

Fig. 15.

angehäuft, bis sie eine gewisse Dichte erreicht hat; dann springt ein Funke zwischen den beiden Knöpfen über, und damit ist eine gewisse Menge von abgestossener Influenzelektricität der Batterie zur Erde entladen. Die Menge der der Batterie mitgetheilten Elektricität wird auf diese Weise durch die Anzahl von Entladungen gemessen, welche an der Massflasche stattfinden; natürlich muss hiefür die Massflasche kleiner gewählt werden, als die zu messende Batterie.

14. Wirkung des Isolators in Condensatoren; Faraday's Theorie. Faraday wies zuerst nach, dass die Verstärkungszahl eines Condensators wesentlich auch von der Natur des Isolators abhänge. Seine Condensatoren (Fig. 16) waren kugelförmig: eine messingene, in eine obere und eine untere Hälfte zerlegbare Hohlkugel war auf isolirendem Fuss aufgestellt, in dieselbe und concentrisch mit derselben liess sich eine zweite, kleinere Hohlkugel isolirt einsetzen, der Zwischenraum zwischen den beiden Kugeln liess sich mit verschiedenen Stoffen anfüllen. Es wurden zwei solche Apparate angewandt, der eine blieb stets mit Luft gefüllt, der andere wurde nach einander mit den verschiedensten Gasen und in der unteren Hälfte des Zwischenraums mit mehreren festen Isolatoren, wie Glas, Schwefel, Schelllack, angefüllt. Es wurden nun stets beide Apparate zugleich mit derselben Quelle geladen und ihre Ladungen untersucht. Faraday fand, dass die Verstärkungszahl dieses Condensators dieselbe war für alle Gase, dass aber bei Ausfüllung des Zwischenraums mit festen Isolatoren die Verstärkungszahl bedeutend stieg, und zwar für verschiedene Isolatoren verschieden. Er schloss daraus, dass im Allgemeinen jeder Isolator bei seiner Verwendung zu Condensatoren ein spezifisches Vermögen habe, die Elektricität in den ihn bedeckenden, beiden Belegungen anzuhäufen, und nennt dasselbe das specifische Inductionsvermögen; wenn, wie in den obigen Versuchen, ein und derselbe Condensator einmal aus Luft, dann aus einem andern Isolator gefertigt und beide Male mit derselben Elektricitätsquelle geladen wird, so ist das specifische Inductionsvermögen dieses Isolators das Verhältniss der Ladung des aus dem Isolator gebildeten

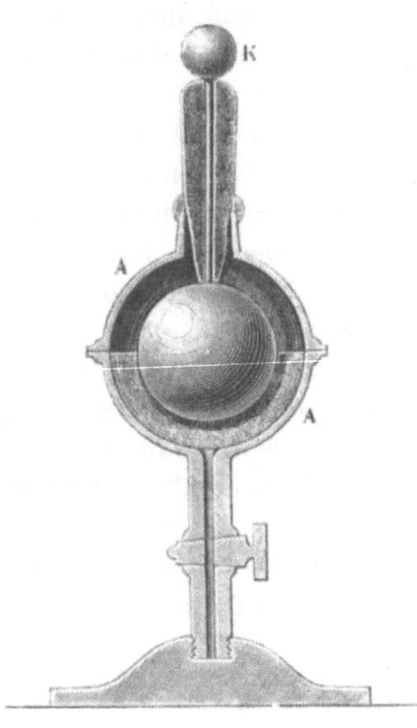

Fig. 16.

Condensators zu der Ladung des aus Luft gebildeten; das specifische Inductionsvermögen der Luft ist also hierbei = 1 gesetzt. Die ungefähren Werthe dieser Grösse für die wichtigsten, hier in Betracht kommenden Körper sind folgende:

Isolator.	Specif. Inductionsvermögen.	Isolator.	Specif. Inductionsvermögen.
Luft.	1,00	Schelllack. . . .	1,95
Harz	1,77	Gummi	2,8
Wachs	1,86	Hooper's Masse . .	3,1
Glas	1,90	Guttapercha . . .	4,2
Schwefel	1,93	Glimmer	4,0

Faraday gründete auf die Erscheinung der specifischen Induction eine neue Anschauung in Bezug auf die elektrischen Vorgänge in Isolatoren, welche in neuerer Zeit immer allgemeinere Annahme findet. Er stellt sich den Isolator, der sich beim Condensator zwischen zwei leitenden, elektrisch entgegengesetzt geladenen Flächen befindet, nicht als elektrisch unthätig, sondern als völlig elektrisirt vor, nur mit dem Unterschied, dass die Elektricität an die Theilchen desselben gebunden ist und dieselben nicht verlassen kann, während bei einem leitenden Körper die Elektricität in jeder Richtung sich frei bewegen kann. Jedes Theilchen, z. B. des Glases der Leydner Flasche, denkt sich Faraday an einer Stelle negativ, an der gegenüberliegenden Stelle positiv elektrisch, die Verbindungslinie beider Stellen, welche wir elektrische Axe nennen wollen, hat im natürlichen Zustande des Isolators in jedem Theilchen eine andere Richtung. Werden nun die Endflächen des Isolators elektrisirt, z. B. durch Elektrisiren der Stanniolbelegungen der Leydner Flasche, so drehen sich die elektrischen Axen der Theilchen so, dass der negative Pol nach der positiven Belegung hin steht und die Axen stellen sich mehr und mehr in eine und dieselbe Richtung, je stärker die Elektrisirung ist; werden die Belegungen entladen, so schnellen die Axen wieder in die ursprüngliche Lage zurück.

Dies ist die sogenannte Vertheilungstheorie, die Isolatoren heissen in derselben dielektrische Körper; nach derselben ist überall stets Elektricität vorhanden, auch im Innern der Isolatoren; Leiter und Isolatoren unterscheiden sich nur dadurch von einander, dass sie der Elektricität einen mehr oder minder leichten Uebergang von einem Theilchen auf das andere gestatten, und das specifische Inductionsvermögen der Isolatoren ist nichts als die Beweglichkeit der Drehung der molekularen elektrischen Axen, welche in den verschiedenen Isolatoren verschieden ist.

15. Capacität. Die Messung der Ladungsfähigkeit von Condensatoren ist heutzutage in Wissenschaft und Technik eine wichtige Operation geworden; man hat aber hierbei einen neuen Begriff eingeführt, die sogenannte Capacität. Capacität eines Condensators nennt man diejenige Elektricitätsmenge, welche der Condensator aufnimmt, wenn derselbe mittelst der Spannung 1 geladen wird; je mehr Elektricität also ein Condensator, bei derselben Spannung, aufnehmen kann, desto grösser ist seine Capacität.

Die Ladung Q eines Condensators ist

proportional der elektrischen Spannung p auf der geladenen Belegung,

proportional dem specifischen Inductionsvermögen i des Isolators,

proportional einer von der Form und den Dimensionen, namentlich der Entfernung der Belegungen abhängigen Grösse φ;

es ist also

$$Q = pi\varphi.$$

Die Capacität C des Condensators ist gleich dem Verhältniss der Elektricitätsmenge Q zu der Spannung p, also

$$C = \frac{Q}{p} = i\varphi.$$

Bei einer freistehenden, von allen übrigen Körpern weit entfernten Kugel ist, wenn r ihr Halbmesser, einfach:

$$\varphi = r, \text{ und } C = ir;$$

ist das umgebende Medium Luft, wo $i = 1$ ist, so hat man $C = r$.

Bei einem plattenförmigen Condensator ist $\varphi = \frac{f}{d}$, wenn f die Fläche einer Belegung, d der Abstand der Belegungen, also

$$C = i\frac{f}{d}.$$

Bei einem cylindrischen Condensator, d. h. bei einem Condensator, dessen beide Belegungen concentrische Cylindermäntel sind, hat φ (d) eine andere Form; wenn r der Radius der inneren, R derjenige der äusseren Belegung, also $d = R - r$, und l die Länge des Cylinders, so ist für einen solchen Condensator

$$C = i\frac{2\pi l}{\log\frac{R}{r}}.$$

Die plattenförmige und die cylindrische sind die beiden Hauptformen; die erstere ist diejenige der neueren Experimentircondensatoren, die letztere diejenige der Leydner Flasche und des Kabels.

Diese, sowie andere Anwendungen der vorstehenden, allgemeinen Betrachtungen werden wir später genauer verfolgen.

II.
Die Elektricitätsquellen.

Wir haben bisher die Erscheinungen des elektrischen Zustandes betrachtet, dabei aber abgesehen von der Art, auf welche derselbe hervorgerufen wurde; wir beschäftigen uns nun mit den Mitteln, welche man besitzt, um einen Körper zu elektrisiren, oder mit den Elektricitätsquellen.

Von diesen Elektricitätsquellen betrachten wir hier nur diejenigen, welche sich praktisch zur Erzeugung von Elektricität eignen, d. h. zu der Construction von Maschinen oder Apparaten, welche in continuirlichem Fortgang und in ausreichender Menge Elektricität liefern; die übrigen Arten von Elektricitätserregung bieten beinahe nur theoretisches Interesse dar, d. h. ihre Kenntniss ist nur wichtig, um den Zusammenhang der elektrischen Erscheinungen mit den übrigen Naturkräften kennen zu lernen.

Die, namentlich praktisch, wichtigsten Arten der Elektricitätserregung sind:

1. durch Reibung von Isolatoren,
2. durch Berührung heterogener Leiter,
3. durch Erwärmung der Berührungsstellen heterogener Leiter,
4. durch Induction von Magneten und elektrischen Strömen.

Von diesen verschiedenen Quellen können wir jedoch hier nur die drei ersten behandeln; die vierte setzt die Kenntniss der elektrischen Ströme und Magnete und der Gesetze ihrer Wirkung voraus; wir werden dieselbe daher erst später in dem Abschnitt über Induction behandeln.

A. Erzeugung von Elektricität durch Reibung.

(Reibungselektricität.)

1. Reibungselektrisirmaschine. Wenn man zwei beliebige Isolatoren an einander reibt, so wird stets der eine positiv, der andere negativ elektrisch; aber auch Metalle und überhaupt Leiter werden elektrisch durch Reibung. Ueber die Art von Elektricität, welche die geriebenen

Körper annehmen, ist es bis jetzt nicht möglich, eine sichere allgemeine Regel aufzustellen. Derselbe Körper kann verschieden elektrisch werden, je nach dem Stoff, mit dem er gerieben wird — so wird Siegellack mit Wolle, Seide, Katzenfell u. s. w. gerieben negativ, jedoch mit Zunder oder Korkholz gerieben positiv elektrisch; ferner hat die Natur der Oberfläche, ihre Rauhheit, ihre Farbe, ihre Temperatur Einfluss auf die Elektrisirung. Viel Elektricität liefern und zum Elektrisiren eignen sich:

Harz, Schelllack, Siegellack, Kammmasse, Kautschuk werden — elektrisch durch Reibung mit Wolle, Seide, Katzenfell, Fuchsschwanz;

Glas wird + elektrisch durch Reibung mit Kienmayer'schem Amalgam, Wolle und Seide.

Elektrisirmaschinen, welche unmittelbar durch Reibung Elektricität erzeugen, bestehen aus drehbaren Scheiben oder Cylindern aus Glas oder Kammmasse, an welche an mehreren Stellen Reibzeuge durch Federn angedrückt werden, so dass bei der Rotation die Scheibe oder der Cylinder sowohl, als die Reibzeuge elektrisch werden. Um die erzeugten Elektricitätsmengen weiter zu verwenden, werden dieselben in sogenannte Conductoren übergeführt, d. h. in metallene Kugeln oder Cylinder, welche auf isolirenden Füssen befestigt sind, und von welchen aus dann die Apparate geladen werden. Der Conductor des Reibzeuges steht durch Bleche in leitender Verbindung mit der geriebenen Fläche desselben; der Conductor dagegen, welcher die Elektricität der Scheibe aufzunehmen hat, erhält dieselbe durch Saugspitzen, d. h. metallene Spitzen, welche gegen die rotirende Fläche, möglichst nahe, gestellt sind. Ist z. B. der rotirende Körper Glas, also + elektrisch, so wird derselbe in dem Conductor durch Vertheilung die positive Elektricität abstossen, die negative, angezogene, strömt durch die Saugspitzen aus auf das Glas, und neutralisirt die positive Ladung desselben. Will man mit der Elektricität des geriebenen Körpers experimentiren, so leitet man das Reibzeug zur Erde ab, dann lädt sich der Conductor mit den Saugspitzen; will man die Elektricität des Reibzeuges benutzen, so wird der Conductor mit den Saugspitzen zur Erde abgeleitet, es lädt sich dann der Conductor des Reibzeuges.

Eine der bekanntesten Formen der Reibungselektrisirmaschine ist die Winter'sche, deren mechanische Einrichtung Fig. 17 veranschaulicht. Der gedrehte Körper ist eine Glasscheibe, das Reibzeug besteht aus Lederkissen, auf welchen sogenanntes Kienmayer'sches Amalgam aufgetragen ist; die Axe der Glasscheibe ist ebenfalls von Glas. *a* ist der Conductor der Scheibe, seine Saugspitzen sind in dem Ringe *d* in einer Höhlung verborgen, *o* ist der Conductor des Reibzeuges. Zwischen dem Reibzeug und dem Conductor der Scheibe ist die Scheibe zu beiden Seiten eingehüllt von Lappen aus Wachstaffet; durch dieselben wird die bei der Reibung auf der Scheibe erzeugte Ladung von der Zerstreuung in die Luft abgehalten. Auf den Conductor der Scheibe

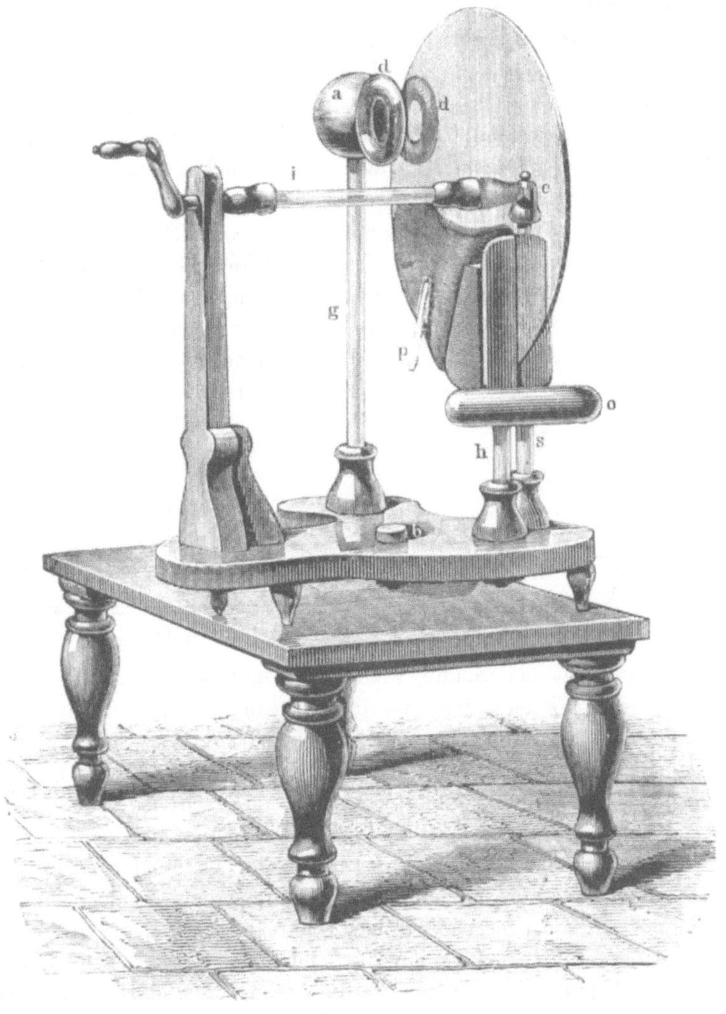

Fig. 17.

kann ein Holzring, dessen Kern ein Eisendraht bildet, aufgesteckt werden, welcher die Funkenlänge wesentlich vermehrt; in die seitlichen Durchbohrungen desselben passen verschiedene Röhren und Blechhülsen, um Dräthe und Ketten anzuhängen u. s. w. Die beiden Saugringe sind von Holz; in diejenigen Theile derselben, an denen die Scheibe vorbeistreicht, sind Rinnen eingegraben, in welchen viele Nadelspitzen stecken; die Spitzen sind unter sich und mit dem Conductor durch Stanniolstreifen verbunden.

2. Der Elektrophor. Der Elektrophor ist eine einfache Vorrichtung, durch welche Elektricität erregt werden kann, welche sich aber dadurch auszeichnet, dass sie ihre Ladung Monate lang bewahren kann.

Derselbe besteht aus einem Harzkuchen von ziemlicher Dicke, welcher in eine metallene Form oder Schüssel mit seitlich aufgebogenen Rändern gegossen ist; auf diesen Kuchen kann eine ebene Metallscheibe, welche mit isolirter Handhabe, seidenen Schnüren oder Glasfuss, versehen ist, der sogenannte Schild oder Deckel, aufgelegt und abgehoben werden. Dieses Auflegen geschieht stets so, dass Form und Schild sich nicht berühren; die obere Fläche des Kuchens, sowie die aufliegende des Schildes müssen möglichst eben sein; der ganze Apparat wird auf eine nicht isolirende Unterlage gestellt. Man nimmt den Schild ab, peitscht die obere Fläche des Kuchens mit einem

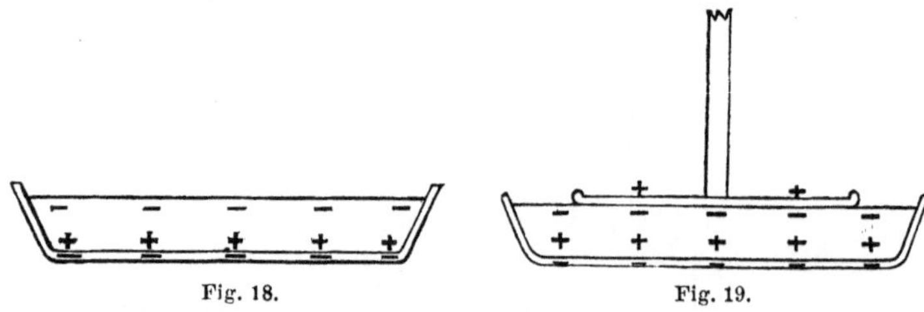

Fig. 18. Fig. 19.

Fuchsschwanz, legt den Schild wieder auf und berührt die Form ableitend mit dem Finger; dann ist der Apparat geladen und bleibt es sehr lange Zeit hindurch, ohne in seiner Wirkung viel abzunehmen. Hebt man zu irgend einer Zeit den Schild ab, so erhält man bei Annäherung mit der Hand Funken; er ist + elektrisch; ist derselbe entladen, so erhält er wieder neue Ladung, wenn man ihn wieder auflegt und Form und Schild ableitet; das Elektrophor bietet also einen stets bereitstehenden Vorrath von elektrischer Ladung dar, welcher für alle Experimente mit geringer elektrischer Dichte ausreicht.

Man könnte den Elektrophor für eine Franklin'sche Tafel halten, deren eine Belegung abgenommen werden kann; dies ist richtig, indess herrscht der Unterschied, dass hier der Isolator aus einer dicken Harzschicht besteht, nicht aus dünnem Glase, wie in jener Tafel; die letztere würde nur in seltenen Fällen die Eigenschaften des Elektrophors zeigen.

Wird der Schild abgenommen und der Kuchen gepeitscht, so wird nicht etwa die ganze Harzmasse — elektrisch, sondern nur deren obere Schicht, s. Fig. 18; die untere Harzschicht wird vielmehr positiv elektrisch; auf der Form sammelt sich durch Vertheilung von der nächstliegenden positiven elektrischen Schicht aus negative Elektricität, während die entsprechende positive zur Erde geht.

Wird der Schild aufgesetzt und ableitend berührt, so erhält derselbe durch Vertheilung von der nächstliegenden — Schicht des Harzes aus eine positive Ladung, während die entsprechende negative zur Erde geht.

Nimmt man den Schild ab, so behält er seine + Ladung und kann dieselbe an andere Körper abgeben; wird er, nach Verlust seiner Ladung, wieder aufgesetzt und berührt, so erhält er wieder durch Vertheilung + Ladung. Man erhält also aus dem Schilde beliebig viele Male jene + Ladung, ohne dass die Ladung des Harzes an Stärke einbüsst.

Das Spiel des Apparates und namentlich seine in Versuchen dieser Art einzig dastehende Eigenschaft, die elektrische Ladung lange Zeit zu halten, beruhen auf dem Umstand, dass sich im Harze zwei entgegengesetzte elektrische Schichten bilden, die sich gegenseitig binden und das Abströmen verhindern. Ein ferneres Hauptmerkmal besteht darin, dass der Kuchen beinahe ganz von leitenden, zur Erde abgeleiteten Körpern (Schild und Form) umgeben wird; wäre dies nicht der Fall und hätte die Luft unmittelbaren Zutritt zu dem Harz, so würde dieselbe durch Fortführung die Ladungen des letzteren schwächen; die Metallbelegungen bilden also einen Schutz gegen die zerstreuende Wirkung der Luft.

3. Die Influenzelektrisirmaschine. Diese schöne Erfindung von Holtz und Töpler scheint in neuerer Zeit die Reibungselektrisirmaschine allmählig zu verdrängen; dieselbe zeichnet sich vor der letzteren durch viel kräftigere Elektricitätsentwickelung bei weit geringerer Drehungsarbeit aus, besitzt jedoch auch Nachtheile, welche der anderen Maschine nicht zukommen.

Die leitende Idee dieser Erfindung bestand darin, den Vorgang bei dem Elektrophor, wo durch das Aufsetzen, Berühren und Abheben des Schildes dieser stets wieder frisch mit Elektricität geladen wird, in einen continuirlichen zu verwandeln, d. h. alle diese Operationen durch eine einzige, die Drehung einer Scheibe, zu ersetzen.

Die Holtz'sche Maschine (Fig. 20 und 21) in der Gestalt, wie sie jetzt meistens ausgeführt wird, besteht aus einer festen Glasscheibe A und einer drehbaren B; das Glas beider Scheiben muss gut isolirend sein, es ist gewöhnlich mit einer dünnen Firnissschicht überzogen, die richtige Glassorte jedoch bedarf keines Firnisses. Gegenüber dem horizontalen Durchmesser der beweglichen Scheibe, etwas entfernt von derselben, stehen zwei horizontale messingene Kämme gg, ii mit Saugspitzen;

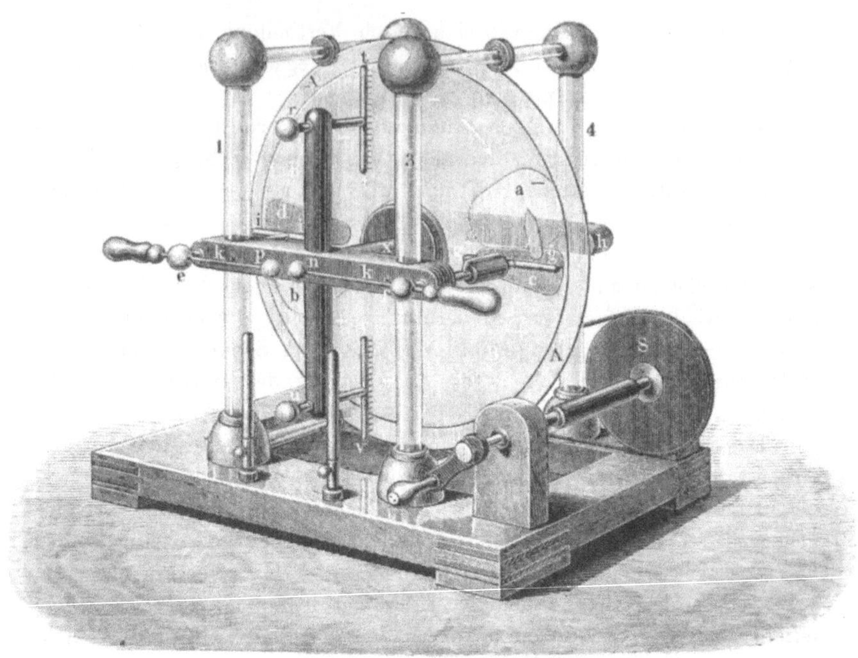

Fig. 20.

Fig. 21.

die Halter derselben sind nach vorn verlängert und endigen in zwei Messingknöpfen *e, f*, in welchen zwei mit Kugeln endigende und mit Horngummihaltern versehene Messingarme verschiebbar sind. In der festen Scheibe, oberhalb bez. unterhalb der Saugspitzen, sind zwei ovale Ausschnitte *a, b*, angebracht; direct gegenüber den Saugspitzen sind an der von der beweglichen Scheibe abgewendeten Fläche der festen Scheibe zwei ovale Papierstücke *c, d*, aufgeklebt, welche an den Rand der Ausschnitte reichen; mit diesen verbunden sind zwei in die Ausschnitte hereinragende zugespitzte Papierstreifen. In der neueren Form der Maschine sind diese Papierbelegungen, im Sinne der Rotation, weiter geführt und endigen in zwei ähnliche, in schiefer Richtung stehende Papierbelegungen; diesen letzteren gegenüber stehen, auf der vorderen Seite der beweglichen Scheibe, wieder zwei Kämme mit Saugspitzen, in radialer Stellung, welche an demselben, in der Mitte auf das Axenlager aufgesteckten Messingarm sitzen; dieser Arm steht mit keinem anderen Maschinentheil in leitender Verbindung. Bei der älteren Form der Maschine (Fig. 20 und 21) stecken zwei Kämme mit Saugspitzen, *rtt* und *uvv*, in einem verticalen Horngummistabe; der Kamm *tt* wird mit dem Kamm *gg*, *vv* mit *ii* metallisch verbunden.

Soll die Maschine in Gang gesetzt werden, so wird die bewegliche Scheibe in Drehung versetzt und während derselben ein mit Wolle oder Katzenfell geriebener Horngummistab an die eine Papierbelegung gehalten; die beiden Messingkugeln *p, n* müssen sich hierbei berühren; es ist ferner nützlich, wenn man die andere Papierbelegung mit der Hand ableitend berührt. Man wird nun ein eigenthümlich sausendes Geräusch hören, und zieht man die Messingkugeln aus einander, so geht ein continuirlicher Funkenstrom von mehreren Zollen Länge zwischen denselben über.

Was die Erklärung der Vorgänge bei dieser Maschine betrifft, so beschränken wir uns hier auf diejenige des Hauptvorganges.

Wenn die eine Papierbelegung, z. B. *c*, negativ geladen wird, so wirkt sie inducirend auf den Spitzenkamm *gg*; die beiden Glasscheiben, welche dazwischen liegen, hindern diese Induction nicht wesentlich. Es strömt nun die angezogene positive Elektricität aus den Spitzen auf die äussere (den Spitzen zugekehrte) Fläche der beweglichen Scheibe und ladet dieselbe positiv; die negative wird in den Messinghalter des Kammes hinein abgestossen. Es ist ferner nachweisbar, dass die innere (der festen Scheibe zugekehrte) Fläche der beweglichen Scheibe ebenfalls positiv elektrisch wird; wahrscheinlich bilden sich im Inneren des Glases mehrere verschiedene elektrische Schichten, wie im Harze des Elektrophors; die beiden Endflächen werden gleichnamig (+), die innere Schicht des Glases wird ungleichnamig (—) elektrisch. Diese Ladung der beweglichen Scheibe wird während der Drehung derselben bis zum zweiten Spitzenkamm *ii* theilweise durch die Gegenwart der festen Scheibe festgehalten, indem auf der Oberfläche derselben durch die Ladung der beweglichen Scheibe eine entgegengesetzte Ladung inducirt wird, welche die erstere anzieht.

Wenn nun die eben + geladene Stelle der Scheibe in die Nähe des zweiten Kammes *ii* und der zweiten Papierspitze gelangt, so wirkt sie wieder inducirend auf beide, und es strömt negative Elektricität aus den Messingspitzen auf die äussere Fläche, aus der Papierspitze auf die innere; die positive Ladung der Scheibe wird vermindert. Wenn nun während der Drehung die vorbeistreichenden, + geladenen Stellen der beweglichen Scheibe stets inducirend auf die Papierbelegung wirken, so wird diese immer stärker + geladen, indem sie ihre negative Elektricität an die Scheibe abgibt; schliesslich ist ihre Ladung und ihre Induction auf den Kamm so stark, dass die Spitzen nicht nur die Ladung der Scheibe vernichten, sondern dieselbe — laden, und zwar auf beiden Seiten. Die positive Elektricität des Kammes wird in den Messinghalter hinein abgestossen.

Kommt nun wieder die jetzt — geladene Scheibe zwischen die erste Papierspitze und den ersten Messingkamm *gg*, so wirkt sie durch Induction auf die bereits — geladene Papierbelegung und den Kamm; von der Papierspitze und den Kammspitzen strömt positive Elektricität auf dieselbe und vernichtet ihre negative Ladung. Die hierdurch noch stärker geladene Papierbelegung wirkt ausserdem wieder inducirend auf den Kamm, so dass die Spitzen desselben durch Ausströmen positiver Elektricität die Scheibe wieder positiv laden.

Man sieht, dass nun der ganze Process continuirlich bleiben und sich allmählig zu einer Intensität steigern muss, deren Grenzen nur von den Isolationsverhältnissen, der Zerstreuung in die Luft u. s. w. abhängen; entfernt man die beiden Messingkugeln *p*, *n* von einander, so geht (Fig. 20) von rechts nach links ein Strom negativer, von links nach rechts ein Strom positiver Elektricität, in Form von Funken, über. Während der Drehung bietet der Apparat folgende elektrische Vertheilung dar: die Belegung rechts ist — geladen, ihre Spitze strömt positive Elektricität aus, diejenige links ist + geladen, ihre Spitze strömt negative Elektricität aus; die bewegliche Scheibe ist in der unteren Hälfte der Rotation +, in der oberen Hälfte — geladen; der Kamm rechts strömt positive, der Kamm links negative Elektricität auf die Scheibe aus. Im dunkeln Zimmer lassen sich die beiden Elektricitäten leicht von einander unterscheiden: alle **negative** Elektricität ausströmenden Stellen zeigen leuchtende **Punkte**, alle **positive** Elektricität ausströmenden Stellen leuchtende **Büschel** oder **Garben**.

4. Vorsichtsmassregeln; Versuche mit der Elektrisirmaschine. Obgleich die Influenzelektrisirmaschine grosse Vortheile und Annehmlichkeiten vor der Reibungselektrisirmaschine voraus hat, so besitzt sie doch eine nachtheilige Eigenschaft, welche für gewisse Zwecke das Arbeiten mit derselben beinahe zur Unmöglichkeit macht; dies ist ihre *Empfindlichkeit gegen die Feuchtigkeit der Luft.* Die Reibungselektrisirmaschine wird auch bei feuchter Atmosphäre nie ganz versagen, sie braucht nicht erst in Gang gesetzt zu werden, jeder Ruck an der Scheibe erzeugt Elektricität; die Influenzelektrisirmaschine dagegen muss immer erst „angesteckt“ werden, bei feuchter Atmosphäre kommt sie oft nur dadurch in Gang, dass man sie auseinander nimmt und die Scheiben sorgfältig erwärmt; um ihrer Wirkung sicher zu sein, ist es daher zweckmässig, in dem hölzernen Fussbrett unter den Scheiben einen Ausschnitt und darunter ein Kohlenbecken anzubringen. Alle Horngummifüsse sollten vor dem Versuch mit warmen Tüchern abgerieben werden, um die Feuchtigkeit auf der Oberfläche zu entfernen. Alle Horngummistücke müssen Politurglanz besitzen, wenn sie gut isoliren sollen; sowie ihre Oberfläche matt und rauh wird, fängt sie an leitend zu werden.

In allen Isolatoren ist im Allgemeinen, auch im Ruhezustande, etwas elektrische Ladung vorhanden; bei feineren Versuchen müssen daher die dieselben berührenden Metallconductoren stets vorher mehrmals zur Erde abgeleitet werden.

Als Ableitung zur Erde genügt meist eine Berührung mit der Hand oder das Anlegen einer Kette, welche auf den Zimmerboden herabhängt; die beste „Erde“ ist Verbindung mit Wasser- oder Gasleitung.

Die gewöhnlichsten Versuche mit der Elektrisirmaschine sind folgende:

Der *Hollundermarkkugeltanz* (Fig. 22) beruht darauf, dass leichte Körper, hier Stücke von Hollundermark, von elektrisch geladenen Flächen zuerst angezogen, dann nach Berührung wieder abgestossen werden. Ein Glas ist oben und unten mit leitenden Deckeln versehen, der eine wird mit dem Boden, der andere mit dem Conductor der Maschine in Verbindung gebracht; die Kügelchen fahren alsdann hin und her.

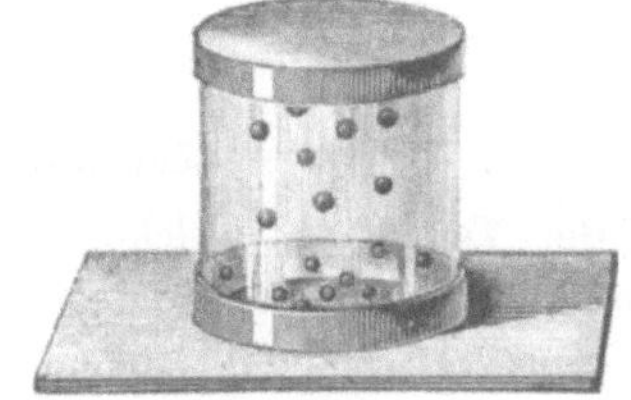

Fig. 22.

Aehnlich sind das *elektrische Pendel*, das *elektrische Glockenspiel* u. s. w.

Der *Isolirschemel* (Fig. 23) ist ein Brett mit isolirenden Füssen;

an der Person, welche sich darauf stellt und die Hand an den Conductor der Elektrisirmaschine legt, sträuben sich die Haare; die Umstehenden können aus derselben Funken ziehen, aber auch umgekehrt kann die elektrisirte Person aus den Umstehenden Funken ziehen. Gummiüberschuhe isoliren ebenso gut, wie der Schemel.

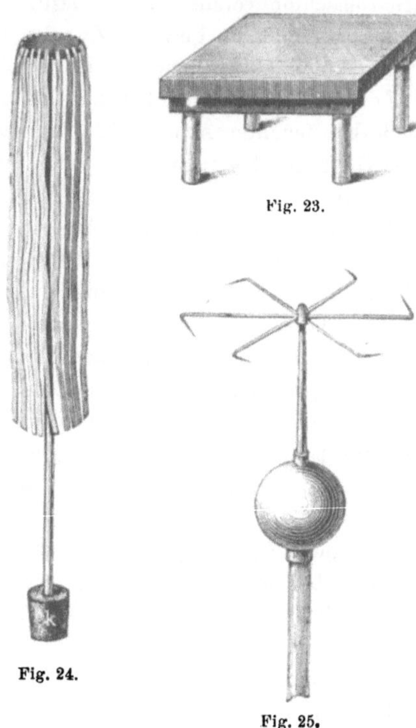
Fig. 23.

Fig. 24.

Fig. 25.

Der Papierbüschel (Fig. 24) besteht aus einer Anzahl an einem Messingdraht befestigter, leichter Papierstreifen; setzt man den Draht auf den Conductor, so fahren die Streifen auseinander.

Das elektrische Reactionsrad (Fig. 25) wirkt in Folge der Ausströmung aus Spitzen. Leichte Drähte, die in rechtwinklig umgebogene Spitzen endigen, sind kreuzförmig verbunden und spielen auf einer Metallspitze, die mit dem Conductor verbunden ist. Das Ausströmen der Elektricität übt eine Reaction aus, ähnlich derjenigen des Wassers im Segnerschen Wasserrad; das Rädchen dreht sich, als wenn die Spitzen zurückgestossen würden.

Versuche mit der Leydner Flasche.

Bei Versuchen, welche kräftiger Wirkungen bedürfen, muss die Leydner Flasche angewendet werden. Um eine Leydner Flasche zu laden mit der Reibungs- oder Influenzelektrisirmaschine, wird der eine Conductor zur Erde abgeleitet (bei der ersteren Maschine derjenige des Reibzeuges, bei der letzteren einer der beiden verschiebbaren Messingarme), ebenso die äussere Belegung der Flasche; der Knopf der Flasche wird nahe an den anderen Conductor gehalten, so dass Funken überspringen. Die bekanntesten Versuche mit der Leydner Flasche sind folgende:

Entzündung von Aether, Schiessbaumwolle u. s. w; die brennbaren Körper werden irgendwie zwischen die beiden Punkte gelegt, zwischen welchen die Entladung stattfindet.

Explosion von Knallgas; elektrische Pistole. Ein mit einem Korke verschlossenes Messingrohr wird mit Knallgas gefüllt; in das Rohr ist ein in zwei Messingkugeln endigender Messingdraht isolirt eingesetzt, die innere Kugel wird nahe dem Boden des Gefässes gestellt; lässt man hier einen Funken überspringen, so explodirt das Gas und der Kork fliegt ab.

Auf ähnliche Weise sind die verschiedenen Patronen für Funkenzündung (Fig. 26) gebaut, welche in neuerer Zeit zu Zündungen und Sprengungen jeder Art, bei Torpedos, Steinsprengungen, beim elektrischen Abfeuern der Geschütze u. s. w. zur Verwendung kommen; der Raum zwischen den beiden mit den Flaschenbelegungen verbundenen Leitern ist mit dem nicht oder schlecht leitenden Zündmaterial angefüllt, so dass der Funke dasselbe durchbrechen muss. Zur Erzeugung des Funkens jedoch dienen meist andere Apparate, als die Leydner Flasche.

Fig. 26.

Wenn man zwei Spitzen mit den Belegungen der Flasche verbindet und zwischen die Spitzen ein Kartenblatt legt, so wird dasselbe durch die Entladung der Flasche stets an der negativen Spitze durchbohrt. (Lullin'scher Versuch.)

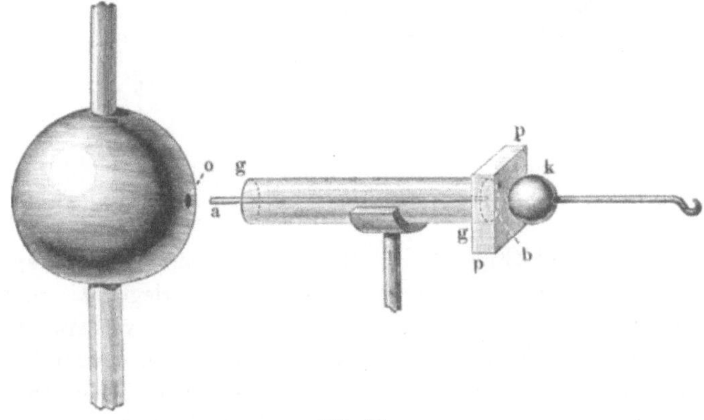

Fig. 27.

Um Glasplatten zu durchbohren, dient am besten der Apparat Fig. 27. gg ist ein massiver Glascylinder mit enger Höhlung, in welche der Stahldraht a eingesetzt wird; dieser Stahldraht ist vorne zugespitzt und gehärtet; das Ende a wird in die Oeffnung o einer Messingkugel geschoben, bis das Glas an dem Messing anliegt. Die zu durchbohrende Glasplatte pp ist vorne auf den oben abgeschliffenen Cylinder gg aufgekittet; die mit der andern Belegung verbundene Kugel k wird gegen die Platte angedrückt. Die Dicke des Glascylinders muss jedenfalls grösser sein, als diejenige der Glasplatte.

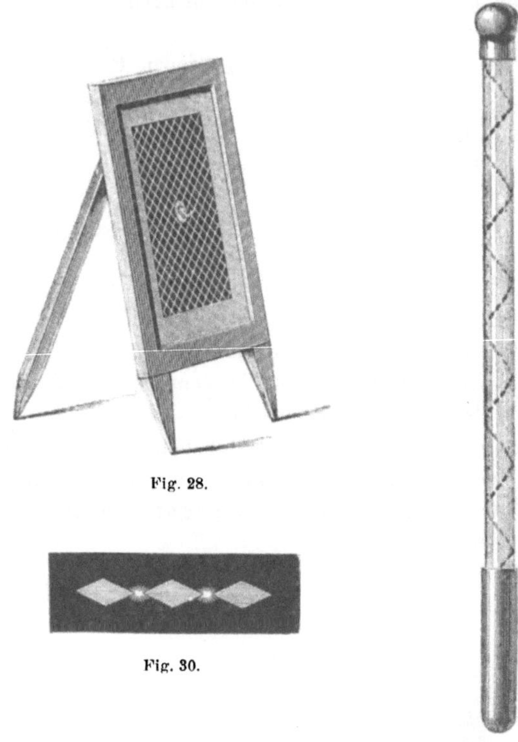

Fig. 28.

Fig. 30.

Fig. 29.

Eine *Blitztafel* (Fig. 28) ist eine Franklin'sche Tafel, deren eine Belegung durch Schnitte in lauter kleine Felder zerlegt ist; wird die hintere Fläche zur Erde abgeleitet und die Mitte der vorderen Fläche mit der Elektrisirmaschine verbunden, so sieht man, namentlich im Dunkeln, zwischen den Feldern Funken überspringen. Aehnlich wirkt eine *Blitzröhre* (Fig. 29); zwischen den Endbelegungen der Röhren befindet sich eine Reihe von getrennten kleinen Feldern von Stanniol (Fig. 30); die Röhre wird an dem einen Ende angefasst und mit dem anderen an den Conductor der Elektrisirmaschine gehalten.

5. Elektroskope. Wir fügen an dieser Stelle die Beschreibung von einigen Elektroskopen ein, d. h. von Instrumenten, welche bei den Experimenten mit Reibungselektricität dazu dienen, den elektrischen Zustand eines Körpers zu prüfen.

Das einfachste und gewöhnlichste, welches auf der Abstossung zweier Goldblättchen beruht, haben wir bereits in Fig. 1, Seite 6, kennen gelernt.

Ein wesentlich verbessertes Goldblattelektroskop ist das Fechner'sche (Fig. 31). Ein einziges Goldblatt ist zwischen zwei Messingscheiben *a* und *g* aufgehängt; diese beiden Scheiben sind permanent geladen, die eine positiv, die andere negativ; wenn daher dem Goldblatt von Aussen durch den vorstehenden Messingknopf irgend welche Ladung mitgetheilt wird, so wird es von der ungleichnamig geladenen Scheibe angezogen. Die Scheiben können beliebig nah oder weit gestellt, und dem Instrument so verschiedene Grade von Empfindlichkeit gegeben werden: die Messingarme *c* und *f*, an denen sie befestigt sind, sind in Gelenken an den Kappen des im unteren Kasten horizontal liegenden Glascylinders drehbar. Dieser Cylinder enthält eine sogenannte Zamboni'sche oder trockene Säule, welche wir weiter unten besprechen werden; dieselbe ist eine Art Elektrisirmaschine, welche die Kappen des Cylinders und daher die Scheiben *e* und *g* stets mit Elektricität versorgt. Dieses Elektroskop ist bedeutend empfindlicher, als das erstgenannte, und besitzt ausserdem den Vorzug, nicht nur eine elektrische Ladung überhaupt, sondern auch deren Qualität, ob positiv oder negativ, anzugeben.

Fig. 31.

Ein zu eigentlichen Messungen verwendbares Instrument ist das Dellmann'sche Elektrometer (Fig. 32). Dasselbe ist eine Abänderung der sogenannten Coulomb'schen Drehwage; da es aber zugleich die jetzt verbreitetste Form des letzteren Instrumentes ist, unterlassen wir die Beschreibung des letzteren. Ein Metallstreifen *aa* ist fest aufgestellt; er besitzt in der Mitte eine kleine Höhlung und seine beiden Hälften sind in der in Fig. 33 angedeuteten Weise geformt, so dass eine bewegliche Nadel *nn* sich vollständig an denselben anlegen kann. Die Nadel *nn* besteht ebenfalls aus Metall, ist jedoch durch Schelllack isolirt, an einem Cocon- oder Glasfaden aufgehängt.

Unter den beiden Nadeln befindet sich ein getheilter Kreis, ein zweiter getheilter Kreis *k* ist oben am Kopfe des Glasrohres angebracht, in welchem der Faden hängt. Der Faden ist an einem Messingstück befestigt, an welchem der Griff *g* und der Zeiger *z* sitzt; durch Drehung an dem Griff *g* kann also der Faden tordirt werden, und an dem Zeiger *z* und dem Kreis *k* lässt sich der Torsionswinkel ablesen. Um eine Messung auszuführen, wird zuerst die bewegliche Nadel mit ganz

Fig. 33.

schwachem Druck an die feste *aa* angelegt; dann werden beide mit der zu messenden Elektricität geladen, die bewegliche Nadel wird abgestossen; nun wird die letztere vermittelst Torsion des Fadens oben am Griff *g* zurückgedreht, bis die Ablenkung einen bestimmten Werth, z. B. 10°, erreicht hat. Die Messung einer zweiten elektrischen Ladung geschieht ebenfalls, indem man die Nadel wieder auf 10° zurückbringt; die abgelesenen Torsionswinkel verhalten sich alsdann wie die Quadrate der Ladungen.

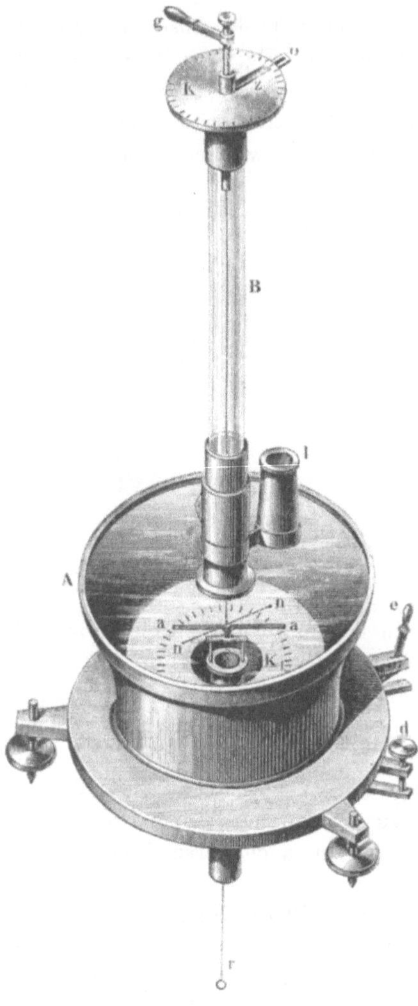

Fig. 32.

Das feinste Elektrometer, dasjenige von Sir William Thomson, welches namentlich auch zur Messung von geringeren Spannungen, als den von der Reibungselektricität veranlassten dient, werden wir im Anhang unter den Messinstrumenten beschreiben.

B. Erzeugung von Elektricität durch Berührung heterogener Körper.

(Galvanismus.)

Wir haben bereits bei der allgemeinen Betrachtung des elektrischen Zustandes bemerkt, dass bei der Berührung chemisch verschiedener Körper stets elektrische Zustände entstehen, ebenso wie bei der Reibung. Die auf beide Arten hervorgebrachten elektrischen Zustände sind qualitativ durchaus dieselben, der elektrische Zustand eines Körpers besitzt dieselben Eigenschaften und unterliegt denselben Gesetzen, mag derselbe durch Reibung oder durch Berührung entstanden sein.

Dennoch sind die beiden Arten von Elektricitätserzeugung faktisch, d. h. in der Experimentirtechnik, völlig getrennt; ein Instrument, das für galvanische Elektricität gebaut wurde, ist meist unbrauchbar für Reibungselektricität und umgekehrt; eine Messmethode, die für die eine Klasse von elektrischen Zuständen gilt, gilt meist nicht für die andere. Die Ursache zu dieser Trennung beider Klassen von Erscheinungen, trotz ihrer nahen inneren Verwandtschaft, liegt darin, dass die durch Berührung und die durch Reibung hervorgebrachten elektrischen Zustände sich quantitativ bedeutend unterscheiden, und zwar gibt im Allgemeinen die Berührungselektricität grosse Menge von Elektricität, aber geringe Spannung, die Reibungselektricität geringe Menge, aber grosse Spannung.

Dass durch diesen Unterschied die beiden Klassen von Erscheinungen in experimenteller Beziehung getrennt werden, leuchtet ein, wenn wir bedenken, dass namentlich der Begriff der Isolation experimentell immer relativ ist. Wenn wir von einem Körper sagen, dass er isolirt, so ist damit nur gemeint, dass unter den gegebenen Verhältnissen, bei der betreffenden Spannung der Elektricität, mit dem betreffenden Instrument, keine Leitung durch den Körper hindurch zu bemerken ist. Viele Körper aber, die für Berührungselektricität Isolatoren sind, werden Leiter, wenn auch schlechte, bei Anwendung von Reibungselektricität. Schon aus diesem Grunde also müssen Eperimente mit Reibungselektricität ganz andere Einrichtungen erhalten als diejenigen mit galvanischer Elektricität. Die im vorigen Kapitel angeführten Versuche werden zwar stets mit Reibungselektricität ausgeführt; dieselben gelten jedoch für Elektricität von jeder Erzeugungsart, nur verlangen dieselben bei Anwendung anderer Elektricitätsquellen andere Instrumente statt des Elektroskopes.

6. Berührung zwischen Metallen. Die erste Grundthatsache der sog. Berührungselektricität oder des *Galvanismus*, wie dieselbe nach ihrem Entdecker *Galvani* genannt wird, ist folgende:

Wenn zwei Metalle sich berühren, so werden dieselben verschieden elektrisch.

Diese Thatsache ist vielfach bestritten worden, theils weil die dieselbe begründenden Versuche beinahe auf keine Weise einwurfsfrei sich anstellen lassen, theils weil dieselbe im Widerspruch zu stehen scheint mit dem allgemeinen mechanischen Princip der Erhaltung der Kraft. Den letzteren Punkt werden wir bei den Ursachen der Bildung des elektrischen Stroms besprechen; hier erörtern wir nur die Erscheinungen des elektrischen Gleichgewichts.

Derjenige Versuch, durch welchen diese Thatsache zuerst bewiesen oder wahrscheinlich gemacht wurde, ist der *Volta'sche Fundamentalversuch*, s. Fig. 34.

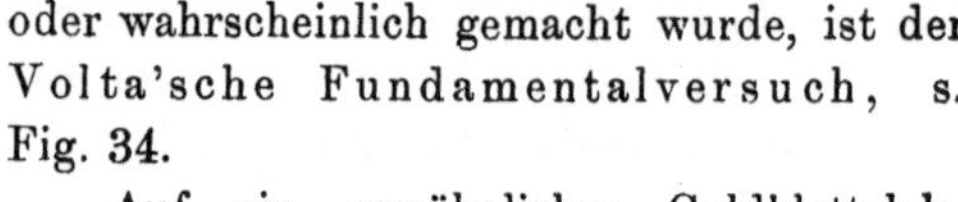

Fig. 34.

Auf ein gewöhnliches Goldblattelektroskop ist statt des Knopfes eine oben lackirte Kupferscheibe aufgeschraubt; auf diese lässt sich eine unten lackirte Zinkscheibe, die mit einem Glasstiel versehen ist, aufsetzen; mit einem gebogenen Zink- oder Kupferdraht lassen sich die unlackirten, äusseren Flächen der beiden Scheiben mit einander in Verbindung bringen. Man leitet zuerst etwa vorhandene Elektricität aus dem Elektroskop ab durch Berührung mit der Hand, so dass die Goldblättchen zusammenfallen, wenn sie vorher etwas divergirten; man setzt dann die Zinkscheibe auf, berührt beide Scheiben mit dem Draht, entfernt den Draht und nimmt die Zinkscheibe ab. Nun werden die Goldblättchen divergiren; und zwar ist die Ladung eine negative, denn ein geriebener Glasstab führt bei Annäherung die Goldblättchen wieder zusammen. Wird die Zinkplatte auf das Elektroskop geschraubt und eine Kupferplatte erst aufgesetzt und dann abgehoben, so ist die Ladung eine positive.

Der Haupteinwurf, welcher gegen die Beweiskraft dieses Versuches erhoben wird, besteht darin, dass das Anlegen und Abnehmen des Drahtes und der oberen Scheibe nicht ohne Reibung sich ausführen lässt und daher möglicherweise die elektrischen Ladungen durch Reibung hervorgebracht sind.

Der folgende Versuch ist wenigstens von diesem Einwand frei.

Ueber einer Scheibe, deren an einander gelöthete Hälften bez. aus Zink und aus Kupfer bestehen, wird in der Richtung der Theilungslinie eine um verticale Axe drehbare Metallnadel *N* aufgehängt und mit der inneren Belegung einer stark geladenen Leydner Flasche verbunden. Ist die Ladung der letzteren positiv, so dreht sich die Nadel nach der Kupferhälfte hin, ist die Ladung negativ, nach der Zinkhälfte; dagegen erfolgt keine Bewegung, wenn die Scheibe aus einem einzigen Metall besteht.

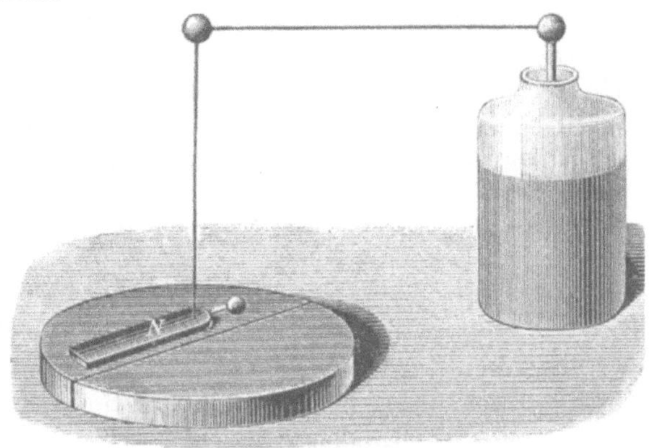

Fig. 35.

7. Spannungsreihe. Untersucht man stets auf dieselbe Weise die bei Berührung der Metalle auftretenden Spannungen und ordnet die Metalle nach der Stärke der Spannungen, so findet man die sogenannte Spannungsreihe und deren Gesetz. Diese Reihe ist für die bekannteren Metalle (und Kohle) die folgende:

+	
Zink	Antimon
Cadmium	Wismuth
Eisen	Kupfer
Zinn	Silber
Blei	Platin
Aluminium	Kohle
Nickel	—

Diese Reihe, deren Enden mit + und — bezeichnet werden, hat zunächst die Eigenschaft, dass bei Berührung zweier beliebiger Metalle dasjenige + elektrisch wird, welches dem + Ende der Reihe näher liegt, das andere, dem — Ende näher liegende, — elektrisch. So wird bei Verbindung von Eisen mit Zink das Eisen —, das Zink + elektrisch, dagegen bei Verbindung von Eisen mit Kupfer Eisen +, Kupfer — elektrisch. Hieraus folgt, dass das am + Ende stehende Zink in

Verbindung mit allen übrigen Metallen +, die am Ende stehende Kohle mit allen übrigen Metallen — elektrisch wird.

Diese Reihe befolgt aber ausserdem ein quantitatives wichtiges Gesetz.

Wendet man ein Elektrometer feinerer Construction an (wie später zu beschreiben), so kann man für jede Combination zweier Metalle die erregten Spannungen in einheitlichem Masse messen; man findet alsdann, dass die Spannungsdifferenz zweier beliebiger Metalle gleich der Summe der Spannungsdifferenzen der zwischenliegenden Metalle ist.

Untersucht man z. B. erst Zink/Zinn, dann Zinn/Kupfer und endlich Zink/Kupfer, so wird in jeder Combination das erstgenannte Metall +, das andere —, und man hat für die Grösse der Spannungsdifferenzen:

Zink/Zinn + Zinn/Kupfer = Zink/Kupfer.

Wählt man mehrere in der Spannungsreihe zwischen Zink und Kupfer liegende Metalle, z. B. Eisen, Blei, Antimon, so hat man in ähnlicher Weise für die Spannungsdifferenzen:

Zink/Eisen + Eisen/Blei + Blei/Antimon + Antimon/Kupfer
= Zink/Kupfer.

Dieses Gesetz ist die Basis des ganzen Galvanismus; dasselbe zeigt ein eigenthümliches Verhalten der Metalle unter einander in elektrischer Beziehung, welches den übrigen Leitern der Elektricität nicht zukommt. Man nennt desshalb auch die der Spannungsreihe gehorchenden Körper Leiter erster Klasse, die übrigen Leiter zweiter Klasse; auf der Wechselwirkung beider Arten von Körpern beruht, wie wir gleich sehen werden, das Wesen der wichtigsten Elektricitätsquelle, der galvanischen Batterie.

Ausser den Metallen und der Kohle sind noch wahrscheinlich als Leiter der ersten Klasse zu betrachten: einige Superoxyde von Metallen, wie Mangansuperoxyd, Bleisuperoxyd und einige Schwefelverbindungen, wie Bleiglanz, Schwefelkies.

8. Berührung zwischen Metallen und Flüssigkeiten. Ganz anders verhalten sich Metalle und Flüssigkeiten. Im Allgemeinen wird ein Metall, das in Wasser oder eine Säure gesteckt wird, kräftig — oder schwach + elektrisch, und zwar werden im Allgemeinen die dem + Ende der Spannungsreihe nahe stehenden Metalle stärker — als die nahe dem — Ende stehenden, oder es werden die letzteren schwach +. Die Versuche sind jedoch von so vielen Nebenumständen, Beschaffenheit der Metalloberflächen, Zeitdauer des Eintauchens u. s. w. abhängig, dass ein klares Bild sich nicht gewinnen lässt; jedenfalls gilt hier das

Gesetz der Spannungsreihe nicht, und man hat desshalb die Flüssigkeiten als Leiter zweiter Klasse bezeichnet.

In quantitativer Beziehung sind die zwischen Metallen und Flüssigkeiten auftretenden Spannungsunterschiede erheblich geringer als diejenigen zwischen Metallen, aber sie sind keineswegs so gering, dass man sie ausser Acht lassen darf.

Hauptsächlich interessirt der Fall, welcher eintritt, wenn man zwei verschiedene Metalle in eine Flüssigkeit steckt, den Spannungsunterschied der Metalle misst und mit demjenigen vergleicht, der bei unmittelbarer Berührung der Metalle erfolgt.

Hier zeigt sich nun, dass der Spannungsunterschied **mit** Flüssigkeit entgegengesetzt demjenigen **ohne** Flüssigkeit und viel geringer ist. Wird z. B. der bei unmittelbarer Berührung von Zink und Kupfer entstehende Spannungsunterschied + 100 gesetzt und wird Zink zur Erde abgeleitet, so hat Zink die Spannung 0, Kupfer — 100. Werden dagegen beide Metalle in Wasser gesteckt, so erhält man den Spannungsunterschied — 29 bis — 12 (nach verschiedenen Methoden); wenn also Zink abgeleitet wird und die Spannung 0 erhält, so beträgt die Spannung auf dem Kupfer + 29 bis + 12.

9. Berührung zwischen beliebigen Körpern; Zusammenhang mit Reibungselektricität. Auch zwischen leitenden Flüssigkeiten entstehen Spannungsunterschiede, ebenso zwischen Halbleitern und Nichtleitern unter einander und mit Metallen; kurz, man findet, mit feinen Beobachtungsmethoden, stets Spannungsunterschiede bei Berührung verschiedener Körper, gleichviel welcher Natur dieselben sind. Das einzige Gesetzmässige jedoch, das man in dem ganzen grossen Bereich dieser Erscheinungen findet oder wenigstens bis jetzt gefunden hat, ist das Gesetz der Spannungsreihe für die Leiter erster Klasse.

Dieses allgemeine Verhalten aller Körper eröffnet die Möglichkeit eines Zusammenhanges mit der anderen, scheinbar ganz getrennten Art der Elektricitätserzeugung, derjenigen durch Reibung.

Bei dieser letzteren werden zwei Isolatoren an einander gerieben; nach dem Obigen entsteht aber ein Spannungsunterschied zwischen denselben bei blosser Berührung. Nun ist allerdings die Reibung praktisch nöthig, um erhebliche Elektricitätsmengen zu erhalten; diese Nothwendigkeit lässt sich aber aus dem Mangel an Leitungsfähigkeit jener Isolatoren erklären.

Berühren zwei gute Leiter einander, so erhält die ganze Oberfläche eines jeden eine bestimmte Spannung; die entwickelte Elektricitätsmenge entspricht also im Allgemeinen dieser ganzen Oberfläche, wenn auch die Berührungsfläche klein ist. Bei einem Nichtleiter werden nur die Theilchen, welche sich berühren, elektrisirt, also nur sehr geringe Elektricitätsmengen entwickelt; um praktisch brauchbare Mengen zu erhalten, muss man die Berührungsfläche möglichst vergrössern, und dies geschieht eben durch die Reibung.

Dieser Gedanke ist durchaus nicht bewiesen; wir erwähnen denselben nur wegen der Wichtigkeit der Möglichkeit, welche er eröffnet.

10. Die Volta'sche Säule. Wie erst die Elektrisirmaschine der Reibungselektricität ihre eigentliche Bedeutung verlieh, so wurde die Berührungselektricität erst durch die Erfindung der Volta'schen Säule die wichtige Quelle physikalischer Kenntnisse, welche sie heute noch ist.

Alle bisher in diesem Gebiet mitgetheilten Versuche sind schwierig und mühsam, weil nur ganz geringe Elektricitätsmengen in denselben zu Tage treten; es musste sich daher damals, als diese Versuche noch die einzigen dieser Art waren, die Frage aufdrängen, ob sich die Spannungen und die Elektricitätsmengen nicht vergrössern, „multipliciren“, lassen.

Mittelst irgend welcher Combination der Metalle oder der Leiter erster Klasse ist dies nicht möglich; denn nach dem Gesetz der Spannungsreihe ist der Spannungsunterschied zwischen Anfang und Ende einer Kette einander berührender Metalle immer gleich demjenigen Spannungsunterschied, den die Endglieder annehmen, wenn keine Zwischenglieder vorhanden sind. So wird z. B. die Spannung zwischen Zink und Kupfer nicht grösser, wenn man zwischen dieselbe eine beliebige Anzahl andererer Metalle schaltet; auch, wenn man Zink und Kupfer beliebig oft unter einander abwechseln lässt, also eine Kette von beliebig vielen Zink-Kupfergliedern bildet, erhalten die Endglieder denselben Spannungsunterschied, wie wenn sie unmittelbar einander berührten.

Die Lösung der Aufgabe ist nur durch Zuhilfenahme von Leitern zweiter Klasse möglich und dies hat Volta zur Erfindung seiner Säule geführt.

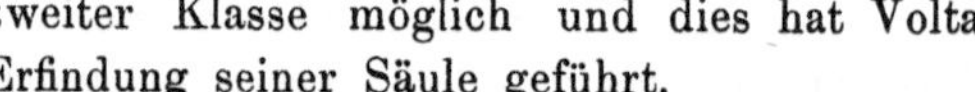

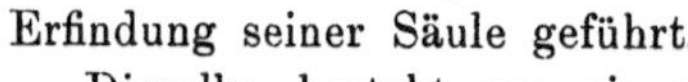

Fig. 36.

Dieselbe besteht aus einer beliebigen Anzahl über einander geschichteter „Elemente“, s. Fig. 36, von denen jedes aus einer Platte aus Zink, einer solchen aus Kupfer und einer mit verdünnter Schwefelsäure getränkten Filzscheibe besteht. Man legt z. B. zu unterst eine Zinkplatte, auf dieselbe eine Filzscheibe, hierauf eine Kupferplatte, fährt in der Reihenfolge: Zink, Filz, Kupfer, beliebig lange fort und endigt mit einer Kupferscheibe.

Um zu finden, welche Grösse die Endspannung, d. h. der Spannungsunterschied zwischen dem untersten Zink und dem obersten

Kupfer, erhält, muss man die Veränderung der Spannung von einer Schicht zur andern verfolgen und sich dabei vergegenwärtigen, dass die oben mitgetheilten Thatsachen über die auf den einzelnen Schichten auftretenden Spannungen sich nur auf Spannungsunterschiede, nicht auf die absoluten Werthe der Spannungen beziehen. Zwischen Zink und Kupfer z. B. herrscht stets ein bestimmter Spannungsunterschied, gleichviel wie hoch die Spannungen selbst sind; setzt man diesen Unterschied $= 1$, so hat Zink die Spannung $+ 1$, wenn Kupfer die Spannung 0, oder Zink $+ 30$, wenn Kupfer $+ 29$, oder Zink $- 40$, wenn Kupfer $- 39$, u. s. w.

Wird die unterste Zinkplatte zur Erde abgeleitet, so hat sie die Spannung Null. Oben haben wir gesehen, dass, wenn Zink und Kupfer in angesäuertes Wasser gesteckt werden und Zink die Spannung Null hat, Kupfer ungefähr die Spannung $- 0.2$ erhält, wenn die Spannung Zink/Kupfer $= 1$ gesetzt wird; hier herrscht derselbe Fall, denn die Filzscheibe wirkt nur wie eine Schicht angesäuertes Wasser; die erste Kupferscheibe erhält also etwa $- 0.2$.

Um die Spannung auf der zweiten Zinkscheibe zu erhalten, hat man zu derjenigen des Kupfers $+ 1$ zu addiren; das zweite Zink hat also $+ 0.8$. Geht man in dieser Weise weiter, so sieht man, dass das zweite Kupfer die Spannung $+ 0.6$, das dritte Zink $+ 1.6$, das dritte Kupfer $+ 1.4$, das vierte Zink $+ 2.4$ u. s. w. hat. Bemerkt man, dass das erste Kupfer $- 0.2$, das zweite $+ 0.6$, das dritte $+ 1.4$ hat, so ergibt sich leicht, dass das zehnte Kupfer $9 \times 0.8 - 0.2 = 7.0$, das zwanzigste Kupfer $19 \times 0.8 - 0.2 = 15.0$ u. s. w. Spannung hat.

Wir hatten mit Zink angefangen und mit Kupfer geendigt; will man aber die erhaltenen Endspannungen nach irgend einem Apparat fortleiten, so muss man Drähte aus einem leicht zu beschaffenden und doch gut leitenden Metalle anlegen, d. h. Kupferdrähte. Legt man aber an das unterste Zink einen Kupferdraht an, so erhält der letztere nicht die Spannung Null, wie das Zink, sondern $- 1$, weil zwischen Zink und Kupfer stets der Unterschied $+ 1$ herrschen muss.

Wir legen nun nicht das unterste Zink, sondern den mit demselben verbundenen Kupferdraht an Erde; das erste Zink erhält dadurch die Spannung $+ 1$ statt Null, das erste Kupfer $+ 0.8$ statt $- 0.2$ und das zwanzigste Kupfer $+ 16.0$ statt $+ 15.0$.

Als allgemeines Resultat ergibt sich, dass, wenn der Zinkpol die Spannung Null oder nahe Null hat, der Kupferpol eine positive Spannung zeigt; legt man die Mitte der Säule an Erde, so wird der Zinkpol ebenso stark negativ elektrisch, wie der Kupferpol positiv elektrisch. Was ferner die Grösse der Endspannung betrifft oder den Unterschied der äussersten Platten, so wächst dieselbe mit der

Anzahl der „Elemente“, ist aber geringer, als die mit der Elementenzahl multiplicirte Spannungsdifferenz Zink/Kupfer.

Betrachtet man die Verhältnisse nur im Groben, so kann man sich dahin ausdrücken, dass der Sinn der Spannungsreihe durch das Zwischensetzen eines Leiters zweiter Klasse umgekehrt wird, dass aber ihr Gesetz insofern noch gilt, als die Endspannung ungefähr proportional der zwischen den beiden Metallen allein beobachteten Spannung ist.

Denn, wenn statt des Kupfers z. B. Platin genommen wird, welches mit Zink direct die Spannungsdifferenz 1.23, dagegen mit Zink in angesäuertem Wasser etwa — 0.15 zeigt, so erhält, wenn der untere Kupferdraht die Spannung Null hat, das erste Zink + 1, das erste Platin + 1 — 0.15 = + 0.85, das zweite Zink + 0.85 + 1.23 = 2.08, das zweite Platin 2.08 — 0.15 = 1.93; von jedem Platin zum nächsten wächst die Spannung um 1.08, das zwanzigste Platin hat also die Spannung + 0.85 + 19 × 1.08 = 21.37 und der angelegte Kupferdraht 21.37 — 0.23 = 21.14.

Im Groben gerechnet, steht die Endspannung der Säule Zink/Kupfer (16.0) in demselben Verhältniss zur Endspannung der Säule Zink/Platin (21.14) wie die Spannung Zink/Kupfer (1.0) zu derjenigen Zink/Platin (1.23); die genauere Rechnung ergibt sich aus obigen Beispielen; die Zeichen sind bei den Säulen entgegengesetzt denjenigen bei Metallen ohne Flüssigkeiten.

Volta hatte ursprünglich die Wirksamkeit seiner Säule in einfacherer Weise aufgefasst und erklärt; wir erwähnen diese Erklärung, obschon sie nicht ganz richtig ist, weil sie wahrscheinlich den Erfindungsgedanken der Volta'schen Säule enthält, und weil ihre Folgerungen im Wesentlichen richtig sind.

Er stellte sich vor, dass nur elektrische Spannungen auftreten zwischen Metallen, keine dagegen zwischen Metallen und Flüssigkeiten. Wenn also das unterste Zink die Spannung Null hat, so haben die erste Filzscheibe und das erste Kupfer ebenfalls die Spannung Null, dagegen das zweite Zink die Spannung + 1, ebenso der zweite Filz und das zweite Kupfer + 1, das dritte Zink + 2 u. s. w. Für eine Säule von 20 zwanzig Elementen, bei welcher der mit dem untersten Zink verbundene Kupferdraht an Erde gelegt ist, erhält man hiernach für das erste Zink bis zum ersten Kupfer + 1, für das zwanzigste Kupfer + 20. In Wirklichkeit erhält man, wie wir gesehen haben, weniger; aber das Resultat ist nicht gerade unrichtig zu nennen und die Betrachtungsweise hat den Vorzug der Einfachheit und Uebersichtlichkeit.

Wir haben noch zu erwähnen, wie sich die elektrische Dichte auf der Volta'schen Säule verhält.

Das Wesen der Berührungselektricität besteht darin, dass zwischen den sich berührenden Körpern ein Unterschied der Spannungen herrscht; auf der ganzen Oberfläche eines dieser Körper herrscht aber die gleiche Spannung und dieselbe ist dadurch charakterisirt, dass die Arbeit, welcher es bedarf, um einen anderen elektrisirten Körper aus grosser Entfernung an jenen Körper heranzuführen, dieselbe ist, an welche Stelle der Oberfläche des letzteren man auch anlegt.

Die elektrische Dichte dagegen kann an jeder Stelle der Oberfläche eines der sich berührenden Körper eine andere sein; dieselbe hängt ab von der Form des Körpers, sowie derjenigen der benachbarten Körper, der Grösse der Berührungsfläche und der Art und Grösse der durch Mittheilung empfangenen Elektricität.

Auf den Scheiben der Volta'schen Säule verhält sich die elektrische Dichte ähnlich wie auf Condensatorplatten; sie ist am grössten auf den Berührungsflächen, am kleinsten auf den Randflächen. An den Berührungsflächen zweier Metalle stehen sich zwei elektrische Schichten von verschiedener Dichte in unmittelbarer Nähe einander gegenüber; in der Grenzfläche herrscht eine Kraft, welche die beiden Schichten auseinanderhält und bewirkt, dass zwischen den Dichten der beiden Schichten ein bestimmter Unterschied besteht.

Auf ähnlich liegenden Stellen der Scheiben stehen die elektrischen Dichten in einem bestimmten Verhältniss zu den elektrischen Spannungen. Könnte man z. B. je in der Mitte der Randfläche einer Scheibe die Dichte messen, so würde man finden, dass die Dichten von Scheibe zu Scheibe ebenso zunehmen wie die Spannungen.

11. Elektrische Vorgänge in der Flüssigkeit der Volta'schen Säule. Verbindet man die Pole der Volta'schen Säule durch einen Draht, so entsteht ein elektrischer Strom in der Säule und dem Draht und man bemerkt, dass das angesäuerte Wasser der Filzscheiben in seine Bestandtheile, Wasserstoff und Sauerstoff, zersetzt wird; es müssen also diese Bestandtheile elektrische Eigenschaften besitzen und in der Flüssigkeit elektrische Vorgänge statthaben.

Wir geben nachstehend die Vorstellung wieder, welche man sich von diesen Vorgängen und zwar für diejenige Form der Volta'schen Säule, welche jetzt gebräuchlich ist, bei welcher die Metallplatten zum Theil von der Flüssigkeit umgeben sind, zum Theil in freier Luft stehen, s. Fig. 37. Wir nehmen ferner an, dass die Flüssigkeit aus Salzsäure bestehe, ihre Bestandtheile also Chlor und Wasserstoff sind.

Wie wir gesehen haben, bildet bei der Combination Zink/Wasser/Kupfer das Kupfer den positiven Pol; verbindet man beide Pole durch einen Draht, so strömt die + Elektricität vom Kupfer durch den Draht nach dem Zink und von dort durch die Flüssigkeit nach dem Kupfer zurück; die negative Elektricität strömt in umgekehrter Richtung. Nun wird aber Chlor am Zink, Wasserstoff am Kupfer entwickelt, Chlor also an der Eintrittsstelle des positiven Stroms, Wasserstoff an der Eintrittsstelle des negativen Stroms; man stellt sich daher vor, dass jedes Chlormolekül eine negative, jedes Wasserstoffmolekül eine positive elektrische Ladung besitze und die Zersetzung der Salzsäure in Folge der Anziehung der elektrischen Ladungen der Metallplatten erfolge.

Im Gleichgewichtszustand, bevor der die Pole verbindende Draht

Fig. 37.

angelegt wird, richten sich alle Flüssigkeitsmoleküle so, dass das negative Chlor dem Zink, der positive Wasserstoff dem Kupfer sich zuwendet, und auf den Metallplatten trennen sich die Elektricitäten, indem die eine auf der von Flüssigkeit umgebenen Oberfläche, die andere auf der in der Luft stehenden Oberfläche sammelt; so wird das Zink unten +, oben —, das Kupfer unten —, oben + elektrisch.

Wird nun der Stromkreis geschlossen, so strömt die positive Elektricität vom Zink auf das nächste Chlormolekül, die negative vom Kupfer auf das nächste Wasserstoffmolekül; es entsteht am Zink ein Molekül Zinkchlorür, am Kupfer ein Molekül freier Wasserstoff, beide unelektrisch. Das freigewordene + Wasserstoffmolekül zu äusserst links verbindet sich nun mit dem Chlor des nächsten ClHmoleküls und dieser Austausch pflanzt sich in der Flüssigkeit fort, so dass jedes Chlor auf das nächste Molekül nach links, jeder Wasserstoff auf das nächste Molekül nach rechts geht; nachdem also links ein M. Chlor, rechts ein M. Wasserstoff abgetrennt worden, vertauschen sich die sämmtlichen Moleküle, so dass wieder lauter ganze Chlorwasserstoffmoleküle entstehen.

Dieses Spiel setzt sich fort, solange der elektrische Strom anhält;

jedem getrennten Flüssigkeitsmolekül entspricht die Neutralisirung einer gewissen Menge Elektricität, aber auch die Neubildung einer ebenso grossen Menge.

Man sieht, dass diese Vorstellung auch die Thatsache, dass in Flüssigkeit Zink —, Kupfer + elektrisch wird, umgekehrt wie ohne Flüssigkeit, in natürlicher Weise erklärt.

12. Die elektromotorische Kraft. Die Kraft, welche an der Berührungsfläche zweier Körper thätig ist und die Elektricitäten von einander trennt, heisst die elektromotorische Kraft (E. M. K.); sie ist die Ursache des elektrischen Stroms.

Bei jedem galvanischen Element hat man wenigstens drei elektromotorische Kräfte (z. B.: Zink/Wasser, Wasser/Kupfer, Kupfer/Zink); die elektromotorische Kraft des Elementes heisst alsdann die Summe der einzelnen elektromotorischen Kräfte.

Wenn man das Princip der Erhaltung der Kraft auf diese Kraft anwendet, so ergeben sich gewisse Schwierigkeiten und scheinbare Widersprüche; die Besprechung derselben erfolgt in dem Kapitel: Erhaltung der Kraft im Stromkreise.

13. Die trockene oder Zamboni'sche Säule. Bei Elektroskopen wendet man oft eine Art Volta'scher Säulen ohne Flüssigkeit an, deren Pole stets elektrische Ladungen besitzen, ohne dass die Säule irgend einer Erneuerung bedarf.

Die gewöhnliche Construction derselben ist folgende: man schneidet eine grosse Anzahl von kleinen Scheiben aus unächtem Silber- und Goldpapier, klebt je eine Scheibe Silberpapier und eine Scheibe Goldpapier mit dem Rücken an einander und schichtet nun diese Doppelschichten so aufeinander, dass stets eine Silber- und eine Goldbelegung sich berühren. Man erhält so eine Säule mit einer Silber- und einer Goldbelegung als Enden; dieselbe wird in eine lufttrockene Glasröhre gebracht und diese mit Messingkapseln verschlossen, welche mit den Enden in leitender Verbindung stehen.

Die unächte Silberbelegung besteht aus Zinn, die unächte Goldbelegung aus Kupfer, ferner enthält das Papier stets etwas Feuchtigkeit, die Zamboni'sche Säule ist also eine Volta'sche, allerdings mit einem sehr geringen Mass von Feuchtigkeit. Dass aber die Anwesenheit der Feuchtigkeit wesentlich für die Wirkung der Säule ist, dass also diese Säule als eine Volta'sche anzusehen ist, dafür liegt der Beweis darin, dass alle Zamboni'schen Säulen nach und nach ihre Wirkung verlieren, wenn man Chlorcalcium in die Glasröhre bringt und dieselbe auf diese Weise allmählig austrocknet. Da nur so wenig Flüssigkeit in der Zamboni'schen Säule vorhanden ist, so repräsentirt dieselbe einen bedeutenden Widerstand; daher bedarf eine solche Säule, wenn sie Elektricität abgegeben hat, stets einiger Zeit, um sich zu erholen.

C. Erzeugung von Elektricität durch Erwärmung der Berührungsstellen heterogener Körper.

(Thermoelektricität.)

14. Wenn man verschiedene Metalle mit einander verbindet, so dass sie einen in sich geschlossenen Bogen oder Stromkreis bilden, so heben sich nach dem Gesetz der Spannungsreihe die elektromotorischen Kräfte auf und es entsteht in Folge dessen kein Strom. Denn hätte man z. B. einen Kreis von Zink, Zinn, Kupfer, d. h. wäre das Zink an das Zinn, das Zinn an das Kupfer, das Kupfer wieder an das Zink

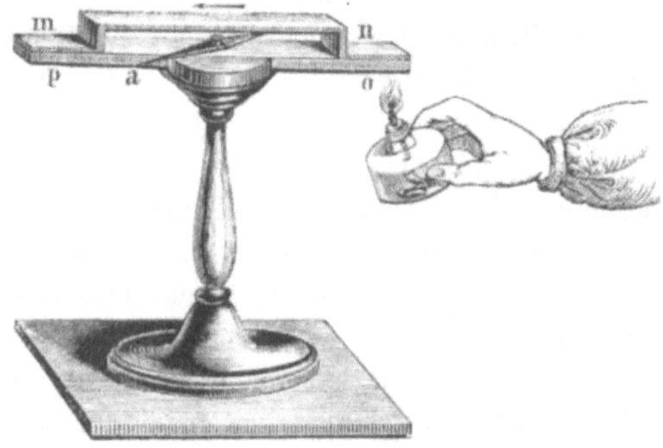

Fig. 38.

gelöthet, so entsteht zwischen je zwei Metallen stets eine elektromotorische Kraft; aber da alle Metalle in die Spannungsreihe gehören, so wären die elektromotorischen Kräfte Zink/Zinn und Zinn/Kupfer zusammen gleich derjenigen von Zink/Kupfer, als gleich und entgegengesetzt der Kraft Kupfer/Zink; die Summe der elektromotorischen Kräfte ist also Null.

Es entsteht jedoch eine elektromotorische Kraft und ein Strom, sobald eine der verschiedenen Löthstellen erwärmt wird. Um dies zu zeigen, löthet man gewöhnlich einen gebogenen Streifen *mn*, Fig. 38, von Kupfer oder anderem Metall an einen Stab *op* von Wismuth oder Antimon; zwischen den beiden Metallen schwingt eine Magnetnadel *a* auf einer Spitze. Der Apparat wird so gestellt, dass die Magnetnadel in die Ebene der beiden Metallstreifen fällt; erwärmt man nun eine der beiden Löthstellen, so erfolgt eine Ablenkung der Nadel. Wie wir später sehen werden, zeigt eine solche Ablenkung an, dass in den Metallen ein elektrischer Strom circulirt;

wenn aber ein Strom in dem Bogen entstanden ist, so muss durch das Erwärmen eine elektromotorische Kraft geweckt worden sein; diese Kraft heisst thermoelektromotorische Kraft, der durch sie hervorgerufene Strom Thermostrom.

15. Thermostrom. Diese Art von Elektricitätserregung ist, wie diejenige durch Berührung, eine allgemeine; man hat anzunehmen, dass, wenn irgend zwei leitende Körper, feste oder flüssige, mit einander verbunden werden, wie oben die beiden Metalle, durch Erwärmung einer Verbindungsstelle ein Thermostrom entsteht. Wir werden im Folgenden nur die Metalle in dieser Beziehung besprechen.

Es existirt nun bei Metallen auch für diese Art von Elektricitätserregung eine Spannungsreihe, ähnlich wie für die Berührungselektricität, verknüpft mit demselben Gesetz; wir lassen die von dem Entdecker der Thermoströme, Seebeck, aufgestellte Reihe folgen:

—	Mangan	Gold	Eisen
Wismuth	Kupfer (käuflich)	Silber	Antimon
Nickel	Quecksilber	Zink	Tellur
Kobalt	Blei	Cadmium	+
Platin	Zinn	Stahl	

Dass die Metalle sich in diese Spannungsreihe ordnen lassen, hat, analog der Bedeutung der galvanischen Spannungsreihe, einen doppelten Sinn. Erstens ist hiemit die Ordnung der Metalle in thermoelektrischer Beziehung angegeben; wenn man irgend zwei Metalle aus derselben zusammenlöthet und die eine Löthstelle erwärmt, so geht ein positiver Strom durch die warme Löthstelle von dem vorherstehenden Metall zu dem nachfolgenden, oder von dem negativen zu dem positiven Metall. Zweitens ist durch diese Reihe eine Beziehung zwischen den Werthen der elektromotorischen Kräfte gegeben: die thermoelektromotorische Kraft zwischen zwei Metallen ist stets gleich der Summe der thermoelektromotorischen Kräfte zwischen den in der Reihe zwischenliegenden Metallen, vorausgesetzt, dass die Erwärmung stets dieselbe ist.

Werden z. B. ein Wismuth- und ein Zinkstab an den Enden aneinander gelöthet und eine Löthstelle z. B. auf 100^0 erwärmt, die andere auf 0^0 erhalten, so geht ein positiver Strom durch die warme Löthstelle vom Wismuth zum Zink. Wird nun zwischen Wismuth und Zink ein Kupferdraht eingesetzt, dann die Löthstelle Wismuth/Kupfer, sowie diejenige Kupfer/Zink auf 100^0 erwärmt und diejenige Kupfer/Zink auf 0^0 erhalten, so entsteht wieder ein positiver Strom durch die warmen Löthstellen in der Richtung Wismuth-Kupfer-Zink, und zwar ist die thermoelektromotorische Kraft dieselbe wie vorher. Würde man statt des Kupfers noch andere in der Spannungsreihe zwischen

Wismuth und Zink liegende Metalle einschalten und die Löthstelle zwischen Zink und Wismuth auf 0° erhalten, alle übrigen Löthstellen auf 100° erwärmen, so müsste man immer dieselbe elektromotorische Kraft erhalten. In einem aus lauter Metallen bestehenden Schliessungskreis wirken alle Metalle, welche an beiden Enden dieselbe Temperatur besitzen, nicht thermoelektromotorisch; für die Betrachtung der elektromotorischen Kräfte können dieselben als nicht vorhanden angesehen werden. Aus demselben Grunde ist eine Schicht von Metallloth, die sich zwischen zwei aneinander gelötheten Metallen befindet, thermoelektrisch unwirksam, wenn sie überall dieselbe Temperatur besitzt.

Praktisch wichtig für die Construction von kräftigen Thermosäulen sind die Legirungen, welche ein beinahe aller Regel spottendes Verfahren zeigen; wir geben die von Seebeck für einige derselben aufgestellte Spannungsreihe.

—	Zink
Wismuth	3 Wismuth 1 Blei
Blei	1 Antimon 1 Kupfer
Zinn	1 Antimon 3 Kupfer
1 Wismuth 3 Zink	1 Antimon 3 Blei; 3 Antimon 1 Blei
1 Wismuth 3 Blei	1 Antimon 3 Zinn; 3 Antimon 1 Zinn
Platin	Stahl
1 Wismuth 3 Zinn	Stabeisen
Kupfer	3 Wismuth 1 Zinn
1 Wismuth 1 Blei	1 Wismuth 3 Antimon
Gold	Antimon
Silber	1 Antimon 1 Zinn
1 Wismuth 1 Zinn	3 Antimon 1 Zink.
	+

Die thermoelektromotorische Kraft zweier Metalle nimmt mit der Temperaturdifferenz der Löthstellen zu; bei geringeren Differenzen ist sie derselben proportional, je grösser dagegen die Temperaturdifferenz, desto schwächer das Wachsthum der elektromotorischen Kraft. Wenn man z. B. eine Löthstelle von 40° auf 50° erwärmt, so wächst diese Kraft mehr, als wenn man von 240° auf 250° erwärmt. Ferner ist ausser der Temperaturdifferenz die absolute Höhe der Temperatur von Einfluss; man erhält eine andere elektromotorische Kraft, wenn eine Löthstelle die Temperatur von 0°, die andere von 20° hat, als wenn die eine 300°, die andere 320° warm ist. Ferner gibt es mehrere Thermoelemente, deren E. M. K. bei höheren Temperaturen abnimmt, verschwindet und die entgegengesetzte Richtung annimmt. Diese Verhältnisse zu besprechen, würde uns zu weit führen;

einige Angaben über die Werthe der elektromotorischen Kräfte finden sich später bei Gelegenheit der constanten Ketten.

Nicht nur die chemische Verschiedenheit, auch physikalische Unterschiede an demselben Metall sind die Ursachen von Thermoströmen bei Erwärmung. Namentlich sind es Unterschiede der Härte, welche stets Thermoströme hervorbringen; d. h. wird eine Stelle, wo ein hartes und ein weiches Stück im Drahte aneinander grenzen, erwärmt, so entsteht ein solcher Thermostrom. Ja sogar wenn man einen homogenen Draht in zwei Stücke bricht, das eine Stück erwärmt und es dann mit dem kalten berührt, so entsteht ein Thermostrom so lange, bis die Temperaturen sich ausgeglichen haben.

Die Thermoelektricität ist nicht als besondere Elektricitätsquelle zu betrachten, sondern als ein zusätzliches Moment der Berührungselektricität; die letztere ist also nicht nur von der Natur der sich berührenden Körper, sondern auch von der Temperatur der Verbindungsstelle abhängig.

III.

Der stationäre elektrische Strom.

1. Allgemeines. Wir haben bisher theils die Eigenschaften, theils die Erzeugungsarten der r u h e n d e n Elektricität betrachtet, wir gehen nun zu der Betrachtung der b e w e g t e n Elektricität über. Der elektrische Strom ist gleichbedeutend mit Elektricität in Bewegung.

Das Hauptinstrument zur Beobachtung und Messung ruhender Elektricität ist, wie wir gesehen haben, das E l e k t r o s k o p in seinen verschiedenen Formen; trotz aller Verbesserungen an demselben bleibt dasselbe ein verhältnissmässig unempfindliches Instrument und lässt sich nur mit Mühe für genaue Messungen einrichten. Die Elektricität in Bewegung lässt sich mit Leichtigkeit auf verschiedene Art beobachten und messen; die Erscheinungen derselben sind daher auch viel genauer bekannt als diejenigen der ruhenden Elektricität, und auch wir werden hier genauer auf die Experimente eingehen können.

Wenn durch Elektricität eine Wirkung irgend welcher Art ausgeübt werden soll, so muss die Elektricität in Bewegung versetzt werden; alle Anwendungen der Elektricität, vorab die T e l e g r a p h i e und die e l e k t r i s c h e n M a s c h i n e n, beruhen daher auf der Benutzung von e l e k t r i s c h e n S t r ö m e n, nicht von r u h e n d e r E l e k t r i c i t ä t.

Im vorigen Kapitel haben wir die wichtigsten Arten der Elektricitätserregung kennen gelernt; diese Processe laufen stets darauf hinaus, dass zwei leitende Körper mit Elektricität von verschiedener Spannung geladen werden; bei den Elektrisirmaschinen sind es die beiden Conductoren, bei dem galvanischen Element die beiden Metalle, die in die Flüssigkeit tauchen, bei den Thermoelementen endlich besitzen die Enden der verschieden erwärmten Reihe von Metallen verschiedene elektrische Spannung. Nennen wir diese Stellen in dem Elektricität erregenden Apparat kurz Pole der Elektricitätsquelle. Verbindet man die Pole einer Elektricitätsquelle durch einen leitenden Körper, so erhält man stets einen elektrischen Strom; es ist dabei gleichgültig, ob in dieser Quelle durch Reibung, oder durch Berührung, oder durch Erwärmung die Elektricität erregt worden ist. Der Funkenstrom, der zwischen den Polen der Elektrisirmaschine übergeht, so gut als der Strom, der im galvanischen Element vom Zink zum Kupfer fliesst, und endlich derjenige, der im Thermoelement von der einen Löthstelle zur andern geht, sind qualitativ dieselbe Erscheinung, obschon quantitativ sehr verschieden; d. h. es sind sämmtlich elektrische Ströme, obschon sehr verschieden unter einander in Bezug auf die strömenden Elektricitätsmengen und die Spannungen an den Polen.

2. Magnetische Wirkung; Strommessung. Der elektrische Strom ist nicht nur daran erkennbar, dass der Leiter, den er durchfliesst, die Pole einer Elektricitätsquelle verbindet, sondern viel leichter noch an seinen Wirkungen.

Von diesen Wirkungen, welche in einem späteren Kapitel behandelt werden, wollen wir hier nur eine nennen, deren wir zur Erläuterung der Gesetze des elektrischen Stromes bedürfen, die Wirkung auf Magnete.

Wenn man einen Draht in eine Schlinge biegt (Fig. 39 u. 40), so dass die Enden dicht an einander liegen und die ganze Schlinge in einer Ebene liegt, so nennen wir dies eine Windung. Jede von einem Strom durchflossene Windung sucht einen in der Windungsebene schwebenden Magneten senkrecht zu dieser Ebene zu stellen. Ist also die Windungsebene vertical und schwebt die Magnetnadel auf einer Spitze, so würde die Nadel um 90^0 abgelenkt, wenn keine anderen Kräfte auf dieselbe wirkten. Nun wird aber jede einfache Magnetnadel vom Magnetismus der Erde gerichtet und sucht sich in den magnetischen Meridian zu stellen; man muss also, um die Nadel in die Windungsebene zu bringen, diese letztere ebenfalls in die Ebene des magnetischen Meridians stellen. Schickt man einen Strom durch die Windung, so sucht derselbe die Nadel senkrecht zum

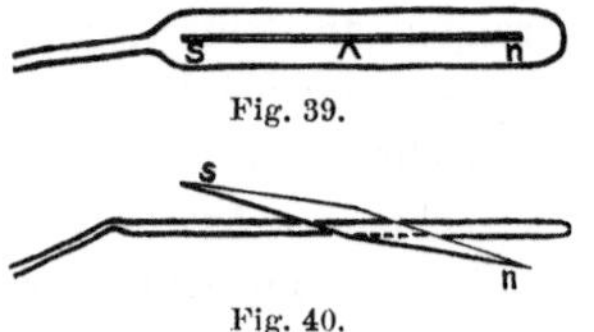

Fig. 39.
Fig. 40.

Meridian zu stellen, der Erdmagnetismus dagegen in den Meridian zurückzuführen; die Nadel muss daher in einer zwischen dem Meridian und seiner Senkrechten liegenden Richtung stehen bleiben, wo sich die beiden Kräfte, der elektrische Strom und der Erdmagnetismus, Gleichgewicht halten. Ablenkung nennt man den Winkel zwischen der Gleichgewichtslage der Nadel unter Wirkung des Stromes und derjenigen ohne diese Wirkung; es ist klar, dass, je stärker der Strom, um so grösser die Ablenkung ist, und dass diese Ablenkung eines

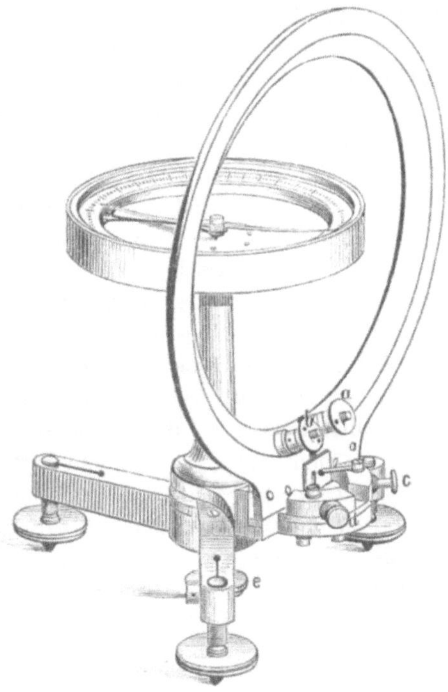

Fig. 41.

Magneten durch den Strom ein vortreffliches Mittel darbietet zu der Strommessung.

Die Instrumente, die nach diesem Princip gebaut sind, heissen Galvanometer; es gehören dieselben heutzutage unter die wichtigsten Instrumente in der Physik. Es gibt deren viele Constructionen, je nach dem speciellen Zweck, zu welchem sie bestimmt sind; eine der einfachsten zeigt obenstehende Figur (Tangentenbussole). Neben einem vertikalen Messingringe schwebt eine Magnetnadel auf einer Spitze; die Ablenkungen der Nadel werden auf einem Theilkreise abgelesen; die beiden Enden des Messingringes sind von einander isolirt, ihre Verlängerung bilden zwei horizontal weiter geführte Kupferdrähte, welche mit den

Polen der Batterie verbunden werden. Vor der Messung wird das Instrument so gestellt, dass die Magnetnadel in die Ebene des Ringes zu liegen kommt; lässt man einen Strom durch den Ring gehen, so wird die Nadel abgelenkt, und die Ablenkung derselben bildet ein Mass für den Strom.

Später wird die Construction und die Behandlung von Galvanometern eingehender besprochen werden; wir erwähnen dies Instrument hier nur, um einen allgemeinen Begriff von der Strommessung zu geben.

3. Stationärer und variabler Strom. Unter den mannigfach verschiedenen elektrischen Strömen müssen zwei grosse Classen unterschieden werden, die stationären oder constanten und die variablen Ströme. Wird ein galvanisches Element, das immer dieselbe Elektricitätsmenge liefert, durch eine metallische Leitung geschlossen, so stellt sich nach äusserst kurzer Zeit ein constanter Zustand her in der elektrischen Strömung; jede Stelle des Schliessungskreises erreicht einen gewissen Grad von Spannung, der sich nicht ändert, und durch jeden Querschnitt des Drahtes geht in derselben Zeit immer dieselbe Elektricitätsmenge. Anders verhält es sich z. B. mit dem Entladungsstrom einer Leydner Flasche; diese letztere besitzt nur eine bestimmte Menge von Elektricität und hat nicht die Fähigkeit, die von den Belegungen abströmende Elektricität durch frische zu ersetzen; wenn dieselbe daher durch einen Draht entladen wird, so entsteht zuerst ein starker elektrischer Strom, derselbe nimmt aber rasch ab und hört bald ganz auf. Dieser letztere Strom ist ein variabler, der Strom der constanten galvanischen Elemente ein constanter oder stationärer.

Die Kenntniss des Gesetzes der stationären Ströme oder des Ohm'schen Gesetzes, wie es nach seinem Entdecker genannt wird, bildet die Grundlage der Lehre von den elektrischen Strömen; wir werden diese daher im Folgenden zwar in einfacher, aber doch eingehender Weise darstellen.

4. Uebereinstimmung zwischen Wärmestrom und elektrischem Strom. Für die Darstellung des Ohm'schen Gesetzes wollen wir uns einer Analogie bedienen, welche auch bei der Entdeckung desselben eine Rolle gespielt hat, nämlich derjenigen zwischen dem elektrischen Strom und dem Wärmestrom; diese Analogie ist streng richtig nicht nur für stationäre Ströme, sondern auch für viele Fälle von variabeln Strömen, d. h. auch in diesen Fällen darf man den elektrischen Strom in Beziehung auf seine Berechnung ebenso behandeln, wie den Wärmestrom.

Ein stationärer Wärmestrom entsteht z. B., wenn ein Metalldraht an dem einen Ende durch kochendes Wasser auf 100°, an dem anderen Ende durch schmelzenden Schnee auf 0° erhalten wird; es geht in diesem Falle Wärme über vom heissen Ende zum kalten, es entsteht ein **Wärmestrom**. Zuerst wird die Temperatur jeder Stelle des Drahtes sich ändern, Anfangs rasch, dann langsamer, nach einiger Zeit jedoch wird zwar jede Stelle des Drahtes eine andere Temperatur haben, als die benachbarten Stellen, aber die von derselben angenommene Temperatur wird sich nicht mehr verändern. Der Wärmezustand des Drahtes ist nun, der Zeit nach, ein constanter geworden, also ist auch der Wärmestrom nun ein constanter oder stationärer.

Wenn man die Temperaturen an den einzelnen Stellen des Drahtes misst, und die Entfernungen dieser Stellen von dem einen Ende als Abscissen, die zugehörigen Temperaturen als Ordinaten aufträgt, so findet man als Curve der Temperatur eine gerade Linie (wir setzen hier voraus, dass keine Ausstrahlung nach Aussen stattfinde); in der Mitte des Drahtes wird also die Temperatur 50°, in ¼ desselben (vom warmen Ende an gerechnet) die Temperatur 75° u. s. w. herrschen. Kurz, wenn x die Entfernung einer Stelle des Drahtes von seinem warmen Ende, l seine Länge, v die Temperatur an jener Stelle, so ist

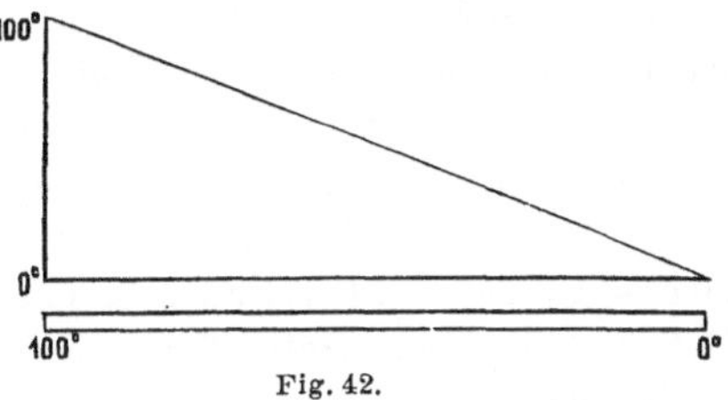

Fig. 42.

$$v = 100^0 \frac{l-x}{l};$$

oder allgemein, wenn B die Temperatur des warmen Endes, A diejenige des kalten, so ist

$$1) \quad . \quad . \quad . \quad . \quad . \quad v = A + (B-A) \frac{l-x}{l}.$$

Die gradlinige Vertheilung der Temperatur auf dem Drahte bleibt dieselbe, ob der Draht dick oder dünn, und ob er aus gut oder aus schlecht leitendem Material besteht. Nimmt man einen Draht von anderer Länge, so haben die Endpunkte der geraden Linie dieselben Ordinaten, aber die Schiefe der Linie, oder der Winkel, den sie mit der Abscissenaxe bildet, ändert sich; der Winkel wächst, wenn der Draht kürzer, und nimmt ab, wenn der Draht länger genommen wird.

Der Draht stellt zwischen dem kochenden Wasser und dem schmelzenden Schnee eine Verbindung her, es strömt fortwährend durch denselben Wärme von dem heissen Behälter in den kalten, und dieser Wärmestrom sucht fortwährend die Temperatur des heissen Behälters zu erniedrigen und diejenige des kalten zu erhöhen; wir nehmen jedoch an, dass die Erniedrigungen stets durch die Wärme der Flamme unter dem heissen Behälter und die Erhöhungen im kalten Behälter durch das Schmelzen von Schnee wieder ausgeglichen werden.

Die Intensität dieses Wärmestromes hängt nun wesentlich von der Dicke, der Länge und dem Material des Drahtes oder Stabes ab. Es ist von vornherein klar, dass der Draht mehr Wärme entziehen wird, wenn er dicker ist: gerade wie wenn man in den heissen Behälter anstatt eines Stabes eine grosse Anzahl Stäbe steckt, die sämmtlich mit den andern Enden in den kalten Behälter tauchen. Ferner wird der Wärmestrom grösser sein, wenn der Stab oder die Stäbe aus die Wärme gut leitendem Material bestehen, z. B. aus Kupfer, als wenn das Material, wie z. B. Glas, die Wärme schlecht leitet. Ferner wird der Wärmestrom kleiner sein, wenn man den Stab länger macht: denn wenn man den Stab sehr lang nimmt, so wird die Wärme, welche er dem heissen Becher entzieht, kaum mehr merklich sein, jedenfalls viel geringer, als bei einem kurzen Stab. Endlich muss der Wärmestrom grösser sein, wenn die Differenz der Temperaturen an den beiden Enden des Stabes grösser ist; wenn der heisse Behälter die Temperatur 200° hat, so muss mehr Wärme durch den Stab gehen, als wenn diese Temperatur blos 100° beträgt.

In der Wärmelehre wird nun gezeigt, dass der Wärmestrom

proportional dem Querschnitt des Stabes,
umgekehrt proportional der Länge desselben,
proportional der Wärmeleitungsfähigkeit des Materials und
proportional der Differenz der Temperaturen an den beiden Enden ist.

Wenn also J der Wärmestrom, q der Querschnitt, l die Länge des Stabes, λ die Leitungsfähigkeit des Materials für Wärme, B die Temperatur des heissen Behälters, A die des kalten, so ist

$$2) \quad \ldots\ldots \quad J = \lambda \frac{q}{l}(B - A).$$

Die Gesetze, welche für den stationären Wärmestrom gelten, lassen sich nun unmittelbar auf den elektrischen Strom übertragen; man hat bloss elektrische Spannung statt Temperatur und Leitungsfähigkeit für Elektricität statt Leitungsfähigkeit für Wärme zu setzen. Bei der Aufstellung der obigen Formeln 1) und 2) für den Wärmeübergang ist es durchaus nicht nöthig, sich eine bestimmte Vorstellung über das Wesen der Wärme zu machen; dieselben beruhen auf Annahmen, auf welche man durch die Betrachtung des vorliegenden und anderer Fälle des Wärmeüberganges gerieth, welche aber nachher durch Versuche ihre völlige Bestätigung erhielten. Es ist nun ebenso durch viele Versuche bewiesen, dass die Gleichungen 1) und 2) auch für den elektrischen Strom gelten, wenn man darin die oben genannten Aenderungen anbringt; es folgt daraus, dass die Elektricität sich in diesem Falle ähnlich verhält wie die Wärme, und dass die Spannung für die Elektricität dasselbe ist, was die Temperatur für die Wärme.

Denken wir uns also eine Kupferplatte und eine Zinkplatte in eine leitende Flüssigkeit gesteckt und ausserhalb der Flüssigkeit durch einen Metalldraht mit einander verbunden, so geht, wie wir wissen, ein Strom positiver Elektricität vom Kupfer zum Zink durch den Draht.

Wir bemerken bei dieser Gelegenheit, dass man unter der Richtung des elektrischen Stromes stets die Richtung versteht, in welcher sich die positive Elektricität bewegt.

Wenn e bez. e' die Spannungen der Elektricität an den beiden Enden des Drahts, ferner k die Leitungsfähigkeit des Metalles, aus welchem der Draht besteht, für Elektricität, l die Länge, q der Querschnitt des Drahtes, J der elektrische Strom, x die Entfernung einer Stelle des Drahtes von der Kupferplatte, ε die Spannung der Elektricität an dieser Stelle, so hat man analog den Gleichungen 1 und 2 für den elektrischen Strom in dem Metalldraht:

$$3) \quad \varepsilon = e' + (e - e')\frac{l - x}{l},$$

$$4) \quad J = k\frac{q}{l}(e - e').$$

5. Ohm'sches Gesetz; elektromotorische Kraft des galvanischen Elements. Die beiden Formeln 3) und 4) enthalten das sogenannte Ohm'sche Gesetz; wir müssen jedoch bemerken, dass man gewöhnlich unter diesem Gesetz Gleichung 4) versteht, und zwar in einer anderen Form, welche wir nun einführen wollen.

Die Gleichungen 3) und 4) gelten für jedes Stück eines Leiters, welches von einem stationären Strom durchflossen wird; hierbei ist jedoch vorausgesetzt, dass dieses Stück überall denselben Querschnitt hat, wie z. B. ein Draht. Kennt man die Spannungen e und e' an den beiden Enden des Stückes, ferner Leitungsfähigkeit, Länge und Querschnitt desselben, so gibt Gleichung 3) die Spannung jeder beliebigen Stelle des Leiterstückes, Gleichung 4) den Strom.

Betrachten wir nun den Vorgang in einem durch einen Kupferdraht geschlossenen Element, bestehend aus Zink, verdünnter Schwefelsäure und Kupfer, näher. Wir nehmen an, dass der Kupferdraht kurz vor der Stelle, an welcher er das Zink berührt, zur Erde abgeleitet sei; dann hat das Ende dieses Drahtes die Spannung Null. Zwischen Zink und Kupfer muss ein positiver Spannungsunterschied herrschen, die Spannung des Zinkes ist also positiv, s. Fig. 43, dieselbe Richtung hat der Spannungsunterschied zwischen Zink und Flüssigkeit, also ist die Spannung der letzteren noch höher positiv als diejenige des Zinkes. Zwischen der Flüssigkeit und dem Kupfer herrscht ein negativer Spannungsunterschied, und zwar ist derselbe etwas grösser als derjenige zwischen Zink und Flüssigkeit; die Kupferplatte und der Anfang des Kupferdrahtes haben also noch positive Spannung.

Im Ganzen betrachtet, herrschen also auf der Zink- und auf der Kupferplatte positive Spannungen, in der Flüssigkeit eine noch stärkere positive; längs des Kupferdrahtes dagegen sinkt die Spannung allmählig auf Null herunter.

Dass ein elektrischer Strom den ganzen Stromkreis durchfliesst, ist nothwendig, weil die elektromotorischen Kräfte, welche in demselben wirken, sich nicht aufheben. Dieser Strom muss aber sowohl den Kupferdraht als die Flüssigkeit durchfliessen; es muss stets in derselben Zeit eine gewisse Menge von positiver Elektricität durch den ganzen Stromkreis strömen, in jedem Stückchen des Drahtes oder der Säure tritt in der Secunde ebensoviel positive Elektricität auf der einen Seite ein, als auf der andern Seite austritt; die Elektricität ist stets in Bewegung und doch bleibt die Spannung an jeder Stelle stets dieselbe, wie die Temperatur beim Wärmestrom. Denn sobald an einer Stelle z. B. in der Secunde mehr Elektricität eintreten würde, als in derselben Zeit austritt, so müsste sich Elektricität aufhäufen, also die Dichte sich erhöhen; beim stationären Strom aber findet keine Veränderung der Dichte mehr statt; also muss überall ebensoviel Elektricität ein- als austreten.

Dieser stationäre Strom verhält sich ganz ähnlich wie ein Wasserkreislauf: man denke sich durch eine Pumpe regelmässig in der Secunde eine bestimmte Menge Wasser auf eine bestimmte Höhe gehoben, von dem oberen Behälter führe irgend ein Kanal nach dem unteren Gefäss, aus dem die Pumpe schöpft; bald wird sich hier ebenfalls ein stationärer Strom gebildet haben, d. h. der Durchgang von Wasser an jeder Stelle stets derselbe sein, durch jedes Stück des Kanals tritt ebensoviel Wasser in der Secunde ein, wie aus, und durch jeden Querschnitt desselben geht in der Secunde ebensoviel Wasser hindurch, als die Pumpe in derselben Zeit hebt.

Betrachten wir nun die Richtung des Stromes. Wären nur die elektromotorischen Kräfte Kupfer/Zink und Zink/Schwefelsäure vorhanden, so müsste ein positiver Strom vom Zink durch die Flüssigkeit zum Kupfer und durch den Kupferdraht zum Zink zurückgehen. Dieser Kraft arbeitet aber diejenige zwischen Schwefelsäure und Kupfer entgegen, dieselbe erhält stets die Spannung auf dem Kupfer niedriger; aber diese letztere Kraft ist kleiner als die erstere, der Strom kann nur von der Summe der elektromotorischen Kräfte in dem galvanischen Element abhängen und kreist daher in der oben angegebenen Richtung. Für den Strom kann nur die Summe der elektromotorischen Kräfte in Betracht kommen, d. h. die elektromotorische Kraft des Elements. Bezeichnet daher E diese letztere, e_{kz} die E. M. K. Kupfer/Zink, e_{zs} die elektromotorische Kraft Zink/verdünnte Schwefelsäure, e_{ks} diejenige Schwefelsäure/Kupfer, so hat man

$$E = e_{kz} + e_{zs} + e_{ks} \text{ oder allgemein:}$$

die elektromotorische Kraft des Elements ist gleich der Summe der einzelnen elektromotorischen Kräfte im Element, wenn dieselben in der Reihenfolge addirt werden, wie sie im Element vorkommen.

Trägt man die Spannungen als Ordinaten, die Orte im Stromkreis als Abscissen auf, so erhält man etwa folgende Linien:

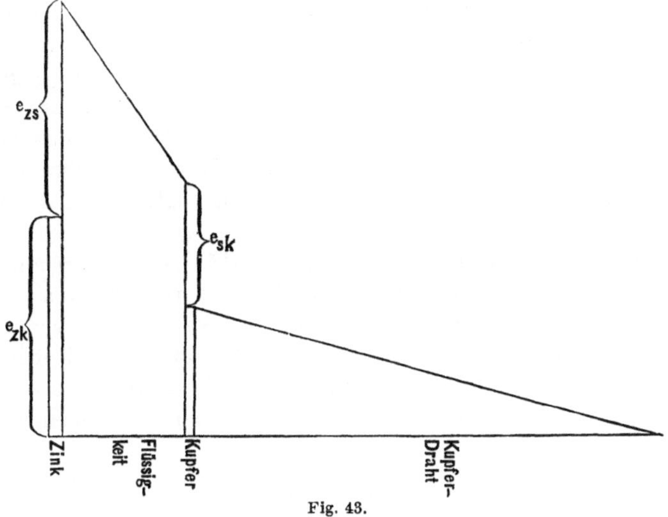

Fig. 43.

Hierbei ist Anfang und Ende der Linien als vereinigt zu denken; der Endpunkt ist die Spannung auf dem zur Erde abgeleiteten Ende des Kupferdrahtes, der Anfang diejenige der Zinkplatte.

6. Widerstand; gewöhnliche Form und Darstellung des Ohm'schen Gesetzes. Ohm hat, um die physikalische Bedeutung der einzelnen Grössen in Gleichung 4) mehr hervortreten zu lassen, einen neuen Begriff eingeführt, den sogenannten Widerstand eines Körpers gegen den elektrischen Strom.

Die treibende Kraft des Stromes ist $e - e'$, s. Gleichung 4), die Differenz der Spannungen an den beiden Enden des betrachteten Stückes; ohne dieselbe wäre kein Strom da. Wenn nun durch diese Kraft ein Strom erzeugt wird, so wird die Stärke desselben durch die Leitungsfähigkeit des Körpers, seine Länge und seinen Querschnitt modificirt; Ohm bezeichnet nun mit dem Widerstand des Körpers die Grösse:

5) . . . . $w = \frac{1}{k} \frac{l}{q}$, und erhält so:

6) . . . . $J = \frac{e - e'}{w}$.

Um sich die Bedeutung dieses sogenannten Widerstandes zu veranschaulichen, liegt es nahe, den elektrischen Strom wieder mit einem Wasserstrom zu vergleichen, der von einem höher gelegenen See in einen tiefer gelegenen geht. Der Widerstand, den das Strombett dem Strom entgegensetzt, ist die Reibung; dieselbe ist, wie der Widerstand eines Körpers gegen Elektricität, um so grösser, je länger das Bett, und um so kleiner, je grösser der Querschnitt und je grösser wenn wir uns so ausdrücken dürfen, die Leitungsfähigkeit des Strombettes für Wasser, d. h. je grösser der Grad von Glätte, den es besitzt.

Der Begriff des Widerstandes ist in der Elektricitätslehre von der weitgehendsten Bedeutung, und wir wollen uns sogleich mit demselben etwas vertrauter machen.

Die Leitungsfähigkeit für Elektricität ist ein derjenigen für Wärme ganz verwandter Begriff; als Erklärung derselben kann man die obigen Formeln 5) und 6) ansehen. Man denke sich wieder die Zusammenstellung des Kupfer-Zinkelementes, das durch den Kupferdraht geschlossen ist; der Strom J sowohl, als die Differenz $e - e'$ der Spannungen an den Enden des Drahtes werde gemessen, dann ist

$$k = \frac{J}{e - e'} \frac{l}{q};$$

wenn also Länge und Querschnitt des Kupferdrahtes bekannt sind, so ist auf der rechten Seite der Gleichung Nichts unbekannt, und es lässt sich k, die Leitungsfähigkeit für Elektricität von Kupfer, berechnen. Will man dieselbe Grösse für ein anderes Metall bestimmen, so setze man einen Draht dieses Metalles an die Stelle des Kupferdrahtes, messe J und $e - e'$ und bestimme ausserdem l und q des Drahtes; dann lässt sich die Leitungsfähigkeit auch dieses Metalles berechnen.

Beim Widerstand eines Körpers gegen den elektrischen Strom kommt es jedoch nicht allein auf die Leitungsfähigkeit, sondern auf

Länge und Querschnitt, kurz, nur auf den Werth des Productes $\frac{1}{k}\frac{l}{q}$, nicht auf denjenigen der einzelnen Grössen an; wir werden später Mittel kennen lernen, durch welche dieses Product leicht bestimmt werden kann, ohne dass man k, l und q einzeln kennt.

Für alle Betrachtungen und Experimente über elektrische Ströme ist es nun von grösstem Nutzen, ein Grundmass für den Widerstand einzuführen. Die jetzt gebräuchlichsten Grundmasse sind die sogenannte Quecksilber- oder Siemens'sche Einheit und das Ohm, auf welche wir später zurückkommen.

Die Siemens'sche Widerstandseinheit ist der Widerstand einer Quecksilbersäule von 1 Quadratmillimeter Querschnitt und 1 Meter Länge.

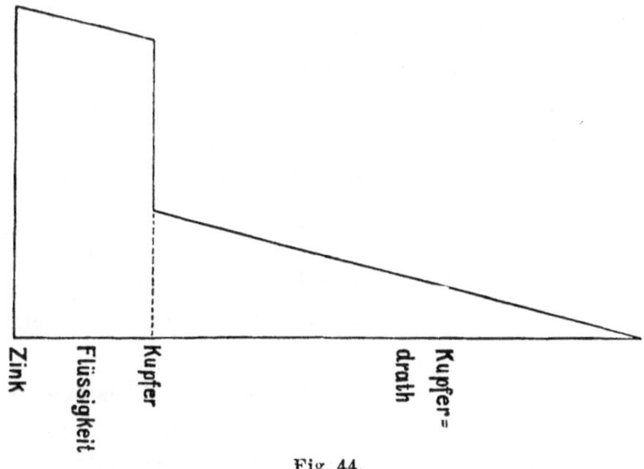

Fig. 44.

Wenn man nun einen Draht von einem beliebigen Metall oder eine Säule irgend einer Flüssigkeit hat, so kann man auf verschiedene Weise das Verhältniss des Widerstandes des Drahtes oder der Flüssigkeitssäule zu demjenigen eines andern Körpers bestimmen, also z. B. zu demjenigen einer Quecksilbereinheit; man kann also stets den Widerstand eines Körpers, ausgedrückt in Quecksilbereinheiten, bestimmen.

Dies gibt ein treffliches Mittel an die Hand, um die Stärke des elektrischen Stromes in verschiedenen Stromkreisen zu veranschaulichen; da wir jetzt wissen, dass nicht die Länge eines Leiters wesentlich ist für den Strom, sondern nur dessen Widerstand, so tragen wir nun bei der graphischen Darstellung der Spannung in einem Stromkreise nicht mehr die Längen, sondern die Widerstände der durchflossenen Leiter als Abscissen auf.

Wenn wir nun in dem bisher behandelten Fall — ein Zink-Kupfer-

Element mit verdünnter Schwefelsäure, geschlossen durch einen Kupferdraht, Kupferende an Erde gelegt — nochmals den Verlauf der Spannung aufzeichnen, indem wir die Spannung als Ordinate, den Widerstand der Flüssigkeitssäule und des Kupferdrahtes als Abscissen auftragen, so erhalten wir die in Fig. 44 gegebenen Linien.

Die Schiefe der Spannungslinien in der Flüssigkeit und im Draht ist nun dieselbe, während sie früher, als die Längen als Abscissen aufgetragen wurden, verschieden war. Dies musste auch erfolgen: denn nach Ohm ist der Strom in irgend einem Leiterstück gleich dem Verhältniss der Spannungsdifferenz zu dem Widerstand; nun ist der Strom in allen Theilen des Stromkreises derselbe, ferner tragen wir als Abscissen stets Widerstände auf, also muss auf ein gleiches Abscissenstück dieselbe Spannungsdifferenz kommen, die Linien also gleich schief werden.

Wir sehen, dass, wenn wir nun die Spannung in anderen Stromkreisen graphisch darstellen und immer Widerstände in demselben Mass als Abscissen auftragen, die Stärke des Stroms dargestellt wird durch die Schiefe der Linien, oder genauer, wie sich Ohm ausdrückt, durch das Gefälle; das Gefälle der Spannungslinien ist das Verhältniss der Ordinatendifferenz zu Anfang und zu Ende irgend eines Stückes der Linie zu dem entsprechenden Abscissenstück, also eigentlich der Strom selbst.

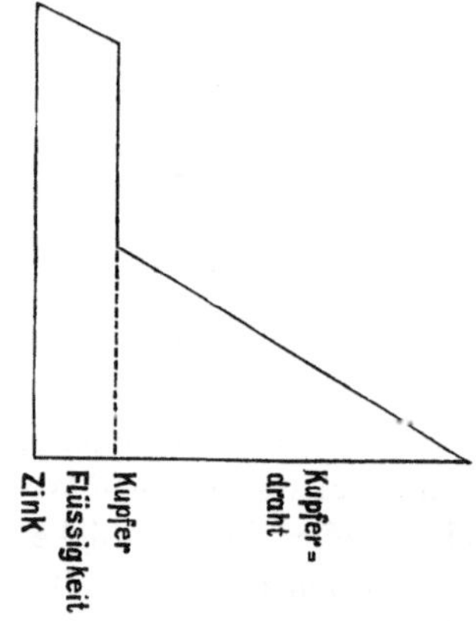

Fig. 45.

Wenn die Flüssigkeitssäule und der Kupferdraht im Zink-Kupfer-Element beide nur halb so lang sind, als wir uns oben dachten, so nimmt die Spannungslinie nebenstehende Gestalt an; das grössere Gefälle der Linie zeigt den stärkeren Strom an.

Wie man die verschiedenen Leiter im Stromkreis unter denselben Gesichtspunkt bringt, indem man nur ihre Widerstände betrachtet, so kann man auch die im Stromkreis vorhandenen elektromotorischen Kräfte zusammenfassen. — Wenn man z. B. 4 Zink-Kupfer-Elemente hintereinander verbindet, in der Art der Volta'schen Säule, durch einen Kupferdraht schliesst und das erste Zink an Erde legt, so wird die Spannungslinie folgende, in Fig. 46 skizzirte Gestalt erhalten.

Wenn es sich nun nur um das Gefälle oder den Strom handelt, nicht um die absoluten Werthe der Spannungen, so lässt sich dasselbe eben so gut darstellen, wenn man die Spannungslinie ab im Kupferdraht rückwärts verlängert bis c, wo sie die Ordinatenaxe trifft. Das Stück cd ist, wie sich leicht aus der Figur sehen lässt, $= 4(e_{kz} + e_{zs} + e_{sk})$, wenn, wie früher, e_{kz} die E. M. K. Kupfer/Zink, e_{zs} die E. M. K. Zink/verdünnte Schwefelsäure und e_{sk} diejenige verdünnte Schwefelsäure/Kupfer; oder wenn $E_1 = e_{kz} + e_{zs} + e_{sk}$ die elektromotorische Kraft eines Elementes, so ist $cd = 4\,E_1$ die Summe aller elektromotorischen Kräfte im ganzen Stromkreis, und es ist aus dem Beispiel klar welche Vereinfachung diese Art der graphischen Darstellung mit sich bringt.

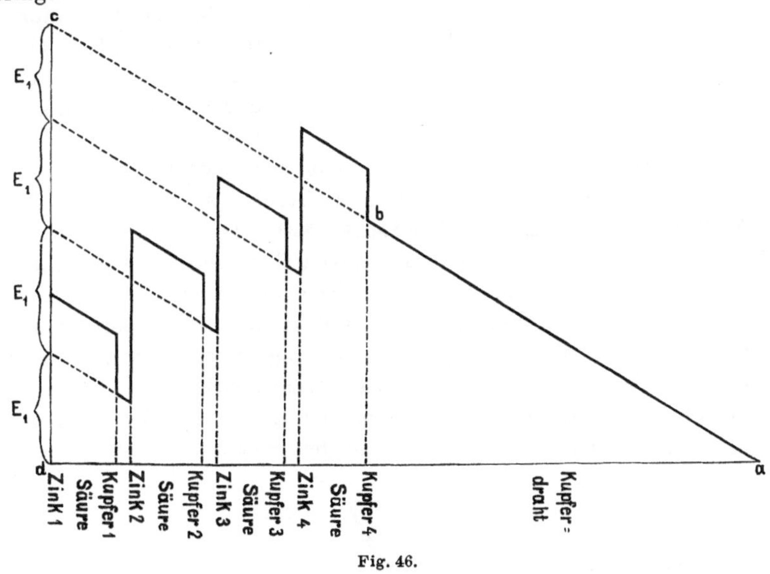

Fig. 46.

Wenn also bloss Stromverhältnisse dargestellt werden sollen, so trage man die am Ende der Batterie herrschende Spannung auf der Ordinatenaxe auf, dann bei einer Abscisse, welche dem Widerstand des Stromkreises entspricht, die am Ende des Schliessungsdrahtes herrschende Spannung als Ordinate, und verbinde die beiden Punkte durch eine Gerade.

Legt man statt des Anfangs der Batterie die Mitte derselben, die zweite Kupferplatte an Erde, so erhält die Spannungslinie folgende Gestalt (s. Fig. 47).

Das Gefälle bleibt natürlich dasselbe, wie im vorigen Falle.

Wenn man daher das Ohm'sche Gesetz statt, wie bisher, auf einen beliebigen Theil des Stromkreises, auf den ganzen Stromkreis beziehen will, so kommt es nur auf die Summe der elektromotorischen

Kräfte, wie sie auch im Stromkreis vertheilt sein mögen, an, und die Summe aller Widerstände; wenn also E die erstere, W die letztere Summe, so hat man in jedem Stromkreis:

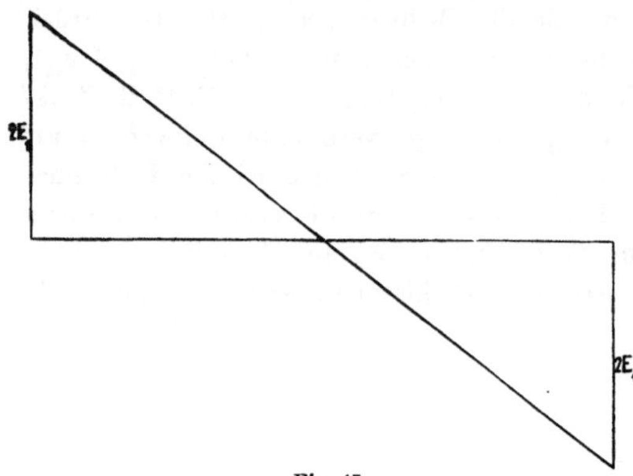

Fig. 47.

$$\text{I.} \qquad J = \frac{E}{W}.$$

Dieses ist nach der gewöhnlichen Benennung das Ohm'sche Gesetz; es ist aber nicht ausser Acht zu lassen, dass dieses Gesetz auch für jedes Stück des Stromkreises gilt, wenn man statt E die Differenz der Spannungen an den beiden Enden des Stückes setzt.

7. Stromverzweigung; Kirchhoff'sche Sätze. Das Ohm'sche Gesetz bildet die Grundlage für beinahe alle elektrisch-technischen Berechnungen und Betrachtungen; um dasselbe allgemein anwenden zu können, müssen gewisse Sätze bekannt sein, welche die Ausdehnung dieses Gesetzes auf den Fall beliebig vieler, beliebig in einander greifender Stromkreise oder verzweigter Ströme ermöglichen.

Sowohl beim Experimentiren, als bei den technischen Anwendungen der Elektricität kommt es eigentlich ziemlich selten vor, dass ein einfacher Stromkreis angewandt wird; und die weitaus häufigsten Fälle sind diejenigen, in welchen die Ströme sich verzweigen.

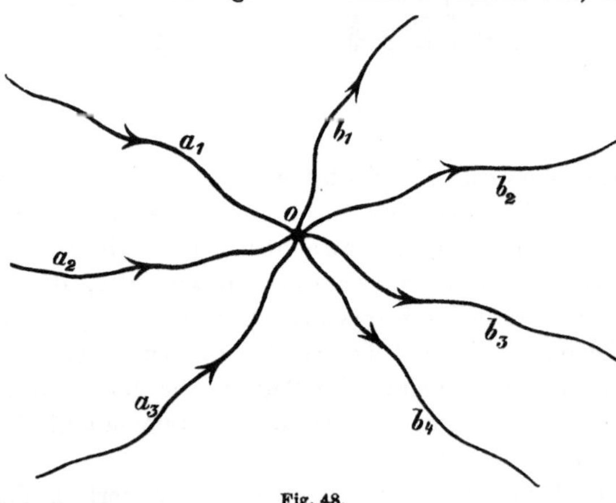

Fig. 48.

Es handelt sich bei dieser Art von Aufgaben meistens darum, die Intensität der Ströme in den einzelnen Zweigen zu bestimmen, wenn die elektromotorischen Kräfte und die Widerstände gegeben sind. Diese Bestimmung lässt sich stets durchführen, auch in den complicirtesten Fällen, vermittelst zweier von Kirchhoff bewiesener allgemeiner Sätze. Dieselben lauten:

1. an jeder Kreuzungsstelle ist die Summe der Ströme, welche auf den Punkt zufliessen, gleich der Summe der Ströme, welche von dem Punkte wegfliessen;

2. in jedem geschlossenen Wege, der sich in der Verzweigungsfigur zusammenstellen lässt, ist die Summe der elektromotorischen Kräfte gleich der Summe der für die einzelnen Strecken gebildeten Producte der Ströme mit den Widerständen.

Wenn z. B., wie in Fig. 48, drei Ströme, a_1, a_2, a_3, auf eine Kreuzungsstelle zu-, und vier Ströme b_1, b_2, b_3, b_4 von derselben abfliessen, so hat man nach Satz 1):

$$a_1 + a_2 + a_3 = b_1 + b_2 + b_3 + b_4.$$

Satz 1) ist überhaupt ohne mathematischen Beweis klar. Denn, wenn an einer Kreuzungsstelle die Summe der zuströmenden Elektricität nicht gleich derjenigen der abströmenden wäre, so wäre die Strömung nicht stationär; die Dichte an der Kreuzungsstelle würde wachsen oder abnehmen, während beim stationären Strom, welcher hier stets vorausgesetzt wird, die Dichte an irgend einer Stelle constant bleiben muss.

8. Beispiel (Wheatstone'sche Brücke). Um die Anwendung von Satz 2) zu verdeutlichen, wollen wir eines der wichtigsten, hierher gehörigen Beispiele, die sogenannte Wheatstone'sche Brücke, ausführlich behandeln. Fig. 49 stellt dieselbe schematisch dar.

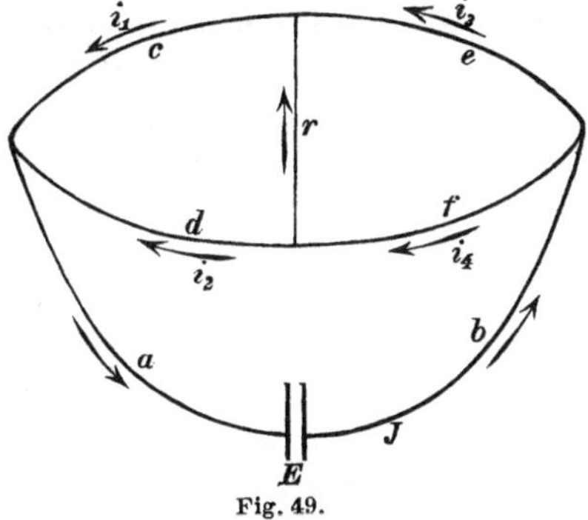

Fig. 49.

E ist die elektromotorische Kraft eines Elementes oder einer Batterie, durch zwei parallele Querstriche angedeutet; a, b, c, d, e, f sind Drähte von gegebenen Widerständen. Wir nehmen nun vorerst für jede einzelne Strecke eine bestimmte Richtung des Stromes an, wie in der Figur die Pfeile andeuten. Wir bemerken ausdrücklich, dass die Wahl dieser Richtungen völlig beliebig ist; es ist damit bloss gesagt, dass wir auf den einzelnen Strecken in den betreffenden Richtungen den Strom, mathematisch gesprochen, positiv rechnen, was ja stets freisteht. Stellt sich dann nach Beendigung der Rechnung für irgend eine Strecke der Strom als negativ heraus, so muss der Strom in Wirklichkeit auf jener Strecke nicht die Anfangs angenommene Richtung, sondern die entgegengesetzte haben.

Wir bezeichnen nun für die einzelnen Strecken Ströme und Widerstände mit:

	a und b	c	d	e	f	r
Strom:	J	i_1	i_2	i_3	i_4	i
Widerstand:	W	w_1	w_2	w_3	w_4	w

Wir haben hier in W den Widerstand der Drähte a und b sowohl, als denjenigen der Batterie zusammengefasst, weil, wie wir oben sahen, in einem unverzweigten Leiter nur die Summe aller Widerstände in dem Ohm'schen Gesetz auftritt.

Wir stellen nun für alle Kreuzungsstellen Gleichungen nach dem ersten Kirchhoff'schen Gesetz auf; man erhält:

(die Kreuzungspunkte sind mit den Buchstaben der Zweige bezeichnet, welche in denselben zusammenstossen)

Kreuzungspunkt.	Gleichung.
(a, c, d)	$i_1 + i_2 = J$
(b, e, f)	$i_3 + i_4 = J$
(c, e, r)	$i_3 + i = i_1$
(d, r, f)	$i_2 + i = i_4.$

Subtrahirt man hier die zweite Gleichung von der ersten, ferner die dritte von der vierten, so erhält man beide Male die Gleichung

$$i_1 + i_2 - i_3 - i_4 = o;$$

es muss also eine von den vier Gleichungen eine Folge der drei anderen sein, und man hat nur drei von einander unabhängige Gleichungen.

Wir suchen nun in dem Schema der Schaltung alle möglichen geschlossenen oder in sich zurücklaufenden Wege und stellen nach dem zweiten Kirchhoff'schen Satze die betreffenden Gleichungen auf; man erhält unter Anderem:

Weg.	Gleichung.
(a, b, e, c, a)	$JW + i_3 w_3 + i_1 w_1 = E$
(a, b, f, d, a)	$JW + i_4 w_4 + i_2 w_2 = E$
(a, b, e, r, d, a)	$JW + i_3 w_3 - iw + i_2 w_2 = E$
(a, b, f, r, c, a)	$JW + i_4 w_4 + iw + i_1 w_1 = E.$

Es ist hier zu bemerken, dass, so oft man bei Aufstellung einer dieser Gleichungen einen geschlossenen Weg in irgend einer Richtung durchläuft und auf einen Strom stösst, der nach der Zeichnung die umgekehrte Richtung hat, dieser Strom als negativ eingeführt werden muss.

Auch hier ist eine Gleichung die Folge von den drei übrigen; denn subtrahirt man die dritte von der ersten und die zweite von der vierten, so erhält man jedesmal dieselbe Gleichung:

$$iw + i_1 w_1 - i_2 w_2 = o.$$

Wir haben demnach, nachdem wir die beiden Sätze zur Aufstellung von Gleichungen benutzt haben, 6 von einander unabhängige Gleichungen erhalten, aus welchen 6 Grössen bestimmt werden können. Physikalisch sieht man nun sofort ein, dass, sobald alle elektromotorischen Kräfte und alle Widerstände bekannt sind, alsdann die Ströme hierdurch ebenfalls bestimmt sind; denkt man sich im vorliegenden Fall E und sämmtliche w als gegeben, so hat man als Unbekannte die 6 Ströme J, i, i_1, i_2, i_3, i_4; zur Bestimmung dieser 6 Grössen reichen die obigen 6 Gleichungen aus — wir sehen also, dass durch die Kirchhoff'schen Sätze die Aufgabe gelöst ist.

Aus jenen Gleichungen lassen sich also sämmtliche Ströme, ausgedrückt in E und den verschiedenen w, bestimmen; erhält man bei dieser Bestimmung für einen der Ströme einen negativen Ausdruck, so zeigt dies an, dass dieser Strom in Wirklichkeit die der in der Zeichnung angenommenen entgegengesetzte Richtung hat.

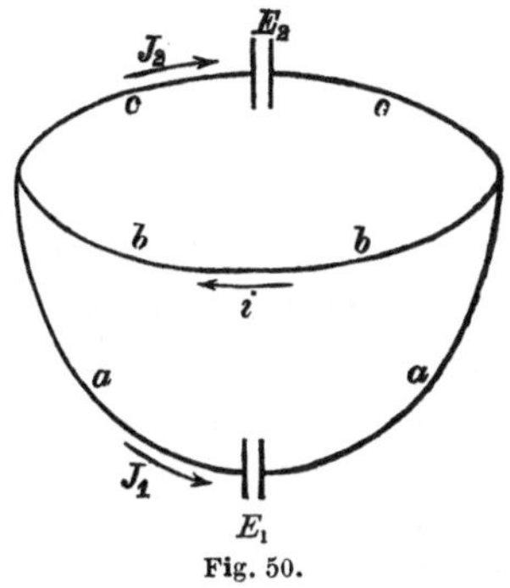

Fig. 50.

9. Beispiel mit zwei Batterien. Wir wollen noch ein anderes Beispiel behandeln, in welchem zwei elektromotorische Kräfte in zwei verschiedenen Zweigen vorkommen.

a und c seien zwei Zweige, welche Batterien mit den elektromotorischen Kräften bez. E_1, E_2 enthalten, b ein Zweig ohne Batterie; die Ströme nehmen wir vorläufig in den in der Figur angedeuteten Richtungen fliessend an; die Widerstände und Ströme in den einzelnen Zweigen bezeichnen wir folgendermassen:

	a	b	c
Widerstand:	W_1	w	W_2
Strom:	J_1	i	J_2.

Satz 1) liefert an den beiden Kreuzungspunkten dieselbe Gleichung:

$$i = J_1 + J_2.$$

Satz 2) liefert die Gleichungen:

Weg.	Gleichung.
(a, b, a)	$E_1 = J_1 W_1 + iw$
(c, b, c)	$E_2 = J_2 W_2 + iw$
(a, c, a)	$E_1 - E_2 = J_1 W_1 - J_2 W_2$.

Hierbei haben wir angenommen, dass die elektromotorische Kraft E_2 derjenigen in E_1 entgegen wirkt, dass also in dem Weg (a, c, a) das Kupfer der Batterie E_1 mit dem Kupfer der Batterie E_2, das Zink von E_1 mit dem Zink von E_2 verbunden sei; es muss alsdann, wenn man den Weg (a, c, a) von E_1 rechts herum durchläuft, E_1 positiv, E_2 negativ genommen werden, weil E_1 in dem Sinne wirkt, in welchem man den Weg durchläuft, E_2 entgegengesetzt, ferner J_1 positiv, J_2 negativ, weil die in der Zeichnung angenommene Richtung des ersteren übereinstimmt mit derjenigen, in welcher man den Weg durchläuft, diejenige des letzteren aber entgegengesetzt ist.

In den 3 letzten Gleichungen ist wieder eine die Folge der beiden andern; also hat man im Ganzen nur drei von einander unabhängige Gleichungen und die 3 Unbekannten J_1, J_2, i.

Die Elimination ergibt:

$$J_1 = \frac{E_1 (W_2 + w) - E_2 w}{W_1 W_2 + w (W_1 + W_2)},$$

$$J_2 = \frac{E_2 (W_1 + w) - E_1 w}{W_1 W_2 + w (W_1 + W_2)},$$

$$i = \frac{E_1 W_2 + E_2 W_1}{W_1 W_2 + w (W_1 + W_2)}.$$

Wir ersehen hieraus, dass von den 3 Strömen nur derjenige im Zweig b stets positiv ist, d. h. stets die in der Zeichnung angenommene Richtung hat. J_1 und J_2 können positiv oder negativ sein, je nach den Werthen der betreffenden Zähler, da der Nenner stets positiv ist. Ist z. B. $E_1 (W_2 + w) < E_2 w$, so ist J_1 negativ, d. h. die Richtung dieses Stromes ist der in der Zeichnung angenommenen entgegengesetzt; ebenso wird J_2 negativ, wenn $E_2 (W_1 + w) < E_1 w$.

Ferner wird

$$J_1 = o, \text{ wenn } E_1 (W_2 + w) = E_2 w \text{ oder } \frac{E_1}{E_2} = \frac{w}{W_2 + w},$$

und $$J_2 = 0, \text{ wenn } E_2 (W_2 + w) = E_1 w \text{ oder } \frac{E_1}{E_2} = \frac{W_1 + w}{w}.$$

Kehrt man die Batterie E_2 um, so dass sie nun in gleichem Sinne wirkt, wie die Batterie E_1, so hat man in den obigen Gleichungen $-E_2$ statt E_2 zu setzen. In diesem Fall ist J_1 stets positiv, J_2 stets negativ, und i kann positiv, null oder negativ sein.

10. Verzweigung von Widerständen. Es kommt sehr häufig vor, dass ein Strom verschiedene Zweige durchläuft, die an ihren Enden sämmtlich mit einander verbunden sind; es fragt sich, wie gross die Intensität der Ströme in den einzelnen Zweigen ist, wenn die Widerstände der Zweige bekannt sind.

Sind die Widerstände aller Zweige gleich, so ist es klar, dass der Hauptstrom in eben so viel gleiche Theile getheilt wird, als Zweige da sind, dass alle Zweigströme unter einander gleich sind; hat man n Zweige und ist J der Hauptstrom, so ist die Intensität eines Zweigstromes $\frac{J}{n}$.

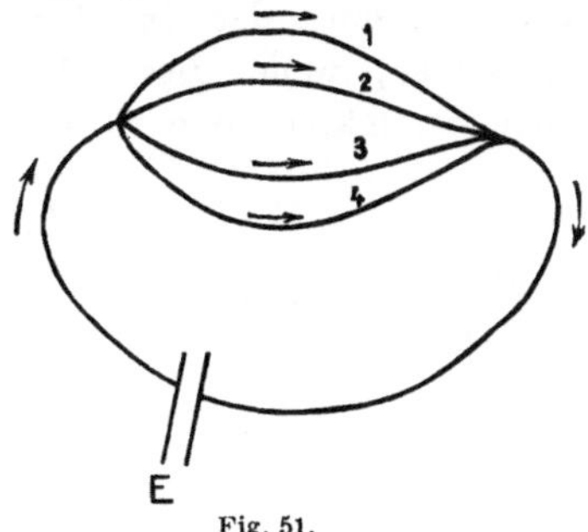

Fig. 51.

Wir nehmen nun an, es seien n Zweige von verschiedenen Widerständen $w_1, w_2 \ldots w_n$, die Ströme in denselben $i_1, i_2 \ldots i_n$, deren Intensität zu bestimmen; J, W, E gelten für den Batteriezweig.

Nach den Kirchhoff'schen Sätzen erhalten wir die Gleichungen

$$J = i_1 + i_2 + \ldots + i_n$$
$$i_1 w_1 - i_2 w_2 = o$$
$$i_2 w_2 - i_3 w_3 = o$$
$$\cdot \quad \cdot \quad \cdot \quad \cdot \quad \cdot \quad \cdot \quad \cdot \quad \cdot$$
$$i_{n-1} w_{n-1} - i_n w_n = o;$$

ferner
$$JW + i_1 w_1 = E;$$
die übrigen Gleichungen folgen aus diesen.

Vorerst folgt hieraus, dass $\frac{i_1}{i_2} = \frac{w_2}{w_1}$, $\frac{i_2}{i_3} = \frac{w_3}{w_2}$ u. s. w. aber auch, $\frac{i_1}{i_3} = \frac{w_3}{w_1}$, $\frac{i_1}{i_4} = \frac{w_4}{w_1}$ u. s. w., allgemein, dass die Ströme in zwei Zweigen sich umgekehrt verhalten wie die Widerstände.

Wir bestimmen nun J. Man hat

$$J = i_1 + i_2 + \ldots i_n, \text{ also nach dem Obigen}$$
$$= i_1 w_1 \left(\frac{1}{w_1} + \frac{1}{w_2} + \frac{1}{w_3} + \ldots + \frac{1}{w_n}\right);$$
$$JW + i_1 w_1 = E.$$

Eliminirt man aus diesen beiden Gleichungen i_1, so kommt

$$J = \frac{E\left(\frac{1}{w_1} + \frac{1}{w_2} + \ldots + \frac{1}{w_n}\right)}{1 + W\left(\frac{1}{w_1} + \frac{1}{w_2} + \ldots + \frac{1}{w_n}\right)}$$
$$= \frac{E}{W + \frac{1}{\frac{1}{w_1} + \frac{1}{w_2} + \ldots - \frac{1}{w_n}}}.$$

Denkt man sich das ganze System der n Zweige als ein Ganzes, so muss dasselbe dem Strom einen bestimmten Widerstand entgegensetzen; wenn dieser Widerstand $= w'$, so hat man einen einfachen Stromkreis, und es ist

$$J = \frac{E}{W + w'}.$$

Dieser Ausdruck für J muss mit dem obigen übereinstimmen; es muss also

$$7) \quad w' = \frac{1}{\frac{1}{w_1} + \frac{1}{w_2} + \frac{1}{w_3} + \ldots + \frac{1}{w_n}}$$

sein; diese Formel gibt den Widerstand w' eines Zweigsystems ausgedrückt in den Widerständen der Zweige.

Hat man bloss zwei Zweige, so ist der Widerstand ihres Systems

$$8) \quad w' = \frac{1}{\frac{1}{w_1} + \frac{1}{w_2}} = \frac{w_1 w_2}{w_1 + w_2}.$$

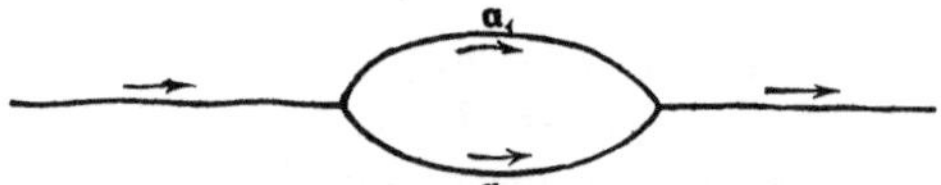

a_1

a_2

Fig. 52.

Eine häufige Anwendung eines Systems von zwei Zweigen findet statt bei den sogenannten Nebenschlüssen. Es kommt nämlich oft vor, dass der Strom in irgend einem Theil eines Stromsystems zu stark für ein Messinstrument ist; die Stärke des Stromes lässt sich aber auf ein beliebiges Mass vermindern durch Anbringung eines Nebenschlusses, d. h. wenn man einen Zweigdraht so einfügt, dass jener Draht, in welchem der Strom zu stark war, und der neue Draht ein System von zwei Zweigen bilden.

Sei a_1 jener Draht, a_2 der neu eingefügte Nebenschluss; ihre Widerstände seien bez. w_1, w_2, die in ihnen herrschenden Ströme bez. i_1, i_2. Es soll nun der Widerstand des Nebenschlusses so gewählt werden, dass durch Anlegung des Nebenschlusses nur noch der m^{te} Theil des Stromes durch a_1 geht, welcher ohne Nebenschluss durch a_1 gehen würde.

Wenn J der im Hauptkreis herrschende Strom, so ist $J = i_1 + i_2$; ferner ist

$$\frac{i_1}{i_2} = \frac{w_2}{w_1} \text{ und endlich soll sein } i_1 = \frac{1}{m}(i_1 + i_2).$$

Hieraus folgt
$$i_1 = \frac{1}{m} i_1 \left(1 + \frac{w_1}{w_2}\right);$$
$$1 = \frac{1}{m} \left(1 + \frac{w_1}{w_2}\right);$$
$$9) \quad \ldots \ldots \quad w_2 = \frac{w_1}{m-1}.$$

Wenn also z. B. der Strom in einem Instrument zur Strommessung, namentlich einem Galvanometer, auf $^1/_{10}$ seines Werthes reducirt werden soll, so bringt man einen Nebenschluss an, dessen Widerstand $^1/_9$ des Instrumentes beträgt; soll der Strom auf $^1/_{100}$ reducirt werden, so muss der Widerstand desselben $^1/_{99}$ desjenigen des Instrumentes betragen u. s. w.

11. Schaltung einer Batterie. In der Technik sowohl, wie beim wissenschaftlichen Experimentiren wirft sich häufig die Forderung auf, in einem gegebenen äusseren Widerstand mit einer gegebenen Batterie durch zweckmässige Schaltung derselben einen möglichst starken Strom zu erzeugen.

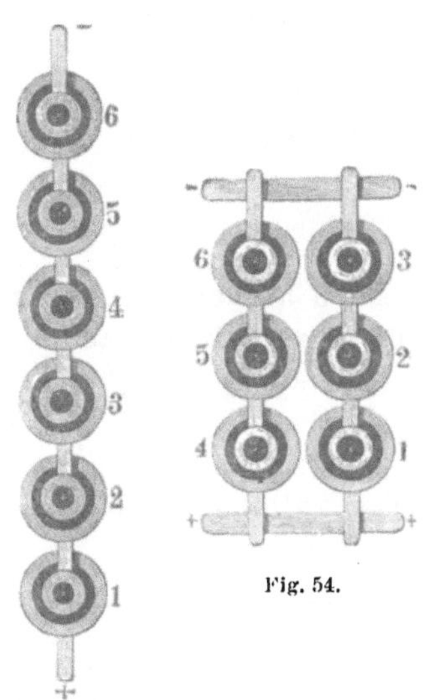

Fig. 53.
Fig. 54.

Bei diesen Schaltungen gibt es zwei Hauptarten, das Parallelschalten und das Hintereinanderschalten. Bei ersterer werden die Elemente (oder Batterien), welche parallel geschaltet werden sollen, neben einander gestellt, dann ihre Kupferpole sämmtlich mit einander verbunden, und ebenso ihre Zinkpole; das Hintereinanderschalten ist die Schaltung, welche zuerst in der Volta'schen Säule angewendet wurde, indem ein Element an das andere gereiht wird, so dass sich die elektromotorischen Kräfte addiren.

Fig. 53 zeigt 6 hintereinander geschaltete Elemente,
Fig. 54 2 parallel geschaltete Batterien von je 3 Elementen,
Fig. 55 3 parallel geschaltete Batterien von je 2 Elementen,
Fig. 56 6 parallel geschaltete Elemente.

Betrachten wir den ersten und den letzten dieser Fälle. Wenn E die elektromotorische Kraft eines Elementes, w dessen Widerstand, so ist im ersten Fall 6 E die elektromotorische Kraft der Batterie und 6 w

ihr Widerstand. In dem letzten Fall, in welchem sämmtliche Zinkpole zu einem Zinkpol und sämmtliche Kupferpole zu einem Kupferpol vereinigt sind, können wir uns auch die Flüssigkeit in allen Bechern communicirend denken, durch Röhren z. B., ohne dass etwas verändert wird; dann hat man aber eigentlich ein einziges Element, bei welchem eine aus 6 Theilen bestehende Kupferplatte und eine ähnliche Zinkplatte in einen Flüssigkeitstrog tauchen; die elektromotorische Kraft dieses Elementes ist also nur E. Der Widerstand der parallel geschalteten Batterie ist $\frac{w}{6}$, weil die Oberflächen von Zink und Kupfer 6 mal grösser sind als bei einem Element, die Länge der Flüssigkeitssäule, zwischen Kupfer und Zink, gleich wie bei einem Element.

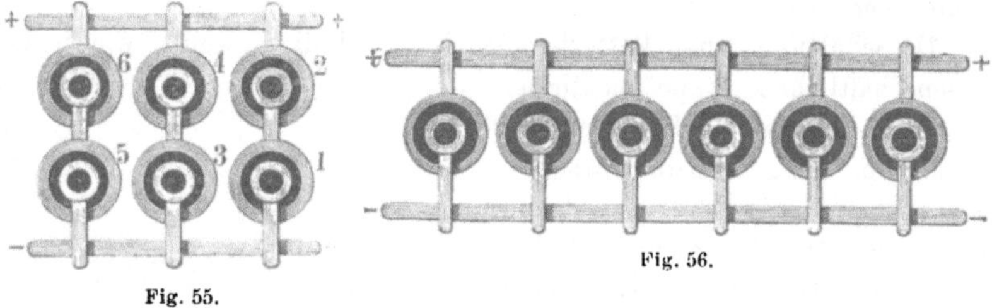

Fig. 55.

Fig. 56.

Bei 6 hintereinander geschalteten Elementen ist daher, wenn W der äussere Widerstand,

$$J = \frac{6E}{6w + W} = \frac{E}{w + \frac{W}{6}},$$

bei 6 parallel geschalteten Elementen dagegen

$$J = \frac{E}{\frac{w}{6} + W}$$

Wir können uns also in beiden Fällen denken, dass man ein Element mit der elektromotorischen Kraft E im Stromkreis habe; durch das Hintereinanderschalten von 6 Elementen wird gleichsam die elektromotorische Kraft nicht vermehrt, aber der äussere Widerstand auf den sechsten Theil vermindert; durch das Parallelschalten von 6 Elementen dagegen wird der Widerstand des Elementes auf den sechsten Theil vermindert.

Wir sehen ferner, dass je nach den Umständen die eine oder die andere Art von Schaltung vorgezogen werden muss, um den stärkeren Strom zu erzielen: ist der äussere Widerstand sehr gross im Verhältniss zu demjenigen des Elementes, so wird man hintereinander schalten, ist derselbe klein im Verhältniss zu dem letzteren, wird man parallel schalten. Ist nun W weder sehr gross noch sehr klein im Verhältniss zu w, so wird eine Verbindung beider Schaltungen das Zweckmässigste sein, und diese wollen wir nun aufsuchen.

Es seien n Elemente gegeben, jedes von der elektromotorischen Kraft E und dem Widerstand w, ferner der äussere Widerstand W; die Elemente sind so zu schalten, dass der Strom ein Maximum wird.

Wenn je m von den n Elementen parallel geschaltet werden, so dass also von je m Elementen die Zinke unter sich und die Kupfer unter sich verbunden werden, so repräsentirt jede solche Gruppe vom m Elementen ein einziges Element vom Widerstand $\frac{w}{m}$ und der elektromotorischen Kraft E. Solcher Gruppen sind im Ganzen $\frac{n}{m}$; also hat man den Strom

$$J = \frac{\frac{n}{m} E}{\frac{n}{m}\frac{w}{m} + W} = \frac{E}{\frac{w}{m} + \frac{m}{n} W}.$$

Dieser Ausdruck muss in Bezug auf m ein Maximum werden. Differenzirt man J nach m, und setzt $\frac{dJ}{dm} = 0$, so kommt

$$o = \frac{dJ}{dm} = \frac{-\frac{w}{m^2} + \frac{1}{n} W}{\left(\frac{w}{m} + \frac{m}{n} W\right)^2},$$

woraus: $\frac{w}{m^2} = \frac{1}{n} W$ oder $\frac{w}{m} = \frac{m}{n} W$ oder

$$9) \quad \frac{n}{m}\frac{w}{m} = W.$$

Dass in diesem Fall ein Maximum und kein Minimum eintritt, davon kann man sich in bekannter Weise an dem zweiten Differentialquotienten überzeugen. Nun ist aber $\frac{n}{m}\frac{w}{m}$ der Widerstand der auf angegebene Weise geschalteten Batterie, also ist

> bei gegebener Batterie der Strom ein Maximum, wenn die Batterie so geschaltet wird, dass ihr Widerstand gleich dem äusseren Widerstand ist.

Dies genau zu erreichen ist nun im Allgemeinen nicht möglich, weil wir die Batterie nicht in beliebig viele Gruppen theilen können, sondern nur in eine solche Anzahl von Gruppen, die in der Anzahl von Elementen aufgeht; man wählt also immer diejenige Theilungszahl m, die der aus Gleichung 9) berechneten am nächsten kommt. Zur Berechnung von m dient die aus Gleichung 9) fliessende Gleichung:

$$10) \quad \ldots\ldots\ldots \quad m = \sqrt{\frac{nw}{W}} \,.$$

Ein Fall, in dem man in der Praxis die Forderung der Theorie verwirklichen kann, ist z. B. folgender:

Eine Batterie von 60 Elementen, jedes zu 15 Einheiten Widerstand, sei gegeben, der äussere Widerstand betrage 100 Einheiten; dann hat man für m

$$m = \sqrt{\frac{60 \,.\, 15}{100}} = 3;$$

man schaltet also je 3 Elemente parallel und hat dann eine Batterie von 20 Gruppen, von denen jede aus 3 Elementen gebildet ist. Der Widerstand einer solchen Gruppe ist alsdann: $\frac{15}{3} = 5$ Einheiten, derjenige der ganzen Batterie: $20 \,.\, 5 = 100$, also (bei $E = 1$) der Strom

$$J = \frac{20}{100 + 100} = 0{,}100.$$

Würde man sämmtliche 60 Elemente hinter einander schalten, so hätte man

$$J = \frac{60 \,.\, 15 + 100}{60} = 0{,}060;$$

würde man sie sämmtlich parallel schalten, so hätte man

$$J = \frac{1}{\frac{15}{60} + 100} = 0{,}00998;$$

es erhellt hieraus, dass der Strom bei der gefundenen Schaltung bedeutend stärker ist, als bei anderen Schaltungen.

Ein Beispiel, in dem man die berechnete Schaltung nur angenähert ausführen kann, ist folgendes:

Gegeben 25 Elemente mit je 30 Einheiten Widerstand, der äussere Widerstand beträgt 42 Einheiten. Hier hat man

$$m = \sqrt{\frac{25 \,.\, 30}{42}} = 4{,}23 \,,$$

also keine ganze Zahl für m. Wählt man nun die nächste ganze Zahl für m, nämlich 4, so theilen sich die 25 Elemente in 6 Gruppen zu 4 Elementen, es bleibt aber eines übrig; man wird in diesem Fall am besten thun, dieses letzte Element in eine der Gruppen einzufügen, so dass man 5 Gruppen zu 4 und 1 Gruppe zu 5 Elementen hat. Ein sicheres Urtheil über die günstigste Schaltung erhält man in solchen Fällen, indem man die Ströme berechnet bei den der berechneten zunächst liegenden Schaltungen und diejenige wählt, welche den stärksten Strom liefert.

Es bleibt nun noch die Frage zu beantworten, ob das Parallelschalten von Elementen ersetzt werden kann durch das bequemere Parallelschalten von Batterien.

Man habe z. B. 12 Elemente in 3 Gruppen zu je 4 Elementen zu schalten, wie in Fig. 57 angedeutet (die inneren Kreise bedeuten Zinkcylinder, die äusseren Kupferplatten); es fragt sich nun, ob man nicht statt dessen 4 Batterien zu je 3 Elementen parallel schalten darf, wie in Fig. 56 angedeutet.

In dem letzteren Fall (Fig. 58) leuchtet ein, dass die Gefälle in den 4 parallel geschalteten Batterien gleich sein müssen. Auf den 4 unter einander verbundenen Zinken am einen Ende der Batterien muss

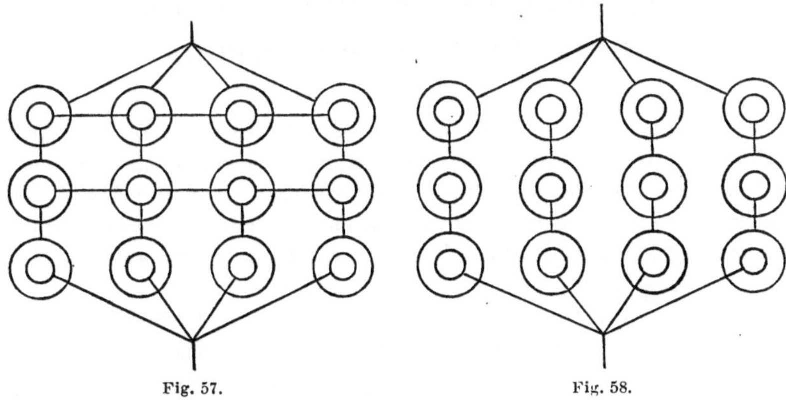

Fig. 57. Fig. 58.

dieselbe Spannung herrschen, da sie durch dicke Drähte oder Bleche von geringem Widerstand verbunden sind, ebenso die 4 unter einander verbundenen Kupfer am anderen Ende der Batterien; da die Enden aller Batterien gleiche Spannung haben und die Batterien selbst unter sich völlig gleich sind, so können die Gefälle in denselben sich durch Nichts unterscheiden. Also müssen nicht nur die Zinke der 4 ersten Elemente unter sich, sondern auch die Kupfer derselben unter sich, ferner die Zinke der 4 zweiten Elemente unter sich, ebenso ihre Kupfer unter sich u. s. w. gleiche Spannungen zeigen.

Nun darf man aber stets in jedem beliebigen Stromschema Punkte gleicher Spannung durch Drähte mit einander verbinden, ohne dass dies irgend eine Aenderung in den Strömen und Spannungen des Schema's zur Folge hat; denn Ströme können zwischen Punkten gleicher Spannung nicht vorkommen, weil Ströme nur durch Spannungsdifferenzen entstehen, und umgekehrt könnten die Spannungen nur verändert werden, wenn Ströme entstehen. Wenn wir nun aber in Fig. 56 jeweilen die Punkte gleicher Spannung, die Kupfer der 4 ersten Elemente unter sich, die Zinke der 4 zweiten Elemente unter sich u. s. w. verbinden, so erhalten wir das Schema von Fig. 55.

Es ist also gleichgültig, in dem oben angeführten Sinn, ob man die Batterien parallel schaltet, oder die Elemente. Will man z. B. 30 Elemente in 10 Gruppen von je 3 Elementen schalten, so erhält man dieselbe Wirkung, wenn man dieselben in 3 Batterien von je 10 Elementen trennt und diese parallel schaltet.

IV.

Das Verhalten der Körper in Bezug auf den elektrischen Strom.

Nachdem wir in § II die verschiedenen Erzeugungsarten von Elektricität und in § III die Gesetze des stationären elektrischen Stromes, auch gelegentlich das Verhalten einiger wichtiger Körper in Bezug auf Elektricität kennen gelernt haben, gehen wir nun zu einer ausführlicheren Betrachtung des Verhaltens der Körper in Bezug auf den elektrischen Strom über.

Wir stellen hierbei noch mehr als bisher das praktische Interesse in den Vordergrund und betrachten daher erstens nur Körper, die eine praktische Verwendung in irgend welchen Apparaten finden oder finden könnten, zweitens aber auch nicht das allgemeine Verhalten dieser Körper in Bezug auf den elektrischen Strom, sondern nur ihre Eigenschaften in Bezug auf praktisch verwendbare Apparate.

Die letztere Beschränkung bestimmt uns, die Reibungselektricität, welche wir bisher möglichst im Zusammenhang mit den anderen Erzeugungsarten der Elektricität behandelt haben, von nun an wegzulassen. Technische Verwendung findet die Reibungselektricität wenig; zum Verständniss dieser vereinzelten Anwendungen genügt die Kenntniss der Elektrisirmaschinen, welche wir bereits behandelt haben.

In Bezug auf Elektricitätsquellen beschränken wir uns daher auf Berührungselektricität (Galvanismus) und Thermoelektricität; die technisch so wichtige Quelle der Magnetinduction können wir erst nach Betrachtung der Inductionserscheinungen kennen lernen.

Wie nun aus dem Ohm'schen Gesetz direct hervorgeht, hängt der elektrische Strom nur ab von der elektromotorischen Kraft und dem Widerstande im Schliessungskreise; in Bezug auf diese beiden Begriffe muss also das Verhalten der Körper geprüft werden, um ihre Eigenschaften in Bezug auf den elektrischen Strom kennen zu lernen.

A. Elektromotorische Kraft.

1. Constante Elemente. Um ein Element von grosser elektromotorischer Kraft zu construiren, hat man im Allgemeinen bloss zwei in der Spannungsreihe möglichst weit von einander entfernte Metalle zu wählen und dieselben in eine passende Flüssigkeit zu stecken; so lange sich nichts in dem Element ändert, ist dann die elektromotorische Kraft des Elementes durch die Stellung der beiden Metalle in der Spannungsreihe gegeben. Um dem Element ferner einen kleinen Widerstand zu geben, sind die Metalle von möglichst grosser Oberfläche zu wählen, nahe an einander zu rücken, so dass die Länge der Flüssigkeitssäule möglichst gering wird, und endlich bei der Wahl der Flüssigkeit selbst die Leitungsfähigkeit derselben in Betracht zu ziehen.

Trotzdem hiernach die Aufgabe, ein gutes galvanisches Element zu construiren, einfach erscheint, ist sie in Wirklichheit verwickelt und schwierig. Ganz abgesehen von rein praktischen Rücksichten, dem Preise von Materialien, der Bequemlichkeit der Behandlung, der Grösse der Elemente u. s. w. ist es hauptsächlich eine Forderung, welche an ein gutes Element gestellt werden muss, die aber schwierig zu erfüllen ist, nämlich die Constanz des Elementes.

Alle Batterien, welche, gleich der Volta'schen Säule, aus zwei Metallen und einer Flüssigkeit bestehen, erschöpfen sich in kurzer Zeit — die elektromotorische Kraft sinkt und der Widerstand steigt — so dass alle nach diesem Princip gebauten Säulen eine dauernde Inansprnchnahme, z. B. auf einer Telegraphenleitung, nicht vertragen.

Die Ursachen dieser Erschöpfung sind die sogenannte Polarisation und die Veränderung der Flüssigkeit durch chemische Vorgänge.

2. Polarisation; Nutzeffect. In Bezug auf die Polarisation und überhaupt auf die chemischen Wirkungen des elektrischen Stromes verweisen wir auf den nächsten Paragraphen; wir müssen hier die Kenntniss dieser Vorgänge voraussetzen.

Seit der Erfindung der Volta'schen Säule sind eine Unzahl von Elementen und Säulen construirt worden, von denen die meisten völlig in Vergessenheit gerathen sind; beinahe alle litten an Mangel an Constanz. Nachdem aber das erste sogenannte constante Element erfunden war und man erkannt hatte, dass nur constante Elemente für die Technik und das wissenschaftliche Experimentiren brauchbar sind, beschäftigten sich die Erfinder beinahe nur noch mit solchen Elementen.

Wir besitzen nun heutzutage eine Reihe sogenannter constanter Elemente, von denen jedes seine Vorzüge besitzt; wir werden im Folgenden die wichtigsten und allgemein gebräuchlichen besprechen.

Bildet man aus Kupfer, Zink und verdünnter Schwefelsäure ein Element und schliesst dasselbe, so beobachtet man bald chemische Vorgänge in demselben; das Zink wird aufgelöst, und am Kupfer bildet sich eine Schicht von Wasserstoff, welche das ganze Metall mehr oder weniger dicht, je nach der Stromstärke, bedeckt. Das Ausscheiden von Wasserstoff tritt aber in jedem Element auf, in welchem das negative Metall von einer verdünnten Säure oder der Lösung eines Alkalisalzes umgeben ist. Tritt aber an Stelle derselben die Lösung des Salzes eines schweren Metalls, so wird das Metall an der positiven Platte des Elements ausgeschieden.

In dem Element Zink/Kupfer/verdünnte Schwefelsäure wird im ersten Augenblick nur Wasserstoff am Kupfer ausgeschieden; da aber zugleich eine entsprechende Menge Zink aufgelöst wird, so enthält nun die Flüssigkeit etwas Zinkvitriol. Der Strom muss also ausser dem Wasserstoff auch Zink am Kupfer abscheiden. Der Erfolg ist also der, dass am Kupfer zwar wenig oder kein Wasserstoff auftritt, die ganze Platte jedoch sich allmählich mit Zink überzieht; wenn aber dies vollständig geschehen ist, so kann das Element keine Wirkung mehr haben, denn seine elektromotorische Kraft ist alsdann dieselbe, wie diejenige von zwei in eine Flüssigkeit gesteckten Zinkplatten, d. h. Null.

Würde man statt des Kupfers Kohle oder Platin anwenden, so würde man völlig dieselbe Erscheinung beobachten. Würde man auf irgend eine Weise das Zink stets aus der Lösung fern halten, so dass dasselbe nach seiner Auflösung sogleich abgeführt wird, so hätte man in allen diesen Elementen eine Schicht von Wasserstoff am positiven Metall; diese verringert die elektromotorische Kraft des Elementes immer mehr, so dass die Wirkung desselben rasch abnimmt und bald ganz aufhört.

Die Beseitigung der Polarisation an dem positiven Pol ist die Hauptschwierigkeit bei der Construction constanter Elemente; eine fernere Forderung, welche jedes gute Element erfüllen muss, ist die Erreichung eines gewissen Grades im Nutzeffect.

Wenn ein Element geschlossen wird, so erhält man einen Strom, mittelst dessen man Wirkungen verschiedener Art ausüben kann; andrerseits entstehen in dem Elemente selbst chemische Vorgänge, welche meistens darin bestehen, dass Metalle in Säuren aufgelöst werden. Die Arbeit, welche der Strom leistet, entspricht nun, wie wir später deutlicher einsehen werden, einem ganz bestimmten Quantum von chemischer Arbeit im Element, oder der Auflösung einer bestimmten Menge des Metalls; wenn z. B. durch den Strom eine Maschine getrieben wird, welche in der Minute eine bestimmte Arbeit liefert, so kann diese Arbeit nur geleistet werden, wenn derselben entsprechend in der Minute eine bestimmte Menge Metall im Element aufgelöst wird. Nun werden aber viele Metalle auch aufgelöst durch blosse Berührung mit der Flüssigkeit, so z. B. Zink in Schwefelsäure; es wird also in Elementen, die solche Metalle und Flüssigkeiten enthalten, auch Metall aufgelöst werden, wenn der Strom nicht geschlossen ist, und wenn derselbe geschlossen ist, wird mehr Metall verbraucht werden, als der durch den Strom geleisteten Arbeit entspricht. Wenn wir also das Verhältniss zwischen der ausserhalb des Elements geleisteten und der in demselben verbrauchten Arbeit den Nutzeffect nennen, so ist einleuchtend, dass jedes Element, bei welchem der Nutzeffect nicht einen gewissen Grad erreicht, unbrauchbar ist.

3. Daniell'sches Element. Das erste und zugleich das beste constante Element construirte Daniell.

Die Metalle, die er anwendete, sind Kupfer und Zink. Um das freiwillige Auflösen von Zink zu vermeiden, wird dasselbe mit Quecksilber amalgamirt; hierdurch wird die elektromotorische Kraft kaum verändert und die directe Einwirkung der Säuren auf das Zink verhindert, so dass eigentlich nur Zink aufgelöst wird, wenn Strom durch das Element geht. Das Amalgamiren des Zinks, welches übrigens nicht Daniell zuerst anwandte, geschieht einfach dadurch, dass man dasselbe zuerst in verdünnte Schwefel- oder Salzsäure taucht und dann mit Quecksilber übergiesst. Steckt man das Zink unmittelbar in die Lösung eines Quecksilbersalzes, z. B. von salpetersaurem Quecksilberoxyd, so überzieht sich das Zink von selbst mit Quecksilber.

Das Auftreten von Wasserstoff am Kupfer verhinderte Daniell dadurch, dass er das Kupfer mit einer Kupferlösung, nämlich Lösung von Kupfervitriol, umgab. Wie wir oben sahen, wird in diesem Falle nicht Wasserstoff, sondern das Metall aus der Lösung abgeschieden und die negative Platte damit überzogen; da nun aber die Lösung dasselbe Metall abscheidet, aus dem die Platte besteht, so wird an der elektromotorischen Kraft nichts geändert.

Da aber die Kupfervitriollösung beim Zink nicht verwendet werden durfte, so umgab Daniell das Zink mit verdünnter Schwefelsäure und trennte beide Flüssigkeiten durch eine poröse Thonzelle; diese letztere schliesst zwar die Berührung zwischen den beiden Flüssigkeiten nicht aus, verhindert jedoch eine rasche Mischung derselben.

Die gewöhnlich angewandte Verdünnung der Schwefelsäure ist etwa $\frac{1}{20}$ (dem Volumen nach).

Fig. 59 stellt eine der ersten Formen des Daniell'schen Elementes dar. Ausserhalb befindet sich ein Kupfercylinder, gefüllt mit Kupfervitriol; in denselben ist ein Thoncylinder eingesetzt, gefüllt mit verdünnter Schwefelsäure; in den letzteren wird das Zink gestellt. Durch ein in die Thonzelle eingesetztes Glasrohr fliesst das in derselben gebildete Zinkvitriol ab, indem von oben frische Säure zugesetzt wird; die Kupfervitriollösung wird durch Einwerfen von festem Kupfervitriol möglichst concentrirt gehalten.

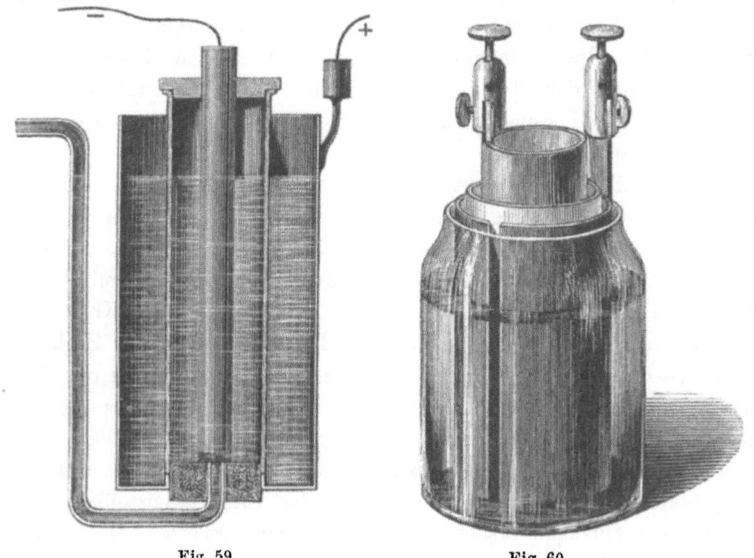

Fig. 59. Fig. 60.

Fig. 60 stellt die jetzt gebräuchliche Form des Daniell'schen Elementes dar; sie zeigt keine wesentliche Veränderung gegenüber der ursprünglichen Form mit Ausnahme des Weglassens der Glasröhre.

In England namentlich werden auch Daniell'sche Batterien in Trogform verwendet. Ein länglicher Kasten wird durch Scheidewände in eine Anzahl von Zellen getheilt; jede Zelle enthält ein Element. Die Metalle werden in Plattenform verwendet; als poröse Scheidewände dienen Platten von unglasirtem Porzellan (s. auch S. 93).

Jedes Daniell'sche Element muss nach einiger Zeit seinen Dienst versagen, und es kommt auf die Ansprüche an, welche man an die Constanz desselben macht, um zu bestimmen, wie lange ein solches Element im Gebrauch belassen werden kann.

Vor allem muss die Diffusion der Flüssigkeiten durch die Thonzelle hindurch immer mehr Säure in's Kupfervitriol und umgekehrt Kupfervitriol in die Säure treiben. Sowie nun Zink in Berührung mit Kupfervitriol kommt, so wird durch chemische Wirkung das Kupfer niedergeschlagen und dafür ein Theil des Zinkes aufgelöst. Daher überzieht sich nach längerer Zeit in allen Daniell'schen Elementen, gleichviel ob sie geschlossen sind oder nicht, das Zink mit einem schwarzen Schlamm, der hauptsächlich aus Kupfer besteht.

Ferner verändern sich die Flüssigkeiten; die Schwefelsäure verwandelt sich allmählig in Zinkvitriol, das Kupfervitriol verliert immer mehr an Gehalt, und sein Gehalt an freier Schwefelsäure steigt, wenn auch die Concentration durch das Einwerfen von Kupfervitriol-Krystallen möglichst stark erhalten wird.

Um ein solches Element also wirklich constant zu erhalten, müssten eigentlich die Flüssigkeiten continuirlich erneuert werden. Bei Messungen sollten Daniell'sche Elemente nicht mit verdünnter Schwefelsäure, sondern mit concentrirter Zinkvitriollösung angesetzt werden.

Fernere Störungen werden durch Unreinheiten, namentlich des Zinks und des Kupfervitriols, veranlasst. Das käufliche Kupfervitriol enthält stets Eisen, dessen Gegenwart schädlich ist. Das käufliche Zink endlich enthält stets eine Anzahl fremder Metalle. Durch dieselben werden lokale Ströme erregt, welche Zink verbrauchen, ohne die Wirkung des Elementes zu steigern. Man denke sich an der Oberfläche des Zinkes z. B. ein Eisenkörnchen eingesprengt; es entsteht in diesem Fall ein kleines Element Zink/Eisen/verdünnte Schwefelsäure, in welchem ein Strom circulirt, welcher unnöthig Zink auflöst.

Auf die Unreinheit des Zinks ist auch eine Thatsache zurückzuführen, die stets nach längerem Gebrauch bei den Thonzellen auftritt, nämlich das Durchwachsen derselben durch Kupfer. Es bilden sich nämlich an der Thonzelle Warzen von Kupfer auf der mit dem Kupfervitriol in Berührung befindlichen Seite, von denen aus kupferne Fäden sich in das Innere des Thones hinein erstrecken.

Dieses Durchwachsen nimmt jedoch seinen Anfang nicht auf der Kupferseite, sondern auf der Zinkseite, an den Stellen, wo der graue Zinkschlamm die Thonzelle berührt. Dieser schwammartige graue Zinkschlamm, nicht zu verwechseln mit dem oben angeführten, schwarzen Schlamm, der durch starke Diffusion des Kupfervitriols entsteht und Kupfer enthält, fällt bald nach dem Zusammensetzen der Säule vom Zinkblock ab zu Boden; derselbe besteht aus fremden Metallen, welche das käufliche Zink enthält, namentlich Eisen. Ein jedes Körnchen Eisen, welches an der Thonzelle liegt, geräth hierdurch in Berührung mit dem Kupfervitriol, von welchem der Thon vollgesogen ist, und schlägt daher sofort Kupfer nieder, wie jedes Eisenstück, das in

Kupfervitriol getaucht wird. Nun hat man aber ein kleines Element, gebildet aus Eisen, Kupfer und den beiden Flüssigkeiten, es muss, wie im Daniell'schen Element, Kupfer am Kupfer niedergeschlagen werden, und es bilden sich daher Kupferadern, die von der Zinkseite die Thonzellen durchwachsen und auf der andern Seite warzenförmige Ansätze bilden.

Man erhält das Durchwachsen ebenfalls, wenn man das Zink ganz entfernt und bloss den grauen Schlamm an die Thonzelle anlegt.

Um das Durchwachsen zu vermeiden, muss dafür gesorgt werden, dass kein Zinkschlamm die Thonzelle berührt. Dies kann dadurch geschehen, dass man das Zink in ein Säckchen steckt, welches den Schlamm nicht durchlässt und die Thonzelle nicht berührt, oder aber, indem man den unteren Theil der Thonzelle, an welchem sich namentlich der Schlamm aufhäuft, in Wachs tränkt. Im Allgemeinen sorge man dafür, dass das Zink nie an die Thonzelle stösst.

Das Daniell'sche Element hat in Bezug auf Ausdauer noch heute den Vorrang vor allen andern constanten Elementen inne; es wird namentlich angewendet, wo man nicht sehr starker Ströme, aber dieser längere Zeit hindurch bedarf, so namentlich in der Telegraphie.

Hat man, wie z. B. beim Telegraphiren, eine Batterie nöthig, die stets bereit stehen und längere Zeit ihren Dienst versehen soll, so wählt man in neuerer Zeit nicht mehr Daniell'sche Elemente, wenigstens nicht in der obigen Form, wegen der Unsicherheit und Unbequemlichkeit, welche die Thonzellen verursachen; dieselben sollten nie länger als acht Tage in Thätigkeit bleiben, und müssen nach dem Gebrauch gut gereinigt und gewässert werden.

Verschiedene Constructeure haben deshalb theils an Stelle der Thonzelle im Daniell'schen Element andere Diaphragmen gesetzt, theils dieselbe ganz entfernt; von diesen Constructionen sind hauptsächlich zu nennen: das Pappelement, das Sandelement, das Meidinger'sche und das Callaud'sche oder amerikanische Element.

4. Das Pappelement; das Sandelement. In dem Pappelement von Siemens & Halske (Fig. 61) ist die Thonzelle ersetzt durch gestampfte Papiermasse.

Auf den Grund des Glases ist eine kleine Thonzelle von conischer Form gestellt, in welche eine verticale Glasröhre eingesetzt ist; diese zusammen bilden den Raum für das Kupfer und die Kupfervitriollösung. Rings um die Glasröhre, über der Thonzelle, befindet sich Papiermasse, wie sie aus Papierfabriken bezogen wird; dieselbe ist vorher mit concentrirter Schwefelsäure behandelt und dann fest eingestampft. Oben auf dieser Masse liegt der Zinkring, umgeben von verdünnter Schwefelsäure; derselbe ist von der Papiermasse durch ein untergelegtes ringförmiges Stück von wollenem Zeuge getrennt. Auf die verdünnte Schwefelsäure wird noch eine dünne Schicht Oel gegossen, um die Verdunstung zu verhindern. Das feste Kupfervitriol wird durch die Glasröhre nachgefüllt.

Dieses Element zeichnet sich aus durch constante elektromotorische Kraft, sein Nachtheil besteht in dem grossen Widerstand; es kann mehrere Monate stehen bleiben, ohne anderer Fürsorge zu bedürfen, als des Nachfüllens von Kupfervitriol.

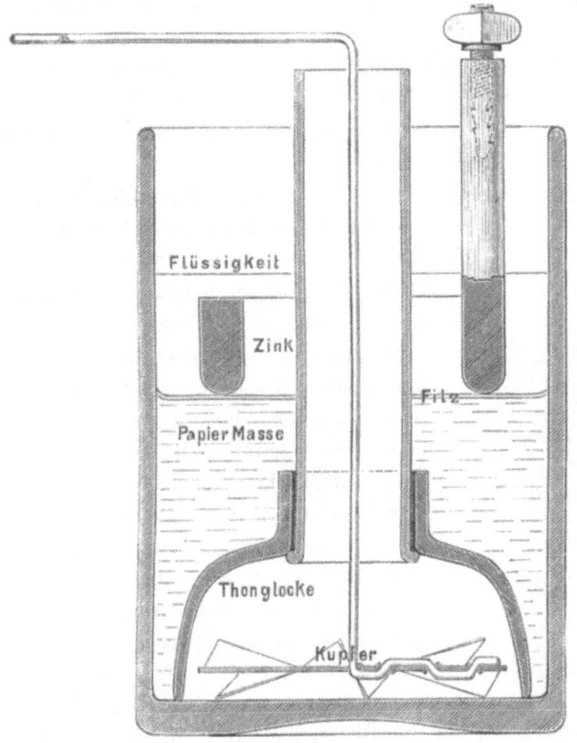

Fig. 61.

In neuerer Zeit wird statt Papiermasse Kieselguhr benutzt; dieser Stoff hält die Schwefelsäure schwammartig fest, und durch die Anwendung desselben wird der Widerstand des Elementes bedeutend verringert.

Das Sandelement von Minotto benutzt Flusssand oder Sägespäne als Diaphragma. Auf den Boden des Gefässes legt man die Kupferplatte, von welcher ein isolirter Kupferdraht nach Aussen führt; auf die Kupferplatte kommt eine Lage festen Kupfervitriols zu liegen, hierauf eine Scheibe Löschpapier, auf diese der Sand oder die Sägespäne, hierauf wieder eine Scheibe Löschpapier und zu oberst die Zinkplatte; das Ganze wird einfach mit Wasser begossen. Natürlich bildet sich bald durch den Strom unten beim Kupfer freie Schwefelsäure, welche zum Zink diffundirt und so dieselbe Anordnung der Flüssigkeiten herstellt, wie beim Daniell'schen Element.

Dieses Element theilt im Wesentlichen die Vorzüge, sowie die Nachtheile des Pappelementes.

5. Das Meidinger'sche Element; das Element der deutschen Telegraphenverwaltung. In dem Meidinger'schen sowohl, als dem Krüger'schen Element ist die Thonzelle völlig weggelassen, die Flüssigkeiten bleiben durch die Differenz der specifischen Gewichte über einander geschichtet, ohne sich zu vermischen; in beiden Elementen liegt das Zink oben, das Kupfer unten.

In dem Meidinger'schen Element (Fig. 62 und 63) befindet sich das Kupfer, in Form eines Ringes von Blech, in einem besonderen Gläschen, das auf den Boden des grösseren Glases gestellt ist; das Zink, ebenfalls in Form eines Blechringes, ruht auf einer Verengerung des Glases; in das kleine Gläschen reicht ein geräumiges Rohr herunter, in welchem sich zuunterst eine kleine Oeffnung befindet. Dieses Rohr wird mit Stücken von Kupfervitriol und entsprechender Lösung oder Wasser gefüllt und in der in Fig. 62 angedeuteten Weise eingesetzt; hierauf wird das ganze Glas mit verdünnter Bittersalzlösung gefüllt. Die Kupfervitriollösung fliesst aus dem Rohre aus und füllt das Gläschen, in welchem sich das Kupfer befindet; aus diesem Gläschen kann dieselbe nicht austreten, weil die Kupferlösung specifisch schwerer ist, als die Bittersalzlösung; wenn dieselbe je austritt, so bildet sich am Zink schwarzer Schlamm, d. h. es schlägt sich Kupfer nieder. Die Oeffnung des Rohres muss in der Mitte des Gläschens oder tiefer stehen.

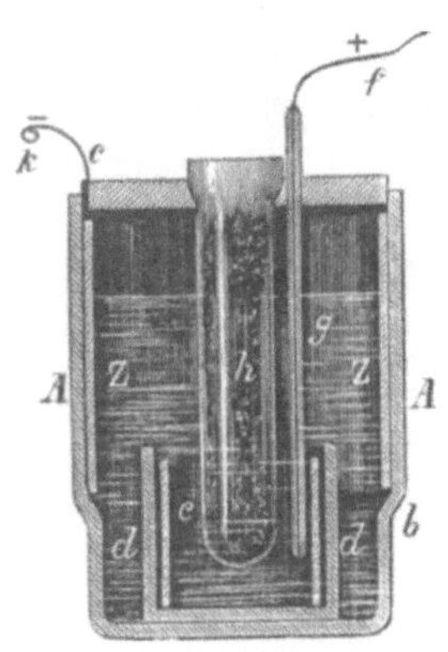

Fig. 62.

In dem Meidinger'schen Ballonelement (Fig. 63) ist das Rohr durch einen oben geschlossenen Glasballon ersetzt; derselbe ist unten gut verkorkt, in den Kork ist ein kurzes Ausflussröhrchen gesteckt.

Bei diesem Element ist darauf zu achten, dass das Kupfer nicht über das Gläschen hinausragt, auch dass das Zink nicht über die Verengerung des Gefässes herunterrutscht.

Die elektromotorische Kraft ist nahe diejenige eines Daniell's der

Widerstand dagegen bedeutender, wegen der schlechter leitenden Bittersalzlösung und der ungünstigen Lage der Metallplatten. Bei richtigem Ansetzen bleiben sie mehrere Monate lang im Stande, und verlangen keine Fürsorge ausser dem Nachfüllen von Kupfervitriol. Natürlich ist für ihre Wirkung wesentlich das Fernhalten aller Erschütterungen.

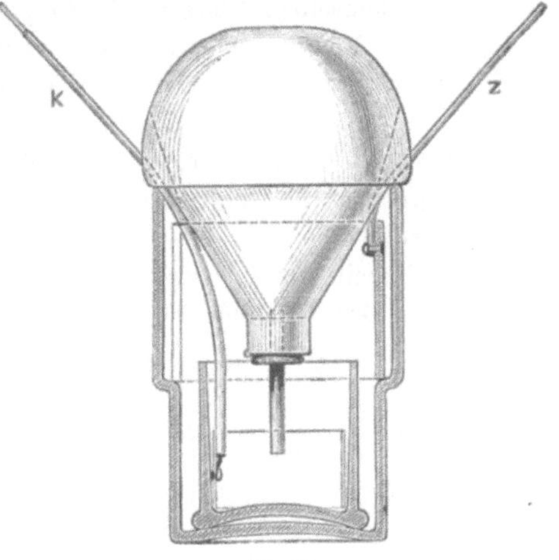

Fig. 63.

In neuerer Zeit scheint sich, als Element für Telegraphenbatterien, eine einfachere Construction mehr und mehr Bahn zu brechen; die deutsche Telegraphenverwaltung wendet dasselbe ausschliesslich an und in Amerika soll eine ähnliche Construction bedeutende Verbreitung besitzen.

Bei diesen Elementen wird ein Kupferblech, an dem ein Guttaperchadraht befestigt ist, auf den Boden des Glases gelegt, dasselbe etwa einen Zoll hoch mit festem Kupfervitriol bedeckt, dann in den oberen Theil des Glases ein Zinkring eingehängt und das Ganze mit Wasser oder verdünnter Schwefelsäure begossen. Natürlich stellt sich nach einiger Zeit eine ähnliche Vertheilung von Flüssigkeiten ein, wie im Daniell'schen Element; allerdings muss dieses Element ruhig stehen. Statt des Kupferbleches legt man auch eine Bleiplatte in dieses Element; dieselbe wird durch den Strom sehr bald verkupfert und wirkt dann als Kupferplatte. Dieses Element unterscheidet sich also vom Ballonelement durch das Fehlen des Ballons und des Gläschens.

Diese Elemente sind kräftig, sowohl in Bezug auf elektromotorische Kraft, als auf Leitungsfähigkeit; der Widerstand ist geringer, als derjenige von Meidinger'schen. Bei stärkeren Strömen jedoch dürfte die Ausnutzung leiden; es setzt sich in diesem Fall leicht schwarzer Schlamm an das Zink, und dies deutet stets auf Lokalströme im Element, also unnöthige Auflösung von Zink.

6. Das Grove'sche und das Bunsen'sche Element. In dem Grove'schen und dem Bunsen'schen Element ist das Kupfer des Daniell'schen Elementes ersetzt durch zwei Körper, die in der Spannungsreihe vom Zink möglichst weit abstehen, Platin und Kohle; das Kupfervitriol ist ersetzt durch concentrirte Salpetersäure. Wenn am positiven Pol des Elements eine Säure, d. h. deren Hydrat, unverdünnt oder verdünnt, sich befindet, so wird beim Schliessen des Elementes in demselben Wasserstoff frei, während im Fall von Metalllösungen das Metall niedergeschlagen wird; die Salpetersäure hat nun die Eigenschaft, den Wasserstoff bei seinem Auftreten sofort in Wasser zu oxydiren, wodurch die Salpetersäure selbst zu salpetriger Säure reducirt wird; es kann daher in den oben genannten Elementen keine Wasserstoffpolarisation auftreten, diese Elemente sind mithin im Wesentlichen constant.

Fig. 64 stellt ein Grove'sches Element in der jetzt gebräuchlichen Form dar. Das Platinblech ist in Form eines S gebogen (Fig. 65)

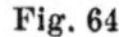

Fig. 64.

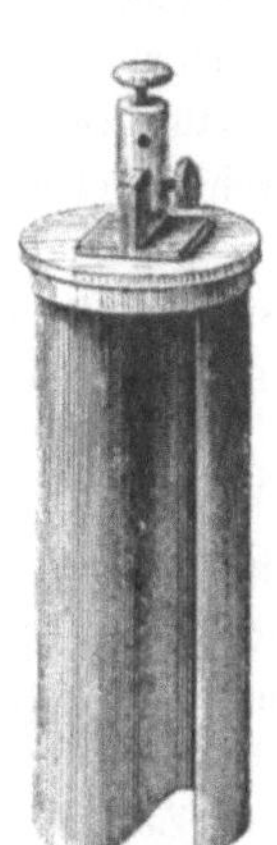

Fig. 65.

und in einem Porzellandeckel befestigt; der Zinkcylinder steht in dem äusseren Raume.

Bunsen, und schon vor ihm Cooper, ersetzten das theure Platin durch Kohle, ohne die Anordnung der Flüssigkeiten zu verändern. Fig. 66 und Fig. 67 stellen solche Elemente in verschiedenen Formen dar; in Fig. 66 steht die Kohle aussen, das Zink innen, in Fig. 67 ist die Anordnung umgekehrt. In Fig. 66 hat das Zink einen kreuzförmigen Querschnitt, die Kohle denjenigen eines Ringes, in Fig. 67 hat die Kohle die Form eines parallelepipedischen Stabes; um die Kohle in Fig. 67 ist zunächst ein Bleiring gelegt und dieser durch den Messingring, welcher die Klemme trägt, an die Kohle angepresst. Als Kohle wird entweder Retortenkohle oder künstliche Kohle benutzt; die erstere entsteht als Bodensatz in den Retorten der Gasanstalten, die letztere wird aus Backkohle, Cokes und kohlenreichen organischen Substanzen wie Syrup, Theer u. s. w. bereitet, indem man diese Stoffe fein pulvert, innig vermischt, stampft und in geschlossenen Gefässen glüht; die Fabrikation der künstlichen Kohle hat durch die Verbreitung des elektrischen Lichtes einen bedeutenden Aufschwung erhalten. Für galvanische Elemente verdient die Retortenkohle stets den Vorzug, sowohl wegen der besseren Leitungsfähigkeit, als weil sie das Zerfallen und Zerstäuben, dem die Kohle unter dem Einfluss des galvanischen Stroms im Allgemeinen unterworfen ist, weniger zeigt.

Fig. 66. Fig. 67.

Bunsen'sche Elemente werden in neuerer Zeit namentlich dann benutzt, wenn hohe elektromotorische Kraft und geringer Widerstand verlangt wird; die Ausdauer dieser Elemente ist jedoch sehr gering, bei starkem Strom können dieselben nicht länger als 1—2 Stunden mit Vortheil angewendet werden. Die elektromotorische Kraft eines Bunsen'schen Elementes = 1,8 derjenigen eines Daniell'schen. Bei dem Widerstand kommt es auf die Art der benutzten Thonzellen an; wenn man bei dem Daniell'schen, wie gewöhnlich, hart gebrannte Thonzellen anwendet, um dem Element längere Dauer zu ertheilen, bei dem Bunsen'schen dagegen weich gebrannte, um grosse Stromstärke zu erzielen, so ist für das Bunsen'sche Element etwa $\frac{1}{10}$ des Widerstandes des

Daniell'schen zu rechnen; wendet man beim Daniell'schen weich gebrannte Zellen an, so erniedrigt sich sein Widerstand auf $\frac{1}{2}$ bis $\frac{1}{3}$.

In dem Bunsen'schen Element bildet sich beim Zink immer mehr Zinkvitriol, an der Kohle wird immer mehr Salpetersäure zu salpetriger Säure reducirt, welche theilweise in rothen Dämpfen (Untersalpetersäure) entweicht; diese Dämpfe greifen die menschliche Lunge sowohl, als Metalle, namentlich Eisen, heftig an. Bei der Behandlung dieser Elemente ist hauptsächlich auf gutes Wässern der Thonzellen nach dem Gebrauche, sowie auf gute Contacte beim Zusammensetzen der Batterien zu sehen.

7. Das Marié-Davy'sche, das Chromsäure- und das Leclanché'sche Element. Man hat auf verschiedene Art, theilweise mit Erfolg, versucht, dem Kohlen-Zink-Elemente theils grössere Ausdauer, theils mehr Bequemlichkeit in der Handhabung zu ertheilen.

Marié-Davy hat das Kohlen-Zink-Element in ein zum Telegraphiren geeignetes umgeschaffen. Er umgibt das Zink mit Wasser oder verdünnter Säure, die Kohle dagegen mit einem Brei von schwefelsaurem Quecksilberoxyd und Wasser. Das Quecksilbersalz löst sich in Wasser, aber nur in geringer Menge; wenn ein Strom durch das Element geht, so wird aus dieser Lösung Quecksilber an der Kohle ausgeschieden, die frei gewordene Schwefelsäure diffundirt in die Thonzelle zum Zink, und es löst sich für das niedergeschlagene Quecksilber eine entsprechende Quantität Salz auf. Die elektromotorische Kraft dieses Elementes ist etwa $\frac{5}{4}$ des Daniell'schen; es hält sich lange und wurde in Frankreich früher zum Telegraphiren benutzt; es verträgt jedoch nur schwache Ströme, da das Salz sich nur langsam löst und bei stärkeren Strömen dieses Auflösen durch das Niederschlagen von Quecksilber überholt wird, so dass die Lösung sich immer mehr verdünnt und schliesslich Wasserstoffpolarisation auftritt. Ausserdem ist der Preis des Quecksilbersalzes hoch.

Elemente, in welchen ebenfalls Quecksilber und Quecksilbersalze zur Anwendung kommen, sind diejenigen von Clark und von Helmholtz; wir beschreiben dieselben jedoch nicht näher, weil sie nicht zur praktischen Stromerzeugung bestimmt sind, sondern zur Darstellung von Normalmassen der elektromotorischen Kraft; dieselben vertragen nur ganz geringe Ströme, halten sich jedoch sehr constant, wenn sie mit Vorsicht behandelt werden.

In dem Chromsäureelement ist die Thonzelle weggelassen; Zink und Kohle befinden sich in einem Gemisch von doppelt chromsaurem Kali und Schwefelsäure. Dieses Gemisch entwickelt freie Chromsäure, welche im Element eine ähnliche Rolle spielt, wie die Salpetersäure in der Bunsen'schen, indem sie den an der Kohle auftretenden Wasserstoff oxydirt. Nach Bunsen besteht die vortheilhafteste Mischung in 92 Theilen doppelt chromsaurem Kali und 93,5 Theilen englischer Schwefelsäure; das Salz wird fein gestossen, dann unter Rühren langsam die Säure und endlich noch 900 Theile Wasser zugesetzt.

Dieses Element wird meistens zu Tauchbatterien verwendet, d. h. Kohle und Zink werden erst, wenn das Element gebraucht werden soll, in die Flüssigkeit eingetaucht, und nach dem Gebrauch wieder herausgehoben. Eine solche Einrichtung besitzt das Flaschenelement Fig. 68, in welchem wenigstens das Zink gehoben und gesenkt werden kann. Im ersten Moment nach dem Eintauchen besitzt dieses Element eine bedeutende elektromotorische Kraft, dieselbe soll diejenige des Bunsen'schen Elementes noch übertreffen; es eignet sich deshalb sehr zu Zündungen, wo die Batterie nur für einen Augenblick in Thätigkeit versetzt wird. Die elektromotorische Kraft nimmt jedoch nach dem Eintauchen ziemlich rasch ab, und der Widerstand ist etwa der doppelte eines entsprechenden Bunsen'schen Elementes; bei zweckmässiger Behandlung und geringem Gebrauch sollen solche Tauchbatterien Monate lang stehen können, ohne wesentlich abzunehmen.

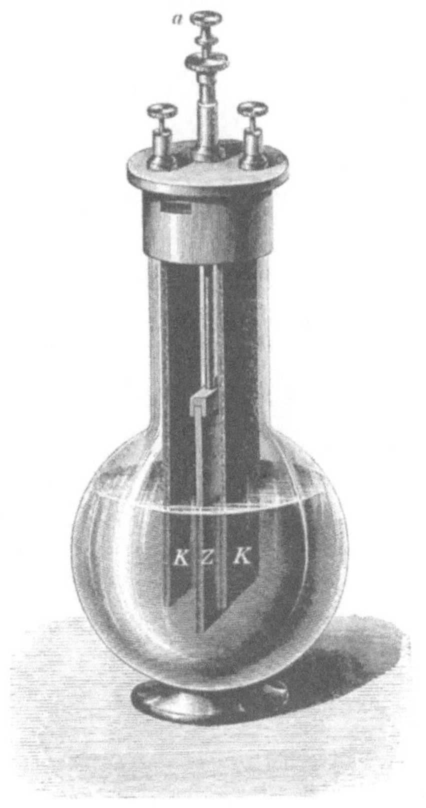

Fig. 68.

Ein Element, welches grosse Verbreitung geniesst und viele praktische Annehmlichkeiten bietet, ist das Leclanché'sche (Fig. 69). In dem äusseren Raume des Glases befindet sich ein Zinkcylinder in concentrirter Salmiaklösung; in der Thonzelle steht eine mit einer Bleikappe versehene Kohlenplatte, die Thonzelle ist gefüllt mit einem Gemisch von Kohle und Braunstein in groben Stücken. Wird das Element geschlossen, so wird das Chlor aus dem Salmiak am Zink frei und löst dasselbe zu Chlorzink auf; an der Kohle soll Ammoniakgas auftreten und ein Theil des im Salmiak enthaltenen Wasserstoffs von dem im Braunstein enthaltenen Sauerstoff zu Wasser oxydirt werden, während der Braunstein zu Manganoxyd wird. In Wirklichkeit ist der chemische Vorgang nicht so einfach und die Natur desselben steht noch nicht fest. Ueberschreitet der Strom eine gewisse Grenze, sowohl in der Dauer als in der Stärke, so tritt Wasserstoffpolarisation an der Kohle auf; dieselbe verschwindet jedoch wieder, wenn man die Batterie einige Zeit ungeschlossen stehen lässt. Die Füllung mit Salmiaklösung soll nur bis zur Hälfte des Glases reichen.

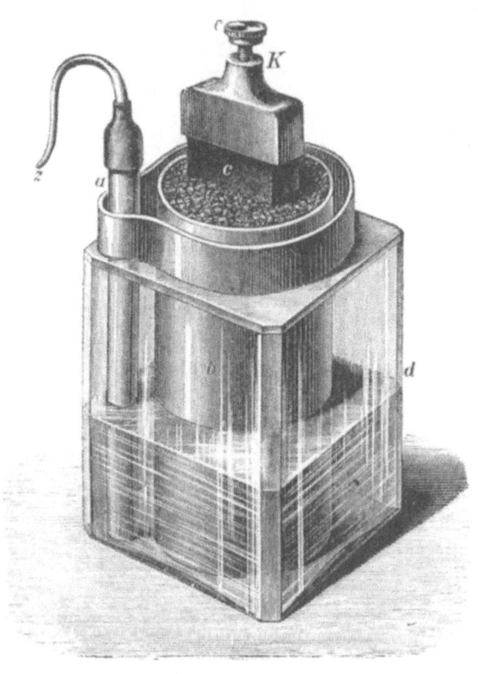

Fig. 69.

Dieses Element darf im strengeren Sinne nicht mehr zu den constanten gezählt werden; denn der von demselben gelieferte Strom sinkt sofort nach Stromschluss erheblich und zwar um so mehr, je stärker der Strom, je geringer also der eingeschaltete Widerstand ist; die Ursache ist Polarisation. Indessen hat dieses Element andererseits mehr als andere unconstante Elemente die Eigenschaft, sich nach Aufhören des Stromes ziemlich rasch wieder zu erholen und die anfängliche elektromotorische Kraft wieder anzunehmen. Dieses Element eignet sich daher namentlich für diejenigen Fälle, in welchen nicht viel Strom erfordert wird, und nach jeder Inanspruchnahme längere Ruhezeit eintritt, wie z. B. bei Läutewerken; z. B. für Ruhestrom beim Telegraphiren passt dasselbe gar nicht.

Die Instandhaltung erfordert weniger Mühe als bei allen übrigen Elementen. Nach längerer Zeit setzt sich an der äusseren Wand der Thonzelle eine Kruste von weissem, unlöslichem Salz an; dieselbe muss mechanisch entfernt werden und beeinträchtigt die Wirkung der Thonzelle wesentlich, wenn sie auch nur geringe Dicke besitzt.

In neuerer Zeit wird die Thonzelle oft weggelassen und statt des losen Gemenges von Braunstein und Cokes eine nach Art der künstlichen Kohlenbereitung durch Glühen erzeugte Platte von Braunstein und Kohle verwendet; solche Platten *aa* werden auf die Kohleplatte gelegt, s. Fig. 70, auf die Kohlenplatte ein Steinstück *b* und auf dieses der Zinkstab; um das ganze System von Körpern werden Gummiringe geschlungen. Diese Elemente, meist Briquetteelemente genannt, werden namentlich im Telephonbetrieb vielfach angewendet.

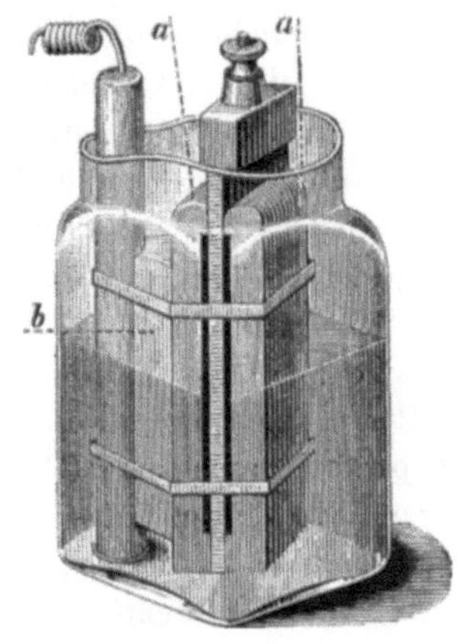

Fig. 70.

8. Das Element von Lalande. In diesem durchaus eigenthümlichen Element ist als positiver Pol ein Kupferblech, bedeckt von schwarzem Kupferoxyd und als Flüssigkeit ziemlich concentrirte Kalilauge verwendet; der negative Pol besteht aus Zink, eine Thonzelle ist nicht benutzt. Geht Strom durch das Element, so wird Zink in der Kalilauge gelöst und am Kupferoxyd Wasserstoff entwickelt, welcher aber nicht frei wird, sondern Kupferoxyd zu Kupfer reducirt; der letztere Vorgang lässt sich durch das Rothwerden des Kupferoxydes verfolgen. Ist alles Kupferoxyd reducirt, so wird dasselbe durch Glühen wieder regenerirt oder durch frisches ersetzt.

Dieses Element zeichnet sich durch sehr geringen Widerstand und constante Wirkung, auch bei starkem Strom, aus; wenn dasselbe offen, ohne Strom, steht, so tritt beinahe keine freiwillige chemische Wirkung auf.

9. Trogelemente. Um starke constante Ströme durch galvanische Batterien zu erzielen, müssen Elemente von besonders geringem Wider-

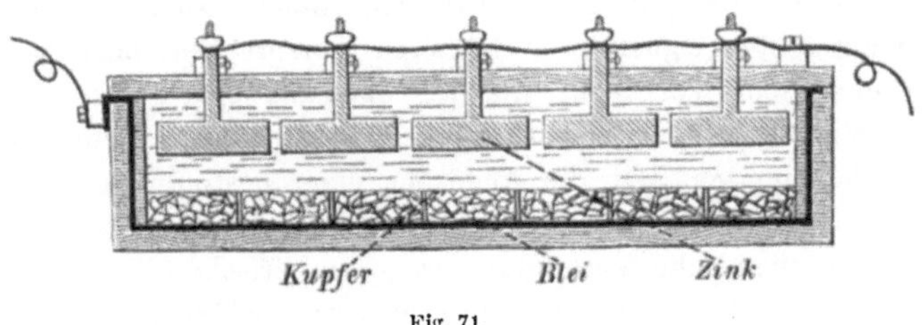

Fig. 71.

stand construirt werden. Man bildet zu diesem Zweck flache, grössere Tröge aus Steingut, Porzellan oder mit Blei ausgelegtem Holz; die Bodenfläche bedeckt der eine Pol, z. B. Kupferblech mit Kupfervitriol-krystallen bestreut; der andere Pol, z. B. die Zinkplatten, dehnen sich wenig unterhalb der Oberfläche der Flüssigkeit aus.

Um Raum zu sparen, hat man solche Trogelemente oft über einander geschichtet, was bei der gewöhnlichen Form von Elementen nicht angeht. Diese Anordnung empfiehlt sich jedoch nicht, da die Erneuerung z. B. des Kupfervitriols dadurch erschwert wird und die Zinke aus der Flüssigkeit nicht herausgehoben werden können; das Letztere sollte jedoch bei jeder Batterie, bei welcher das Zink auch ohne Strom aufgelöst wird, angewendet werden, sobald die Batterie nicht benutzt wird.

10. Batterien für elektrisches Licht. Seitdem das elektrische Licht eine so mächtige Verbreitung gewonnen hat, ist man vielfach bemüht, Batterien zu construiren, welche gestatten, sei es ein Bogenlicht, sei es parallel geschaltete Glühlichter auf beliebig lange Zeit in Gang zu setzen. In diesen Fällen ist die Spannungsdifferenz an den Polen der Batterie eine bestimmte, also auch die Anzahl der hinter einander zu schaltenden Elemente und es wird von der Batterie verlangt, dass dieselbe einen gewissen Strom constant liefere, ohne dass die Polspannung sinke.

Da die hierzu erforderlichen Stromstärken bedeutend grösser sind, als bei gewöhnlichen, mit Batterie anzustellenden Versuchen, so muss der Batterie ein besonders kleiner Widerstand gegeben werden; denn die höchste Stromstärke, welche ein Element oder eine Batterie liefern kann, ist diejenige, welche auftritt, wenn die Pole kurz geschlossen, d. h. durch einen kurzen dicken Kupferdraht verbunden werden; dieser Strom ist aber gleich dem Verhältniss der elektromotorischen Kraft des Elementes oder der Batterie zu dem inneren Widerstand. Auch das Erforderniss der constanten Polspannung bedingt, wie wir später bei der Elektrolyse sehen werden, dass die Oberfläche der Polplatten in einem gewissen Verhältniss zu der zu liefernden Stromstärke stehe.

Ferner aber ist dafür zu sorgen, dass die Flüssigkeiten stets diejenige chemische Beschaffenheit bewahren, welche sich zur Stromerzeugung am besten eignet; der letzteren entsprechen aber ganz bestimmte chemische Vorgänge, wie wir ebenfalls später sehen werden, so namentlich entspricht der Entwickelung eines bestimmten Stromes in einer bestimmten Zeit die Auflösung einer bestimmten Menge von Zink. Damit also die Wirksamkeit des Elementes nicht sinke, muss die gebildete chemische Verbindung weg- und frische Flüssigkeit zugeführt werden, z. B. Zinkvitriol entfernt und verdünnte Schwefelsäure eingeleitet werden; man hat also Circulation und Regenerirung der Flüssigkeiten einzurichten.

Die Anstrengungen, die in dieser Richtung bis jetzt gemacht wurden, haben weder genügende positive noch entschiedene negative Resultate ergeben, und wir enthalten uns daher in einer Schrift, die nur Fertiges besprechen soll, der näheren Erörterung dieser Versuche. Immerhin muss die Möglichkeit, kleinere elektrische Beleuchtungsanlagen mittelst Batterien zu betreiben, zugegeben werden.

11. Die Thermoketten. Die Erzeugung von Elektricität durch Erwärmung einer Thermosäule scheint weitaus einfacher und praktischer, als diejenige mittelst Batterien und der später zu beschreibenden Maschinen; Wärme ist in den verschiedensten Formen überall leicht und billig zu erzeugen und die Umwandlung der Wärme in Elektricität geschieht unmittelbar, ohne Zwischenglieder.

Namentlich Clamond hat sich lange bemüht, grössere, durch Gas oder Kohlen zu heizende Thermosäulen zu construiren, welche technisch verwendbare Ströme liefern sollten; es scheint sich jedoch stets nach einiger Zeit des Gebrauches in diesen Säulen ein Sinken der E. M. K. und ein Steigen des Widerstandes, also eine stetig fortschreitende Verschlechterung der Säulen eingestellt zu haben, und zwar um so mehr, je stärker die Erwärmung, je besser also die Ausnutzung war.

Diese Erscheinung ist durchaus ähnlich der Verschlechterung eines galvanischen Elementes durch chemische Veränderung der Flüssigkeiten. Wie diese letztere durch die Stromerzeugung bedingt ist und derselben entspricht, so müssen auch in der Thermosäule bei der Stromerzeugung innere Vorgänge auftreten, welche ein Aequivalent derselben bilden und die Quelle der gelieferten elektrischen Energie sind. Nun entstehen allerdings Wärmebewegungen innerhalb der Säule, welche, wie bei der Dampfmaschine, in Beziehung zu der geleisteten Arbeit stehen; aber ausserdem treten jedenfalls noch innere Veränderungen der Metalle hinzu, welche nicht, wie bei den galvanischen Elementen, durch Regenerirung rückgängig gemacht werden können. Aus diesem Grunde scheint es zweifelhaft, dass je auf diesem Wege eine constante und sichere Elektricitätsquelle geschaffen werden könne.

Noë in Wien und Clamond in Paris haben sich bemüht, diejenigen Combinationen von Metallen und Metalllegirungen aufzusuchen, welche die grössten thermoelektrischen Kräfte besitzen; Beide haben schliesslich als die beste Combination diejenige von Neusilber mit einer Legirung von Zink und Antimon empfohlen und benutzt. Es gibt allerdings Combinationen mit höherer E. M. K., so namentlich, wenn Neusilber durch Wismuth ersetzt wird; dieselben besitzen jedoch nicht genügende Solidität.

Fig. 73 zeigt die kleine, mit Spirituslampe zu heizende Säule von Noë, Fig. 72 die Construction des einzelnen Elementes; charakteristisch sind die metallenen zugespitzten Heizstifte, welche in den Zink-Antimonkörper eingegossen und radial über der Flamme angeordnet sind; sie bezwecken die Wärme der Flamme direct aufzunehmen und andrerseits den elektrisch wirksamen Theil des Elementes vor zu starker Erwärmung zu bewahren. Das Zink-Antimon hat cylindrische Form; je eine innere

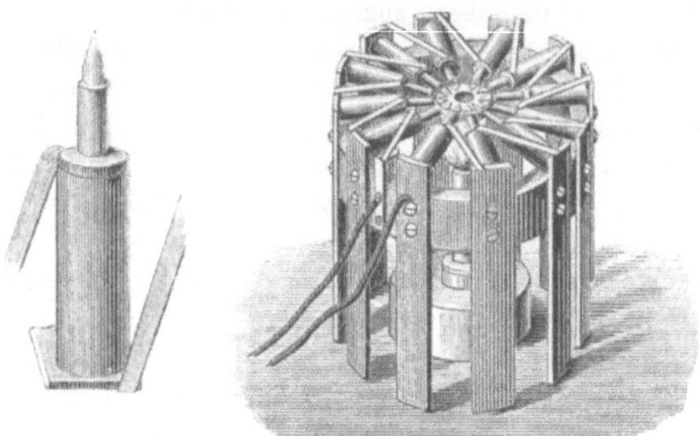

Fig. 72. Fig. 73.

Stirnfläche desselben ist mit je einer äusseren des nächsten durch Neusilberblech verbunden. Die Aussenflächen der Elemente sitzen an Kupferblechen, die zugleich als Träger und zur Abkühlung dienen.

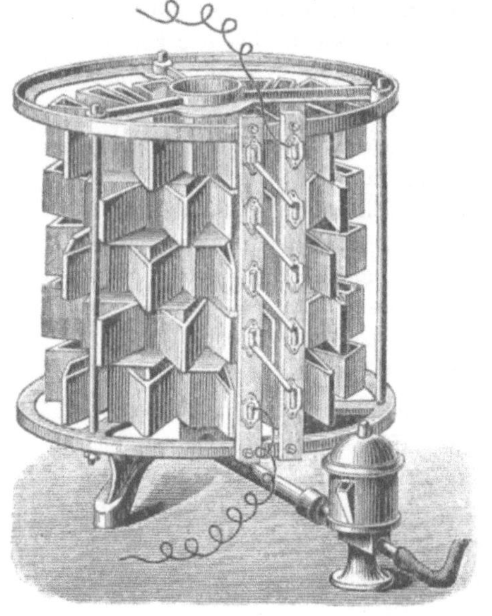

Fig. 74.

Fig. 75.

Diese Säule ist bei vorsichtigem und nicht zu ausgedehntem Gebrauch für Laboratoriumszwecke recht praktisch.

Fig. 74 und Fig. 75 zeigen die Clamond'sche durch Gas von Innen zu heizende Säule. Die inneren Flächen der Elemente werden direct der erhitzten Luft, jedoch nicht der Flamme selbst ausgesetzt. Die Elemente sind zu einem compacten Cylindermantel vereinigt, dessen Isolirschichten aus einer die Wärme schlecht leitenden, aus Asbest und Wasserglas bestehenden Masse gebildet sind. In ähnlicher Weise hat Clamond grosse Säulen construirt, welche durch Kohlen oder Gas geheizt wurden; in neuerer Zeit hört man jedoch nichts mehr von diesen Bestrebungen.

Kleine Thermosäulen, aus Stäbchen von Wismuth und Antimon oder Zink-Antimon, benutzt man vielfach als Messinstrument für strahlende Wärme.

12. Die Accumulatoren. In neuester Zeit brechen sich die Accumulatoren oder Secundärelemente Bahn, sowohl für Laboratoriumszwecke als überall, wo es gilt, bedeutende Wirkungen irgend welcher Art durch Batterien auszuüben. Es sind dies Elemente, welche elektromotorische Kraft erst erhalten, wenn elektrischer Strom dieselben längere Zeit durchläuft, und welche dieselbe wieder verlieren, wenn sie ein bestimmtes Mass von Elektricität geliefert haben.

Wir bringen die Beschreibung dieser technisch wichtigsten Elemente im Capitel der chemischen Wirkungen.

13. Masseinheit der elektromotorischen Kraft. Als praktische Masseinheit der E. M. K. ist durch den Pariser elektrischen Congress 1882 das Volt festgesetzt worden; die Bedeutung dieses Masses besprechen wir in dem Abschnitt: absolutes Masssystem, die Methoden, die E. M. K. zu messen, in dem Abschnitt: die elektrischen Messungen.

An dieser Stelle geben wir nur eine Uebersicht der Werthe in Volt, welche der E. M. K. der wichtigsten Elemente zukommen.

	E. M. K.	
Daniell'sches Element (mit verd. Schwefelsäure)	1,09	Volt
Bunsen'sches Element	1,88	-
Clark'sches Element (offen)	1,44	-
von Helmholtz'sches Element (offen)	1,04	-
Leclanché'sches Element (offen) ungefähr	1,50	-
Thermoelement: Eisen-Neusilber bei 100° Temperaturdifferenz, ungefähr	0,002	-
Thermoelement: Neusilber-Zinkantimon bei mässig starker Erhitzung durch Gas, ungefähr	0,04	-

B. Widerstand.

14. Widerstandseinheiten. Die Grundlage aller Widerstandsmessungen bildet die Wahl und Bestimmung einer Widerstandseinheit.

Die Aufgabe, eine zweckmässige Widerstandseinheit zu wählen, ist eine ähnliche, wie diejenige, ein zweckmässiges Normalmass für die Länge oder für das Gewicht zu schaffen; jedoch ist die Natur der sich darbietenden Lösungen dieser verschiedenen Aufgaben eine verschiedene. Für die Länge und das Gewicht waren von Anfang an, bei der Begründung des metrischen Systems, die massgebenden Gesichtspunkte diejenigen, die Längeneinheit und die Gewichtseinheit aus Längen und Gewichten abzuleiten, die in der Natur unveränderlich sind, und ferner, dieselben auf möglichst einfache Weise abzuleiten. Nachdem sich nun allmählig gezeigt hat, dass die damals vorgenommene Ableitung der einen Grösse aus der Natur, nämlich diejenige des Meters aus dem Umfang der Erde, nicht ganz richtig war, und dass dieselbe überhaupt mit grossen Schwierigkeiten verknüpft ist, liess man diese Beziehung als strenge Vorschrift fallen und hielt nur daran fest, ein Längenmass zu construiren, das sich mit der Zeit nicht ändert, und welches sich leicht copiren und reproduciren lässt.

Bezüglich der Widerstandseinheit liegt die Sache anders. Der erste ernstliche Versuch, ein Widerstandsmass allgemein einzuführen (Jacobi), bestand darin, den Widerstand eines willkürlich gewählten Kupferdrahtes als Einheit zu nehmen, diesen Widerstand vielfach zu copiren und diese Einheit durch ausgedehnte Verbreitung allgemein einzuführen. Da es sich bald zeigte, dass die Copien nicht genau genug unter einander übereinstimmten, und da dieselben, so wie auch die Normaleinheit, sich wahrscheinlich mit der Zeit verändern, wurde dieser Gedanke aufgegeben.

Praktisch gelöst wurde die Frage der Widerstandseinheit durch die Quecksilbereinheit von W. Siemens, kurz auch Siemens'sche Einheit genannt. Siemens erkannte, dass allein ein Metall benutzt werden könne, welches ohne grosse Schwierigkeiten und mit Sicherheit chemisch rein sich darstellen lässt: Quecksilber ist das einzige Metall, das diese Eigenschaft besitzt; er legte ferner einfache Dimensionen in Metermass zu Grunde und wählt dieselben so, dass der Werth der Widerstandseinheit in den Bereich der gewöhnlich vorkommenden Widerstände fiel.

Die Siemens'sche Widerstandseinheit ist der Widerstand einer Quecksilbersäule von 1 Meter Länge und 1 Quadratmillimeter Querschnitt bei 0° Celsius.

Diese Einheit, welche sich mit der grössten wissenschaftlichen Genauigkeit und Sicherheit herstellen und vervielfältigen lässt, war lange Zeit allein im allgemeinen Gebrauch. Später bildete sich jedoch die sog. praktische absolute Einheit, welche, wie das Volt, dem absoluten Masssystem von W. Weber angehört, das Ohm, immer mehr aus, namentlich durch die Arbeiten der Engländer, und wurde in den Pariser elektrischen Congressen 1881 und 1882 zum Grundmass des elektrischen Widerstands erhoben.

Die Definition des Ohm bezieht sich, wie wir später sehen werden, nicht auf einen bestimmten Körper, wie die Siemens'sche Einheit, auch nicht auf einen bestimmten, leicht übersehbaren Versuch; diese Definition lässt sich auch nicht in einfacher Weise aussprechen, wenn die Kenntniss der übrigen Glieder in dem absoluten elektrischen Masssystem nicht vorausgesetzt werden darf. Das Ohm lässt sich durch eine Reihe ganz verschiedener Methoden darstellen; die genaue Darstellung desselben gehört jedoch zu den schwierigsten Aufgaben der elektrischen Messkunst, und die Resultate der mannigfachen bezüglichen Arbeiten stimmen nicht mit derjenigen Genauigkeit unter einander überein, welche man nach der angewendeten Sorgfalt erwarten sollte.

Faktisch bleibt daher die Siemens'sche Einheit die Grundlage der Widerstandsmessungen wegen ihrer leichten und sicheren Reproducirbarkeit, und die praktische Aufgabe der Darstellung des Ohm reducirt sich in Wirklichkeit auf die Bestimmung des Verhältnisses beider Einheiten. Ist dieses Verhältniss genau bestimmt oder ist für dasselbe allgemein eine und dieselbe Zahl angenommen, so übertragen sich gleichsam die praktischen Vortheile der Siemens'schen Einheit auf das Ohm und auch der Werth des letzteren ist genügend festgelegt.

Der Pariser elektrische Congress vom Jahr 1882 hat nun beschlossen, diesem Verhältnisse für alle praktischen Zwecke einen bestimmten Werth beizulegen, obschon die zu dessen Bestimmung unternommenen Untersuchungen noch nicht zum Abschluss gekommen sind; und zwar soll

> das legale Ohm gleich 1,06 Siemens'sche Einheit, oder gleich dem Widerstande einer Quecksilbersäule von 106 Centimeter Länge und 1 Quadratmillimeter Querschnitt, bei 0° C. sein.

Diese Festsetzung bleibt auch bestehen, wenn die fortgesetzten wissenschaftlichen Untersuchungen einen etwas veränderten Werth für jenes Verhältniss ergeben sollten; der genaue Werth wäre alsdann in allen denjenigen wissenschaftlichen Arbeiten anzuwenden, in welchen der Werth dieses Verhältnisses von Wichtigkeit ist; in allen praktischen Dingen bliebe der Werth 1,06 in Anwendung.

Die Sachlage ist hier also eine ganz ähnliche wie beim Meter. Wie das legale Meter nicht mehr genau ein einfacher Theil des Erdquadranten ist, sondern etwas abweicht, so ist das legale Ohm wahrscheinlich nicht genau gleich dem Ohm, welches die Wissenschaft als solches definirt.

15. Formen der Widerstandseinheit. Bei den Formen der Widerstandseinheit, welche zur praktischen Herstellung von Widerstandssätzen verwendet werden, ist zu unterscheiden zwischen den eigentlichen Normalen, welche als keinen Veränderungen unterworfen betrachtet werden dürfen, und den für den gewöhnlichen Gebrauch geeigneten Copien; die ersteren werden aus Glasröhren gefertigt und sind mit reinem Quecksilber zu füllen, die letzteren bestehen aus Metalldraht. Die letzteren zeigen im Verlauf von Jahren kleine, allmählig sich entwickelnde Veränderungen und sind desshalb von Zeit zu Zeit mit den Normalen zu vergleichen.

Die eigentlichen Normalen bestehen aus geradeu Glasröhren, deren Dimensionen und Eigenschaften mit möglichster Sorgfalt auszumessen sind und an den Enden mit Ansatzgefässen versehen werden, welche ebenfalls mit Quecksilber gefüllt werden und in welche die nach Aussen führenden Kupferleitungen tauchen; wir gehen hier nicht näher auf diese Constructionen ein.

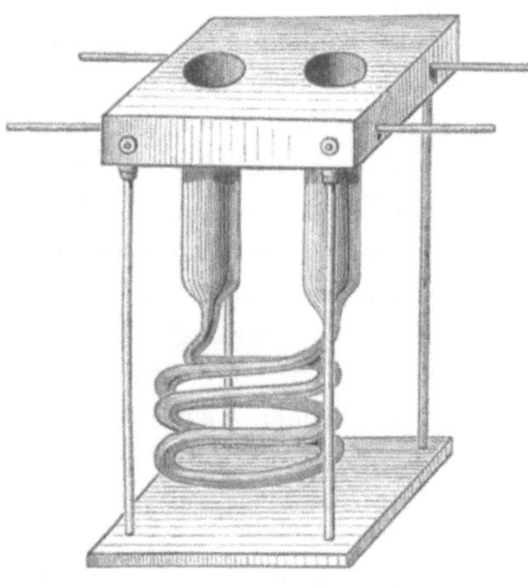

Fig. 76.

Fig. 76 zeigt eine Quecksilbernormale in Form einer Glasspirale von Siemens und Halske; der Werth derselben muss durch Vergleichung mit eigentlichen Normalen bestimmt werden, ist aber unveränderlich.

Die Fig. 77 und Fig. 78 zeigen die gebräuchlichen Formen der Drahtnormalen.

Die erstere ist die Doseneinheit von Siemens und Halske (mit abgehobenem Deckel), für den Gebrauch in Luft bestimmt, welche durch Oeffnungen im Boden und Deckel streichen kann; durch die beiden Schrauben können Drähte eingeklemmt werden, die an denselben Messingleisten sitzenden beiden Stifte sind aus amalgamirtem Kupfer und dienen zum Eintauchen in Quecksilbernäpfe.

Die letztere ist für den Gebrauch in Wasserbädern bestimmt und ist von einem Comittee der British Association for the advancement of science eingeführt. Der ringförmige Raum eines doppelwandigen Messingcylinders ist mit Paraffin, besser mit Petroleum, gefüllt, der Draht ist auf dem inneren Cylinder aufgewickelt. Der Draht nimmt bei dieser Construction rasch und sicher die Temperatur der Umgebung an. Als Draht wird Neusilber, Platiniridium oder Nickelin verwendet; diese Metalle zeichnen sich dadurch aus, dass ihr Widerstand sich wenig mit der Temperatur verändert.

16. Widerstandsscalen. Die Bestimmung von Widerständen ist die in der Elektricitätslehre am häufigsten vorkommende Messung. Diese Bestimmungen haben grosse Aehnlichkeit mit der Bestimmung von Gewichten; die wichtigsten Bestimmungsmethoden beruhen auf einem ähnlichen Princip, wie die Wage. Wie nun für das Wägen das Haupterforderniss, ausser der Wage, ein guter Gewichtssatz ist, so bedarf man bei Widerstandsmessungen vor Allem einer guten Widerstandsscala. Solche Scalen werden jetzt mit grosser Genauigkeit, namentlich in Deutschland und England, angefertigt, und zwar aus Neusilberdraht, theils weil derselbe bei dem geringsten Aufwand von Material den grössten Widerstand besitzt, theils weil dessen Widerstand mit der Temperatur sich wenig verändert.

Fig. 77. Fig. 78.

Fig. 79 zeigt einen Widerstandskasten von Siemens & Halske in Berlin, von 0,1 bis 5000 S. E., in Summa 10000 S. E. Auf der Deckplatte von Horngummi sind eine Reihe von Messingklötzen aufgesetzt, welche durch messingene Stöpsel in der in der Figur angedeuteten Weise unter einander leitend verbunden werden können; an den Enden der hufeisenförmigen Reihe von Klötzen sind Klemmschrauben zur Anbringung von Drähten angebracht. Die Drahtenden jeder, einen bestimmten Widerstand repräsentirenden Rolle von Neusilberdraht sind fest mit je zwei auf einander folgenden Klötzen verbunden, und zwar so, dass die erste Rolle zwischen Klotz 1 und 2, die zweite zwischen Klotz 2 und 3 u. s. w. liegt. Werden alle Stöpsel ausgezogen, so sind sämmtliche Drahtrollen hinter einander eingeschaltet; jeder eingesteckte Stöpsel „schliesst die betreffende Rolle kurz“, d. h. nur ein äusserst geringer Theil des Stromes geht durch die Rolle, beinahe der ganze

Strom geht durch den Stöpsel von einem Klotz zum andern; die betreffende Rolle ist also ausgeschaltet. Es lässt sich daher durch Stöpseln jeder beliebige Widerstand (bis auf Zehntel Einheiten) von 0,1 bis 10000 S. E. künstlich herstellen.

Die Herstellung genauer Widerstandsscalen wird bei Besprechung der Messinstrumente und Messmethoden näher angegeben werden.

17. Eintheilung der Leiter in Bezug auf Widerstand; Definitionen. Sämmtliche Leiter ordnen sich in Bezug auf Widerstand in zwei grosse Gruppen, welche sich in doppelter Hinsicht verschieden verhalten, in die Metalle und die Elektrolyte (Elektrolyte nennt man sämmtliche Leiter, welche durch den elektrischen Strom in ihre chemischen Bestandtheile zerlegt werden); man nennt auch die Metalle Leiter

Fig. 79.

erster Classe, die Elektrolyte Leiter zweiter Classe (s. S. 42). Die ersteren sind auch zugleich diejenigen Leiter, welche in Bezug auf elektromotorische Kraft dem Gesetz der Spannungsreihe gehorchen. Diese beiden Gruppen unterscheiden sich folgendermassen:

die Elektrolyte leiten den elektrischen Strom mit Zersetzung, die Metalle ohne Zersetzung;

der Widerstand der Metalle nimmt durch Erwärmung zu, derjenige der Elektrolyte ab.

Das Verhalten der Körper in Bezug auf Zersetzung durch den Strom wird weiter unten bei den chemischen Wirkungen des Stromes behandelt; an dieser Stelle ist nur der Werth des Widerstandes und seine Veränderung durch Erwärmung von Interesse.

Bei der Klassifizirung der Körper nach ihrem Widerstand ist es das Natürlichste, vom Quecksilber auszugehen, als dem einzigen

Metall, das völlig rein dargestellt werden kann. Man nennt daher den specifischen Widerstand eines Körpers das Verhältniss seines Widerstandes bei 0° zu demjenigen desselben Raumes bei 0°, wenn derselbe mit Quecksilber erfüllt ist.

Gewöhnlich bedient man sich jedoch des Begriffs der specifischen Leitungsfähigkeit, und zwar ist

$$\text{specifische Leitungsfähigkeit} = \frac{1}{\text{specifischer Widerstand}}$$

und umgekehrt.

Die specifische Leitungsfähigkeit eines Körpers ist das umgekehrte Verhältniss seines Widerstandes bei 0° zu demjenigen desselben Raumes bei 0°, wenn derselbe mit Quecksilber erfüllt ist.

17. Leitungsfähigkeit der Leiter erster Classe. Bei den genauen Bestimmungen der specifischen Leitungsfähigkeit der Metalle treten beinahe unüberwindliche Schwierigkeiten auf, während die Bestimmung der Leitungsfähigkeit irgend eines gegebenen Metalldrahtes eine sehr leichte Operation ist. Um die specifische Leitungsfähigkeit eines Metalls zu ermitteln, muss dasselbe vor Allem von allen Verunreinigungen befreit werden — oft eine sehr schwierige Aufgabe; ferner muss das Metall in einen physikalischen Normalzustand, namentlich in Bezug auf Härte gebracht werden, da jede Veränderung z. B. der Härte auch eine Veränderung der Leitungsfähigkeit herbeiführt. Vollständig können diese beiden Forderungen nur beim Quecksilber erfüllt werden. Wir dürfen uns daher auch nicht wundern, wenn auch die geübtesten Physiker in ihren Angaben über Leitungsfähigkeit der Metalle wesentlich von einander abweichen.

Die folgende Tabelle enthält eine Zusammenstellung der specifischen Leitungsfähigkeiten der wichtigsten Metalle und einiger Legirungen, diejenige von Quecksilber = 1 gesetzt.

	Specifische Leitungsfähigkeit.		Specifische Leitungsfähigkeit.
Silber	63,7	Stahl	8,69
Kupfer	58,9	Zinn	8,24
Gold	43,5	Aluminiumbronze	8,03
Aluminium	30,9	Eisen	7,84
Magnesium	22,8	Platin	6,09
Zink	16,8	Blei	4,83
Cadmium	14,1	Neusilber	3,61
Messing	13,9	Quecksilber	1,00.

Soll hiernach z. B. berechnet werden, wieviel Widerstand 1 deutsche Meile Eisendraht von 5 mm Durchmesser besitzt, so verwandelt man die Länge l in Meter, den Querschnitt q in Quadratmillimeter, nimmt den Werth der specifischen Leitungsfähigkeit k aus obiger Tabelle und berechnet dann den Widerstand w nach der Gleichung

$$w = \frac{1}{k} \frac{l}{q}.$$

In obigem Beispiel ist $l = 7420$ Meter,

$$q = \frac{25}{4} \pi = 19{,}6 \text{ Quadratmillimeter},$$

$$k = 7{,}84, \text{ also}$$

$$w = \frac{7420}{19{,}6 \,.\, 7{,}84} = 48{,}2 \text{ S. E.} = \frac{48{,}2}{1{,}06} \text{ Ohm} = 45{,}5 \text{ Ohm}.$$

Die Vergleichung dieser Bestimmungen mit derjenigen der Leitungsfähigkeit der Metalle für Wärme hat ergeben, dass wahrscheinlich bei den Metallen die Leitungsfähigkeit für Elektricität und für Wärme einander proportional sind, dass also, wenn ein Metall die Wärme besser leitet, als ein anderes Metall, es auch die Elektricität besser leitet, u. s. w.

Für die Zunahme des Widerstandes durch Erwärmung gilt für die reinen Metalle wahrscheinlich das von Arndsen aufgestellte Gesetz, dass diese Zunahme einfach proportional der Temperatur ist, dass dieselbe ferner für alle reinen Metalle gleich gross ist, nämlich

$$\frac{1}{273} = 0{,}00366$$

für 1° Celsius. Aus diesem Gesetz würde folgen, dass alle reinen Metalle, wenn ihre Temperatur auf — 273° C., d. h. auf den absoluten Nullpunkt, erniedrigt würde, bei dieser Temperatur den Widerstand Null, oder eine unendlich grosse Leitungsfähigkeit haben würden. Von diesem Gesetz macht nur Quecksilber eine Ausnahme; die Zunahme des Widerstandes von Quecksilber für 1° C. beträgt 0,00097.

Da die käuflichen Metallsorten nie rein sind, so gelten die angegebenen Werthe, sowohl der Leitungsfähigkeiten als der Temperaturcoefficienten, nur annähernd für dieselben; für die Zunahmen des Widerstands mit der Temperatur ist zu bemerken, dass dieselbe bei unreinen Metallen und Legirungen im Allgemeinen nicht einfach proportional der Temperaturveränderung ist, sondern complicirtere Gesetze befolgt, die sich jedoch erst bei grösseren Temperaturunterschieden bemerklich machen.

Ein eigenthümliches Verhalten zeigen die Legirungen. Manche unter denselben zeigen als Leitungsfähigkeit das Mittel aus den Leitungsfähigkeiten der Bestandtheile (dem Volumen nach), andere zeigen ein ganz abweichendes Verhalten; ähnliche Unregelmässigkeiten finden sich, wenn zu reinen Metallen bloss geringe Quantitäten anderer Metalle zugesetzt werden. Verunreinigungen von Kupfer, sowohl durch andere Metalle, als durch Kohle, Phosphor, Arsen, vermindert stets seine Leitungsfähigkeit; am schädlichsten wirkt das Aufnehmen von Oxyd und Suboxyd beim Giessen der Metalle.

Die Leitungsfähigkeit von Eisen nimmt mit steigendem Gehalt an Kohle ab.

Die Leitungsfähigkeit von Quecksilber nimmt durch metallische Verunreinigungen stets zu.

In Bezug auf Veränderung des Widerstandes mit der Temperatur zeigen die Legirungen ebenfalls wenig Gesetzmässiges. Wir heben hier bloss das Verhalten von Neusilber hervor: Neusilber zeichnet sich nicht nur durch geringe Leitungsfähigkeit, sondern auch durch geringe Zunahme des Widerstandes mit der Temperatur aus; dieselbe beträgt bloss circa 0,0004 für 1° C. — daher die Verwendung von Neusilber in Widerstandsscalen. Nickelin hat ungefähr dieselbe Leitungsfähigkeit wie Neusilber, aber noch geringere Zunahme mit der Temperatur, nämlich nur etwa 0,0001 für 1° C.

Die Kohle leitet in Form von Graphit, dagegen nicht als Diamant; ihr Widerstand nimmt mit der Temperatur ab.

Glas leitet bei gewöhnlicher Temperatur nicht, fängt aber bei etwa 200° C. an zu leiten; von da an steigt seine Leitungsfähigkeit rasch, so dass es bei diesen Temperaturen nicht mehr als Isolator verwendet werden kann. Sonst leiten alle binär zusammengesetzten Körper in festem Zustande nicht, z. B. Krystalle von Kupfervitriol, Zinkvitriol u. s. w.

Härte, Dichte und Spannung beeinflussen die Leitungsfähigkeit der Metalle bedeutend.

Durch Ziehen hartgewordene Drähte besitzen im Allgemeinen mehr Widerstand, als weiche, ausgeglühte, und zwar oft um 10—15 %.

Aufwickeln eines Kupfer- und Eisendrahtes vermehrt, Abwickeln vermindert den specifischen Widerstand, abgesehen von der Volumänderung. Spannung der Drähte vermehrt ihren Widerstand mehr, als der Vergrösserung ihrer Länge und der Verringernng ihres Querschnittes entspricht.

Der Widerstand geschmolzener Metalle ist im Allgemeinen grösser, als derjenige der festen.

18. Leitungsfähigkeit der Leiter zweiter Classe. Die Bestimmung der Leitungsfähigkeit der Leiter zweiter Classe ist schwierig, namentlich wegen der stets dabei auftretenden Polarisation; desshalb besitzen wir in diesem Gebiet viel weniger Kenntnisse, als bei den Leitern erster Classe.

Die folgende Tabelle enthält die specifischen Widerstände von den in Batterien am häufigsten vorkommenden Flüssigkeiten bei 20° C., bezogen auf denjenigen des Quecksilbers bei 0° gleich Eins.

Kufervitriollösung:

Procente Salz in Lösung.	Spec. Widerstand.	Procente Salz in Lösung.	Spec. Widerstand.
8	399000	20	248000
12	313000	24	232000
16	271000	28	204000.

Verdünnte Schwefelsäure:

Spec. Gewicht.	Spec. Widerstand.	Spec. Gewicht.	Spec. Widerstand.
1,10	7620	1,40	9350
1,20	5500	1,50	15600
1,25	4940	1,60	23900
1,30	5440	1,70	34600

Zinkvitriol:

96 Gramm in 100 cc Lösung, Spec. Widerstand 166000.

Salpetersäure:

Spec. Gewicht	Spec. Widerstand.
1,36	12000.

Soll hiernach z. B. der Widerstand einer Schicht Kupfervitriollösung von 0,25 Quadratmeter Querschnitt und 3 Centimeter Dicke, mit 20 Procenten Salz, berechnet werden, so drückt man zunächst den Querschnitt q in Quadratmillimetern, die Dicke oder Länge l der Schicht in Metern aus; man erhält

$$q = 250000 \text{ qm}, \quad l = 0{,}03 \text{ m};$$

die obige Tabelle gibt

$$k = \frac{1}{248000},$$

also ist der Widerstand der Schicht

$$w = \frac{1}{k}\,\frac{l}{q} = 248000\,\frac{0{,}03}{250000} \text{ S. E.} = 0{,}0298 \text{ S. E.} = 0{,}281 \text{ Ohm.}$$

Die Abnahme des Widerstandes mit der Temperatur bei den Flüssigkeiten ist im Allgemeinen viel grösser, als die entsprechende Zunahme bei den Metallen. Dieselbe beträgt für 1° C.:

bei Schwefelsäure im Mittel	0,010
bei concentrirtem Kupfervitriol etwa .	0,025
bei concentrirtem Zinkvitriol etwa . .	0,025.

V.

Die Wirkungen des elektrischen Stromes.

1. Uebersicht. In den vorhergehenden Paragraphen wurden die Bedingungen behandelt, unter welchen der elektrische Strom entsteht, und die wichtigsten Gesetze, welche derselbe befolgt; wir gehen nun über zur Besprechung der Wirkungen des elektrischen Stromes.

Obschon sich dieser Gang in der Behandlung für eine übersichtliche Darstellung der Lehre vom elektrischen Strom empfiehlt, so war es doch nicht derjenige, welchen die geschichtliche Entwicklung dieser Lehre innehielt.

Der Funkenstrom, welchen eine Elektrisirmaschine liefert, ist zwar, wie wir gesehen haben, ebenso gut ein elektrischer Strom, wie derjenige eines galvanischen Elementes; die Natur und die Wirkungen des elektrischen Stromes aber wurden erst erkannt, nachdem der Galvanismus entdeckt war. Die Existenz des galvanischen Stromes nun wurde an einer Wirkung desselben entdeckt, nämlich an dem Zucken eines vom galvanischen Strom durchflossenen Froschschenkels, und wenn auch in der Zeit, welche der Entdeckung unmittelbar folgte, namentlich die Bedingungen seiner Entstehung untersucht wurden (Volta's Fundamentalversuch), so waren es doch, mit Ausnahme dieser Untersuchung, die Wirkungen des Stromes, welche die Physiker beschäftigten; und erst, nachdem dieselben schon ziemlich eingehend untersucht waren, wurden die Gesetze des stationären galvanischen Stromes gefunden (Ohm).

Die Wirkungen des elektrischen Stromes zerfallen in zwei grosse Gruppen: die Wirkungen auf den vom Strom durchflossenen Leiter und die Wirkungen in die Ferne.

Die erstere Gruppe enthält die Wärmewirkungen des Stromes, seine mechanischen, physiologischen und chemischen Wirkungen; von diesen sind für uns die erst- und letztgenannten die wichtigsten, die übrigen werden wir nur kurz behandeln.

Die zweite Gruppe zerfällt in die mechanischen (ponderomotorischen) und die elektrischen (elektromotorischen) Fernewirkungen. Die letzteren werden uns Gelegenheit geben, die praktisch so wichtige Erscheinung der elektrodynamischen Induction in ihren einfachsten Formen kennen zu lernen. Die Kenntniss der ersteren bildet die Grundlage für den später zu behandelnden Elektromagnetismus und die Bewegung von Magneten durch den Strom.

Am Schlusse des Paragraphen werden wir die Erhaltung der Energie im Stromkreise betrachten.

2. Einheit des Stromes. Als praktische Einheit des Stromes wurde durch den Pariser elektrischen Congress das Ampère festgesetzt. Diese Einheit steht in einfachster Beziehung zu den praktischen absoluten Einheiten der elektromotorischen Kraft, dem Volt, und des Widerstandes dem Ohm: nach dem Ohm'schen Gesetz ist der Strom in einem einfachen Stromkreis gleich dem Verhältniss einer E. M. K. zu einem Widerstand; es ist nun

$$1 \text{ Ampère} = \frac{1 \text{ Volt}}{1 \text{ Ohm}}, \text{ d. h.}$$

wenn der Stromkreis den Gesammtwiderstand von 1 Ohm besitzt und in demselben eine E. M. K. von 1 Volt wirkt, so ist der Strom gleich 1 Ampère.

Dies lässt sich auch auf einen vom Strom durchflossenen Leiter anwenden, in welchem keine E. M. K. wirkt; beträgt dessen Widerstand 1 Ohm und die Spannungsdifferenz an seinen Endpunkten 1 Volt, so ist die Stärke des den Leiter durchfliessenden Stromes 1 Ampère. Beträgt die Spannungsdifferenz dagegen m Volt, der Widerstand n Ohm, so ist der Strom gleich $\frac{m}{n}$ Ampère u. s. w.

Die Definition des Ampère können wir, wie diejenige des Volt und des Ohm, nur bei Erörterung des absoluten elektrischen Masssystem geben.

A. Wärmewirkungen.

3. Erwärmung des Leiters. Jeder vom elektrischen Strome durchflossene Körper, mag er fest oder flüssig sein, wird durch den Strom erwärmt.

Davon, dass vom Strom durchflossene Drähte sich erwärmen, kann man sich leicht überzeugen, indem man ein kräftiges Element, z. B. ein Bunsen'sches, durch einen kurzen Eisendraht schliesst; nimmt man den letzteren immer dünner, so wird er immer heisser, und man kann es auf diese Weise leicht dahin bringen, dass der Draht glühend wird, ja sogar, dass er abschmilzt.

Die Erwärmung, welche Flüssigkeiten in Folge des Durchleitens von Strömen zeigen, sind gewöhnlich geringer, weil meist die Querschnitte der vom Strom durchflossenen Flüssigkeitssäulen sehr viel grösser sind, als diejenigen der Drähte. Senkt man jedoch ein Thermometer in eine von einem nicht zu schwachen Strom durchflossene Flüssigkeit und erhält dieselbe in steter Bewegung, so kann man leicht auch hier die Wärmeentwicklung beobachten. Die stärksten Ströme, welche man überhaupt hervorbringen kann, diejenigen der dynamoelektrischen Maschinen, vermögen z. B. Kupfervitriollösung bis zum Kochen zu erhitzen.

4. Joule'sches Gesetz. Für die Erwärmung der Leiter durch den Strom gilt ein allgemeines Gesetz, das nach seinem Entdecker das Joule'sche Gesetz genannt wird; dasselbe lautet:

Wenn w der Widerstand irgend eines vom Strome i durchflossenen Leiterstückes, so ist die in demselben entwickelte Wärmemenge Q

proportional dem Quadrate der Stromstärke, und
proportional dem Widerstande;

ferner ist die bei demselben Strome und demselben Widerstande entwickelte Wärmemenge bei allen Körpern gleich.

Wenn daher a ein von der Natur der Körper unabhängiger constanter Factor, so ist die entwickelte Wärmemenge

$$1) \quad \ldots\ldots\ldots \quad Q = ai^2w.$$

Dieses Gesetz wurde auf rein experimentellem Wege, namentlich durch Versuche von Joule, gefunden und gilt für jedes Leiterstück, in welchem keine elektromotorische Kraft herrscht. Bei diesen Versuchen war meistens der Draht, dessen Erwärmung gemessen werden sollte, durch ein mit Flüssigkeit gefülltes Gefäss geführt; die Erwärmung dieser Flüssigkeit war aldann ein Mass für die durch den Strom in dem betreffenden Draht entwickelte Wärmemenge. Indem nun Joule Ströme von verschiedener Stärke durch den Draht schickte, ferner Drähte von verschiedenem Widerstand nahm und stets die durch den Strom entwickelten Wärmemengen mass, fand er sein Gesetz.

Das Joule'sche Gesetz lässt sich noch in zwei andere Formen bringen. In der Form von Gleichung 1) ist die Wärmemenge Q dargestellt als abhängig von dem Strom i und dem Widerstand w des Leiterstückes; nun gibt aber das Ohm'sche Gesetz die Beziehung zwischen Strom (i), Widerstand (w) und der Differenz der elektrischen Spannungen an den beiden Enden desselben (e); also lässt sich das Joule'sche Gesetz in drei Formen darstellen, nämlich die Wärmemenge als abhängig

1) von Strom und Widerstand,
2) von Strom und Spannungsdifferenz,
3) von Spannungsdifferenz und Widerstand.

Das Ohm'sche Gesetz gibt, für jedes Leiterstück,

$$i = \frac{e}{w}.$$

Also ist $i^2 w = ie$, da $iw = e$;

ferner $i^2 w = \frac{e^2}{w^2} w = \frac{e^2}{w}$;

und man hat für das Joule'sche Gesetz ausser der Form 1) noch die beiden Formen

2) . . . . $Q = a . ie$

3) . . . . $Q = a \frac{e^2}{w}$.

Wir heben nochmals hervor, dass diese 3 Gleichungen für jedes Leiterstück, und in Folge dessen auch für ganze Stromkreise gelten.

In rein technischer Hinsicht ist das Joule'sche Gesetz wichtig für zwei Fälle: einmal, wo es gilt, die durch den Strom erzeugte Wärme zu verwerthen, und ferner, wo es darauf ankommt, die Erwärmung der Leiter durch den Strom möglichst zu verhüten. Der erstere Fall findet statt bei dem Zünden durch Leiter, welche durch den Strom zum Glühen gebracht werden, bei der Benutzung solcher Leiter als Leuchtmittel u. s. w., der letztere Fall bei den Maschinen, welche mechanische Arbeit in elektrischen Strom verwandeln, da bei diesen jede Erwärmung des Drahtes einen Verlust an Arbeitskraft repräsentirt.

5. Anwendungen des Joule'schen Gesetzes. Abgesehen von der technischen ist die wissenschaftliche Bedeutung des Joule'schen Gesetzes eine hohe; wir wollen daher seine Wirkungsweise an einzelnen Fällen näher beleuchten.

Vor Allen zeigt die Form 1) des Gesetzes, dass in jedem Stromkreise die Erwärmung der einzelnen Theile des Stromkreises proportional dem Widerstand derselben ist; denn i, der Strom, ist im ganzen Kreise derselbe, also ist Q nur abhängig von w, und zwar proportional w. Daraus folgt, dass, wenn alle Leiter im Stromkreise denselben Querschnitt haben, die Flüssigkeiten sich verhältnissmässig viel stärker erwärmen, als die festen Leiter; ferner dass in diesem Fall unter den festen Leitern die schlechteren Leiter, wie Neusilber, Eisen, Platin, wärmer werden als die besseren Leiter, wie Kupfer und Silber. Wenn man dagegen den verschiedenen Leitern im Stromkreis solche Querschnitte gibt, dass auf dieselbe Länge stets derselbe Widerstand kommt, also den Flüssigkeiten grosse, den Drähten kleine Querschnitte, so entsteht überall auf derselben Länge auch dieselbe Wärmemenge — in einem Centimeter Flüssigkeitssäule wird dann ebenso viel Wärme entwickelt, wie in einem Centimeter Leitungsdraht. Nun kommt aber, in diesem Fall, dieselbe Wärmemenge bei den schlechten Leitern auf eine viel grössere Masse, als bei den guten Leitern; also wird die Temperaturerhöhung bei den schlechten

Leitern viel geringer sein, als bei den andern. Diesem letzteren Fall aber nähern sich die Querschnittsverhältnisse, die man gewöhnlich den Flüssigkeiten in den Elementen und den Leitungsdrähten gibt; die Erwärmung der Elemente ist daher meistens viel geringer, als diejenige der Leitungen. Ferner folgt aus der Form 1) des Gesetzes, dass, um einen Draht durch einen gegebenen Strom möglichst heiss zu machen, man denselben möglichst dünn wählen muss; man hat dabei den doppelten Vortheil, dass bei einem dünneren Draht die entwickelte Wärmemenge grösser ist und ihre Entwicklung in einer geringeren Masse geschieht.

Diese Betrachtung ist nur eine angenäherte; bei einer genaueren Erörterung müssten specifische Wärme und die Ausstrahlungsfähigkeit der Oberfläche für Wärme in Betracht gezogen werden; dies würde uns jedoch zu weit führen.

Wenn in einem Stromkreis der innere Widerstand im Verhältniss zum äusseren sehr klein ist, so hat man in Form 3) unter w namentlich den äusseren Widerstand zu verstehen. Wenn in diesem Fall der Widerstand w derselbe bleibt, aber die elektromotorische Kraft sich ändert, so ist die Wärmeentwicklung im Stromkreise stets proportional dem Quadrat der elektromotorischen Kraft — nimmt man also die doppelte Anzahl von Elementen, so ist die Wärmeentwicklung die vierfache u. s. w.; verändert man dagegen den äusseren Widerstand, ohne die elektromotorische Kraft zu verändern — aber stets so, dass der innere Widerstand gegenüber dem äusseren verschwindend bleibt — so ist die Wärmeentwicklung umgekehrt proportional dem Widerstand, also bei doppeltem Widerstand die Hälfte u. s. w.

Ist umgekehrt der äussere Widerstand verschwindend klein im Verhältniss zu dem inneren, oder wird die Batterie kurz geschlossen, so gelten andere Gesetze als im vorigen Fall. Elektromotorische Kraft und Widerstand sind alsdann einander proportional, weil beide Grössen der Anzahl der Elemente proportional sind, also ist der Strom $i = \frac{e}{w}$ stets derselbe, unabhängig von der Anzahl der Elemente. Die Wärmeentwicklung ist daher in diesem Fall nach Gleichung 1), da i constant, proportional dem Widerstand w, oder nach Gleichung 3), da $\frac{e}{w}$ constant ist, proportional der elektromotorischen Kraft, oder auch proportional der Anzahl der Elemente.

Hieraus erhellt, dass in den beiden Grenzfällen, beim Verschwinden des inneren Widerstandes und beim Verschwinden des äusseren, für die Wärmeentwicklung im Stromkreise völlig verschiedene Gesetze gelten, sowohl in Bezug auf elektromotorische Kraft, als auf Widerstand, dass aber diese verschiedenen Gesetze sämmtlich Formen des Joule'schen Gesetzes sind.

Wir wollen noch den Fall betrachten, wo in einem Stromkreise zuerst ein Daniell'sches Element wirkt, dann aber ersetzt wird durch ein Bunsen'sches, wo aber der äussere Widerstand so gewählt wird, dass in beiden Fällen derselbe Strom herrscht. Die elektromotorische Kraft des Bunsen'schen Elementes ist 1,8 von derjenigen des Daniell'schen, also muss beim Einschalten des ersteren Elementes der Widerstand im ganzen Stromkreise ebenfalls 1,8 von demjenigen beim Einschalten des Daniell'schen Elementes sein, wenn der Strom gleich sein soll.

Nach der zweiten Form des Joule'schen Gesetzes, bezogen auf ein Leiterstück, ist die entwickelte Wärme proportional dem Strom und der Spannungsdifferenz an beiden Enden des Leiterstücks; nun ist der Strom in beiden Fällen derselbe, also muss auch die Spannungsdifferenz e oder das Gefälle dasselbe bleiben, weil der Widerstand des Leiterstücks derselbe bleibt; die Wärmeentwicklung in einem Leiterstück ist also in beiden Fällen gleich.

Dies gilt nicht von der Wärmeentwicklung im ganzen Stromkreise. Bezieht man Gleichung 2) auf den ganzen Stromkreis, so ist e die elektromotorische Kraft im Stromkreis, oder diejenige des Elementes, diese ist aber in beiden Fällen verschieden, während der Strom i derselbe bleibt; also ist die im ganzen Stromkreis entwickelte Wärme proportional der elektromotorischen Kraft, d. h. beim Einschalten des Bunsen'schen Elementes um $\frac{8}{10}$ grösser, als beim Einschalten des Daniell'schen.

Die Temperatur des eingeschalteten Schliessungsdrahtes bleibt also in beiden Fällen dieselbe, nur kann man im Falle des Bunsen'schen Elementes bei gleichem Strom mehr Draht einschalten und erwärmen, als im Falle des Daniell'schen Elementes.

6. Das galvanische Glühen von Drähten. Eine wichtige Anwendung der Wärmewirkung des galvanischen Stromes ist das galvanische Glühen von Drähten.

Da zum Glühen eines gegebenen Drahtes ein Strom von bestimmter Stärke gehört, welchen man stets durch richtige Schaltung von Batterien erzeugen kann, so ist es auf diese Weise durch Anwendung von Elektricität möglich, auf beliebige Entfernung hin einen Draht glühend zu machen; dieser Vortheil, welchen keine andere Naturkraft bietet, wird namentlich nutzbar gemacht zum Entzünden von Minen und Torpedo's.

Die Patronen, welche den zum Glühen bestimmten Draht enthalten und welche Glühzündpatronen heissen, im Gegensatz zu den Funkenzündpatronen, welche wir später zu erwähnen haben, sind mit Schiessbaumwolle oder einem leicht entzündlichen Knallsatz gefüllt, welcher die Elektricität nicht leitet und welcher den zum Glühen bestimmten Draht umgibt; der Draht selbst ist nur wenige Millimeter lang, möglichst dünn und besteht meist aus Platin oder Stahl; er ist zwischen den Enden der beiden Zuleitungen ausgespannt; das Ganze umhüllt eine luftdicht schliessende Kapsel. Diese Kapsel wird, wenn die zu entzündende Masse klein und leicht entzündlich ist, direct in dieselbe hineingeschoben; beim Sprengen mit Dynamit jedoch, wo von der Zündpatrone grössere mechanische Kraft verlangt wird, wird diese letztere zuerst in ein Dynamitzündhütchen (Zündhütchen mit starker Ladung) eingeschoben und so in die Dynamitpatrone eingesetzt.

Bei den in neuerer Zeit vielfach angewendeten Glühpatronen von Abel ist der Zündsatz selbst als Leiter benutzt und der Glühdraht ganz weggelassen. Die gewöhnlich zu Zündsätzen verwendeten Körper, wie Schwefel, Salpeter, chlorsaures Kali, Knallsilber u. s. w., sind meist nicht leitend; durch angemessenen Zusatz von leitenden phosphorsauren Salzen kann jedoch der Zündsatz leitend erhalten werden, und zwar in beliebigem Masse; beim Durchleiten des Stromes werden nun die leitenden Theile des Zündsatzes glühend und zünden. Das Princip dieser Patronen ist also nicht verschieden von demjenigen der Patronen mit Drähten.

Auf die Wahl des Metalles, aus welchem der Glühdraht bestehen soll, haben folgende Umstände Einfluss; die Dehnbarkeit des Metalles, d. h. die Grenze der Feinheit, bis zu welcher sich der Draht noch ziehen lässt; der specifische Widerstand; die specifische Wärme und endlich die Oxydationsfähigkeit durch Luft und Feuchtigkeit. Die Temperatur, bei welcher die verschiedenen Körper anfangen zu glühen, ist bei allen dieselbe. Stahl scheint das beste Zündmaterial zu sein, wenn seine Umgebung mit Sicherheit trocken erhalten werden kann; weil dies jedoch schwierig ist, wählt man gewöhnlich Platin oder Platinlegirungen.

Um eine Glühpatrone zu construiren, wählt man möglichst dünnen und möglichst kurzen Draht. Es sei nun gegeben eine Batterie oder ein anderer Strom gebender Apparat von gegebener elektromotorischer Kraft und gegebenem Widerstand, ferner Glühpatronen von gegebenem Widerstand; es fragt sich, wieviel Patronen im Maximum noch gleichzeitig durch die Batterie gezündet werden können.

Sei e die elektromotorische Kraft der Batterie, w ihr Widerstand; man schalte vorerst eine Patrone ein, deren Widerstand u sei, und äusseren Widerstand, und sieht zu, wieviel äusseren Widerstand man einschalten kann, ohne dass die Patrone aufhört sicher zu zünden. Sei dieser äussere Widerstand W, so ist der zum Zünden einer Patrone nöthige Strom

$$i = \frac{e}{w + W + u}.$$

Nun sollen statt des äusseren Widerstandes ein bestimmter Leitungswiderstand L und möglichst viele Patronen eingeschaltet werden. Diese letzteren müssen im Allgemeinen theils parallel, theils hintereinander geschaltet werden. Seien nun immer m Patronen parallel und n solche Gruppen von je m Patronen hintereinander geschaltet, so ist der in der Leitung L circulirende Strom J

$$J = \frac{e}{w + L + n\frac{u}{m}};$$

denn $\frac{u}{m}$ ist der Widerstand einer Gruppe von m parallel geschalteten Patronen und $n\frac{u}{m}$ derjenige sämmtlicher Gruppen. Der eine Patrone durchlaufende Strom ist $\frac{J}{m}$ und dieser Strom muss gleich i sein; man hat also

$$\frac{J}{m} = \frac{1}{m}\,\frac{e}{w + L + n\frac{u}{m}} = i = \frac{e}{w + W + u}$$

$$m(w + L) + nu = w + W + u$$

$$1) \quad \ldots\ldots \quad m = \frac{w + W - (n-1)u}{w + L}.$$

Die Anzahl sämmtlicher Patronen, mn, ist

$$2) \quad \ldots \quad mn = \frac{n(w + W) - n(n-1)u}{w + L},$$

und diese soll ein Maximum werden. Wie man sieht, ist in Gleichung 1) m durch n bestimmt; die Anzahl mn ist, wie Gleichung 2) zeigt, nur abhängig von n, oder wenn man n durch m ausdrückt, von m; man hat also nach n oder nach m zu differenziren. Setzt man $\frac{d(mn)}{dn} = o$, so kommt

$$o = \frac{w + W - (2n-1)u}{w + L},$$

$$w + W = (2n-1)u$$

$$3) \quad \ldots\ldots \quad n = \frac{w + W + u}{2u};$$

setzt man diesen Werth für n in Gleichung 1) ein, so erhält man

$$4) \quad . \quad . \quad . \quad . \quad . \qquad m = \tfrac{1}{2} \frac{w + W + u}{w + L}.$$

Sei z. B. $u = 1$ Ohm, $w = 10$ Ohm, $L = 5$ Ohm, $W = 60$ Ohm, so dass mit der gegebenen Batterie eine Patrone noch sicher in 60 Ohm äusserem Widerstand gezündet werden kann, so hat man

$$n = \frac{71}{2} = 35{,}5; \quad m = \frac{71}{2 \,.\, 15} = 2{,}37.$$

Für n und m hat man die nächst kleineren ganzen Zahlen zu nehmen, also 35 bez. 2.

Man kann also mit jener Batterie in einer Leitung von 5 Ohm 70 Patronen zugleich zünden, wenn man je 2 Patronen parallel und die 35 Gruppen von je 2 Patronen hintereinander schaltet. Der Strom, der zum Entzünden nöthig ist, beträgt $\frac{e}{70}$; oder z. B. $\frac{10}{70} = 0{,}143$ Ampère, wenn $e = 10$ Volt; bei der angegebenen Schaltung von 70 Patronen beträgt der Strom in der Leitung L: $\frac{e}{15 + \frac{35}{2}} = \frac{e}{32{,}5}$, derjenige in einer einzelnen Patrone: $\frac{e}{65}$; derselbe ist also noch stärker als der zum Zünden nöthige Strom $\frac{e}{70}$, muss also sicher zünden.

Hiebei ist allerdings vorausgesetzt, dass alle Patronen gleich schnell zünden und nicht durch vorzeitiges Abbrennen von einigen Patronen der Stromkreis geöffnet wird, bevor die übrigen Patronen gezündet haben. Diese Voraussetzung kann nur bei Patronen mit Draht erfüllt werden.

Dieselbe Betrachtung, wie sie in Vorstehendem durchgeführt ist, gilt für elektrische Glühlampen.

7. Grenze der Wärmeentwicklung. Die Wärmeentwicklung durch den elektrischen Strom ist eine unaufhörliche; so lange der Strom ein Leiterstück durchfliesst, wird in einer bestimmten Zeit eine bestimmte Wärmemenge entwickelt. Hieraus geht hervor, dass, wenn das betreffende Leiterstück alle durch den Strom entwickelte Wärme behalten und keine Wärme an die Umgebung abgeben würde, die Temperatur desselben sich bis in's Unendliche steigern müsste; aber wie die Temperatur eines Dampfkessels nicht beliebig gesteigert werden kann durch fortdauernde Heizung, sondern eine Grenze erreicht, welche durch die Wärmeabgabe nach Aussen bestimmt wird, so erreicht auch aus demselben Grunde die Temperatur eines durch den Strom erwärmten Leiterstücks eine Grenze, die nicht überschritten werden kann.

Denkt man sich z. B. einen Draht durch den Strom so lange erwärmt, bis seine Temperatur constant geworden ist, so muss, wie bei jedem Fall von stationärer Temperatur, die Wärmeeinnahme gleich der Wärmeausgabe sein; die Wärmeeinnahme des Drahtes ist die Wärmeentwicklung durch den Strom, seine Wärmeausgabe der Verlust von Wärme nach Aussen, durch Leitung und Strahlung. Die Wärmeentwicklung durch den Strom ist, wenn der Strom sich nicht ändert, constant; man sieht daher, dass die Endtemperatur eines vom Strom erwärmten Leiterstückes sehr wesentlich von der Natur seiner Umgebung abhängt.

Beispiele hiervon finden sich überall, wo mit stärkeren Strömen gearbeitet wird; ein Draht, der bei gegebenem Strom in freier Luft sicher glüht, versagt diesen Dienst, wenn er in nicht ganz trockene Schiessbaumwolle gehüllt wird; und umgekehrt kann in einem Draht, der in freier Luft durch den Strom nicht merklich erwärmt wird, im Inneren einer Maschine, wo die Luftkühlung fehlt, bei demselben Strom die Temperatur so hoch steigen, dass die Isolationen gefährdet werden.

Das technisch interessanteste Beispiel ist die elektrische Glühlampe, bei welcher ein im luftleeren Raum befindlicher Kohlenfaden durch den Strom glühend gemacht wird. Der Strom entwickelt Wärme im Kohlenfaden, der letztere strahlt Wärme aus; im Anfang ist die Wärmeentwickelung grösser als die Strahlung, desswegen steigt die Temperatur; die Strahlung wächst aber mit der Temperatur, und nach kurzer Zeit ist die Strahlung gleich der Wärmeentwickelung; dann herrscht Gleichgewicht in der Wärmebewegung, und die Temperatur ist constant.

8. Der elektrische Funke. Der elektrische Funke, eine Erscheinung, welche mit allen Elektricitätsquellen erhalten werden kann, ist, wie das Glühen von Drähten, eine Wärmewirkung des Stromes; derselbe tritt jedoch in sehr verschiedenen Formen auf.

Eine dieser Formen haben wir bei Besprechung des elektrischen Zustandes kennen gelernt, nämlich den Funken bei der Entladung einer Leydner Flasche; hierher gehört auch der Funkenstrom, der sich zwischen den Polen einer arbeitenden Elektrisirmaschine bildet.

Eine zweite Form ist der Funke, der beim Schliessen von galvanischen Batterien auftritt; derselbe ist jedoch sehr klein und bedarf zu seiner Entstehung bereits ungewöhnlich grosser Batterien. Batterien von mehreren hundert Daniell'schen Elementen geben nicht den geringsten Schliessungsfunken; derselbe entsteht erst bei etwa 400 Daniell'schen Elementen und hat bei 1000 Volt Spannungsdifferenz eine Schlagweite von bloss 1 Millimeter.

Der Funke, welcher beim Oeffnen von galvanischen Batterien auftritt, kann viel leichter erhalten werden. Während es bei dem

Schliessungsfunken bloss auf elektromotorische Kraft oder auf Spannungsdifferenz der Pole ankommt, ist hier die Stromstärke massgebend; ein gutes Bunsen'sches Element, kurz geschlossen, gibt bei der Oeffnung des Stromes einen deutlichen Funken, Elemente mit hohem Widerstand zeigen den Funken weniger leicht.

Die glänzendste Erscheinung des elektrischen Funkens ist das elektrische Licht. Humphrey Davy entdeckte dasselbe, als er den Strom einer Volta'schen Säule von 2000 Plattenpaaren durch zwei einander berührende Kohlenstifte leitete und dann die Kohlen allmählig von einander entfernte; er erhielt nämlich einen continuirlichen Funkenstrom von solchem Glanze, dass die einzelnen Funken nicht mehr unterschieden werden konnten und das Ganze mehr den Eindruck eines hell leuchtenden Streifens machte.

Der Funke bei der Entladung der Leydner Flasche ist von derselben Natur wie der Schliessungsfunke einer galvanischen Batterie; in beiden Fällen werden zwei Punkte von verschiedener elektrischer Spannung einander so lange genähert, bis die trennende Luftschicht so dünn geworden ist, dass die Entladung dieselbe zu durchbrechen vermag. Hieraus folgt auch unmittelbar, dass die Schlagweite dieser Funken nur von der Spannungsdifferenz an den Batteriepolen, nicht von dem inneren Widerstande der Batterie abhängt. Ferner erklärt sich auch der Umstand, dass eine Elektrisirmaschine diese Funken viel leichter und stärker erzeugt, als eine galvanische Batterie, durch die Verschiedenheit der elektromotorischen Kräfte; die elektromotorische Kraft einer gewöhnlichen Holtz'schen Elektrisirmaschine wird nämlich auf etwa 50 000 Volt geschätzt.

Das elektrische Licht ferner ist qualitativ dieselbe Erscheinung, wie der Oeffnungsfunke einer galvanischen Batterie; nur sind beim elektrischen Lichte die für den Oeffnungsfunken günstigsten Umstände gewählt und derselbe continuirlich gemacht, indem die Kohlenspitzen stets in einer solchen Entfernung von einander erhalten werden, dass der Funke noch überzuspringen vermag. Bei dieser Art von Funken geht daher bereits vor ihrer Entstehung ein Strom durch die beiden Körper, zwischen welchen nachher der Funke überspringt, und der Oeffnungsfunke ist nur als eine Fortsetzung des Stromes zu betrachten; bei den Schliessungsfunken dagegen ist der Funke selbst ebenfalls als ein elektrischer Strom zu betrachten, aber die Entstehung desselben wird nicht durch einen vorher zwischen denselben Körpern übergehenden Strom eingeleitet.

Was man sich unter dem elektrischen Funken eigentlich vorzustellen hat, geht erst aus der Untersuchung der Farbe desselben hervor. Schon bald nach der Entdeckung des elektrischen Funkens fiel es auf, dass derselbe verschiedene Farben zeigte, je nach der Natur der Metalle, zwischen welchen er übersprang. Aehnliches wurde bemerkt bei Erzen, also bei Verbindungen der Metalle, und es wurde bereits damals der Gedanke geäussert, dass die Farbe des elektrischen Funkens dazu dienen könne, um die Zusammensetzung des Erzes zu erkennen.

Heutzutage hat die Untersuchung dieser Erscheinung zu der berühmten Entdeckung der Spectralanalyse durch Bunsen und Kirchhoff geführt, und durch dieselbe Entdeckung wurde es möglich, die Natur des elektrischen Funkens zu erkennen.

Bekanntlich enthält das weisse Licht sämmtliche einzelne Farben, dasselbe ist bloss eine Mischung aller Einzelfarben; zerlegt man das weisse Licht durch ein Prisma in seine einzelnen Bestandtheile, so erhält man in seinem Spectrum sämmtliche existirenden Farbentöne neben einander in einer Reihe angeordnet. Untersucht man auf dieselbe Art die ausser Weiss natürlich vorkommenden Farben, so findet man, dass dieselben alle aus mehreren Einzeltönen gemischt sind. Dies gilt namentlich auch von verbrennenden oder verdampfenden Metallen; das Licht eines jeden derselben zeigt, wenn durch das Prisma analysirt, eine kleinere oder grössere Anzahl scharf begrenzter Linien, d. h. bestimmter Einzeltöne, aus deren Mischung die Farbe des gasförmigen Metalles besteht. Bunsen und Kirchhoff nun haben entdeckt, dass jedes chemische Element im gasförmigen Zustande seine bestimmten charakteristischen Linien oder Einzelfarben besitzt, welche es auch zeigt, wenn es eine Mischung oder chemische Verbindung mit anderen Elementen eingegangen hat, und dass man aus den Linien eines zusammengesetzten Körpers seine chemische Zusammensetzung erkennen könne, wenn sich derselbe in Dampfform befindet.

Diese Analyse ist nun auch auf den elektrischen Funken angewendet worden und hat gezeigt, dass derselbe hauptsächlich die Linien der Metalle, zwischen welchen der Funke überspringt, ausserdem aber auch die Linien der Luft oder der Gase, welche derselbe durchbricht, enthält. Der elektrische Funke besteht daher aus verdampfenden oder verbrennenden Metallen und glühender Luft, und wir müssen uns den Funken als einen nur augenblicklich bestehenden Canal vorstellen, in welchem verbrennende und verdampfende Metall- und glühende Lufttheilchen sich befinden, und welcher für einen Augenblick die elektrische Leitung zwischen den beiden Körpern herstellt. Dass durch den Funken wirklich materielle Theilchen losgerissen werden, dies beweist die unten zu besprechende Eigenschaft des elektrischen Lichtes, dass sie eine Kohle bedeutend rascher verbrennt als die andere; dieselbe Erscheinung, wenn auch nicht so auffallend, lässt sich bei Metallen beobachten.

Die eben besprochene Zusammensetzung des elektrischen Funkens gilt zwar sowohl für den Schliessungs- als für den Oeffnungsfunken; die Entstehung jedoch dieser beiden Arten von Funken haben wir uns völlig verschieden vorzustellen.

Beim Schliessungsfunken werden die beiden Pole der Batterie so lange einander genähert, bis der Funke die zwischenliegende Luft durchbrechen kann. Dass bei diesem Durchbrechen der Luftcanal, in welchem sich die Elektricität bewegt, glühend wird, lässt sich nach dem Joule'schen Gesetz begreifen: der Widerstand dieses Canales muss ein sehr hoher sein, da man ja gewöhnlich die trockene Luft als Isolator betrachtet; aber die zur Funkenbildung nöthige elektromotorische Kraft ist ebenfalls hoch, und nach der dritten Form des Joule'schen Gesetzes, s. S. 110, kommt hier das Quadrat der E. M. K. und der reciproke Werth des Widerstandes in Betracht; die Wärmeentwicklung kann also eine verhältnissmässig bedeutende sein. Das Mitreissen und Verbrennen oder Verdampfen von Metalltheilchen dagegen ist bei dem Schliessungsfunken ein mehr nebensächlicher Vorgang.

Anders verhält es sich bei dem Oeffnungsfunken. Vor der Entstehnng desselben fiiesst bereits ein Strom durch die beiden Körper, zwischen welchen nachher der Funke überspringt. Sowie nun diese beiden Köper etwas von einander entfernt werden, oder ihre Berührung nur eine lose wird, so bilden die äussersten, einander ganz oder beinahe berührenden Theilchen eine leitende Brücke von einem Körper zum andern; der Widerstand dieser Uebergangsleitung ist ein bedeutender, weil sie nur geringen Querschnitt besitzt, die Metalltheilchen glühen daher und verbrennen und bringen auch umgebende Lufttheilchen zum Glühen. Der Funke oder die Leitung von Elektricität durch diese Gruppe von glühenden Theilchen kann sich nur so lange erhalten, als der Widerstand derselben eine gewisse Grenze nicht überschreitet: nach Ueberschreitung derselben erlischt der Funke, und zwar geschieht dies bereits bei unmessbar kleiner Entfernung der Körper, zwischen welchen er überspringt. Das Glühen und Verbrennen von Metalltheilchen ist also bei dem Oeffnungsfunken kein nebensächlicher Vorgang, sondern bildet vielmehr die einleitende Ursache dieser Erscheinung.

9. Das elektrische Licht. Das elektrische Licht ist, wie wir gesehen haben, nichts als ein continuirlicher Strom von Oeffnungsfunken. Diese glänzende Erscheinung findet bekanntlich in neuerer Zeit immer mehr Verwendung in der Technik. Zunächst ist es das stärkste künstliche Licht, das wir hervorbringen können; mit den grossen dynamoelektrischen Maschinen der Neuzeit ist bereits elektrisches Licht in der

Stärke von 50 000 Normalkerzen erzielt worden. Hierzu kommt, dass dieses Licht auf einen kleinen Raum concentrirt ist; dies ist aber eine Voraussetzung, auf welcher die genaue Wirkung aller lichtsammelnden Apparate, der Linsen und Spiegel, beruht, und welche namentlich bei Beleuchtung auf grosse Entfernung hin sehr wesentlich ist; diese Voraussetzung ist bei keinem anderen künstlichen Licht so gut erfüllt. Dieses Licht wird daher jetzt auf Leuchtthürmen, im Kriege zur Beleuchtung von Belagerungsarbeiten u. s. w. überall verwendet.

Die grösste Verbreitung jedoch geniesst weniger das möglichst intensive, als das elektrische Licht von mittlerer Stärke, 100 bis 1000 Kerzen; in dieser Stärke ist dasselbe passend zur Beleuchtung von Strassen, Sälen, Theatern u. s. w., zur Production von Photographien und endlich auch zu den so beliebten objectiven Darstellungen in physikalischen Vorlesungen.

Das elektrische Licht kann zwischen allen leitenden Körpern hervorgebracht werden; die Spitzen, zwischen denen sich dasselbe bildet und welche Elektroden genannt werden, können also namentlich aus jedem beliebigen Metall bestehen. Wenn man aber mit derselben Batterie oder Maschine nach einander elektrisches Licht zwischen verschiedenen Metallen erzeugt, so fällt dasselbe je nach der Natur des Metalles sehr verschieden aus, und es zeigt sich hierbei, dass das Licht um so stärker ist, und der Flammenbogen um so länger gemacht werden kann, je leichter die Elektroden sich verflüchtigen oder verbrennen lassen. Zwischen Platindrähten ist das elektrische Licht am schwächsten, zwischen leichtflüchtigen Metallen, wie Zink, stärker, am stärksten jedoch zwischen einem Metalldraht und Quecksilber und zwischen Kohlen, die mit leichtflüchtigen Körpern getränkt sind. Das Quecksilberlicht wird nicht benutzt, namentlich, weil dasselbe in freier Luft nicht brennen darf, da der Quecksilberdampf der Gesundheit schädlich ist.

Wenn man das Bild der beiden Kohlenspitzen durch eine Linse auf einer matten Glasfläche oder auf Milchglas erzeugt, so lässt sich dasselbe beobachten, während bei dem unmittelbaren Hinsehen auf das Kohlenlicht das Auge geblendet wird. Auf diese Weise betrachtet, zeigt sich das elektrische Licht als ein Flammenbogen zwischen zwei Stellen der beiden Kohlen, die durchaus nicht immer einander möglichst nahe liegen; dieser Flammenbogen wandert gewöhnlich von Stelle zu Stelle, nur durch feine Regulirung gelingt es, denselben an derselben Stelle längere Zeit festzuhalten.

Man kann das elektrische Licht sowohl durch Wechselströme, d. h. durch Ströme, welche fortwährend ihre Richtung wechseln, als durch gleichgerichtete oder constante Ströme hervorbringen.

Im ersteren Fall nehmen beide Kohlen bald eine zugespitzte Form an, im letzteren Fall dagegen höhlt sich die positive Elektrode kraterförmig aus, während die negative sich zuspitzt; positiv nennen wir hier die mit dem positiven Pol der Batterie verbundene Elektrode, negativ die mit dem negativen Pol verbundene. Bei gleichgerichtetem Strom ist daher als positive Elektrode stets die obere Kohle zu nehmen, damit die nach und nach sich ablösenden Ränder der Höhlung nicht auf der Kohle liegen bleiben.

Dass beide Kohlen sich verzehren müssen, geht schon aus der oben besprochenen Natur des elektrischen Lichtes hervor; dies geschieht jedoch nicht gleichförmig auf beiden Kohlen. Die positive Kohle nimmt mehr ab als die negative, und zwar ungefähr im Verhältniss von 8 zu 5. Bringt man das Kohlenlicht in einer Stickstoff- oder Wasserstoff-Atmosphäre hervor, so dass keine Verbrennung stattfinden kann, so nimmt sogar die negative Kohle an Gewicht zu, während die positive abnimmt; es findet also ein förmlicher Transport von Kohlentheilchen hauptsächlich in der Richtung von der positiven zur negativen Kohle statt. Bildet man das elektrische Licht zwischen Metallen, so zeigen beide Elektroden nach einiger Zeit rauhe und vertiefte Stellen, ein Zeichen, dass Metall durch den Funken losgelöst und fortgeschleudert worden ist. Es findet aber auch ein Transport von Metalltheilchen von der negativen zur positiven Elektrode statt, wenngleich ein viel geringerer als derjenige in der umgekehrten Richtung; nimmt man eine Elektrode aus Silber, die andere aus Kupfer, so findet sich nach einiger Zeit sowohl Silber auf dem Kupfer, als Kupfer auf dem Silber.

Die positive Kohle glüht stets stärker als die negative; bei elektrischem Licht zwischen einem Metalldraht und Quecksilber glüht der Draht lebhaft, wenn er als positive Elektrode benutzt wird; verbindet man dagegen das Quecksilber mit dem positiven Pol, so ist der Funke nur klein, der Draht glüht nicht, aber das Quecksilber verdampft stark.

Der Hitzegrad des Kohlenlichtes muss ein sehr hoher sein, wie schon aus dem Verbrennen und Verdampfen der Elektroden hervorgeht; als man diese Eigenschaft des Kohlenlichtes benutzte, um schwer schmelzbare Körper zum Schmelzen zu bringen, erkannte man bald, dass es kaum ein einfacheres und kräftigeres Mittel gibt, um sehr hohe Temperaturen zu erzielen, als der galvanische Flammenbogen. William Siemens hat mittelst des Bogenlichtes namentlich Eisen und Stahl in erheblichen Mengen geschmolzen; in neuester Zeit hat Cowles in Amerika hierauf ein Verfahren begründet, um Aluminiumbronze aus thonerdehaltigen Materialien und Kupfer herzustellen.

Bei den Experimenten über Verflüchtigung schwer schmelzbarer Körper werden entweder kleine Portionen derselben in die kraterförmige Höhlung der positiven Elektrode gebracht, wobei die Kohlen vertical stehen, die positive unten; oder aber die Kohlen werden horizontal gestellt und jene Körper zwischen dieselben gelegt, so dass der Lichtbogen sie bestreicht. Platin, Iridium, Kieselsäure, Bor, Thonerde und viele andere schwer schmelzbare Stoffe werden flüssig und theilweise auch flüchtig im Lichtbogen. Viele Versuche wurden angestellt, um auf diese Weise künstliche Diamanten zu machen, jedoch ohne Erfolg. Despretz bildete mit einer Batterie von 500 bis 600 Elementen einen Lichtbogen zwischen einer senkrechten Kohlenspitze und einem Graphittiegel, in welchem sich kleine Kohlenstücke befanden; diese letzteren fanden sich nachher aneinandergeschweisst und in Graphit übergegangen. Wurde der Lichtbogen im luftleeren Raum zwischen Kohlenspitzen hergestellt, so schien die Kohle ähnlich wie erhitztes Jod zu verdampfen und schlug sich als schwarzes krystallinisches Pulver an der Gefässwand nieder. Dies ist jedoch kaum so aufzufassen, als ob die Kohle wirklich Dampfform angenommen habe, denn dieselbe Erscheinung tritt bereits bei Glühlampen auf, in welchen Kohlenfäden durch den Strom glühend gemacht werden; man hat daher anzunehmen, dass in diesen Fällen lose Kohlentheilchen, in fester Form, von der glühenden Kohle ausgeschleudert werden. Als Despretz einen starken Flammenbogen erzeugte und auf denselben ausserdem ein Knallgasgebläse und concentrirte Sonnenstrahlen wirken liess, brachte er Anthracit zum Biegen, Magnesia zum Verdampfen.

Die Lichtstärke des galvanischen Flammenbogens überragt diejenigen aller anderen künstlichen Lichtquellen bedeutend. Die Intensität des auf der Erde anlangenden Sonnenlichts wird auf 50 000 bis 60 000 Kerzen geschätzt; zwischen dieser Intensität als Maximum und etwa 100 Kerzen als Minimum lassen sich heutzutage alle möglichen Intensitäten durch das elektrische Bogenlicht herstellen.

Auf die Helligkeit des Bogenlichtes hat zunächst die Beschaffenheit der Kohlen Einfluss.

Zu Anfang der Entwickelung des Bogenlichts bediente man sich ausschliesslich der Retortenkohle; dieselbe zeichnet sich allerdings durch gute Leitungsfähigkeit aus, zeigt jedoch stets im Innern Höhlungen und Unregelmässigkeiten, welche sich beim Abbrennen störend bemerklich machen. Dieser letztere Umstand und die grossartige Ausdehnung, welche das Bogenlicht in letzter Zeit gewann, zwangen die Technik, für künstliche Kohlen zu sorgen, indem feingeriebene Kohlenabfälle verschiedener Art mit kohlenhaltigen Bindemitteln, wie Theer, Syrup, u. s. w. vermischt, unter Abschluss der Luft geglüht wurden; es gelang, auf diese Weise eine sehr dichte und gleichmässige Kohle herzustellen, welche heutzutage beinahe ausschliesslich in der Praxis Anwendung findet und in beliebige Formen gebracht werden kann.

Eine wichtige Verbesserung der künstlichen Kohle war die Einführung der Dochtkohle, d. h. einer Kohle, deren Kern aus anderem Material besteht, gleich dem Docht einer Kerze; dieses Material wird so gewählt, dass der Lichtbogen länger wird, als bei Benutzung von reiner Kohle und dass derselbe von diesem Kern, also in der Mitte, festgehalten wird, während er ohne diese Vorsicht stets die Neigung hat, seinen Standort zu wechseln und die Ränder der Kohle der Mitte vorzieht.

Die elektrische Natur des Lichtbogens hat sich erst in neuester Zeit aufgeklärt, eigentlich in überraschender Weise.

In elektrischer Beziehung zeigt nämlich der Lichtbogen ein durchaus eigenthümliches und mit keinem andern Falle vergleichbares Verhalten. Die an den Kohlenstäben herrschende Spannungsdifferenz ist nämlich bedeutend, variirt allerdings je nach den Umständen, ist aber nie geringer als etwa 35 Volt.

Dass die Ursache dieses Verhaltens nicht in dem eigentlichen Lichtbogen zu suchen sei, geht daraus hervor, dass, wenn man die Kohlen, bei gleichem Strom, z. B. von 10 mm auf 1 mm nähert, die Spannung um etwa 16 Volt sinkt; dem letzten Millimeter kann also nur eine Spannungsdifferenz von etwa 2 Volt zukommen; die Ursache dieser hohen Spannung muss also in den Berührungspunkten des Lichtbogens mit der Kohle liegen.

Nun wirft sich aber die Frage auf, ob an diesen Berührungspunkten beim Uebergang des Stromes von der Kohle in den Bogen und umgekehrt elektrische Widerstände auftreten, oder elektromotorische Kräfte; eine dritte Möglichkeit gibt es nicht und die Erscheinungen lassen nicht unmittelbar entscheiden, welche Erklärung die richtige ist.

Es ist nun experimentell bewiesen worden, dass der grösste Theil der Spannung von einer elektromotorischen Gegenkraft herrührt, welche im Lichtbogen in ähnlicher Weise auftritt, wie die E. M. K. einer Zersetzungszelle, s. unten, d. h. welche durch den elektrischen Strom erzeugt wird. Die Kohlen sind also z. B. zu vergleichen den Platinelektroden eines Wasserzersetzungsapparates, der Lichtbogen der Flüssigkeit; an den Grenzflächen der Kohlen und des Bogens treten elektromotorische Kräfte auf, wie an den Platinblechen jenes Apparates, aber die ersteren sind viel grösser, als die letzteren, und ihr Ursprung und ihr Verhalten im Wesentlichen unbekannt.

Der Einfluss der Länge des Lichtbogens auf das elektrische Verhalten geht dahin, dass die Spannung proportional dieser Länge zunimmt, so dass, wenn S die Spannungsdifferenz an den Kohlen, L die Länge des Bogens, G die elektromotorische Gegenkraft, b eine Constante, man hat:

$$1) \quad \ldots \ldots \quad S = G + bL.$$

Das Merkwürdigste an dieser Gleichung ist, dass sie für alle beliebigen Stromstärken gilt, indem die letztere gar nicht in derselben vorkommt; bei Kohlen von gleichem Stoff ist also, bei gleicher Bogenlänge, die Spannungsdifferenz dieselbe, gleichviel welcher Strom herrscht.

Klarer wird die Bedeutung des zweiten, vom Bogen abhängigen Gliedes, wenn man den scheinbaren Widerstand des Lichtbogens bildet, d. h. denjenigen Widerstand, durch welchen das Bogenlicht sich ersetzen lässt, ohne dass Spannung und Stromstärke sich ändern. Denkt man sich an Stelle des Bogenlichts einen Draht von solchem Widerstand W gesetzt, dass Spannung S und Stromstärke J dieselben bleiben wie beim Lichtbogen, so ist nach dem Ohm'schen Gesetz

$$J = \frac{S}{W}, \text{ also } W = \frac{S}{J};$$

setzt man für W den oben gefundenen Ausdruck ein, so kommt

$$2) \quad \ldots \ldots \quad W = \frac{G}{J} + \frac{bL}{J}.$$

Nun geht aber aus Gleichung 1) hervor, dass der eigentliche Lichtbogen, d. h. die zwischen den Kohlen liegende Bahn des Stromes, elektrisch sich ebenso verhält wie ein Draht; denn, wie bei einem Draht, bei gleicher Stromstärke, die Spannung um so mehr wächst, je länger der Draht ist, so verhält sich auch, nach Gleichung 1), der Lichtbogen; es herrscht nur der Unterschied, dass die Spannung beim Drahte ausserdem noch proportional der Stromstärke ist, während sie beim Lichtbogen vom Strom gar nicht abhängt.

Wenn aber der eigentliche Bogen sich verhält wie ein Draht, so muss er eine gewisse Leitungsfähigkeit k besitzen, und sein Widerstand W_l ist, wenn Q der Querschnitt,

$$W_l = \frac{1}{k} \frac{L}{Q};$$

nun muss aber, nach Gleichung 2), derselbe Widerstand gleich sein dem zweiten Glied der rechten Seite; man hat also

$$W_l = \frac{bL}{J} = \frac{1}{k} \frac{L}{Q}, \text{ woraus}$$

$$3) \quad \ldots \ldots \quad b = \frac{1}{k} \frac{J}{Q}.$$

Nun hat aber b einen constanten, vom Strom J unabhängigen Werth; es muss also der Strom J proportional dem Produkt kQ, der

Leitungsfähigkeit und dem Querschnitt des Lichtbogens sein. Nehmen wir also, was das Natürlichste ist, an, dass die Leitungsfähigkeit des Lichtbogens bei allen Querschnitten stets dieselbe sei, wie dieselbe bei einem Draht nur vom Stoff, nicht von den Dimensionen abhängt, so folgt daraus, dass der Querschnitt des eigentlichen Lichtbogens proportional der Stromstärke ist.

Dies stimmt auch im Wesentlichen mit der Erfahrung, denn der Querschnitt des Bogens wächst mit dem Strom; eigentliche Messungen des Querschnitts besitzt man allerdings noch nicht.

Wir sehen, dass die eigentlich bestimmenden Grössen im Lichtbogen, von welchen die anderen abhängen, die Stromstärke und die Bogenlänge sind: durch den Strom ist der Querschnitt des Bogens bestimmt, durch Querschnitt und Bogenlänge der Widerstand des eigentlichen Bogens und die im Bogen allein verloren gehende Spannung; addirt man zu der letzteren die Gegenkraft, so hat man die Spannungsdifferenz an den Kohlen und aus dieser ergibt sich der scheinbare Widerstand des ganzen Bogenlichtes, von Kohle zu Kohle, indem man jene Spannungsdifferenz durch die Stromstärke dividirt.

Rechnet man die Bogenlänge in Millimetern, so ist der Coefficient $b = 1{,}8$; die elektromotorische Gegenkraft beträgt etwa 39 Volt. Ist nun z. B. die Länge des Bogens 6 mm, so ist die in dem Bogen allein verloren gehende Spannung $b\,L = 1{,}8 \times 6 = 10{,}8$ Volt, die Spannungsdifferenz an den Kohlen $G + b\,L = 39 + 10{,}8 = 49{,}8$ Volt. Herrscht ferner ein Strom von 9 Ampère, so ist der scheinbare Widerstand des ganzen Lichtbogens: $\frac{49{,}8}{9} = 5{,}53$ Ohm, der (wahre) Widerstand des Bogens allein dagegen: $\frac{10{,}8}{9} = 1{,}20$ Ohm.

Man kann auch den scheinbaren Widerstand berechnen, der den Berührungsstellen entspricht, d. h. denjenigen Widerstand, der bei dem vorhandenen Strom ebensoviel Spannung zum Ueberwinden kostet, als die elektromotorische Gegenkraft, nämlich $\frac{G}{J}$. In obigem Beispiel wäre derselbe: $\frac{39}{9} = 4{,}33$ Ohm und zugleich gleich dem Unterschied des scheinbaren Widerstandes des Bogenlichts (5,53) und des wahren Widerstandes des Bogens allein (1,20).

Zwischen dem wahren Widerstand des Bogens allein und den scheinbaren Widerständen des ganzen Bogenlichts und der Berührungsstellen jedoch besteht der Unterschied, dass der erstere unabhängig vom Strom, die letzteren dagegen abhängig vom Strom sind.

Die Arbeit A, welche das ganze Bogenlicht absorbirt, ist, wie später näher erläutert wird, gleich dem Product der Spannung S und des Stromes J, also

$$A = SJ = GJ + bLJ,$$

sind S und J bez. in Volt und Ampère ausgedrückt, so ist es die Arbeit in Volt-Ampère oder Watt; wünscht man dieselbe in Pferdekräften auszudrücken, so hat man noch durch 736 zu dividiren.

Die Arbeit, die der Lichtbogen absorbirt, ist aber gleich derjenigen, die er in Form von strahlender Wärme aussendet; dasselbe ist, wie wir S. 110 gesehen haben, beim glühenden Draht und bei der Glühlampe der Fall. Die ausgesendete Wärme aber zerfällt in dunkele Wärme, die man nicht sieht, die aber erwärmt, und in leuchtende Wärme oder Licht, welche im Auge einen Eindruck hervorruft und zugleich erwärmt. Der letztere Theil nur wird beim Bogenlicht praktisch verwendet; er entspricht also nie der gesammten aufgewendeten Arbeit, und über das Verhältniss, in welchem sich die Gesammtwärme in dunkele und leuchtende spaltet, weiss man noch wenig. Richtet man eine Thermosäule mit berusster Stirnfläche gegen das Bogenlicht, so wirken sämmtliche Wärmestrahlen auf dieselbe.

10. Elektrische Lampe. In den letzten 30 Jahren sind viele sogenannte elektrische Lampen construirt worden, d. h. Apparate, welche ohne Beihülfe die Kohlen von selbst stets in gleicher Entfernung von einander halten; ohne einen solchen Apparat bedarf das elektrische Licht wegen der raschen Verzehrung der Kohlen unausgesetzten Regulirens. Wir besprechen hier nur eine dieser Constructionen, diejenige von v. Hefner-Alteneck (Siemens & Halske), welche sich vor den älteren namentlich dadurch auszeichnet, dass sie bereits mit geringer Batterie (12 Bunsen'schen Elementen) constantes Licht gibt und ohne bedeutende Veränderung zugleich für starkes Maschinenlicht benutzt werden kann.

Fig. 80 zeigt eine Seitenansicht, Fig. 81 einen schematisch angeordneten Durchschnitt dieser Lampe. a und b sind die Kohlenhalter, a derjenige der positiven, b derjenige der negativen Kohle, beide in Zahnstangen auslaufend, die an zwei auf derselben Axe befestigten Zahnräder angreifen. Die Umfänge dieser Räder verhalten sich wie 8 : 5, d. h. wie die Verzehrungsgrössen der beiden Kohlen; die Bewegung der beiden Kohlen gegen einander findet daher stets im Verhältniss zu ihrer Verzehrung statt, der Flammenbogen muss daher an derselben Stelle bleiben. An die in die Zahnstangen von a und b eingreifenden Zahnräder schliesst sich eine Reihe ineinandergreifender Zahnräder an, welche in einem stählernen Sperrrad mit schiefen Zähnen endigt, auf dessen Axe ein, in Fig. 80 durch einen Strich angedeuteter Windfang lose, jedoch mit einer gewissen Reibung aufgesteckt ist.

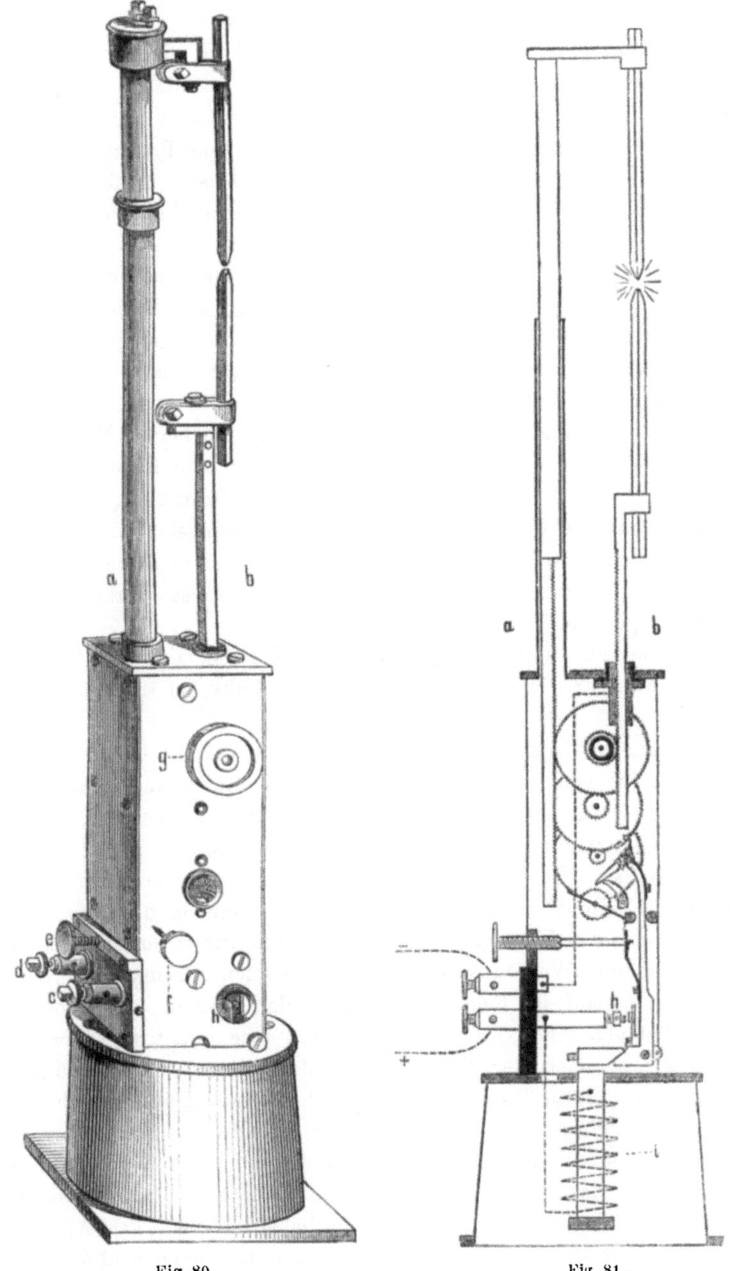

Fig. 80. Fig. 81.

Nun ist der Kohlenhalter *a* bedeutend schwerer als *b*; wenn daher keine andere Kraft wirkt, so setzt das Uebergewicht von *a* das System von Zahnrädern in Bewegung, indem hierbei *b* in die Höhe getrieben wird, so lange bis beide Kohlen auf einander festsitzen. Die Gegenkraft, welche die Kohlen wieder aus einander treibt, wird ausgeübt von einer Art magnetischer Maschine, die nach dem Princip des später zu beschreibenden Neef'schen Hammers gebaut ist. In das oben erwähnte Sperrrad kann eine an einem langen Winkelhebel befestigte Sperrklinke eingreifen; die Axe des Winkelhebels liegt (Fig. 81) rechts unten in der Ecke des viereckigen Kastens. Der andere, horizontal sich erstreckende Arm des Winkelhebels trägt am Ende ein Stück Eisen, welches für den darunter befindlichen Elektromagnet *i* als beweglicher Anker dient; man sieht aus der Figur, dass, wenn dieser Anker angezogen wird, die fest mit demselben verbundene Sperrklinke in das Sperrrad eingreift und so die Bewegung der beiden Kohlenhalter hemmt. Der Arm der Sperrklinke trägt ferner eine Feder aus Stahlblech, welche gegen eine nach Aussen geführte Schraube (*e* in Fig. 80) drückt und welche die Tendenz hat, den Winkelhebel aus der Stellung bei angezogenem Anker in diejenige bei abgefallenem Anker zurückzuführen; die Kraft dieser Feder lässt sich mittelst Verstellung der Schraube reguliren.

An dem randrirten Kopf mit Zeiger *f*, Fig. 80, sitzt die Auslösung des Räderwerkes; dreht man den Kopf nach links, so tritt dasselbe in Thätigkeit.

An dem randrirten Kopf *g* sitzt das kleine Zahnrad, welches in die Zahnstange von *b* eingreift, und ein in der Zeichnung nicht ersichtliches Kuppelrad, welches dasselbe mit dem ersten grösseren, auf derselben Axe sitzenden, Zahnrad in Verbindung setzt. Drückt man *g* nach Innen, so wird diese Kuppelung gelöst und man kann alsdann vermittelst Drehung an *g* den Kohlenhalter *b* beliebig bewegen; dreht man im Sinne des Uhrzeigers an *g*, ohne nach Innen zu drücken, und löst zugleich das Werk aus, so gehen die Kohlen auseinander.

Der Stromlauf ist folgender: Von *d*, der Klemme, an welche der negative Pol gebracht wird, führt ein durch eine punctirte Linie angedeuteter Draht nach der Hülse des Kohlenhalters *b*; diese Hülse ist gegen die Deckplatte des Kastens, in welcher dieselbe sitzt, durch Horngummi isolirt, ebenso die Zahnstange von *b* gegen das Räderwerk (die Isolirungen sind durch schwarze Flächen bezeichnet). Von *b* geht die Leitung durch das Licht zu *a*, von da an den Kasten oder den Körper, der in leitender Verbindung mit sämmtlichen Theilen des Apparates steht, mit Ausnahme von *b* und den beiden Klemmen *c* und *d*. Die Windungen des Elektromagnetes gehen isolirt von *c*, der positiven

Klemme, aus, ihr Ende liegt ebenfalls am Körper; der Strom kann also vom Körper aus durch diese Windungen nach *c* übergehen, oder aber direct durch den Nebenschluss *h*. An dem Arm der Sperrklinke, in der Nähe der Axe, ist nämlich eine kleine Feder mit Contactstelle angebracht, welche gegen die Klemme *c* (+) drückt, wenn der Anker angezogen ist und die Klinke in das Sperrrad greift. Man sieht, dass, wenn der Elektromagnet durch den Strom in Thätigkeit versetzt und der Anker angezogen wird, die Sperrklinke das Sperrrad zurückstösst, die Kohlen also etwas auseinander treibt; zugleich aber wird der Nebenschluss *h* geschlossen, der Strom geht nicht mehr durch die Windungen des Elektromagnets, der Anker fällt ab und die Klinke verlässt das Sperrrad; hierdurch wird aber die Verbindung bei *h* gelöst, der Strom tritt wieder in die Windungen, der Anker wird angezogen, die Kohlen werden etwas aus einander getrieben u. s. w. Wenn also ein Strom von gewisser Stärke vorhanden ist, so arbeitet diese magnetische Maschine stets dem Zusammenlaufen der Kohlen entgegen und vermindert entweder dasselbe oder treibt die Kohlen sogar auseinander; diese Maschine tritt aber nur in Wirksamkeit, wenn der Strom so stark ist, dass die Anziehung des Ankers die Kraft der auf die Schraube *e* drückenden Feder überwiegt.

Nun ist das Spiel der Lampe leicht zu übersehen. Anfangs löst man an *f* das Werk aus und lässt die Kohlen zusammenlaufen; hierdurch wird der Strom kurz geschlossen, der Elektromagnet fängt an zu arbeiten und treibt die Kohlen auseinander; es entsteht ein Flammenbogen, dessen Länge durch die Thätigkeit des Elektromagnets immer grösser wird. Je länger aber der Lichtbogen, desto schwächer der Strom; schliesslich ist derselbe so schwach, dass der Anker, wenn angezogen, die Spannung der Feder nicht mehr überwinden kann und der Elektromagnet zu arbeiten aufhört. Hierdurch aber wird der Wirkung des Gewichtes des Kohlenhalters *a* freies Spiel gelassen, die Kohlen laufen zusammen; der Strom wird aber dadurch wieder stärker, und der Elektromagnet treibt die Kohlen wieder auseinander, bis zu jenem Punkte, wo er die Kraft der Feder nicht mehr überwindet. Wird der Lichtbogen aus irgend einem Grunde, durch Verzehrung der Kohlen namentlich grösser oder erlischt gar, so laufen die Kohlen durch die Thätigkeit des Werks zusammen und verringern die Bogenlänge, bez. stecken das Licht wieder an. So wird der Lichtbogen durch die gegen einander treibenden Kräfte des Werkes und des Elektromagnets stets auf einer gewissen Länge erhalten, welche der Spannung der Abreissfeder am Anker entspricht und mittelst derselben beliebig eingestellt werden kann.

Denselben Zweck, wie die Abreissfeder, aber in weit stärkerem Masse, erfüllt eine nach Aussen führende Schraube mit rundem Kopf

(Ecke des viereckigen Kastens unten rechts, Fig. 80), welche durch den Anker geht. Zieht man dieselbe an, so wird die Entfernung des Ankers vom Elektromagnet grösser, lässt man dieselbe nach, so wird die Entfernung kleiner; die Vergrösserung bez. Verkleinerung dieser Entfernung hat aber einen ähnlichen Erfolg, wie das Spannen bez. Nachlassen der Abreissfeder.

11. Elektrisches Ei und Geissler'sche Röhren. Der elektrische Funke verändert sich, wenn derselbe im luftverdünnten Raum erzeugt wird. Um solche Versuche anzustellen, verwendete man früher das sogenannte elektrische Ei, heutzutage sind meist die sogenannten Geissler'schen Röhren an dessen Stelle getreten.

Das elektrische Ei besteht in einer Glasglocke irgend welcher Form, welche sich mit der Luftpumpe in Verbindung bringen und auspumpen lässt und welche zwei Stopfbüchsen besitzt, in welchen zwei Messingdrähte verschiebbar sind; an diese Drähte lassen sich dann Elektroden verschiedener Art, Kohlen, Metallspitzen, Metallkugeln u. s. w. ansetzen.

Fig. 82.

Geissler'sche Röhren (Fig. 82) nennt man irgendwie geformte Röhren von dünnem Glase, an deren Enden zwei Platindrähte eingeschmolzen sind, und welche mit irgend einem Gase in sehr verdünntem Zustande gefüllt sind. Da das Platin sich nur schwer verflüchtigen lässt, enthält der elektrische Funken in diesen Röhren beinahe nur das Licht des glühenden Gases, und es dienen daher diese Röhren namentlich dazu, um dieses Licht unter verschiedenem Druck zu untersuchen. Der Unterschied zwischen dem elektrischen Ei und den Geissler'schen Röhren besteht darin, dass die letzteren fertige, geschlossene Apparate sind, an denen sich nichts ändern lässt, während man im ersteren die Natur der Elektroden und den Druck des Gases verändern und verschiedene Gase einfüllen kann.

Pumpt man im elektrischen Ei oder in einer Geissler'schen Röhre die Luft bis auf 1 mm Quecksilberdruck aus, so bietet ein durchgeschickter Funkenstrom ein merkwürdiges Bild. Die negative Elektrode erscheint von einem tiefblauen oder violetten Licht eingehüllt, während von der positiven Elektrode aus ein sogenannter geschichteter Lichtstrom bis in die Nähe der negativen übergeht. Diese Schichtung ist in der Figur angedeutet: helle und dunkle Schichten breiten sich in steter Aufeinanderfolge in der zum Strome senkrechten Richtung schalenförmig aus.

Die Beschreibung der merkwürdigen Thatsachen, welche die Untersuchung dieser Lichterscheinungen in den einzelnen Gasen bei verschiedenem Druck und verschiedener Temperatur ergeben hat, gehört nicht hierher; wir wollen nur noch erwähnen, dass im Allgemeinen der elektrische Funke um so leichter überspringt, je verdünnter die Luft oder das Gas ist, dass aber über eine gewisse starke Verdünnung hinaus der Widerstand der Gase gegen den Durchgang der Elektricität wieder stärker wird, und bei völliger Luftleere die Elektricität nicht mehr übergeht.

12. Die Peltier'sche Erscheinung. Peltier entdeckte eine Wärmewirkung des Stromes, welche an den Stellen stattfindet, an welchen verschiedene Metalle an einander stossen.

In dem sogenannten Peltier'schen Kreuz (Fig. 83) sind ein Antimonstab A und ein Wismuthstab W kreuzförmig mit einander verlöthet; mit zwei beliebigen Enden desselben, z. B. a, b, wird ein kräftiges Bunsen'sches Element verbunden, mit den beiden anderen Enden, c, d, ein für Beobachtung von Thermoströmen geeignetes Galvanometer G. Sowie man den Strom des Elementes schliesst, so erfolgt ein Ausschlag am Galvanometer; wenn die Richtung des Ausschlags am Galvanometer z. B. einer Erwärmung der Kreuzungsstelle entspricht, so erhält man einen, einer Erkältung der Kreuzungsstelle entsprechenden Ausschlag, wenn man den Strom des Elementes umkehrt. Diese Erwärmungen bez. Erkältungen lassen sich auch direct an der Löthstelle nachweisen.

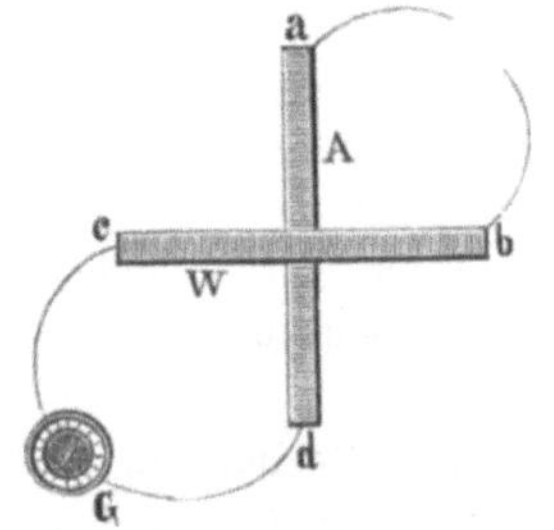

Fig. 83.

Dieselben gehorchen folgendem Gesetz: die thermoelektromotorische Kraft der durch den Strom erwärmten, bez. erkälteten Löthstellen ist stets derjenigen des Stromes entgegengesetzt gerichtet. Es sei in dem Schliessungskreise einer Batterie eine Reihe verschiedener Metalle eingeschaltet; nach S. 50 würde jede Erwärmung bez. Erkältung einer Löthstelle einen Thermostrom in einer bestimmten Richtung hervorrufen; die durch die Batterie hervorgerufenen Erwärmungen bez. Erkältungen sind nun stets der Art, dass die durch dieselben entstehenden Thermoströme dem Strom der Batterie entgegengesetzt gerichtet sind.

Ferner ist die Erwärmung bez. Erkältung der Löthstellen durch den Strom proportional der Stromstärke.

An den Löthstellen der gewöhnlich in galvanischen Schliessungskreisen vorkommenden Metalle, wie Kupfer, Neusilber, Eisen u. s. w. ist die Wärmeentwicklung bez. Wärmebindung nur gering; bei feinen Messinstrumenten jedoch müssen dieselben berücksichtigt werden.

9*

B. Mechanische Wirkungen auf den vom Strom durchflossenen Leiter.

Die mechanischen Veränderungen, welche in Leitern auftreten, die von galvanischen Strömen durchflossen werden, sind sehr mannigfaltiger Natur; man hat aber wohl zu unterscheiden zwischen primären mechanischen Wirkungen und secundären. Primäre oder eigentliche mechanische Wirkungen dürfen nur diejenigen genannt werden, bei welchen der Durchgang der Elektricität direct eine mechanische Veränderung hervorbringt; secundäre dagegen sind diejenigen mechanischen Wirkungen des Stromes, welche erst die Folge von anderen Stromwirkungen. namentlich den Wärmewirkungen, sind. Wenn man z. B. einen Draht an seinen Enden festklemmt und einen starken Strom hindurchleitet, so nimmt die Spannung des Drahtes ab; diese mechanische Einwirkung des Stromes auf den Draht ist aber eine bloss secundäre, weil dieselbe eine Folge der durch den Strom hervorgerufenen Erwärmung ist. Bei mehreren hierher gehörigen Erscheinungen ist es noch nicht entschieden, ob sie zu den primären oder secundären mechanischen Wirkungen gehören.

13. Mechanische Wirkungen galvanischer Ströme. Wenn man längere Zeit Ströme durch einen Kupferdraht schickt, so wird derselbe spröd und brüchig. Inwiefern jedoch hierbei Erschütterungen und Temperaturveränderungen mitwirken, ist nicht bekannt.

Die Elasticität von Kupfer- und Stahldrähten wird durch das Hindurchleiten eines Stromes vermindert. Die Erwärmung der Drähte durch den Strom hat allerdings auch eine Verminderung der Elasticität zur Folge; es ist aber erwiesen, dass der Strom für sich in demselben Sinne wirkt.

Bei dem Glühen und Schmelzen von Drähten durch elektrische Ströme werden stets auch mechanische Wirkungen beobachtet. Spannt man einen kurzen, dünnen Draht an den Enden fest und leitet einen Strom hindurch, dessen Intensität man allmählig steigert, so beobachtet man Folgendes: bereits vor dem Glühen krümmt sich der Draht — eine Folge der Wärme — bei heller Rothgluth biegt sich der Draht völlig auf die Seite, bei Weissgluth reisst er an einer Stelle mit einem gewissen Geräusch ab, die Enden der beiden Stücke werden zugleich in Kugeln geschmolzen, die beiden Stücke werden mit einer gewissen Heftigkeit auf die Seite geschleudert. In diesen Vorgängen, welche auch bei dem Glühen und Schmelzen von Drähten durch den Entladungsschlag einer Batterie von Leydner Flaschen auftreten, sind Wärmewirkungen und mechanische Wirkungen des Stromes gemischt.

Wie wir bei Betrachtung des elektrischen Flammmenbogens gesehen haben, findet, namentlich bei Anwendung von Kohlen, ein Transport von Theilchen von Elektrode zu Elektrode statt. Da man den Flammenbogen wie eine galvanische Zersetzungszelle zu betrachten hat, so ist diese Erscheinung analog dem Transport von Metallen in der Zersetzungszelle aufzufassen. Bei elektrischen Glühlampen, bei welchen ein Faden aus Kohle im luftverdünnten Raum in's Glühen gebracht wird, tritt eine allmählige Zerstäubung der Kohle auf; die innere Glaswand überzieht sich langsam mit einer grauen Schicht, auch wenn Platin statt Kohle benutzt wird, und der Faden selbst wird dünner. Dieser Uebelstand, der sich wohl nie absolut vermeiden lässt, bildet die wichtigste Ursache der allmähligen Zerstörung der Glühlampen.

Interessant sind die Bewegungserscheinungen, welche scheinbar eine Beziehung zwischen dem elektrischen Strom und der Capillarität herstellen. Wenn man in einer Glasröhre Schichten von Quecksilber und Säuren oder Salzlösungen neben oder über einander bringt und durch das Ganze einen Strom gehen lässt, so beobachtet man Bewegungen, welche direct durch den Strom hervorgerufen erscheinen; diese Bewegungen sind um so stärker, je dünner die Röhre, je stärkere Krümmung also die Trennungsfläche am Quecksilber besitzt oder je grösser die Wirkung der Capillarkräfte auf diese Fläche ist.

Bringt man in ein U-förmiges Rohr, das einen weiten und einen engen Schenkel besitzt, Quecksilber und giesst über dasselbe in dem engen Schenkel verdünnte Säure, steckt ferner einen Platindraht in das Quecksilber, einen anderen in die Säure und leitet einen Strom hindurch, so steigt oder fällt das Quecksilber in dem engen Schenkel, je nach der Stromesrichtung, und zwar um so mehr, je stärker der Strom und je enger die Röhre ist; beim Steigen des Quecksilbers dringt zugleich eine dünne Schicht Säure zwischen das Quecksilber und die Wand des Rohres.

Sind beide Schenkel des Rohres weit, unten mit Quecksilber, oben mit verdünnter Säure gefüllt, so bleibt beim Hindurchleiten des Stromes eine Oberfläche des Quecksilbers blank, die andere dagegen wird flacher und oxydirt sich; durch intermittirende Ströme kann man die letztere Oberfläche in Schwingungen versetzen.

Aehnliche mechanische Wirkungen lassen sich jedoch, ohne Anwendung des elektrischen Stromes, auf chemischem Wege erzielen, wenn man die Desoxydation der Quecksilberoberfläche z. B. durch Einführen eines Krystalls von unterschwefligsaurem Natron, die Oxydation derselben z. B. durch Hinzufügen von Chromsäure hervorbringt. Die Ursache jener mechanischen Wirkungen liegt also nicht im elektrischen

Strom, sondern in der Oxydation, bez. Desoxydation der Quecksilberoberfläche; auf welche Weise diese genannten chemischen Veränderungen hervorgebracht werden, ist gleichgültig — das bequemste Mittel ist allerdings der elektrische Strom; jedenfalls aber sind jene mechanischen Wirkungen des Stromes nur secundär.

Eine fernere mechanische Wirkung des Stromes ist die sog. elektrische Endosmose. Legt man in die Biegung eines U-förmigen Rohres einen porösen Körper, Thon, Watte, Sand u. s. w., füllt dasselbe mit reinem Wasser und leitet einen Strom hindurch, so entsteht eine Bewegung des Wassers durch den porösen Körper hindurch, das Wasser sinkt in dem einen und steigt in dem anderen Schenkel der Röhre. Auch diese mechanische Wirkung ist wahrscheinlich nur secundär.

Diese letztere Erscheinung lässt sich auch, wie man sich ausdrückt, „umkehren", d. h. wenn man das Wasser mit mechanischen Mitteln durch den Thon hindurchpresst, so wird in dem Wasser zugleich ein elektrischer Strom erzeugt; dies sind die sog. Diaphragmenströme. Die eigentliche Ursache der Entstehung dieser Ströme lässt sich jedoch noch nicht mit Sicherheit angeben.

14. Mechanische Wirkungen von Strömen der Reibungselektricität. Die stärksten Ströme der Reibungselektricität, d. h. der Elektricität von hoher Spannung, sind die Blitze. Die Wärmewirkungen sowohl, als die mechanischen Wirkungen derselben, sind bekanntlich kolossal im Verhältniss zu ähnlichen in Laboratorien hervorgebrachten Wirkungen. Die Wärmewirkungen der Blitze unterscheiden sich principiell nicht von derjenigen der künstlichen elektrischen Ströme: der Blitz entzündet brennbare Körper, wie namentlich Holz, nnd schmelzt die der Schmelzung fähigen, wie namentlich die Metalle. Die mechanischen Wirkungen der Blitze jedoch sind für diese beinahe eigenthümlich; wenn wir auch bei Entladungen grosser Batterien ähnliche Wirkungen erzielen können, so lassen dieselben durch ihre Kleinheit die denselben zukommenden Eigenthümlichkeiten bei Weitem nicht so deutlich erkennen, wie die Blitze.

An Metallen und Steinen zeigt sich die mechanische Wirkung des Blitzes in Verbiegungen und Zersprengungen. Metallstücke, welche der Blitz nicht schmelzt, erleiden oft starke Krümmungen. Steine dagegen werden oft mit ungeheurer Kraft fortgeschleudert; es kommt sogar vor, dass grosse Felsstücke aus der Erde gerissen und weithin geworfen werden; auch eine starke Mauer wurde einst um eine bedeutende Strecke von ihrem ursprünglichen Standort weg versetzt. Holz wird, wenn nicht angezündet, zersplittert, wie ja sehr häufig wahrgenommen wird; hierbei tritt nicht selten eine Zerschlitzung des Holzes der Länge nach, in dünne Latten und Fasern auf; das zerspaltene Holz ist stark ausgetrocknet; der gewöhnliche Weg des Blitzes in einem grünen Baume geht zwischen Holz und Rinde durch die Bastschicht, wobei die Rinde zerrissen oder abgeworfen wird.

Merkwürdig sind die sog. kalten Schläge, d. h. Blitzschläge, welche brennbare Gegenstände getroffen haben, ohne dieselben zu entzünden; es werden z. B. alte trockene Bäume vom Blitze entzündet, junge vollsaftige dagegen oft nur aufgeschlitzt. Diese Fälle lassen sich experimentell nachahmen; man kann den Funken einer Leydner Batterie durch leicht entzündliche Körper gehen lassen, ohne dass eine Zündung erfolgt — hierbei muss jedoch der Schliessungskreis aus guten Leitern zusammengesetzt sein; sowie man eine nasse Schnur, also hohen Widerstand, in den Kreis einschaltet, erfolgt die Zündung sicher. In ähnlicher Weise wird trockenes Holz leichter entzündet, als saftiges, nicht weil es leichter brennt, sondern weil es schlechter leitet und dem Blitz mehr Widerstand darbietet.

C. Physiologische Wirkungen.

15. Der elektrische Strom übt auf den menschlichen und thierischen Körper Wirkungen aus. Es ist bekannt, dass Menschen und Thiere sowohl durch Blitze, als durch die Entladungen grosser Batterien betäubt und getödtet werden können, und zwar hinterlässt ein solcher elektrischer Schlag beinahe keine Spuren; diese Wirkung besteht in einer directen Erregung der Gefühlsnerven beim Durchgang der Elektricität, welche bei grossen elektrischen Kräften verderblich werden kann.

Die physiologische Wirkung des Stromes wird sowohl bei galvanischen Strömen, als bei Strömen der Reibungselektricität beobachtet; die elektromotorische Kraft sowohl, als die Intensität des Stromes haben Einfluss auf die Wirkung. Früher wurden zu medicinischen Zwecken nur alternirende Magnetinductionsströme verwendet, welche ihrem Charakter nach zwischen den galvanischen Strömen und denjenigen der Reibungselektricität stehen, indem sie ziemlich hohe Spannung mit nicht zu geringer Intensität vereinigen. In neuester Zeit bedient man sich auch des sog. constanten Stroms, d. h. des steten Durchgangs des Stromes einer Batterie von 20 bis 60 Elementen durch die betreffende Körperstelle.

Die verschiedenen Theile des menschlichen Körpers sind verschieden empfindlich, am empfindlichsten ist die Zunge; wenn beide Poldrähte auf dieselbe gelegt werden, lassen sich recht schwache Ströme noch wahrnehmen. Benetzt man die beiden Poldrähte und fasst dieselben mit den Fingern an, so lassen sich Batterien von 20 bis 30 Elementen noch deutlich empfinden. Für den praktischen Telegraphen-Ingenieur ist diese Eigenschaft nicht unwichtig, indem er oft mit seinen benetzten Fingern einen Fehler in der Schaltung oder in der Batterie viel rascher auffinden kann, als durch Anwendung von Galvanoskopen.

D. Chemische Wirkungen.

Kurze Zeit nach der Entdeckung der Volta'schen Säule fand man, dass der elektrische Strom die Eigenschaft habe, zusammengesetzte Körper zu zersetzen, oder aus chemischen Verbindungen die Elementarkörper abzuschneiden. Diese wichtige Eigenschaft wurde sofort in ausgedehntem Masse von den Chemikern benutzt, um das Verhalten der chemisch einfachen sowohl, als der zusammengesetzten Körper gegenüber dem elektrischen Strom zu studiren und hieraus auf die Natur der chemischen Verbindungen Schlüsse zu ziehen; ferner wurde aber auch der Strom dazu benutzt, um chemische Trennungen zu vollziehen, welche auf keine andere Weise gelingen wollten. Später wurde dieselbe Eigenschaft des Stromes in der Technik verwendet, und es entwickelte sich hieraus der heuzutage immer mehr sich ausdehnende Industriezweig der Galvanoplastik, d. h. der Kunst, beliebig geformte Gegenstände auf elektrischem Wege mit einer metallischen Schicht zu überziehen.

16. Zersetzung durch den Strom. Alle chemischen Verbindungen, welche den Strom leiten, werden durch denselben zersetzt; man nennt diese Körper Elektrolyte. Man nennt ferner die Drähte oder Bleche, welche den Strom in den Elektrolyt einführen, Elektroden, und zwar positive Elektrode oder Anode die mit dem positiven Batteriepol, negative Elektrode oder Kathode die mit dem negativen Batteriepol verbundene. Der Theil des Elektrolytes, der sich an der positiven Elektrode ausscheidet, heisst der elektronegative, derjenige, welcher sich an der negativen Elektrode ausscheidet, der elektropositive Bestandtheil des Elektrolyts.

Auf den ersten Blick scheint nichts einfacher als die Aufgabe, die elektrische Natur der Bestandtheile eines Elektrolyten zu finden; nach dem allgemeinen Gesetz, dass entgegengesetzte Elektricitäten sich anziehen, müssen an jeder Elektrode stets die ungleichnamig elektrischen Bestandtheile des Elektrolyts auftreten. In Wirklichkeit gibt es jedoch nur wenige Fälle, wo diese Scheidung genau so erfolgt, wie sie nach jenem Gesetz erfolgen müsste; in den meisten Fällen erhält man andere, als die zu erwartenden Producte, und zwar hauptsächlich aus dem Grunde, weil jeder durch den Strom ausgeschiedene Körper wieder chemisch auf die ihn umgebenden Körper, die Elektroden, den Elektrolyt und die übrigen ausgeschiedenen Körper einwirkt. Die Producte dieser chemischen Wirkung der ausgeschiedenen Körper nennt man secundäre Zersetzungsproducte, während die bloss durch die Wirkung des Stromes ausgeschiedenen primäre heissen.

Zu diesen chemischen Wirkungen der ausgeschiedenen Körper treten noch gewisse mechanische Vorgänge hinzu, welche die Erscheinung noch mehr verwirren können. Wir werden im Folgenden zuerst das Gesetzmässige der einzelnen Wirkungen beschreiben und dann erst einige der wirklichen Erscheinungen durchgehen.

17. Elektrochemische Reihe; Metallfällungen. Wenn eine Lösung, welche verschiedene chemische Verbindungen enthält, dem Einfluss des Stromes unterworfen wird, so fragt sich vor Allem, welche Körper an der einen und welche an der anderen Elektrode ausgeschieden werden.

Eine genaue und sichere Regel zur Beantwortung dieser Frage existirt nicht, namentlich desshalb, weil die meisten der hierüber anzustellenden Versuche keine reinen Resultate geben, sondern solche, die durch die oben erwähnten secundären, rein chemischen Einflüsse getrübt sind. Ueberdies gibt es eine Anzahl sehr kräftiger Verbindungen, welche durch den Strom nur eine theilweise Zersetzung erleiden.

Im Allgemeinen jedoch kann man sich vorstellen, als ob jedes chemische Element einen gewissen elektrischen Charakter im Verhältniss zu den übrigen Elementen besitze, welcher sich in ähnlicher Weise kundgibt, wie derjenige der Metalle in der Spannungsreihe. Es lässt sich nämlich eine sog. elektrochemische Reihe aufstellen, welche mit dem elektronegativsten Körper beginnt und mit dem elektropositivsten schliesst und welche die Art des Niederschlags der Körper in ähnlicher Weise bestimmt, wie die Spannungsreihe die Elektrisirung der Metalle beim Volta'schen Fundamentalversuch. Ist nämlich eine Verbindung zweier Körper gegeben, welche sich durch den Strom zersetzen lässt, und wünscht man zu wissen, welcher von den beiden Körpern an der positiven, welcher an der negativen Elektrode abgeschieden wird, so hat man nur ihre Stellung in der elektrochemischen Reihe zu beachten: der in derselben nach der negativen Seite hin belegene Körper wird an der positiven, der nach der positiven Seite zu belegene an der negativen Elektrode niedergeschlagen. Die folgende elektrochemische Reihe ist von Berzelius aufgestellt:

—			
Sauerstoff	Molybdaen	Iridium	Nickel
Schwefel	Wolfram	Platin	Eisen
Selen	Bor	Rhodium	Zink
Stickstoff	Kohlenstoff	Palladium	Mangan
Fluor	Antimon	Quecksilber	Uran

Chlor	Tellur	Silber	Aluminium
Brom	Tantal	Kupfer	Magnesium
Jod	Titan	Wismuth	Calcium
Phosphor	Silicium	Zinn	Strontium
Arsen	Wasserstoff	Blei	Baryum
Chrom	Gold	Cadmium	Natrium
Vanadin	Osmium	Cobalt	Kalium
			+

Man wird bemerken, dass in dieser Reihe zuerst die sog. Metalloide, dann die Metalle folgen, und zwar von den letzteren zuerst die edlen Metalle, dann die unedlen und endlich die Erdalkali- und die Alkalimetalle. Wir wiederholen jedoch, dass diese Reihe nur im Allgemeinen richtig ist; ohne Zweifel bedarf sie im Einzelnen noch der Berichtigung.

Die Ordnung, in welcher die Metalle hier aufeinander folgen, bestimmt zugleich die Art der sog. Metallfällungen, oder des Niederschlagens von Metall aus einer Lösung durch ein anderes Metall.

Bildet man z. B. aus Eisen, Kupfervitriollösung und Kupfer ein Element und schliesst dasselbe, indem man die Metalle ausserhalb der Flüssigkeit durch einen Draht verbindet, so wird Kupfer aus der Lösung am Kupfer niedergeschlagen und Eisen durch die freigewordene Säure aufgelöst. Würde man statt der beiden Metalle und des verbindenden Drahtes einen einzigen U-förmig gebogenen Eisenstab nehmen, den einen Schenkel verkupfern, den anderen dagegen blank lassen, und beide Schenkel in die Lösung stecken, so würde offenbar dasselbe stattfinden: das blanke Eisen würde aufgelöst, und Kupfer am verkupferten Schenkel niedergeschlagen. Daher kommt es auch, dass, wenn man einen einzigen nicht verkupferten Eisenstab in die Kupferlösung steckt, derselbe sich sofort mit Kupfer überzieht. Denn, denkt man sich im Anfang nur ein kleines Fleckchen des Stabes verkupfert, so wäre damit ein kleines Element Kupfer/Kupferlösung/Eisen gegeben und die Verkupferung würde um sich greifen; zu der Bildung aber jenes ersten Fleckchen von Verkupferung bieten die unzähligen kleinen Ströme, welche sich beim Einstecken des Eisenstabes in die Flüssigkeit durch die Unreinigkeiten im Eisen und die ungleichmässige Concentration der Flüssigkeit bilden, Veranlassung genug.

Nimmt man umgekehrt eine Eisenlösung und steckt einen Kupferstab hinein, so wird sich derselbe nicht mit Eisen überziehen; denn, wenn auch eine Stelle sich mit Eisen überzieht, so würde in dem Element Eisen/Eisenlösung/Kupfer das Eisen wieder aufgelöst; allerdings müsste sich dafür an einer anderen Stelle des Kupfers ebensoviel Eisen niederschlagen, dieses würde aber aus demselben Grunde wieder aufgelöst u. s. w.; das ursprüngliche Fleckchen Eisen auf dem Kupfer kann sich nicht beliebig vermehren, wie oben das Fleckchen Kupfer auf dem Eisen.

Es folgt hieraus, dass von zwei Metallen immer das dem negativen Ende der elektrochemischen Reihe näher stehende aus seiner Lösung durch das dem positiven Ende näher stehende gefällt werden müsste, oder, wenn wir uns kurz ausdrücken wollen, das edlere Metall durch das unedlere; es müsste ferner die obige elektrochemische Reihe im Bereich der Metalle übereinstimmen mit der Spannungsreihe. Eine Vergleichung beider Reihen lehrt, dass dies nur im Allgemeinen der Fall ist; die Differenz hängt mit den Ungenauigkeiten zusammen, mit welchen beide Reihen noch behaftet sind.

18. Vorgänge im Elektrolyt. Wenn ein Elektrolyt durch einen Strom zersetzt wird, so geschieht diese Zersetzung stets nur an den Elektroden; die Flüssigkeit, welche die Elektroden nicht berührt, bleibt unzersetzt. Um dies zu erklären, stellt man sich nach Grothuss die elektrischen Vorgänge innerhalb der Flüssigkeit folgendermassen vor:

Wenn z. B. Wasser zersetzt wird, wobei der Wasserstoff an der negativen, der Sauerstoff an der positiven Elektrode sich abscheidet, so denkt man sich die beiden Gase im freien Zustande, d. h. bevor sie sich zu Wasser vereinigt haben, als unelektrisch

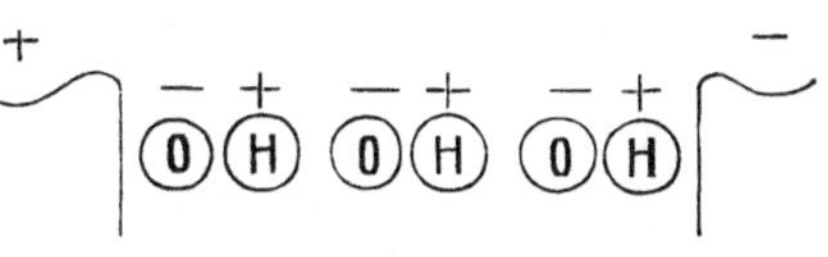

Fig. 84.

oder neutral; nach ihrer Vereinigung zu Wasser soll Elektricität frei werden, ähnlich wie nach der Volta'schen Vorstellung bei einer Kupfer-Zink-Platte, indem die Sauerstoffmoleküle negativ, die Wasserstoffmoleküle positiv elektrisch werden. Denkt man sich nun zwischen den beiden Elektroden eine geordnete Reihe von in angegebener Weise elektrisirten Wassermolekülen, so müssen, wie in Fig. 84 angedeutet, nach dem Gesetz der elektrischen Anziehung und Abstossung, alle Sauerstoffmoleküle sich nach der positiven Elektrode und alle Wasserstoffmoleküle nach der negativen Elektrode hin wenden. Sobald nun die elektrische Anziehung der positiven Elektrode auf das nächste Sauerstoffmolekül die chemische Bindekraft zwischen diesem letzteren und dem zugehörigen Wasserstoffmolekül überwiegt, so wird jenes Sauerstoffmolekül losgerissen und tritt als freies Gas an der Elektrode auf; dort gibt es seine freie negative Elektricität ab, neutralisirt damit eine entsprechende Quantität positiver Elektricität der Elektrode und wird wieder unelektrisch, wie im natürlichen Zustande. In ähnlicher Weise wird an der negativen Elektrode unelektrischer Wasserstoff frei. Man sieht, dass nach dieser Operation die Flüssigkeit in Summe ein Molekül Wasser verloren hat, und dass dieselbe immer noch gleichviel Moleküle Sauerstoff, wie Wasserstoff besitzt, nämlich in der Mitte lauter Wassermoleküle, an der positiven Elektrode ein Molekül Wasserstoff, das von dem freigewordenen Sauerstoff, und an der negativen Elektrode ein Molekül Sauerstoff, das von dem frei gewordenen Wasserstoff übrig gelassen worden ist. Nun stellt man sich vor, dass sämmtliche zwischenliegende Wassermoleküle sich spalten und wieder zusammensetzen, und zwar so, dass jenes übrig gelassene Molekül Wasserstoff mit dem Sauerstoff des nächsten Wassermoleküls, der Wasserstoff dieses letzteren mit dem Sauerstoff des nächsten Wassermoleküls u. s. f. und schliesslich der Wasserstoff des letzten Wassermoleküls mit jenem übrig gelassenen Molekül Sauerstoff sich verbindet. Es ist also schliesslich die ganze Flüssigkeit unverändert geblieben; nur ein Molekül Wasser hat sich zersetzt und an der positiven Elektrode ist ein Molekül Sauerstoff, an der negativen ein Molekül Wasserstoff frei geworden.

19. Secundäre Erscheinungen; Leitungen der Salzlösungen. Wie schon oben bemerkt, gibt die elektrochemische Reihe nur theoretisch die Zersetzungsproducte an; ob dieselben auch in der Wirklichkeit so auftreten, wie die elektrochemische Reihe angibt, hängt davon ab, ob die an den Elektroden ausgeschiedenen Körper nicht chemische Wirkungen auf die Elektroden und die Flüssigkeit ausüben; wir wollen einige der einfacheren dieser secundären Erscheinungen anführen.

Wenn beide Elektroden von dem Metall gewählt werden, welches in der Flüssigkeit gelöst ist, so wird an der einen Elektrode ebensoviel Metall aufgelöst, als an der anderen niedergeschlagen; man hat also gleichsam einen Transport von Metall von einer Elektrode zur andern; dies ist der in der Galvanoplastik am meisten angewendete Fall.

Hat man z. B. zwei Elektroden von Kupfer und eine nicht zu schwache Lösung von Kupfervitriol, so scheidet sich an der einen Kupferplatte Kupfer, an der anderen der Körper SO_4 aus; dieser letztere löst aber sofort ein Aequivalent Cu aus der Platte auf; auf diese Weise wird die Flüssigkeit gar nicht verändert, und das eine Kupferblech nimmt auf dieselbe Art zu, wie das andere abnimmt. Aehnlich verhalten sich Silberbleche in Silberlösung, Goldplatten in Goldlösung u. s. w. In diesen Fällen kann man also die secundäre Wirkung des ausgeschiedenen elektronegativen Körpers auf das Metall benutzen, um die sich zersetzende Flüssigkeit wieder zu regeneriren, und um die bei allen diesen Processen praktisch so schädliche Polarisation zu vermeiden.

Eine andere, häufig auftretende, secundäre Erscheinung ist die Oxydirung der positiven Elektrode oder der benachbarten Flüssigkeit durch den ausgeschiedenen Sauerstoff. Eigentlich gehört der eben besprochene Fall auch hierher, indem das Kupfer durch den Körper SO_4 zuerst oxydirt wird; das entstandene Oxyd wird aber von der Säure gelöst, während dies in den folgenden Fällen nicht erfolgt.

Der sog. Bleibaum entsteht, wenn man essigsaures oder salpetersaures Bleioxyd zwischen Platin- oder Bleielektroden zersetzt. An der negativen Elektrode scheidet sich Blei in Blättchen ab, welche sich zu baumförmigen Gruppen aufbauen. Der an der positiven Elektrode auftretende Sauerstoff oxydirt das Bleioxyd der Lösung zu Bleisuperoxyd, welches sich in schwarzen, glänzenden Blättchen absondert.

In ähnlicher Weise wird bei der Bildung des sog. Silberbaumes, einer Abscheidung von Silber aus einer Lösung von schwefelsaurem oder salpetersaurem Silberoxyd, an der positiven Elektrode schwarzes Silbersuperoxyd gebildet.

Scheidet man aus einer wässrigen Lösung an der negativen Elektrode ein Metall ab, welches Wasser zersetzt, so erhält man statt des Metalles ein Oxyd desselben, während der Wasserstoff des zersetzten Wassers entweicht; hierher gehören namentlich die Alkalien und alkalischen Erden. Wenn man dagegen starke Ströme und kleine Elektroden anwendet, so kann das Wasser nicht schnell genug auf das sich abscheidende Metall wirken und man erhält Metall innerhalb einer Kruste von Oxyd.

Wenn man eine concentrirte Salzlösung zersetzt, so zersetzt sich, abgesehen von secundären Einwirkungen, nur das Salz, nicht das Wasser; bei verdünnten Lösungen dagegen beginnt auch das Wasser sich zu zersetzen, und bei sehr verdünnten Lösungen hat man beinahe nur Wasserzersetzung. Aehnliche Resultate erhält man bei Gemengen von mehreren verschiedenen Salzlösungen; je mehr von einem Salz vorhanden ist, um so mehr wird auch davon zersetzt. Man kann sich vorstellen, als ob der Strom sich im Verhältniss der Leitungsfähigkeiten zwischen den verschiedenen Elektrolyten theile und alle zu gleicher Zeit zersetze.

20. Faraday'sches Gesetz; Voltameter. Für die Menge der ausgeschiedenen Körper gilt ein wichtiges, einfaches Gesetz, welches von Faraday entdeckt wurde:

Bei gleichem Strom stehen die Mengen der zersetzten Körper im Verhältniss ihrer chemischen Aequivalente; ausserdem ist die Menge eines zersetzten Körpers dem Strome proportional.

Es sei z. B. eine Anzahl verschiedener Salzlösungen hintereinander geschaltet; schickt man einen Strom hindurch und wägt, nachdem der Strom eine gewisse Zeit gewirkt hat, die abgeschiedene Menge der verschiedenen Körper ab, sowohl an den positiven, als an den negativen

Elektroden, so findet man, dass diese Gewichte sämmtlich im Verhältniss der chemischen Aequivalente stehen, dass also z. B. an den negativen Elektroden auf 1 gr. Wasserstoff 31,7 gr. Kupfer, 107,9 gr. Silber u. s. w. kommen, an den positiven Elektroden auf 8 gr. Sauerstoff 35,5 gr. Chlor, 12,6 gr. Jod u. s. w. Auch wenn durch secundäre, chemische Einwirkungen die abgeschiedenen Körper sich mit anderen verbinden, so bleiben die Gewichte der durch die Stromwirkung abgeschiedenen Körper in demselben Verhältniss.

Der zweite Theil des Gesetzes, die Proportionalität des Niederschlags mit dem Strom, scheint in den weitesten Grenzen zu gelten und kann desshalb trefflich zur Messung des Stromes dienen. Nach diesem Princip sind die sog. Voltameter construirt, Instrumente, bei welchen durch Volumen- oder Gewichtsbestimmung die Menge eines oder mehrerer der niedergeschlagenen Körper bestimmt wird, und welche auf diese Weise unmittelbar die Stromstärke messen. Diese Instrumente besitzen vor den meisten anderen Apparaten zur Strommessung den Vorzug, dass ihre Angaben nicht von der Individualität des Apparates abhängig sind, sondern ein absolutes Mass darbieten.

Fig. 85.

In der gebräuchlichsten Form der Voltameter wird die Zersetzung des angesäuerten Wassers zwischen Platinelektroden angewendet; die Apparate sind entweder so eingerichtet, dass beide Gase getrennt, oder so, dass sie vereinigt aufgefangen werden; Fig. 85 zeigt einen Apparat der ersteren Art. Man misst bei demselben nicht Gewichte, sondern Volumina, gewöhnlich Cubikcentimeter an getheilten Glasröhren; selbstverständlich üben hierbei Druck und Temperatur einen nicht unbedeutenden Einfluss auf die Volumina aus. Das Volumen des Sauerstoffs müsste, bei Gleichheit von Druck und Temperatur, die Hälfte von demjenigen des Wasserstoffs betragen; dies ist jedoch in Wirklichkeit nicht der Fall, namentlich, weil sich auch Wasserstoffsuperoxyd bildet, welches im Wasser gelöst bleibt. Die Angaben des Wasservoltameters sind daher von manchen Nebenumständen abhängig, welche das Messen mit demselben erschweren.

Genauer und leichter zu behandeln sind das Kupfer- und das Silbervoltameter, von welchen das letztere als das genaueste Voltameter gilt.

Bei dem Kupfervoltameter wird schwach saure Kupfervitriollösung zwischen Kupferelektroden oder auch zwischen einer Kupferplatte (+) und einer Platinplatte (—) zersetzt, bei dem Silbervoltameter Lösung von salpetersaurem Silberoxyd zwischen Silberelektroden oder zwischen Silber und Platin. Vorsichts-Massregeln (Umwickeln mit Tuch etc.) müssen getroffen werden gegen das Zerfallen der Elektroden, wenn, wie bei dem Poggendorff'schen Silbervoltameter (Fig. 86), die stabförmige Silberelektrode in einer Platinschale steht, also das zerfallende Silber auf die andere Elektrode zu liegen kommt; ferner muss für die Constanz der Concentration der Lösung gesorgt werden.

Fig. 86.

21. Coulomb; Ampèrestunde. Wenn die elektrolytische Zersetzung in einer Zersetzungszelle proportional der Stärke des elektrischen Stromes ist, so muss jeder Menge Elektricität, welche durch irgend einen Querschnitt des Stromleiters geht, eine bestimmte Menge der elektrolytischen Zersetzungsproducte entsprechen. Man nennt nun die Menge Elektricität (positiver oder negativer), welche bei einem Strom von 1 Ampère in Einer Secunde durch irgend einen Querschnitt des Leiters geht, Ein Coulomb; beim Durchpass Eines Coulomb's durch den Querschnitt wird in der Zersetzungszelle von einem Körper, dessen chemisches Aequivalent *a*, eine Menge von 0,01035 *a* mg aus der betreffenden chemischen Verbindung abgeschieden, z. B. für Kupfer, dessen Aequivalent 31,5, 0,326 mg.

In der elektrolytischen Technik bedient man sich als eines Einheitsmasses weniger des Coulomb's, als der Ampèrestunde, d. h. derjenigen Menge eines Körpers, welche von 1 Ampère in 1 Stunde abgeschieden wird; in der nachstehenden Tabelle sind einige der häufig benutzten Werthe angegeben.

Körper:	Sauerstoff O	Chlor Cl	Wasserstoff H	Kupfer Cu	Zink Zn	Nickel Ni	Silber Ag	Gold Au	Magnesium Mg
Aequivalent .	8	35,5	1	31,5	32,5	29,5	108	65,5	12,0
Niederschlag von 1 Ampère in 1 Stunde in Gramm	0,300	1,325	0,0373	1,182	1,174	1,098	4,026	2,441	0,446

22. Thomson'sches Gesetz; Stromdichte. Wie bei Besprechung der Erhaltung der Energie im Stromkreise gezeigt werden wird, gibt das Thomson'sche Gesetz, auch das Helmholtz'sche genannt, den Zusammenhang zwischen der elektrischen und der chemischen Arbeit bei elektrolytischen Zersetzungen; daraus, dass die aufgewendete elektrische Arbeit stets gleich ist der durch den Strom geleisteten chemischen Arbeit, folgt, dass die letztere proportional ist der bei dieser Zersetzung auftretenden elektromotorischen Gegenkraft.

Häufig kann nun die als Elektrolyt dienende Verbindung in verschiedener Weise zersetzt werden; einer jeder dieser Zersetzungsarten kommt ein bestimmter Arbeitswerth zu, und es hängt von der elektrischen Spannung ab, welche dieser Zersetzungen eintritt.

So scheidet sich z. B. nach Bunsen bei der Zersetzung von chromchloridhaltiger Lösung von Chromchlorür zwischen Kohle und Platin bei wachsender Spannung nach einander Chromoxyd, Chromoxydul und zuletzt Chrom aus; diese Reihenfolge entspricht aber zugleich dem wachsenden Werth der geleisteten chemischen Arbeit, wie man umgekehrt an der Wärme erkennen kann, welche bei Wiedervereinigung der Zersetzungsproducte entsteht.

Würde man nämlich Chromchlorürlösung bilden aus einer Oxydationsstufe des Chroms oder Chrom, so würde Wärme erzeugt, wie bei jeder Verbindung, aber um so weniger, je höher die Oxydationsstufe ist, am meisten, wenn man vom Chrom selbst ausgeht; man bedarf also umgekehrt einer grösseren Arbeitskraft, um Chrom aus der Verbindung abzutrennen, als Chromoxyd oder Chromoxydul; und aus dem Thomson'schen Gesetze folgt weiter, dass bei Chrom die aufzuwendende elektrische Spannung grösser sein muss, als bei den Oxyden, weil die bei der Zersetzung erzeugte elektromotorische Gegenkraft grösser ist.

Aus diesem Grunde gibt es, genau genommen, keinen einzigen Fall der Elektrolyse, in welchem, bei allen möglichen elektrischen

Spannungen, stets dieselbe Art der Zersetzung eintritt; stets hat man eine Stufenleiter von verschiedenen Zersetzungsarten, wenn man die Spannung von den geringsten zu den höchsten Werthen wachsen lässt. Sogar in der einfachen Zersetzung von Kupfervitriol zwischen Kupferelektroden erhält man bei ganz geringer Spannung Kupferoxydul, bei sehr hoher Spannung Kupfer und Wasserstoff, und nur bei mittleren Spannungen Kupfer allein.

Jede Art der elektrolytischen Zersetzung entspricht also nur einem gewissen Bereich der elektrischen Spannung, der nicht überschritten werden darf, wenn die Art der Zersetzung sich nicht ändern soll. Der Grösse der Spannung entspricht aber auch die Stromdichte oder das Verhältniss von Stromstärke zu der Elektrodenfläche; man kann desshalb auch sagen, dass die Stromdichte das bestimmende Merkmal ist für die Art der elektrolytischen Zersetzung.

Bei der galvanoplastischen Vernickelung z. B. wird der Niederschlag schwarz, sobald der Strom zu stark wird; behält man jedoch denselben Strom, bei welchem dies erfolgte, bei und vergrössert die Oberfläche der Elektroden, so wird der Niederschlag wieder glänzend metallisch. Es kommt also nicht auf die absolute Stärke des Stromes an, sondern auf das Verhältniss derselben zu der Elektrodenfläche, die Stromdichte, oder, was der Stromdichte proportional ist, die Spannung.

Oft auch zeigt sich der Einfluss der Stromdichte nur in mechanischen Verschiedenheiten des Niederschlags; so z. B. wird der Kupferniederschlag grobkörnig und spröde bei zu grosser Stromdichte, während er bei der richtigen Stromdichte feinkörnig und äusserst zähe ausfällt.

Bei jeder elektrolytischen Untersuchung muss daher der zu studirende Versuch möglichst verschiedenen Stromdichten unterworfen werden, um denjenigen Bereich ausfindig zu machen, in welchem das gewünschte Resultat eintritt. Ist die günstigste Stromdichte und Spannung gefunden, so bleibt dieselbe für beliebige Flächengrössen der Elektroden gleich.

23. Elektrolyse von Lösungen mehrerer Metalle. Enthält die Lösung mehrere Metalle, so kann im Allgemeinen bei der Elektrolyse sowohl das Niederschlagen aller Metalle zugleich oder eines einzelnen erfolgen; es hängt dies ab von den Eigenschaften der Lösung, von den quantitativen Verhältnissen und von dem Grade der Ungleichheit des elektrischen Verhaltens der Metalle.

Die Lösungen verhalten sich sehr verschieden; so werden Zink und Kupfer aus Cyanlösung zusammen als Messing niedergeschlagen, aus saurer Lösung dagegen nur das Kupfer. Aus saurer Lösung schlägt sich von der folgenden Reihe:

Zink, Cadmium, Blei, Zinn, Kupfer, Wismuth, Silber, Gold, in der Regel das nachstehende Metall vor dem vorstehenden nieder.

Ist ein Metall in überwiegender Menge in Lösung, so lässt sich eine elektrolytische Trennung leichter ausführen, als wenn die Menge der verschiedenen gelösten Metalle von gleicher Ordnung ist.

Metalle, welche in der Spannungsreihe einander nahe stehen, sind im Allgemeinen schwerer elektrolytisch zu trennen, als solche, die von einander entfernt sind.

24. Elektrolyse geschmolzener Salze. Metalle, welche grosse Verwandtschaft zum Sauerstoff bestitzen, wie die Alkali- und Erdalkalimetalle und Aluminium, lassen sich nicht leicht aus wässrigen Lösungen elektrolytisch abscheiden, weil sie sich sofort nach Entstehung oxydiren. Aus diesem Grunde bedient man sich wasserfreier geschmolzener Salze; dieselben leiten im festen Zustand gar nicht, wohl aber im geschmolzenen, und sind Elektrolyte, d. h. die Leitung kann nicht ohne Zersetzung erfolgen.

Erhitzt man also z. B. wasserfreies Chlormagnesium bis zur Rothglühhitze und schickt den elektrischen Strom unter Anwendung von Kohle als Anode hindurch, so scheidet sich Magnesium in Körnern an der Kathode ab, während sich an der Anode Chlor entwickelt. Das entstehende Magnesium muss durch besondere Vorsichtsmassregeln von der Luft abgeschlossen werden, damit es sich nicht oxydirt.

25. Galvanoplastik. Das Niederschlagen von Metallen durch den elektrischen Strom wird heutzutage in der Technik in ausgedehntem Masse dazu benutzt, theils um metallische Gegenstände mit einer dünnen Schicht eines anderen, namentlich eines edleren Metalles zu überziehen, theils um getreue Copien von Gegenständen herzustellen; beide Processe begreift man unter dem Namen Galvanoplastik, obschon sich dieser Name eigentlich auf den letzteren Process bezieht.

Als dünne Ueberzugsschichten von metallischen Gegenständen sind namentlich zu nennen: die Versilberung, die Vergoldung, die Vernickelung und die Verkupferung; die beiden ersteren finden hauptsächlich Anwendung bei Luxusgegenständen, die Vernickelung bei Gegenständen des täglichen Gebrauches, Apparattheilen u. s. w.; die Verkupferung dient meistens als Vorbereitung für die anderen Operationen; die Vergoldung und Vernickelung haben namentlich die Eigenschaft, die Gegenstände vor Oxydation zu schützen. Bei diesen Processen will man nur dünne, aber festhaftende und glatte Metallschichten erzielen und wendet desshalb nicht zu starke Ströme an. Als negative Elektrode dient der zu überziehende Gegenstand, als positive Elektrode meist eine Platte von dem Metall, welches niedergeschlagen werden soll und welches auch in der Lösung enthalten ist. Viel Sorgfalt muss auf das Reinigen und Vorbereiten der Gegenstände vor dem

Einsatz in das Bad, sowie auf Regulirung des Stromes verwendet werden.

Solche dünne Ueberzüge, namentlich von Kupfer, lassen sich auch auf nicht leitenden Gegenständen anbringen, und es ist also hiermit das Mittel gegeben, jedes beliebige Object mit einer metallischen, glänzenden Oberfläche zu versehen. Zu diesem Zweck muss die Oberfläche des Gegenstandes zuerst leitend gemacht werden; dies geschieht entweder durch Einreiben mit reinem Graphit oder durch chemische Versilberung; diese letztere gibt jedoch keinen glänzenden, sondern einen schwarzen Ueberzug. Ist die Oberfläche gut leitend gemacht, so geschieht das Verkupfern auf gewöhnliche Weise.

Um einen Gegenstand galvanoplastisch zu kopiren, drückt man denselben in einer elastischen Masse, wie Guttapercha, Wachs, Gips, Leim, ab, so dass eine Matrize des Gegenstandes entsteht; dann wird die Oberfläche der letzteren auf die oben beschriebene Art leitend gemacht und in das galvanoplastische Bad gehängt; der entstehende Niederschlag wird, wenn er eine gewisse Dicke erreicht hat, abgelöst und ist eine getreue Copie des Gegenstandes. Grössere Ausdehnung hat dieses Verfahren in der Nachbildung von Kunstgegenständen und in der Fabrikation von Clichés, d. h. kupfernen Copien von Holzschnitten, erhalten.

Zur Erzielung von dicken Niederschlägen wurde früher das Bad in ein galvanisches Element umgewandelt, so dass das Anwenden getrennter Batterien fortfiel. In jedem geschlossenen Daniell'schen Element nämlich muss sich, ähnlich wie in einer Zersetzungszelle, Kupfer auf dem Kupferblech niederschlagen, oder auch auf einem Blech von anderem Metall, wenn dasselbe statt des Kupferblechs in die Kupfervitriollösung eingesetzt wird. Man bringt daher in das Bad in irgend welcher Anordnung eine Anzahl mit verdünnter Schwefelsäure gefüllter Thonzellen, stellt in jede einen Zinkstab, verbindet alle Zinkstäbe untereinander und mit dem Draht, an welchem die Gegenstände in der Kupferlösung hängen. Man hat alsdann ein Daniell'sches Element von sehr geringem Widerstand, in welchem das Kupferblech durch die zu verkupfernden Gegenstände ersetzt ist; der geringe Widerstand bedingt einen kräftigen Strom, welcher einen Niederschlag hervorbringt, dessen Dicke der Zeit der Wirkung des Stromes proportional ist.

In neuerer Zeit bedient man sich jedoch allgemein der dynamoelektrischen Maschinen, weil dieselben den gewünschten Strom stets sicher liefern, wenig Bedienung bedürfen, geringe Abnutzung zeigen und weil mittelst derselben Wirkungen von beliebiger Grösse sich leicht erzielen lassen, während der Unterhalt namentlich von grösseren Batterien auf die Dauer sehr lästig wird.

Ein praktischer Vortheil, den die Batterien vor den Maschinen besitzen, besteht darin, dass sie Tag und Nacht arbeiten können, während die zum Betrieb der Maschinen nöthige Betriebskraft gewöhnlich nur Tags zu Gebote steht. In neuerer Zeit wendet man jedoch die unten zu beschreibenden Accumulatoren an, welche äusserst kräftige Batterien vorstellen, welche Tags geladen und Nachts entladen werden.

Wie oben auseinandergesetzt wurde, ist das charakteristische Merkmal jedes galvanoplastischen Processes nicht die Stromstärke, sondern die Spannung im Bade, oder auch die Stromdichte. Für die Verkupferung aus schwefelsaurer Lösung soll die Spannung nicht mehr als 1 Volt betragen, wenn der Niederschlag seine ganze Feinheit bewahren soll, bei Vermessingung und Versilberung etwa 2 Volt, bei Vernickelung 3—4 Volt. Die Stromstärke richtet sich nach der Grösse der Oberfläche der zu überziehenden Gegenstände und ist derselben proportional; wenn dafür gesorgt wird, dass die Spannung am Bade stets das richtige Mass hat, gleichviel wie grosse Flächen im Bade hängen, so ist dadurch auch schon dafür gesorgt, dass die Stromstärke im richtigen Verhältniss zu der Oberfläche steht. Es muss desshalb die Spannung an den einzelnen Bädern stets durch passende Instrumente controlirt werden.

26. Elektrolyse im Grossen; Hüttenbetrieb. In neuerer Zeit ist es durch den grossartigen Aufschwung in der Construction dynamoelektrischer Maschinen auch möglich geworden, die Elektrolyse im Grossen zu betreiben und in den Hüttenbetrieb einzuführen.

Vor Allem ist hier das Kupfer zu erwähnen. Der gewöhnliche Hüttenprocess dieses Metalls ist der folgende: Das Schwefelkupfer enthaltende Erz wird geröstet, wodurch ein grosser Theil des Schwefels entfernt wird, dann in einer Reihe von Schmelzprocessen, die mit Reinigungsprocessen und Röstungen verbunden werden, der Reihe nach in Kupferstein, Schwarzkupfer und zuletzt in Raffinirkupfer verwandelt. Aus jedem dieser, den einzelnen Stufen der Verhüttung entsprechenden Producte kann Kupfer elektrolytisch gewonnen werden, indem Platten aus dem betreffenden Rohproduct gegossen und in den mit einer Kupferlauge gefüllten Bädern Platten von reinem Kupfer gegenübergestellt werden; schickt man den elektrischen Strom durch die Bäder, so wird das Kupfer des Rohproductes aufgelöst und auf der anderen Seite als reines oder beinahe reines Kupfer niedergeschlagen. Das gewonnene Kupfer ist um so reiner, je reiner das Rohproduct ist; die Elektrolyse von Raffinirkupfer (Oker) liefert das reinste und zäheste Kupfer, das bekannt ist. In neuester Zeit beginnt man sogar, unmittelbar aus den gerösteten Erzen das Kupfer elektrolytisch zu gewinnen.

Von geringerer technischer Wichtigkeit, aber meist bereits in grösserem Massstab ausgeführt, sind die folgenden Processe.

Aus Weissblechabfällen wird, mit verschiedenen Methoden, das Zinn elektrolytisch abgelöst und als Pulver niedergeschlagen; das zurückbleibende Eisen kann ganz zinnfrei erhalten werden.

Aus Hüttenproducten, die Silber und Kupfer enthalten, wird das Silber elektrolytisch herausgezogen, so dass es in beinahe reinem Zustand erhalten wird.

Blei und Zink elektrolytisch zu raffiniren, hat keine Schwierigkeit, scheint jedoch nicht genügend zu lohnen. Die Versuche, Zink aus Lösungen im Grossen niederzuschlagen, sind bis jetzt noch nicht gelungen.

Gold wird aus Lösung elektrolytisch gewonnen, indem man als Kathode Quecksilber benutzt, welches das gewonnene Gold löst.

Um Zeuge und Papier zu bleichen, wird Chlor entwickelt, theils auf dem zu bleichenden Gegenstand selbst, theils in getrenntem Process.

Auch im Gebiet der organischen Chemie sind Anfänge in dieser Richtung zu verzeichnen, so die elektrolytische Darstellung von Jodoform und verschiedene elektrolytische Oxydations- und Reductionsprocesse in der Färberei.

Magnesium wird aus geschmolzenen Salzen dieses Metalls bei Rothglühhitze niedergeschlagen; auch mit der Frage, Aluminium auf diesem Wege herzustellen, beschäftigen sich Viele.

27. Elektrische Endosmose; Wanderung der Ionen. Wir haben noch zwei Erscheinungen zu erwähnen, welche, wenigstens scheinbar, mechanische Wirkungen des Stromes beim Durchgang durch Zersetzungszellen vorstellen.

Die eine dieser Erscheinungen ist die sog. elektrische Endosmose. Dieselbe tritt nur auf, wenn in der Zersetzungszelle poröse Diaphragmen, namentlich Thoncylinder, sich befinden. Füllt man die Zelle mit irgend einer leitenden Flüssigkeit, stellt einen Thoncylinder hinein, der mit derselben Flüssigkeit gefüllt ist, bringt ausserhalb und innerhalb des Cylinders je eine Elektrode an und leitet einen kräftigen Strom hindurch, so beobachtet man eine Bewegung der Flüssigkeit durch die Thonwand hindurch in der Richtung des positiven Stroms, indem die Flüssigkeitshöhe auf der Seite der negativen Elektrode wächst, auf der Seite der positiven fällt. Wenn zu beiden Seiten der porösen Thonwand zwei verschiedene Flüssigkeiten sich befinden, so wird die Erscheinung durch das gleichzeitige Auftreten der auch ohne elektrischen Strom stattfindenden Diffusion complicirt. In dem Fall des Daniell'schen Elementes steigt stets das Kupfervitriol, während die Schwefelsäure sinkt, entsprechend der Wirkung der elektrischen Endosmose.

Die Bewegung der Flüssigkeit durch die Thonwand wächst mit der Thonstärke; die Druckhöhe, bis zu welcher die Flüssigkeit bei der negativen Elektrode ansteigt, ist um so grösser, je grösser und dicker der Thoncylinder und je grösser der specifische Widerstand der Lösung ist.

Die andere dieser Erscheinungen ist die Wanderung der Ionen.

Ionen nennt man die beiden Bestandtheile, in welche die Flüssigkeit durch den Strom zersetzt wird. Nach der S. 139 ff. besprochenen Natur der Vorgänge im Elektrolyt erfährt die Lösung keine Aenderung in ihrer Zusammensetzung, indem an den Elektroden stets äquivalente Mengen der beiden Ionen abgeschieden werden; ausserdem aber erleidet die Lösung gleichsam eine Verschiebung, welche man als eine Wanderung der beiden Ionen auffasst.

Es werde z. B. neutrale, concentrirte Kupfervitriollösung zwischen Platinelektroden zersetzt, und es sei in einer gewissen Zeit 1 Aequivalent SO_4 an der positiven, und zugleich 1 Aequivalent Cu an der negativen Elektrode abgeschieden. Dann bemerkt man schon an der Farbe der Lösung, dass dieselbe an der negativen Elektrode sich mehr verdünnt hat, als an der positiven. Im Ganzen hat die Lösung 1 Aequivalent Kupfervitriol verloren, sie ist also verdünnter geworden; diese Verdünnung findet nur in der Nähe der Elektroden statt, ist jedoch stärker auf der Seite, wo sich das Kupfer niederschlägt; und zwar hat dieselbe in der Nähe der negativen Elektrode $\frac{2}{3}$ Kupfervitriol verloren, an der positiven nur $\frac{1}{3}$.

Aehnliche Vorgänge beobachtet man bei allen Zersetzungen. Nun muss man, wie wir S. 139 sahen, zur Erklärung der Thatsache, dass die Flüssigkeit in der Mitte sich nicht zersetzt, annehmen, dass die Ionen in der ganzen Flüssigkeit wandern, und zwar z. B. in dem obigen Falle SO_4 nach der positiven Elektrode, Cu nach der negativen hin; um daher die verschiedene Verdünnung der Lösung an beiden Enden zu erklären, denkt man sich die beiden Ionen mit verschiedener Geschwindigkeit sich bewegend. In obigem Beispiel wird dann von dem Ion SO_4 $\frac{2}{3}$ Aequivalent von der negativen Elektrode nach der positiven, von dem andern Ion Cu $\frac{1}{3}$ Aequivalent von der positiven nach der negativen hin wandern. An der positiven Elektrode wird hierdurch $\frac{2}{3}$ Aeq. SO_4 mehr und $\frac{1}{3}$ Aeq. Cu weniger auftreten, als vorher; hiervon würde 1 Aeq. SO_4 an der Platinplatte abgeschieden und die Lösung hat $\frac{1}{3}$ Aeq. Kupfervitriol weniger, als vorher. An der negativen Elektrode dagegen tritt $\frac{1}{3}$ Aeq. Cu mehr, $\frac{2}{3}$ Aeq. SO_4 weniger auf, als vorher; hiervon wird 1 Aeq. Cu am Platin abgeschieden, und die Lösung hat $\frac{2}{3}$ Aeq. Kupfervitriol weniger, als vorher.

28. Uebergangswiderstand; Polarisation. Im Vorgehenden haben wir gesehen, dass im Allgemeinen bei der galvanischen Zersetzung die Elektroden stets mit Schichten neu auftretender Körper fester, flüssiger oder gasförmiger Natur sich beladen, dass ferner die unzersetzte Flüssigkeit selbst in der Nähe der Elektroden Aenderungen in der Concentration erfährt; diese Umstände verändern einerseits den Widerstand der Flüssigkeit, andrerseits werden hierdurch elektromotorische Kräfte erzeugt — Beides übt einen wesentlichen Einfluss auf die Stromstärke aus.

Betrachten wir das Beispiel der Wasserzersetzung zwischen Platinelektroden. Wenn in diesem Falle der Strom eine Zeit lang gewirkt hat, so erscheinen die beiden, einander zugekehrten Flächen der Platinbleche völlig mit Gasschichten beladen, die eine mit einer Schicht von Wasserstoff, die andere mit einer solchen von Sauerstoff; von diesen Schichten sieht man in Einem fort einzelne Blasen sich ablösen und aufsteigen, die leer gewordenen Stellen derselben werden aber sofort durch neu entstehende Blasen wieder besetzt. Wenn man zu gleicher Zeit in den Stromkreis ein Galvanometer eingeschaltet hat, so bemerkt man, dasss der Ausschlag desselben sich stark verändert, also auch die Stromstärke, und zwar, dass der Strom Anfangs am stärksten ist, hierauf erst rasch, dann langsamer abnimmt, bis er ein gewisses Minimum erreicht, welches sich dann ziemlich unverändert erhält.

Diese Verminderung der Stromstärke kann man sich auf doppelte Weise erklären: erstens durch Annahme eines durch die Gasschichten erzeugten Widerstandes, des Uebergangswiderstandes, zweitens durch Annahme einer durch dieselben Schichten erzeugten elektromotorischen Kraft, welche derjenigen der Batterie entgegenwirkt, der Polarisation.

Von der Existenz dieser letzteren kann man sich leicht dadurch überzeugen, dass man zuerst den Strom der Batterie einige Zeit wirken lässt, dann rasch, durch eine geeignete Vorrichtung, den Strom öffnet und die beiden Elektroden mit einem Galvanometer verbindet; man erhält alsdann stets einen Ausschlag an dem letzteren, welcher nur von einer im Zersetzungsapparat entstandenen elektromotorischen Kraft herrühren kann.

Die Existenz der Polarisation ist also bewiesen, und zwar tritt dieselbe bei allen Zersetzungen auf, wenn man nicht durch chemische Einwirkungen der Flüssigkeit oder der Elektroden die Entstehung der Gase verhindert. Die Existenz des Uebergangswiderstandes ist viel schwieriger nachzuweisen; der Gedanke jedoch, dass durch das

Auftreten jener Gasschichten oder überhaupt der Schichten der abgeschiedenen Körper dem Strome ein neues Hinderniss erwächst, wie etwa durch das Einschalten eines Drahtes, lässt sich durchaus nicht unbedingt von der Hand weisen.

Man ist nun in neuerer Zeit, nach vielen Untersuchungen, zu der Ueberzeugung gekommen, dass ein eigentlicher Uebergangswiderstand nur da existirt, wo sich schlecht leitende feste Schichten, namentlich Oxydschichten bilden, dass aber namentlich bei den meisten Gasentwicklungen man nur Polarisation, keinen Uebergangswiderstand sich zu denken hat.

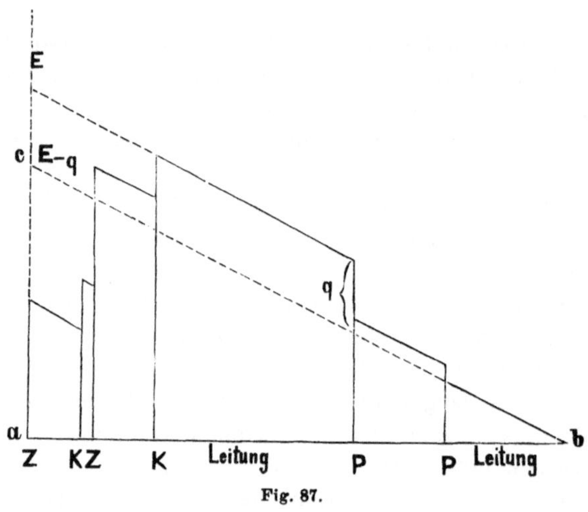

Fig. 87.

Die Polarisation hat nun, abgesehen von chemischen Einflüssen, stets die Eigenschaft, dass sie der elektromotorischen Kraft der Batterie entgegenwirkt. Wenn also E die elektromotorische Kraft der Batterie, q diejenige der Polarisation, W der Widerstand des Stromkreises, J der Strom, so hat man nach dem Ohm'schen Gesetze:

$$J = \frac{E - q}{W}.$$

In dem Falle also, in welchem zwei Bunsen'sche Elemente mit einem Wasserzersetzungsapparat verbunden sind, muss sich die Spannungslinie folgendermassen gestalten (Fig. 87). (Der mit dem ersten Zinkpol verbundene Kupferdraht ist als an Erde gelegt gedacht, PP ist die Zersetzungszelle.) Würde man die Batterie umkehren, so würde sich auch die Zersetzung umkehren, und, wenn man in der früher beschriebenen Weise die elektromotorische Kraft des ganzen Stromkreises sich an einem Punkt concentrirt denkt und die Spannung durch eine ungebrochene Linie (cb) darstellt, so muss man für jene die Grösse $E - q$ auftragen, also eine kleinere Grösse, als E.

Polarisation findet im Elektrolyt immer statt, so lange auch die Leitung stattfindet; ein Elektrolyt kann nur leiten, wenn er sich zersetzt. So erhält man beim Voltameter auch bei den schwächsten Strömen stets noch Leitung und zugleich noch Spuren von Gasentwicklung, obschon dies namentlich aus gewissen theoretischen Gründen nicht erwartet werden sollte.

Die elektromotorische Kraft der Polarisation ist bei schwachen Strömen gering und wächst mit der Anzahl der angewendeten Elemente; dieses Wachsthum nimmt jedoch ziemlich rasch ab, und bei der Anwendung einer Spannung (am Zersetzungsapparat) von 3—4 Volt stellt sich in den meisten Fällen ein Maximum ein, welches auch durch die stärksten Spannungen nicht mehr geändert wird.

Dieses Maximum beträgt für blanke Platinelektroden bei der Zersetzung

von Wasser	2,5	Volt
von Salzsäure	1,2	-

Wendet man platinirte Platinelektroden an, d. h. welche mit einer schwarzen Schicht von Platinmoor überzogen sind, so ist die Polarisation bedeutend geringer, trotzdem die entwickelte Menge von Knallgas grösser ist; bei Anwendung von Kupferplatten beträgt die elektromotorische Kraft der Polarisation bei der Wasserzersetzung nur noch 0,5 Volt.

Je kleiner die Elektrode, je grösser also die Stromdichte, desto grösser die elektromotorische Kraft der Polarisation; am stärksten wirken Drahtspitzen als Elektroden.

Die Zeit, welche die Polarisation zur Entstehung bedarf, ist äusserst gering; man beobachtet auch bei Strömen von möglichst kurzer Zeitdauer noch Polarisation.

Stellt man das in Fig. 88 enthaltene Stromschema her — im primären Kreis 3 bis 4 Daniell mit einem Wasserzersetzungsapparat OH mit Platinplatten, im secundären Kreis derselbe Apparat OH mit einem Galvanometer — und verbindet zuerst a mit c, bis die Polarisation sich völlig ausgebildet hat, dann a mit b, so kann man an dem Galvanometer den Verlauf des Polarisationsstromes verfolgen. Derselbe sinkt Anfangs sehr rasch, dann immer langsamer und erlischt nach einiger Zeit.

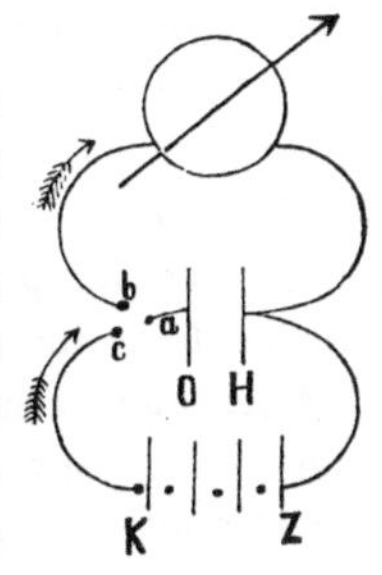

Fig. 88.

Der Polarisationsstrom wirkt nämlich depolarisirend auf sich selbst. Man hat den Wasserzersetzungsapparat mit den gasbeladenen Platinblechen zugleich als Element und als Zersetzungszelle anzusehen: als

Element liefert er einen Strom von der in der Figur angegebenen Richtung, entgegengesetzt derjenigen des primären Stroms; dieser Strom erzeugt in dem Zersetzungsapparat wieder Polarisation, aber die der anfänglichen Polarisation entgegengesesetzte, d. h. die anfängliche wird vermindert, und zwar ist die Verminderung um so geringer, je kleiner der Betrag der Polarisation selbst ist. Die elektromotorische Kraft der Polarisation kann aufgehoben werden, wenn die abgeschiedenen Körper selbst durch chemische Einwirkungen fortgeschafft werden. Zellen, welche diese Eigenschaft besitzen, heissen unpolarisirbare Zersetzungszellen; hierher gehören namentlich amalgamirte Zinkelektroden in concentrirter Zinkvitriollösung, ferner Kupferelektroden in concentrirter Kupfervitriollösung, Silberelektroden in concentrirter Höllensteinlösung.

29. Zersetzungsvorgänge in den Elementen. Nachdem wir die Vorgänge in den Elementen kennen gelernt haben, sind die analogen, für die Praxis so wichtigen Vorgänge in den Elementen leicht zu verstehen; denn das Element ist selbst eine Zersetzungszelle. Ob der Strom, welcher das Element durchfliesst, durch dessen eigene elektromotorische Kraft oder durch eine andere erregt worden ist, bleibt gleichgültig; das Element verhält sich dem vorhandenen Strom gegenüber wie eine Zersetzungszelle.

Dies ist die Ursache, aus welcher z. B. ein Element Kupfer/Zink/verdünnte Schwefelsäure so rasch in seiner Wirkung abnimmt, sobald es geschlossen wird: es tritt sofort Polarisation auf, welche den Strom bis auf ein gewisses Minimum, welches von dem äusseren Widerstande abhängt, vermindert; je grösser dieser letztere, desto geringer die Stromschwächung durch Polarisation. Die Aufgabe, ein constantes Element zu construiren, geht also eigentlich dahin, die Polarisation durch chemische Einwirkungen aufzuheben; so wird im Daniell'schen und im Bunsen'schen Element der am Zink auftretende Sauerstoff mit Schwefelsäure durch Auflösung des Zinkes unschädlich gemacht, ferner in dem letzteren Element der Wasserstoff an der Kohle durch die Salpetersäure oxydirt; an dem Kupfer des Daniell'schen Elementes wird nur derselbe Körper, nämlich Kupfer, abgeschieden, es kann also hierdurch auch keine Polarisation entstehen.

Aber auch bei den constantesten Elementen kann die Polarisation die Oberhand gewinnen über die chemische Einwirkung, da diese letztere ein bestimmtes Mass nicht überschreiten kann — dies geschieht jedoch nur bei sehr starken Strömen.

Die Vergleichung der Vorgänge in der Zersetzungszelle mit denjenigen im Elemente ergibt ferner eine wichtige Folgerung, dass nämlich in jedem Elemente einer durch ein Voltameter geschlossenen Batterie in derselben Zeit 1 Aequivalent Zink aufgelöst wird,

während im Voltameter 1 Aequivalent Kupfer oder Silber sich niederschlägt. Denn jedes Element ist eine Zersetzungszelle, in jedem wird während der Zeit des Niederschlags von 1 Aequivalent Kupfer oder Silber im Voltameter 1 Aequivalent SO_4 am Zink abgeschieden, also auch 1 Aequivalent Zink aufgelöst.

In welcher Beziehung dieser letztere Satz zu demjenigen von der Erhaltung der Energie steht, wird später in dem dafür bestimmten Kapitel erörtert werden.

30. Accumulatoren. Die neueste Art von Elementen, welche für diese Elektricitätsquellen das durch die elektrischen Maschinen verlorene technische Gebiet zum Theil wieder zu gewinnen scheinen, sind die Accumulatoren oder Secundärelemente. Der dieser Erfindung zu Grunde liegende Gedanke besteht darin, die in einer Zersetzungszelle beim Durchgang des Stromes (Ladung) auftretenden Zersetzungsproducte festzuhalten und aufzuspeichern und dadurch die Zelle in den Stand zu setzen, bei der Entladung, d. h. wenn die primäre Batterie abgenommen und die Pole der Zelle bloss durch Widerstand geschlossen werden, längere Zeit Strom zu liefern; die ganze chemische Arbeit, welche bei der Ladung in der Zersetzungszelle geleistet wird, d. h. die den chemischen Veränderungen in der Zelle entsprechende Arbeit, müsste sich auf diese Weise nachher bei der Entladung wiedergewinnen lassen.

Die ersten, praktisch verwerthbaren Elemente dieser Art hat Planté construirt und an denselben vielfach die merkwürdigen Vortheile demonstrirt, welche diese Elemente bieten. Er bildete einfach einen Wasserzersetzungsapparat aus Bleiplatten und reiner verdünnter Schwefelsäure, unterwarf denselben aber einem Monate lang dauernden elektrischen Formirungsprocess, durch welchen schliesslich die gewünschten Eigenschaften gewonnen wurden.

In einer solchen Zelle wird, wenn sie zum ersten Male geladen wird, zu Anfang kein gasförmiger Sauerstoff an der + Elektrode entwickelt, sondern diese letztere oxydirt sich durch den Sauerstoff zu braunem Bleisuperoxyd; an der — Elektrode entwickelt sich beim ersten Male Wasserstoff. Sowie aber die + Elektrode mit einer dünnen Schicht Superoxyd überzogen ist, hört die oxydirende Wirkung auf und es entwickelt sich Sauerstoff an derselben; die Ladung wird jedoch vorher abgebrochen.

Entladet man nun die Zelle, so wirkt die + Elektrode als + Pol, die — Elektrode als — Pol und die Stromrichtung in der Zelle kehrt sich um. An der + Elektrode entwickelt sich Wasserstoff, der das Bleisuperoxyd zu Bleioxyd reducirt, an der — Elektrode wird das Blei durch elektrolytisch abgeschiedenen Sauerstoff ebenfalls zu Bleioxyd oxydirt; die Schwefelsäure der Flüssigkeit verwandelt die Schichten von Bleioxyd auf beiden Platten in schwefelsaures Bleioxyd.

Bei der zweiten Ladung wird das schwefelsaure Bleioxyd der + Elektrode zu Superoxyd oxydirt, dasjenige der — Elektrode zu Blei reducirt; es wird also Schwefelsäure frei; bei der zweiten Entladung überziehen sich beide Elektroden wieder mit schwefelsaurem Bleioxyd, bei der dritten Ladung entstehen wieder Schichten bez. von Blei und Bleisuperoxyd u. s. w. Die Vorgänge wiederholen sich von nun an.

Ein Moment jedoch verändert sich: je weiter der Formirungsprocess fortschreitet, desto mehr lockert sich nämlich die Oberfläche auf. Sowohl die Bildung von Superoxyd, als von schwefelsaurem Salz ist mit einer Auflockerung und feiner Zertheilung des Bleis verbunden, die Flüssigkeit dringt also immer weiter in die Platten ein und die elektrolytischen Processe verwandeln allmählig beinahe das ganze Innere der Platten in feines Pulver, das sich auf der einen Seite von Blei in schwefelsaures Salz und zurück, auf der anderen Seite von Superoxyd in schwefelsaures Salz und zurück verwandelt. Die Platten wirken also in ihrer ganzen Dicke und die wirkende Oberfläche ist viel grösser, als diejenige der Platten.

Hat der Formirungsprocess die Platten ihrer ganzen Dicke nach durchdrungen, so sind dieselben „formirt“ und auf das Maximum der Leistungsfähigkeit gebracht, welches sich nicht mehr überschreiten lässt.

Der langwierige Formirungsprocess wird nun bedeutend abgekürzt, wenn man nicht Bleiplatten, sondern fein zertheiltes Blei oder pulverförmige Bleiverbindungen zur Herstellung der Elektroden benutzt; diesen Weg hat zuerst Faure eingeschlagen. Heutzutage werden, bei den meisten Systemen, die Elektroden als Bleigitter gebildet und die Höhlungen mit fein zertheiltem Blei oder Bleiverbindungen, namentlich Mennige, angefüllt.

Die Kunst der Herstellung besteht theils darin, die Körper von feinem Blei fest und doch locker zu machen, namentlich aber darin, dem Accumulator Solidität zu ertheilen, d. h. seine Wirkung so sicher zu machen, wie es die technischen Anwendungen verlangen. Die zu diesen Zwecken führenden Mittel sind jedoch noch vielfach Geheimniss.

Die positiven Platten werden stets mit der Zeit zerstört und müssen alsdann erneuert werden.

Man erzielt nun mit guten Accumulatoren Wirkungen, welche weit über denjenigen der besten Batterien stehen.

Der Accumulator, Fig. 89, der Electrical Power Storage Company in London besteht aus 15 positiven und 16 negativen Platten; das Gefäss besteht aus Glas, der Accumulator wiegt 55 Kilo.

Um denselben zu laden, dürfen Ströme bis zu 25 Ampère angewendet werden; stärkere Ströme sind schädlich. Man ladet nach Ampèrestunden, d. h. so lange, bis das Product: Ampère × Stunden einen gewissen Werth, hier etwa 300, erreicht hat. In der letzten Periode der Ladung findet Wasserstoffentwickelung statt; Sauerstoffentwickelung muss vermieden werden. Beträgt der Strom z. B. 20 Ampère, so ladet man etwa 15 Stunden lang.

Das geladene Element kann Wochen und Monate lang stehen, ohne von seiner Ladung einen wesentlichen Theil zu verlieren; nicht im Gebrauch befindliche Elemente, dieser Construction wenigstens, dürfen nicht ungeladen stehen.

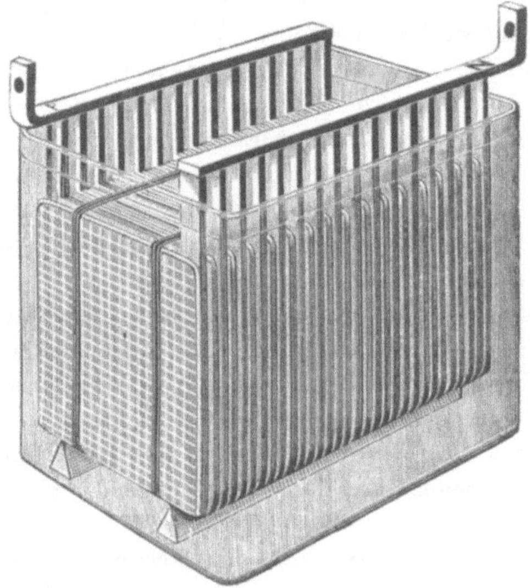

Fig. 89.

Bei der Entladung darf vom Strom ebenfalls eine obere Grenze nicht überschritten werden, hier 30 Ampère.

Ein guter Accumulator muss bei der Entladung beinahe constanten Strom zeigen, wenn der äussere Widerstand constant ist; die Polspannung nimmt während der Entladung langsam ab, bei obigem Accumulator z. B. von 2 Volt auf 1,8 Volt. Setzt man die Entladung noch weiter fort, so tritt nach einiger Zeit ein starkes, beinahe plötzliches Fallen der Spannung ein, worauf Spannung und Strom noch längere Zeit geringe Werthe zeigen, bis sie ganz verlöschen. Der plötzliche Fall der Spannung darf beim praktischen Betrieb nie abgewartet werden, weil derselbe zerstörend auf den Accumulator wirken würde; gewöhnlich lässt man die Spannung bis höchstens 10 % unter den Anfangswerth sinken.

Beim Laden beträgt die Spannung etwa 2,5 Volt.

Der Widerstand der Accumulatoren ist ungemein gering, bei dem oben geschilderten etwa 0,0035 Ohm; die Gründe hiervon liegen in der grossen Oberfläche der Elektroden, ihrer geringen Entfernung, dem Nichtvorhandensein einer Thonzelle und der guten Leitungsfähigkeit der Flüssigkeit.

Während der Ladung und Entladung macht das specifische Gewicht der Flüssigkeit Veränderungen durch, welche in bestimmten Zusammenhang mit dem Zustand der Elektroden stehen.

Bei der Ladung wird, wie wir gesehen haben, Schwefelsäure frei, bei der Entladung wird sie gebunden; bei der Ladung steigt also und bei der Entladung sinkt das specifische Gewicht, und zwar beträgt die Zunahme bez. Abnahme pro Ampèrestunde 3,6 g Schwefelsäurehydrat.

Wie jeder Apparat, bei welchem Energie eingegeben, verwandelt und wieder herausgenommen wird, tritt auch beim Accumulator ein Verlust an Energie auf, und man muss von einem Nutzeffect desselben sprechen. Das Product der Polspannung des Accumulators in die denselben durchfliessende Stromstärke, die „Polarbeit", ist während der Ladung das Mass der demselben in der Zeiteinheit mitgetheilten Energie, während der Entladung das Mass der in der Zeiteinheit von demselben ausgegebenen Energie; der Nutzeffect ist das Verhältniss der während der Entladung ausgegebenen Energie zu der während der Ladung mitgetheilten Energie, oder der mit den Zeiten der Ladung bez. Entladung multiplicirten Polarbeiten; derselbe beträgt ungefähr 80 % bei besseren Accumulatoren.

Der Grund des Energieverlustes im Accumulator liegt theils in seinem inneren Widerstand, dessen Ueberwindung bei Ladung und Entladung eine gewisse Arbeit kostet, welche verloren geht, theils in secundären chemischen Vorgängen.

Die Accumulatoren sind offenbar berufen, eine grosse Rolle in der Industrie zu spielen, weil sie das einzige bekannte Mittel darbieten, um elektrische Energie aufzuspeichern. Dass sie auch in der Grösse ihrer Wirkungen sich zu technischen Zwecken eignen, kann man schon daraus schliessen, dass der oben beschriebene Accumulator während der Entladung eine Betriebskraft von $\frac{1}{10}$ Pferdekraft repräsentirt, während ein gleich grosses Bunsen'sches Element etwa $\frac{1}{100}$ Pferdekraft, und während eines viel geringeren Zeitraumes, vorstellt.

E. Mechanische Fernewirkungen.

31. Allgemeines. Nachdem bisher die Wirkungen des Stromes auf den durchflossenen Leiter betrachtet wurden, gehen wir nun zu den Wirkungen des Stromes in die Ferne über. Die ersteren waren theils Wärmewirkungen, theils mechanische, physiologische und chemische Wirkungen; die Fernewirkungen des Stromes sind entweder mechanische oder elektrische.

Dass ein elektrischer Strom Fernewirkungen ausüben muss, geht bereits aus den früher betrachteten Vorgängen im elektrischen Zustande hervor. Wenn ein elektrisirter Harzstab Papierschnitzel anzieht, so ist dies eine Fernewirkung der Elektricität des Stabes und zwar eine mechanische; wenn ferner beim Laden einer Leydener Flasche die Elektricität, welche der einen Belegung mitgetheilt wird, vertheilend auf die Elektricitäten der anderen Belegung wirkt und daselbst eine elektrische Ladung erzeugt, so ist dies eine elektrische Fernewirkung der Elektricität.

Ein von einem Strom durchflossener Draht müsste ähnliche Erscheinungen zeigen; denn er gehört ebenfalls einer Leydener Flasche an, deren eine Belegung seine eigene Oberfläche, deren andere Belegung die Zimmerwände oder die anderen umgebenden Leiter bilden; ein solcher Draht müsste aber ebenfalls mechanische und elektrische Fernewirkungen auf die umgebenden Leiter ausüben.

Diese Wirkungen sind allerdings vorhanden, wir sehen jedoch im Folgenden völlig von denselben ab: erstens, weil sie bei den galvanischen Strömen, welche hier doch hauptsächlich ins Auge gefasst sind, äusserst gering sind, zweitens, weil jene Wirkungen von ruhender, nicht von strömender Elektricität hervorgebracht werden.

Jene Fernewirkungen der ruhenden Elektricität hängen namentlich von der Spannung der letzteren ab; desshalb übertreffen dieselben bei Anwendung von Reibungselektricität weit die entsprechenden Wirkungen, welche galvanische Elektricität hervorbringen kann. Die Fernewirkungen der strömenden Elektricität dagegen, welche im Folgenden behandelt werden, zeigen sich viel stärker bei galvanischen Strömen, als bei Strömen der Reibungselektricität, weil die letzteren ungleich weniger Menge von bewegter Elektricität liefern.

Die mechanische Fernewirkung des Stromes besteht, allgemein ausgedrückt, darin, dass zwischen zwei verschiedenen Leitern, welche von zwei Strömen durchflossen werden, anziehende und abstossende Kräfte auftreten, welche von der Stärke der Ströme, der Form und der Lage der Leiter abhängen.

Die elektrische Fernewirkung des Stromes besteht darin, dass in einem geschlossenen Leiter durch einen in einem anderen Leiter fliessenden Strom stets elektrische Ströme erzeugt werden, wenn einer von beiden Leitern bewegt wird, und ferner, dass das Entstehen und Verschwinden und jede Veränderung des Stromes in dem einen Leiter Ströme in dem anderen geschlossenen Leiter erregt.

Für das elektrische Experimentiren, für die Instrumenten- und Messungskunde sind die elektrischen Fernewirkungen von der grössten Wichtigkeit; beide Arten von Wirkungen sind jedoch innig mit einander verbunden, indem die Gesetze, welche den Einfluss der Entfernung und Lage der Leiter bestimmen, für beide dieselben sind.

Wie wir sehen werden, erhalten diese Wirkungen erst eine praktische Bedeutung, wenn die sog. magnetischen Körper zur Unterstützung zugezogen werden; wir versparen jedoch die Besprechung der Eigenschaften dieser Körper auf ein späteres Kapitel. Es wird sich nämlich dort zeigen, dass dieselben Gesetze, welche für durchströmte Leiter gelten, sich unmittelbar auf magnetische Körper übertragen lassen, dass also die Kenntniss des Verhaltens durchströmter Leiter ausreicht, um die oft verwickelten Fernewirkungen bei Mitwirkung von Magneten zu verstehen.

32. Bedeutung des Grundgesetzes. Geschichtlich hat sich die Lehre von den mechanischen Eernewirkungen des Stromes folgendermassen entwickelt.

Es wurde zuerst durch Zufall (von Oerstedt in Kopenhagen) entdeckt, dass der elektrische Strom im Stande sei, eine frei aufgehängte Magnetnadel zu drehen. Auf Grund dieser Entdeckung vermuthete Ampère in Paris, dass der einen Leiter durchfliessende Strom auch im Stande sei, einen zweiten von einem Strom durchflossenen Leiter anzuziehen oder abzustossen, und fand dies bestätigt. Ampère untersuchte nun diese Anziehungs- und Abstossungserscheinungen experimentell und mathematisch, und es gelang ihm, ein Grundgesetz aufzustellen, welches diese Erscheinungen sämmtlich erklärt und unter einem Gesichtspunkt zusammenfasst.

Die Art, auf welche vermittelst eines Grundgesetzes alle jene Erscheinungen erklärt werden können, ist folgende. Denken wir uns zwei beliebig geformte, von Strömen durchflossene Drähte A und B, welche eine bestimmte mechanische Wirkung auf einander ausüben; jeden dieser Drähte denken wir uns in lauter sehr kurze Stückchen zerlegt, welche wir kurzweg Stromelemente nennen. Dann muss die Wirkung des Drahtes A auf den Draht B gleich sein der Summe der Wirkungen des Drahtes A auf die einzelnen Stromelemente von B; ferner muss die Wirkung des ganzen Drahtes A auf ein bestimmtes Stromelement von B gleich sein der Summe der Wirkungen der einzelnen Stromelemente von A auf jenes Stromelement von B. Hieraus geht hervor, dass, wenn wir die Wirkung zweier Stromelemente auf einander kennen, die Wirkung zweier beliebiger Ströme auf einander gefunden werden kann; die Wirkung zweier Stromelemente auf einander ist daher das Grundgesetz, durch welches alle jene Erscheinungen sich erklären lassen müssen.

Die Bedeutung dieses Grundgesetzes darf nicht missverstanden werden. Ampère hat durch seine Untersuchung nicht bewiesen, dass dies das wirkliche, richtige Grundgesetz ist, sondern er hat nur gezeigt, dass durch dieses Gesetz alle bekannten, hierher gehörigen Erscheinungen sich erklären. Es gibt aber noch andere Grundgesetze, welche von dem Ampère'schen verschieden sind, und welche dennoch bei der Anwendung auf die Erscheinungen ebenfalls richtige Resultate geben. Welches Grundgesetz das richtige ist, lässt sich experimentell nicht leicht entscheiden, namentlich deshalb, weil beinahe sämmtliche Experimente mit geschlossenen Strömen angestellt werden; für diesen Fall ergeben aber alle Grundgesetze dasselbe Resultat, während die Wirkung von Stromelement auf Stromelement von jedem anders dargestellt wird. Wir legen im Folgenden das Ampère'sche Gesetz nur desshalb zu Grunde, weil es bis jetzt am meisten Vertrauen geniesst.

Wir wollen im Folgenden an der Hand des Ampère'schen Grundgesetzes die wichtigsten Fälle der mechanischen Wirkung zweier Ströme auf einander behandeln, jedoch werden wir die resultirenden Kräfte nur qualitativ bestimmen, d. h. für jeden Fall angeben, ob Anziehung oder Abstossung entsteht, ohne die Grösse der Kraft zu betrachten. Wir hoffen auf diese Weise eine klare Uebersicht der Verhältnisse zu geben, ohne mathematische Hülfsmittel in Anspruch zu nehmen.

33. Ampère'sches Grundgesetz. Die Stromelemente stellen wir durch kleine Pfeile dar, welche zugleich Richtung des Elementes und Richtung des Stromes angeben.

Nun sind folgende drei Hauptfälle hervorzuheben:

1. Beide Elemente liegen in derselben Ebene und stehen senkrecht zur Verbindungslinie (Fig. 90a); in diesem Falle erfolgt Anziehung, wenn beide Ströme gleichgerichtet; Abstossung, wenn sie entgegengesetzt gerichtet sind;

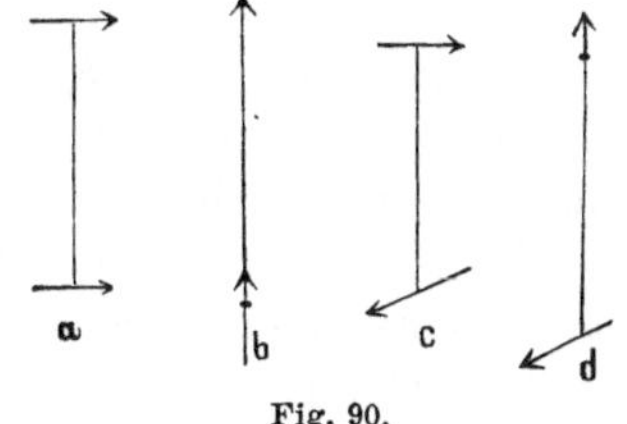

Fig. 90.

2. beide Elemente liegen in der Verbindungslinie (Fig. 90b); in diesem Fall erfolgt Anziehung, wenn beide Ströme entgegengesetzt gerichtet, Abstossung, wenn sie gleichgerichtet sind — also ist die Wirkung in Bezug auf die Stromrichtungen umgekehrt, wie in Fall 1. —; ferner ist die Grösse der Wirkung

bei gleicher Länge der Verbindungslinie nur halb so gross, als im ersten Fall;

3. ein Element liegt in einer Ebene, welche senkrecht auf dem anderen Element steht; in diesem Fall ist die Wirkung Null. Hierher gehören namentlich die beiden Fälle, wo beide Elemente auf einander und auf der Verbindungslinie senkrecht stehen (Fig. 90c), und wo ein Element in der Verbindungslinie liegt, das andere senkrecht darauf steht (Fig. 90d).

Ferner hat Ampère experimentell bewiesen, dass man stets jedes Stromelement in drei Componenten nach drei gegebenen Richtungen zerlegen dürfe; die Resultante der Wirkungen dieser Componenten ist alsdann gleich der Wirkung des Elementes.

Endlich hat Ampère gezeigt, dass die Umkehr der Stromesrichtung in irgend einem Leiter die Wirkung desselben auf einen anderen durchströmten Leiter der Richtung nach umkehrt.

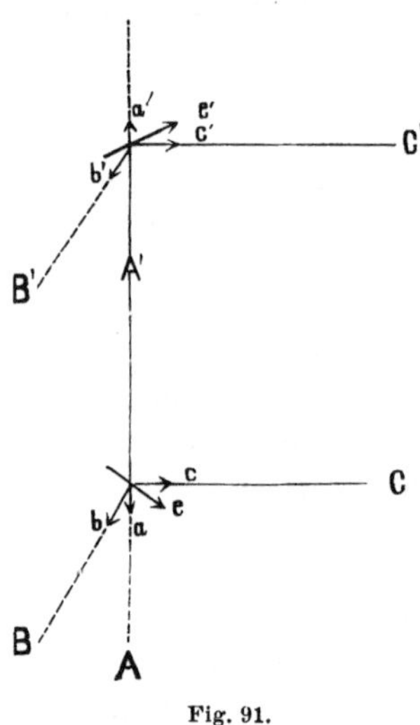

Fig. 91.

Wenn wir uns nun zwei beliebig gerichtete Stromelemente e und e' mit ihrer Verbindung r (Fig. 91) denken, so können wir die Art der Wirkung, welche sie auf einander ausüben, mittelst der eben mitgetheilten Sätze stets bestimmen. Als eine von den drei Richtungen, nach denen wir die Elemente zerlegen, wählen wir die Verbindungslinie r; ausserdem ziehen wir in bekannter Weise die Richtungen eC und $e'C'$, eB und $e'B'$, so dass eC parallel $e'C'$, eB parallel $e'B'$, ferner eC und eB senkrecht zu r und senkrecht unter sich, und ebenso $e'C'$ und $e'B'$; so erhalten wir die drei unter einander senkrechten Richtungen eA, eB, eC und $e'A'$, $e'B'$, $e'C'$. Nun zerlegen wir e und e' nach jenen Richtungen in der Weise, wie man Kräfte zerlegt und erhalten so als Componenten von e: a, b, c, als Componenten von e': a', b', c'. Die Wirkung von e auf e' ist nun gleich der Summe der Wirkungen der Componenten auf einander.

Nun sieht man sofort, nach Fall 3, dass die Componente a auf b' und c' keine Wirkung ausübt, ebenso b auf a' und c', c auf a' und b'; wenn wir also die Wirkung z. B. von e auf e' mit (e, e'), von a auf a mit (a, a') u. s. w. bezeichnen, so bleiben nur die Wirkungen (a, a'), (b, b'), (c, c') über, und man hat

$$(e, e') = (a, a') + (b, b') + (c, c').$$

Diese Wirkungen aber fallen unter die Fälle 1 und 2, und bei Anwendung der dort gegebenen Regeln sehen wir, dass im vorliegenden Fall (a, a'), (b, b'), (c, c') sämmtlich Anziehungen ergeben, dass also auch die Wirkung von e auf e' eine anziehende ist.

Wären z. B. alle Componenten a, b, c, a', b', c' gleich, aber (c, c') eine Abstossung, so fragt sich, ob die Anziehungen (a, a') und (b, b') diese Abstossung noch überwiegen; dann ist aber nach den Sätzen 1 und 2 (b, b') gleich (c, c'), aber entgegengesetzt, ferner $(a, a') = \frac{1}{2}(b, b')$, man hat daher in dem Falle

$$(e, e') = \tfrac{1}{2}(b, b') + (b, b') - (b, b') = \tfrac{1}{2}(b, b'),$$

also die Summe der Wirkungen immer noch eine Anziehung. Auf diese Weise lässt sich bei ganz beliebiger Lage der beiden Stromelemente stets übersehen, ob sie sich anziehen oder abstossen.

Fig. 92.

Der mathematische Ausdruck des Ampère'schen Gesetzes ist folgender: wenn i, i' die Ströme in den Elementen e und e', e und e' die Länge dieser Elemente, r die Entfernung, ε der Winkel, welchen die beiden Elemente mit einander bilden, δ und δ' die Winkel, welche bez. e und e' mit der Verbindungslinie r bilden (Fig. 92), so ist die Wirkung W der beiden Elemente auf einander:

$$W = -\frac{ii' \cdot ee'}{r^2}\left\{\cos\varepsilon - \tfrac{3}{2}\cos\delta\cos\delta'\right\}.$$

Wenn die Wirkung W ein positives Zeichen hat, so bedeutet dies eine Abstossung, ist das Zeichen negativ, eine Anziehung.

Ampère bewies die oben aufgeführten Grundsätze experimentell auf folgende Weise. Er construirte sich Leiter von einfachen Formen und liess den in einem festen Leiter fliessenden Strom auf einen ebenfalls vom Strom durchflossenen beweglichen Leiter wirken; der letztere musste also Drehungs-Erscheinungen zeigen, aus welchen sich auf die in dem betreffenden Fall auftretende Wirkung von Element auf Element schliessen liess.

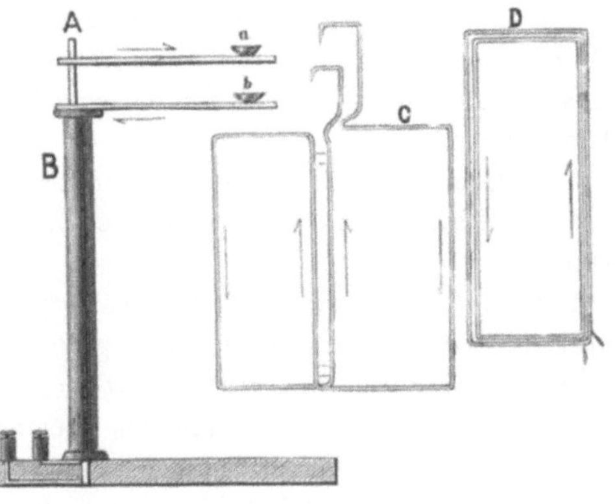

Fig. 93.

Der bewegliche Leiter, z. B. C (Fig. 93), endigte in zwei Stahlspitzen, welche in die Quecksilbernäpfchen a und b des Statives A eingesetzt wurden; das Näpfchen b steht mit dem Metallrohr B in Verbindung, das Näpfchen a mit einer von jenem Rohr umschlossenen Stange.

Stange und Rohr sind gegen einander isolirt und dienen zur Einführung des Stromes in den beweglichen Leiter; da die Ströme in denselben umgekehrte Richtung haben, so können sie nur sehr geringe Wirkung auf den beweglichen Leiter ausüben. Dem letzteren wird von der anderen Seite ein fester Leiter D genähert; die Wirkung des festen auf den beweglichen Leiter muss sich, wegen der Form dieser Leiter im vorliegenden Fall, hauptsächlich auf die Wirkung der nächstliegenden parallelen Stücke reduciren, da alle anderen Stücke weiter von einander entfernt sind, und man muss also eine Wirkung im Sinne des ersten Falles des Grundgesetzes erhalten. Durch die Combination einer Anzahl von Versuchen dieser Art wusste Ampère sein Gesetz nach allen Seiten hin zu begründen; dasselbe enthält indess immer noch mehrere Grundannahmen, die sich auf diese Art nicht beweisen liessen.

Ein hierher gehöriges Experiment, welches die Abstossung von benachbarten Elementen eines geradlinigen Stromes zeigt, ist folgendes (Fig. 94). Zwei Quecksilberrinnen M und N sind parallel nebeneinander gestellt und durch den schwimmenden kupfernen Bügel mit einander verbunden; der Strom tritt bei X ein und bei Y aus. Sowie man einen kräftigen Strom durch den Apparat schickt, wird der Bügel von der Seite der Rinnen, wo der Strom ein- und austritt, weggetrieben, weil die vom Strom durchflossenen Theile des Quecksilbers und die ebenfalls vom Strom durchflossenen, schwimmenden Enden des Bügels sich abstossen.

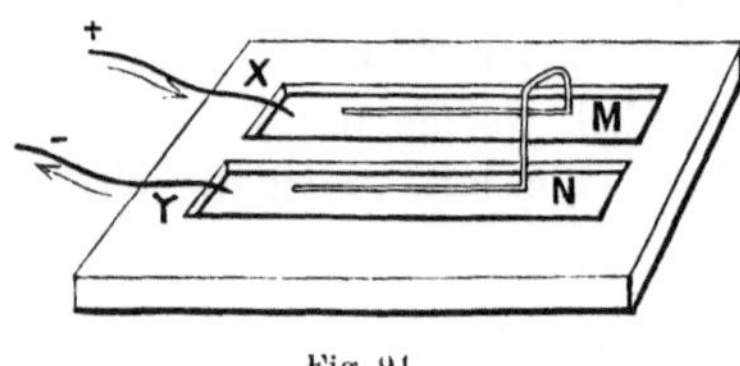

Fig. 94.

34. Element und unendliche Gerade. Wir betrachten nun einige Fälle der Wirkung eines geschlossenen Stromes auf ein Stromelement.

Der einfachste dieser Fälle ist derjenige, bei welchem der geschlossene Strom eine unendliche, gerade Linie bildet.

Wenn wir durch den Mittelpunkt des Stromelements und die Gerade eine Ebene legen, so kann das Element mit dieser Ebene jeden beliebigen Winkel bilden; wir dürfen dasselbe jedoch wieder nach drei Richtungen zerlegen, und wählen für diese Richtungen am einfachsten die Richtung der Geraden, die darauf senkrechte Richtung in der Ebene und die darauf senkrechte Richtung senkrecht zur Ebene. Wir haben daher auch hier wieder drei Hauptfälle zu unterscheiden, mittelst welcher die Wirkung auf ein Element von beliebiger Neigung stets bestimmt werden kann.

1) Element parallel der Geraden (Fig. 95). Man sieht sofort, dass die Wirkung des dem Elemente e am nächsten gelegenen Elementes der Stromlinie a auf das Element e eine Anziehung ist, wenn die Ströme, wie in der Figur angegeben, gleichgerichtet sind. Nimmt man ein nicht weit von a gelegenes Element b, so zerlegt man, um dessen Wirkung zu erfahren, die Elemente b und e nach ihrer Verbindungslinie und senkrecht dazu und erhält die Componenten b', b'', e', e''; die Wirkung von b' auf e' ist eine anziehende, diejenige von b'' auf e'' eine abstossende, die Wirkungen von b' auf e'', von b'' auf e' sind Null.

Die Anziehung überwiegt aber die Abstossung, weil b' und e' grösser sind als bez. b'', e'', und weil auch schon im Falle der Gleichheit die

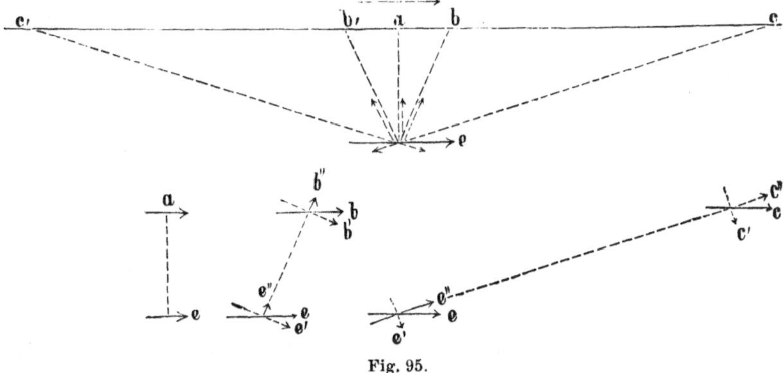

Fig. 95.

Anziehung zweimal so gross wäre wie die Abstossung. Betrachtet man dagegen ein weit abgelegenes Element c und nimmt bei demselben und e die nämlichen Zerlegungen vor, so findet man, dass nun die Anziehung von e' auf c'' die Abstossung von e'' auf c'' nicht mehr überwiegt, weil die Componenten e'' und c'' ganz klein sind im Verhältniss zu e' und c', dass also die Wirkung eine abstossende ist.

Man hat also, wie in der Figur angedeutet, für das Element e in den Richtungen ea, eb, eb Anziehungen, in den Richtungen ec, ec Abstossungen; die letzteren sind jedoch wegen der grösseren Entfernung der Elemente schwächer, man hat daher vorwiegend Anziehung. Denkt man sich ferner alle auf e wirkenden Anziehungen und Abstossungen nach der Richtung des Elementes und der darauf senkrechten Richtung, in der Ebene, zerlegt, so sieht man, dass alle seitlichen Wirkungen sich aufheben, und nur Anziehungen und Abstossungen in der Richtung ca übrig bleiben; da endlich die Anziehungen stärker sind, so resultirt als Gesammtwirkung eine Anziehung des Elementes e nach a hin.

Sind Element und Linie von entgegengesetzter Stromrichtung, so resultirt eine Abstossung.

2) Element senkrecht zur Geraden, in derselben Ebene.

Das dem Element *e* nächstliegende Element *a* der Geraden kann keine Wirkung ausüben, da es senkrecht auf einer durch *e* gehenden Ebene steht; dagegen üben alle anderen Elemente Wirkungen aus, z. B. die Elemente *b* und *b'*. Zerlegt man, wie oben, die Elemente *b* und *e* nach der Richtung der Verbindungslinie und senkrecht dazu, so erhält man Anziehung; wiederholt man denselben Process bei den Elementen *e* und *b'*, so erhält man Abstossung. Alle Elemente rechts von *a* üben

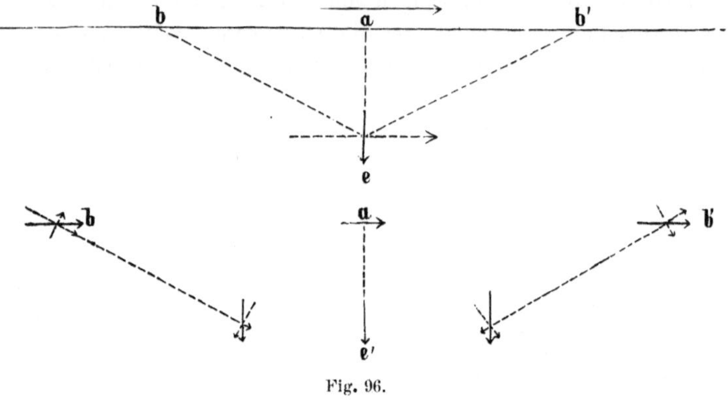

Fig. 96.

Anziehungen, immer in den Richtungen der betreffenden Verbindungslinien, aus, alle Elemente links von *a* Abstossungen. Denkt man sich alle diese Einzelwirkungen auf *e* nach zwei Richtungen zerlegt, nach der Richtung von *e* und nach derjenigen der Geraden, so sieht man leicht ein, dass sämmtliche ersteren Componenten sich aufheben müssen, während die letzteren sich addiren. Als Resultante erhält man daher eine Kraft, welche das Element *e* längs der Geraden fortführt.

3) Element senkrecht zur Geraden und senkrecht zu der Ebene durch Gerade und Element.

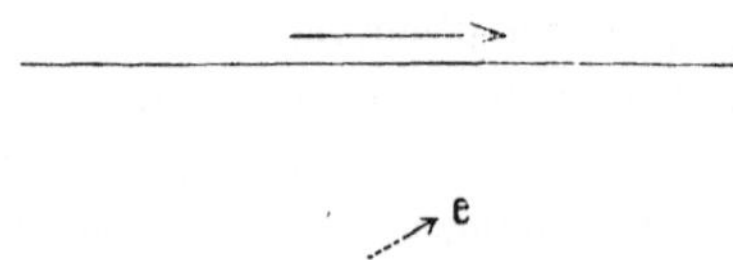

Fig. 97.

Jedes Element der Geraden liegt in einer Ebene, welche durch das Element *e* geht und auf welcher dasselbe senkrecht steht; also ist die Wirkung jedes Elementes der Geraden und somit auch der ganzen Geraden auf das Element *e* Null.

Aus den vorstehenden Betrachtungen lassen sich interessante experimentelle Schlüsse ziehen.

Zunächst ist aus Fall 1) klar, dass, wenn statt des Elementes *e* ebenfalls eine lange Stromlinie gesetzt wird, dieselbe von der anderen bei Gleichheit der Stromrichtungen angezogen, bei Ungleichheit jener Richtungen abgestossen wird.

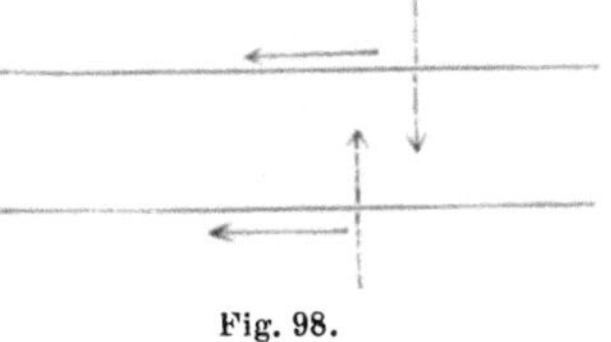

Fig. 98.

Wenn zwei parallele Leiter der zwischen ihnen wirkenden Anziehung oder Abstossung folgen, so ändert sich die Grösse der Wirkung, weil die Entfernung sich ändert; anders ist es mit zwei geraden Leitern A und B, welche sich, wie Fig. 99 zeigt, so kreuzen, dass A eine sehr lange Linie bildet, B dagegen, welcher auf A senkrecht steht, nicht über diesen hinausreicht. Nach Fall 2) muss hier auf B eine Kraft wirken, welche diesen Leiter längs A fortführt; wenn B dieser Kraft folgen kann, so ändert sich seine Entfernung von A nicht, und **die auf B wirkende Kraft bleibt daher während der Bewegung stets gleich gross.** Hierauf beruht der folgende Versuch, bei welchem ein fester Stromleiter einen beweglichen in continuirliche Drehung versetzt (Fg. 100).

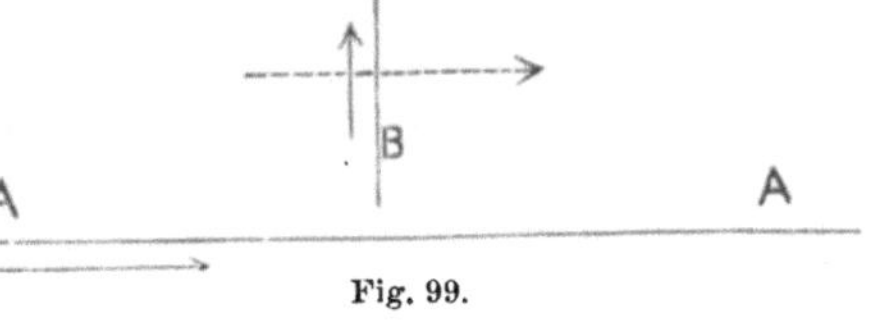

Fig. 99.

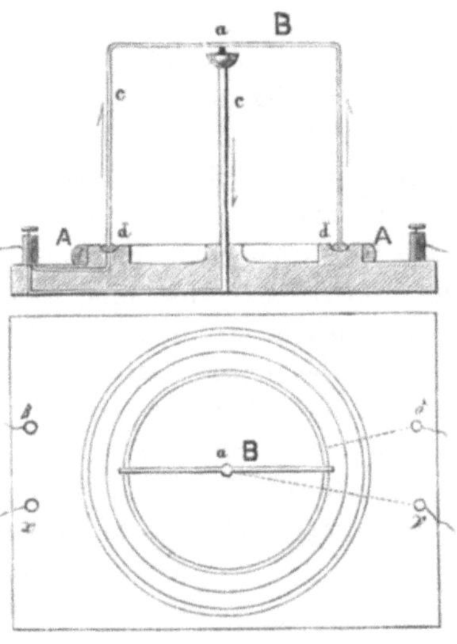

Fig. 100.

AA ist ein Leitungsdraht, welcher in vielen kreisförmigen Windungen um die hölzerne Quecksilberrinne d gelegt ist, und dessen Enden an die Klemmen δ und ν gehen. In der Mitte des Brettes steht eine kleine, metallene Säule, welche mit der Klemme B in Verbindung steht und an ihrer Spitze ein Quecksilbernäpfchen trägt; in das Quecksilber des letzteren taucht eine in der Mitte des metallenen Bügels B angebrachte Stahlspitze, die beiden Enden des Bügels tauchen in das Quecksilber der Rinne d, welche ihrerseits mit der Klemme x verbunden ist. Es lässt sich also ein Strom durch den kreisförmigen Draht, ein zweiter durch die Säule, den Bügel und die Quecksilberrinne leiten. Wendet man etwas kräftige Ströme an, so geräth der

Bügel in lebhafte Rotation, deren Richtung sich umkehrt, wenn die Stromrichtung im Bügel oder im kreisförmigen Draht umgekehrt wird.

Bei der beschriebenen Form dieses Versuches sind es hauptsächlich die senkrecht stehenden Theile des Bügels und die denselben benachbarten Theile des Stromkreises, welche die genannte Wirkung ausüben. Wenn der Stromkreis sehr gross wäre, so dürfte man den einem Ende des Bügels benachbarten Theil desselben als gerade Linie betrachten; wäre ausserdem der Stromkreis z. B. unter der Quecksilberrinne, so läge ja der senkrechte Theil des Bügels mit dem benachbarten Stück des Stromkreises in einer Ebene. Dieser Fall wäre aber alsdann übereinstimmend mit Fall 2) und die Entstehung der Drehung wäre erklärt, da nach jener Auseinandersetzung der senkrechte Theil des Bügels längs des geraden Stromleiters hingeführt wird. Die Verhältnisse des vorliegenden Versuches weichen nur wenig von denjenigen jenes Falles ab; also ist auch diese Erklärung im Wesentlichen richtig.

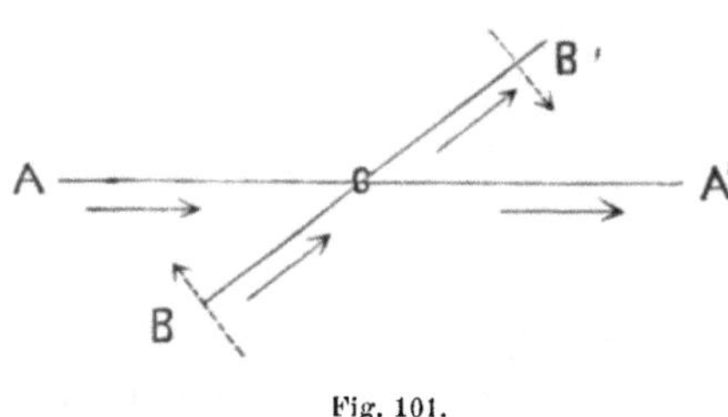

Fig. 101.

Wenn zwei gerade Leiter, von endlicher oder unendlicher Länge, sich kreuzen (Fig. 101), so zerlege man ein Element des einen Leiters, z. B. von BB' nach der Richtung des anderen Leiters und senkrecht dazu und suche nach Anleitung der Fälle 1) und 2) die Wirkung auf; ebenso verfährt man mit einem auf der anderen Seite gelegenen Element. Man erkennt auf diese Weise, dass auf B eine Anziehung nach A hin, auf B' eine Anziehung nach A' hin wirkt, Anziehungen, welche sich bei Umkehr des einen von beiden Strömen in Abstossungen verwandeln. Denkt man sich BB' um den Kreuzungspunkt C drehbar, so suchen diese Kräfte stets beide Leiter so lange zu drehen, bis sie einander parallel liegen, und zwar so, dass in der parallelen Lage beide Ströme gleichgerichtet sind.

35. Ampère'scher Satz. Unendlich kleiner Stromkreis. Um die Wirkung zweier Stromkreise von beliebiger Gestalt und Lage aufeinander zu finden, bedient sich Ampère eines von ihm gefundenen Satzes, welcher jeden Stromkreis in viele kleine Stromkreise aufzulösen lehrt und so die Aufgabe dahin reducirt, die Wirkungen eines solchen kleinen Stromkreises zu kennen.

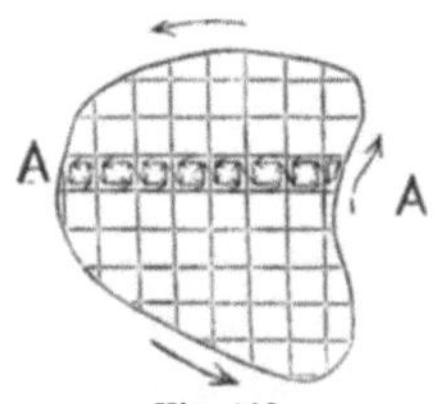

Fig. 102.

Sei AA ein beliebig gestalteter ebener Stromkreis; nach Ampère denken wir uns die Fläche desselben z. B. durch zwei Systeme von parallelen Geraden in lauter kleine Flächen zerlegt; dieselben brauchen aber nicht Vierecke zu sein, sondern können jede beliebige Gestalt besitzen; es wird nur vorausgesetzt, dass sie die Fläche stetig ausfüllen, ohne Lücken zu lassen. Jede kleine Fläche denkt man sich von einem Strom von derselben Stärke, wie AA, umkreist, und zwar muss die Richtung, in welcher jeder Strom seine Fläche umläuft, dieselbe sein, wie diejenige des peripherischen Stromes AA.

Dann ist sofort aus der Figur klar, dass für ein ausserhalb der Fläche gelegenes Stromelement die Wirkung sämmtlicher Stromkreise gleich ist der Wirkung des ursprünglichen Stromkreises AA. Denn die an dem Umfang liegenden Elemente sind die einzigen, welche keine unmittelbar daneben liegenden Nachbarelemente besitzen; alle inneren Elemente sind so angeordnet, dass immer zwei gleich grosse, von umgekehrter Stromrichtung, dicht neben einander liegen; die Wirkungen aber von je zwei so gelegenen Elementen auf ein ausserhalb gelegenes heben sich stets auf, weil Entfernung und Lage dieselben, die Stromrichtung jedoch entgegengesetzt ist. Man darf also einen Stromkreis stets durch die von demselben eingeschlossene, in angegebener Weise mit kleinen Stromkreisen bedeckte Fläche ersetzen.

Ist die Wirkung eines Stromkreises auf ein Element zu bestimmen, so hat man die Summe der Wirkungen jener kleinen Stromkreise auf das Element zu nehmen; ist die Wirkung zweier Stromkreise auf einander zu finden, so denkt man sich beide Stromkreise als mit kleinen Kreisströmen bedeckte Flächen und sucht nun die Summe der Wirkungen der kleinen Stromkreise auf einander.

Dies ist der Weg, den Ampère eingeschlagen hat, um aus seinem Grundgesetze die Wirkungen der Stromkreise zu erklären.

Um unsere übersichtliche Darstellung der Ampère'schen Theorie zu vervollständigen, wollen wir noch kurz die Wirkungen eines kleinen Stromkreises auf ein Stromelement und auf einen zweiten kleinen Stromkreis betrachten.

Wir denken uns den kleinen Stromkreis als Viereck, weil wir in diesem Fall den Sinn seiner Wirkungen leicht übersehen können; wir geben im Folgenden nur die Wirkungen der einzelnen Hauptfälle an mit einigen Andeutungen über die Ableitung derselben.

Wirkung eines kleinen Stromkreises auf ein Stromelement. Durch den Mittelpunkt des Stromelementes e legen wir die drei Coordinatenaxen X, Y, Z, in die Verbindungslinie kommt die X-Axe zu liegen. Dann hat man folgende Hauptfälle:

a) Stromkreis $abcd$ in der Verbindungslinie, in der XZ-Ebene.

1) Stromelement e in der Verbindungslinie (Fig. 103). Das Element wird seitlich fortgetrieben in der Richtung der Z; von den vier Stromlinien a, b, c, d des kleinen Stromkreises übt die nächstge-

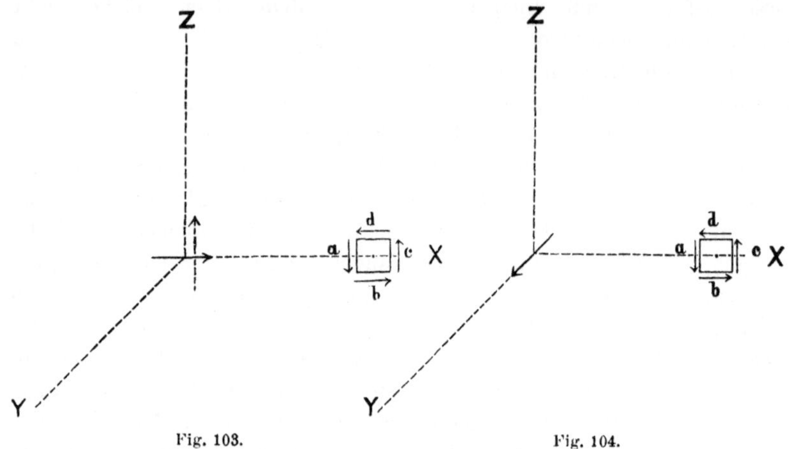

Fig. 103. Fig. 104.

legene a die Hauptwirkung aus, diejenige von c ist umgekehrt, aber kleiner, wegen der grösseren Entfernung, die Wirkungen von b und d heben sich gegenseitig auf.

2) Stromelement e senkrecht zur Verbindungslinie und zum Stromkreis (Fig. 104). Wirkung Null; a und c üben keine Wirkung aus, diejenige von b und d heben sich auf.

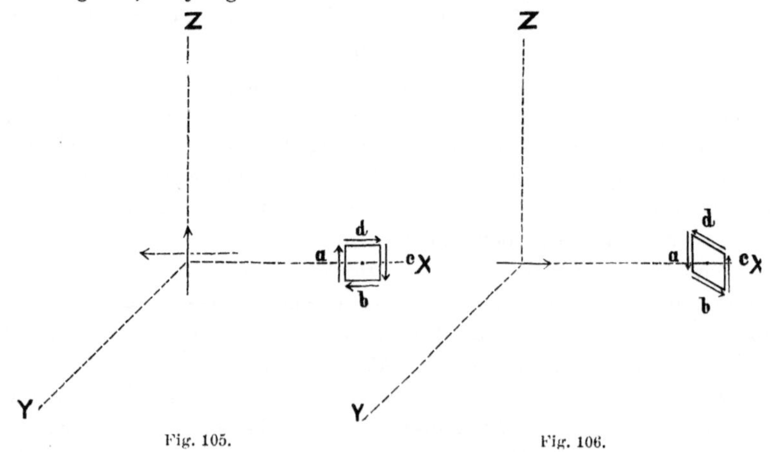

Fig. 105. Fig. 106.

3) Stromelement e senkrecht zur Verbindungslinie, in der Ebene des Stromkreises (Fig. 105). Die Wirkung ist eine abstossende oder anziehende, je nach der Stromrichtung; die Wirkungen

von *b* und *d* heben sich auf, die Hauptwirkung geht von *a* aus, von welcher die entgegengesetzte, von *c* ausgeübte, in Abzug zu bringen ist.

b) Stromkreis *abcd* senkrecht zur Verbindungslinie.

4) Stromelement *e* in der Verbindungslinie (Fig. 106). Wirkung Null; die Wirkungen von *a* und *c*, und diejenigen von *b* und *d* heben sich auf.

5) Stromelement *e* senkrecht zur Verbindungslinie [nach der Richtung der *Y*] (Fig. 107). Die Wirkung ist Null; die Elemente *a* und *c* wirken gleich und entgegengesetzt, ebenso die Elemente *b* und *d*.

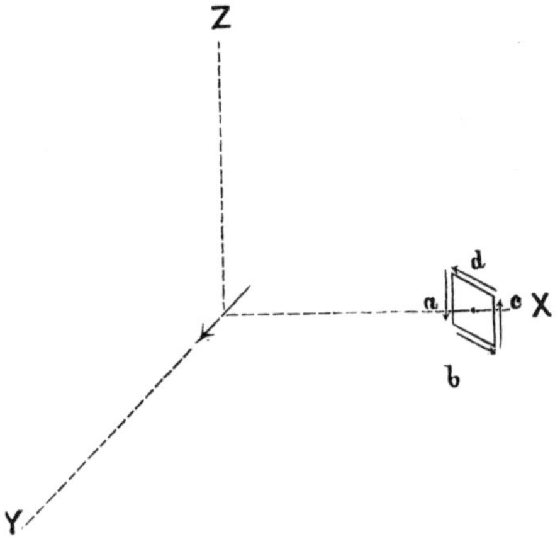

Fig. 107.

Wirkung zweier kleiner Stromkreise auf einander. Wir stellen wieder die beiden Stromkreise als Vierecke dar, legen den einen (*abcd*) in den Anfangspunkt der Coordinaten, den anderen (*a'b'c'd'*) auf die *X*-Axe.

1) Stromkreis *abcd* und Stromkreis *a'b'c'd'* in derselben Ebene (*XZ*), in der Verbindungslinie (Fig. 108). Die Wirkung ist eine anziehende oder abstossende, je nach der Stromesrichtung; massgebend ist die Wirkung der nächstliegenden Stromlinien *a'* und *c*.

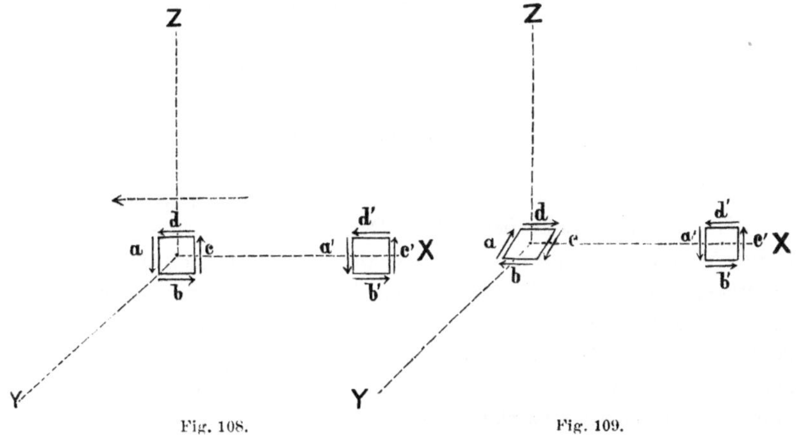

Fig. 108.
Fig. 109.

2) Stromkreise senkrecht zu einander, beide in der Verbindungslinie (Fig. 109). Wirkung Null; *a'* und *c'* wirken gar nicht, die Wirkungen von *b* und *d* heben sich auf.

3) Stromkreise senkrecht zu einander, der eine senkrecht, der andere parallel zur Verbindungslinie (Fig. 110). Wirkung Null. Wenn man die Wirkung eines Elementes des einen Stromkreises auf ein Element des anderen Stromkreises betrachtet, so findet sich stets ein anderes Elementenpaar, welches die gleiche, aber entgegengesetzte Wirkung ausübt; die Summe aller Wirkungen ist daher Null.

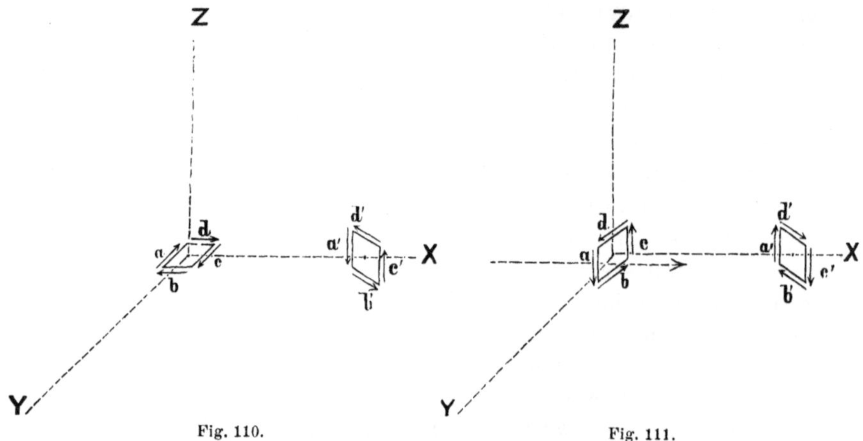

Fig. 110. Fig. 111.

4) Stromkreise zu einander parallel, zu der Verbindungslinie beide senkrecht (Fig. 111). Die Wirkung ist eine Anziehung oder Abstossung, je nach der Stromesrichtung. Je zwei gleichgerichtete und nächstgelegene Elemente haben entweder immer gleiche oder entgegengesetzte Stromesrichtung (*a*, *a'*) (*b*, *b'*) u. s. w.; alle solche Paare ziehen sich also entweder an, oder sie stossen sich ab; da die übrigen Wirkungen schwächer sind, bleiben jene massgebend.

36. Die galvanische Schraube. Der unendlich kleine Stromkreis, dessen Wirkungen wir im vorhergehenden betrachtet haben, bildet den Uebergang zu dem wichtigsten unter diesen Stromgebilden, der galvanischen Schraube (von Ampère „Solenoid“ genannt). Setzt man nämlich viele gleiche kleine Stromkreise über einander, reiht man sie gleichsam an eine Linie von beliebiger Gestalt, so erhält man ein Gebilde, dessen Gesammtwirkung ein sehr einfaches Gesetz befolgt und welches, wie wir später sehen werden, die grösste Aehnlichkeit zeigt mit einem Magnetstab.

Solche galvanische Schrauben lassen sich auch leicht experimentell herstellen; jeder auf einem Stabe schraubenförmig aufgewickelte Leitungsdraht, dessen Enden nach der Mitte zurück und vereinigt weitergeführt sind, entspricht im Wesentlichen einer solchen, wenn er vom Strome durchflossen wird (Fig. 112).

An einer so verfertigten galvanischen Schraube werden die beiden äussersten Stromkreise, wenn man sie beide von Aussen betrachtet, in verschiedener Richtung vom Strome durchflossen; es muss nothwendiger Weise das eine Ende vom Strome in der Richtung der Bewegung des Uhrzeigers (Fig. 112 *S*), das andere in der entgegengesetzten Richtung (Fig. 112 *N*) durchflossen werden. Wir nennen das erstere Ende den Südpol, das letztere den Nordpol der galvanischen Schraube; später wird sich zeigen, dass diese Pole ähnlich wirken, wie die entsprechenden Pole eines Magneten.

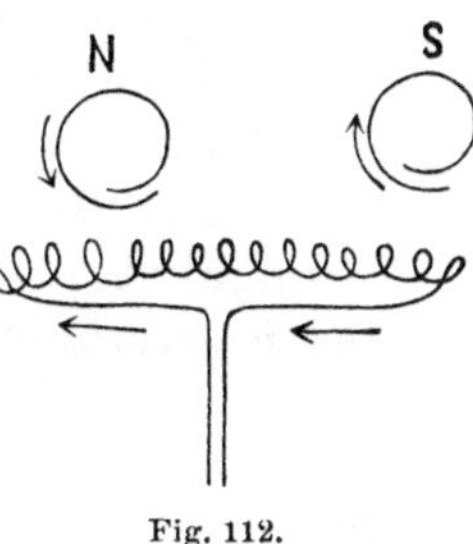

Fig. 112.

Das wichtigste Merkmal der Wirkungsweise einer galvanischen Schraube besteht darin, dass ihre Wirkung nur von den Polen ausgeht; es ist völlig gleichgültig, welche Curve die Axe der Schraube bildet, und welche Länge dieselbe besitzt. Man darf sich daher stets statt einer Schraube *SaN* (Fig. 113) zwei andere von entgegengesetzten Strömen durchflossene, von *S* bez. *N* sich in's Unendliche erstreckende

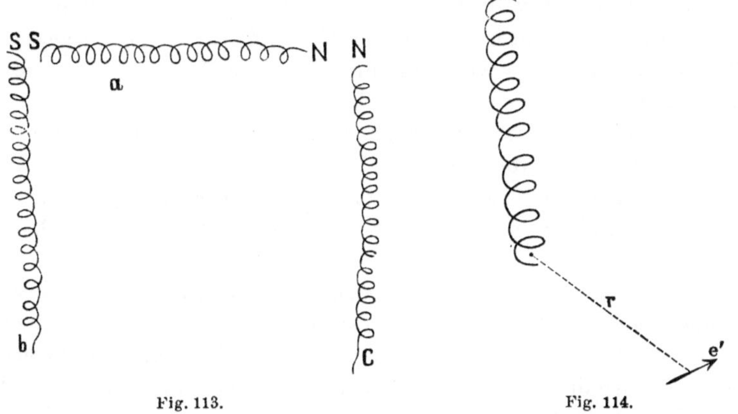

Fig. 113. Fig. 114.

Schrauben *Sb*, *Nc* denken. Bei solchen Schrauben wird der in unendlicher Entfernung liegende Pol wegen der grossen Entfernung unwirksam, diese Schrauben besitzen daher factisch nur einen Pol, und jede zweipolige Schraube lässt sich auf diese Weise durch zwei einpolige ersetzen.

Die Wirkung des Poles einer solchen einpoligen Schraube auf ein Stromelement e' (Fig. 114) ist nun

proportional der Stromstärke i der Schraube, der Stromstärke i' des Elementes,
der Länge des Elementes e',
der Fläche f eines Stromkreises der Schraube,
der Dichte d der Wickelung der Schraube, oder der Anzahl von Stromkreisen, welche auf die Längeneinheit der Schraubenaxe kommen,
dem Sinus des Winkels (r, e'), welchen die Verbindungslinie r mit dem Elemente einschliesst; ferner
umgekehrt proportional dem Quadrat der Entfernung r.

Der mathematische Ausdruck dieser Kraft ist daher

$$\frac{ii' \,.\, e' \,.\, d \,.\, f \,.\, \sin(r, e')}{r^2}.$$

Die Richtung dieser Kraft steht stets senkrecht zu der Ebene, welche durch die Verbindungslinie und das Element e' geht. Ist also das Element beweglich, so wird dasselbe in einer auf seiner eigenen senkrecht stehenden Richtung fortgeführt.

Die genaue Bestimmung der Richtung der Kraft ist durch die sog. Ampère'sche Regel gegeben. Nach derselben hat man sich in dem Element liegend vorzustellen, den Strom bei den Füssen ein-, zum Kopfe austretend und den Pol anzusehen. Ist nun der Pol beweglich, so wird derselbe nach links bewegt, wenn es ein Nordpol, nach rechts, wenn es ein Südpol ist. Ist dagegen das Element beweglich, so wird dasselbe von einem Nordpol nach rechts, von einem Südpole nach links hin bewegt.

Ist die galvanische Schraube keine unendlich lange mit einem Pole, sondern eine von endlicher Länge mit zwei Polen, so wirken beide Pole auf das Stromelement in verschiedener Weise; die aus diesen beiden Kräften resultirende Kraft ist dann diejenige, welcher das Element folgt.

Sind es zwei Pole von galvanischen Schrauben, welche auf einander wirken, so entstehen einfache Anziehungen oder Abstossungen, wie sie bei zwei senkrecht zu der Verbindungslinie stehenden, unter sich parallelen Stromelementen, oder zwei senkrecht zur Verbindungslinie stehenden, kleinen Stromkreisen auftreten; im Vergleich zu den Wirkungen von Stromelementen oder Stromkreisen sind jedoch diejenigen der Schraubenpole viel kräftiger.

Wenn man zwei auf der Verbindungslinie senkrecht stehende Stromkreise, welche sich gegenseitig anziehen, s. Fig. **101**, von der Verbindungslinie aus betrachtet, so sind die Stromumläufe nach der oben angenommenen Bezeichnung verschieden, der eine im Sinne, der andere entgegengesetzt dem Sinne des Uhrzeigers. Denkt man sich also hinter jedem dieser Stromkreise eine unendliche Reihe gleicher Stromkreise, so dass jene ersten Stromkreise zu Polen von zwei sehr langen galvanischen Schrauben werden, so sind im Falle der Anziehung die Pole ungleichnamig, im Falle der Abstossung gleichnamig.

Daher gilt für die Pole von galvanischen Schrauben folgendes Gesetz:

Ungleichnamige Pole ziehen sich an, gleichnamige Pole stossen sich ab; und zwar sind diese Wirkungen

proportional dem Product der in den beiden Schrauben herrschenden Stromstärken,

dem Product der Stromflächen zweier einzelner Stromkreise der beiden Schrauben,

dem Product der Dichten der Wickelung in beiden Schrauben,

und umgekehrt proportional dem Quadrat der Entfernung.

Experimentell lassen sich die Anziehungen und Abstossungen mittelst der Schwimmer von de la Rive zeigen (Fig. 115). Ein kleines, galvanisches Element (Zink, Kupfer, Säure) ist in einem leichten Bechergläschen eingeschlossen und an einem Korkstück befestigt, welches das ganze Element schwimmend erhält. Ueber dem Kork ist der die Pole des Elementes verbindende Leitungsdraht zu einer horizontalen galvanischen Schraube gewickelt. Nähert man dieser beweglichen galvanischen Schraube von aussen Pole anderer Schrauben, so lässt sich durch die Drehungen und Verschiebungen, welche die schwimmende Schraube zeigt, leicht das obige Gesetz veranschaulichen und bestätigen.

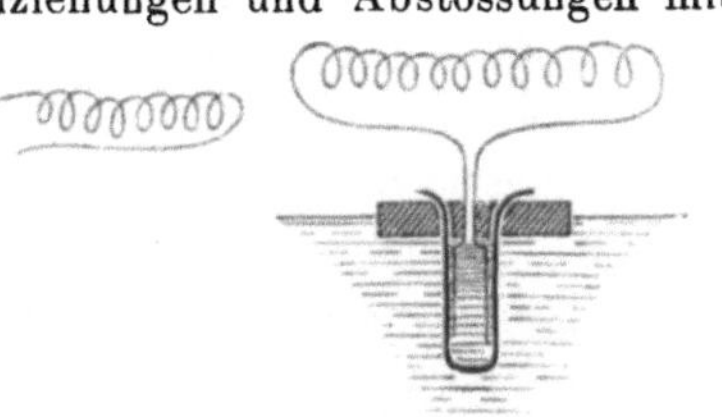
Fig. 115.

F. Elektrische Fernewirkungen.

37. Allgemeines. Die elektrischen Fernewirkungen des Stromes erhalten, wie schon früher bemerkt, praktische Bedeutung erst, wenn magnetische Kräfte zu Hülfe genommen werden. Wie wir später sehen werden, lassen sich Magnete stets durch elektrische Ströme von einer gewissen Anordnung ersetzen; der praktische Unterschied zwischen elektrischen Strömen und Magneten jedoch ist der, dass die letzteren weit kräftiger sind, als die durch die gewöhnlichen Hülfsmittel hervorgebrachten elektrischen Ströme; ein Magnet ist daher gleichsam ein in kleinem Raum zusammengedrängter Vorrath von sehr kräftigen Strömen, welcher durch den Gebrauch zur Hervorbringung von Bewegungen und Erzeugung von elektrischen Strömen nur allmählig abnimmt und leicht wieder ergänzt werden kann.

Wenn daher auch in praktischer Beziehung die elektrische Fernewirkung eines Magnetes viel wichtiger ist, als diejenige eines Stromes, so lässt sich doch die erstere Wirkung leichter begreifen und übersehen, wenn man die letztere bereits kennt, — wie bei der mechanischen Fernewirkung.

Wir haben im Vorstehenden gesehen, dass zwei von elektrischen Strömen durchflossene Leiter, abgesehen von einzelnen Fällen, stets mechanische Einwirkungen auf einander ausüben, welche, im Falle der Beweglichkeit der Leiter, Bewegungen veranlassen.

Ebenso lässt sich, abgesehen von besonderen Fällen, von den elektrischen Fernewirkungen sagen: jeder elektrische Strom erzeugt in einem geschlossenen Leiter einen Strom, wenn einer der beiden Leiter bewegt wird. Den erzeugenden Strom nennt man den primären, den erzeugten Strom den secundären oder Inductionsstrom.

Mit diesem Satze ist jedoch das Gebiet der Inductionsströme nicht erschöpft; vielmehr gibt es eine Reihe von Fällen, wo ein Strom in einem geschlossenen Leiter durch einen anderen Strom hervorgerufen wird, ohne dass ein Leiter bewegt wird; in diesen Fällen besteht die Ursache der Erregung des Inductionsstromes in einer Veränderung der Intensität des primären Stromes. Und zwar ist diese Art der Entstehung von Inductionsströmen eben so allgemein wie die vorige, so dass der folgende Satz, abgesehen von einzelnen Fällen, gültig ist: jede Veränderung der Intensität eines elektrischen Stromes erzeugt in einem geschlossenen Leiter einen Strom.

Diese beiden Klassen, in welche die Inductionsströme zerfallen, sind jedoch nur äusserlich von einander getrennt; bei der Erklärung dieser Art von Strömen wird sich zeigen, dass beide Klassen denselben Gesetzen gehorchen, und dass man die Bewegung eines durchströmten Leiters ebenso gut als eine Veränderung der Intensität des Stromes auffassen kann und umgekehrt.

Aus den beiden mitgetheilten Sätzen geht jedoch andrerseits hervor, dass die Entstehung von Inductionsströmen jede elektrische Erscheinung in der Natur und jedes elektrische Experiment begleiten muss.

Die meisten natürlich vorkommenden Körper sind bis zu einem gewissen Grade Leiter; als vollkommene Nichtleiter kennen wir nur sehr wenige. Wo aber Leiter vorkommen, sind auch geschlossene Leitungen vorhanden, sei es im Innern eines leitenden Körpers, sei es durch Verbindung mehrerer Leiter zu einem Kreise. Wenn nun irgendwo ein elektrischer Strom entsteht oder verschwindet, oder wenn sich ein Leiter, in welchem bereits ein Strom kreist, bewegt, so müssen eigentlich in allen geschlossenen Leitern, welche überhaupt in der Natur vorkommen, Ströme entstehen — natürlich sind nur diejenigen merkbar, deren Leiter sich in der Nähe des Leiters des primären Stromes befinden. Hieraus folgt unmittelbar, dass die meisten unter den grossen Bewegungen im Himmelsraume und auf der Erdoberfläche von elektrischen Erscheinungen begleitet sein müssen, dass umgekehrt die grossen elektrischen Ströme, z. B. im Innern der Erde, die Entstehung von anderen Strömen veranlassen; für den Elektrotechniker aber geht hieraus hervor, dass er keinen Strom schliessen oder öffnen, keinen durchströmten Leiter oder Magneten von seinem Platz rücken kann, ohne dass in den geschlossenen Leitungen seiner Apparate Ströme entstehen.

38. Hauptfälle. Wir betrachten vorerst die vier charakteristischen Hauptfälle der Induction durch elektrische Ströme.

Erster Fall. (Verschiebung.)

ab und *AB* (Fig. 116) seien kreisförmige Leiter, ihre Ebenen stehen senkrecht auf der durch ihre Mittelpunkte gehenden Geraden *pq*, ihrer Axe. Durch *AB* fliesst ein constanter Strom; *ab* ist in der in Fig. 116 ersichtlichen Weise mit einem Galvanometer *g* verbunden, welches die in *ab* auftretenden Ströme anzeigt. Der Stromkreis *ab* wird nun längs der Axe *pq* verschoben, wobei er aber stets sich parallel bleibt, so dass keine Drehung, sondern eine gleiche Verschiebung aller Theile erfolgt.

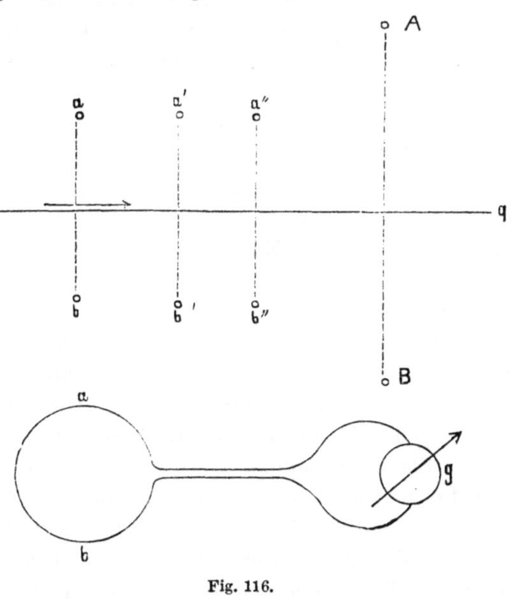

Fig. 116.

Bei jeder solchen Verschiebung von *ab* nach *a'b'*, *a''b''* u. s. w. entsteht ein augenblicklicher Strom in *ab*, und zwar stets in derselben Richtung, wenn *ab* dem anderen Stromkreis *AB* genähert, in der entgegengesetzten Richtung, wenn *ab* entfernt wird.

Es kommt jedoch nicht darauf an, dass gerade der Stromkreis *ab* bewegt wird; man erhält dieselben Resultate, wenn man den Stromkreis *AB* bewegt, und zwar ist die Richtung des Inductionsstromes in *ab* dieselbe, wenn *ab* genähert wird und *AB* fest bleibt, als wenn *AB* genähert wird und *ab* fest bleibt; die entgegengesetzte Richtung tritt bei der Entfernung, sei es des einen, sei es des anderen Stromkreises auf. Es kommt überhaupt nur auf die relative Bewegung an, nicht auf die absolute. Würden die beiden Stromkreise zugleich in beliebiger Weise bewegt, aber so, dass ihre gegenseitige Lage dieselbe bleibt, so würde kein Strom in *ab* entstehen.

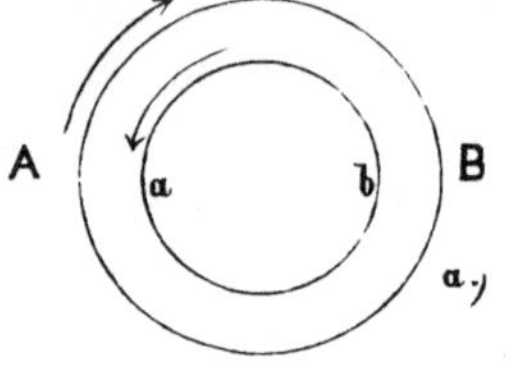

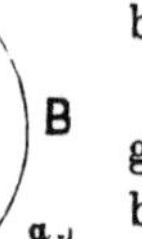

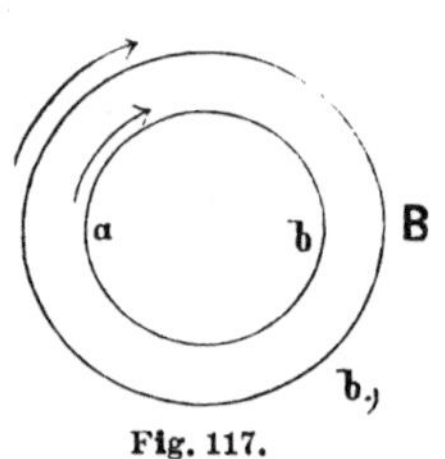

Fig. 117.

Die Richtung des Inductionsstromes, bei gegebener Richtung des primären Stromes, ist bei der Näherung aus Fig. 117a, bei der Entfernung aus Fig. 117b zu ersehen.

Rückt man z. B. *ab* immer um einen Centimeter näher an *AB*, indem man zugleich die Ausschläge der Galvanometernadel notirt, so bemerkt man, dass die Ausschläge, die derselben Verrückung entsprechen, mit der Annäherung an *AB* rasch wachsen und zwar in stärkerem Masse, als die Entfernung abnimmt. Entfernt man umgekehrt *ab*, so findet man bald eine Lage, wo eine Verrückung, z. B. um einen Centimeter, keinen merkbaren Einfluss auf die Nadel ausübt; wendet man aber nun ein empfindlicheres Galvanometer an, so erhält man wieder Ausschläge. Man muss daher annehmen, dass selbst in grosser Entfernung noch Inductionsströme erregt werden, wenn auch nur von unbedeutender Stärke.

Wenn man in irgend einer Lage stets dieselbe Verrückung, z. B. um einen Centimeter wiederholt, aber mit verschiedener Geschwindigkeit, so erhält man stets denselben Ausschlag, so lange nämlich die Zeit, welche die Verrückung in Anspruch nimmt, wesentlich geringer ist, als die Schwingungsdauer der Galvanometernadel. Die Stärke des Inductionsstromes hängt nur ab von der Anfangs- und Endlage des Stromkreises *ab*, nicht von der Art der Bewegung. Ist die Geschwindigkeit der Bewegung eine so langsame, dass die Nadel nicht mehr merklich abgelenkt wird, so kann man andere Strommessapparate, z. B. ein Voltameter anwenden, wenn es empfindlich genug ist; man wird finden, dass bei derselben Verrückung stets dieselbe Menge Wasser zersetzt wird, unabhängig von der Art der Bewegung.

Der Inductionsstrom ist nur so lange vorhanden, als die Bewegung dauert; sowie die Bewegung aufhört, verschwindet auch der Inductionsstrom.

Zweiter Fall. (Drehung.)

Ein geschlossener Leiter *ab* (Fig. 118) liege in derselben Ebene, wie der von einem Strom durchflossene Kreis *AB*, und werde um eine in dieser Ebene liegende Axe *KK* gedreht, wobei die nach Aussen führenden Enden in der Axe *KK* bleiben, so dass sie als relativ ruhig zu betrachten sind. Bei jeder Drehung von *ab* entsteht nun ein Strom, und zwar, wenn *ab* anfänglich in der Ebene von *AB* lag, von derselben Richtung, bis *ab* wieder in die Ebene von *AB* eintritt, also bei der ersten halben Umdrehung; bei der zweiten halben Umdrehung haben die Inductionsströme die entgegengesetzte Richtung. Versetzt man also *ab* in rasche und continuirliche Drehung, so erhält man Ströme von wechselnder Richtung, sog. Wechselströme; jeder Strom in der einen Richtung ist gleich stark, wie der folgende in der entgegengesetzten Richtung. Die Nadel eines in *ab* eingeschalteten Galvanometers schwingt deshalb, so lange sie den Impulsen folgen kann, in Einem fort hin und her, ohne einen bleibenden Ausschlag anzunehmen; bei schnellerer Drehung werden die Schwingungen kleiner, und bei sehr schneller Drehung bleibt die Nadel auf Null stehen.

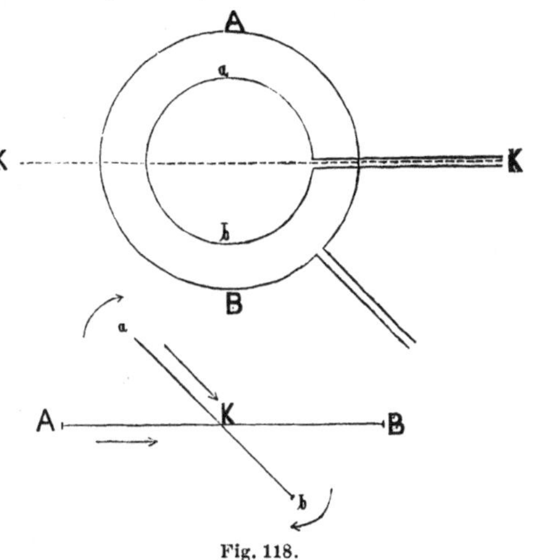

Fig. 118.

Dreht man immer um gleiche Winkel, so sind die erhaltenen Ströme am stärksten, wenn sich *ab* in der Nähe der Ebene von *AB* befindet, am schwächsten in der dazu senkrechten Stellung.

In Bezug auf die Geschwindigkeit der Drehung zeigt sich ein ganz ähnliches Verhalten, wie im ersten Fall; der durch eine Drehung erzeugte Strom ist nur abhängig von Anfang- und Endlage des Leiters *ab*.

Die Richtung der Inductionsströme ist durch Fig. 118 angegeben; entgegengesetzte Drehung gibt entgegengesetzten Strom.

Dritter Fall. (Drehung mit Gleitstelle.)

Unter den mechanischen Fernewirkungen hat sich (S. 167, Fig. 100) ein Fall gefunden, wo ein fester, durchströmter Leiter ein ebenfalls vom Strom durchflossenes Leiterstück in gleichmässige fortdauernde Drehung versetzt. Wenn man bei demselben Apparat in das Leiterstück B keinen Strom schickt, sondern dasselbe mit der Hand oder mechanisch in gleichmässige Drehung versetzt, so entsteht ein constanter Inductionsstrom in dem Stromkreis, von welchem das Leiterstück B einen Theil ausmacht. Und zwar hat der Inductionsstrom die derjenigen entgegengesetzte Richtung, welche der Strom haben müsste, wenn dieselbe Drehung durch die Wirkung des festen Kreisstromes erfolgen würde. Dreht man den Leiter immer um gleiche Winkel, so erhält man gleiche Inductionsströme, von welcher Lage des Leiterstücks auch ausgegangen wird.

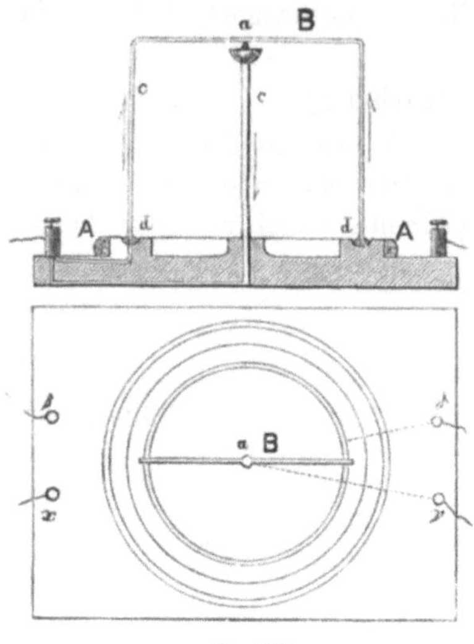

Fig. 119.

Vierter Fall.

(Inductionsströme beim Entstehen und Verschwinden von Strömen.)

Wie beim ersten Fall seien zwei Kreisströme, AB und ab (Fig. 120), in einander gelegt und der letztere mit einem Galvanometer verbunden. Beim Oeffnen und Schliessen des primären Stromes AB erhält man Inductionströme im secundären Kreis ab, ohne dass einer der beiden Leiter bewegt wird; und zwar ist der beim Schliessen entstehende Strom dem primären in AB entgegengesetzt, der beim Oeffnen entstehende gleich gerichtet. Der Inductionsstrom wird bedeutend verstärkt, wenn man im primären, wie im secundären Kreise die einfachen Kreise durch viele Windungen ersetzt.

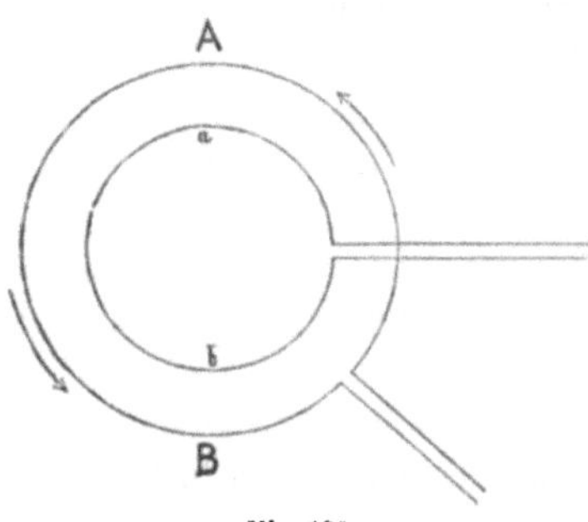

Fig. 120.

Ist ein auf eine Rolle gewickelter Draht in einen Stromkreis eingeschaltet, so wirkt beim Schliessen und Oeffnen des Stromes jede Windung auf die andere, wie oben eine Windung des primären auf eine des secundären Kreises, und man erhält daher beim Schliessen eine Schwächung des Stromes; beim Oeffnen suchen die Inductionsströme gleichsam den Strom zu verlängern, so dass an der Stelle, wo der Strom geöffnet wurde, zwischen den getrennten Drahtenden ein Funken überspringt, der sog. Oeffnungsfunke; die beim Oeffnen in der Rolle erzeugten Inductionsströme treiben die Spannung an der Trennungsstelle so hoch, dass die Elektricität die Luftschicht zu durchbrechen, oder doch die losgerissenen Theile, welche noch den Uebergang bilden, zum Glühen zu bringen vermag. Derselbe Funke tritt auch, obgleich viel schwächer, beim Oeffnen von einfachen, keine Rollen oder Spiralen enthaltenden Stromkreisen auf.

Ein in dem eigenen Leiter des primären Stromes durch Schliessen oder Oeffnen entstehender Inductionsstrom heisst Extrastrom.

39. Erfahrungsgesetze. Die Theorie der Inductionsströme ist heutzutage vollständig entwickelt, wenigstens für diejenigen Fälle, in welchen die Formen der Leiter und die Art ihrer Bewegungen einfacher Natur sind; diese Theorie beruht auf einigen allgemeinen mathematischen Sätzen, durch deren Anwendung der in einem speciellen Fall auftretende Inductionsstrom bestimmt wird.

Die Gesetze der Inductionsströme, welche nachstehend aufgeführt werden, sind nicht jene Sätze der Theorie, sondern Gesetze, welche unmittelbar aus der Beobachtung gewonnen sind, auf welchen jene Theorie erst aufgebaut wurde; die Darstellung dieser Gesetze wird uns genügen, um einen allgemeinen Einblick in das Wesen der Inductionsströme zu gewinnen.

Erstes Gesetz. Die elektromotorische Kraft eines inducirten Stromes ist unabhängig von dem Stoff des Leiters, in welchem der Strom entsteht.

Diese Thatsache wurde experimentell auf folgende Weise festgestellt. Es wurde der Inductionsstrom gemessen, welcher in einer Drahtrolle entstand, wenn dieselbe gegen ein System von Strömen fiel. Solcher Drahtrollen wurden verschiedene angefertigt von verschiedenen Metallen, aber von gleichen Dimensionen, des Drahtes sowohl, wie der Rolle. Da die verschiedenen Drahtrollen natürlich ganz verschiedene Widerstände zeigten, wurde jedesmal so viel Widerstand in den secundären Kreis eingeschaltet, dass der ganze Kreis in jedem Fall denselben Widerstand besass. Die Versuche zeigten nun, dass sämmtliche Rollen gleich starke Inductionsströme lieferten; da der Widerstand bei allen Versuchen derselbe war, musste die elektromotorische Kraft dieselbe gewesen sein.

Zweites Gesetz. Unter gleichen Umständen ist die elektromotorische Kraft des Inductionsstromes proportional der Geschwindigkeit der Bewegung.

Bei den einfachen Fällen der Erzeugung von Inductionsströmen durch Bewegung, siehe oben Fälle 1) und 2), bemerkt man, dass es ganz gleichgiltig ist, ob die Bewegungen schnell oder langsam geschehen, wenn nur Anfangs- und Endlage des Leiters dieselben bleiben, dass also die Stärke des Inductionsstromes nur von diesen beiden Lagen abhängt.

Hiermit ist das obige Gesetz bewiesen. Wenn, z. B. in dem Fall der Drehung mit Gleitstelle S. 180, zwischen derselben Anfangs- und Endlage des bewegten Leiters die Bewegung zuerst mit irgend einer Geschwindigkeit, zum zweiten Male aber mit der doppelten Geschwindigkeit ausgeführt wird, so ist in beiden Fällen die erregte elektromotorische Kraft gleich. Führt man aber in derselben Zeit eine Bewegung mit irgend einer Geschwindigkeit, eine zweite Bewegung mit der doppelten Geschwindigkeit aus, so ist im letzteren Fall die erregte elektromotorische Kraft doppelt so gross, als im ersteren, weil der Drehungswinkel der doppelte ist. Die in der Einheit der Zeit oder in gleichen Zeiten erregte elektromotorische Kraft ist also proportional der Geschwindigkeit der Bewegung.

Dieser Satz gilt eigentlich nur für diejenigen Fälle, in welchen bei constanter Geschwindigkeit constante E. M. K. erzeugt wird, weil nur dann „die Umstände gleich“ sind.

Drittes Gesetz. (Lenz'sche Regel.) Die Richtung des inducirten Stromes ist immer eine solche, dass die Wirkung des inducirenden Stromes auf den inducirten die Bewegung zu hemmen sucht.

Diese wichtige Regel gibt auch in den complicirtesten Fällen, durch Anwendung der Gesetze der mechanischen Fernewirkungen, Aufschluss über die Richtung des inducirten Stromes; wir wollen dieselbe an zwei Beispielen illustriren.

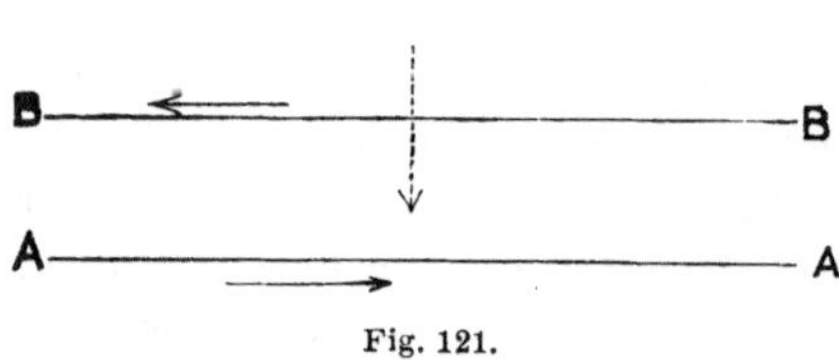

Fig. 121.

Von zwei parallelen, langen Stromleitern BB und AA (Fig. 121) werde A von einem Strom durchflossen, B sei ohne Strom, aber geschlossen, B werde gegen A bewegt. Dann entsteht in B ein Strom, dessen Richtung derjenigen des Stromes in A entgegengesetzt ist; denn in diesem Falle stossen sich die beiden Ströme ab, die Wirkung des inducirenden Stromes auf den inducirten ist also der Bewegung entgegengesetzt.

Ferner werde ein geschlossener, gerader Leiter BB (Fig. 122), welcher senkrecht zur Stromlinie AA steht, in derselben Richtung verschoben, welche der Strom in AA hat. Dann muss der inducirte Strom nach der Kreuzungsstelle zufliessen; denn in diesem Falle sucht der inducirende Strom den Leiter des inducirten Stromes in der seiner Bewegung entgegengesetzten Richtung zu verschieben.

Es folgt ferner aus diesem Gesetze, dass in allen Fällen, in welchen die mechanische Fernewirkung der beiden Ströme auf einander, nach der Richtung der Bewegung, Null wäre, kein inducirter Strom entstehen kann; oder dass ein inducirter Strom nur in den Fällen entsteht, in welchen er die Bewegung seines eigenen Leiters hindern kann.

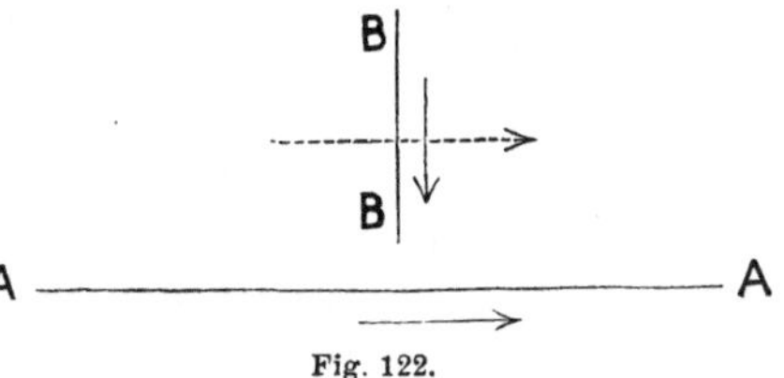

Fig. 122.

Würde z. B. im ersteren der obigen Beispiele die Linie BB nicht senkrecht zu sich selbst bewegt, sondern in ihrer eigenen Richtung fortgeschoben — wobei immer die Linie BB als unendlich lang vorausgesetzt ist — so würde, wenn ein inducirter Strom entstände, der inducirende Strom denselben senkrecht zur Bewegungsrichtung zu bewegen suchen, würde also die Bewegung weder hemmen noch unterstützen; also entsteht kein Strom. Ebensowenig entsteht ein Strom, wenn in dem zweiten Beispiel der Leiter BB in seiner eigenen Richtung nach der Kreuzungstelle hin verschoben würde.

Viertes Gesetz. Die Stärke des inducirten Stromes ist proportional der Stärke des inducirenden Stromes.

40. Grundgesetz. Aus den obigen vier Gesetzen, welche direct aus der Beobachtung abgeleitet sind, lässt sich der vollständige Ausdruck für die in einem Element des inducirten Leiters erregte elektromotorische Kraft ableiten; jene vier Gesetze geben nur einzelne Beziehungen und Eigenschaften dieser Grösse, ihre Vereinigung gibt die Abhängigkeit derselben von allen ursächlichen Momenten, der so gewonnene Ausdruck bildet dann das Elementargesetz der inducirten Ströme.

Denken wir uns einen constanten inducirenden Strom von beliebiger Gestalt auf einen zweiten geschlossenen Leiter von beliebiger Gestalt, welcher in Bewegung begriffen ist, inducirend wirken, und suchen die von dem ersteren Strom in einem Element des letzteren Leiters erregte elektromotorische Kraft zu bestimmen.

Aus den Gesetzen 2) und 4) folgt unmittelbar, dass die inducirte elektromotorische Kraft proportional dem Product aus der Geschwindigkeit des inducirten Stromelements und der Stromstärke des inducirenden Stromes. Wenn daher j der inducirte Strom, J der inducirende,

v die Geschwindigkeit des inducirten Elements und c eine Constante, so ist

a) . . . . $j = c \, . \, v \, . \, J.$

Nun bestimmt aber die Lenz'sche Regel, dass der Strom j stets eine solche Richtung haben müsse, dass die Wirkung von J auf j die Bewegung hemmt. Diese Wirkung kann, wie wir bei den mechanischen Fernewirkungen gesehen haben, jede beliebige Richtung haben, je nach Lage und Form des Stromkreises und des Elementes. Man muss sich daher jene Wirkung zerlegt denken in drei Componenten, nach der Richtung der Bewegung und nach zwei zu derselben senkrecht stehenden Richtungen; dann bestimmt die Lenz'sche Regel, dass die nach der Bewegungsrichtung genommene Componente der Wirkung von J auf ein Element s des inducirten Leiters entgegengesetzt der Bewegung oder Geschwindigkeit gerichtet sein müsse.

Diese Componente ist, wie wir bei den mechanischen Fernewirkungen gesehen haben, proportional den Strömen j und J und einer Grösse C, welche nur von Form und Lage der Leiter abhängig ist, also $= j \, . \, J \, . \, C$; ferner nehmen wir die jeweilige Bewegungsrichtung des inducirten Elementes s als positive Richtung an. Dann muss nach der Lenz'schen Regel jene Componente der mechanischen Fernewirkung stets einen negativen Werth haben, d. h. der Bewegung entgegengesetzt gerichtet sein, oder

b) . . . . $j \, . \, J \, . \, C < o.$

Aus dieser Gleichung geht unmittelbar hervor, dass der inducirte Strom j abhängig sein muss von der Grösse der mechanischen Fernewirkung der beiden Ströme auf einander.

Die Grösse JC ist nämlich nichts anders, als die nach der Bewegungsrichtung genommene Componente der mechanischen Fernewirkung des Stromes J auf das Element s, wenn in diesem letzteren der Strom 1 vorhanden ist. Sobald die Grösse JC ihr Zeichen wechselt, so muss auch j sein Zeichen wechseln, da nach der Gleichung b) das Product jJC stets dasselbe Zeichen haben muss; dies ist aber nur möglich, wenn der inducirte Strom von der Grösse der mechanischen Fernewirkung, bezogen auf $j = 1$, abhängig ist. Diese letztere ändert ihr Zeichen, erstens, wenn der Strom J sein Zeichen ändert; zweitens aber können auch Lage und Form des Stromes J sich so verändern, dass die mechanische Fernewirkung umschlägt, z. B. aus einer Anziehung eine Abstossung wird; in beiden Fällen muss auch der inducirte Strom j sein Zeichen ändern.

Die beiden Thatsachen, dass j eine Function ist von JC, die gleichzeitig mit JC ihr Zeichen ändert, und dass j proportional J ist

(Gleichung a), sind, wie die Mathematik lehrt, nur vereinbar, wenn j auch proportional ist C.

Auf diese Weise erhält man für j folgenden Ausdruck:

$$j = -a s v J C$$

wo a eine positive Constante, s die Länge des Elementes, in welchem Strom inducirt wird.

Der inducirte Strom j wird aber ebenso, wie ein stationärer Strom, dargestellt durch den Quotienten $\frac{e}{w}$, wo e die inducirte elektromotorische Kraft, w der Widerstand des Elementes s; die Grösse e muss daher demselben Ausdruck gehorchen, wie j, nur mit dem Unterschied, dass für a eine andere Constante, die wir ε nennen wollen, einzusetzen ist.

Der Ausdruck für die durch den Strom J in einem mit der Geschwindigkeit v bewegten Leiterelement s inducirte elektromotorische Kraft ist daher

$$\text{I.} \quad e = -\varepsilon s v J C$$

wo die Richtung der Geschwindigkeit als positiv angenommen ist und C die nach dieser Richtung genommene Componente der mechanischen Fernewirkung des inducirenden Stromes auf den inducirten bedeutet für den Fall, dass jeder dieser Ströme $= 1$ ist.

Die Constante ε ist für alle Körper dieselbe. Dies geht unmittelbar aus dem ersten Gesetz hervor. Es sind in dem gegebenen Ausdruck für die inducirte elektromotorische Kraft alle Grössen vorhanden, welche auf dieselbe Einfluss ausüben; da im Falle der Gleichheit dieser Grössen die inducirte elektromotorische Kraft bei allen Körpern dieselbe ist, so muss die Constante ε einen universellen Charakter haben. Die Constante ε heisst Inductionsconstante.

41. Induction in geraden Leitern. Das besprochene Elementargesetz zeigt deutlich, in welch innigem Zusammenhang die elektrischen Fernewirkungen mit den mechanischen stehen; wenn von irgend zwei Stromkreisen die mechanische Fernewirkung bekannt ist, so ist dadurch zugleich auch die elektrische Fernewirkung bestimmt. Wir gehen nun, in ähnlicher Weise wie bei der mechanischen Fernewirkung, S. 164 ff., die wichtigsten Fälle der verschiedenen Leiterformen durch, von der geraden Linie bis zur galvanischen Schraube.

In dem Fall von zwei parallelen Geraden, AA und BB (Fig. 123), von welchen die eine, AA, von einem Strom durchflossen wird, die andere, BB, der ersteren genähert oder von derselben entfernt wird. Hier, wie bei allen folgenden Fällen

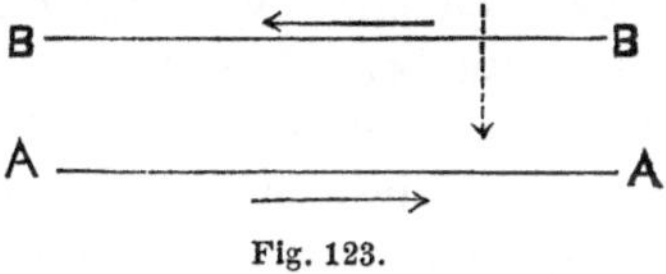

Fig. 123.

wird vorausgesetzt, dass der secundäre Kreis, AA, geschlossen ist, wie der primäre. Bei der Annäherung entsteht in BB ein dem Strom in AA entgegengesetzt gerichteter, bei der Entfernung ein gleich gerichteter Strom.

Wenn AA und BB in derselben Ebene liegen und zu einander senkrecht stehen (Fig. 124), jedoch so, dass BB nur bis AA reicht, nicht über AA weg, so erfolgt (siehe S. 167) eine Fortführung in der Richtung des Stromes in AA, wenn in BB ein Strom von der Kreuzungsstelle weg, und eine Fortführung in der entgegengesetzten Richtung, wenn in BB ein Strom nach der Kreuzungsstelle hin fliesst. Also muss in BB ein nach der Kreuzungsstelle hin fliessender Strom inducirt werden, wenn BB in der Richtung des Stromes AA fortgeführt wird, ein von der Kreuzungsstelle weg fliessender Strom dagegen, wenn die Fortführungsrichtung von BB der Stromrichtung in AA entgegengesetzt ist.

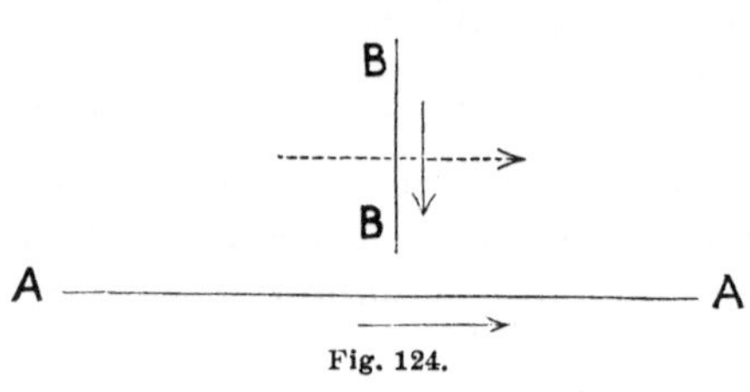

Fig. 124.

Wird BB in seiner eigenen Richtung weiter bewegt, so entsteht kein Strom, aus demselben Grunde, aus welchem im vorigen Fall BB in seiner eigenen Richtung fortgeführt wurde: weil nämlich die mechanische Fernewirkung in diesen Fällen Null ist.

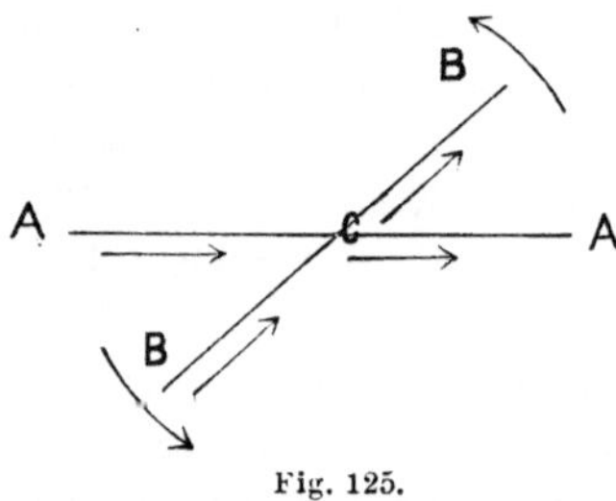

Fig. 125.

Wenn zwei gerade Leiter, AA und BB, sich kreuzen, wie in Fig. 125, so entsteht, wenn beide von Strömen durchflossen werden, und die Mitte beider Leiter in dem Kreuzungspunkt C liegt, keine Fortführung, wie im vorigen Fall oder auch hier, wenn BB nur bis zum Kreuzungspunkt reicht, sondern eine Drehung (siehe S. 168). Ist nun der Leiter BB stromlos, so entsteht ein Inductionsstrom, wenn er gedreht wird, und zwar stets ein solcher, der den Leiter wieder zurück zu drehen sucht, wie in der Figur angedeutet.

42. Induction von unendlich kleinen Stromkreisen und galvanischen Schrauben. Der Ampère'sche Satz, mittelst dessen die Wirkung irgend zweier Stromkreise auf einander in die Summe der Wirkungen der vielen kleinen Stromkreise zerlegt wird, lässt sich unmittelbar auch auf die Inductionsströme anwenden.

Wenn irgend ein fester Stromkreis gegeben ist und ein Element eines Leiters, welches bewegt wird, so denkt man sich den Stromkreis in der S. 168 u. ff. angegebenen Weise durch ein die Fläche des Stromkreises continuirlich bedeckendes System von kleinen Stromkreisen ersetzt. Kennt man die Inductionen, welche die einzelnen Stromkreise in dem Element hervorrufen, so hat man diese Wirkungen nur zu summiren, um die Wirkung des ganzen Stromkreises zu finden.

Wird nicht nur ein Element jenes Leiters bewegt, sondern eine Anzahl Elemente, ein endliches Stück oder der ganze Leiter, so hat man das bewegte Stück in Elemente zerlegt zu denken, die Induction des festen Stromkreises auf dieselben zu suchen und zu summiren.

Diese Betrachtungen, welche in dem allgemeinen Fall complicirt und ohne höhere Rechnung unübersehbar sind, gestalten sich in den meisten Fällen der Praxis, in Inductionsapparaten, ganz einfach; und es wird wenige unter jenen gewöhnlichen Fällen geben, wo sich nicht wenigstens die Richtung des Inductionsstromes durch einfache Ueberlegung in der von uns angewandten Weise, ohne Rechnung, angeben lässt.

Sämmtliche Hauptfälle der Induction, welche durch die Einführung des unendlich kleinen Stromkreises entstehen, lassen sich an der Hand der in 35 ff. besprochenen mechanischen Fernewirkung mit Leichtigkeit entscheiden, d. h. die Richtung des Inductionsstromes angeben. Dort bestimmt man die Kraft, welche ein fester, vom Strom durchflossener Leiter, ein unendlich kleiner Stromkreis oder eine galvanische Schraube auf einen beweglichen Leiter, ein Stromelement, einen kleinen Stromkreis oder eine galvanische Schraube ausübt, bei gegebenen Stromesrichtungen; hier dagegen ist der bewegliche Leiter stromlos gedacht, und der Inductionsstrom soll bestimmt werden, welcher bei einer gegebenen Bewegung des Leiters entsteht. Nach dem Vorhergehenden müssen in den in 35 ff. besprochenen Fällen die den beweglichen Leitern dort zugeschriebenen Ströme entstehen, wenn die betreffenden Bewegungen in den Richtungen erfolgen, welche bez. den dort angegebenen Bewegungsrichtungen entgegengesetzt sind.

In Fall 1) z. B., siehe Seite 170, der Wirkung eines kleinen Stromkreises *abcd* auf ein Stromelement *e*, sucht der Stromkreis, wenn die Stromrichtungen die in der Figur angegebenen sind, das Element in der Richtung der positiven *z* fortzuführen. Also muss umgekehrt in demselben Falle, bei derselben Stromrichtung in *abcd*, in dem Element *e* ein Inductionsstrom von der in der Figur bezeichneten Richtung entstehen, wenn dasselbe in der Richtung der negativen *z*, also nach unten, fortgeführt wird.

Auch die Fälle, in welchen die Bewegungen nicht nach den in

jenen Hauptfällen angegebenen Richtungen erfolgen, sondern in beliebigen anderen Richtungen, lassen sich leicht auf jene zurückführen.

Sind beide Leiter vom Strom durchflossen, ist aber in einem der Fälle von 35 ff. der bewegliche Leiter nach einer anderen Richtung hin beweglich, als nach derjenigen, nach welcher ihn der feste Strom zu treiben sucht, so ist klar, dass dann die Bewegung mit der Kraft der Componente erfolgt, welche man erhält, wenn man die Resultante, deren Richtung bekannt ist, auf die dem Leiter vorgeschriebene Bewegungsrichtung projicirt. Umgekehrt, ist der bewegliche Leiter stromlos und wird in einer anderen, als der jener Resultante entgegengesetzten Richtung bewegt, so entsteht in demselben ebenfalls nur eine Componente des Inductionsstromes, welcher im Fall der Bewegung nach jener Richtung entstehen würde; die Componente nämlich, welche man erhält, wenn man den letzteren Inductionsstrom der Richtung und Grösse nach aufzeichnet und auf die vom Leiter eingeschlagene Bewegungsrichtung projicirt.

Ist die mechanische Fernewirkung in einem der in 35 ff. besprochenen Fälle Null, so ist auch der Inductionsstrom in dem entsprechenden Falle Null.

Wir wollen, ohne die einzelnen Fälle nochmals zu besprechen, auf einige allgemeine Eigenthümlichkeiten derselben aufmerksam machen.

Ein Stromelement, auf welches ein kleiner Stromkreis oder der Pol einer galvanischen Schraube einwirkt, wird stets senkrecht zu seiner eigenen Richtung bewegt; bei der Einwirkung eines kleinen Stromkreises kommt es vor, dass das Element zwar senkrecht zu seiner eigenen Richtung, in derjenigen der Verbindungslinie, bewegt wird, bei der Einwirkung des Poles einer galvanischen Schraube dagegen findet die Bewegung stets senkrecht zur Verbindungslinie statt.

Hieraus folgt, dass ein Leiterelement, bei Einwirkung eines kleinen Stromkreises oder des Poles einer galvanischen Schraube, stets in einer zu seiner eigenen senkrechten Richtung bewegt werden muss, um den stärksten Inductionsstrom zu geben; bei Einwirkung des Poles einer galvanischen Schraube ferner muss die Bewegung nicht nur senkrecht zu der Richtung des Elementes, sondern auch noch senkrecht zur Verbindungslinie stattfinden. Finden die Bewegungen nicht in den angegebenen Richtungen statt, so müssen sie doch Componenten nach diesen Richtungen besitzen, wenn Inductionsströme entstehen sollen.

Der Pol einer galvanischen Schraube ist, wenn man nur dessen Fernewirkungen betrachtet, nur als ein Punkt zu betrachten. Nach der Natur der Schraube stellt derselbe allerdings eine kleine Fläche vor; da aber die Richtung dieser Fläche für mechanische und elektrische Fernewirkungen gleichgültig ist, so darf man sich für diesen Zweck denselben als Punkt vorstellen.

Wenn man daher ein Stromelement um eine durch den Pol einer galvanischen Schraube gelegte Axe dreht, so können elektrische und mechanische Fernewirkung sich nicht ändern, weil die Entfernung des Stromelements vom Pole und die relative Lage desselben zu der Verbindungslinie sich nicht ändern. Leitet man daher einen Strom durch das Element, so wird es sich um eine durch den Pol gehende, zu seiner eigenen Richtung parallel liegende Axe drehen, also senkrecht zu seiner eigenen Richtung und Entfernung; ist der Leiter stromlos, und wird er um die angegebene Axe gedreht, so entsteht ein Inductionsstrom in demselben, welcher bei gleichförmiger Drehung völlig constant ist.

Wenn aber auch die Entfernung eines Stromelementes von dem Pole sich ändert, so bleibt doch die Richtung des in demselben erzeugten Inductionsstromes dieselbe, wenn die Bewegung stets gleichsam auf derselben Seite der durch das Element und die Verbindungslinie gelegten Ebene liegt, oder, genauer ausgedrückt, wenn die senkrecht zu der durch Element und Verbindungslinie gelegten Ebene genommene Componente der Bewegung ihre Richtung nicht umkehrt.

Fig. 126.

Dies ist z. B. der Fall bei einem ebenen, kreisförmigen Leiter (Fig. 126), dessen Ebene senkrecht zur Verbindungslinie des Mittelpunktes mit dem Schraubenpol p steht, und welcher in der Richtung dieser Verbindungslinie sich über den Pol p weg bewegt. Bei dieser Bewegung entstehen sowohl bei der Annäherung an den Pol, als bei der Entfernung von demselben Inductionsströme derselben Richtung, und zwar von der in der Figur angegebenen, wenn p ein Nordpol.

Die Einwirkung von zwei kleinen Stromkreisen auf einander, sowie diejenige von zwei Polen von galvanischen Schrauben auf einander, werden wir später, nachdem wir den Magnetismus kennen gelernt haben, unter einem einfacheren Gesichtspunkte betrachten lernen.

43. Induction durch Entstehen und Verschwinden von Strömen; Selbstinduction. Die Inductionsströme, welche in einem Leiter durch Entstehen und Verschwinden des Stromes in einem benachbarten Leiter oder in demselben Leiter (4. Fall, siehe S. 180) erzeugt werden, lassen sich in einfacher Weise auf den bisher betrachteten Fall zurückführen, in welchem die Bewegung des Leiters Inductionsströme erzeugt.

Wenn z. B. zwei lange gerade Leiter, AA und BB, parallel neben einander liegen, und in BB Inductionsströme erregt werden bei dem Entstehen und Verschwinden des Stromes in AA, so ist es, so lange AA ohne Strom ist, für BB gleichgültig, ob AA überhaupt vorhanden ist oder nicht; so lange daher AA ohne Strom ist, dürfen wir uns auch vorstellen, als ob AA vom Strom durchflossen werde, sich aber in unendlicher Entfernung von BB befinde. Entsteht nun in AA ein Strom, so ist es für das Entstehen von Inductionsströmen in BB dasselbe, als wenn der vom Strom durchflossene Leiter AA plötzlich aus unendlicher Entfernung in die Nähe von BB gebracht würde, und zwar mit derselben Geschwindigkeit, mit welcher ein Strom in AA entsteht, also mit einer sehr grossen Geschwindigkeit. Ebenso muss das Verschwinden des Stromes in AA denselben Inductionsstrom in BB erzeugen, wie wenn der vom Strom durchflossene Leiter AA plötzlich aus der Nachbarschaft von BB in sehr grosse Entfernung abgerückt würde. Da es ferner für die Erzeugung von Inductionsströmen nur auf die relative Lage beider Leiter ankommt, so dürfen wir uns auch denken, als ob diese Bewegungen am inducirten Leiter stattfinden. Die Entstehung eines Stromes in AA darf alsdann so aufgefasst werden, als ob BB plötzlich aus grosser Entfernung in die Nähe von AA gebracht würde, das Verschwinden des Stromes in AA, als ob BB plötzlich aus der Nähe von AA in grosse Entfernung abgerückt würde, wobei AA stets als von einem constanten Strom durchflossen gedacht wird.

Nun haben wir aber S. 180 gesehen, dass bei der Annäherung von BB in demselben ein dem Strom in AA entgegengesetzt gerichteter Strom entsteht, bei der Entfernung ein gleichgerichteter; also muss beim Entstehen des Stromes in AA ein entgegengesetzt gerichteter Strom in BB entstehen, beim Verschwinden des Stromes in AA ein gleichgerichteter in BB.

Im Falle des sog. Extrastroms treten die Inductionen in demselben Leiter auf, in welchem der Strom entsteht und verschwindet; dieser Fall ist auf den vorigen zurückzuführen, wenn man sich AA und BB als dicht neben einander liegend vorstellt. Es wird hierdurch klar, dass dieser Fall sich von dem vorigen nur durch grössere Intensität der Inductionsströme unterscheiden kann, die Richtungen bleiben dieselben; beim Entstehen des Stromes in einem Leiter muss daher ein entgegengesetzt gerichteter, beim Verschwinden ein gleichgerichteter Inductionsstrom auftreten; der Extrastrom schwächt daher den entstehenden Strom, wird dagegen der Strom unterbrochen, so sucht der Extrastrom denselben gleichsam zu verlängern — daher das Auftreten des sog. Oeffnungsfunkens.

Den Grund der Erscheinung der Extraströme bezeichnet man auch mit dem Namen: Selbstinduction. Wenn in zwei getrennten Stromkreisen das Entstehen oder Verschwinden jedes Stromstücks in dem einen Kreis inducirend auf jeden Theil des anderen Kreises wirkt, so muss auch in demselben Kreis, in welchem Strom entsteht oder verschwindet, jeder einzelne Theil inducirend auf alle übrigen wirken, ja sogar die verschiedenen Stromtheile, die parallel zu einander in demselben Drahtstück liegen, und diese Induction nennt man Selbstinduction. Kein Leiter ist ohne Selbstinduction; auch wenn man einen Draht so ziehen könnte, dass er vollständig von Nichtleitern umgeben wäre und alle übrigen existirenden Körper nicht leitend wären, würde dennoch durch die Wirkung seiner einzelnen Theile eine Induction erzeugt; und zwar wirkt die Selbstinduction, wie alle Inductionsströme, stets hindernd auf den Vorgang in dem inducirenden Körper, der hier zugleich der inducirte ist, indem sie das Entstehen des Stromes verlangsamt, das Verschwinden verlängert.

Die Selbstinduction ist eine elektromotorische Kraft, welche am Anfang des Entstehens oder Verschwindens des Stromes am grössten ist, dann abnimmt und verschwindet. Weil sie der E. M. K. des Stromes entgegenwirkt, also eine Gegenkraft vorstellt, wirkt sie ähnlich

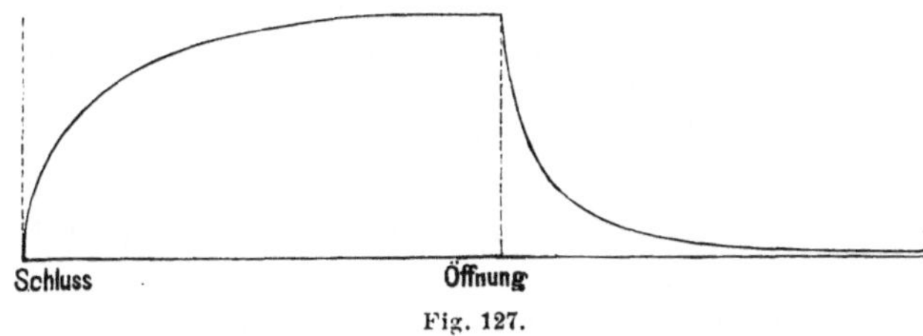

Fig. 127.

wie die E. M. Gegenkraft einer in den Stromkreis eingeschalteten Zersetzungszelle; nur verschwindet die letztere nicht, sondern wächst zu einem Maximum.

Bei der Entstehung des Hauptstromes kann also, wenn die E.M.K. der Batterie auch constant ist, nicht sogleich die volle Stromstärke auftreten, sondern sie wächst, die Gegenkraft der Selbstinduction immer mehr überwindend, allmählig an; beim Verschwinden des Hauptstromes ist die Gegenkraft der Selbstinduction der E. M. K. des Hauptstromes gleichgerichtet und verlängert denselben; Fig. 127 stellt den Verlauf des Entstehens und Verschwindens eines durch Selbstinduction gehemmten Stromes graphisch dar.

Sind zwei Drähte einander parallel ausgespannt, jeder einem besonderen Stromkreis angehörig, so wirken beim Entstehen und Verschwinden der Ströme sowohl Selbstinduction als die von einem Draht auf den anderen wirkende, gegenseitige Induction. Ist nur Ein Kreis geschlossen, so wirkt nur Selbstinduction in demselben; werden beide Kreise geschlossen, so wirken beide Arten von Inductionen. Die gegenseitige Induction ist aber um so grösser, je kleiner die Entfernung der Drähte; denkt man sich beide Drähte in einen einzigen zusammenfallend, so ist die gegenseitige Induction gleich der Selbstinduction.

Wird ein Draht auf eine Rolle aufgewickelt, so wird dadurch seine Selbstinduction ganz bedeutend vergrössert, da die einzelnen Theile des Drahtes einander viel näher gebracht sind, als bei einem gerade ausgespannten Draht. Während die Erscheinungen der Selbstinduction in dem letzteren Fall nur bei sehr schnell wechselnden Strömen, wie z. B. den Telephonströmen, sich beobachten lassen, können sie bei jeder Drahtrolle leicht und mit gewöhnlichen Mitteln wahrgenommen werden.

Aus diesem Grunde ist man genöthigt, bei Construction von künstlichen, zum Experimentiren bestimmten Widerständen die bifilare Wickelung anzuwenden, s. Fig. 128; bei derselben laufen die beiden Hälften des Drahtes parallel neben einander her und werden vom Strom in umgekehrter Richtung durchlaufen. Während bei einer einfach gewickelten Rolle jedes Drahtstück von lauter parallelen Drahtstücken mit gleicher Stromrichtung umgeben ist, gibt es bei der bifilaren Wickelung ebensoviel Drahtstücke mit der einen, als mit der entgegengesetzten Stromrichtung; die Wirkung der benachbarten Drähte wird daher ganz aufgehoben oder auf ein Minimum reducirt.

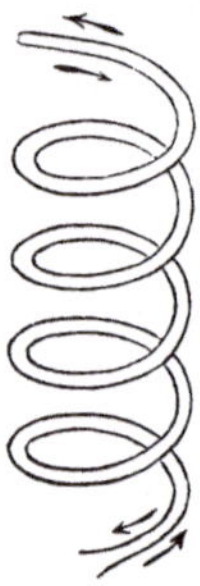

Fig. 128.

In noch höherem Masse als durch das Aufwickeln des Drahtes, wird die Selbstinduction durch Annäherung von Eisenmassen, namentlich Einstecken eines Eisenkerns in die Rolle erhöht; hiervon wird noch weiter unten die Rede sein.

44. Inductionsströme durch Stromveränderung; Inductionsströme höherer Ordnung. Aus der vorstehenden Erklärung der Induction bei ruhenden Leitern geht hervor, dass nicht nur durch das Entstehen und Verschwinden eines Stromes Inductionsströme erzeugt werden müssen, sei es in einem benachbarten Leiter, sei es in dem eigenen, sondern durch jede Veränderung des Stromes. Denn wenn z. B. im inducirenden Leiter A zuerst der Strom J entsteht, so erregt dies in dem inducirten Leiter B einen Strom j, welcher dem Strom J proportional ist, und welcher rasch verläuft; steigt nun der Werth des Stromes J auf J_1, so muss dies auf den Leiter B denselben Einfluss haben, als wenn im Leiter A der Strom $J_1—J$ entstände; wenn daher j_1 der Inductionsstrom, welcher in B hervorgerufen würde durch das Entstehen des Stromes J_1 in A, so muss das Steigen des Stromes J auf den Werth J_1 den Inductionsstrom $j_1—j$ im Leiter B erzeugen. Fällt der Strom J auf einen geringeren Werth J_2, so inducirt diese Veränderung in B denselben Inductionsstrom, als wenn in A der dem Strom

J entgegengesetzt gerichtete Strom — $(J—J_2)$ entstanden, oder der gleichgerichtete Strom $J—J_2$ verschwunden wäre.

In Bezug auf die Richtung des Inductionsstromes übt also das Steigen des primären Stromes eine ähnliche Wirkung aus wie das Entstehen desselben, das Fallen eine ähnliche Wirkung wie das Verschwinden; und zwar gilt dies ebenso für die Induction in einem benachbarten Leiter, als für diejenige im eigenen.

Hat man complicirtere Stromsysteme, in denen mehrere primäre Ströme auf denselben inducirten Leiter wirken, so hat man stets die Wirkungen einzeln zu bestimmen und dann zu addiren. Wenn z. B. zu gleicher Zeit sich ein vom Strom durchflossener Leiter A dem inducirten Leiter L nähert, ferner im Leiter B ein Strom entsteht und im Leiter C der Strom auf die Hälfte eines Werthes heruntersinkt, so stören sich alle diese Wirkungen auf L unter einander nicht, sondern man hat sich vorzustellen, dass jeder der Leiter A, B, C seinen Inductionsstrom in L erregt und dass dann die Summe dieser Inductionsströme der wirklich in L auftretende Strom ist. Gleiche Inductionsströme von entgegengesetzter Richtung heben sich natürlich auf.

Aus der allgemeinen Thatsache, dass jede Stromveränderung in einem Leiter einen Inductionsstrom in einem Leiter hervorruft, muss unmittelbar geschlossen werden, dass primäre Ströme, welche auf irgend eine Weise einen Inductionsstrom erzeugen, nicht constant bleiben, wie wir bisher stillschweigend annahmen, sondern dass dieselben durch das Auftreten der Inductionsströme kleine Aenderungen erfahren. Wird z. B. ein gerader Leiter BB aus grosser Entfernung plötzlich bis dicht an einen vom Strom durchflossenen anderen geraden Leiter AA herangerückt, so entsteht in BB ein Strom; die Entstehung dieses Stromes erzeugt aber in AA wieder einen schwachen Inductionsstrom, welcher die Stärke des primären Stromes verändert. Dies geht noch weiter; die Stromänderung in AA hat wieder eine Stromänderung in BB zur Folge, diese wiederum eine solche in AA u. s. w.

Man nennt nun den direct durch den primären Strom hervorgerufenen Inductionsstrom einen solchen erster Ordnung, die übrigen, welche durch denjenigen erster Ordnung erzeugt werden, heissen von zweiter, dritter u. s. w., allgemein höherer Ordnung.

Praktisch haben die Inductionsströme höherer Ordnung wenig Bedeutung, da sie nur geringe Stärke besitzen. Schon der Inductionsstrom erster Ordnung kann nur einen Theil der Stärke des primären Stromes besitzen, derjenige zweiter Ordnung steht in einem ähnlichen Verhältniss zu demjenigen erster Ordnung, wie dieser zum primären; die Inductionsströme müssen daher mit der Höhe der Ordnung rasch abnehmen.

Wir sehen jedoch auch aus diesem Beispiel, in welch allgemeiner Weise die Erscheinung der Inductionsströme auftritt. —

Wir werden später, nach Behandlung des Magnetismus und Elektromagnetismus, auf die Erscheinungen und Gesetze der Inductionsströme noch einmal zurückkommen und dann erst die zahlreichen Experimente und Apparate kennen lernen, welche auf der Entstehung und Wirkung dieser Ströme beruhen; in principieller Beziehung jedoch wird nichts mehr hinzuzufügen sein, sondern sämmtliche Erscheinungen werden sich an der Hand der vorstehend behandelten Stromgesetze ohne Schwierigkeit erklären.

G. Die Erhaltung der Energie im Stromkreise.

45. Einleitung. Das Princip von der Erhaltung der Energie ist ein allgemeines physikalisches Princip, welches für alle Naturkräfte gültig ist; dasselbe lässt sich dahin aussprechen: „keine Arbeit kann aus Nichts entstehen“.

Dieser Satz, welcher schon lange in seiner Allgemeinheit mehr stillschweigend die Grundlage aller physikalischen Speculationen bildete, hat in den letzten Jahrzehnten bekanntlich eine ausgedehnte directe Anwendung, namentlich auf Wärmeprocesse, gefunden und zu den wichtigsten Resultaten geführt. Diese Resultate sind namentlich auch in die Processe der Technik eingeführt worden, da es sich in denselben meistens darum handelt, einer vorhandenen Arbeitskraft eine andere Form zu geben, ein Fall, welcher die unmittelbare Anwendung jenes Princips gestattet. Daher kommt es, dass man in neuerer Zeit gewohnt ist, alle physikalischen Vorgänge, welche eine Beziehung zu dem Princip der Erhaltung der Energie darbieten, in diesem Lichte zu betrachten.

Dieses grosse Princip führt auf Resultate zweierlei Art: einerseits können Gesetze, welche durch Beobachtung ermittelt wurden, aus diesem Princip abgeleitet, also als wirkliche Naturgesetze erkannt werden, andererseits ergibt die Anwendung dieses Princips direct neue Gesetze und neue Muthmassungen über das innere Wesen der Vorgänge, welche an der Hand der blossen Erfahrung oft schwierig oder gar nicht zu erhalten gewesen wären.

Die Absicht, welche der folgenden Darstellung zu Grunde liegt, geht bloss dahin, die Vorgänge im Kreise des elektrischen Stromes aus dem Gesichtspunkt der Erhaltung der Energie im Allgemeinen zu beleuchten, namentlich aber gleichsam den mechanischen Werth jener Vorgänge, d. h. das Verhältniss der im Stromkreise vorkommenden Formen der Energie zu einander darzulegen.

Von diesen Formen betrachten wir nur die wichtigsten, nämlich von den stromerzeugenden: Strombildung durch chemische Vorgänge und durch Induction, von den durch den Strom erzeugten: Erwärmung der Leiter, chemische Zersetzung durch Elektrolyse, mechanische und elektrische Fernewirkungen.

Was die Begriffe von Kraft, Arbeit, Arbeitskraft, Energie betrifft, so erinnern wir daran, dass die Kraft das Bestreben, eine Bewegung hervorzurufen, ist, wie z. B. ein Druck, ein Gewicht, Arbeit gleich dem Product einer Kraft mit einem Weg ist (Kilogrammmeter), Arbeitskraft die Fähigkeit, eine bestimmte Arbeit in der Einheit der Zeit zu erzeugen (Pferdekraft), endlich Energie der allgemeinere Ausdruck für Arbeit ist, welcher ihre sämmtlichen physikalischen und chemischen Formen einschliesst.

46. Ableitung des Joule'schen Gesetzes. Einer der in der vorliegenden Beziehung einfachsten Fälle ist die Erregung eines Stromes in einem geschlossenen Draht durch Induction, d. h. durch Bewegung gegen einen vom Strom durchflossenen Leiter oder Magneten. In diesem Falle ist unmittelbar klar, dass die Arbeitskraft, welche der in dem Draht inducirte Strom vorstellt, nur in eine andere Form umgewandelt wird, nämlich in Wärme; hierbei setzen wir allerdings voraus, dass der inducirte Leiter selbst keine Inductionsströme in anderen Leitern errege. Da wir das Gesetz der Induction und auch das Gesetz der Wärmeentwicklung kennen, muss das Princip der Erhaltung der Energie eine neue Beziehung zwischen diesen Gesetzen geben und dient zugleich als Prüfstein derselben.

Wir nehmen den Inductionsstrom der Einfachheit halber als constant an, z. B. wie in dem auf S. 180 besprochenen Fall, wo der primäre Stromleiter eine unendliche Gerade, der secundäre eine auf jener senkrecht stehende, nicht über dieselbe hinausragende Gerade bildet, welche längs der unendlichen Geraden fortgeführt wird; wenn in diesem Fall die Geschwindigkeit constant ist, so ist auch der Inductionsstrom constant. Wenn v die Geschwindigkeit, ε die Inductionsconstante, C die der mechanischen Fernewirkung entsprechende Grösse, J der inducirende Strom, w der Widerstand des inducirten Leiters, so ist der inducirte Strom

$$j = -\frac{\varepsilon J C v}{w}.$$

Die Kraft, mit welcher der Strom J den inducirten Leiter in seiner Bewegung hemmt, ist aber, wie S. 184 auseinander gesetzt,

$$K = jJC.$$

Die Arbeit, welche die Ueberwindung dieser Kraft in der Zeiteinheit kostet, welche also von der den inducirten Leiter bewegenden

Hand oder Maschine in der Zeiteinheit geleistet werden muss, ist das Product jener Kraft und des in der Zeiteinheit zurückgelegten Weges oder der Geschwindigkeit, also, wenn A diese Arbeit bedeutet,

$$A = Kv = jJCv.$$

Setzt man hierin für JCv den aus der ersten Gleichung sich ergebenden Werth

$$JCv = -\frac{jw}{\varepsilon}, \text{ so folgt}$$

$$A = -\frac{1}{\varepsilon} j^2 w.$$

Die Arbeit A, welche die Erzeugung des inducirten Stromes kostet, wird vollständig in Wärme verwandelt; es muss eine gewisse Arbeitskraft aufgewendet werden, um den inducirten Leiter zu bewegen, aber dafür erwärmt sich der Leiter, und diese Wärme stellt ebensoviel gewonnene Arbeitskraft vor, als die verbrauchte mechanische Arbeitskraft A beträgt. Wäre die dieser Wärme entsprechende Arbeit grösser als A, so wäre der Ueberschuss der Wärme über die mechanische Arbeit aus Nichts entstanden; wäre die Wärme kleiner als die mechanische Arbeit, so wäre der Ueberschuss der letzteren über die erstere vernichtet worden. Sowohl die Entstehung, als die Vernichtung einer Arbeitskraft ist aber nach dem Princip der Erhaltung der Energie unmöglich; eine vorhandene Energie kann andere Formen annehmen und auf andere Körper übergehen, muss aber stets denselben Werth behalten.

Wenn a das mechanische Aequivalent der Wärme, d. h. die Arbeit, welche gleich der Einheit der Wärmemenge ist, und W die im obigen Beispiel im inducirten Draht in der Zeiteinheit entstehende Wärme, so ist

$$W = \frac{1}{a} A = -\frac{1}{\varepsilon a} j^2 w,$$

oder, wenn wir statt $-\frac{1}{\varepsilon a}$ eine neue Constante p schreiben,

$$1) \quad \ldots\ldots\ldots \quad W = p \,.\, j^2 w.$$

Diese Gleichung ist aber nichts anderes als das Joule'sche Gesetz (siehe S. 109); hiermit ist also bewiesen, dass dieses Gesetz eine Folge ist aus dem Inductionsgesetz und dem Princip der Erhaltung der Energie. Ferner geht aus dieser Ableitung des Joule'schen Gesetzes die Bedeutung der Inductionsconstante ε hervor; die Erörterung derselben würde uns jedoch zu weit führen; auch die inducirende Rückwirkung des Inductionsstromes auf den primären Strom berücksichtigen wir nicht, da dieselbe hier nur von untergeordneter Bedeutung ist.

47. Elektromotorische Kraft und chemische Arbeit. In dem im Vorigen erörterten Fall bildete die Arbeitskraft des elektrischen Stromes eine Uebergangsform zwischen mechanischer Arbeit und Wärme, sie entstand aus der ersteren und wandelte sich in die letztere um; wir betrachten nun den Fall, wo die Arbeitskraft des Stromes aus chemischer Arbeit hervorgeht.

Ein galvanisches Element sei durch einen Draht geschlossen; wir wissen, dass der hierdurch entstehende Strom in allen Theilen des Schliessungskreises Wärme entwickelt, in dem Draht sowohl als in dem Element. Diese Wärme ist, wie im vorigen Fall, gewonnene Arbeit; die entsprechende verlorene Arbeit liegt in den chemischen Vorgängen des Elements, hauptsächlich in der Auflösung des Zinks.

Ein Stück Zink und eine zur Auflösung desselben genügende Menge Schwefelsäure stellt eine aufgespeicherte Arbeitskraft vor, welche man in jedem Augenblick in Thätigkeit setzen und in eine andere Form von Arbeitskraft umwandeln kann. Steckt man das Zink in die Säure und löst dasselbe auf, so geht die chemische Arbeitskraft verloren, sie wird verbraucht; dafür aber wird Wärme entwickelt, das Gemisch erhitzt sich; diese Wärmeentwicklung muss, ihrem Arbeitswerth nach, genau gleich sein dem Arbeitswerthe der chemischen Verbindung, jedoch nur in dem Falle, wenn sich die chemische Arbeit völlig in Wärme verwandelt.

Der Vorgang zwischen Zink und Schwefelsäure hat Aehnlichkeit mit demjenigen zweier Himmelskörper, die auf einander fallen. Ständen z. B. Sonne und Erde zu irgend einer Zeit ruhig im Raume, so würde ihre gegenseitige Anziehung ihre Annäherung in der Verbindungslinie und einen Zusammenstoss bewirken, der eine grosse Wärmeentwicklung zur Folge hätte. Die beiden Körper besitzen in diesem Fall eine Energie, welche sich zwar der Grösse nach nicht verändert, aber andere Formen annehmen kann. Solange die Körper getrennt sind, „besitzen“ sie eine Energie mechanischer Natur, weil eine Anziehungskraft zwischen ihnen herrscht und weil sie von einander getrennt sind, also dieser Kraft nachgeben können; diese mechanische Energie ist gleich dem Product der Anziehungskraft in die Entfernung. Wenn die Körper zusammengestossen sind, ist diese mechanische Energie verloren, aber es tritt Wärme auf von demselben Arbeitswerth, den jene mechanische Energie besass; Wärme ist aber auch eine Form der Energie; diese letztere hat also nur ihre Form geändert.

Zink und Schwefelsäure sind zu vergleichen der Erde und der Sonne in obigem Beispiel; nur ist die Energie, die sie vor der Auflösung besitzen, nicht mechanischer, sondern chemischer Natur.

Wenn das Zink rein ist und gut amalgamirt, so wird es von der

Säure gar nicht angegriffen, entwickelt also auch keine Wärme; verwendet man aber das amalgamirte Stück Zink bei der Zusammenstellung eines galvanischen Elementes und schliesst dieses letztere, so wird eine gewisse Menge Zink aufgelöst, aber nur so lange, als der Strom dauert, und die aufgelöste Menge ist proportional der Stärke des Stromes. In diesem Fall wird auch Wärme in dem Element entwickelt, aber viel weniger, als wenn dieselbe Menge Zink ohne elektrischen Strom aufgelöst wird; dafür wird aber auch der Draht erwärmt. Unterbricht man den Strom, so bleibt als Resultat des Vorganges gegenüber dem Zustand vor der Schliessung des Stromes im Element eine gewisse Menge aufgelösten Zinkes, im Element und im Draht eine gewisse Wärmemenge. Das aufgelöste Zink ist verlorene, die Wärme gewonnene Arbeit, und beide müssen nach dem Princip der Erhaltung der Kraft gleich sein.

Wenn i der Strom, Z das in der Zeiteinheit aufgelöste Zink, so ist

$$Z = zi,$$

wo z eine Constante, nämlich das elektrochemische Aequivalent des Zinkes, oder die Menge Zink, welche von dem Strome Eins in der Zeiteinheit aufgelöst wird. Diese Auflösung von Zink ist äquivalent einer gewissen Wärmemenge und diese wieder einer gewissen mechanischen Arbeit; die der Auflösung des Zinkes äquivalente mechanische Arbeit C ist daher

$$C = czi,$$

wo c eine allgemeine Constante, welche nicht mehr dem Zink eigenthümlich ist, sondern nur von den Einheiten abhängt, in welchen man den Strom, das elektrochemische Aequivalent und die mechanische Arbeit rechnet.

Die im ganzen Stromkreise in der Zeiteinheit entwickelte Wärme dagegen ist

$$W = pi^2w,$$

wenn w der Widerstand des Stromkreises und p eine Constante; und zwar ist hier p ebenfalls eine allgemeine, nicht von der Natur des Elementes oder des Schliessungsdrahtes abhängende Grösse. Der Arbeitswerth A der Wärme W ist aW, wenn a das mechanische Aequivalent der Wärme, also

$$A = aW = ap \,.\, i^2w,$$

oder auch, da $iw = e$, der elektromotorischen Kraft des Elementes,

$$A = api e.$$

Die beiden Arbeitswerthe A und C, welche bez. der Wärmeentwicklung und dem chemischen Vorgang im Element entsprechen, müssen gleich sein, also

$$A = apie = czi = C, \text{ woraus}$$

$$2) \quad \ldots\ldots\ldots \quad e = \frac{c}{ap} z.$$

Die elektromotorische Kraft eines Elementes ist also proportional dem Arbeitswerth der chemischen Vorgänge in demselben, bezogen auf Einheit der Zeit und des Stromes. Wir sagen hier ausdrücklich „der chemischen Vorgänge" und nicht etwa „der Metallauflösung", wie wir uns bisher der Kürze wegen ausgedrückt haben, weil die letztere nur einen Theil, allerdings den wichtigsten, der chemischen Vorgänge bildet, und die übrigen chemischen Vorgänge auch Arbeitswerthe besitzen, wenn auch geringere. So wird beim Daniell'schen Element nicht nur Zink aufgelöst, sondern auch Kupfer aus Kupfervitriol abgeschieden, beim Bunsen'schen Element Wasserstoff entwickelt und mit demselben Salpetersäure reducirt. Wäre nur der Arbeitswerth der Metallauflösung massgebend für die Grösse der elektromotorischen Kraft, so müssten das Daniell'sche und das Bunsen'sche Element gleiche elektromotorische Kraft besitzen.

Dieses Gesetz gewährt einen tiefen Einblick in den Zusammenhang zwischen elektromotorischer Kraft des Elementes und den in demselben enthaltenen chemischen Kräften; dasselbe wurde durch Anwendung des Princips der Erhaltung der Kraft gefunden und erst nachträglich durch die Beobachtung bestätigt. Ganz rein kommt es allerdings nie zur Geltung; stets treten ausser den der Strombildung entsprechenden chemischen Vorgängen noch andere auf; diese letzteren sind jedoch nur von untergeordneter Bedeutung.

Wir haben oben gesehen, dass derselbe chemische Process gleichviel Wärme liefern muss, ob er ohne oder mit elektrischem Strom stattfindet; verschieden ist aber in beiden Fällen die Vertheilung der entwickelten Wärme.

Wenn ein Stück Zink direct durch Säure aufgelöst wird, so entsteht die Wärme an derselben Stelle, wo der chemische Process stattfindet, also an der Oberfläche des Zinkes; wird dasselbe aber unter Einfluss des Stromes, ohne directe Einwirkung der Säure, aufgelöst, so entsteht die entwickelte Wärme in jedem Theil des Stromkreises im Verhältniss zu dem Widerstand derselben. Die Summe der Wärme ist zwar dieselbe, wie im ersten Fall, sie vertheilt sich aber auch auf den Draht; der elektrische Strom führt gleichsam einen Theil der Wärme aus dem Element fort und setzt denselben nach dem angeführten Gesetz in den Schliessungsdraht ab.

48. Wärmetönung. Da chemische Arbeit, elektrische Arbeit und Wärme sämmtlich nur Formen der Energie sind, müssen zwischen der chemischen Arbeit und der Wärme Beziehungen bestehen, ebenso wie zwischen der chemischen und elektrischen Arbeit. Dieselben sind bereits vielfach untersucht, namentlich um den Arbeitswerth der chemischen Vorgänge kennen zu lernen. Jede chemische Verbindung erzeugt soviel Wärme, als ihrem Arbeitswerth oder ihrer sog. Wärmetönung entspricht; wenn ein Stückchen Kali in Wasser sich löst, wird mehr Wärme erzeugt, als bei einem gleichen Gewicht Kochsalz, weil der Arbeitswerth des ersteren chemischen Vorganges grösser ist als derjenige des letzteren.

Wenn in einem durch einen Draht geschlossenen galvanischen Element chemische Vorgänge sich abspielen, elektrischer Strom entsteht und Wärme erzeugt wird, so muss Gleichheit zwischen diesen drei Formen der Energie herrschen. Das Endresultat des Processes, wenn der Schluss des elektrischen Stromes aufgehoben wird, besteht allerdings nur in den chemischen Vorgängen in dem Element und in der erzeugten Wärme in Element und Draht; der elektrische Strom bildete jedoch die Uebergangsform zwischen chemischer Arbeit und Wärme; die elektrische Arbeit muss also gleich den beiden anderen Energieformen sein.

Die Wärmetönung der chemischen Vorgänge in einem Element bietet also umgekehrt ein Mittel, um die von dem Element gelieferte elektromotorische Kraft zu berechnen. Sind die chemischen Vorgänge auch complicirt, indem sie z. B. in mehrere Stufen zerfallen, so braucht man nur die Endproducte zu betrachten, da der Arbeitswerth einer chemischen Verbindung nicht von dem Gang des Processes, sondern nur von dessen Endgliedern abhängt. Die Wärmetönung gibt das Mass des Arbeitswerthes der chemischen Processe; ist dieselbe also bekannt, so lässt sich nach dem Zusammenhang zwischen E. M. K. und der chemischen Arbeit die erstere berechnen.

49. Die elektromotorische Kraft bei der Berührung von Metallen. Wenn allgemein E. M. K. und chemischer Arbeitswerth einander proportional sind, so begreift man nicht, wie eine E. M. K. bei der blossen Berührung von Metallen entstehen kann; oder umgekehrt, wenn eine elektromotorische Kraft zwischen Zink und Kupfer bei Berührung entsteht, sieht man nicht ein, woher die erzeugte elektrische Arbeit entnommen wird.

Dieser einfache, aber schlagende Einwurf bildete den wichtigsten Grund, wesshalb viele Forscher das Vorhandensein von Spannungsdifferenzen zwischen Metallen bezweifelten und die Beweiskraft aller dahin zielenden Versuche anfochten; es liess sich auch dieser lang andauernde Streit auf keine einfache Weise beendigen, weil jene Versuche allerdings schwieriger und complicirter Natur sind und der Kritik stets Angriffsfläche darbieten.

In neuerer Zeit ist dieser Streit zwar nicht beendet, allein es scheint sich mehr und mehr die Ueberzeugung Bahn zu brechen, einerseits dass eine Spannungsdifferenz bei Berührung von Metallen oder Leitern erster Klasse entsteht, dass aber für die elektromotorische Kraft eines Elementes und die Betrachtung der Arbeitswerthe nur diejenigen elektrischen Spannungsdifferenzen in Betracht kommen, bei welchen zugleich chemische Veränderungen auftreten.

Hienach wäre bei einem Zink-Schwefelsäure-Kupfer-Element nicht zu bestreiten, dass zwischen Zink und Kupfer eine Spannungsdifferenz auftritt; für die E. M. K. und den mechanischen Arbeitswerth jedoch wären nur die Vorgänge zwischen Zink und Säure und zwischen Säure und Kupfer in Betracht zu ziehen.

Ueber diesen scheinbaren Widerspruch hilft eine von G. Wiedemann angegebene Annahme fort, welche wir kurz wiedergeben wollen.

Nach dieser Annahme ist die zwischen zwei sich berührenden heterogenen Körpern entstehende elektrische Scheidungskraft zwiefacher Natur, entsprechend nämlich der elektrischen Anziehung der ganzen Körper und derjenigen der Bestandtheile.

Wenn Zink und Kupfer sich berühren, denkt man sich, dass das Zink die positive Elektricität des Kupfers zu sich herüberzieht und das Kupfer die negative Elektricität des Zinks, dass also jedes Metall auf alle Theile des anderen gleichmässig einwirkt.

Wird dagegen Zink in verd. Säure gesteckt, so kann das Zink theils anziehend auf eine der Elektricitäten in der ganzen Flüssigkeit gleichmässig wirken, theils aber auch eine zweite Anziehung auf einen Bestandtheil der Flüssigkeit, z. B. den Sauerstoff oder SO_4, ausüben; ebenso kann Kupfer theils auf die Flüssigkeit als Ganzes, theils auf einen Bestandtheil wirken.

Was man in den Volta'schen Fundamentalversuchen und ähnlichen Beobachtungen misst, ist die Summe beider Arten von Anziehungen. Bezeichnen wir die Summe durch grosse fette Schrift, die Theilanziehungen durch kleine, und zwar die Anziehung auf einen Bestandtheil durch Klammern, diejenige auf den anderen Körper als Ganzes ohne Klammern, so ist in einem Element: Zink-Wasser-Kupfer die elektromotorische Kraft:

$$\mathbf{Cu}/\mathbf{Aq} + \mathbf{Aq}/\mathbf{Zn} + \mathbf{Zn}/\mathbf{Cu} = \mathrm{Cu/Aq} + \mathrm{Aq/Zn} + (\mathrm{Cu/Aq}) + (\mathrm{Aq/Zn}) + (\mathrm{Zn/Cu});$$

eine Anziehung auf Bestandtheile (ohne Klammern) gibt es zwischen Kupfer und Zink nicht, weil diese Körper keine Bestandtheile haben.

Nun nimmt man an, dass die elektromotorischen Kräfte zwischen den ganzen Körpern dem Gesetz der Spannungsreihe folgen, auch bei Flüssigkeiten; dann ist aber

$$(\mathrm{Cu}/\mathrm{Aq}) + (\mathrm{Aq}/\mathrm{Zn}) = (\mathrm{Cu}/\mathrm{Zn}) = -(\mathrm{Zn}/\mathrm{Cu}), \text{ also}$$
$$(\mathrm{Cu}/\mathrm{Aq}) + (\mathrm{Aq}/\mathrm{Zn}) + (\mathrm{Zn}/\mathrm{Cu}) = 0 \text{ und}$$
$$\mathbf{Cu}/\mathbf{Aq} + \mathbf{Aq}/\mathbf{Zn} + \mathbf{Zn}/\mathbf{Cu} = \mathrm{Cu}/\mathrm{Aq} + \mathrm{Aq}/\mathrm{Zn};$$

die gesammte elektromotorische Kraft ist gleich der Summe der zwischen den Metallen und den Bestandtheilen der Flüssigkeit herrschenden elektromotorischen Kräfte; diese letzteren sind aber diejenigen, welche die chemischen Zersetzungen bewirken, also ist die gesammte elektromotorische Kraft proportional der Summe der Arbeitswerthe der chemischen Vorgänge.

Direct messen lassen sich die E. M. K. zwischen einem Metall und einem Bestandtheil der Flüssigkeit nicht; denn die beobachtete Spannungsdifferenz ist die Summe der E. M. K. zwischen Metall und der ganzen Flüssigkeit und zwischen Metall und einem Bestandtheil. Misst man dagegen die Spannungsdifferenzen zwischen jedem Metall und der Flüssigkeit und zwischen den beiden Metallen und addirt dieselben, so hat man die Summe der E. M. K. zwischen je einem Metall und dem betreffenden Bestandtheil der Flüssigkeit.

Wird das Element geschlossen und Strom erzeugt, so sind es die auf die Bestandtheile der Flüssigkeit wirkenden E. M. K., welche den Strom erzeugen entsprechend den chemischen Veränderungen; die auf die ganzen Körper wirkenden E. M. K. erzeugen zwar Spannungsdifferenzen, aber keinen Strom, wie man dies bei einem aus lauter Metallen gebildeten Kreis auch wirklich beobachtet.

Diese Erklärung hat auch nichts Unnatürliches; die Anziehungen verschiedener Art kommen z. B. auch zwischen zwei Magneten vor, welche sowohl nach dem Anziehungsgesetz aller Massen als nach dem Anziehungsgesetz magnetisirter Körper auf einander einwirken; die letztere Art ähnelt auch der elektrischen Anziehung der Bestandtheile in so fern, als der Magnet dabei auch in Bestandtheile, d. h. südlich und nördlich magnetisirte, zu zerlegen ist.

50. Einfluss der Polarisation. Wenn Zersetzungszellen in den Stromkreis eingeschaltet werden, so treten ausser denjenigen in der Batterie, neue chemische Vorgänge auf, welche in Rechnung gezogen werden müssen.

Wird z. B. Wasser zersetzt, so ist dieser Vorgang in Bezug auf seinen Arbeitswerth ähnlich der Abscheidung eines Metalls aus einer Lösung, entgegengesetzt der Auflösung von Metall. Durch Zersetzung von Wasser wird Arbeit gewonnen, während bei der Auflösung eines Metalls Arbeit verloren wird; denn durch die Wiedervereinigung des Wasserstoffs mit dem Sauerstoff kann man Arbeit leisten, z. B. durch directe Explosion des Knallgases, des Gemisches der getrennten Gase, ein Gefäss zersprengen, oder in einem Stiefel einen Kolben bewegen. Wenn auch in diesem Falle der Strom nur Wärme entwickelt und sonst keine Arbeit verrichtet, muss auch hier die Summe der Arbeitswerthe der chemischen Processe im Stromkreise gleich demjenigen der entwickelten Wärme sein; man hat also in diesem Fall die chemische Arbeit in der Zersetzungszelle von derjenigen des Elementes abzuziehen, um den Arbeitswerth der Wärme zu erhalten.

Diesen Satz hat Favre unter anderen an folgendem Beispiel dargelegt.

Fünf kleine Elemente, aus amalgamirtem Zink und platinirtem Platin bestehend, wurden zuerst durch einen Metalldraht, dann durch einen Wasserzersetzungsapparat geschlossen. Beide Male waren sämmtliche Theile des Stromkreises in ein Quecksilbercalorimeter eingesetzt, die Ausdehnung des Quecksilbers zeigte die entwickelte Wärme an; ausserdem wurde die Menge des aufgelösten Zinkes, sowie im zweiten Falle diejenige des zersetzten Wassers bestimmt. Im ersten Falle ergab sich als Wärmeentwicklung bei Auflösung einer bestimmten Menge Zink 18796 Wärmeeinheiten, im zweiten Fall, bei Auflösung derselben Menge Zink, 11769, also 7027 Wärmeeinheiten weniger. Die erste Wärmemenge ist genau gleich derjenigen, welche entstanden wäre, wenn jene Menge Zink direct in Säure gelöst worden wäre. Im zweiten Fall ist ausser der Entwicklung von Wärme noch die chemische Arbeit der Zersetzung der jener Zinkmenge äquivalenten Menge Wasser geleistet worden, und zwar muss hier beachtet werden, dass die Batterie aus fünf Elementen bestand, dass in derselben also 5 Aequivalente Zink aufgelöst wurden, während im Voltameter 1 Aequivalent Wasser zersetzt wurde. Der auf diese Weise berechnete Wärmewerth der Wasserzersetzung betrug 6892 Wärmeeinheiten; addirt man denselben zu den 11769 der Wärmeentwicklung, so erhält man 18661 Wärmeeinheiten für die Summe der vom Strom geleisteten Arbeit, also ziemlich ebensoviel, als im ersten Falle.

In solchen Fällen gibt uns die schon früher benutzte Vergleichung des elektrischen Stromes mit einem Wasserstrom ein anschauliches Bild der Verhältnisse. Statt der Batterie denken wir uns eine Pumpe, welche das am unteren Ende des Kanals angekommene Wasser auf die Höhe des Behälters hebt, aus welchem das Wasser abfliesst; auf seinem Wege durch den Canal setze das Wasser Mühlräder in Bewegung oder verrichte andere Arbeit. Ginge keine Arbeitskraft verloren, durch Erwärmung des Wassers und des Canalbettes, so müsste sämmtliche Arbeit, die von der Pumpe geleistet worden, in den Mühlwerken wieder gewonnen werden, wenn das am unteren Canalende ankommende Wasser keine Arbeitskraft mehr besitzt; die Arbeit der Pumpe ist zu vergleichen der chemischen Arbeit in der Batterie, diejenige der Mühlen der Erwärmung des Stromkreises und der chemischen Arbeit in den Zersetzungszellen.

Besonders besprochen zu werden verdient der Fall der Zersetzungszellen, in welchen die Elektroden aus dem Metall bestehen, welches die Lösung enthält, und in welchen keine Polarisation auftritt; hierher gehört namentlich die in der Galvanoplastik vielfach angewendete Zersetzung von Kupfervitriol zwischen Kupferelektroden.

In diesem Falle wird an der positiven Elektrode das Kupfer der Platte zu Kupfervitriol gelöst, an der negativen Elektrode Kupfer aus Kupfervitriol abgeschieden; beide chemischen Processe sind einander gleich und entgegengesetzt; es muss also in dem einen ebensoviel Arbeit gewonnen werden, wie in dem anderen verloren wird. In Summe ist die chemische Arbeit Null, und es wird nur durch Wärmeentwicklung in der Flüssigkeit Arbeit gewonnen; diese letztere aber ist dieselbe, wie in einem Draht von demselben Widerstande.

Da zu dem Niederschlagen des Kupfers in diesem Falle keine chemische Arbeit gehört, während z. B. bei der Zersetzung von Wasser Arbeit geleistet werden muss, ist es klar, dass man ohne Arbeitsverbrauch unendliche Mengen von Kupfer niederschlagen kann. Dennoch ist die Menge des in der Zeiteinheit niedergeschlagenen Kupfers nach dem Faraday'schen Gesetz proportional der Stromstärke, also nicht beliebig gross. Dieser scheinbare Widerspruch löst sich, wenn man bedenkt, dass die chemische Arbeit in diesem Falle aus zwei Theilen besteht, welche sich aufheben, dass aber die einzelnen Theile, das Lösen des Kupfers und das Niederschlagen, Arbeiten sind, deren Werth, wie alle anderen chemischen Arbeiten, proportional dem durchfliessenden Strome sind. Will man die Vergleichung des elektrischen Stromes mit dem Wasserstrom auch hier durchführen, so würde die chemische Arbeit der Zersetzung des Kupfervitriols in SO_4 und Cu einem der vom Strom getriebenen Mühlräder entsprechen. Denken wir uns durch das Mühlrad eine Pumpe in Bewegung gesetzt, so wird durch dieselbe in bestimmter Zeit eine bestimmte Menge Wasser des Flusses auf eine gewisse Höhe gehoben; wenn dieses gehobene Wasser sogleich wieder in den Fluss zurückströmt, so wird, wenn das Pumpen sowohl, als das Zurückfliessen ohne Arbeitsverlust geschieht, der Fluss ebensoviel Arbeit zurückerhalten durch das zurückfliessende Wasser, als er durch die Pumpe verloren hat, in Summe also keine Arbeitskraft verlieren, obschon die Leistung des Rades proportional der dem Strom innewohnenden Arbeitskraft ist. Das Zurückfliessen des Wassers entspricht alsdann der Auflösung des Kupfers der Platte durch das ausgeschiedene SO_4.

51. Elektrochemisches Aequivalent; Berechnung der E. M. K. eines Daniell'schen Elementes. Der Strom von 1 Ampère zersetzt per Secunde 0,000933 gr. Wasser, 0,003281 gr. Kupfer u. s. w.; diese Zahlen sind die elektrochemischen Aequivalente dieser Substanzen; das elektrochemische Aequivalent eines Stoffes vom chemischen Aequivalent 1 erhält man durch Division jener Zahlen durch die bez. chemischen Aequivalente, im Mittel: 0,0001038.

Beim Daniell'schen Element bestehen die chemischen Processe wesentlich in der Bildung von Zinkvitriol und der Zersetzung von Kupfervitriol. Wenn 32,45 gr. Zink, d. h. das chemische Aequivalent desselben in Gramm, in Schwefelsäure aufgelöst werden, so entstehen 54191 Grammcalorien Wärme, d. h. soviel Wärme, als nöthig ist, um 54191 gr. Wasser um 1^0 C. zu erwärmen; die Abscheidung von dem chemischen Aequivalent in Grammen von Kupfer (31,58) kostet dagegen 27822 Grammcalorien; die chemischen Processe oder die Wärmetönungen des Daniell'schen Elementes entsprechen daher $54191 - 27822 = 26369$ Calorien.

Die Arbeitseinheit im Centimeter-Gramm-Secunden-Masssystem ist das Erg (s. später); 1 Grammcalorie entspricht $4{,}15 \times 10^7$ Erg; also entsprechen die chemischen Processe im Daniell'schen Element per Aequivalent $26369 \times 4{,}15 \times 10^7 = 1{,}094 \times 10^{12}$ Erg.

Um hieraus die E. M. K. des Daniell'schen Elementes in Volt zu berechnen, hat man mit 0,0001038, dem elektrochemischen Aequivalent eines Stoffes vom chemischen Aequivalent 1 zu multipliciren und durch 10^8 zu dividiren; man erhält:

$$\text{E. M. K. des Daniell} = 1{,}134 \text{ Volt.}$$

Beobachtet sind Werthe, die zwischen 1,08 und 1,10 schwanken; der Unterschied rührt davon her, dass in jedem Element die chemischen Arbeiten nicht vollständig in elektrische Arbeit verwandelt werden.

Die Einzelheiten dieser und ähnlicher Rechnungen finden ihre Erklärung bei der Besprechung des absoluten C.G.S.-Masssystems.

52. Extraströme; Inductionsströme; Eisenkerne. In den bisher betrachteten Beispielen hat der elektrische Strom gleichsam nur eine vermittelnde Rolle zwischen mechanischer Arbeit, chemischer Arbeit und Wärme gespielt, indem durch denselben die Arbeit aus einer Form in die andere umgesetzt wurde; die Extra- und Inductionsströme bilden einen Fall, wo die Arbeitskraft des Stromes zur Bildung eines neuen Stromes verwendet wird.

Wie in dem Kapitel über Inductionsströme gezeigt wurde, erzeugt jedes Entstehen oder Verschwinden eines Stromes theils in dem eigenen, theils in den benachbarten Leitern Inductionsströme, welche das Entstehen verlangsamen, das Verschwinden verzögern, also stets der sie hervorrufenden Ursache entgegenwirken. Um diese Inductionsströme zu erzeugen, bedarf es einer gewissen Arbeit, welche einer vorhandenen Energiequelle entnommen werden muss; die einzige Energiequelle ist aber diejenige des Hauptstromes; also muss der Hauptstrom die zur Erzeugung jener Inductionsströme nöthige Arbeit liefern.

Sind zwei Drähte parallel ausgespannt und bilden beide besondere Stromkreise, so entstehen in dem inducirten Kreis Ströme, welche nur ganz kurze Zeit dauern, aber doch eine gewisse Erwärmung des Drahtes zur Folge haben, denen also eine gewisse Energie innewohnt. Wird der Strom im inducirenden Kreis geschlossen, so steigt derselbe in Folge der Inductionen erst nach und nach auf diejenige Höhe, welche nach dem Ohm'schen Gesetz durch die E. M. K. der Batterie und den Widerstand des inducirenden Stromkreises bestimmt ist; es wird also in der Batterie weniger Zink aufgelöst, die im inducirenden Stromkreis entwickelte Wärme ist geringer, als wenn keine Inductionen vorhanden wären; aber im inducirten Stromkreis wird Wärme entwickelt. Verschwindet dagegen der Hauptstrom, so wird er durch die Inductionen noch eine kurze Zeit fortgesetzt, was sich gewöhnlich im Ueberspringen eines Funkens an der Trennungsstelle zeigt; es wird also noch nach der Oeffnung des Stromes im inducirenden Kreis Zink aufgelöst und Wärme erzeugt und im inducirten Kreis Wärme erzeugt.

Wendet man auf diese Vorgänge, welche sich in Worten nicht genau beschreiben lassen, das Princip der Erhaltung der Energie an, so ist klar, dass, nachdem der inducirende Strom entstanden und verschwunden ist, die Energie, welche dem aufgelösten Zink oder, allgemein, den chemischen Processen in der Batterie entspricht, gleich sein muss der Summe der Wärmemengen, welche in beiden Stromkreisen erzeugt wurden. Die Wärme in dem inducirten Kreis rührt also von der chemischen Energie der Batterie her und dieser Fall zeigt, wie vermittelst des elektrischen Stromes eine gewisse chemische Energie aus der Batterie auf einen räumlich getrennten und nicht in leitender Verbindung mit der Batterie stehenden Stromkreis übertragen und in Wärme verwandelt werden kann.

Ist nur ein einziger Stromkreis vorhanden, in welchem Ströme entstehen und verschwinden, so kommt nur die Selbstinduction (s. S. 189) in Betracht; der Extrastrom beim Entstehen ist entgegengesetzt gleich demjenigen beim Verschwinden, d. h. die durch den Querschnitt in Summe strömende Elektricitätsmenge beim Verschwinden des Stromes ist gerade so gross, als beim Ansteigen des Stromes der Unterschied zwischen der Elektricitätsmenge, welche ohne Selbstinduction durch den Querschnitt strömen würde, und derjenigen, welche wirklich durchströmt und welche wegen des verlangsamten Ansteigens geringer ist als die erstere. Die Summen der Energie des aufgelösten Zinks und der im Stromkreis entwickelten Wärme sind daher nicht nur unter sich gleich, sondern auch gleich der chemischen Energie, bez. der Wärme, welche ohne Selbstinduction auftreten würden. Was beim Entstehen des Stromes verloren wird, gewinnt man beim Verschwinden wieder.

Wendet man das Princip der Erhaltung der Energie nicht auf den ganzen Process, Entstehen und Verschwinden, an, sondern z. B. nur auf das Entstehen oder nur auf das Verschwinden, so findet man, dass es eine bestimmte Arbeit kosten muss, um den elektrischen Strom in Gang zu setzen, welche wieder gewonnen wird, wenn derselbe aufhört. Der Strom darf hiebei verglichen werden einer Kugel, die man in rollende Bewegung versetzt; es kostet Arbeit, um dieselbe in Bewegung zu setzen, und dieselbe Arbeit wird als Wärme wieder gewonnen, wenn die Bewegung der Kugel z. B. durch Anprall an einem festen Körper, aufgehoben wird.

Wird das Entstehen und Verschwinden des Stromes in einem inducirenden Kreis regelmässig fortgesetzt, mit oder ohne Wechsel der Stromrichtung, unter Mitwirkung von Eisenkernen und inducirten Kreisen, so erhält man die später zu besprechenden Erscheinungen an Voltainductoren und an Wechselstrommaschinen in Verbindung mit den sog. Generatoren. Die alsdann über die Energien anzustellenden Betrachtungen sind nur weitere Ausführungen der vorstehenden.

Im folgenden Capitel wird gezeigt, dass das Magnetisiren eines Eisenkernes durch den Strom als die Drehung der Molekularströme im Eisen nach eiuem bestimmten Gleichgewichtszustand betrachtet werden darf; wenn durch das Einleiten eines Stromes in eine Spirale ein in derselben steckender Eisenkern magnetisirt wird, so ist dies ein ähnlicher Vorgang, als wenn statt dessen ein in der Nähe aufgehängter Stromkreis durch die mechanische Fernewirkung des primären Stromes in eine andere Lage gedreht worden wäre.

Um in diesem letzteren Falle den Stromkreis zu drehen, muss eine mechanische Arbeit geleistet werden, da auf den Stromkreis eine Kraft wirkt, welche demselben seine anfängliche Gleichgewichtslage anwies, z. B. die Torsion von Fäden, Zug einer Feder u. s. w. Diese mechanische Arbeit hat der primäre Strom geleistet, und er kann deshalb während der Leistung derselben nicht so viel Wärme entwickeln, als ohne dieses entwickelt worden wäre; dies ist aber wiederum durch die Bildung von Extraströmen bedingt, welche während der Drehung des Stromkreises dem primären Strom sich entgegensetzen. Bei der Unterbrechung des primären Stromes wird dann durch Bildung von Oeffnungsströmen jener

Wärmeverlust wieder ersetzt; so lange der drehbare Stromkreis sich ruhig in der neuen Gleichgewichtslage befindet, wird keine Arbeitskraft des primären Stromes auf das Festhalten desselben verwendet, ähnlich wie zu dem Festhalten eines Gewichts keine Arbeit nöthig ist, sondern eine Kraft, während die Hebung eines Gewichts den Aufwand von Arbeit verlangt.

Aehnlich verhält es sich bei dem Magnetisiren und Entmagnetisiren eines Eisenkernes; das Festhalten des Magnetismus in dem Eisen kostet keine Arbeit. Die Arbeit, die das Magnetisiren, bis zur Sättigung, von 1000 Kilo Eisen kostet, beträgt ungefähr 15 Kilogrammmeter.

53. VoltAmpère. In der Technik hat man es weniger mit der „Arbeit" als mit der „Arbeitskraft" zu thun, d. h. der Arbeit, welche in der Zeiteinheit, der Secunde, geleistet wird; die „Pferdekraft" ist eine Arbeitskraft, nicht eine Arbeit, denn man versteht unter derselben die fortdauernde Leistung der Arbeit von 75 Kilogrammmeter per Sec.

Die Einheit der elektrischen Arbeitskraft ist das VoltAmpère, d. h. des Products von 1 Volt in 1 Ampère. Dass diese Grösse eine Arbeitskraft darstellt, erhellt aus dem Vergleich mit dem Wasserstrom; das Volt entspricht dem Gefälle, das Ampère der Stromstärke, d. h. der Wassermenge, welche in der Zeiteinheit durch den Querschnitt geht; wie der Wasserstrom nicht eine einmalige Arbeit, sondern eine Arbeitskraft, d. h. eine dauernde gleichmässige Arbeitsleistung in der Zeiteinheit bedeutet, so auch das VoltAmpère.

736 VoltAmpère sind gleich 1 Pferdekraft.

Wenn z. B. ein Bunsen'sches Element dauernd 5 Ampère und 1,8 Volt Polspannung liefert, so leistet es dauernd 9 VoltAmpère Arbeitskraft an seinen Polen oder $\frac{9}{736} = 0{,}0122$ Pferdekraft.

54. Technische Anwendungen. Die ganze moderne Elektrotechnik bietet in allen Einzelfällen Beispiele der Verwandlung der Energie vom kleinsten bis zum grössten Massstab.

Beim gewöhnlichen Telegraphiren wird die chemische Energie der Batterie in elektrische Energie und diese im Empfangsapparat in mechanische Arbeit, die Bewegung eines Ankerhebels, verwandelt.

Beim Telephoniren verwandelt sich die Energie der menschlichen Stimme, bestehend in schwingender Bewegung einer Luftmasse, in die Schwingung einer Membran, diese durch elektrische Induction in elektrische Energie und diese wieder in Schwingung einer Membran, Schwingung einer Luftmasse und schliesslich in Schwingung der Organe des Ohres.

In der elektrischen Grosstechnik wird die mechanische Energie des Motors durch die Dynamomaschine in elektrische Energie, diese entweder in den Bogenlampen und Glühlichtern in Wärme, oder in elektrolytischen Bädern in chemische Energie, d. h. Zersetzung von Verbindungen, oder in secundären Dynamomaschinen wieder in mechanische Energie umgesetzt.

Einzelbetrachtungen dieser Art werden wir noch später bei Gelegenheit der Besprechung namentlich der Dynamomaschinen anzustellen haben.

VI.

Magnetismus und Elektromagnetismus.

A. Magnetismus.

1. Grundgesetze der Magnete. Es kommen in der Natur einige Erze vor, welche unter sich und mit Eisen Anziehungs- und Abstossungserscheinungen zeigen, und welche man Magnete nennt, oder, im Gegensatz zu künstlich erzeugten, natürliche Magnete. Zu diesen gehören vor Allem der Magneteisenstein und der Magnetkies; ausser diesen beiden Eisenerzen giebt es noch einige andere natürlich vorkommende Körper, welche schwache magnetische Wirkungen ausüben. Von künstlich erzeugten Körpern ist vor Allem der Stahl kräftigen Magnetismus anzunehmen im Stande.

Das Kennzeichen eines magnetischen Körpers besteht darin, dass er weiches Eisen anzieht; bestreut man einen Magneten mit Eisenfeile, so bleibt dieselbe hängen, ebenso eiserne Nägel und Schrauben; grössere Magnete können viele Pfunde Eisen tragen.

Hat der Magnet die einfache Form eines Stabes, so findet man die Anziehungskraft der Enden des Stabes bedeutend stärker, als diejenige der Mitte; bestreut man denselben mit Eisenfeile, so bleibt in der Mitte gar nichts hängen, an den Enden am meisten u. s. w.

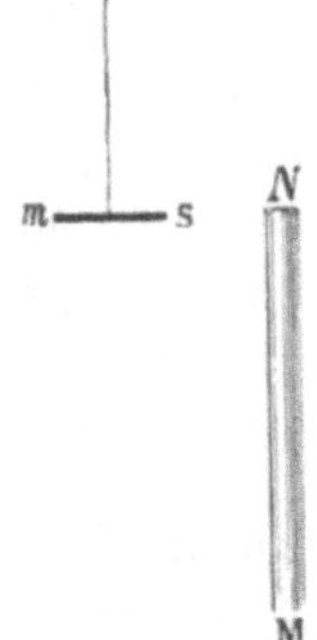

Fig. 129.

Ist die Länge des Stabes klein gegen die Entfernung von dem Körper, auf welchen der Magnetismus des Stabes wirkt, so fallen die Wirkungen so aus, als wenn die magnetische Kraft des Stabes in zwei Punkten concentrirt wäre, welche nahe an den beiden Enden liegen; diese Punkte nennt man daher die magnetischen Pole des Stabes.

Hängt man eine kleine Magnetnadel, deren Pole n, s (Fig. 129), in der Mitte an einem Faden auf, so dass sie um eine verticale Axe schwingt, und nähert derselben einen langen Magnetstab

MN, so bemerkt man beim Nähern des einen Poles *N*, dass von ihm der eine Pol der Nadel, *n*, abgestossen, der andere, *s*, angezogen wird. Nähert man den anderen Pol, *M*, so wird der Pol *n* angezogen, der Pol *s* abgestossen.

Entfernt man alle magnetischen Gegenstände aus der Nähe einer frei aufgehängten Nadel, so richtet sich dieselbe mit dem einen Pol nach Norden; man nennt diesen Pol den Nordpol der Nadel, den entgegengesetzten, nach Süden zeigenden, den Südpol. Die beide Pole verbindende Gerade heisst die magnetische Axe.

Hängt man in dem obigen Falle den Magnet *MN* ebenfalls frei auf, so richtet sich der Pol *N* nach Norden, ist also ein Nordpol, vorausgesetzt, dass der Pol *n* der kleinen Nadel, welcher vom Pol *N* abgestossen wurde, ebenfalls ein Nordpol war. Aus den Anziehungs- und Abstossungserscheinungen zweier Magnete aufeinander ergibt sich das Gesetz:

Ungleichnamige Pole ziehen sich an, gleichnamige stossen sich ab.

Die Erscheinung, dass eine frei aufgehängte Magnetnadel sich nach Norden richtet, erklärt sich daraus, dass die Erde ebenfalls magnetische Massen enthält, so dass sie ungefähr wie ein langer Magnetstab wirkt, der seinen Südpol in der Gegend des geographischen Nordpoles hat, während der magnetische Nordpol der Erde in die Gegend des geographischen Südpoles fällt.

Die magnetischen Pole sind in Wirklichkeit durchaus nicht der Sitz der magnetischen Kraft, sondern diese ist im ganzen Magnet vertheilt; für die meisten Wirkungen aber, die der Magnet nach Aussen ausübt, darf man die magnetische Kraft des Stabes als von den beiden Polen ausgehend annehmen. Die magnetischen Pole sind also nur mathematische Punkte und spielen in Bezug auf den Magnetismus eine ähnliche Rolle, wie der Schwerpunkt eines Körpers in Bezug auf die Schwerkraft.

Die magnetische Anziehung und Abstossung erfolgt umgekehrt proportional dem Quadrat der Entfernung.

Dieses Grundgesetz ist durch genaue, hier nicht zu erörternde Versuche bewiesen worden.

Die magnetischen Kräfte wirken durch alle Körper hindurch, d. h. die Kraft, welche ein magnetischer Körper auf einen anderen ausübt, wird durch das Zwischensetzen von beliebigen unmagnetischen Körpern, festen, flüssigen, gasförmigen, in keiner Weise verändert. Setzt man zwischen die Magnete magnetische Massen oder solche Körper, die durch die Annäherung an die Magnete Magnetismus annehmen, so verändert sich allerdings die Wirkung, aber nur, weil nun die Wirkung des zugefügten dritten Magneten hinzukommt; die Wirkung der beiden ursprünglichen Magnete auf einander bleibt dieselbe. Vergleicht man die im Vorstehenden enthaltenen Grundgesetze des Magnetismus mit denjenigen des elektrischen Zustandes (I. 1—4), so springt die Analogie, welche zwischen beiden besteht, in die Augen; bei beiden sind zwei polar-entgegengesetzte Zustände zu unterscheiden, deren Wirkung genau dieselben Gesetze befolgt. Andererseits sind auch die Unterschiede unschwer zu erkennen, welche zwischen beiden Zuständen bestehen und welche namentlich in der Art der Verbreitung und ihren Beziehungen zu den einzelnen Körpern liegen. Später werden wir sehen, dass der Magnetismus zurückzuführen ist auf strömende Elektricität, also auf eine gewisse Combination von elektrischen Zuständen.

2. Stahl und Eisen; magnetische Induction. Im Alterthum kannte man nur die in der Natur vorkommenden Magnete; sämmtliche heutzutage in der Technik oder sonst verwendete Magnete dagegen sind künstliche.

Unter den künstlichen Magneten hat man zu unterscheiden zwischen permanenten und temporären Magneten; die ersteren bleiben magnetisch, wenn einmal magnetisirend, die letzteren dagegen sinken sofort in den unmagnetischen Zustand zurück, sobald die magnetisirende Kraft aufhört zu wirken. Permanente künstliche Magnete bestehen aus hartem Stahl, temporäre aus weichem Eisen. Zwischen diese beiden Körper stellen sich, in magnetischer Beziehung, zahlreiche Zwischenglieder, welche die Eigenschaften der beiden Extreme vereinigen, sich aber dabei dem einen oder dem andern nähern, die weichen Stahl- und die harten Eisensorten; diese Körper verlieren, beim Aufhören der magnetisirenden Kraft, nur einen Theil ihres Magnetismus, der Rest bleibt in dem Körper als permanenter Magnetismus.

Das Hauptkennzeichen des magnetischen Zustandes, das Anziehen von weichem Eisen, ist eine Erscheinung der magnetischen Induction.

Sobald ein Stück Eisen dem Pole eines permanenten Magnetes genähert wird (Fig. 130), wird dasselbe ebenfalls magnetisch und zwar nimmt die dem Magnet nächstliegende Stelle die umgekehrte Polarität von derjenigen des Magnetes an, während in dem abgewandten Ende des Eisenstücks ein gleichnamiger Pol entsteht, von derselben Stärke, wie der erstere. Jeder Magnetpol zieht im Eisen gleichsam den ungleichnamigen Magnetismus an, und stösst den gleichnamigen ab.

Fig. 130.

Eine unmittelbare Folge der magnetischen Induction ist daher die Anziehung von Eisen durch Magnete; das Eisen wird zuerst durch den Magnet magnetisirt und zwar stets so, dass eine Anziehung erfolgt.

Sobald das Stück Eisen von dem Magnetpole entfernt wird, verliert dasselbe den Magnetismus; eigentlich findet das Aufhören der Induction erst in unendlich grosser Entfernung statt, von erheblicher Grösse ist die Induction jedoch nur in einer gewissen Nähe der Magnete.

Die magnetische Induction ist, wie die magnetische Anziehung oder Abstossung, umgekehrt proportional dem Quadrat der Entfernung.

Die beiden, in magnetischer Beziehung sich gegenüber stehenden Körper, Stahl und Eisen, unterscheiden sich nicht nur durch die Kraft, mit welcher sie den Magnetismus festhalten, sondern auch durch diejenige, welche es kostet, um dieselben zu magnetisiren. Harter Stahl magnetisirt sich schwer und langsam und nimmt weniger Magnetismus an als weiches Eisen, hält denselben jedoch fest; gute Stahlmagnete halten sich bei richtiger Behandlung Jahre lang, ohne an Kraft zu verlieren. Weiches Eisen dagegen magnetisirt sich leicht und schnell und nimmt bedeutend höheren Magnetismus an, als Stahl, verliert denselben aber beinah augenblicklich wieder, sobald die magnetisirende Kraft aufhört zu wirken. Die Kraft, welche in dem Inneren eines Körpers dem Magnetisiren entgegenwirkt, heisst die magnetische Coërcitivkraft; dieselbe ist ein Widerstand, welchen die Theilchen des Körpers jeder magnetischen Veränderung entgegensetzen, sowohl der Magnetisirung als der Entmagnetisirung.

3. Innere Vorgänge bei der Magnetisirung. Ueber das Wesen des Magnetismus, wie über das Wesen der Elektricität, herrschen bis jetzt nur Hypothesen von grösserer oder geringerer Wahrscheinlichkeit; allerdings werden wir im Verlauf dieses Kapitels sehen, dass der Magnetismus eine innige Verwandtschaft zum elektrischen Strom hat, und dass sich alle magnetischen Vorgänge durch Annahme von elektrischen Strömen erklären lassen, und dass somit die beiden unbekannten Grössen, Magnetismus und Elektricität, sich auf eine Unbekannte reduciren lassen. Wir lassen diese Frage vorläufig unerörtert und geben nur die Vorstellung wieder, welche man sich heutzutage beinahe allgemein von dem Vorgang der Magnetisirung gebildet hat.

Jedes Theilchen eines Körpers, welcher fähig ist, Magnetismus anzunehmen, stellt man sich als einen kleinen Magneten vor; das Theilchen mag eine beliebige Form haben, der Magnetismus sei auf irgend eine Art in demselben vertheilt, stets muss es zwei Punkte in dem Theilchen geben, an welchen man die beiden entgegengesetzten Magnetismen concentrirt denken darf. Die Theilchen des Körpers denkt man sich im unmagnetischen Zustande zwar alle magnetisch, aber die magnetischen Axen derselben von beliebiger Richtung; wenn aber die magnetischen Axen der Theilchen alle möglichen Richtungen haben, so kann keine Wirkung nach aussen stattfinden, da die Wirkungen der Theilchen sich unter einander aufheben; der Körper scheint also unmagnetisch trotz des Magnetismus, den seine Theilchen bereits besitzen.

Wird nun dem Körper von Aussen ein magnetischer Pol genähert, so drehen sich sämmtliche magnetische Axen der Theilchen nach demselben hin, wie eine frei aufgehängte Magnetnadel sich nach einem genäherten Pole hin richtet. Diese Drehung geschieht aber nicht gleichmässig, weil, um die magnetische Axe eines Theilchens zu drehen, eine gewisse Kraft, die Coërcitivkraft, überwunden werden muss; worin diese Kraft eigentlich besteht, wissen wir nicht, ihre Existenz ist jedoch durch die Erfahrung bewiesen; die dem Pole zunächst liegenden Theilchen werden daher ihre Axen wirklich ganz oder beinahe nach jenem Pole hin richten, die entfernteren weniger, und weit vom Pole entfernte Theilchen gar nicht.

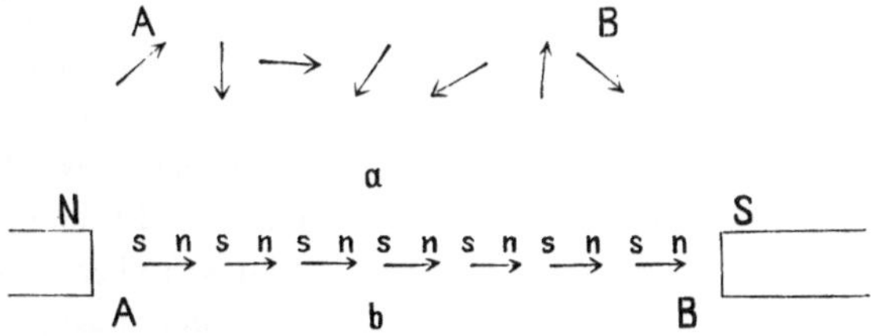

Fig. 131.

Jede einseitige Richtung der magnetischen Axen hat aber das Auftreten von magnetischen Polen und magnetische Wirkungen nach Aussen zur Folge, und erklärt daher den Act des Magnetisirens.

Denken wir uns die magnetischen Axen in einem dünnen Stahlstab AB (Fig. **131**); indem wir die Richtung jeder Axe, vom Südpol zum Nordpol, durch einen Pfeil bezeichnen, so gibt Fig. **131** a ein Bild des natürlichen, unmagnetischen Zustandes, Fig. **131** b dagegen des vollkommen magnetischen Zustandes, welcher eintritt, wenn die Axen durch zwei starke entgegengesetzte Magnetpole N und S sämmtlich in die Verbindungslinie jener Pole gerichtet werden. Nimmt man nun die Pole N und S weg, so behalten die Axen in dem Stahlstabe ihre Richtungen und üben in diesem Zustand auf andere magnetische Körper Wirkungen aus, was schon daraus folgt, dass an dem einen Ende des Stabes ein Nordpol n, an dem anderen Ende ein Südpol s auftritt.

Es ist ersichtlich, dass durch diese Vorstellung jede magnetische Veränderung sich erklären lässt; dieselbe dient jedoch auch zur Erklärung einer wichtigen Eigenschaft der Magnetisirung, nämlich der Existenz eines magnetischen Maximums.

Schon aus der Existenz der Coërcitivkraft geht hervor, dass die Drehung der magnetischen Axen in den Theilchen mit einem gewissen Widerstand verbunden ist; dieser Widerstand ist um so grösser, je weiter die Axen von ihrer urprünglichen Lage weggedreht wurden. Wenn daher die magnetisirende Kraft, z. B. die Annäherung von Magneten, in stetiger Weise wächst, so dass dieselbe in gleichen Zeiten stets gleichviel zunimmt, so werden sich die magnetischen Axen der Theilchen Anfangs rasch, dann immer langsamer drehen, bis schliesslich ein Maximum der Magnetisirung eintritt, welches auch bei Anwendung der grössten magnetisirenden Kräfte nicht überschritten wird. Welches dieser Zustand z. B. bei einem dünnen Eisenstab ist, ergibt sich sofort aus der Vorstellung der Drehung der magnetischen Axen: in diesem Falle haben beim Maximum des Magnetismus die Axen sämmtlicher Theilchen gleiche Richtung, wie in Fig. 131b angedeutet.

4. Freier und gebundener Magnetismus. Wie schon oben bemerkt, sind die magnetischen Pole nur Punkte von theoretischer Bedeutung, welche dazu dienen, um die Wirkung des Magnets nach Aussen leichter berechnen zu können; in Wirklichkeit ist der Magnetismus durch den ganzen Körper verbreitet, allerdings in verschiedener Stärke.

Schon die Anziehung von Eisenfeilspänen durch einen Magnetstab z. B. lehrt, dass die magnetische Wirkung auf das Eisen in der Mitte des Stabes Null, an den Enden dagegen am stärksten ist; ein feineres Mittel zur Erkenntniss dieses Unterschiedes bieten die sogenannten magnetischen Curven.

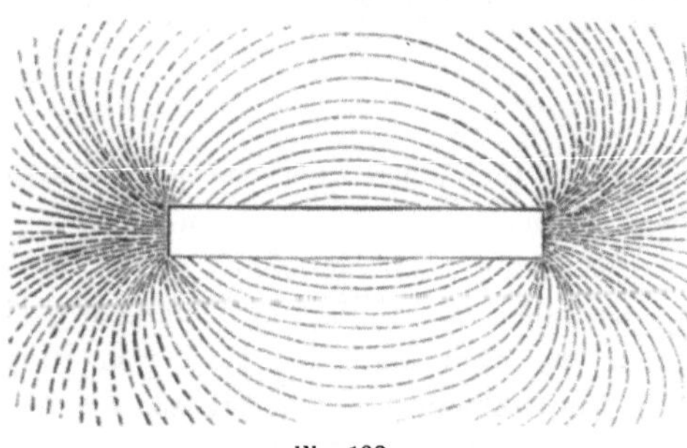

Fig. 132.

Bedeckt man einen Magnetstab mit einem Blatt Papier, streut auf dasselbe in möglichst gleichmässiger Vertheilung Eisenfeile und klopft dann leise auf das Papier, so ordnen sich die Eisentheilchen in der in Fig. 132 angedeuteten Weise um den Magnet an. Von den beiden Polen aus strömen dicke Büschel von Linien aus, die Entfernung der Linien von einander, sowie die Menge der in den Linien enthaltenen Eisentheilchen nimmt von den Polen nach der Mitte des Stabes zu ab; sowohl die Entfernung der Linien, als die Menge der Eisentheilchen sind Masse für die an den Ausgangspunkten der Linien herrschenden magnetischen Kräfte. Diese sogenannten magnetischen Curven geben ein Bild von den Richtungen, welche die magnetischen Axen der in der Nähe des Magnets sich befindenden Eisentheilchen durch die Einwirkung des letzteren angenommen haben.

Daraus aber, dass die Mitte des Stabes nicht nach Aussen wirkt, darf nicht geschlossen werden, dass dieselbe nicht magnetisirt ist. Wenn die magnetischen Axen der Theilchen des Stabes alle dieselbe Richtung haben, die Längsrichtung des Stabes, Fig. 131 b, so erhellt, dass, wenn alle gleich starke Pole hätten, nur die Pole an den beiden Enden nach Aussen wirken könnten; denn von allen anderen Polen liegen stets ein Südpol und ein Nordpol so nahe an einander, dass ihre Wirkung nach Aussen hin sich aufhebt; es würde in diesem Fall der ganzen Länge des Stabes nach kein Eisen angezogen, sondern nur an den Spitzen. Nun sind in Wirklichkeit die einzelnen Theilchen nicht gleich stark magnetisch, oder, was auf dasselbe hinaus kommt, ihre Axen nicht gleich gerichtet; dann wirkt jedes Paar von zusammenliegenden Polen nach Aussen, aber nur mit der Differenz ihrer Kräfte.

Man nennt nun den nach Aussen wirkenden Magnetismus den freien, denjenigen Theil des Magnetismus aber, welcher wegen des bezeichneten Umstandes nicht nach Aussen wirken kann, den gebundenen; der wirklich vorhandene oder erregte Magnetismus ist die Summe des freien und des gebundenen. Der freie Magnetismus nimmt bei einem Magnetstab, von der Mitte nach den Polen hin zu, der gebundene dagegen ab; der gebundene Magnetismus ist in der Mitte am stärksten.

In jedem Körper ist stets der vorhandene Nordmagnetismus gleich dem vorhandenen Südmagnetismus. Dies geht aus folgender Thatsache hervor:

Wenn man einen Stahlstab im unmagnetischen Zustande wiegt, dann magnetisirt und wieder wiegt, so findet man keinen Unterschied im Gewicht. Könnte man dem Stabe nur Einen Magnetismus geben, den südlichen oder den nördlichen, so würde die Wirkung des Erdmagnetismus sein Gewicht scheinbar vergrössern oder verringern; wäre der Stab nordmagnetisch, so würde derselbe schwerer, wäre er südmagnetisch, so würde er leichter. Da nun das Magnetisiren das Gewicht des Stabes gar nicht verändert, so müssen beide Magnetismen in genau gleicher Stärke entwickelt sein, so dass sich die Wirkungen des Erdmagnetismus aufheben.

Die magnetischen Pole, welche man einem Theilchen des Körpers zuschreibt, müssen also stets gleich stark sein.

5. Der Erdmagnetismus. Die ganze Erde ist als ein magnetischer Körper zu betrachten und zwar ist ihr Magnetismus sehr bedeutend; man hat berechnet, dass, wenn der Magnetismus in der Erde gleichmässig vertheilt wäre, 1 Cubikmeter Erde ebenso stark magnetisch wäre, als 8 magnetisirte Stahlstäbe von je 1 Pfund Gewicht; der Sitz des Erdmagnetismus liegt wahrscheinlich in den im Inneren derselben verborgenen Eisenerzlagern.

Die Vertheilung des Magnetismus auf der Erdoberfläche, d. h. die Wirkung desselben auf unsere an der Erdoberfläche befindlichen Instrumente, ist im grossen Ganzen eine regelmässige, im Einzelnen jedoch oft eine recht unregelmässige. Im Ganzen ist die Erde einer ziemlich gleichmässig magnetisirten Stahlkugel zu vergleichen, und zwar ist die Richtung der Magnetisirung oder die magnetische Axe der Erde ungefähr zusammenfallend mit der Rotationsaxe derselben. Die magnetischen Pole der Erde liegen daher in der Nähe der geographischen Pole, der Südpol liegt nördlich von Nordamerika, nahe dem Inselmeer der nordwestlichen Durchfahrt, der Nordpol muthmasslich nahe der Küste des antarktischen Festlandes, beide stehen sich jedoch nicht diametral gegenüber. In der Nähe der magnetischen Pole der Erde stellt sich eine nach allen Richtungen frei aufgehängte Magnetnadel vertical; bei dem magnetischen Südpol wurde dies von Capitain Ross direct beobachtet. Wie bei einem Magnetstab, sind auch bei der Erde die Pole nur Punkte von mathematischer Bedeutung; der wirklich vorhandene oder erregte Magnetismus ist am Aequator grösser als an den Polen.

Die Richtung und Grösse der Kraft des Erdmagnetismus an irgend einer Stelle der Erdoberfläche ist durch drei Elemente bestimmt: die Declination, die Inclination und die Intensität.

Die Declination ist der Winkel, welchen die Richtung einer um eine verticale Axe drehbaren Magnetnadel mit dem geographischen Meridian einschliesst; man spricht von östlicher oder westlicher Declination, je nachdem die Nordspitze der Nadel nach Osten oder Westen vom Meridian abweicht. Die Richtung, in welche sich eine Declinationsnadel einstellt, nennt man den magnetischen Meridian.

Die Inclination ist der Winkel, welchen die Richtung einer um eine verticale Axe in der durch die Declinationsrichtung gehenden Verticalebene drehbaren Magnetnadel mit der horizontalen Richtung einschliesst.

Die Intensität ist die Grösse der erdmagnetischen Kraft, in der durch die Inclinationsnadel angegebenen Richtung gemessen.

Die Declinationsnadel gibt die Verticalebene an, in welche die Richtung der erdmagnetischen Kraft fällt, die Inclinationsnadel zeigt diese Richtung selbst an.

Diese drei Elemente der magnetischen Erdkraft sind nicht nur an verschiedenen Stellen der Erdoberfläche verschieden, sondern ändern sich auch der Zeit nach.

Diese Veränderungen bestehen theils aus secularen, welche scheinbar ohne Gesetz, d. h. ohne Zusammenhang mit den in der Bewegung der Erde und Sonne liegenden Perioden, theils aus periodischen, welche offenbaren Zusammenhang mit jenen Perioden zeigen, und endlich aus den Störungen oder magnetischen Gewittern, welche plötzlich auftreten, oft in ziemlich heftiger Weise, und rasch, wie magnetische Wellen, über die Erde hinweglaufen.

Eine nähere Betrachtung dieser Veränderungen, sowie der Art der Bestimmung der Elemente des Erdmagnetismus würde uns zu weit führen.

6. Gleichgewicht und Bewegung einer Galvanometernadel. Die Magnetnadeln, welche bei galvanischen Messinstrumenten verwendet werden, sind meist um eine verticale Axe drehbar, also Declinationsnadeln. Wenn nun ausser dem Erdmagnetismus eine zweite Kraft wirkt, welche die Nadel aus dem magnetischen Meridian ablenkt, so ist die Grösse der Ablenkung abhängig von dem Verhältniss der beiden auf die Nadel wirkenden Kräfte; da nun die eine Kraft, bei einem Galvanometer die ablenkende Kraft des Stromes, nicht beliebig vergrössert werden kann, so hat auch die Empfindlichkeit eines solchen Instrumentes eine bestimmte Grenze, welche sich nicht überschreiten lässt.

Die Empfindlichkeit lässt sich jedoch beinahe beliebig vergrössern, wenn man eine sog. astatische Nadel (Fig. 133) anwendet. Eine solche Nadel nämlich besteht aus zwei parallelen Magnetnadeln, welche so mit einander verbunden sind, dass die entgegengesetzten Pole über einander liegen. Wenn die Nadeln genau parallel wären und ihre Pole gleich stark, so würde der Erdmagnetismus gar keine Wirkung auf das System ausüben, da der erdmagnetische Pol sehr weit entfernt, mithin die Entfernung desselben von je zwei über einander liegenden Polen als gleich anzusehen ist, die Wirkung derselben auf je zwei Pole sich also aufhebt. Eine vollkommen astatische Nadel ist also in jeder beliebigen Lage im Gleichgewicht, wenn nur der Erdmagnetismus auf dieselbe wirkt; sie zeigt also nicht mehr nach Norden.

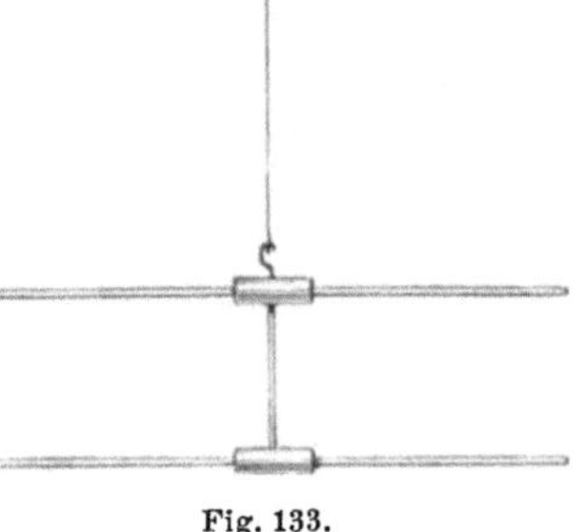

Fig. 133.

Die vollkommene Astasie zweier Nadeln lässt sich nun praktisch nicht erreichen, einmal weil die Nadeln nicht genau parallel gerichtet werden können, dann aber namentlich, weil der Magnetismus der beiden Nadeln nicht genau gleich gemacht werden kann. Beide Umstände tragen dazu bei, dass der Erdmagnetismus eine Richtkraft auf das System ausübt; immerhin ist dieselbe aber viel geringer, als bei der einfachen Nadel, und die Empfindlichkeit des Instrumentes, welche von dem Grade der Astasie abhängt, ist bedeutend grösser.

Bei einem Galvanometer ist die Ablenkung aus dem magnetischen Meridian, welche die Nadel durch die Einwirkung des Stromes erfährt, ein Mass für die Stärke des Stromes; aber es herrscht nur bei ganz geringen Ablenkungen Proportionalität zwischen Ablenkung und Stromstärke, bei grösseren Ablenkungen hört dieselbe auf, und zwar ist die Empfindlichkeit jedes Galvanometers um so geringer, je grösser die Ablenkung. Wenn man daher die Theilung, an welcher die Ablenkung abgelesen wird, so einrichtet, dass die Anzahl der Theilstriche proportional der Stromstärke ist, so rücken die Striche um so enger zusammen, je grösser die Ablenkung ist, ja, bei einer Ablenkung von 90° sind sie unendlich nahe an einander, so dass ein unendlich starker Strom dazu gehört, um die Nadel auf 90° zu drehen.

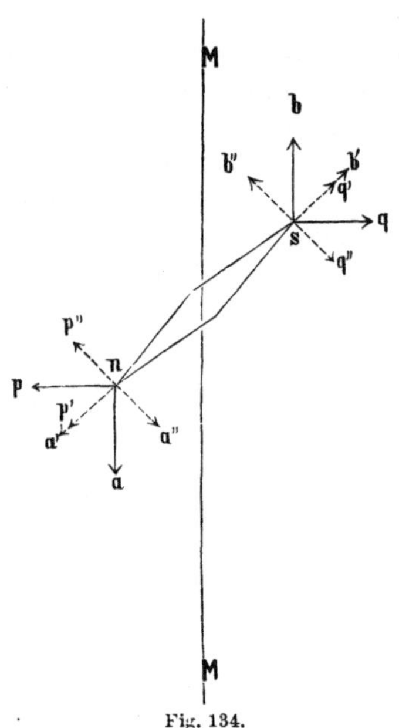

Fig. 134.

Wenn MM der magnetische Meridian (Fig. 134), ns die Pole einer in horizontaler Ebene schwingenden Magnetnadel, so übt der Erdmagnetismus eine Anziehung a auf den Pol n, und eine Abstossung b auf den Pol s aus. Zerlegt man diese beiden Kräfte nach der Richtung der Magnetnadel und senkrecht darauf, so zerfällt a in die Componenten a' und a'', b in die Componenten b' und b''; die beiden Kräfte a' und b' sind gleich und entgegengesetzt, üben daher keine Wirkung auf die Nadel aus; die beiden anderen Kräfte a'' und b'' unterstützen sich gegenseitig und suchen die Nadel in die Richtung des magnetischen Meridians zurück zu drehen.

Wenn die Nadel im magnetischen Meridian liegt, so sind die Componenten a'' und b'' Null; dieselben erhalten erst Werthe, wenn die Nadel aus dem Meridian heraustritt; wenn H die Richtkraft des Erdmagnetismus (horizontale Componente), im Falle die Nadel horizontal im magnetischen Meridian liegt, so ist seine Richtkraft, im Falle die Nadel den Winkel φ mit dem magnetischen Meridian einschliesst, wenn ferner m das magnetische Moment der Nadel, d. h. das Product des in Einem Pole befindlichen Magnetismus in den Abstand der Pole von einander,

$$Hm \,.\, \sin \varphi,$$

wie leicht aus der Figur zu ersehen ist.

Der Strom in den Windungen übt auf die Pole der Nadeln Wirkungen aus, deren Richtung senkrecht zum magnetischen Meridian steht; wenn p, q diese beiden Kräfte sind, p', q' ihre Componenten nach der Richtung der Nadel, p'', q'' diejenigen senkrecht darauf, so heben sich p' und q' auf, dagegen muss, beim Gleichgewicht der Nadel, die Componente p'' der Stromwirkung gleich der Componente a'' der Wirkung des Erdmagnetismus, und $b'' = q''$ sein. Man ersieht aus der Figur, dass, wenn J die Wirkung des Stromes auf die Nadel beim magnetischen Moment Eins, für den Winkel φ, die in Betracht kommende Componente derselben gleich

$$Jm \,.\, \cos \varphi$$

ist. Diese muss, beim Gleichgewicht der Nadel gleich $H \sin \varphi$ sein; man hat daher

$$Jm \cos \varphi = Hm \sin \varphi, \quad \text{woraus}$$

$$\operatorname{tg} \varphi = \frac{J}{H},$$

d. h. die Ablenkung φ nur abhängig von den beiden Kräften J und H, nicht vom Magnetismus der Nadel.

Bei den meisten Galvanometern ist nun J, die Wirkung des Stromes auf die Nadel, p und q in der Figur, nicht für alle Werthe des Winkels φ gleich; bei denjenigen Galvanometern jedoch, bei welchen die Windungen weit von der Nadel entfernt sind (Tangentenbussole), so dass diese Entfernung für alle Lagen der Nadel ziemlich dieselbe bleibt, darf die Kraft J als constant angesehen werden.

Da nun die Wirkung J des Stromes stets dem Strome selbst proportional ist, so ergibt sich für den Fall, dass J unabhängig von φ ist, aus obiger Gleichung, dass der Strom in einem solchen Galvanometer proportional der Tangente der Ablenkung der Nadel ist. Wachsende Ablenkungen erfordern immer rascher wachsende Ströme; je grösser bereits die Ablenkung ist, desto mehr Kraft gehört dazu, um die Nadel z. B. um noch einen Grad weiter zu drehen, und um die Nadel auf 90° zu bringen, müsste der Strom unendlich stark sein; mit anderen Worten: auch der stärkste Strom kann die Nadel nicht auf 90° bringen.

Bei denjenigen Galvanometern nun, bei welchen, um grössere Empfindlichkeit zu erzielen, die Windungen nahe an der Nadel angebracht sind, nimmt J, die Wirkung des Stromes auf die Nadel, mit wachsender Ablenkung ab, weil die Nadel sich um so mehr von den Windungen entfernt, je grösser die Ablenkung ist. In diesen Fällen gilt daher das Tangentengesetz nicht mehr, aber das Verhältniss der Empfindlichkeit dieser Galvanometer bei grösseren Ablenkungen zu derjenigen bei kleinen Ablenkungen ist noch viel geringer, als bei den Galvanometern mit weit abstehenden Windungen.

Wir wollen bei dieser Gelegenheit auch die allgemeinen Eigenschaften der Bewegungen einer Galvanometernadel besprechen.

Eine Galvanometernadel, welche um die durch den Erdmagnetismus gegebene Gleichgewichtslage schwingt, ist in jeder Beziehung einem schwingenden Pendel zu vergleichen. Wie bei dem in verticaler Ebene schwingenden Pendel die vertical wirkende Schwerkraft bei jeder Lage des Pendels mit gleicher Stärke und in gleicher Richtung wirkt, so bleibt auch bei der in horizontaler Ebene schwingenden Galvanometernadel die Wirkung der horizontalen Componente des Erdmagnetismus bei allen Lagen der Nadel in Bezug auf Stärke und Richtung gleich. Wenn daher keine anderen Kräfte auf die Nadel wirken, so müsste sie, wie ein vollkommen freies Pendel, einmal in Schwingung versetzt, ewig dieselben Schwingungen ausführen. Ferner muss für die Schwingungsdauer der Galvanometernadel ein ähnliches Gesetz gelten, wie für diejenige des Pendels; die Schwingungsdauer einer Galvanometernadel ist:

um so grösser, je grösser das Trägheitsmoment der Nadel;

um so kleiner, je grösser die richtende magnetische Kraft des Erdmagnetismus oder anderer Magnete,

und um so kleiner, je grösser das magnetische Moment der Nadel, d. h. das Product aus dem Polabstande und dem Magnetismus eines Poles.

Eine lange, dünne Nadel schwingt also langsamer, als eine kurze, dicke von demselben Magnetismus, ein astatisches Nadelpaar langsamer, als ein Paar von Nadeln mit gleichgerichteten Polen; und endlich schwingt eine Nadel um so rascher, je näher die Pole den Enden der Nadel liegen.

In Wirklichkeit nun ist es nicht möglich, eine Galvanometernadel bloss unter dem Einfluss des Erdmagnetismus schwingen zu lassen, ebenso wenig, als beim Pendel die Schwerkraft die einzig wirkende Kraft bleibt; in beiden Fällen treten Widerstände verschiedener Natur auf, d. h. Kräfte, welche der Bewegung entgegenwirken, welche aber zugleich erst durch die Bewegung entstehen, also in der Ruhe gar nicht vorhanden sind.

Beim Pendel besteht dieser Widerstand, abgesehen von der Axenreibung und anderen geringeren Kräften hauptsächlich in dem Luftwiderstand; bei einer Galvanometernadel hat man ebenfalls Axenreibung, wenn die Nadel auf einer Spitze schwingt, oder Torsion des Fadens, wenn die Nadel an einem solchen aufgehängt ist, dann aber namentlich auch den Luftwiderstand, und, wenn die Windungen geschlossen sind, den Widerstand durch die in denselben inducirten Ströme. Alle diese widerstehenden Kräfte verhindern, dass das Pendel oder die Nadel, einmal in Schwingung versetzt, ewig in Schwingung bleiben; die Schwingungen werden vielmehr unter dem Einfluss dieser Kräfte immer kleiner, bis zuletzt völlige Ruhe eintritt.

Der Luftwiderstand ist eine Kraft, welche von der Geschwindigkeit des schwingenden Körpers abhängt, sie besteht in der Reibung, welche die Oberfläche des letzteren an den vorbeistreichenden Lufttheilchen erleidet und welche natürlich aufhört, wenn der Körper in Ruhe ist. In ganz ähnlicher Weise wirken die in umgebenden Kupfermassen inducirten Ströme, deren Entstehung weiter unten besprochen werden wird; sie entstehen ebenfalls erst durch die Bewegungen des Magnetes und zwar proportional der Geschwindigkeit desselben; durch die mechanische Fernewirkung, welche dieselben auf den Magnet ähnlich, wie ein Stromleiter auf den anderen, ausüben, wird die Bewegung des letzteren gehemmt und schliesslich vernichtet. Der Widerstand, welchen die Bewegung einer Galvanometernadel erleidet, heisst die Dämpfung; in derselben ist sowohl Luftwiderstand, als Widerstand durch inducirte Ströme enthalten.

Die Amplituden der Schwingungen, d. h. die in einer halben Schwingung überstrichenen Bogen nehmen unter dem Einfluss der Dämpfung in geometrischer Progression ab, d. h. die erste Amplitude verhält sich z. B. zur zweiten, wie die zweite zur dritten, wie die dritte zur vierten u. s. w.

7. Form und Stärke der Magnete. Die Stärke der Magnete hängt von vielen Umständen ab; wir betrachten hier die Beziehungen derselben zu der Form.

Wenn man einen geraden Stahlstab magnetisirt, so ist es leicht zu bemerken, dass der Magnetismus nach der Entfernung des magnetisirenden Körpers rasch abnimmt; namentlich aber verlieren solche Stäbe, wenn sie längere Zeit ohne besondere Vorsichtsmassregeln aufbewahrt werden, oft beinahe den ganzen Magnetismus.

Zur Erhaltung des Magnetismus dient der Anker, d. h. ein Stück weiches Eisen, welches an beide Pole angelegt wird, so dass es dieselbe verbindet; derselbe verwandelt durch den in seinem Innern inducirten Magnetismus den grössten Theil des freien Magnetismus der Pole in gebundenen und verwandelt den Magneten in einen geschlossenen Ring, in welchem sich der Magnetismus viel besser hält.

Die Nothwendigkeit, die Magnete, wenn ausser Gebrauch, durch Anker geschlossen zu halten, hat auf die Hufeisenform der Magnete geführt; Fig. 135 stellt einen aus mehreren über einander gelegten Lamellen gebildeten hufeisenförmigen Magneten mit Anker vor; es ist nämlich bequemer und besser, wenn der Anker möglichst kurz ist.

Wenn man nun, in der Absicht, möglichst starke Magnete herzustellen, immer grössere Magnete herstellt und deren Magnetismus auf irgend eine Weise misst, so bemerkt man bald, dass, je grösser man die Magnete macht, die verhältnissmässige Zunahme an Magnetismus immer geringer wird; und zwar beobachtet man dies an hufeisenförmigen Magneten sowohl als an geraden.

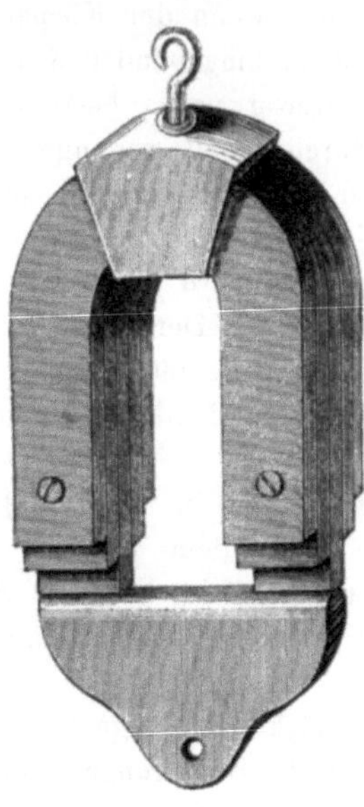

Fig. 135.

Hierbei ist natürlich vorausgesetzt, dass sowohl das Material, aus welchem die Magnete hergestellt werden, als die Behandlung derselben bei der Herstellung völlig gleich bleibt.

Für die hufeisenförmigen Magnete, welche in der Technik beinahe ausschliesslich angewendet werden, gilt das Gesetz von Häcker, dass nämlich die Tragkraft gesättigter Hufeisenmagnete proportional ist der $\frac{2}{3}$ten Potenz des Gewichts, so dass, wenn T die Tragkraft, G das Gewicht und a eine Constante

$$T = a \,.\, G^{\frac{2}{3}}$$

die Tragkraft nimmt also schwächer zu, als das Gewicht.

Die Tragkraft eines Magnetes und die Anziehungskraft derselben auf einen in bestimmter Entfernung gehaltenen Anker sind diejenigen Kraftäusserungen des Magnetes, welche in der Technik am meisten Verwendung finden. Beide Kräfte sind nicht einfach proportional dem Magnetismus der Pole, denn sie sind proportional dem Magnetismus der Pole und ausserdem dem im Anker inducirten Magnetismus; da dieser letztere proportional dem ersteren ist, ist die Anziehungskraft auf den Anker, wenn der letztere anliegt oder wenn er in geringer Entfernung sich befindet, proportional dem Quadrat des Magnetismus.

Der Grund, weshalb grössere Magnete verhältnissmässig weniger Magnetismus annehmen, als kleine, liegt hauptsächlich in der störenden Induction, welche neben einander liegende Theilchen auf einander ausüben. Selbst der härteste Stahl scheint noch inductionsfähig zu sein; wenn wir uns nun den Magnetstab oder das Hufeisen aus lauter dünnen, neben einander liegenden Stäben oder Lamellen bestehend denken, so muss jede einzelne Lamelle in den benachbarten den umgekehrten Magnetismus induciren von demjenigen, welchen sie selbst besitzt, muss also die benachbarten schwächen; und zwar ist diese gegenseitige Schwächung um so stärker, je dicker der Magnet ist.

Um die Schwächung der einzelnen Theile zu verringern, trennt man den Magnet in einzelne Lamellen, siehe z. B. Fig. 135, und verbindet dieselben durch Messingstücke, so, dass sie durch kleine Zwischenräume getrennt sind; vor die Pole wird häufig auch ein Eisenstück fest aufgesetzt, welches dann den Magnetismus der Pole der Lamellen aufnimmt. In neuerer Zeit hat Jamin, und schon früher Scoresby, mit Vortheil die Magnete aus lauter magnetisirten Uhrfedern construirt, welche nur an den Polen vereinigt, sonst getrennt sind.

Das Gesetz von Häcker gilt nur für Hufeisenmagnete, nicht für Stabmagnete. Für diese letzteren gelten zwar keine Gesetze, aber doch ungefähr ähnliche Verhältnisse, wie für die ersteren.

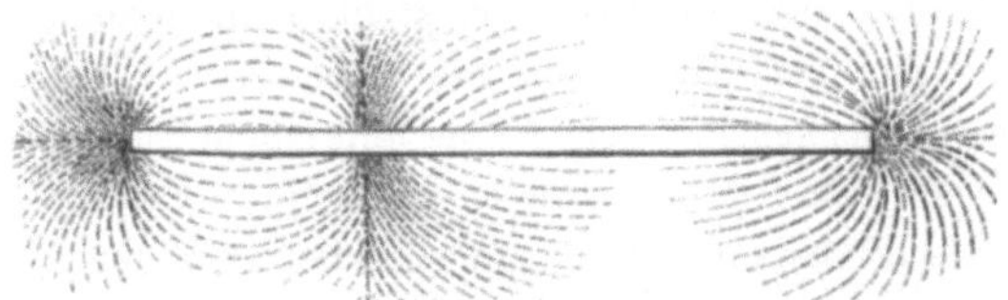

Fig. 136.

Bei der Construction eines Magnetstabes muss ein gewisses Verhältniss zwischen Länge und Querschnitt eingehalten werden. Wenn der Querschnitt kreisförmig ist, nehme man für den Durchmesser etwa den zehnten Theil der Länge, jedenfalls nicht weniger; ist der Querschnitt rechteckig, so wähle man die Dimensionen so, dass die Querschnittsfläche gleich der Kreisfläche ist, deren Durchmesser gleich $\frac{1}{10}$ der Länge.

Wenn die Länge des Magnetes im Verhältniss zum Querschnitt bedeutend zu gross ist, so treten beim Magnetisiren sog. Folgepunkte auf, welche man am besten erkennt, wenn man in der oben angegebenen Weise die magnetischen Curven darstellt; dieselben nehmen alsdann die in Fig. 136 angegebene Gestalt an. Der Stab theilt sich nämlich in diesem Fall in mehrere Magnete, welche mit ihren gleichnamigen Polen an einander stossen; hierunter leidet der freie Magnetismus der Pole bedeutend; in dem in Fig. 136 dargestellten Fall hätte man zwei gleichnamige Pole von verschiedener Stärke an den Enden.

Endlich ist noch zu bemerken, dass die Röhrenform für den Magnetismus vortheilhaft ist; eine magnetisirte Röhre besitzt höheren Magnetismus, als ein voller Stab von derselben Länge und demselben Gewicht.

8. Kraftlinien; magnetisches Feld. Wenn man über einem Magnet mittelst Eisenfeilspänen die sog. magnetischen Curven bildet, so ist klar, dass sich jedes Eisentheilchen mit seiner Längsaxe in die Richtung zu stellen sucht, welche die gesammte magnetische Kraft an der betreffenden Stelle hat. Denn wenn statt des Eisentheilchens ein kleiner Magnet sich an dem betreffenden Punkt befände, so müsste sich derselbe in die Richtung der magnetischen Kraft stellen, wie auch unter dem Einfluss des Erdmagnetismus eine Nadel sich in den sog. magnetischen Meridian stellt; jedes Eisentheilchen wird aber durch Induction ein Magnet, und desshalb stellen die sog. magnetischen Curven nichts Anderes dar, als die Richtungen der magnetischen Kraft oder die „Kraftlinien".

Magnetisches Feld nennt man einen Raum, in welchem von irgend welchen Magneten magnetische Kräfte ausgeübt werden; streng genommen, übt jeder Magnetpol in dem ganzen unendlichen Raum magnetische Kräfte aus, praktisch versteht man jedoch unter obiger Bezeichnung denjenigen Raum, in welchem jene Kräfte erheblichen Werth haben. Zwischen je einem Nord- und einem Südpol entsteht stets ein magnetisches Feld; mit Vorliebe bezeichnet man jedoch in der Technik mit dieser Benennung diejenigen Fälle, in denen ungleichnamige Polflächen einander gegenüber stehen.

Die magnetische Kraft hat nun im Allgemeinen an jeder Stelle des magnetischen Feldes einen anderen Werth; so versteht es sich, dass bei einem einfachen Magnet in der Nähe der Pole diese Kraft am stärksten ist und mit der Entfernung von den Polen abnimmt. Bei dem Experiment der magnetischen Curven erkennt man die Grösse der Kraft an der Dichtigkeit der Curven: an den Polen drängen sie sich dicht zusammen, weit ab von den Polen liegen sie weit auseinander.

Durch diese Analogie gerieth Faraday auf den Gedanken, die Dichte der Kraftlinien als Mass der magnetischen Kraft aufzustellen, d. h. an jeder Stelle des magnetischen Feldes auf der Einheit einer senkrecht zu den Kraftlinien gelegten Fläche sich gerade so viel Kraftlinien ausgehend zu denken, als der numerische Werth der magnetischen Kraft beträgt. Diese Vorstellung hat namentlich praktischen Werth bei der später zu betrachtenden Magnetinduction, bei welcher der inducirte Draht stets senkrecht zu der Richtung der magnetischen Kraft bewegt werden muss, um möglichst starken Strom zu erhalten; ist die Dichte der Kraftlinien das Mass der magnetischen Kraft, so wird die E. M. K. der Magnetinduction gemessen durch die Anzahl der Kraftlinien, welche der inducirte Draht durchschnitten hat.

Der technisch wichtigste Fall ist das gleichförmige magnetische Feld, d. h. ein von zwei parallelen und gleichförmig magnetisirten Flächen eingeschlossene Form; in demselben stehen die Kraftlinien alle senkrecht zu den Polflächen und die Dichte der Kraftlinien, also die magnetische Kraft, ist überall wesentlich gleich gross.

9. Die Magnetisirung. Die Mittel und Methoden, welche man anwendet, um Stahlstäbe zu magnetisiren, richten sich wesentlich nach der Grösse der Stäbe und des Magnetismus, welchen man denselben ertheilen will. Beim Justiren eines astatischen Nadelpaares, wo die Nadeln gewöhnlich klein sind, und wo es sich darum handelt, durch Mittheilen und Entziehen von wenig Magnetismus die beiden Nadeln in magnetischer Beziehung möglichst gleich zu machen, magnetisirt man durch blosses Nähern von Magnetpolen; ein stärkeres Mittel ist bereits die Berührung durch Magnete, und unter die stärksten Mittel gehören die verschiedenen Arten des Streichens.

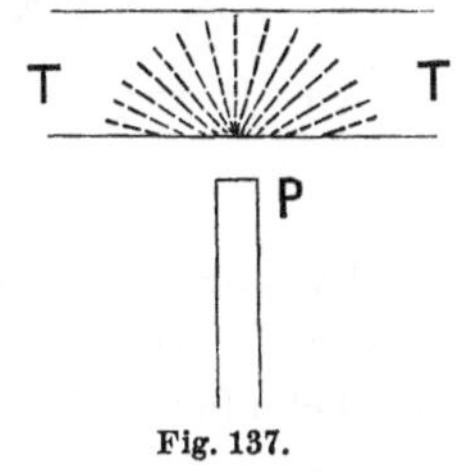

Fig. 137.

Wenn dem unmagnetischen Stab TT (Fig. 137) ein Magnetpol P genähert wird, oder wenn er denselben berührt, so entsteht eine radiale Anordnung der Theilchen des Stabes um den dem Pole P am nächsten gelegenen Punkt, wie in der Figur angedeutet; nach dem Pole P hin sind die demselben entgegengesetzten Pole gerichtet. Man sieht ein, dass, wenn man einer Nadel ns (Fig. 138) von beiden Seiten zwei entgegengesetzte Pole N und S nähert oder durch dieselben berühren lässt, dieselbe magnetisirt werden muss und zwar mit der durch die Buchstaben angegebenen Lage der Pole.

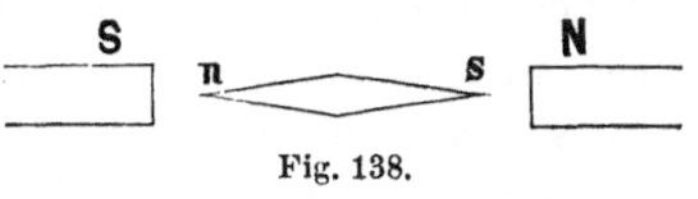

Fig. 138.

Das Magnetisiren durch Streichen geschieht bei kleinen Magneten und Nadeln am zweckmässigsten dadurch, dass man die beiden Hälften der Nadel abwechselnd mit den beiden Polen des magnetisirenden Magnetes streicht und zwar bewegt man hierbei den Magnet von der Mitte der Nadel nach dem Ende hin. Bei dieser Methode wird allerdings die zuletzt gestrichene Hälfte der Nadel etwas stärker magnetisch als die andere; nicht als ob etwa mehr Magnetismus der einen Art als der anderen Art entwickelt würde, sondern die Vertheilung ist nicht dieselbe; in der letztgestrichenen Hälfte liegt der Pol nahe am Ende der Nadel, in der anderen Hälfte ist derselbe vom Ende abgerückt, so dass die magnetischen Drehungsmomente der beiden Hälften verschieden werden.

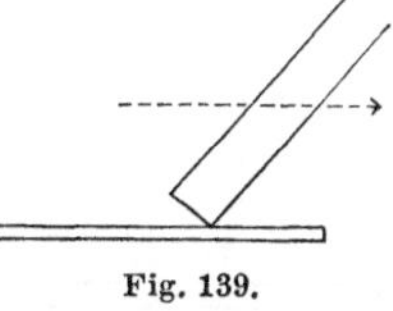
Fig. 139.

Bei grösseren Magnetstäben führt man den einfachen Strich

gleichzeitig auf beiden Hälften des Stabes aus (Fig. 140). Hierbei setzt man am besten die beiden magnetisirenden Pole S und N auf die Mitte des Stabes auf und zwar die dieselben enthaltenden Stäbe in geneigter Stellung, führt dann in dieser Stellung beide Stäbe gleichzeitig gegen die Enden des zu magnetisirenden Stabes, und wiederholt diesen Process so lange, bis man keine Zunahme von Magnetismus in dem zu magnetisirenden Stabe mehr bemerkt; hierbei ist es von wesentlichem Nutzen, die ganze Oberfläche des Stabes nach und nach zu überstreichen.

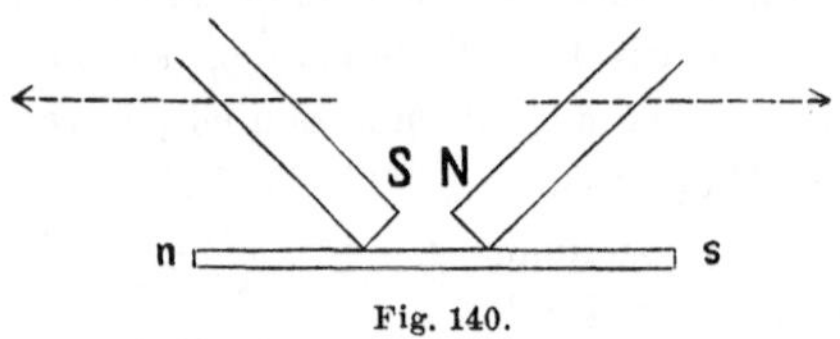

Fig. 140.

Die Erklärung dieses Vorganges ist folgende. Wenn z. B. der Pol N auf den Stab aufgesetzt wird, so richten sich alle in seiner Nähe befindlichen Südpole im Eisen nach demselben hin, die Axen der Theilchen links von N haben also beinahe die derjenigen der rechtsliegenden Theilchen entgegengesetzte Richtung. Nun wird aber der Pol N nach rechts hin geführt; hierdurch wird die Lage der Axen der links liegenden Theilchen im Wesentlichen nicht verändert, die Axen der Theilchen links aber, deren Südpol vorher nach links stand, drehen sich, dem Pol N folgend, in die entgegengesetzte Richtung, indem sie nun auf die linke Seite des Poles N gelangen, und bleiben in derselben liegen. Aehnlich wirkt der Pol S auf der anderen Hälfte.

Der wirksamste Strich scheint der Doppelstrich zu sein. Bei demselben wird ein Hufeisenmagnet mit dicht neben einander stehenden Polen NS (Fig. 141) so auf den Stab aufgesetzt, dass seine magnetische Axe der Richtung des Stabes parallel ist; man fährt nun, indem man diese Lage des Hufeisens beibehält, beliebig hin und her über den zu magnetisirenden Stab, nach und nach dessen ganze Oberfläche überstreichend. Es ist merkwürdiger Weise bei diesem Strich gleichgültig, wo man aufsetzt und in welcher Richtung man streicht, während beim einfachen Strich in dieser Beziehung Vorsicht beobachtet werden muss.

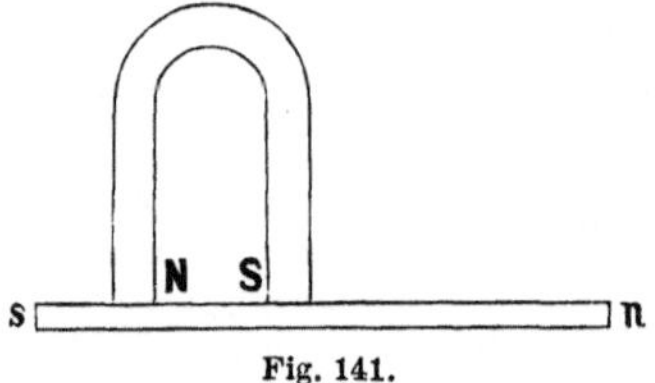

Fig. 141.

Die grösste Wirkung, welche das Hufeisen an irgend einer Stelle ausübt, erfahren stets die Theilchen zwischen seinen Polen; auf diese wirken beide Pole in gleichem Sinne und gleich stark. Die seitwärts vom Hufeisen gelegenen Theilchen erfahren von beiden Polen entgegengesetzte Wirkungen, die eine allerdings überwiegend. Daher kommt es, dass für die Magnetisirung beim Doppelstrich nur die Lage des Hufeisens, nicht die Art seiner Bewegnng in Betracht kommt.

Beim einfachen, sowie beim Doppelstrich ist es von Vortheil, wenn man an die Enden des zu magnetisirenden Stabes Stücke weichen Eisens, oder noch besser Magnetpole fest anlegt; der durch das Streichen erzeugte Magnetismus wird hierdurch festgehalten.

In neuerer Zeit werden dickere Stäbe meistens durch Elektromagnete magnetisirt, welche wir unten zu behandeln haben. Der Magnetismus, der beim Elektromagnet einem Stab von weichem Eisen ertheilt wird, übertrifft bei Weitem denjenigen, welchen ein Stahlstab von denselben Dimensionen im günstigsten Fall annehmen kann.

Man verfährt hierbei gewöhnlich so, dass man die Enden des zu magnetisirenden Stabes auf die Pole des Elektromagnetes oder auf mit demselben verbundene Eisenstücke auflegt, den Strom schliesst und nun auf irgend eine Art den Stab zu erschüttern sucht (vgl. S. 228); natürlich muss auch nach und nach die ganze Oberfläche der Stabenden mit den Polen in Berührung gebracht werden.

Diese Art der Magnetisirung ist weitaus die einfachste und kräftigste.

10. Remanenz; Einfluss der Cohäsion und der Wärme. Die wichtigste Beziehung des Magnetismus zur Cohäsion des Stahls oder Eisens ist diejenige, deren Ausdruck die sog. Coërcitivkraft ist, und welche wir bereits besprochen haben; in dem Widerstand, welchen die Körpertheilchen der Magnetisirung entgegensetzen, und in der Kraft, mit welcher sie den angenommenen Magnetismus festhalten, zeigt sich jene Beziehung am deutlichsten.

Wir haben gesehen, dass es streng genommen kein ganz weiches Eisen und keinen ganz harten Stahl gibt, d. h. dass es kein Eisen gibt, welches seinen Magnetismus ganz verlieren kann, und keinen Stahl, der seinen Magnetismus ganz behalten kann; bei Eisen und Stahl nimmt der Magnetismus ab, wenn die magnetisirende Kraft aufgehört hat zu wirken, aber bei beiden bleibt etwas Magnetismus zurück.

Der zurückbleibende oder remanente Magnetismus ist in erster Linie abhängig von der Natur des Körpers, der chemischen sowohl als der physikalischen, aber auch von der Stärke der vorhergehenden Magnetisirung; bei schwacher Magnetisirung kann bei weichem Eisen bis $\frac{1}{4}$ des Magnetismus zurückbleiben, bei sehr starker Magnetisirung dagegen nur etwa $\frac{1}{10}$ bis $\frac{1}{12}$; bei hartem Stahl beträgt der remanente Magnetismus wenigstens $\frac{1}{3}$ des Gesammtmagnetismus. Der remanente Magnetismus ist stets von derselben Art wie derjenige, den der Körper bei der letzten Magnetisirung angenommen hatte; wenn man daher ein

Stück Eisen beliebig oft in abwechselnder Richtung magnetisirt, so entspricht der remanente Magnetismus stets der letzten Magnetisirung.

Einen bedeutenden Einfluss auf den magnetischen Zustand eines Körpers üben ferner Erschütterungen aus. Ein Stahlmagnet kann z. B. durch einen einzigen Längsschlag bereits den grössten Theil seines Magnetismus verlieren; beim Transport von Magneten ist also die Art der Verpackung wesentlich für das Festhalten von Magnetismus.

Umgekehrt aber wirken Erschütterungen nützlich während der Magnetisirung; wird ein Magnetstab bei diesem Vorgang nach allen Seiten erschüttert, so wird durch die Schläge gleichsam ein Theil der Coërcitivkraft überwunden; der Widerstand, den die Theilchen der Drehung ihrer magnetischen Axen entgegensetzen, wird durch mechanische Kräfte entfernt, während bei einem bereits magnetisirten Stab mechanische Kraft im Stande ist, die Axen zurück zu drehen, da keine magnetische Richtkraft mehr auf dieselben einwirkt. Der Einfluss der Erschütterungen ist auch die Ursache, welche bewirkt, dass sämmtliche stählerne Werkzeuge in mechanischen Werkstätten, ferner eiserne Schiffe während des Baues Magnetismus annehmen. Hier ist es namentlich der Erdmagnetismus, welcher inducirend wirkt, und man nennt auch diesen Magnetismus den Magnetismus der Lage, weil er von der Lage des Gegenstandes in Bezug zum magnetischen Meridian abhängt; aber die Erschütterungen sind es, welche den von der Erde inducirten Magnetismus befestigen und vermehren.

Für Stahlmagnete ist ferner wichtig der Einfluss der Härtung. Um Stahl zu härten, wird derselbe bekanntlich zuerst erhitzt und dann in einem kälteren Flüssigkeitsbade abgelöscht; durch zweckmässige Wahl des Hitzegrades, der Zusammensetzung der Flüssigkeit und ihrer Wärme lassen sich die mannichfaltigsten Abstufungen von Härte erzielen. Will man einem Stabe an verschiedenen Stellen verschiedene Härte ertheilen, so gibt man dem ganzen Stabe zuerst die Härte, welche die härtesten Stellen erhalten sollen, und „lässt“ dann die übrigen Stellen „an“, d. h. erwärmt sie über gelindem Feuer und lässt sie langsam abkühlen.

Im Allgemeinen lässt sich behaupten, dass ein Stahlstab um so mehr Magnetismus festhalten kann, je härter er ist; über die specielle Vorschrift der Verfertigung von Magneten jedoch sind die Techniker verschiedener Ansicht: die Einen geben dem ganzen Magnete die grösste Härte, Glashärte, die Anderen dagegen machen die Stabenden glashart und lassen die Mitte des Stabes etwas an; wahrscheinlich gibt es noch andere zweckmässige Verfahrungsarten.

Wichtig und zugleich merkwürdig ist der Einfluss der Wärme.

Die Wärme wirkt entmagnetisirend, sowohl auf Stahl, als auf Eisen. Wenn man einen magnetisirten Stahlstab weissglühend macht, so verliert er seinen Magnetismus vollständig und erhält denselben durch die Abkühlung auch nicht wieder. Weissglühendes Eisen ferner wird nicht mehr von einem Magneten angezogen, zeigt aber diese Eigenschaft wieder nach dem Erkalten.

Beim Stahl nimmt der Magnetismus mit zunehmender Erwärmung stetig ab; das Eisen dagegen zeigt unmittelbar vor der Entmagnetisirung eine beträchtliche Zunahme des Magnetismus, wenn während der Erwärmung ein Magnet sich in der Nähe befindet. Diese beiden Erscheinungen widersprechen sich nicht: in beiden Fällen vermindert die Wärme die Coërcitivkraft; je geringer nun diese letztere ist, desto weniger Magnetismus kann der Stahl festhalten, und desto mehr kann das Eisen annehmen, weil der Magnetisirung weniger Widerstand entgegengesetzt wird; Weissgluth zerstört jeden Magnetismus. Ein weissglühendes Stückchen Eisen wird daher vom Magnet nicht mehr angezogen, ein schwach rothglühendes dagegen stärker, als ein kaltes.

Für die in Instrumenten verwendeten Magnete ist ferner wichtig der Einfluss schwächerer Erwärmungen, wie solche durch Veränderung der Lufttemperatur fortwährend hervorgerufen werden. Ein frisch magnetisirter Stahlstab verliert anfangs sowohl durch geringe Erwärmung, als durch Erkältung Magnetismus, nach und nach wird aber der Verlust bei der Erkältung immer kleiner, dann beginnt die Erkältung den Magnetismus zu erhöhen, und schliesslich stellt sich ein stationärer Zustand her, in welchem jede Erwärmung ebensoviel Magnetismus entzieht, als die entsprechende Erkältung wieder ersetzt. Im Durchschnitt verliert also ein Stahlstab im Lauf der Zeit Magnetismus, bis ein gewisses Minimum erreicht ist, welches sich dann erhält.

In neuerer Zeit werden Magnete für Instrumente, bei denen es auf Constanz des magnetischen Moments ankommt, längere Zeit und mehrere Male der Temperatur von 100^0 ausgesetzt; die Veränderungen des Magnetismus werden dadurch verringert.

B. Ströme und Magnete.

11. Ersetzung eines Magnets durch Kreisströme. Die Wechselwirkung zwischen Strömen und Magneten ist in der ganzen Lehre von der Elektricität und dem Magnetismus für den Techniker der wichtigste Abschnitt; auf dieser Wechselwirkung beruhen beinahe die ganze elektrische Telegraphie unserer Zeit, sowie die Maschinen zur Erzeugung elektrischer Ströme. Nachdem wir in vorhergehenden Abschnitten die Wechselwirkung von Strömen auf einander und diejenige von Magneten auf einander kennen gelernt haben, bleibt uns nur noch übrig, die Kette zu schliessen, indem wir den inneren Zusammenhang zwischen Strömen und Magneten darlegen; sobald derselbe gegeben ist, bildet die Erklärung der Wechselwirkungen zwischen Strömen und Magneten nur noch eine Anwendung der Gesetze, welche in den vorhergehenden Abschnitten bereits enthalten sind.

Der Urheber der Lehre von der Identität zwischen elektrischen Strömen und Magneten ist Ampère, derselbe, welchem man die Aufstellung des ersten Fundamentalgesetzes der elektrischen Ströme verdankt. Bevor Ampère mit seiner Lehre auftrat, hatte für die Erklärung der magnetischen Erscheinungen die Theorie der magnetischen Fluida allgemeine Geltung, eine Theorie, welche für den Magnetismus die Existenz zweier polar entgegengesetzter Flüssigkeiten annimmt, in ähnlicher Weise, wie es für die Elektricität noch heutzutage Sitte ist; von dieser Theorie aus lässt sich aber, ohne Zuhülfenahme von neuen Hypothesen, die Wechselwirkung zwischen Strömen und Magneten nicht erklären. Wir haben diese Theorie übergangen, weil sie jetzt als beseitigt anzusehen ist, obschon die hergebrachten Bezeichnungen in der Lehre vom Magnetismus noch aus jener Theorie stammen, und obschon dieselbe von allen rein magnetischen Erscheinungen vollkommene Rechenschaft gibt.

Den Anstoss zu der ganzen Ampère'schen Theorie der elektrischen Ströme gab die Entdeckung von Oersted, dass die Magnetnadel durch den Strom abgelenkt wird. In Folge dieser Entdeckung vermuthete Ampère die Existenz einer mechanischen Fernewirkung von Strömen auf einander, fand dieselbe, gründete hierauf sein Elementargesetz und gelangte in der Entwicklung seines Gesetzes zu dem Begriff der galvanischen Schraube (Solenoid), indem er offenbar als Schlussstein seiner Untersuchung den Uebergang von Strömen zu Magneten im Auge hatte. Von der galvanischen Schraube nun bewies Ampère theoretisch und experimentell, dass ihre Wirkung in jeder Beziehung ähnlich derjenigen eines Magnetes sei, dass eine galvanische Schraube von kleinem Querschnitt sich stets ersetzen lasse durch einen Magnet von derselben Gestalt, und umgekehrt. Diese Uebereinstimmung verfolgend, fand alsdann Ampère umgekehrt eine magnetische Combination, welche den einfachen Kreisstrom ersetzt, und war schliesslich im Stande, den Magnetismus überhaupt auf elektrische Ströme zurückzuführen, so dass heutzutage die ganze Lehre vom Magnetismus und dem elektrischen Strom auf einem einzigen Grundbegriff aufgebaut wird, demjenigen des elektrischen Stromes.

Ob diese Vereinigung der beiden Gebiete eine natürlich wahre oder nur eine geschickte künstliche Zusammenfassung ist, kann hier nicht entschieden werden und ist auch nicht entschieden. Für uns hat hier diese Lehre den praktischen Werth, dass sie zum Theil verwickelte

Erscheinungen aus einem einfachen Gesichtspunkt erklärt und desshalb allein eine Uebersicht der Erscheinungen ermöglicht.

Die Aehnlichkeit zunächst zwischen Magneten und galvanischen Schrauben ist auffallend; ein überzeugendes Experiment ist hierfür der Schwimmer von de la Rive (siehe S. 175); man erhält ganz ähnliche Bewegungserscheinungen, wenn man statt der schwimmenden galvanischen Schraube einen schwimmenden Magnet, oder statt der festen Schraube einen festen Magnet anwendet. Die Wirkung einer galvanischen Schraube sowohl, als eines Magnets darf als in zwei Punkten concentrirt gedacht werden, den Polen der Schraube oder des Magnets; diese Pole wirken bei der Schraube und beim Magnet umgekehrt proportional dem Quadrat der Entfernung auf einander, und anziehend, wenn sie ungleichnamig, abstossend, wenn sie gleichnamig sind.

Diese Aehnlichkeit wird noch vollständiger, wenn man die Wirkung eines Schraubenpoles auf Stromelemente und Stromkreise vergleicht mit der entsprechenden eines Magnetpoles; dieselbe betrachten wir weiter unten.

Die Uebereinstimmung zwischen einer galvanischen Schraube und einem Magnet von derselben Gestalt ist als bewiesen zu betrachten, wenn der Querschnitt klein ist; um diese Uebereinstimmung auszudehnen auf Formen von beliebigen Dimensionen, reicht die einfache Substitution einer Anzahl von galvanischen Schrauben nicht aus: die Uebereinstimmung bleibt nur bestehen, so lange die Coërcitivkraft nicht ins Spiel kommt, also bei weichem Eisen; in allen Fällen, in welchen diese Kraft wesentlich mitwirkt, also namentlich bei Stahlmagneten, sind die einzelnen Kreisströme der den Magnet ersetzenden Schrauben nicht als parallel, sondern als verschieden gerichtet zu betrachten.

Ampère bildet sich daher folgende Vorstellung von der Natur eines Magnets: er nimmt den Magnet ebenfalls als aus einzelnen Theilchen bestehend an, deren jedes Magnetismus besitzt; aber statt der beiden magnetischen Pole eines Theilchens denkt er sich einen kleinen Kreisstrom, dessen Bahn in dem Theilchen liegt.

Es lässt sich theoretisch zeigen, dass ein kleiner Magnet mit den Polen s und n (Fig. 142) sich ersetzen lässt durch einen kleinen Kreisstrom k, dessen Ebene senkrecht zur magnetischen Axe ns steht, und zwar muss die Mitte der Fläche des Kreisstroms mit derjenigen der Pollinie zusammenfallen; der Strom in demselben muss so kreisen, dass er, von der Seite des Südpols angesehen, in der Richtung der Bewegung des Uhrzeigers, von der Seite des Nordpoles angesehen, in der entgegengesetzten Richtung verläuft.

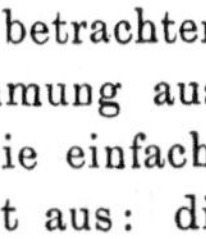

s
k
n

Fig. 142.

Ampère nimmt an, dass in jedem Theilchen eines Stückes Eisen oder Stahl ein solcher Kreisstrom existire, der ohne Vorhandensein einer elektromotorischen Kraft dennoch nicht an Kraft abnehme, weil seine Bahn, nach Ampère's Annahme, ohne Widerstand sei, dass also die Elektricität in der kleinen Kreisbahn in ähnlicher Weise umlaufe, wie ein Planet um die Sonne, d. h. ohne stets eines neuen Anstosses zu bedürfen und ohne einen Bewegungswiderstand zu finden.

Die Ebenen dieser Kreisströme haben aber, im unmagnetischen Zustande, alle möglichen Richtungen, so dass sie nach Aussen keine Wirkung ausüben. Tritt nun eine magnetisirende Kraft auf, wird ein Magnet genähert, oder wird ein Strom um den Körper geleitet, so richten sich alle Kreisströme. Der angenäherte Magnet enthält auch in seinen Theilchen solche Kreisströme, dieselben sind aber bereits alle gerichtet; wenn der Magnet völlig gesättigt ist, so sind sämmtliche Kreisströme in demselben unter sich parallel und senkrecht zu der magnetischen Axe. Diesen gerichteten Kreisströmen streben sich nun die Kreisströme in dem unmagnetischen Körper gleichzurichten, und je vollkommener dieses Richten geschieht, desto höher ist der Magnetismus in dem nun magnetisirten Körper. Der Magnetismus ist nichts Anderes, als die Uebereinstimmung der Richtungen der molekularen Kreisströme. An der Coërcitivkraft wird nach dieser Vorstellung nichts geändert; sie besteht in dem Widerstand, welchen die Kreisströme bei ihren drehenden Bewegungen finden; je grösser dieselbe ist, desto schwieriger wird auch das Zurückgehen der Kreisströme in ihre früheren Lagen nach dem Aufhören der magnetisirenden Kraft, d. h. desto grösser ist der remanente oder permanente Magnetismus.

Es liegt auf der Hand, dass durch diese Auffassung sämmtliche magnetischen Erscheinungen sich ebenso gut erklären lassen, wie durch die Annahme von magnetischen Polen, da nur die magnetische Beschaffenheit des einzelnen Theilchens anders aufgefasst ist, im Uebrigen aber die Erklärung der Erscheinungen dieselbe bleibt. Wir können hinzufügen, dass durch die Aufstellung dieser Theorie die Kenntniss des Magnetismus auch nicht wesentlich gefördert worden ist, namentlich in Bezug auf die grösste Lücke in derselben, die Vertheilung des Magnetismus im Innern der Magnete, da eben die Schwierigkeiten, welche sich bei dieser Aufgabe beiden Theorien entgegenstellen, im Wesentlichen dieselben sind.

Wir haben oben gesehen, dass ein dünner Magnetstab sich ersetzen lässt durch eine galvanische Schraube, und ferner ein Elementarmagnet durch einen kleinen Kreisstrom; wir haben noch zu erwähnen die Ersetzung eines Kreisstromes durch eine magnetische Doppelfläche.

Wenn ein kleiner Kreisstrom sich ersetzen lässt durch einen kleinen

Magnet, in der in Fig. 142 angedeuteten Weise, so liegt es nahe zu vermuthen, dass wir statt des einen Magnetes auch viele neben einander liegende annehmen dürfen, welche zusammen dieselbe Wirkung nach Aussen ausüben, wie der eine; wenn dies der Fall ist, so dürfen wir uns auch statt des Kreisstromes einen kleinen Cylinder ns denken (Fig. 143), dessen Querschnitt die Fläche des Kreisstromes ist und dessen Endflächen n und s mit magnetischen Polen bedeckt sind, die eine mit nördlichen, die andere mit südlichen Polen. Dies ist eine **magnetische Doppelfläche**, und es lässt sich in der That theoretisch nachweisen, dass jeder kleine Kreisstrom durch eine solche sich ersetzen lässt.

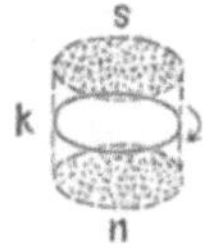

Fig. 143.

Bringen wir diese Ersetzung in Verbindung mit dem Ampère'schen Satz, den wir S. 168 kennen gelernt haben, nach welchem jeder Kreisstrom, gleichviel von welcher Form, sich ersetzen lässt durch ein System von kleinen Kreisströmen, welche die von dem Kreisstrom begrenzte Fläche ausfüllen (Fig. 144).

Wenn der Kreisstrom eben ist und die kleinen Kreisströme auch sämmtlich in seiner Ebene liegen, so erhält man, wenn man die einzelnen Kreisströme durch magnetische Doppelflächen ersetzt, statt des Kreisstromes eine einzige magnetische Doppelfläche, welche die von dem Kreisstrom begrenzte Fläche ausfüllt und, im Fall der Figur, oben mit nördlichem Magnetismus, unten mit südlichem belegt ist; der oben gelegene Magnetismus muss nördlich sein, weil, von oben gesehen, der Kreisstrom die der Bewegung des Uhrzeigers entgegengesetzte Richtung hat; von unten gesehen ist die Richtung des Stromes eine umgekehrte, der denselben nach dieser Seite hin vorwiegend ersetzende Magnetismus muss daher südlich sein.

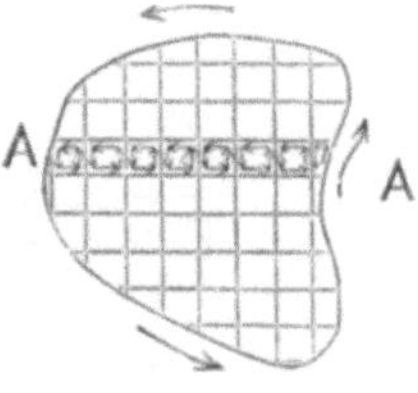

Fig. 144.

Es ist leicht zu übersehen, dass sowohl der Ampère'sche Satz von der Ersetzung eines Kreisstromes durch viele kleine Kreisströme, als die Ersetzung desselben durch eine magnetische Doppelfläche für ganz beliebige Formen der Flächen gilt; wir können desshalb den Satz von der letztgenannten Ersetzung folgendermassen aussprechen:

Ein Kreisstrom lässt sich stets durch eine magnetische Doppelfläche ersetzen, welche durch den Kreisstrom geht und sonst beliebige Gestalt haben kann; die südlich magnetische Belegung liegt auf der Seite, von welcher aus gesehen, der **Strom im Sinn der Bewegung des Uhrzeigers** verläuft, die **nördlich** magnetische Belegung auf der **entgegengesetzten** Seite.

Nachdem wir die Sätze von der Ersetzung der Ströme durch Magnete und der Magnete durch Ströme kennen gelernt haben, sind wir im Stande, alle Wechselwirkungen von Strömen und Magneten ohne Mühe aus der Wechselwirkung von Strömen auf Ströme oder aus derjenigen von Magneten auf Magnete zu erklären, und zwar sowohl die mechanische, als die elektrische Wirkung.

Wir besprechen zunächst die mechanische Fernewirkung von Strömen und Magneten, dann die elektrische.

12. Magnetpol und Stromelement. Wenn wir den Magnetpol durch eine sehr lange, galvanische Schraube ersetzen, welche in dem Pole endigt, so können wir unmittelbar das Gesetz anwenden, welches S. 174 besprochen ist. Die Wirkung eines Magnetpoles auf ein Stromelement steht senkrecht auf der durch das Element und die Verbindungslinie gelegten Ebene. Und zwar sucht der Strom den Magnetpol nach links zu treiben, wenn derselbe ein Nordpol ist,

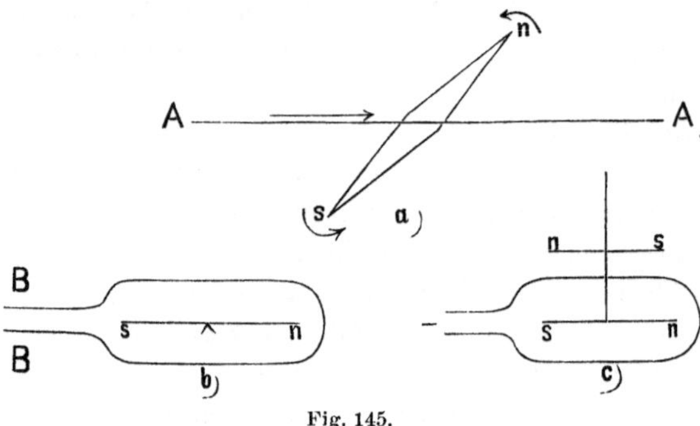

Fig. 145.

wobei man sich mit dem Gesichte nach dem Pole hin in das Stromelement so gelegt denkt, dass der Strom zu den Füssen ein- und zum Kopfe austritt, nach rechts dagegen, wenn es ein Südpol ist; das Stromelement selbst wird, nach der gleichen Ausdrucksweise, von einem Nordpol nach rechts, von einem Südpole nach links getrieben (Ampère'sche Regel).

Die Wirkung eines Magnetpoles auf ein Stromelement ist umgekehrt proportional dem Quadrate der Entfernung und proportional dem Sinus des Winkels, welchen die Verbindungslinie mit dem Stromelement bildet, ferner proportional dem Magnetismus des Poles, der Länge des Stromelementes und der Stromstärke.

Aus diesem Gesetz erklären sich eine Reihe von einfachen Bewegungserscheinungen, zunächst die Ablenkung einer (horizontalen) Galvanometernadel.

Sei zunächst ein sehr langer Draht AA (Fig. 145 a) gegeben, der im magnetischen Meridian ausgespannt ist, so dass die unter demselben drehbar aufgesetzte Magnetnadel *ns* in der Ruhelage parallel mit dem Drahte liegt. Wenn ein Strom den Draht durchfliesst, so sucht jedes Stromelement den Nordpol nach links, den Südpol nach rechts zu treiben, der Strom lenkt also die Nadel ab, und zwar würde sich die Nadel senkrecht zum magnetischen Meridian einstellen, wenn nur der Strom wirkte, nicht auch der Erdmagnetismus; durch die Einwirkung des letzteren stellt sich daher eine zwischen dem magnetischen Meridian und der dazu senkrechten Richtung eine Gleichgewichtslage her, welche von dem Verhältniss der beiden wirkenden Kräfte abhängt.

Ist ein Draht in einer Windung um die Nadel geführt, wie in Fig. 145 *b*), oder in vielen Windungen, wie es in Galvanometern der Fall ist, so unterstützen sich, wie leicht einzusehen, sämmtliche Stromelemente in ihrer Wirkung auf den Magnet, und es erfolgt eine Ablenkung des letzteren, wie im vorigen Fall. Dieselbe ist um so stärker, je näher der Draht an der Nadel liegt, je mehr Windungen die Wicklung enthält und ferner, je stärker der Strom ist und je schwächer die Richtkraft des Erdmagnetismus. Die *Ablenkung* der Nadel, d. h. ihre Gleichgewichtslage ist *unabhängig von dem Magnetismus der Nadel*, weil sowohl die Wirkung des Stromes, als diejenige des Erdmagnetismus demselben proportional ist; wohl hängt aber die Art der Bewegung der Nadel, namentlich ihre Schwingungsdauer, von dem Magnetismus derselben ab.

Die Empfindlichkeit des Galvanometers wird bedeutend vermehrt, wenn man statt der einfachen Magnetnadel ein *astatisches System*, (Fig. 145 *c*), anwendet; diese Vermehrung rührt theils von der bedeutenden Verringerung der Richtkraft des Erdmagnetismus, theils von der grösseren Ausnutzung der bewegenden Kraft des Stromes her. Die Wirkung des unteren Theiles der Windungen auf die obere Nadel ist allerdings entgegengesetzt derjenigen auf die untere Nadel, verringert also die Ablenkung; dieselbe ist aber, der grösseren Entfernung wegen, bedeutend geringer, als die Wirkung auf die untere Nadel. Der obere Theil der Windungen treibt beide Nadeln nach derselben Seite hin, wovon man sich durch Anwendung der Ampère'schen Regel überzeugen kann.

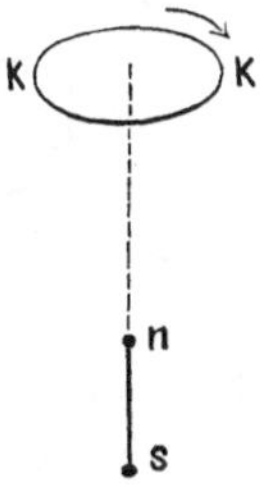

Fig. 146.

Ein zweiter wichtiger Fall ist die *fortschreitende Bewegung eines Magnets gegen einen Stromkreis*, oder *eines Stromkreises gegen einen Magnet.* Wenn *ns* (Fig. 146) ein Magnet, *k* ein Stromkreis, dessen Mittelpunkt in der Verlängerung der magnetischen Axe *ns* liegt, so entsteht eine Wirkung nur in dem Falle, wenn die Ebene des Stromkreises senkrecht oder wenigstens geneigt gegen die Verbindungslinie ist. Steht diese Ebene senkrecht gegen die Verbindungslinie, so ist die Wirkung des Magnetes auf alle Elemente des Stromkreises gleich; und zwar überwiegt die Wirkung des Nordpoles, wenn der Stromkreis auf dessen Seite liegt, diejenige des Südpoles, wenn er auf der anderen Seite liegt; liegt der Stromkreis in der Mitte des Magnets, so sind die Wirkungen beider Pole gleich und entgegengesetzt, heben sich also auf.

Hätte der Magnet nur Einen Pol, den Nordpol, so würde der Stromkreis in der Richtung der Verbindungslinie bewegt; er würde angezogen, wenn, vom Nordpol des Magnetes aus gesehen, der Stromkreis aussieht wie der Südpol einer galvanischen Schraube, d. h. im Sinne der Bewegung des Uhrzeigers verläuft, er würde abgestossen, wenn die Stromrichtung umgekehrt wäre. Dasselbe Resultat erhält man, wenn man ein Element des Stromkreises betrachtet und die Ampère'sche Regel anwendet. Im Falle der Anziehung würde der Stromkreis sich dem Nordpol nähern; sobald er sich über denselben weg bewegt hat, würde er von demselben abgestossen, also seinen Weg fortsetzen, denn in diesem Fall verläuft der Strom, vom Nordpol aus gesehen, in entgegengesetzter Richtung, nämlich wie der Norpol einer galvanischen Schraube. Wenn also nur der Nordpol wirkte, so würde der Stromkreis eine stetige Bewegung in der Richtung der Verbindungslinie erhalten, entweder vom Pole weg, oder zum Pole hin, und über denselben weg nach der anderen Seite. Der Südpol würde, wenn er allein wirkte, die entgegengesetzten Bewegungen hervorrufen.

Da nun beide Pole wirken, so kann der Stromkreis, im Falle der Anziehung, sich nur über den Nordpol hinaus bis in die Mitte des Magnetes begeben; dort wird die Wirkung des Südpoles gleich derjenigen des Nordpoles, und es entsteht ein stabiles Gleichgewicht. Befindet sich der Stromkreis anfangs auf der anderen Seite und wird vom Südpol angezogen, so kann er sich ebenfalls nur bis in die Mitte des Magnetes bewegen.

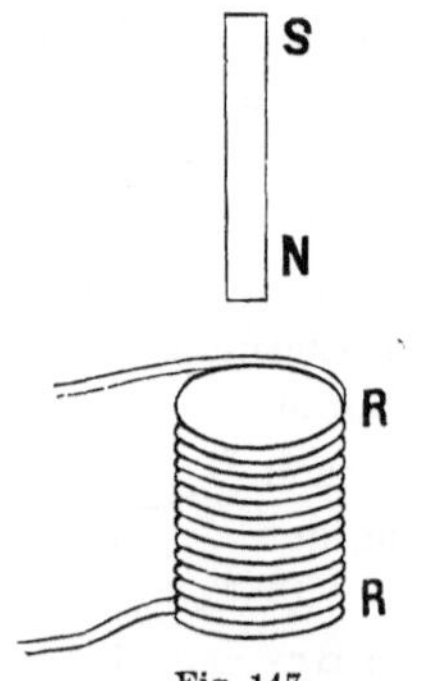

Fig. 147.

Wenn daher eine Drahtrolle R vom Strom durchlaufen wird, und in der Verlängerung ihrer Axe ein Magnet NS liegt, so wird derselbe entweder abgestossen oder angezogen. Im letzteren Falle kann er sich jedoch nur soweit bewegen, bis die Mitten des Magnets und der Rolle zusammenfallen; ebenso wird die Rolle, wenn sie vom Magnete angezogen wird, sich über den Magnet schieben, aber nur so lange, bis die Mitten beider Körper zusammenfallen.

Ein fernerer interessanter Fall ist die Bewegung eines Stromleiters im homogenen magnetischen Feld.

Ein homogenes magnetisches Feld ist, wie wir oben gesehen haben, die Wirkungssphäre zwischen zwei gleichmässig magnetisirten Polflächen; streng genommen wird die Gleichmässigkeit der Magnetisirung erst erreicht, wenn die Flächen einander parallel sind und grosse Ausdehnung besitzen; in diesem Fall sind die magnetischen Axen aller, an der Oberfläche gelegenen Theilchen gleich gerichtet, nämlich senkrecht zu der Oberfläche, oder die Kreisströme, wenn man solche annimmt, liegen alle in der Oberfläche selbst.

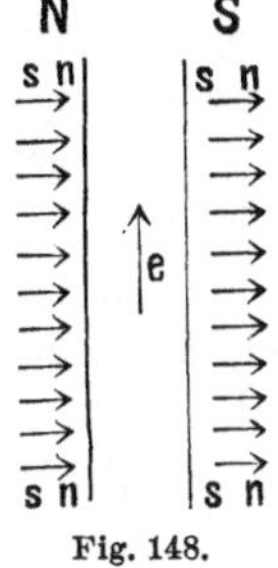

Fig. 148.

Liegt nun in einem solchen homogenen magnetischen Feld ein Stromelement *e*, siehe Fig. 148, so ist von vornherein klar, dass, welche Wirkung auch immer das Stromelement erfahren mag, es dieselbe an allen Stellen des Feldes gleichmässig erfahren wird, wenn es seine relative Lage zu den beiden Flächen beibehält; denn, wie es auch verschoben wird, so ist es in diesem Falle stets von allen Seiten in derselben Weise von Magnetpolen umgeben.

Liegt das Element senkrecht zu beiden Flächen, so findet keine Wirkung statt; die Wirkung der in der Verlängerung des Elementes liegenden Pole ist Null, die Wirkung irgend eines anderen Poles wird von derjenigen des, in Bezug zum Element diametral gegenüberliegenden, gleich weit entfernten Poles derselben Fläche aufgehoben.

Ist das Element parallel den Flächen, so erfolgt eine Wirkung, und zwar unterstützen sich sämmtliche Pole beider Flächen, um das Element senkrecht zu sich selbst und parallel den beiden Flächen zu bewegen; natürlich ist die Wirkung der in der nächsten Nähe des Elements gelegenen Pole die stärkste.

Denken wir uns das Element *e* (Fig. 149) in einiger Höhe über der nordmagnetischen Fläche *NN* schwebend und betrachten die Wirkung der in den Geraden *aa'* und *bb'*, senkrecht und parallel zur Richtung des Elementes gelegenen Pole auf das Element.

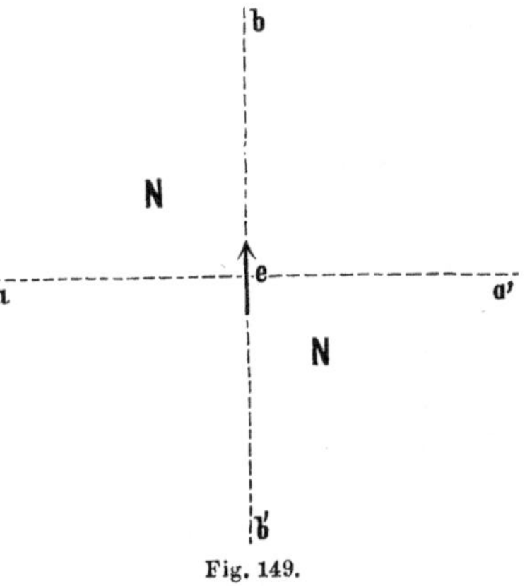

Fig. 149.

Die Wirkungen der in der Geraden *bb'* gelegenen Pole haben sämmtlich dieselbe Richtung, nämlich parallel der Polfläche und senkrecht zum Element gerichtet; die Wirkung der entfernten Pole ist nur gering, weil die Entfernung gross und der Winkel zwischen Element und Verbindungslinie klein ist. Von den in der Geraden aa' gelegenen Polen wirkt jeder in einer anderen Richtung; zerlegt man aber diese Wirkungen nach der Richtung aa' und senkrecht auf aa', so findet man, dass die ersteren Componenten sich sämmtlich unterstützen, um das Element ebenfalls von a nach a' zu treiben; es liegt hier der in dem vorigen Beispiele besprochene Fall vor: die Pole rechts von e ziehen das Element an, die Pole links von e stossen es ab.

Untersucht man in derselben Weise die Wirkungen der Südpole, so findet man, dass die in der Richtung der Flächen, senkrecht zum Element wirkenden Componenten sämmtlich in der Richtung von a nach a' wirken, also die Wirkung der Nordpole unterstützen; dass dagegen die senkrecht zu den beiden Flächen gerichteten Componenten die entsprechenden, von der Wirkung der Nordpole stammenden Componenten vernichten.

Die beiden Polflächen treiben also das Element e in der Richtung von a nach a'; jedes in einem homogenen magnetischen Feld befindliche, den beiden Polflächen parallel liegende Stromelement wird in der auf dem Element senkrechten, zu den Flächen parallelen Richtung fortgetrieben.

13. Rotationsapparate. Als Beispiele der Wirkung eines Magnetpoles auf ein Stromelement sind noch einige Rotationsapparate zu erwähnen, in welchen theils Stromleiter unter dem Einfluss von Magneten, theils Magnete unter dem Einfluss von Stromleitern rotiren.

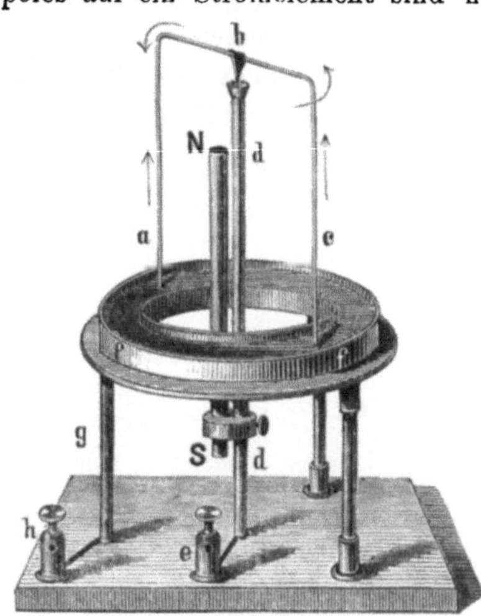

Fig. 150.

1. Der Metallbügel abc schwebt auf der Spitze b und reicht mit seinen Enden in eine Quecksilberrinne; der Strom, welcher zur Klemme h ein-, zur Klemme e wieder austritt, durchfliesst den Bügel in der bei a und c angezeigten Richtung. Nahe der Mittelsäule ist ein Magnetstab NS befestigt; der Bügel geräth durch dessen Einwirkung in stetige Rotation, welche so lange anhält, als der Strom den Bügel durchfliesst.

Dieses Beispiel ist wohl die einfachste Illustration der Wirkung eines Magnetpoles auf ein Stromelement; jeder Theil des Bügels erhält durch den Magnetpol eine Bewegung senkrecht zu der Ebene des Bügels.

Diese Rotation beruht auf derselben Wirkung wie die S. 167 besprochene; nur geht dort die Wirkung von einem Stromkreis aus, statt von einem Magnetpol.

2. Das Barlow'sche Rädchen (Fig. 151). Ein in verticaler Ebene drehbares, in eine Quecksilberrinne tauchendes Metallrädchen befindet sich zwischen den Polen N, S eines Hufeisenmagnets BC. Die Rotation erfolgt durch die Wirkung der Pole auf die vom Strome durchflossenen Speichen des Rädchens; eine solche Speiche wird in der auf ihr selbst und der Verbindungslinie mit dem Pole senkrechten Richtung fortgetrieben, d. h. in mehr oder weniger tangentialer Richtung.

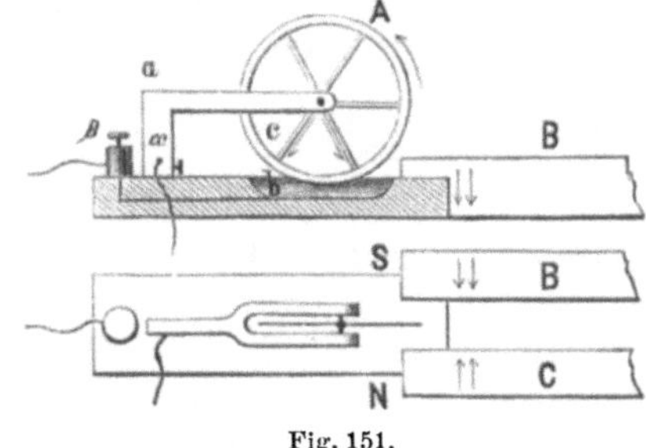

Fig. 151.

3. In dem in Fig. 152 dargestellten Falle rotiren zwei Magnete ns, $n's'$, deren magnetische Axen gleichgerichtet sind, unter dem Einfluss des Stromes. Der letztere tritt von der Klemme g in die Quecksilberrinne f ein, geht von da durch ein mit den Magneten verbundenes Querstück und die feststehende Säule ba an die Klemme c. Das Magnetpaar ist an einem Mittelstück d befestigt, welches an einem Faden aufgehängt ist und nach unten mit einer Spitze in den Quecksilbernapf e taucht, also frei rotiren kann. Bei der vorliegenden Anordnung dieses Versuches übt der Strom nur eine Wirkung auf die beiden Südpole aus. In dem in der Fig. 153 dargestellten Schema ist es augenscheinlich, dass sämmtliche Stücke der Stromleiter, mit Ausnahme der neben einander liegenden Zuführungen, auf die beiden Südpole in demselben Sinne drehend wirken, und zwar so, dass der Südpol s, links, aus der

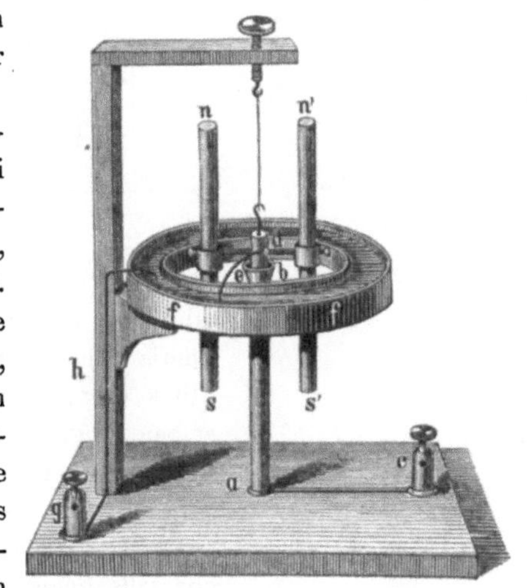

Fig. 152.

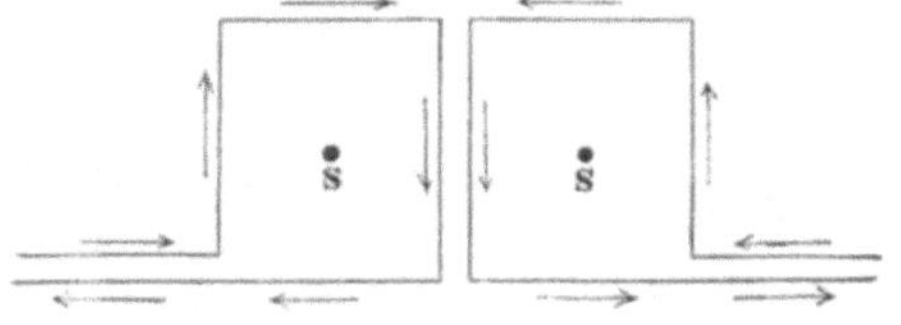

Fig. 153.

Ebene der Zeichnung vortritt; von dieser Anordnung des Stromleiters unterscheidet sich diejenige des Versuches nur durch Weglassung einiger Stücke.

Dieser Versuch lässt sich auch dahin abändern, dass ein einziger Magnet unter dem Einfluss des Stromes um seine Axe rotirt (siehe Fig. 154). Denkt man sich nämlich in dem vorigen Fall statt der beiden Magnete eine grössere Anzahl, welche in Form eines Cylindermantels um die Axe angeordnet sind, oder eine magnetisirte Stahlröhre, und verengert dieselbe immer mehr, so erhält man schliesslich den in Fig. 154 dargestellten Fall, in welchem der Strom, welcher den Magneten bewegt, im Mittelpunkt seines Querschnittes eintritt und an der Peripherie wieder austritt. Denkt man sich zwischen diesen beiden Punkten den Strom irgend welche Linie beschreibend, welche allmählig von der Axe abweicht und an die Peripherie geht, so muss das in der Axe liegende Stück dieser Stromlinie auf die ausserhalb derselben liegenden Südpole eine ähnliche Wirkung ausüben, wie im vorigen Falle die vom Strom durchflossene Axe.

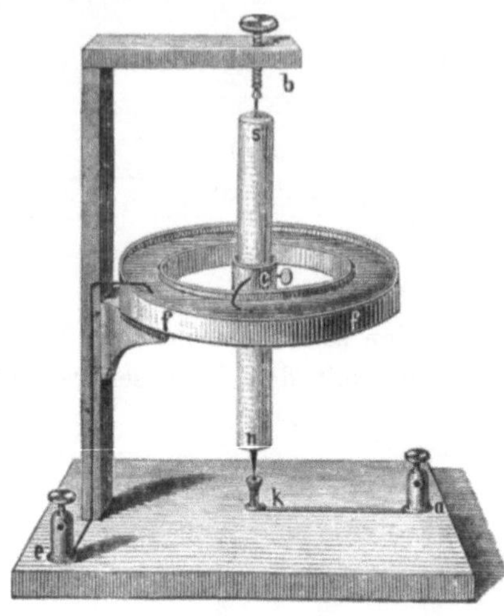

Fig. 154.

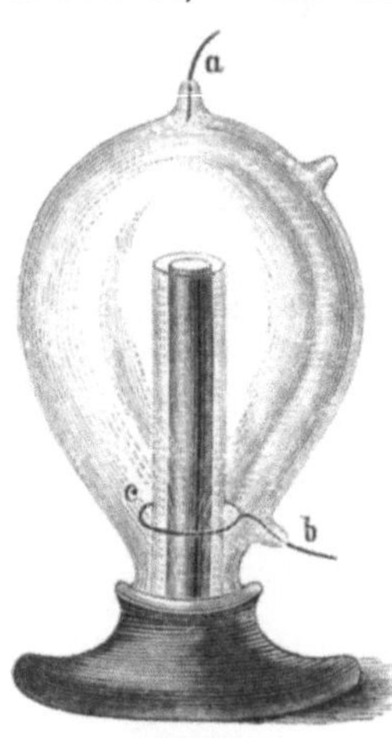

Fig. 155.

4. Der Magnetismus der Erde lässt sich ebenfalls benutzen, um Stromleiter in Drehung zu versetzen; jedoch unterscheiden sich die betreffenden Apparate principiell nicht von den bereits angeführten.

5. Der galvanische Lichtbogen eignet sich in glänzender Weise dazu, um den in Fig. 154 dargestellten Versuch zu wiederholen, siehe Fig. 155. In ein Glasgefäss, welches stark verdünnte Luft enthält, ist ein Magnet *ns* in der aus der Figur ersichtlichen Weise eingesetzt; der Strom tritt in den Platindraht *a* ein, geht in einem Lichtbogen zu dem um die Mitte des Magnets gelegten Platinring *c* über und verlässt den Apparat bei *b*. Als Stromquelle wird eine Elektrisirmaschine oder

ein später zu beschreibender Inductionsapparat benutzt. Der Lichtbogen wandert unter dem Einfluss des Nordpoles des Magnets ohne Unterbrechung um den Magnet herum, den Ring entlang.

14. Magnetpol und Kreisstrom. Um die Wechselwirkung zwischen einem Magnetpol und einem Kreisstrom zu finden, lässt sich entweder die Ersetzung des ersteren durch Kreisströme, oder diejenige des letzteren durch eine magnetische Doppelfläche anwenden. Unter Kreisstrom verstehen wir hier zunächst einen kreisförmigen Leiter, welcher von einem Strom durchflossen wird; die Resultate lassen sich jedoch leicht auf den Fall ausdehnen, in welchem der Leiter eine beliebige geschlossene, ebene Figur bildet.

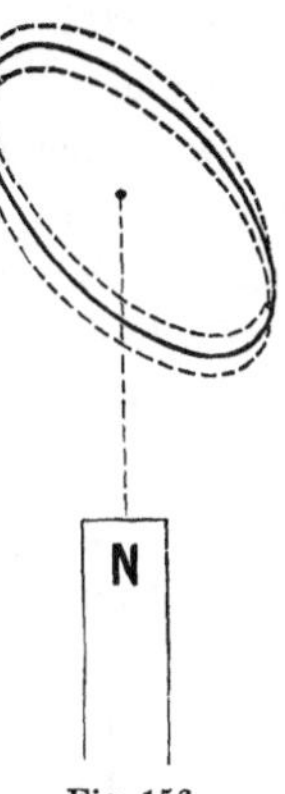

Fig. 156.

Wenn sich der Magnetpol ausserhalb der Kreisfläche befindet, wie in Fig. 156, so ersetzen wir den Kreisstrom durch eine magnetische Doppelfläche, — eigentlich muss zuerst der Kreisstrom durch ein System vieler kleiner Kreisströme, dann jeder dieser letzteren durch eine kleine magnetische Doppelfläche ersetzt werden —; alsdann wird sich die südmagnetische Belegung auf der Seite befinden, auf welcher der Kreisstrom wie der Uhrzeiger verläuft, die nordmagnetische auf der anderen. Diese Doppelfläche verhält sich im Wesentlichen wie ein kurzer Magnet und man übersieht sofort, dass, wenn der Kreisstrom beweglich ist, der Magnetpol Anziehung ausüben wird, wenn der ihm zugekehrte Pol ein ungleichnamiger ist, im entgegengesetzten Fall Abstossung; zugleich wird der Magnetpol den Kreisstrom so zu drehen suchen, dass dessen Ebene sich senkrecht zu der Verbindungslinie zwischen Pol und Kreismittelpunkt stellt und dass die dem Magnetpol ungleichnamige Belegung demselben zugekehrt wird; würde die gleichnamige Belegung dem Magnetpol zugewendet, so könnte nur ein labiles Gleichgewicht entstehen.

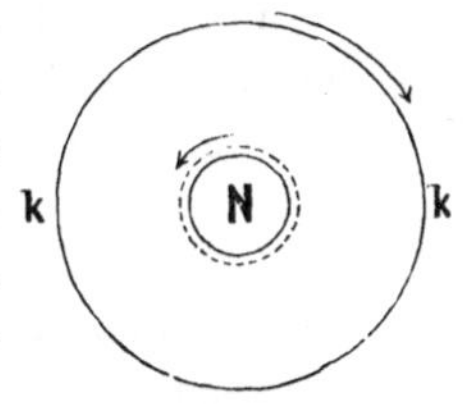

Fig. 157.

Befindet sich der Magnetpol N innerhalb der Kreisfläche kk (Fig. 157) und ist derselbe, wie in der Figur angedeutet, kein Punkt, sondern eine Fläche, so scheint uns auf den ersten Blick die Ersetzung durch eine magnetische Doppelfläche im Stiche zu lassen. Denn wenn wir dieselbe anwenden, so kommen alle Pole der Polfläche N des Magnets in oder zwischen die beiden Belegungen der Doppelfläche zu liegen; man hat also gleichsam einander durchsetzende Magnetflächen, und der Zweifel ist berechtigt, ob in diesem Fall die uns bekannten Gesetze noch anwendbar seien.

Wir greifen daher zu der anderen Ersetzung und denken uns statt der kleinen Magnete in der Polfläche des Magnetes lauter kleine, parallel dieser Fläche gerichtete Kreisströme; diese lassen sich dann wieder nach dem Ampère'schen Satz durch einen einzigen, die Peripherie der Polfläche umkreisenden Strom ersetzen, welcher im Sinn des Uhrzeigers verläuft, wenn die Polfläche südmagnetisch ist, u. s. w. Sind nun alle die kleinen Magnete in der Polfläche, also auch der sie ersetzende Kreisstrom beweglich, so stellt sich dieser letztere offenbar so ein, dass seine Umlaufsrichtung dieselbe wird, wie im äusseren Kreisstrom.

Es stellen sich also in diesem Fall die Elementarmagnete der Polfläche so, dass die Südpole auf der Seite liegen, von welcher gesehen der Kreisstrom wie der Südpol einer Schraube aussieht, die Nordpole auf der entgegengesetzten Seite; die Axen der Elementarmagnete sind also der magnetischen Axe des Kreisstromes gleichgerichtet.

Der Fall, den wir hier im Auge haben, ist derjenige einer Platte von weichem Eisen, welche sich in der Ebene eines Kreisstromes befindet.

Wir erhalten jedoch auch dasselbe Resultat durch richtige Anwendung der Ersetzung des Kreisstromes durch eine magnetische Doppelfläche; wir wollen dieselbe kurz andeuten.

Nach den Auseinandersetzungen von S. 233 darf die magnetische Doppelfläche, welche den Kreisstrom ersetzt, beliebige Gestalt haben; wir legen nun, um die Schwierigkeit, auf welche wir oben stiessen, zu vermeiden, eine Fläche von solcher Gestalt durch den Kreisstrom, dass dieselbe nicht durch die Polfläche geht und ausserdem sich ihre Wirkung leicht übersehen lässt, nämlich eine unendliche Ebene, aus welcher die vom Kreisstrom begrenzte Fläche ausgeschnitten ist. Bei dieser Ersetzung muss man jedoch die magnetischen Belegungen umgekehrt anordnen, als in dem gewöhnlichen Fall, in welchem der Kreisstrom durch die von ihm umschlossene, mit magnetischen Belegungen versehene Fläche ersetzt wird. Denn man kann sich die erstere Fläche aus der vom Kreisstrom umschlossenen Fläche so entstanden denken, dass man diese letztere immer mehr ausweitet und aufbauscht, bis sie schliesslich in eine unendliche Ebene übergeht, in welcher das Stück fehlt, welches vorher die Fläche bildete; die Umwandlung der ersteren Fläche bringt aber ein Umklappen mit sich, d. h. eine Veränderung der Lage der Belegungen. Wenn also der Kreisstrom, wie in Fig. **157**, vom Standpunkt des Beobachters aus, im Sinne des Uhrzeigers verlief, so ist bei der Ersetzung desselben durch die vom Kreisstrom umschlossene Fläche die südmagnetische Belegung dem Beobachter zugekehrt, bei der Ersetzung durch eine unendliche Ebene mit einem, dem Kreisstrom entsprechenden Ausschnitt dagegen liegt die nordmagnetische Belegung nach dem Beobachter hin. Denken wir uns nun die kleinen Magnete in der Polfläche als beweglich, so müssen dieselben offenbar unter der Einwirkung der magnetischen Doppelfläche ihre Südpole nach der Seite hinwenden, nach welcher hin die nordmagnetische Belegung liegt. Also werden die *Axen der Elementarmagnete derjenigen des Kreisstromes gleichgerichtet.*

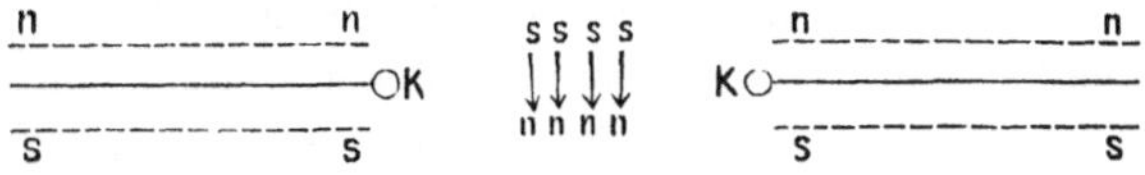

Fig. 158.

Wir sehen also, dass auch in diesem Fall die Ersetzung des Kreisstromes durch eine magnetische Doppelfläche dasselbe Resultat liefert, wie die Ersetzung der Polfläche durch einen Kreisstrom.

15. Der Elektromagnet. Wir haben bei der Ablenkung einer Galvanometernadel gesehen, dass ein Kreisstrom einen Magnet, der um eine in der Ebene des Kreisstromes liegende Axe drehbar ist, senkrecht zu seiner eigenen Ebene zu stellen sucht; wir haben ferner gesehen, dass die magnetischen Erscheinungen bei weichem Eisen auf die Annahme von drehbaren Molekularmagneten oder Molekularströmen führen; hieraus wurde der Schluss gezogen, dass eine in der Ebene eines Kreisstromes befindliche Eisenplatte durch die mechanische Fernewirkung des Stromes magnetisirt werden müsse.

Diese Magnetisirung erfolgt nun auch in Wirklichkeit, und man nennt einen Magnet, welcher aus weichem Eisen besteht und dessen Magnetismus durch umgebende Kreisströme erregt wird, einen *Elektromagnet.*

Wenn ein einziger Kreisstrom um die Mitte eines Stabes von weichem Eisen gelegt ist, Fig. 159, so wird, wie sich im vorhergehenden Abschnitt gezeigt hat, die in der Ebene des Kreisstromes befindliche Eisenschicht so magnetisirt, dass die Südpole der Molekularmagnete nach der Seite hin stehen, von welcher aus gesehen der Kreisstrom wie der Südpol einer galvanischen Schraube erscheint. Die Wirkung des Kreisstromes auf die ausserhalb seiner Ebene gelegenen Eisenschichten ist eine ähnliche, nur schwächer. Denn, wenn wir für diesen Fall den Kreisstrom durch eine magnetische Doppelfläche ersetzen, so kommt die südliche Belegung derselben nach der Seite hin zu liegen, von welcher aus ge-

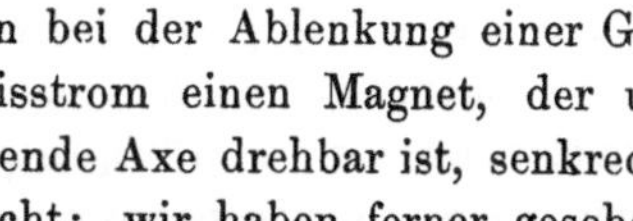

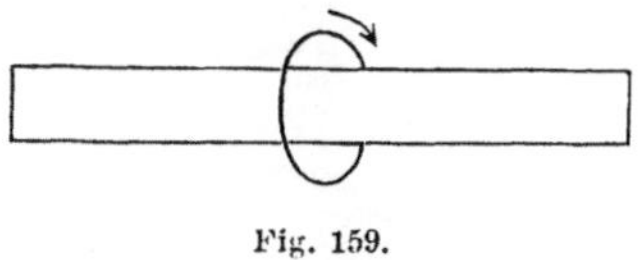

Fig. 159.

sehen der Kreisstrom wie der Südpol einer galvanischen Schraube erscheint; ein ausserhalb der Ebene des Kreisstromes liegender Molekularmagnet wird daher seinen Südpol auch nach derselben Seite hin zu drehen suchen, nach welcher der Südpol eines in jener Ebene befindlichen Molekularmagnets gerichtet wird. Oder wenn wir die Molekularmagnete des Eisenstabes als molekulare Kreisströme auffassen, werden sich sämmtliche Molekularströme im Eisen dem äusseren Kreisstrom gleich zu richten suchen.

Hieraus geht hervor, dass wenn der Elektromagnet von einer, viele Windungen enthaltenden, vom Strom durchflossenen Rolle umgeben wird, alle diese Windungen auf alle Theile des Eisenkernes in gleichem Sinne wirken, und zwar sowohl, wenn die Rolle den Eisenkern nicht vollständig bedeckt, als wenn dieselbe über den Eisenkern hinausragt.

Die Magnetisirung eines Elektromagnets geht stets dahin, dass der Südpol auf der Seite entsteht, von welcher aus gesehen der Strom im Sinne eines Uhrzeigers kreist, der Nordpol auf der entgegengesetzten Seite.

Es scheint nun in der mechanischen Praxis eine allgemeine Uebung zu sein, rechts gewundene Spiralen anzuwenden, natürlich die Fälle ausgenommen, in welchen die verschiedene Windung der Spiralen gerade wirksam ist; dies gilt sowohl von Schraubengewinden, als von Drahtrollen, welche als Stromleiter benutzt werden. Unter der Annahme, dass die Spiralen rechts gewunden sind, und unter der ferneren Annahme, dass die Anzahl der Windungslagen eine gerade ist, dass also Anfang und Ende des Drahtes sich an demselben Ende des Elektromagnets befinden, kann man daher die obige Regel so aussprechen:

Fig. 160.

Wenn der positive Strom an dem inneren Drahtende einer rechts gewundenen Spirale eintritt, so entsteht an dieser Stelle ein Südpol, tritt er dagegen am äusseren Drahtende ein, ein Nordpol.

Die Entdeckung des Elektromagnetismus, d. h. der Thatsache, dass sich Stahl und weiches Eisen durch den elektrischen Strom magnetisiren lassen, verdankt man Arago. Die

Fig. 160 stellt den ersten, von Sturgeon construirten Elektromagnet dar, einen hufeisenförmig gekrümmten Eisenstab, der mit einigen Windungen von starkem Draht umgeben ist; die Fig. 161 gibt eine Ansicht eines grösseren, zum Experimentiren bestimmten Elektromagnets der Neuzeit, desjenigen der Berliner Universität.

Bei diesem letzteren besteht das Hufeisen aus zwei geraden Eisen-

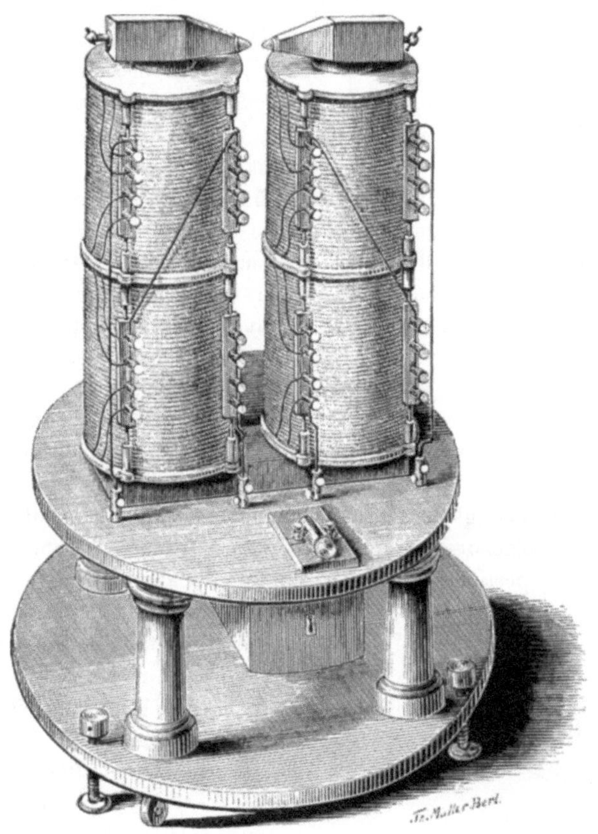

Fig. 161.

stäben, welche unten durch ein breites, eisernes Querstück verbunden sind; auf die Stäbe sind Rollen gesteckt, welche viele Windungen dicken Kupferdrahtes enthalten, und welche eine genügende Anzahl von Klemmen besitzen, um die Schaltung der Rollen möglichst beliebig verändern zu können. Vor dem Elektromagnet ist ein Commutator angebracht, welcher gestattet, den Strom zu schliessen, zu öffnen und seine Richtung umzukehren; auf die beiden Pole sind sogenannte

Halbanker oder Polschuhe gelegt, d. h. Eisenstücke von der zu dem betreffenden Versuch am besten geeigneten Form.

Die grössten Elektromagnete, welche in neuerer Zeit construirt worden sind, dienen theils zum Experimentiren, wie der eben beschriebene, theils zum Betrieb von magnetelektrischen Maschinen; die ersteren bieten nichts wesentlich Neues dar, die letzteren werden wir später kennen lernen.

16. Einfluss der Stromstärke. Die Abhängigkeit des Magnetismus eines Elektromagnets von der Stärke des Stromes äussert sich im Allgemeinen dahin, dass, je stärker der Strom, um so stärker auch der erregte Magnetismus ist; jedoch herrscht zwischen diesen beiden Grössen im Allgemeinen keine Proportionalität.

Wir haben bereits früher gesehen, dass in einem Galvanometer die Drehung der Magnetnadel um so mehr Kraft erfordert, je grösser die Ablenkung derselben aus dem magnetischen Meridian ist; dieses Verhältniss findet wahrscheinlich in noch stärkerem Masse bei einem Elektromagnete statt, wo der Drehung eines Molekularmagnetes nicht nur eine Richtkraft, sondern die sog. Coërcitivkraft entgegenwirkt. Es muss ferner aus der Vorstellung der Molekularmagnete, wie schon früher bemerkt, geschlossen werden, dass der Magnetismus, auch derjenige eines Elektromagnetes, ein Maximum besitzt, welches man den Sättigungszustand des Elektromagnets nennt.

Die Abhängigkeit des Magnetismus von der Stromstärke gestaltet sich daher folgendermassen: Anfangs sind Stromstärke und Magnetismus einander proportional, dann wird die Zunahme des Magnetismus im Verhältniss zu der Zunahme der Stromstärke immer geringer; schliesslich nimmt der Magnetismus gar nicht mehr zu, sondern bleibt bei einem gewissen Maximum stehen; dieses letztere wird aber eigentlich erst dann erreicht, wenn die Stärke des Stromes unendlich gross ist.

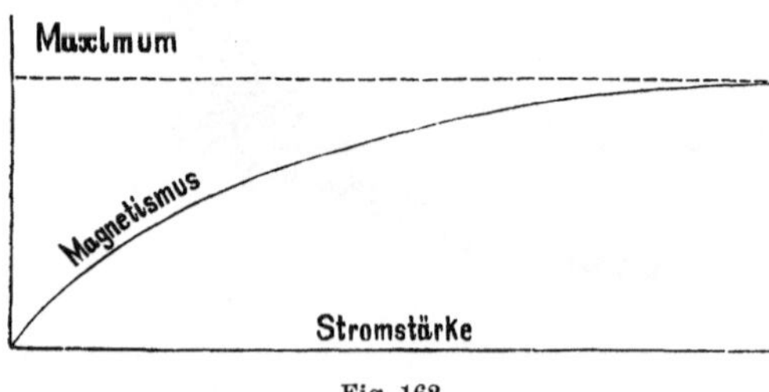

Fig. 162.

Wenn wir daher die Stromstärke als Abscisse, den Magnetismus als Ordinate auftragen, so erhalten wir für den Verlauf des letzteren eine Curve von der in Fig. 162 dargestellten Form.

Für viele in der Technik und bei Apparaten angewandten Formen der Elektromagnete und für die gewöhnlich vorkommenden Stromstärken ist jedoch der Magnetismus nahezu der Stromstärke proportional; dies kommt daher, dass die Dicke der Eisenkerne gewöhnlich eine verhältnissmässig beträchtliche ist.

Denken wir uns unter dem Einfluss desselben Stromes und derselben Windungen zuerst einen einzigen dünnen Eisenstab, dann aber ein ganzes Bündel, so wird sich das letztere schwieriger magnetisiren lassen, als der erstere, und zwar desshalb, weil die Theilchen jedes Eisenstabes die Magnetisirung der benachbarten Eisenstäbe hindert. Es tritt also im letzteren Falle von Anfang an ein der Magnetisirung entgegenwirkendes Hinderniss auf; die Curve des Magnetismus steigt im letzteren Fall weniger steil an, als im ersteren, verläuft daher länger wie eine Gerade. So ist an zolldicken Eisenkernen von nicht allzu grosser Länge bei den gewöhnlich vorkommenden Stromstärken keine Annäherung an den Sättigungszustand zu bemerken.

17. Einfluss der Windungen. In Bezug auf Lage und Form der Windungen sind zwei Fragen zu beantworten: erstens ob die Wirkung einer Windung wesentlich verschieden ist, wenn dieselbe sich in der Mitte oder an einem Ende des Elektromagnets befindet, und zweitens, ob die Weite der Windung von Einfluss ist.

Eine in der Mitte des Elektromagnets liegende Windung übt, streng genommen, auf den ganzen Eisenkern eine magnetisirende Wirkung aus. Diese Wirkung nimmt aber mit der Entfernung rasch ab, und es gibt eine gewisse Entfernung, über welche hinaus die Windung keine merkliche Wirkung mehr ausübt; wir wollen diese Entfernung die Wirkungssphäre der Windung nennen. Die nicht in der Mitte des Elektromagnets liegenden Windungen unterstützen die Wirkung der in der Mitte liegenden, auch wird die Wirkung einer jeden gleich derjenigen der in der Mitte liegenden sein, so lange die Wirkungssphäre nicht über das Ende des Elektromagnets hinausreicht; sobald aber dies der Fall ist, wird die Kraft der Windung durch den Elektromagnet nur zum Theil ausgenutzt, und die am Ende liegenden Windungen werden zur Erregung des Magnetismus weniger beitragen, als die in der Mitte liegenden.

Diese Bemerkungen gelten jedoch nur für den erregten, nicht für den freien Magnetismus; wie wir früher gesehen haben, besteht der freie Magnetismus in der Differenz der Magnetisirung der auf einander folgenden Schichten. Der erregte oder der vorhandene Magnetismus muss bei einem Elektromagnet, wie bei einem Stahlmagnet, von der Mitte nach dem Ende hin abnehmen, zum Theil wegen der geringeren Wirkung der am Ende liegenden Windungen, hauptsächlich aber, weil die Theilchen am Ende nur auf Einer Seite Theilchen haben, deren Magnetisirung ihre eigene verstärkt, nicht zu beiden Seiten, wie die im Innern des Magnetes liegenden Theilchen; der freie Magnetismus dagegen, auf welchen es bei allen Wirkungen nach Aussen, also bei allen Anwendungen ankommt, nimmt von der Mitte nach dem Ende hin zu. Das Verhältniss der Windungen von verschiedener Lage zum freien Magnetismus lässt sich nicht in einfacher Weise übersehen, und wir theilen desshalb in dieser Beziehung nur die Resultate der Erfahrung mit.

Wenn eine Windung von der Mitte eines geraden Stabes nach dem Ende hin verschoben und von Zeit zu Zeit der durch dieselbe hervorgerufene freie Magnetismus an jenem Ende gemessen wird, so zeigt sich derselbe am kleinsten, wenn die Windung am Ende sich befindet, und am grössten, wenn die Windung um eine gewisse kleine Grösse vom Ende entfernt ist.

Stellt man die Versuche so an, dass man zuerst den Elektromagnet der ganzen Länge nach mit Windungen gleichförmig bedeckt und den freien Magnetismus misst, dann dieselben Windungen an einzelnen Stellen aufhäuft und wieder den freien Magnetismus misst, so erhält man foldes Resultat:

Der freie Magnetismus ist bei einem geraden Stabe derselbe, ob der Eisenkern seiner ganzen Länge nach mit Windungen bedeckt ist, oder ob die Windungen an beiden Enden aufgehäuft sind.

Hufeisen dagegen zeigen denselben freien Magnetismus, ob die Schenkel ganz bedeckt, oder ob die Windungen zur Hälfte an beiden Polen und zur Hälfte in der Mitte angehäuft sind.

Für die constructive Praxis geht hieraus hervor, dass die gleichförmige Bewickelung der Elektromagnete zugleich eine vortheilhafte ist.

Es fragt sich nun ferner, ob die Weite einer Windung von Einfluss auf ihre magnetisirende Wirkung ist. Denken wir uns zunächst einen langen Stab, um dessen Mitte zwei Windungen, eine engere und eine weitere, gelegt sind; beide Windungen seien von demselben Strom durchflossen, das Verhältniss ihrer Wirkungen wird gesucht.

Dieses Verhältniss lässt sich vermittelst des Gesetzes der mechanischen Fernewirkung eines Stromelementes auf einen Magnetpol, welches wir S. 234 besprochen haben, übersehen; nach diesem Gesetz ist jene Wirkung umgekehrt proportional dem Quadrate der Entfernung. Wenn z. B. der Durchmesser der weiteren Windung doppelt so gross ist, als derjenige der engeren, so übt jedes Stromelement der weiteren Windung auf ein im Mittelpunkt liegendes Eisentheilchen nur den vierten Theil der magnetisirenden Kraft aus, welche ein Stromelement der engeren Windung ausübt; nun ist aber die weitere Windung doppelt so lang, als die engere, hat also doppelt so viel Stromelemente und daher übt diese weitere Windung die Hälfte der magnetisirenden Kraft der engeren Windung aus, oder allgemein, die magnetisirende Kraft der Windungen auf Eisentheilchen, die in ihrem Mittelpunkt liegen, ist umgekehrt proportional ihrem Durchmesser.

Dasselbe gilt, wie sich durch Rechnung zeigen lässt, für sämmtliche Eisentheilchen, die in der Ebene der Windung liegen, also ist auch in dem Fall, wo eine Windung den Eisenkern ganz eng umschliesst, die Magnetisirung des in der Windungsebene liegenden Eisens umgekehrt proportional dem Durchmesser der Windung.

Die Erfahrung zeigt nun aber, dass bei gleichem Strom die weiteren Windungen beinahe ebenso stark magnetisirend wirken, wie die engeren; dies kommt daher, dass die Seitenwirkung bei den weiteren Windungen kräftiger ist, als bei den engeren. Eine eng anliegende Windung übt allerdings auf die in der Windungsebene liegenden Eisentheilchen eine kräftige Wirkung aus, wegen der geringen Entfernung; die Entfernung der seitlich liegenden Theilchen dagegen ist bereits bedeutend grösser, die Wirkung muss daher nach den Seiten hin rasch abnehmen, und bald wird die Grenze erreicht, welche wir Wirkungssphäre genannt haben, über welche hinaus die Wirkung eine unmerklich kleine ist. Eine weite Windung magnetisirt die in der Windungsebene liegenden Theilchen schwächer, als eine enge Windung; aber nach den Seiten hin nimmt die Wirkung verhältnissmässig langsamer ab, weil die Entfernung langsamer wächst, und endlich ist auch ihre Wirkungssphäre eine grössere, wie leicht einzusehen ist, wenn man die grössere Länge der weiteren Windung in Betracht zieht. Die stärkere Seitenwirkung der weiteren Windung lässt es daher begreiflich erscheinen, wenn nach der Erfahrung zwischen weiteren und engeren Windungen nur geringe Unterschiede in der Wirkung bestehen.

Die Abhängigkeit des Magnetismus im Eisenkern von der Anzahl der Windungen darf daher so ausgesprochen werden: der Magnetismus des Elektromagnets ist proportional der Anzahl der Windungen, die Anziehung dagegen, welche derselbe auf kleine Eisenstücke ausübt, proportional dem Quadrat der Anzahl der Windungen. Dies gilt jedoch nur für gerade Stabelektromagnete ohne Anker.

Ein Umstand, welcher die Anwendung von weiteren Windungen beschränkt, ist der Einfluss ihrer grösseren Länge auf den Widerstand des Stromkreises.

Der Widerstand nämlich, den jede Windung dem Strom entgegensetzt, bedingt natürlich eine Schwächung des Stromes; je mehr man daher den Eisenkern magnetisiren will durch das Zufügen von Windungen, desto mehr Widerstand hat der Strom zu überwinden, und um so mehr Batterie muss man anwenden, um den Strom in der gewünschten Stärke zu erhalten. Wenn nun auch in Bezug auf Magnetisirung die weiteren Windungen ungefähr ebenso viel leisten, als die engeren, so geschieht dies bei den weiteren Windungen doch gleichsam mit grösseren Kosten als bei den engeren; wenn z. B. für jede, in den Stromkreis eingeschaltete, engere Windung eine elekrromotorische Kraft von $\frac{1}{10}$ Daniell der Batterie zugefügt werden muss, um den Strom auf derselben Stärke zu erhalten, so ist für jede doppelt so weite Windung $\frac{2}{10}$ Daniell der Batterie zuzufügen. Die Magnetisirung durch enge Windungen ist also ökonomischer, als diejenige durch weite Windungen.

Wenn daher irgend ein Eisenkern von gegebener Form und Grösse magnetisirt werden soll, so ist es nicht zweckmässig, die Wickelung über einen gewissen Raum hinaus auszudehnen; es gibt vielmehr für jeden Eisenkern einen Raum von ziemlich bestimmter Form und Ausdehnung, welcher zweckmässiger Weise mit Windungen anzufüllen ist, und dessen Nichtinnehalten stets mit einem gewissen Verlust verknüpft ist, entweder an Magnetisirung, oder an Batterie. Dieser sog. Wickelungsraum lässt sich in Form und Grösse für die einfachen Formen der Elektromagnete theoretisch berechnen; da dies jedoch eine Aufgabe ist, welche namentlich den praktischen Elektrotechniker unausgesetzt beschäftigt, so hat sich in dieser Beziehung eine gewisse Praxis herausgebildet, welche ohne theoretische Begründnng ziemlich das Richtige trifft.

Eine ganz ähnliche Aufgabe, wie diejenige der richtigen Bewickelung eines Elektromagnets ist die Construction eines Galvanometerrahmens.

Ob durch einen mit Windungen ausgefüllten Raum ein Stück Eisen magnetisirt oder eine Magnetnadel abgelenkt wird, ist, wie wir gesehen haben, wesentlich dieselbe Aufgabe; in dem ersteren Falle werden die Axen von vielen kleinen Molekularmagneten gedreht, in dem letzteren die Axe eines aus vielen festen Molekularmagneten bestehenden Körpers. Wenn bei dem Galvanometer nur kleine Ausschläge in Aussicht genommen sind, so ist der Wickelungsraum ebenso zu construiren, wie wenn statt des Magnets ein Eisenkern von derselben Form und Grösse vorhanden wäre, welchen die Bewickelung zu magnetisiren hätte. Sollen dagegen auch grössere Ausschläge gemessen werden, so modificirt sich hierdurch die Aufgabe.

In allen Fällen jedoch sowohl der Elektromagnete, als der Galvanometer, steht Form und Grösse des Wickelungsraumes in inniger Beziehung zu der Form und Grösse des Magnetes oder Eisenkernes; Regeln sind in dieser Beziehung nicht leicht aufzustellen, wir verweisen daher hierfür auf die Praxis.

Bei allen elektromagnetischen Apparaten der Technik werden daher die Dimensionen und Formen sowohl des Wickelungsraumes, als des Eisenkörpers oder des Magnets wohl erwogen, und durch Versuche, sowie durch theoretische Betrachtungen die günstigsten Verhältnisse festgestellt. Ist aber diese Aufgabe gelöst, so hat man an der gefundenen Lösung festzuhalten, wie gross oder klein auch die Anzahl der den Wickelungsraum erfüllenden Drahtwindungen sein mag; es ist also stets der Wickelungsraum mit Windungen auszufüllen.

18. Ampèrewindungen; Wahl der Wickelung. Die Anzahl der Windungen und die Stärke des Drahtes nun muss so gewählt werden, dass sie der Spannung und der Stromstärke, mit welchen der Apparat betrieben werden soll, entsprechen, und in der Technik kommen in dieser Beziehung, sowohl für Maschinen als Instrumente, die extremsten Fälle vor.

Wie auch der Wickelungsraum gestaltet sein mag, so ist klar, dass die Unterschiede der Wirkung, welche von den einzelnen Theilen dieses Raumes ausgeübt werden, gleich bleiben, ob die Windungen von grösserer oder geringerer Zahl sind. Die Wirkung der ganzen Wickelung kann also nur abhängen von der Gesammtzahl der Windungen. Da aber jede Windung nur wirkt, wenn sie vom Strom durchflossen wird, so kann nur das Product der Stromstärke und der Windungszahl diejenige Grösse sein, von welcher die Wirkung der Wickelung, sei es auf einen Magnet, sei es auf einen Eisenkern, abhängt. Da die Stromstärke in Ampère gemessen wird, so bezeichnet man auch jenes Product als die Ampèrewindungen des Apparats.

Hat man nun irgend eine Wickelung ausgeführt und mittelst derselben die gewünschte magnetische Wirkung hervorgebracht, so muss, wenn irgend eine andere, den Wickelungsraum ausfüllende Wickelung angebracht wird, dieselbe stets so gewählt werden, dass deren Ampèrewindungen denselben Werth erhalten, wie bei der ersteren Wickelung; dann wird auch dieselbe magnetische Wirkung auftreten.

Ausserdem wirft sich aber noch eine Forderung auf, welche weder bei Instrumenten, noch bei Maschinen ausser Acht gelassen werden darf, dass nämlich die Erwärmung der Wickelung durch den Strom einen gewissen Grad nicht überschreite.

Diese beiden Forderungen vereinigen sich nun von selbst in derselben Lösung.

Denkt man sich zunächst den Wickelungsraum von einer einzigen Windung vom Querschnitt Q ausgefüllt, so ist, wenn man statt derselben m Windungen vom Querschnitt q aufwickelt,

$$mq = Q, \quad m = \frac{Q}{q},$$

wobei wir allerdings die durch die Umspinnung und durch den zwischen den Drähten liegenden leeren Raum entstehenden Raumverluste nicht berücksichtigen.

Soll nun, bei verschiedenen Wickelungen, das Produkt mi, die Ampèrewindungen, wo i die Stromstärke, stets denselben Werth behalten, so folgt aus:

$$mi = \frac{i}{q} Q,$$

dass dies der Fall ist, wenn der Drahtquerschnitt q proportiona der Stromstärke i gewählt wird; hat man also z. B. bei 2 qmm Drahtquerschnitt und 4 Ampère Strom gute magnetische Wirkung gehabt, so erhält man dieselbe wieder bei 1 Ampère Strom, wenn man einen Drahtquerschnitt von $^1/_2$ qmm wählt.

Dadurch wird aber zugleich die Forderung der gleichen Erwärmung erfüllt; denn, wenn die Einheit des Drahtquerschnitts immer von demselben Strom durchflossen wird bei allen Wickelungen, so wird es auch der Gesammtquerschnitt, welcher im Wesentlichen bei allen Wickelungen gleich gross bleibt.

Mathematisch ausgedrückt ist die Erwärmung, nach dem Joule'schen Gesetz, proportional $i^2 w$, wenn w der Widerstand der Wickelung; es ist aber

$$w = \frac{1}{k} \frac{ml}{q},$$

wenn k die Leitungsfähigkeit des Kupfers, l die mittlere Länge einer Windung oder, nach dem Obigen,

$$w = \frac{1}{k} \frac{lQ}{q^2}, \text{ also}$$

$$i^2 w = \frac{lQ}{k} \frac{i^2}{q^2}.$$

Daraus folgt, dass, wenn der Drahtquerschnitt q proportional dem Strom i gewählt wird, die Erwärmung bei allen Wickelungen gleich bleibt.

Die Spannung s, welche zwischen den beiden Enden der Wickelung herrscht, ist

$$s = iw = \frac{lQ}{k} \frac{i}{q^2},$$

oder, wenn $i = cq$ nach der obigen Regel,

$$s = \frac{lQ}{k} \frac{c}{q},$$

d. h. die Spannung zwischen den Wickelungsenden wird umgekehrt proportional dem Drahtquerschnitt.

Man kann also bei der Wahl des Drahtquerschnitts auch von der

Spannung ausgehen und den ersteren umgekehrt proportional der letzteren wählen; hierdurch werden ebenfalls die Forderungen der gleichen magnetischen Wirkung und der gleichen Stromwärme oder des gleichen Verlustes an elektrischer Arbeit erfüllt.

19. Gesetz des Elektromagnets. Ob es ein einfaches Naturgesetz gibt, welches die Abhängigkeit des Magnetismus eines beliebigen Elektromagnets von der Stromstärke oder vielmehr von den Ampèrewindungen darstellt, ist fraglich, weil die Form des Elektromagnets in der mannigfachsten Weise variirt werden kann und dies auch in dem Gesetz zum Ausdruck kommen muss. Indessen gibt es eine einfache und sehr praktische Interpolationsformel, welche jedenfalls den meisten Elektromagnetformen mit einer für praktische Zwecke genügenden Genauigkeit sich anpassen lässt.

Dieselbe lautet

$$1) \quad . \; . \; . \; . \; . \; . \; . \; . \quad M = \frac{\mu m J}{1 + \mu m J}.$$

Hier bedeuten: M den der Stromstärke J entsprechenden Sättigungsgrad des Magnetismus, oder das Verhältniss des wirklichen Magnetismus zum Maximum, μ den Sättigungsgrad, den eine einzige Windung beim Strom 1 hervorruft, m die Anzahl der Windungen. Handelt es sich um den absoluten Werth des Magnetismus, so ist der Sättigungsgrad M noch mit dem Maximum des Magnetismus ($\overline{M}$) zu multipliciren, um jenen absoluten Werth zu erhalten.

Bei der Benutzung dieser Formel ist nie zu vergessen, dass sie kein Naturgesetz ist; dies geht namentlich daraus hervor, dass, wenn der Strom die Richtung ändert, nach dieser Formel auch der absolute Werth des Magnetismus sich ändert, während er in Wirklichkeit gleich bleibt.

Anwendungen dieser Formel sind namentlich bei der Besprechung der Dynamomaschinen nützlich.

20. Elektromagnet und Batterie; Telegraphenapparat. Die richtige Construction der Elektromagnete und Galvanometer ist für den Telegraphenbauer eine wichtige Frage; dieselbe reducirt sich aber, wie aus dem Vorstehenden hervorgeht, im Wesentlichen auf die zweckmässigste Wickelung eines gegebenen Raumes. Denn es gibt, wie wir gesehen haben, für jeden Elektromagnet oder Galvanometermagnet bei gegebenem Eisenkern oder Magnet einen bestimmten günstigsten Wickelungsraum; die Dimensionen des Eisenkernes oder des Magnets aber sind gewöhnlich durch andere Verhältnisse bestimmt, diejenigen des Eisenkernes durch die Arbeit, die derselbe bei der Anziehung des Ankers zu verrichten hat, diejenigen des Galvanometermagnets durch das Gewicht der mit dem Magnet verbundenen Theile, durch die gewünschte Schwingungsdauer u. s. w.

Wenn wir davon ausgehen, dass der Wickelungsraum gegeben ist, so ist die gewöhnlichste Form, in welcher die Frage der Wickelung auftritt, diejenige, dass ausser dem Wickelungsraum noch die Batterie gegeben und die Dicke des Kupferdrahtes zu bestimmen ist, mit welchem gewickelt werden soll.

Es bezeichne: J den Strom, m die Anzahl der Windungen, mJ die Ampèrewindungen, n diejenige der Elemente, E die elektromotorische Kraft und W den Widerstand eines Elementes, w den Widerstand einer einzigen Windung, welche den ganzen Wickelungsraum erfüllt.

Wenn w den Widerstand einer Windung bedeutet, welche den ganzen Wickelungsraum ausfüllt, so ist der Widerstand von m Windungen $m^2 w$, weil bei m Windungen die Länge der Windungen m mal grösser und der Querschnitt m mal kleiner ist, als bei 1 Windung. Man hat demnach für den Strom J:

$$J = \frac{nE}{nW + m^2 w}, \text{ also}$$

$$mJ = \frac{nmE}{nW + m^2 w}.$$

Es ist nun das Maximum zu suchen der Ampèrewindungen in Bezug auf die Anzahl m der Windungen; für dasselbe ist:

$$\frac{dM}{dm} = c \frac{nE}{\left(\frac{n}{m} W + mw\right)^2} \left(n \frac{W}{m^2} - w\right) = o,$$

also

$$\frac{nW}{m^2} = w,$$

oder

$$nW = m^2 w, \quad \text{d. h.}$$

der Widerstand der Batterie gleich dem Widerstand der Wickelung.

Wenn also der Wickelungsraum eines Elektromagnets oder eines Galvanometers und die Batterie gegeben ist, so hat man, um das Maximum der Wirkung zu erzielen, den Wickelungsdraht so zu wählen, dass der Widerstand der Wickelung gleich dem Widerstand der Batterie wird.

Sind sowohl der Wickelungsraum als die Batterie gegeben, und wickelt man stets nach der obigen Regel ebenso viel Widerstand auf den Apparat, als die Batterie besitzt, so könnte man glauben, dass man eine grössere magnetische Wirkung erzielt, wenn die Elemente in einer passenden Anzahl von parallel geschalteten Batterien angeordnet, als wenn sie hintereinander geschaltet würden, stets vorausgesetzt, dass der Widerstand der Wickelung demjenigen der Batterie gleich gemacht wird.

Dieses ist nicht der Fall. Denn wenn alle n Elemente hintereinander geschaltet sind, hat man für die Ampèrewindungen:

$$mJ = \frac{mE}{2W}, \quad \text{oder da } m = \sqrt{n\frac{W}{w}},$$

$$mJ = \frac{E}{2}\sqrt{\frac{n}{Ww}}.$$

Werden nun die n Elemente in p parallel geschaltete Batterien getheilt, so wirken dieselben wie eine Batterie von $\frac{n}{p}$ Elementen, von denen jedes den Widerstand $\frac{W}{p}$ besitzt. Setzt man aber in obiger Gleichung $\frac{n}{p}$ statt n und $\frac{W}{p}$ statt W, so hebt sich p im Zähler und Nenner weg, und es sind also die Ampèrewindungen und also auch der Magnetismus unabhängig von der Zahl m, oder von der Schaltung der Batterie.

Unter der Voraussetzung also, dass die oben gegebene Wickelungsregel stets eingehalten wird, ist die magnetische Wirkung einer Batterie stets dieselbe, in welcher Schaltung sie auch angewendet wird.

Wenn mehrere Elektromagnete durch denselben Strom hintereinander zu magnetisiren sind, wie z. B. diejenigen der auf einer Telegraphenlinie eingeschalteten Schreibapparate, so lässt sich die beste Wickelung nach dem Obigen ohne Weiteres angeben.

Wir haben oben gesehen, dass die magnetische Wirkung der einzelnen Windungen eines Elektromagnets im Wesentlichen gleich gross ist. Die auf einer Telegraphenlinie hintereinander eingeschalteten Elektromagnete haben sämmtlich dieselbe Form und dieselbe Wickelung; sämmtliche Windungen ferner werden von demselben Strome durchflossen; also können wir uns auch vorstellen, dass nur ein einziger Elektromagnet vorhanden sei, welcher mit sämmtlichen, in Wirklichkeit auf die verschiedenen Elektromagnete vertheilten Windungen bewickelt ist.

Dieser Fall ist also kein neuer, sondern fällt mit demjenigen eines einzigen Elektromagnets im einfachen Stromkreise zusammen. Die für diesen letzteren Fall geltende Lösung gilt daher auch hier, d. h. man hat, bei gegebenem Wickelungsraum der Elektromagnete und bei gegebenem Widerstande der Linie und der Batterie, die Elektromagnete so zu bewickeln, dass der Widerstand der Summe sämmtlicher

Wickelungen gleich ist der Summe der Widerstände der Linie und der Batterie.

Aus dieser Regel folgt unmittelbar eine andere für die Anzahl der Elemente, welche auf solchen, viele hinter einander geschaltete Apparate betreibenden Linien anzuwenden ist.

Bei einer solchen Linie kommt im Durchschnitt auf je eine bestimmte Länge der Leitung ein Apparat. Um durch ein einziges solches Leitungsstück einen einzigen Elektromagnet in Betrieb zu setzen, bedarf es einer bestimmten Anzahl von Elementen, welche von dem Widerstande der Wickelung und demjenigen der Elemente einerseits, andererseits von der Empfindlichkeit des Schreibapparates oder des Relais abhängt. Nach der obigen Regel wird der Widerstand des Elektromagnets gleich der Summe der Widerstände der Linie und der Elemente gemacht, und man hat daher für den Strom J, wenn n_1 die Anzahl der Elemente, E die elektromotorische Kraft, W der Widerstand eines Elements, l der Widerstand der Leitung, u derjenige der Wickelung der Elektromagneten.

$$J = \frac{n_1 E}{l + n_1 W + u},$$

oder, da $u = l + n_1 W,$

$$J = \frac{1}{2} \frac{n_1 E}{l + n_1 W} = \frac{1}{2} \frac{E}{\frac{l}{n_1} + W}.$$

Hat man nun p Leitungsstücke mit p Elektromagneten, so muss die Stromstärke dieselbe bleiben, wenn alle Apparate mit derselben Kraft betrieben werden sollen, wie der eine im vorigen Fall. Der Gesammtwiderstand beträgt wieder das Doppelte des Leitungs- und Batteriewiderstandes; es ist daher in diesem Falle der Strom, wenn n die Anzahl der Elemente,

$$J = \frac{1}{2} \frac{nE}{pl + nW} = \frac{1}{2} \frac{E}{\frac{p}{n} l + W}.$$

Aus der Gleichheit der beiden Ausdrücke für J folgt:

$$\frac{p}{n} l = \frac{1}{n_1} l,$$

oder $n = p \,.\, n_1,$

d. h. die Anzahl der Elemente bei p Leitungsstücken und p Apparaten ist p mal grösser zu nehmen, als im Fall eines einzigen Leitungsstückes und Apparates; wenn z. B. bei 10 Kilometer Leitung und 1 Apparat 3 Elemente genügen, um den Elektromagnet in Thätigkeit zu setzen, so hat man bei 100 Kilometer Leitung und 10 Apparaten 30 Elemente anzuwenden.

21. Geschlossene und nicht geschlossene Elektromagnete. Bei der Untersuchung des Einflusses der Gestalt und der Dimensionen des Eisenkernes eines Elektromagnets auf dessen Magnetismus sehen wir von allen complicirteren Formen des Eisenkernes ab und behandeln nur den einfachen Fall eines Stabes von gleichförmigem Querschnitt; derselbe darf verschiedenartig gebogen sein, oder aus Stücken bestehen, welche z. B. in rechten Winkeln aneinander angesetzt sind, auch darf sich die Form des Querschnitts verändern; nur der Flächeninhalt des Querschnitts soll nach unserer Voraussetzung in allen Theilen des Stabes wesentlich dieselbe Grösse haben.

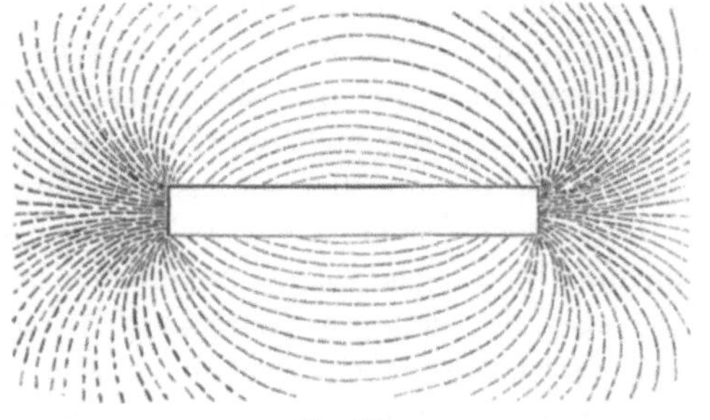

Fig. 163.

Die Wirkung, welche ein Elektromagnet nach Aussen ausübt, ist wesentlich verschieden je nach der magnetischen Schliessung.

Einen geschlossenen Magnet nennt man nämlich einen solchen, bei welchem die Eisen- oder Stahltheile einen ununterbrochenen, in sich zurücklaufenden Kreis bilden, einen nicht geschlossenen dagegen jeden Magnet, bei welchem dieser Kreis durch einen oder mehrere Schnitte in verschiedene Stücke getheilt ist.

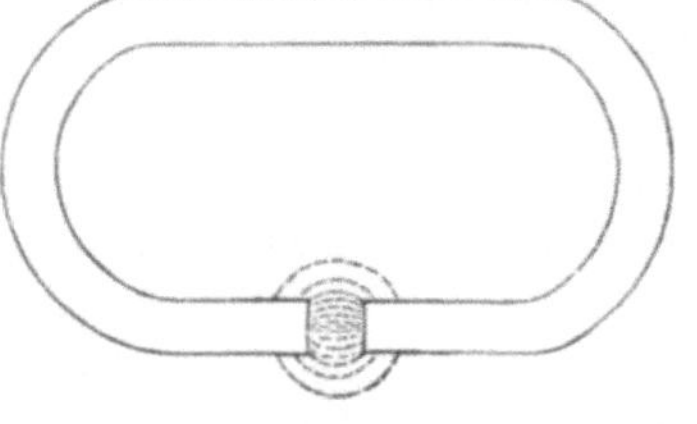

Fig. 164.

Dass zwischen geschlossenen und nicht geschlossenen Magneten oder Elektromagneten ein grosser Unterschied besteht in Bezug auf den Magnetismus, lehren bereits die magnetischen Curven.

Wir haben die Form dieser Curven S. 214 kennen gelernt für den Fall eines geraden Stabes; die Fig. 163, welche ein Bild derselben gibt, zeigt, dass überall rings um den Stab, bis zu einer gewissen Entfernung eine magnetische Wirkung auf die Eisentheilchen ausgeübt wird, allerdings von verschiedener Stärke.

Biegt man aus demselben Stab einen Ring, Fig. 164, dessen Enden nur durch einen kleinen Zwischenraum von einander getrennt sind, so bieten die magnetischen Curven ein ganz anderes Bild dar: beinahe nur in jenem Zwischenraum findet eine Wirkung auf die Eisentheilchen statt, dieselbe ist aber bedeutend stärker, als diejenige der Pole im vorigen Fall; ausserhalb jenes Zwischenraumes ist kaum eine Wirkung zu bemerken.

Bringt man endlich die Enden des Ringes in magnetische Verbindung mit einander, etwa durch ein zwischengelegtes Eisenstück, so bemerkt man gar keine Wirkung nach Aussen, wie stark man auch den Magnetismus steigere.

Die magnetischen Curven sind aber der Ausdruck der Anziehungskraft, welche von den beiden Polen ausgeht, also des freien Magnetismus. Wenn nun diese Anziehung bei dem beinahe geschlossenen Magnet ausserhalb des die beiden Pole trennenden Zwischenraums nur gering ist, so ist dies nicht die Folge des geringen Werthes des freien Magnetismus, sondern der geringen Entfernung der beiden Polflächen; der freie Magnetismus dieser Polflächen ist stärker als beim geraden Stab, ihre Wirkungen auf ein ausserhalb liegendes Eisentheilchen sind aber wegen der geringen Entfernung der Flächen beinahe gleich und entgegengesetzt, die Gesammtwirkung also gering. Die Theilchen dagegen, welche sich in dem Raum zwischen den beiden Polflächen befinden, werden von beiden Polen in gleichem Sinne gerichtet, und zwar um so stärker, je weniger die Polflächen von einander entfernt sind.

Anders verhält es sich mit dem erregten Magnetismus. Für diese Grösse besitzt man bei Elektromagneten ein gutes Mass in dem Inductionsstrom, welcher beim Entstehen und Verschwinden des Magnetismus in dem Eisenkern in einem um denselben gelegten, geschlossenen Drahtkreis erzeugt wird.

Wie wir S. 243 gesehen haben, übt ein solcher Drahtkreis, wenn er vom Strom durchflossen wird, eine richtende Wirkung auf die magnetischen Axen der Eisentheilchen aus, namentlich auf die in seiner Ebene liegenden, d. h. der Strom magnetisirt das Eisen; der ganze erregte Magnetismus ist also eine Wirkung des Stromes. Umgekehrt ist der Strom, der beim Magnetisiren oder Entmagnetisiren des Eisenkerns in einen um denselben gelegten Drahtkreis inducirt wird, ein Mass, nicht blos für den freien Magnetismus, sondern für den ganzen erregten Magnetismus, und zwar namentlich für denjenigen, welcher an der Stelle des Eisenkerns erregt wird, an welcher der Drahtkreis sich befindet.

Die Anwendung dieser Methode, den erregten Magnetismus zu messen, welche sich allerdings nur auf Elektromagnete, nicht auf Stahlmagnete bezieht, hat nun ergeben, dass der erregte Magnetismus bei dem geschlossenen Magnet am grössten, bei dem ungeschlossenen am geringsten ist.

Was ferner die Vertheilung des erregten Magnetismus betrifft, so ist von vorneherein klar, dass in einem geschlossenen Magnet, dessen Querschnitt, wie wir hier stets annehmen, überall gleich gross ist, der erregte Magnetismus an allen Stellen gleich ist, da ja ein solcher Magnet weder Anfang, noch Ende, noch Mitte hat.

Bei einem ungeschlossenen Magnet dagegen ist der erregte Magnetismus in der Mitte am grössten, in den Enden am kleinsten.

Bei dem geraden Stab, der unter allen Magnetformen die geringste magnetische Schliessung besitzt, befolgt der erregte Magnetismus ein einfaches Gesetz: der in einem beliebigen Querschnitt des Stabes erregte Magnetismus ist nämlich proportional der Quadratwurzel aus der Entfernung dieses Querschnitts von dem nächsten Ende des Magnets. Trägt man daher den in einem Stabe ab (Fig. 165) erregten Magnetismus (m) graphisch auf, so erhält man zwei Parabelstücke ad und bd, deren Scheitel in a bez. b liegen, und welche sich in d schneiden.

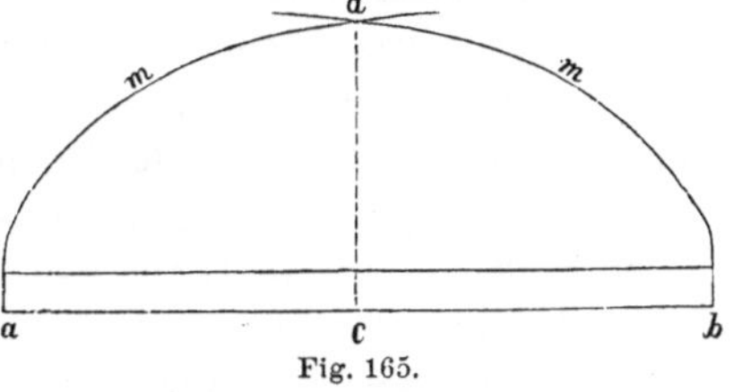

Fig. 165.

Hierbei ist vorausgesetzt, dass der Stab seiner ganzen Länge nach gleichmässig von einer magnetisirenden Spirale bedeckt ist.

Wir werden im folgenden Abschnitt den Einfluss betrachten, welchen die Dimensionen, d. h. die Länge und der Querschnitt des Elektromagnetes auf dessen freien und erregten Magnetismus ausüben; für sämmtliche Anwendungen des Elektromagnetismus jedoch, welche auf Anziehung oder Tragkraft beruhen, ist an den bereits S. 222 mitgetheilten Satz zu erinnern, dass Anziehung und Tragkraft proportional dem Quadrat des freien Magnetismus sind.

Gerade diejenigen Fälle, welche in der Technik am meisten vorkommen, bei welchen nämlich die Anziehung eines Elektromagnets benutzt wird, enthalten eine Abweichung von der oben gemachten Voraussetzung, dass der ganze Elektromagnet gleichmässig mit einer magnetisirenden Spirale bewickelt sei. In diesen Fällen wird nämlich ein Anker vom Elektromagnet angezogen; nun kann man allerdings diesen Anker als ein Stück des Eisenkerns betrachten, das durch zwei Schnitte von demselben losgetrennt ist; aber man hat alsdann den Elektromagnet sammt Anker als einen nicht geschlossenen Elektromagnet zu betrachten, der nur zum Theil von der magnetisirenden Spirale bedeckt ist.

Die Erfahrung hat nun aber gezeigt, dass jedenfalls, so lange der Anker eine geringere Länge besitzt, als der Elektromagnet, wie dies bei den Elektromagneten in Apparaten und Maschinen beinahe stets der

Fall ist, kein Unterschied im freien Magnetismus, also auch nicht in Anziehung und Tragkraft zu bemerken ist, wenn der Anker mit einer magnetisirenden Spirale bewickelt ist oder nicht, dass also der durch Anlegen eines Ankers bewirkte magnetische Schluss ebenso wirksam ist, als wenn statt des Ankers ein entsprechendes Stück Elektromagnet angelegt würde.

Der in der Technik so oft auftretende Fall, in welchem ein Anker von einem hufeisenförmigen Elektromagnet angezogen wird, lässt sich daher so auffassen, als wenn ein geschlossener Elektromagnet durch zwei Schnitte in drei Theile getrennt worden wäre, diese Theile aber sich in ganz geringer Entfernung von einander befinden. Der freie Magnetismus der Endflächen des Elektromagnets und derjenigen des Ankers ist in diesem Falle nicht viel geringer als der erregte Magnetismus im Falle vollständigen magnetischen Schlusses; je mehr man den Anker dem Elektromagnet nähert, desto stärker wird der freie Magnetismus der Endflächen, bei der Berührung der Endflächen geht gleichsam der freie Magnetismus in den erregten über.

Der Einfluss der Entfernung des Ankers von der Polfläche auf die Anziehung ist ein bedeutender, theils weil die Anziehung umgekehrt proportional dem Quadrat der Entfernung ist, theils weil der freie Magnetismus der Endflächen bei abnehmender Entfernung dieser Flächen zunimmt. Die Anziehung des Ankers wächst also stärker, als umgekehrt proportional dem Quadrat der Entfernung; das Gesetz dieser Anziehung ist jedoch nicht genau bekannt und lässt sich auch nicht leicht ermitteln, weil bei den geringen Entfernungen, welche hier namentlich in Betracht kommen, die Form und Lage der Endflächen überhaupt sehr ins Gewicht fällt und sorgfältig in Betracht gezogen werden muss.

Wenn man daher Gesetze für die Abhängigkeit der Anziehung von der Stromstärke, der Anzahl der Windungen, den Dimensionen des Eisenkernes u. s. w. aufstellt, so ist hierbei stets die Anziehung in einer gewissen Entfernung gemeint, welche zu den Dimensionen des Eisenkernes in einem constanten Verhältniss steht.

22. Einfluss der Dimensionen. Der Einfluss der Dimensionen ist nur in den beiden einfachen Fällen des geraden, ungeschlossenen Stabes und des geschlossenen oder beinahe geschlossenen Hufeisens mit Sicherheit bekannt, in beiden Fällen unter der Voraussetzung, dass der Eisenkern der ganzen Länge nach mit der magnetisirenden Spirale bewickelt sei; in dem Falle des geschlossenen Hufeisens macht es keinen Unterschied, ob der Anker bewickelt ist oder nicht; der Querschnitt ist als kreisförmig vorausgesetzt. Ferner ist bei den im Folgenden betrachteten Fällen vorausgesetzt, dass die magnetisirende Kraft oder die Anzahl der Ampère-Windungen dieselbe sei.

In Bezug auf die Abhängigkeit des Magnetismus von dem Durchmesser hat sich nun ergeben, dass sowohl der erregte, als der freie Magnetismus unter sonst gleichen Umständen proportional der Wurzel des Durchmessers ist.

Der freie Magnetismus der Endflächen, sowie der erregte im Inneren des Eisenkerns ist nicht gleichmässig über den Querschnitt vertheilt; am Rande ist der freie Magnetismus stets stärker als in der Mitte. Wenn nur schwache magnetisirende Kräfte angewendet werden, schwache Ströme oder eine geringe Anzahl von Windungen, so dringt der Magnetismus gar nicht bis in die Mitte des Kernes vor, sondern ergreift nur die Randtheile; je stärker die magnetisirende Kraft wird, desto tiefer dringt der Magnetismus in das Innere vor, und desto geringer wird der Unterschied zwischen dem Magnetismus des Randes und demjenigen der Mitte.

Daher kommt es auch, dass bei nicht zu starken magnetisirenden Kräften hohle Eisenkerne beinahe ebensoviel leisten als massive; der Unterschied wird aber um so bedeutender, je grösser die magnetisirende Kraft ist.

Drahtkerne haben geringeren Magnetismus als massive, wenn sie durch einen constanten Strom erregt werden; bei schnell auf einander folgenden Stromwechseln jedoch zeigen sie stärkeren Magnetismus als massive Kerne. Kerne, welche man aus Eisenfeile bildet, geben geringen Magnetismus.

Das oben ausgesprochene Gesetz, die Abhängigkeit vom Durchmesser betreffend, gilt allgemein, sowohl für gerade Stäbe, als Hufeisen.

Anders verhält es sich mit der Abhängigkeit des Magnetismus von der Länge des Kerns.

Dieselbe lässt sich bei geraden Stäben oder überhaupt bei ungeschlossenen Systemen dahin aussprechen, dass sowohl der erregte, als der freie Magnetismus proportional der Wurzel der Länge sind; bei geschlossenen oder beinahe geschlossenen Systemen dagegen, wie namentlich bei den mit Anker versehenen Hufeisen, ist der Magnetismus von der Länge unabhängig.

Der Unterschied, welcher sich bei diesem Gesetz zwischen geschlossenen und ungeschlossenen Elektromagneten offenbart, ist auch in der Natur der Sache begründet. Der magnetische Schluss besteht in der Unterstützung welche die einzelnen Theilchen einander in Bezug auf Magnetisirung gewähren. Theilchen, welche in demselben Querschnitt liegen, stören sich gegenseitig in der Magnetisirung; also ist in Bezug auf die Vertheilung des Magnetismus dem Querschnitte nach auch bei sonst geschlossenen Magneten kein magnetischer Schluss vorhanden; daher ist auch die Abhängigkeit des Magnetismus vom Durchmesser bei geschlossenen und ungeschlossenen Magneten dieselbe.

Anders verhält es sich mit der Abhängigkeit von der Länge, weil in dieser Beziehung der magnetische Schluss in Wirksamkeit tritt. Bei einem ungeschlossenen Magnet hat sowohl der erregte, als der freie Magnetismus an jeder Stelle des Kernes einen anderen Werth, daher müssen auch verschieden lange, ungeschlossene Magnete verschiedenen Magnetismus zeigen. Bei einem geschlossenen Magnet ist der freie Magnetismus Null, der erregte überall gleich, der letztere ist bei gegebener magnetisirender Kraft so gross als möglich, weil die Unterstützung, welche jedes einzelne Theilchen durch die benachbarten, in Bezug auf Magnetisirung, erhält, so gross als möglich. Wenn nun der geschlossene Magnet beliebig vergrössert wird und in entsprechender Weise die Anzahl der Windungen, so kann dadurch der Magnetismus nicht mehr gesteigert werden, sondern die hinzukommenden Windungen bringen nur den hinzugekommenen Kern auf dasselbe Mass des Magnetismus, das der anfänglich vorhandene Kern in allen Querschnitten bereits besass.

23. Die Elektromagnete der Technik. In der Technik bieten sich, in Bezug auf die Construction von Elektromagneten, zwei Hauptfälle dar: der Elektromagnet des Telegraphenapparats (Morse) und derjenige der stromerzeugenden Maschinen (Dynamo- u. Wechselstrom-).

Bei dem Morseapparat handelt es sich um die Anziehung eines Ankers; es muss daher, nach dem Obigen, die Entfernung zwischen Anker und Polflächen möglichst klein gewählt werden, weil die Anziehung sehr stark mit der Nähe des Ankers wächst. Zu gering darf die Entfernung nicht genommen werden, da sonst der Anker „klebt“, d. h. auch beim Aufhören des Stromes, in Folge von starkem remanenten Magnetismus, von den Polflächen festgehalten wird.

In Bezug auf das Verhältniss der Dimensionen hat sich durch die technische Praxis allmählig eine Regel herausgebildet, welche, ungefähr sowohl in den kleinen Elektromagneten der Telegraphenapparate, als den grösseren der physikalischen Laboratorien festgehalten werden; diese Regel geht dahin, dass der Durchmesser des Eisenkerns etwa $\frac{1}{8}$ der bewickelten Länge des Eisenkerns betragen soll.

Die Elektromagnete der elektrischen Maschinen haben eine ganz andere Aufgabe zu erfüllen: sie dienen zur Erzeugung eines kräftigen magnetischen Feldes, damit in den durch das Feld geführten Drähten möglichst starke Ströme inducirt werden.

Dies ist eine von der obigen völlig verschiedene Aufgabe, namentlich, weil es auf die Entfernung zwischen Polflächen und Anker bei Weitem nicht so viel ankommt, als beim Morsemagnet. Der freie Magnetismus oder die Stärke des magnetischen Feldes oder die Anzahl der magnetischen Kraftlinien vermindert sich allerdings mit wachsendem Abstand zwischen Polflächen und Anker, aber nur allmählig; und da dieser Raum in diesem Fall benutzt werden muss, um die den Inductionsstrom aufnehmenden Drähte unterzubringen, ist man gezwungen, den Abstand verhältnissmässig grösser zu wählen, als bei dem Morsemagnet.

Ueber die Form und die Dimensionen, welche den Elektromagneten der elektrischen Maschinen zu geben sind, lässt sich eine allgemeine Regel nicht aufstellen; auch in dieser Beziehung ist diese Aufgabe verschieden von derjenigen des Telegraphenmagnets; ausserdem treten hier die Rücksichten auf Gewicht und Preis viel gebieterischer auf. Die gewaltigen Anstrengungen, die in dieser Beziehung in der Technik von allen Seiten gemacht werden, lassen hoffen, dass auch für diesen Fall sich allmählig eine praktische Regel ausbildet.

24. Der remanente Magnetismus. Wie es kein Stück Eisen gibt, das völlig ohne Magnetismus ist, so gibt es auch keinen Elektromagnet, der nach dem Aufhören des Stroms nicht noch Magnetismus zeigt, welchen man den remanenten Magnetismus nennt.

Dieser letztere ist zunächst abhängig von der Art des Magnetismus, welchen der zuvor herrschende elektrische Strom erzeugte; war der Magnetismus bei vorhandenem Strome an irgend einer Stelle nördlich, so ist auch nach Aufhören des Stromes der remanente Magnetismus nördlich; der remanente Magnetismus hat dasselbe Zeichen, wie der durch den vorhergehenden Strom erregte.

Von dieser Regel gibt es allerdings Ausnahmen; bei Dynamomaschinen namentlich schlägt zuweilen der remanente Magnetismus um; allein vermuthlich wirken hier mechanische Erschütterungen mit, welche ja an sich schon den Magnetismus verändern.

Weiches Eisen zeigt die geringste Remanenz, hartes Eisen und weicher Stahl grössere und harter Stahl die grösste; was wir bei dem letzteren permanenten Magnetismus nennen, ist eigentlich der remanente. Während beim weichen Eisen der remanente Magnetismus 5—10% des bei diesem Körper überhaupt möglichen Maximums des Magnetismus beträgt, zeigt harter Stahl bei der stärksten Magnetisirung durch den Strom nur einige Procente mehr Magnetismus, als ohne Strom.

Der remanente Magnetismus ist eine durchaus unregelmässige Erscheinung; wenn man eine Reihe von Malen einen Elektromagnet kräftig magnetisirt und entmagnetisirt (durch Schliessen und Oeffnen des Stromes), so erhält man stets andere Werthe der Remanenz.

Auf die Höhe des durch kräftigen Strom erzeugten Magnetismus ist die Remanenz nur von geringem Einfluss und zwar um so weniger, je stärker der Strom. Wenn also z. B. eine Dynamomaschine nach jedem Aufhören des Stroms eine andere Remanenz zeigt, so ist doch ihr Magnetismus unter dem Einfluss desselben kräftigen Stromes im Wesentlichen stets derselbe.

C. Diamagnetismus.

25. Thatsachen. Magnetische Eigenschaften werden, wie wir gesehen haben, ganz ähnlich, nur an Eisen und Stahl und, allerdings in viel geringerem Grade, an einigen dem Eisen verwandten Körpern beobachtet; es wäre jedoch eine sonderbare, schwer zu begreifende Thatsache, wenn diese Körper allein magnetische Eigenschaften besässen, oder wenn es Körper gäbe, welche gar keine Spur von Magnetismus oder von einem dem Magnetismus verwandten Zustand anzunehmen im Stande wären. Wie auffallend diese Thatsache wäre, zeigt ein Blick auf die übrigen physikalischen Zustände und Kräfte, von denen allen wir annehmen müssen, dass sie an allen Körpern auftreten können, namentlich aber die Vergleichung des Magnetismus mit dem elektrischen Zustande. Wenn es auch eigentlich nur wenige Körper sind, an denen dieser letztere Zustand in ausgeprägter Weise auftritt, so wissen wir doch, dass der elektrische Zustand sich an allen bekannten Körpern zeigt, wenn auch oft nur spurweise und unter verschiedenen Umständen. Aehnliches ist daher vom Magnetismus zu erwarten.

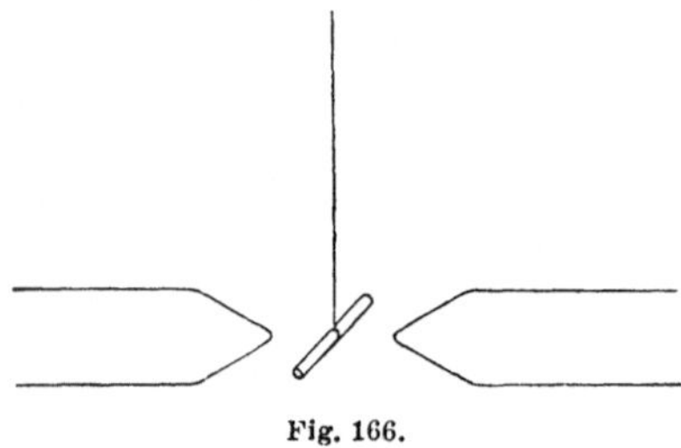
Fig. 166.

Genaue Untersuchung hat denn auch ergeben, dass im Allgemeinen jeder Körper Magnetismus zeigt, allerdings theilweise eine andere Art von Magnetismus, als Eisen und Stahl.

Bei dieser Untersuchung verfuhr man meistens so, dass zwischen die zugespitzten Pole eines kräftigen Elektromagnets, Fig. 166, der zu untersuchende Gegenstand in Form eines Stäbchens frei drehbar an einem Coconfaden aufgehängt wurde; wenn alsdann der Elektromagnet erregt wurde, so veränderte derselbe seine Gleichgewichtslage, weil der Magnetismus des Elektromagnets auf den in dem Körper vorhandenen oder durch jenen erregten Magnetismus wirkte. Ein Eisenstäbchen muss sich in diesem Falle natürlich axial stellen, d. h. seine Axe in die Verbindungslinie der beiden Pole bringen; sehr viele andere Körper thun dies ebenfalls, allerdings mit geringerer Lebhaftigkeit und Kraft, aber viele nur desshalb, weil zu der Bearbeitung der Stäbchen Eisen oder Stahl verwendet wurde, von welchem kleine Theilchen hängen bleiben; der Magnetismus dieser Theilchen genügt alsdann, um das ganze Stäbchen zu richten.

Nachdem man diesen Versuchsfehler bemerkt und die Stäbchen von jenem störend wirkenden Staub befreit hatte, fand man, dass eine Reihe von Körpern, vorab Wismuth, sich nicht axial, sondern äquatorial einstellen, d. h. ihre Axe in die zu der Verbindungslinie beider Pole senkrechte Lage bringen.

Faraday war der Erste, welcher diese Untersuchungen mit sicherem Erfolg durchführte. Er theilte die Körper in zwei Klassen, in die magnetischen oder paramagnetischen und in die diamagnetischen; die ersteren stellen sich axial, die letzteren äquatorial ein. Die folgende, von ihm aufgestellte, und von anderen ergänzte Tabelle zeigt den Charakter, welcher den reinen Metallen in dieser Beziehung zukommt.

Magnetisch:		Diamagnetisch:	
Eisen	Aluminium	Wolfram	Phosphor
Nickel	Platin	Uran	Blei
Cobalt	Kalium	Iridium	Quecksilber
Mangan	Natrium	Arsen	Cadmium
Chrom		Gold	Zinn
Silicium		Kupfer	Zink
		Silber	Antimon
		Tellur	Wismuth
		Schwefel	Jod.
		Selen	

Die Verbindungen der Metalle zeigen meistens denselben magnetischen Charakter, wie das Metall; jedoch gibt es hiervon auch sehr auffallende Ausnahmen.

Die in gleichen Gewichten Eisen und Wismuth erzeugten magnetischen und diamagnetischen Kräfte verhalten sich wie **1470000 : 1.**

Auch Flüssigkeiten und Gase zeigen Magnetismus bez. Diamagnetismus.

Flüssigkeiten werden gewöhnlich in ein Uhrgläschen gefüllt und dieses letztere auf die Pole des Elektromagnets gestellt, s. Fig. 167. Wenn der Elektromagnet erregt wird, so verändert sich die Oberfläche der Flüssigkeiten: magnetische Flüssigkeiten bilden zwei wulstförmige Erhebungen über den Polen des Elektromagnets, wie in Fig. 167a angedeutet, wobei sich die Oberfläche zugleich in axialem Sinne ausdehnt; diamagnetische Flüssigkeiten dagegen bilden eine einzige Erhebung in der Mitte, wie in Fig. 167b angedeutet, wobei die Oberfläche sich in äquatorialem Sinne vergrössert.

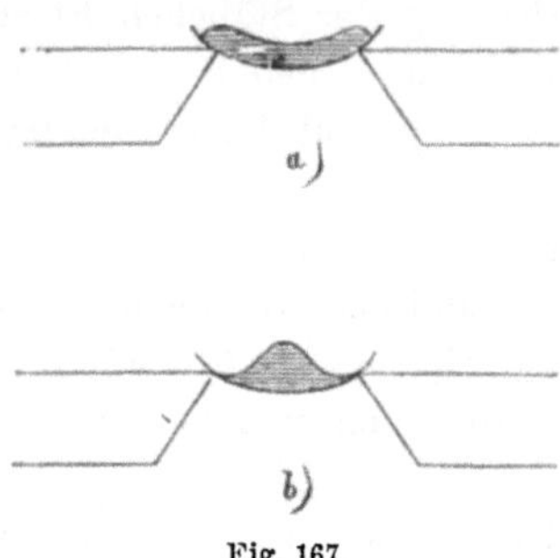

Fig. 167.

Diamagnetisch sind die Flüssigkeiten: Wasser, Alkohol, Aether, Olivenöl, Terpentin, Säuren, Quecksilber, Blut.

Bei Gasen bedarf es meist genauer Messungen, um ihre magnetische Natur zu erkennen, da es nur in einzelnen Fällen gelingt, die Anziehungs- bez. Abstossungserscheinungen sichtbar zu machen. Am leichtesten gelingt dies bei Flammen. Die meisten Flammen ändern ihre Gestalt, wenn zwischen die Pole des Elektromagnets gebracht, in äquatorialem Sinne, indem sie von jenen Polen abgestossen und, wie in Fig. 168 angedeutet, breitgedrückt werden.

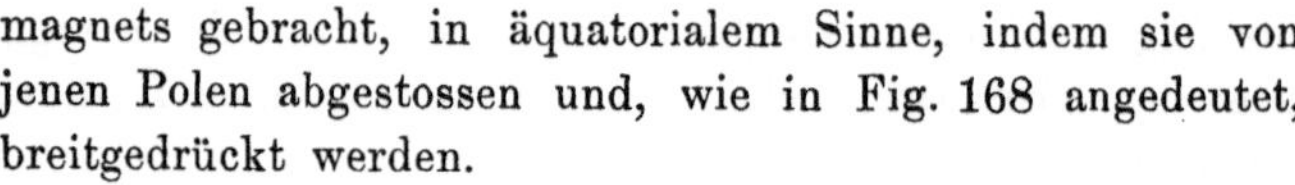

Fig. 168.

Von den Gasen zeigt sich namentlich Sauerstoff als ziemlich stark magnetisch, Stickoxyd und salpetrige Säure ebenfalls magnetisch, aber schwächer, es gibt auch diamagnetische Gase, wie Stickoxydul, Kohlensäure, ölbildendes Gas, aber von sehr geringer Kraft.

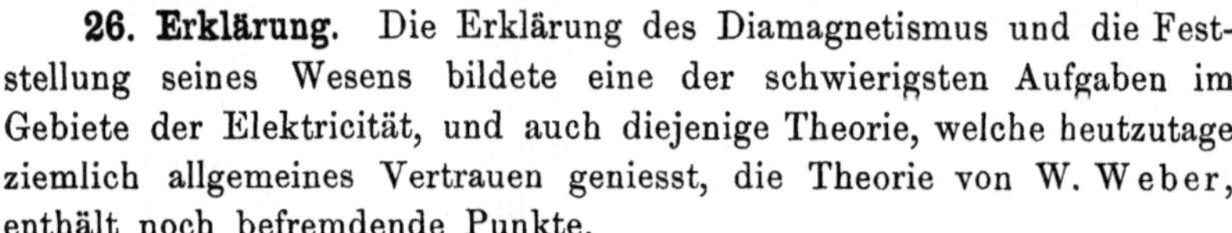

26. Erklärung. Die Erklärung des Diamagnetismus und die Feststellung seines Wesens bildete eine der schwierigsten Aufgaben im Gebiete der Elektricität, und auch diejenige Theorie, welche heutzutage ziemlich allgemeines Vertrauen geniesst, die Theorie von W. Weber, enthält noch befremdende Punkte.

Zunächst gibt es unter den diamagnetischen Substanzen, welche permanenten Diamagnetismus zeigen, ähnlich wie der Stahl permanenten Magnetismus zeigt. Ein Wismuthstäbchen erregt in einem genäherten Eisenstäbchen oder einem anderen diamagnetischen Stäbchen keinen Magnetismus irgend welcher Art; die diamagnetischen Körper werden erst in Gegenwart von kräftigen Magneten diamagnetisch, ähnlich wie Eisen in demselben Falle magnetisch wird.

Der ganze Unterschied, z. B. zwischen Eisen und Wismuth, besteht nun, abgesehen von der Intensität der Magnetisirung bez. Diamagnetisirung, darin, dass bei der Annäherung eines Magnets im Eisen ungleichnamiger, im Wismuth gleichnamiger Magnetismus erregt wird, dass z. B. ein genäherter Nordpol im Wismuth an dem nächstliegenden Ende wieder einen Nordpol erzeugt, nicht einen Südpol, wie beim Eisen.

Im Uebrigen verhalten sich diamagnetische und magnetische Körper völlig gleich: beide wirken durch andere Körper hindurch in die Ferne, bei beiden wird stets gleichviel südlicher, wie nördlicher Magnetismus erregt, beide induciren unter denselben Umständen Ströme u. s. w.

Es fragt sich nun, wie es möglich ist, dass die Annäherung eines Magnetpoles in einem diamagnetischen Körper gleichnamigen Magnetismus erregt, oder dass die Polarität in demselben die umgekehrte von dem in einem magnetischen Körper erregten ist; die einzige, diese Frage lösende Erklärung ist diejenige von W. Weber.

Die Erklärung des Magnetismus durch die Ampère'schen Molekularströme geht, wie wir S. 231 ff. gesehen haben, dahin, dass jedes Molekül im magnetischen Körper einen Molekularstrom besitzt, welcher das Molekül umkreist, und dessen Bahn im natürlichen Zustand eine beliebige Lage hat; sobald ein Magnet genähert wird, drehen sich nach dieser Vorstellung die Moleküle, bis ihre Ströme den Molekularströmen des Magnets möglichst gleichgerichtet sind.

Bei den diamagnetischen Körpern nun nimmt Weber an, dass jedes Molekül zwar ebenfalls eine Strombahn von beliebiger Richtung besitze, dass aber im natürlichen Zustande kein Strom in dieser Bahn kreise, dass ferner die Moleküle nicht drehbar seien, wie im Eisen, sondern fest.

Wenn nun ein Magnet genähert wird, so werden in jenen Bahnen Ströme inducirt; die auf diese Weise inducirten Ströme aber haben die entgegengesetzte Richtung von denjenigen der Molekularströme im Magnet. Denkt man sich nun die Molekularströme, sowohl im Magnet, als im diamagnetischen Körper, ersetzt durch die entsprechenden Molekularmagnete, so findet man, dass diese Molekularmagnete einander ihre gleichnamigen Pole zuwenden. Wären die Moleküle des diamagnetischen Körpers nicht fest, sondern drehbar, so würden seine Molekularmagnete gleich nach der Entstehung ihres Magnetismus sich so lange drehen, bis sie den Molekularmagneten die ungleichnamigen Pole zuwenden.

Sobald der Magnet entfernt wird oder sein Magnetismus erlischt, werden in den Strombahnen des diamagnetischen Körpers eben so starke Ströme inducirt, wie bei der Annäherung des Magneten, aber von entgegengesetzter Richtung, d. h. die durch jene Annäherung erregten Ströme werden vernichtet, der diamagnetische Körper kehrt wieder in den natürlichen, unmagnetischen Zustand zurück.

Von den in diamagnetischen Körpern inducirten Molekularströmen wird, wie von den in magnetischen Körpern stets vorhandenen, vorausgesetzt, dass sie ohne Widerstand kreisen; wäre Widerstand vorhanden, so müsste in beiden Fällen die lebendige Kraft der Ströme sich sehr rasch in Wärme umsetzen und würden die Ströme verschwinden; man ist daher zu der Annahme der Widerstandslosigkeit gezwungen.

Es lässt sich kaum bestreiten, dass diese sinnreiche Theorie sonderbare Annahmen enthält, für welche sich kaum andere Gründe anführen lassen, als dass sie eben die Erklärung des Diamagnetismus ermöglichen — dahin gehören namentlich die Annahme von der Festigkeit der Moleküle in diamagnetischen gegenüber der Drehbarkeit derselben in magnetischen Körpern, ferner die Annahme der permanenten Existenz von Molekularströmen in den letzteren Körpern gegenüber dem Fehlen derselben in den ersteren; in ihren Folgerungen jedoch ist diese Theorie mit allen Thatsachen im Einklang.

VII.

Elektromagnetische Apparate für Wechselstrom.

Bei den elektromagnetischen Apparaten der Technik, welche wir in diesem und den folgenden Abschnitt behandeln, handelt es sich um Lösung einer der drei folgenden Aufgaben:

1. Elektricität durch Elektricität,
2. Elektricität durch mechanische Bewegung,
3. Mechanische Bewegung durch Elektricität

zu erzeugen.

Die erste Abtheilung enthält die Inductionsapparate (im engeren Sinn), die zweite und dritte die elektromagnetischen Telegraphenapparate, das Telephon und Mikrophon, die Magnet-, Dynamo- und Wechselstrommaschinen; es sind also sämmtliche wichtigeren technischen elektromagnetischen Apparate in diesen Categorien enthalten.

Diese Eintheilung ist jedoch nicht die eigentlich natürliche und entspricht auch nicht der historischen Entwickelung der Apparate; wir ziehen eine andere vor, welche mehr der Art ihres Entstehens sowohl, als dem heutigen Stand der Technik Rechnung trägt, indem wir zunächst die Apparate für Wechselstrom, dann diejenigen für gleichgerichteten Strom behandeln.

Die erstere Abtheilung umfasst: die Inductionsapparate (im

engeren Sinn), das Telephon und Mikrophon und die Wechselstrommaschinen.

Wir behandeln diese, so wie die Apparate der zweiten Abtheilung nur vom physikalischen, nicht vom technischen Standpunkt aus; wir suchen nur die Hauptmerkmale zu beschreiben und die Art der Wirkung klarzulegen.

A. Die Inductionsapparate.

1. Princip des Inductionsapparats. Bei der Umsetzung von Elektricität in Elektricität kann es sich nur darum handeln, Spannung und Menge der Elektricität zu verändern, oder, wenn wir elektrische Ströme in's Auge fassen, Spannung und Stromstärke. Nach dem Joule'schen Gesetz bildet das Product aus Spannung und Stromstärke die Arbeitskraft; wenn also ein elektrischer Strom von bestimmtem Arbeitswerth gegeben ist, so kann dessen Spannung nur auf Kosten der Stromstärke vermehrt werden, und umgekehrt, da das Product beider Grössen constant bleiben muss nach dem Princip der Erhaltung der Energie.

Die einfachste und ausgiebigste Art der Erzeugung von Elektricität ist diejenige des galvanischen Stromes, d. h. eines elektrischen Stromes von geringer Spannung, aber bedeutender Stromstärke; es kann sich also bei der Umsetzung von Elektricität in Elektricität nur darum handeln, galvanische Ströme mit den bezeichneten Eigenschaften in elektrische Ströme von hoher Spannung und geringer Stromstärke zu verwandeln. Ströme von der letzteren Art liefern die Elektrisirmaschinen; die Aufgabe lässt sich also dahin bestimmen, dass galvanische Ströme in Ströme der Art, wie sie die Elektrisirmaschinen liefern, umzusetzen sind.

Diese Aufgabe ist in dem Inductionsapparat von Ruhmkorff gelöst. Das Princip ist folgendes: in einer Drahtrolle, der sog. primären oder inducirenden, lässt man in regelmässigem Wechsel einen kräftigen galvanischen Strom entstehen und verschwinden; in einer zweiten Drahtrolle, der sog. secundären, oder inducirten, welche die erstere umgibt, werden hierdurch Inductionsströme von abwechselnder Richtung, aber gleicher Stärke erzeugt; man sendet also galvanische Ströme in den Apparat und empfängt aus demselben Inductionsströme. Die Spannung dieser letzteren lässt sich nun vermittelst zweckmässiger Wickelung der secundären Rolle beinahe beliebig erhöhen.

Wenn die secundäre Rolle kurz geschlossen ist, so ist es für die Inductionsströme gleichgiltig, ob dieselbe aus vielen oder wenigen Windungen besteht. Denn in jeder Windung wird ungefähr dieselbe elektromotorische Kraft erregt, jede Windung hat aber auch ungefähr denselben Widerstand; wenn nun der Gesammtwiderstand nur aus demjenigen der Windungen besteht, so werden durch das Hinzufügen von neuen Windungen elektromotorische Kraft und Widerstand in gleicher Weise vermehrt, der Strom bleibt also derselbe. Auch die Spannung kann an keinem Punkte einen bedeutenden Werth haben, weil der Strom der Anhäufung derselben entgegenwirkt; je kürzer der die beiden Enden der secundären Rolle verbindende Draht ist, desto geringer ist die Spannungsdifferenz an diesen Enden.

Ganz anders verhält es sich, wenn die Enden der secundären Rolle, in einem gewissen Abstand von einander, isolirt werden. In diesem Fall können die Elektricitäten sich nur durch einen Funken ausgleichen, der, die Luft durchbrechend, zwischen den beiden Polen, wie wir die Enden der secundären Rolle kurzweg nennen wollen, überspringt. Ist der Abstand zwischen diesen Polen so gross, dass die Elektricität denselben nicht durchbrechen kann, so entsteht kein Strom; ist jedoch dieser Abstand kleiner, so dass der Funke überspringen kann, so ist der Widerstand der Funkenbahn ein sehr hoher, so dass der Widerstand des Drahtes der secundären Rolle im Verhältniss zu demselben als verschwindend klein zu betrachten ist. Der Strom wird schwach, wegen des hohen Widerstandes der Funkenbahn, aber die Anhäufung der Spannung an den Polen ist beinahe eben so gross, als in dem Falle der Nichtausgleichung der Elektricitäten.

Nun lässt sich auch die Spannung beinahe beliebig vergrössern durch Erhöhung der Anzahl der Windungen, da die inducirte elektromotorische Kraft proportional dieser Anzahl und beinahe genau gleich der Spannungsdifferenz an den Polen ist. Wenn daher die secundäre Rolle aus sehr feinem Draht und möglichst vielen Windungen besteht, so muss man an den Polen Spannungen erhalten, welche die bei galvanischen Strömen vorkommenden weit übersteigen und sich den bei der Elektrisirmaschine vorkommenden nähern.

In Wirklichkeit erreicht die Erhöhung der Spannung eine Grenze; der Grund hiervon liegt zum Theil in einigen, später zu erwähnenden Nebenumständen, namentlich aber in der Schwierigkeit der Isolation des Drahtes der secundären Rolle. Der Grad der Isolation dieses Drahtes muss natürlich ungefähr dem Isolationsgrad der Theile der Elektrisirmaschine entsprechen, und dies ist bei den eng aneinanderliegenden Windungen schwierig, bei sehr hohen elektrischen Spannungen unmöglich.

Nach dem Vorstehenden erscheint es zwar möglich, auf dem angegebenen Wege Inductionsströme zu erhalten, deren Eigenschaften denjenigen der Ströme der Elektrisirmaschine nahe kommen, es bleibt jedoch ein wesentlicher Unterschied zwischen beiden Arten von Strömen;

diejenigen des Inductionsapparates sind von wechselnder Richtung, entsprechend dem Schliessen und Oeffnen des primären Stromes, und verlaufen rasch, während der Strom der Elektrisirmaschine stets gleiche Richtung und constante Stärke besitzt. Es würde also hieraus folgen, dass die Pole des Inductionsapparats nicht eine constante Spannung zeigen, wie diejenigen der Elektrisirmaschine, sondern dass dieselbe ihr Zeichen ändert, so dass es also z. B. unmöglich wäre, eine Leydner Flasche mit dem Inductionsapparat zu laden.

Der Wechsel der Spannung an den Polen des Inductionsapparats, und damit der Gebrauch des Apparates, wird jedoch wesentlich modificirt durch die Verschiedenheit des Verlaufes der Oeffnungs- und der Schliessungsströme.

Der durch Oeffnung und der durch Schliessung des primären Stromes erzeugte Inductionsstrom sind beide von gleicher Stärke, weil sie dieselbe Urasche, in entgegengesetztem Sinne, besitzen, d. h. die in

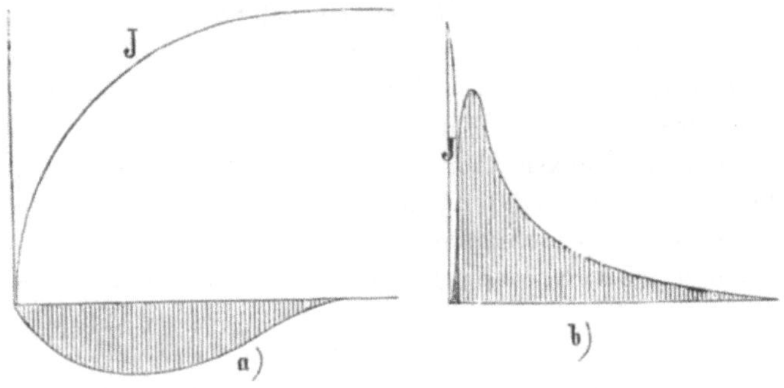

Fig. 169.

Bewegung gesetzte Elektricitätsmenge ist in beiden Fällen dieselbe; der Verlauf beider jedoch ist ganz verschieden, und zwar verläuft der Oeffnungsstrom jäh und rasch, ähnlich einer Springfluth, während der Schliessungsstrom viel langsamer ansteigt und auch langsamer abfällt.

Der Grund dieses Unterschiedes liegt namentlich in der Rückwirkung der Inductionsströme auf den primären Strom und in dem Umstande, dass bei dieser Rückwirkung der primäre Kreis im Falle des Oeffnungsstromes geöffnet, im Falle des Schliessungsstromes geschlossen ist. Fände gar keine Induction statt, so würde der primäre Strom beim Schliessen ebenso plötzlich ansteigen, wie er beim Oeffnen abfällt. Durch die Rückwirkung des Schliessungsstromes aber wird der primäre Strom geschwächt und sein Ansteigen in einen allmähligen Uebergang zu der stationären Stromstärke verwandelt, so dass, wenn als Abscisse die Zeit, als Ordinate die Stromstärke aufgetragen wird, Fig. 169 a, die Curve J den Verlauf des primären Stromes nach der Schliessung darstellt. Beim Oeffnen dagegen erleidet der primäre Strom nur geringe Rückwirkungen vom Oeffnungsstrom, weil derselbe auf einen offenen Kreis wirkt; dieselbe kann höchstens, wenn sie sehr kräftig ist, einen Funken, d. h. einen momentanen Stromstoss bewirken; der primäre Strom ist daher bei der Oeffnung als sehr rasch abfallend zu betrachten, wie die Curve J in Fig. 169 b andeutet.

Die Art der Veränderung des primären Stromes beim Schliessen und Oeffnen bestimmt aber den Verlauf der Inductionsströme: der Schliessungsstrom wächst und fällt allmählig, wie in der die schraffirte Fläche begrenzenden Curve Fig. 169 a, angedeutet, der Oeffnungsstrom dagegen wächst und fällt rasch, s. die entsprechende Curve, Fig. 169 b. Die Flächen jedoch, welche von den Curven des Oeffnungs- und des Schliessungsstromes und den Abscissenaxen begrenzt werden, sind gleich.

Daraus folgt, dass bei dem Inductionsapparat die Oeffnungsströme an den Polen der secundären Rolle eine viel höhere Spannung erzeugen, als die Schliessungsströme, obschon die in Bewegung gesetzte Elektricitätsmenge dieselbe ist. Nimmt man daher zuerst den Abstand der Pole so gross, dass kein Funke überspringen kann, und nähert die Pole allmählig, bis Funken überspringen, so können die letzteren nur von Oeffnungsströmen herrühren, die elektrischen Ströme, welche die Funken vorstellen, haben also stets dieselbe Richtung; nur wenn man den Abstand der Pole klein macht, erhält man Oeffnungs- und Schliessungsfunken.

Wenn man also die Ströme des Inductionsapparates nur in der Weise verwendet, dass in den die beiden Pole verbindenden Kreis eine erhebliche Funkenstrecke eingeschaltet wird, so erhält man gleichgerichtete Ströme, kann also z. B. eine Leydner Flasche laden und andere Wirkungen hervorbringen, welche sonst nur der Elektrisirmaschine zukommen.

2. Beschreibung des Inductionsapparats. Fig. 170 zeigt den Ruhmkorff'schen Inductionsapparat, Fig. 171 im horizontalen Durchschnitt.

Den Hauptkörper des Apparates bildet die secundäre Rolle, deren Enden an zwei verticale Messingstangen geführt sind; derselbe schliesst als Kern die primären Rollen ein, deren Enden mit den Klemmen A, E verbunden sind. Dieser Rollenkörper steht auf einem hölzernen Sockel, welcher in seinem Inneren den Condensator enthält, dessen Bedeutung wir weiter unten erörtern; die beiden Belegungen dieses Condensators sind mit den Klemmen CC verbunden.

Die Pole der secundären Rolle endigen in Messingknöpfe, in welchen sich Messingstangen mit verschiedenen Ansätzen verschieben lassen.

Fig. 170.

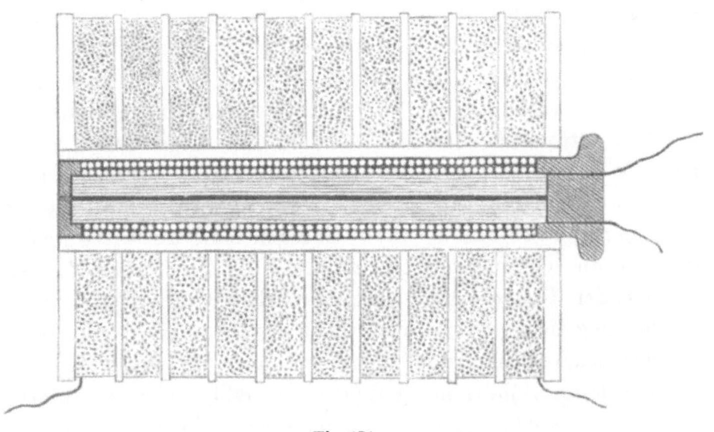

Fig. 171.

In der Figur trägt die eine Stange eine Scheibe, die andere eine Spitze; es lassen sich aber auch zwei Spitzen oder zwei Kugeln aufsetzen. Durch die Verschiebung lässt sich die Schlagweite des Funkens beliebig einstellen; die grösste Entfernung der beiden Pole, welche der Apparat anzuwenden gestattet, muss eine solche sein, bei welcher keine Funken mehr überspringen können, sondern nur Glimmentladungen auftreten.

Der Rahmen des Rollenkörpers besteht völlig aus Horngummi: das Rohr, welches die primäre Rolle von der secundären trennt, die Endfläche der secundären Rolle und die Wände, welche, wie aus Fig. 171 ersichtlich, die einzelnen Schichten der letzteren von einander trennen. Die Herstellung der genügenden Isolation für die primäre Rolle bietet keine Schwierigkeit: die Drähte werden gut übersponnen und lackirt; die Drähte der secundären Rolle dagegen, an deren Isolation weit höhere Anforderungen gestellt werden, werden nicht nur umsponnen, sondern auch sorgfältig mit Harz, Paraffin, Gummicompositionen oder anderen isolirenden Stoffen getränkt.

Wenn die primäre Rolle nur vom Strom durchflossene Windungen enthielte, so wäre die Wirkung auf die secundäre Rolle zwar vorhanden, aber nur von geringer Stärke; eine kräftige Wirkung wird erst durch das Einschieben eines Eisenkerns in die primäre Rolle erzielt.

Ein von der primären Rolle umgebener Eisenkern muss deren Wirkung in jeder Beziehung immer verstärken; denn, wie wir S. 241 ff. gesehen haben, erzeugt die Rolle, wenn sie vom Strom durchflossen wird, im Eisen stets gleichgerichtete Pole, d. h., wenn man die Rolle als galvanische Schraube betrachtet, so fällt der Nordpol der galvanischen Schraube mit dem Nordpol des Eisenkerns, und ihr Südpol mit dem Südpol der letzteren zusammen. Die Wirkung eines Eisenkerns übertrifft aber stets bei Weitem diejenige der magnetisirenden Spirale.

Die Construction dieses Eisenkerns ist von Bedeutung für die Wirkung des Apparates. Es kommt hier nicht, wie bei einem gewöhnlichen Elektromagnet, darauf an, einen kräftigen Magnetismus bei andauerndem Strom zu erzielen, sondern der Magnetismus muss bei schnellem Wechsel des Stromes möglichste Stärke besitzen. Bei andauerndem Strom gibt ein massiver Eisenkern den kräftigsten Magnetismus, bei schnellem Wechsel dagegen ein Bündel von dünnen Eisendrähten, deren gegenseitige Berührung durch einen das Bündel durchdringenden Kittguss möglichst vermieden wird. Der Grund dieser Erscheinung liegt, wie bereits früher erwähnt, darin, dass die Zeit, welche der Magnetismus zum Entstehen und Verschwinden braucht, bei einem solchen Bündel am geringsten ausfällt, wenn die Drähte weit von einander abstehen, um so grösser dagegen, je kleiner die Hohlräume zwischen denselben sind, und am grössten bei dem massiven Stab.

Ein wichtiger Punkt ist ferner die Construction der secundären Rolle. Bei derselben muss man suchen die Drähte so zu legen, dass die Spannung der Elektricität bei benachbarten Drähten möglichst wenig verschieden ist; treten grössere Unterschiede in dieser Beziehung auf, so kann auch die sorgfältigste Isolation nicht vor dem Ueberschlagen von Funken schützen; jeder zwischen zwei Stellen des Drahtes überspringende Funke aber schaltet gleichsam das zwischen jenen Stellen liegende Drahtstück aus der Rolle aus, oder schliesst vielmehr dasselbe kurz.

Das Ueberspringen von Funken in der secundären Rolle ist unvermeidlich, wenn dieselbe, wie sonst bei Elektromagneten, lagenweise gewickelt wird; man wendet desshalb im vorliegenden Falle das Wickeln in Schichten an, welche sich in senkrechter Richtung gegen die Cylinderaxe erstrecken. Zu diesem Behuf wird, wie aus Fig. 171 ersichtlich, der Wickelungsraum der secundären Rolle durch Horngummischeiben in möglichst viele solcher Schichten getheilt; jede dieser Schichten wird für sich gewickelt, und die einzelnen alsdann unter einander in geeigneter Weise verbunden. Es ist leicht einzusehen, dass bei dieser Anordnung die Spannungsdifferenz benachbarter Drähte um so geringer wird, je grösser die Anzahl der Schichten oder je geringer die Länge der Lagen in den Schichten.

3. Der selbstthätige Unterbrecher; der Condensator. Um regelmässig alternirende Ströme in der primären Rolle zu erzeugen, bedarf man eines selbstthätigen Unterbrechers, d. h. einer kleinen Maschine, welche, durch den Strom der primären Rolle getrieben, den Stromwechsel selbstthätig bewerkstelligt. Als solcher wird der Wagner-Neef'sche Hammer benutzt.

Dieser Apparat bringt eine hin- und hergehende Bewegung hervor. Der hin- und hergehende Theil ist der Anker eines Elektromagnets; an demselben ist eine Contactstelle angebracht, durch welche der den Elektromagnet erregende Strom fliessen muss. Der Strom wird geöffnet durch diejenige Bewegung des Ankers, welche durch die Schliessung des Stromes bewirkt wurde, und diejenige Bewegung des Ankers, welche durch die Oeffnung des Stromes bewirkt wurde, schliesst den Strom. Wird der Strom geschlossen, so wird der Anker angezogen und zugleich der Strom geöffnet; durch das Oeffnen des Stromes fällt der Anker zurück und schliesst den Strom wieder u. s. w.; kurz, es entsteht eine rasch hin- und hergehende Bewegung des Ankers, welche durch den Strom selbst erzeugt und unterhalten wird. Fig. 172 stellt eine Form dieses Wagner-Neef'schen Hammers dar. M ist der Elektromagnet, dessen Schenkel, um einen raschen Wechsel des Magnetismus zu ermöglichen, aus eisernen Röhren angefertigt und nur an den Enden durch massive, eiserne Kappen geschlossen sind. Der Anker n ist an einer Messingfeder *o o* befestigt, deren rechtes Ende festgeklemmt ist; an der Feder *o o* sitzt eine kleine, schwache Feder *p* mit aufgelöthetem Platinblech in *c*; die Stelle *c* legt sich bei geöffnetem Strom gegen die in eine Platinspitze endigende, in den Messingstab eingesetzte Schraube *q*. An die Klemmen *f* und *e* sind die Enden des um den Elektromagnet gewickelten Drahtes geführt, die Klemmen *a* und *d* sind die Punkte, zwischen welchen durch das Spiel an der Contactstelle *c* der Strom geöffnet und geschlossen wird. Legt man den einen Pol der Batterie an *d*, den andern an *f* und verbindet die beiden Klemmen *a* und *e*, so ist der Strom geschlossen, wenn der Contact *c* geschlossen oder der Anker abgeworfen ist, und es beginnt alsdann das oben beschriebene Spiel des Ankers. Wenn man daher zwischen *a* und *e* die

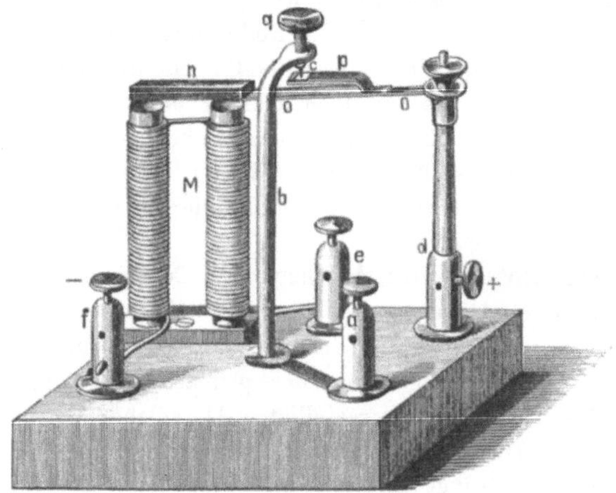

Fig. 172.

primäre Rolle des Inductionsapparates einschaltet, so wird in derselben durch das Spiel des Wagner-Neef'schen Hammers der Strom abwechselnd geöffnet und geschlossen. Die Geschwindigkeit dieses Spiels hängt hauptsächlich von der Länge und Stärke der Feder *o o*, der Amplitude ihrer Schwingung und der Anziehungskraft des Elektromagnets ab; die Grösse dieser Geschwindigkeit lässt sich meistens nach der Höhe des Tones beurtheilen, welcher die raschen Schwingungen der Feder begleitet.

Je grösser der Inductionsapparat ist, desto stärker werden die Funken, welche beim Oeffnen des Stromes an der Contactstelle *c* auftreten; bei starken Funken versagt auch der beste Contact bald, und ausserdem übt das Auftreten des Funkens schädliche Einflüsse auf den in der secundären Rolle erzeugten Inductionsstrom.

Um das Verbrennen der Contacte zu vermeiden, lässt man den

Funken nicht zwischen Platin und Platin, sondern zwischen amalgamirtem Kupfer und Quecksilber überspringen, welches von einer Schicht einer nichtleitenden Flüssigkeit, z. B. von concentrirtem Alkohol, Glycerin, reinem Terpentinöl u. s. w. überdeckt ist.

Der selbstthätige Unterbrecher erhält hierdurch eine veränderte

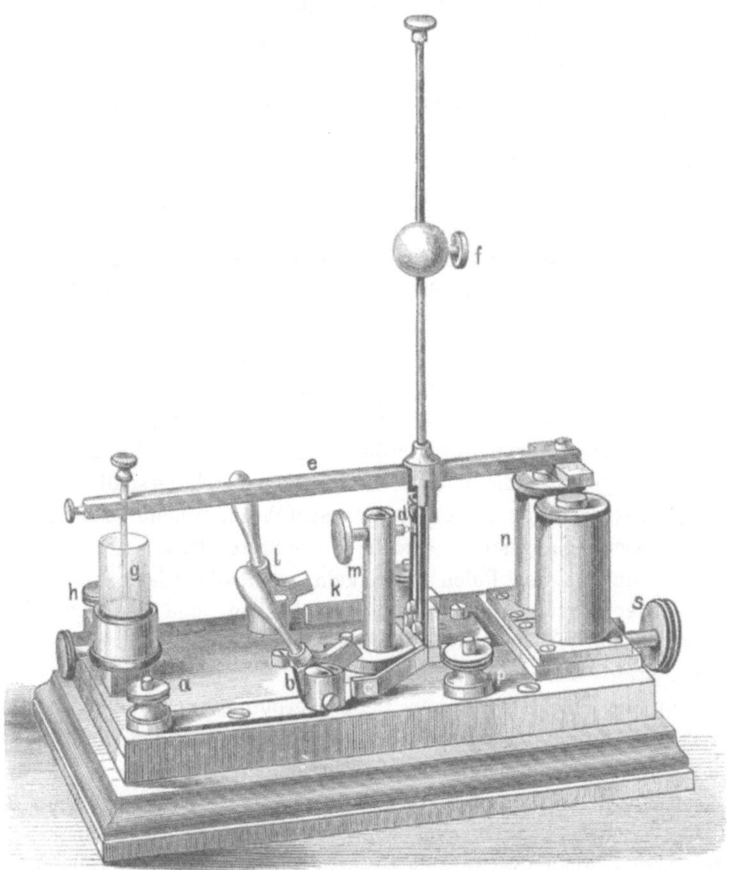

Fig. 173.

Construction, Fig. 173 stellt dieselbe in der Ausführung von Siemens und Halske dar (Quecksilberwippe). Ohne dieselbe näher zu beschreiben, bemerken wir, dass der Elektromagnet *n* durch eine besondere kleine Batterie betrieben wird; der diesen Stromkreis schliessende und öffnende Contact *d* besteht aus Platinstücken. Der die primäre Inductionsrolle enthaltende Hauptstromkreis wird durch den Quecksilbercontact *g* geschlossen und geöffnet.

Um die Funken im Hauptstromkreis abzuschwächen, wendet man einen Condensator (s. S. 19 ff.) an; und zwar werden dessen beide Belegungen mit den Punkten des Stromkreises verbunden, zwischen welchen der Funke auftritt, also bei der oben beschriebenen Wippe mit *g* und *h*. An dieser Stelle entsteht nur ein Funke bei der Oeffnung des primären Stromes, derselbe rührt vom Extrastrom her. Sowie der Stromkreis unterbrochen wird, häufen sich beide Arten von Elektricität an den Punkten, zwischen welchen die Unterbrechung stattfand, an, die eine Elektricität an dem einen, die andere an dem anderen Punkt. Wenn nun mit diesen Punkten Condensatorbelegungen verbunden sind, so fliessen die beiden Elektricitäten in dieselben ab, so lange, bis dieselben gefüllt sind. Der Condensator kann daher so gross gewählt werden, dass kein Funke mehr auftritt.

4. Gebrauch des Inductionsapparates. Die Wirkungen des Inductionsapparates erstrecken sich auf das ganze Gebiet der Elektricität; sowohl die Erscheinungen der Reibungselektricität, als diejenigen des Galvanismus lassen sich mittelst desselben hervorbringen.

Wie schon S. 270 ff. bemerkt wurde, verhält sich der Apparat ganz anders, wenn die Pole der secundären Rolle isolirt, als wenn sie durch einen Leiter verbunden werden. Im ersteren Falle erhält man hohe Spannungen der Elektricität, und es lassen sich desshalb viele Versuche mittelst des Inductionsapparates ausführen, welche sonst mit der Elektrisirmaschine angestellt werden; im letzteren Falle kann sich keine hohe Spannung an den Polen entwickeln, weil die Elektricitäten sich immer wieder durch die Schliessung ausgleichen, und der Inductionsstrom erhält im Wesentlichen die Eigenschaften eines mit einer galvanischen Batterie hervorgebrachten Stromes.

Wenn die Pole durch einen Leiter verbunden werden, lassen sich mittelst des Inductionsapparates sämmtliche Wirkungen galvanischer Ströme zeigen, freilich mit dem Unterschied, dass man es hier mit Wechselströmen, nicht mit einfachen, constanten Strömen zu thun hat.

Die Wärmewirkungen sind völlig dieselben, wie bei einem constanten Strom, auch die physiologischen sind wesentlich dieselben, wie diejenigen von rasch aufeinanderfolgenden Strömen gleicher Richtung; bei den übrigen Wirkungen dagegen macht der fortwährende Wechsel der Stromrichtung einen Unterschied; jedoch zeigen einfache Inductionsströme, durch einmaliges Schliessen oder Oeffnen des primären Stromes hervorgebracht, stets ähnliche Wirkungen, wie der constante Strom.

Schaltet man eine Zersetzungszelle zwischen die Pole des Apparates, so erhält man Zersetzung; aber die beiden Körper, in welche sich die Flüssigkeit zersetzt, erscheinen zusammen an beiden Polen, beim Voltameter z. B. an beiden Polen Knallgas.

Mechanische und elektrische Fernewirkungen erhält man nur bei einzelnen Inductionsstössen, nicht wenn der Apparat wie gewöhnlich arbeitet, weil die Wirkungen der einzelnen Stösse sich aufheben. Ein zwischen die Pole eingeschaltetes Galvanometer zeigt keine Ablenkung, wenn der Apparat in voller Arbeit ist, wohl aber ein Elektrodynamometer.

Das Elektrodynamometer, von Weber construirt, ist ein Galvanometer, bei welchem der Magnet durch eine vom Strom durchflossene Drahtrolle ersetzt ist; Beschreibung folgt später. Der Strom durchfliesst hintereinander die äussere, feste und die innere, bewegliche Rolle; die letztere wird hiedurch gedreht, wie der Magnet des Galvanometers; wenn die Richtung des Stromes wechselt, so geschieht dies in beiden Rollen zugleich, die drehende Wirkung, welche auf die innere Rolle ausgeübt wird, bleibt dieselbe. Dieses Instrument ist das einzige, mit welchem sich Wechselströme messen lassen.

Construirt ist jedoch der Inductionsapparat nicht für galvanische Wirkungen, sondern für Wirkungen, welche denjenigen der Reibungselektricität nahe kommen.

Auf diese Versuche näher einzugehen ist hier nicht der Ort. Wir erinnern bloss daran, dass, wie bereits S. 271 ff. auseinandergesetzt wurde, der verschiedene Verlauf der Oeffnungs- und Schliessungsströme dahin wirkt, dass bei grossem Abstand der Pole die in den Funken sich zeigenden Inductionsströme dieselbe Richtung haben, weil nur die Oeffnungsströme den Widerstand der Luftschicht überwinden, dass dagegen bei kleinem Abstand der Pole Wechselströme auftreten.

Eine der wichtigsten Anwendungen des Inductionsapparates, nämlich diejenigen in der Medicin, in welcher dessen physiologische Wirkungen benutzt werden, gehört nicht in den Kreis unserer Darstellung.

5. Inductionsrollen als Telegraphenapparate. Inductionsrollen können auch zum Telegraphiren verwendet werden; der Strom der Batterie wird durch die primäre Rolle geleitet, die secundäre Rolle gibt dann die Inductionsströme in die Linie.

Man gibt also in diesem Falle einen Strom in den Apparat und empfängt aus demselben wieder einen Strom, aber von ganz veränderten Eigenschaften; die elektrische Spannung ist vergrössert, die Stromstärke verringert; das Product von Spannung und Strom oder die elektrische Arbeit ist ebenfalls verringert, nämlich um die Wärme, welche in der Drahtwickelung entsteht.

Wenn man z.B. ein Morse'sches „Verstanden“-Zeichen (- - - — -), von einer galvanischen Batterie in einem aus blossem Widerstand bestehenden Stromkreise erzeugt, durch ein passendes Instrument aufzeichnet, so erhält man die Form:

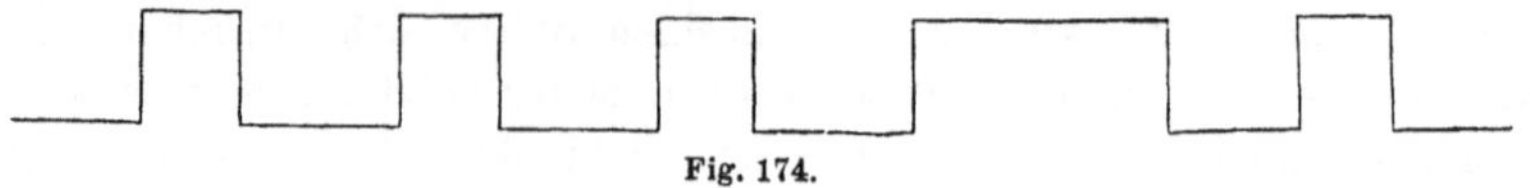

Fig. 174.

Lässt man diese Ströme durch die primäre Rolle eines Inductionsapparates gehen, so nehmen die in der secundären Rolle — wenn dieselbe geschlossen ist — hervorgebrachten Inductionsströme folgende Form an:

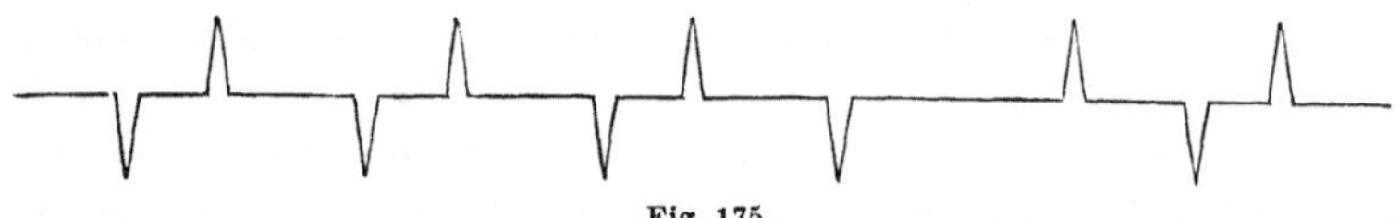

Fig. 175.

6. Die Wechselstromgeneratoren. Mit der modernen Ausbreitung des elektrischen Lichtes hat sich auch eine Bewegung zu Gunsten der Anwendung von Inductionsapparaten zum Zweck der elektrischen Beleuchtung entwickelt. Wie weiter unten entwickelt wird, bildet das leichteste und einfachste Mittel der Entwickelung von Elektricität im Grossen die Wechselstrommaschine, durch welche mechanische Arbeit in Wechselstrom, d. h. Ströme von regelmässigem Wechsel, verwandelt wird. Leitet man den Wechselstrom durch die primäre Rolle eines Inductionsapparates und schliesst die secundäre Rolle durch Leitungen, so entstehen im secundären Kreis ebenfalls Wechselströme, die sich zur elektrischen Beleuchtung verwenden lassen. Einen solchen Inductionsapparat nennt man Generator.

Der hierbei auftretende technische Vortheil ist doppelter Art und liegt theils in der Trennung des Maschinenstromes und des zur Verwendung kommenden Stroms in zwei getrennte Stromkreise, theils in der Möglichkeit, durch Anwendung verschiedener Wickelungen die Eigenschaften des Maschinenstroms in Bezug auf Spannung und Stromstärke beliebig zu verändern.

Um uns den letzteren Punkt klar zu machen, brauchen wir uns nur daran zu erinnern, dass in jeder Windung der secundären Spirale im Wesentlichen dieselbe elektromotorische Kraft inducirt wird; man kann also die letztere durch Vermehrung der Anzahl der Windungen beliebig steigern. Die Stromstärke im secundären Kreis hängt von der Grösse der Widerstände in diesem Kreis ab, also des Widerstandes der Wickelung und des äusseren; bei voller Ausnutzung des Apparates wird der letztere so gewählt, dass die Erwärmung der Wickelung eine gewisse Grenze nicht überschreitet, oder dass die Stromdichte, d. h. die Stärke des die Einheit des Querschnitts des Wickelungsdrahts durchlaufenden Stromes höchstens einen bestimmten Werth erreicht. Da nun der Wickelungsraum für die secundäre Spirale im Wesentlichen gegeben ist, muss der Draht um so dünner gewählt werden, je grösser man die Anzahl der Windungen wählt; die Stromstärke fällt also um so kleiner aus, je höher man die elektromotorische Kraft nimmt.

Aus Betrachtungen, die später, bei Gelegenheit der Dynamomaschinen, ausführlicher gegeben werden, folgt, dass bei voller Ausnutzung eines Secundärgenerators die elektrische Arbeit an den Polen der secundären Wickelung, oder das Product aus Stromstärke und Spannung bei verschiedenen Wickelungen stets gleich ist; durch verschiedene Wahl der Wickelung hat man es also in der Hand, einen Factor des Products Spannung oder Stromstärke beliebig zu wählen, der andere Factor ist alsdann bestimmt, weil das Product bestimmt ist.

Wendet man das Princip der Erhaltung der Energie auf den vorliegenden Fall an, so ist ohne Weiteres klar, wie auch bereits S. 205 ausgeführt wurde, dass die Energie des secundären Stromes derjenigen des primären entnommen wird, aber dass bei diesem Umwandlungsprocess Arbeit in Form von Wärme verloren wird, sowohl in der primären, als in der secundären Wickelung, als im Eisenkern, in diesem letzteren durch Inductionsströme und vielleicht auch durch den Wechsel des Magnetismus selbst. Es muss stets die elektrische Energie, welche an den Polen der primären Wickelung herrscht, gleich sein der Summe der elektrischen Energie an den Polen der secundären Wickelung und der in den Wickelungen und dem Eisen entwickelten Wärmemengen. Die Grösse der letzteren lässt sich durch passende Construction auf einen kleinen Betrag herabmindern, so dass der praktische Verlust bei dieser Energieumwandlung nur 5—10% beträgt.

Die Construction dieser Apparate behandeln wir hier nicht näher; der wichtigste Gesichtspunkt bei derselben bezieht sich auf das Verhältniss der Gewichte des Kupfers und des Eisens. Da man die Inductionsströme im Eisen durch Trennung desselben in isolirte Stücke beinahe ganz beseitigen kann, bleibt die Stromwärme im Kupfer der Hauptverlust, und die Construction hat dafür zu sorgen, dass bei gegebener Leistung der letztere ein Minimum wird.

Während man im Anfang der Entwickelung dieser Apparate (Gaulard und Gibbs) die gewöhnliche Form des Inductionsapparats beibehielt, d. h. einen stabförmigen, von Drahtwickelung umgebenen Eisenkern, also ungeschlossene Magnete, gehen die neueren Constructionen, deren Vorbild in dem Ringmagnet von W. Siemens, s. Fig. 176, zu suchen ist, darauf aus, den Kupferdraht als Kern zu wählen und mit möglichst viel Eisen zu umgeben, aber so, dass beim Magnetisiren völlig geschlossene, kurze Magnete entstehen; es entsteht auf diese Weise gar kein freier Magnetismus, sondern nur gebundener, und derselbe wird völlig zur Stromerzeugung verwendet.

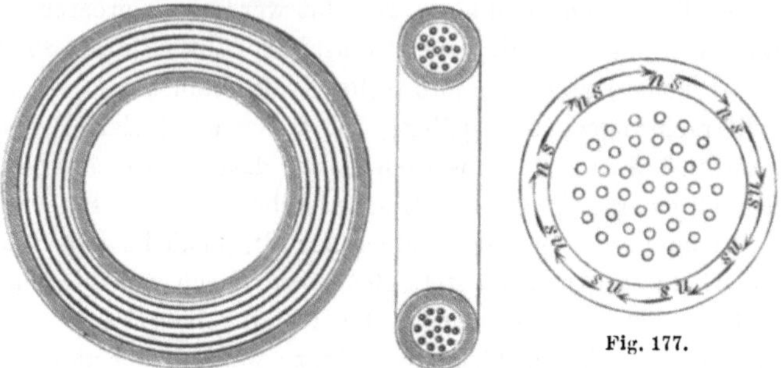

Fig. 176.

Fig. 177.

Bei dem genannten Ringmagnet ist der Hohlraum eines hohlen Eisenrings durch Drahtwindungen ausgefüllt; die Magnetisirung geschieht transversal, d. h. senkrecht zum Draht in der in Fig. 177 angedeuteten Weise; jeder Querschnitt des Eisenrings bildet einen in sich geschlossenen Ringmagnet.

B. Telephon und Mikrophon.

Telephon und Mikrophon sind elektrische Apparate, mittelst deren es gelungen ist, das gesprochene Wort auf bedeutende Entfernungen hin fortzupflanzen und so wiederzugeben, dass es verstanden wird; diese wichtige Erfindung ist ein Hauptmerkmal des Aufschwungs, den die Elektrotechnik in neuerer Zeit genommen hat.

7. Die Apparate von Reiss. Der Gedanke, die menschliche Sprache mittelst Elektricität fortzupflanzen, und, was wichtiger ist, die erste, wenn auch unvollkommene Verwirklichung dieses Gedankens verdankt man Reiss. Seine Apparate sind, wenn auch durch die neueren in der Wirkung weit überholt, als die Grundtypen zu betrachten, aus denen die neueren Apparate sich entwickelt haben; wir wollen daher dieselben zunächst kurz beschreiben.

Das gesprochene Wort besteht im Wesentlichen aus einer Reihe von auf einander folgenden Klängen, jeder Klang setzt sich zusammen aus mehreren zugleich erklingenden Tönen, jeder Ton aber besteht darin, dass der den Ton hervorbringende Körper regelmässige, einfache Schwingungen ausführt; die Aufgabe, das gesprochene Wort elektrisch fortzupflanzen, reducirt sich also auf die Fortpflanzung von Tönen oder mechanischen Schwingungen und die elektrische Fortpflanzung kann nur darin bestehen, dass die mechanischen Schwingungen in elektrische Schwingungen oder Wechselströme verwandelt, durch Drähte an den entfernten Ort fortgeleitet und dort in einem Empfangsapparat wieder in mechanische Schwingungen zurückverwandelt und der Luft und den Organen des empfangenden Ohres mitgetheilt werden.

Die Verwandlung der Luftschwingungen in elektrische führte Reiss dadurch aus, dass er die Luftschwingungen auf eine Membran wirken und durch diese einen elektrischen Contact in hin und hergehende Bewegung setzen liess; mit Hülfe einer Batterie, welche durch jenen Contact abwechselnd an die nach dem Empfangsort führende Leitung angelegt und von derselben abgenommen wurde, entstanden in der Leitung elektrische Schwingungen, d. h. in diesem Fall ein in regelmässiger Wiederkehr geöffneter und geschlossener elektrischer Strom.

Fig. 178.

Die Rückverwandlung dieser elektrischen Schwingungen in mechanische, im Empfangsapparat, bewirkt Reiss durch eine eigenthümliche Vorrichtung, in welcher die kleinen Bewegungen, welche ein Eisenkörper beim Magnetisiren und Entmagnetisiren zeigt, in Verbindung mit einem Resonanzboden benutzt werden, um Töne hervorzubringen.

Den Geber stellt Fig. 178 dar. Der Mund wird an die Oeffnung des schräg stehenden Rohres angelegt, so dass die Membran *b*, welche über einem cylindrischen Hohlraum ausgespannt ist, durch die Sprache in Schwingungen versetzt wird. Auf der Mitte der Membran ist ein Metallstückchen mit Stromzuführung aufgeklebt, auf welchem die Spitze eines ausserdem noch am Rande der Membran aufliegenden, aus zwei zusammenlaufenden Blechstreifen bestehenden Hebelchen *a* lose aufliegt; durch die Schwingungen der Membran wird das Hebelchen in Schwingungen von demselben Tact versetzt; jeder Schwingung entspricht aber ein Schluss und eine Oeffnung des Stromes, also erhält man, wenn man zwischen dem Hebelchen und dem Metallstück der Membram eine Batterie und irgend welche Leitungen einschaltet, in diesem Stromkreis elektrische Schwingungen, d. h. einen regelmässig wechselnden Strom.

Fig. 179 zeigt den Empfänger. Eine stählerne Stricknadel ist, von einer Drahtrolle umgeben, an den Enden auf zwei Holzklötzchen befestigt und diese sitzen auf einem hölzernen Resonanzboden, dessen Wirkung noch durch einen zweiten, kleineren, zurückklappbaren verstärkt werden kann. Die Wirkung dieses Empfängers beruht auf der wenig gekannten und benutzten Erscheinung, dass, wenn ein langer, dünner Eisen- oder Stahlkern magnetisirt und entmagnetisirt wurde, er der Länge nach sich ausdehnt und zusammenzieht, unter dem Einfluss von regelmässigen Wechselströmen in Längsschwingungen geräth; diese Schwingungen theilen sich alsdann durch die Holzklötzchen dem Resonanzboden und von diesem der Luft mit, so dass das empfangende Ohr dieselben als Ton hört.

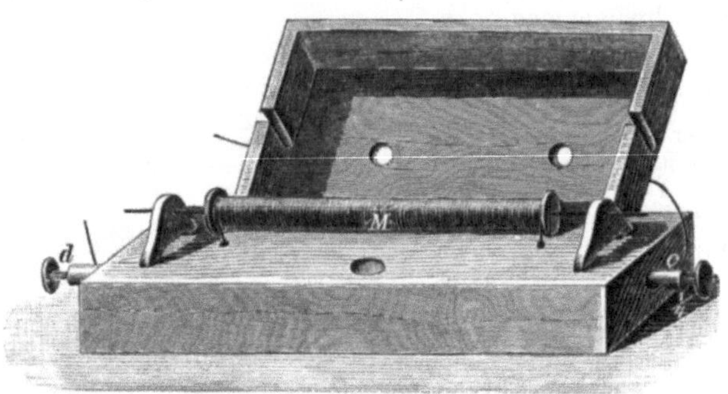

Fig. 179.

Verbindet man Geber und Empfänger durch zwei Leitungen und singt in das Mundstück des Gebers, so hört ein in der Nähe des Empfängers aufgestelltes Ohr den Gesang, zwar schwach und nicht genau in derselben Klangfarbe, aber doch deutlich und mit den wesentlichen Merkmalen erkennbar. Ob es Reiss gelang, auch das gesprochene Wort mit seinem Apparat wiederzugeben, scheint nicht mit Sicherheit festgestellt zu sein; dass sein Bestreben dahin ging, lässt sich nicht bezweifeln; aber, wenn es ihm auch gelang, einzelne Worte verständlich zu machen, so brachte er es jedenfalls nicht dahin, dass zwei Personen sich ohne Mühe und durchaus deutlich unterhalten konnten, während dieses Ziel durch die neueren Apparate mit Leichtigkeit erreicht wird.

Das Wunderbare an dieser Erfindung liegt namentlich in der Kühnheit der Annahme, dass die so ausserordentlich geringfügigen Wirkungen, welche im besten Fall der Apparat zeigen könnte, noch genügen sollten, um die Organe des Ohres zu erregen, und in der consequenten Verfolgung des gesteckten Zieles, dessen Erreichung noch lange nach Reiss kaum ein Elektriker von Fach für möglich gehalten hätte.

Die Principien, nach welchen Reiss seine Apparate construirte, sind im Wesentlichen dieselben, welche in den neueren Apparaten befolgt sind; hiebei ist zu berücksichtigen, dass Reiss als Empfänger auch einen Elektromagnet versuchte, dessen Anker an einer Metallfeder befestigt war und durch die elektrischen Schwingungen ebenfalls in Schwingungen gerathen sollte.

8. Das Telephon von Graham Bell. Im Jahre 1875 erfand Gr. Bell diejenige Form des Telephons, mittelst welcher zum ersten Male die Sprache deutlich wiedergegeben wurde und durch welche das Telephon denjenigen Platz im telegraphischen Verkehr erlangte, den es heutzutage besitzt.

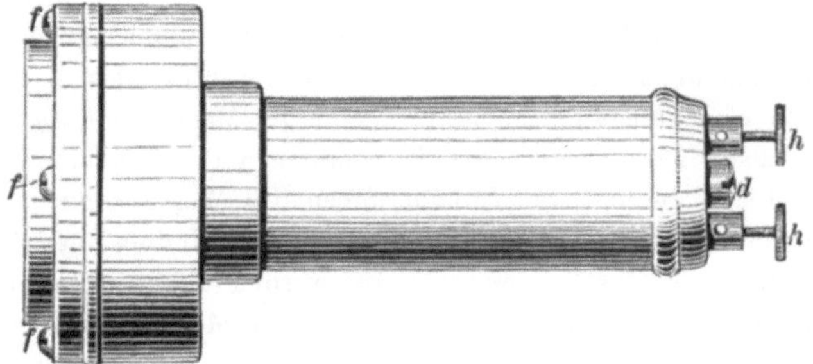

Fig. 180.

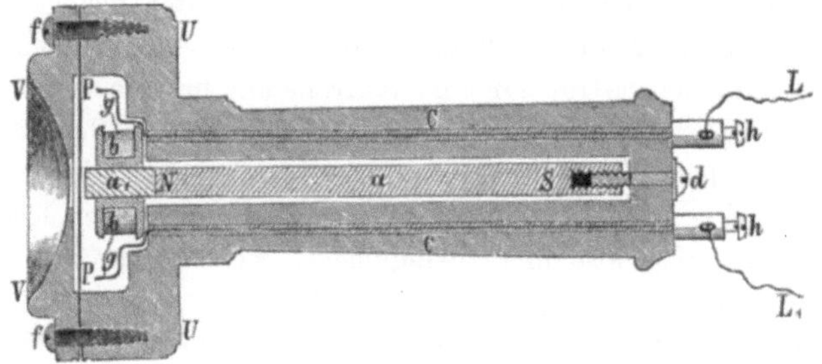

Fig. 181.

Diese Form kann zugleich als Geber und als Empfänger dienen und wird auch überall zu diesen beiden Zwecken verwendet, wo die Entfernung zwischen den beiden Stationen keine bedeutende ist, während für grössere Entfernungen als Geber immer mehr das weiter unten zu besprechende Mikrophon in Aufnahme kommt.

Die Figuren 180 und 181 zeigen die Einrichtung des ursprünglichen Bell'schen Telephons. Der Magnetstab a ist an dem einen Ende mit einem Kopf a_1 aus weichem Eisen versehen, welches von einer Drahtrolle b umgeben ist. Dicht vor dem Ende des Eisenstückes ist die Membran PP aus Eisenblech von ca. 0,4 mm Dicke ausgespannt und zwar in der Weise, dass der ganze Rand derselben eingeklemmt ist; dieselbe ist von Aussen nur durch ein rundes, centrales Loch zugänglich, welches in dem Mundstück *VV* angebracht ist. Das Ganze ist in eine Holzfassung eingeschlossen und mit Klemmen *hh* für die Zuleitungen und mit einer Regulirungsscheibe *d*, durch welche die Entfernung zwischen Magnet und Membran verändert werden kann, versehen.

Wird in das Telephon gesprochen, indem man den Mund in die Nähe des Mundstücks *VV* bringt, so geräth die Membran in Schwingungen; dieselbe spielt jedoch die Rolle eines Ankers, da sie aus Eisen besteht und durch den permanenten Magnet magnetisirt wird (in der Mitte südlich, am Rande nördlich). Durch die Membran wird umgekehrt der Magnetismus des Magnets und des Eisenkopfes a_1 verstärkt, durch das Wegnehmen der Membran würde der Magnetismus geschwächt werden; also müssen auch die Schwingungen der Membran, so klein sie sind, kleine periodische Veränderungen des Magnetismus in a_1 hervorrufen und dadurch in der Rolle *b* schwache Inductionsströme von gleichförmigem Wechsel erzeugen. Es werden also die mechanischen Schwingungen der Sprachwerkzeuge und der Membran in elektrische Wechselströme verwandelt, welche zwischen den Klemmen *hh* in den dieselben verbindenden Leitungen LL_1 kreisen.

Wird auf der empfangenden Station ein zweiter gleicher Apparat zwischen die Leitungen geschaltet, so kreisen die vom gebenden Apparat ausgesendeten Wechselströme in der Drahtrolle und bringen Veränderungen des Magnetismus oder „magnetische Schwingungen“ in dem Eisenkern hervor; durch jede Verstärkung des Magnetismus aber wird die Eisenmembran stärker angezogen, bei jeder Schwächung wieder losgelassen, die Membran geräth also in Schwingungen, welche sich der Luft und dem Ohre mittheilen.

Derselbe Apparat dient also sowohl als Geber, wie als Empfänger, was für die praktische Handhabung wichtig ist; wird jede Station mit zwei Apparaten ausgerüstet und hält jede der beiden sich unterhaltenden Personen das eine Telephon am Munde, das andere am Ohr, so kann die Unterhaltung ohne Verzögerungen ebenso stattfinden, wie wenn die beiden Personen sich unmittelbar mit einander unterhielten.

9. Das Mikrophon. Der Reiss'sche Geber wurde nach dem Erscheinen des Bell'schen Telephons zum zweiten Male erfunden und wesentlich verbessert durch Hughes und Edison; das aus diesen Arbeiten hervorgegangene Instrument erhielt den Namen: Mikrophon.

Die Unterschiede der neueren Apparate vor dem Reiss'schen bestehen einerseits in der Anwendung von Kohle statt der Metalle an der Contactstelle, andererseits in der Verwerthung der Erkenntniss, dass der Widerstand der Contactstelle variabel ist und dass zu erfolgreicher

Nachahmung der Sprache diese Variationen des Widerstands benutzt werden müssen, nicht eigentliche Stromöffnungen.

Fig. 182 stellt die Anordnung der Contacte dar, wie sie in den Mikrophonen von Ader und Anderen verwendet wird. Acht längliche Kohlenstücke mit zapfenförmigen Enden liegen einerseits in den Höhlungen eines Mittelstückes aus Kohle und andererseits in denjenigen zweier Endstücke aus Kohle auf; der Strom geht von einem Endstück durch 4 Kohlen zum Mittelstück und von da durch andere 4 Kohlen zum anderen Endstück. Die Kohlen sind also sowohl parallel, als hintereinander geschaltet; das Erstere geschieht, damit nie der Strom vollständig geöffnet werden kann, das Letztere, um den Widerstand des Contactsystems zu erhöhen.

Das Contactsystem ist unmittelbar unter einem Resonanzboden angebracht, der eine geneigte Fläche bildet, ähnlich einem Schreibpult, und gegen welchen aus einiger Entfernung gesprochen wird. Spricht man zu nahe oder zu stark, so entstehen wirkliche Stromöffnungen, die sich als kratzende oder polternde Geräusche bemerklich machen und sehr störend wirken. Die Hauptkunst bei der Construction des Mikrophons besteht darin, die Oeffnungsgeräusche zu vermeiden und doch grosse Empfindlichkeit zu erreichen.

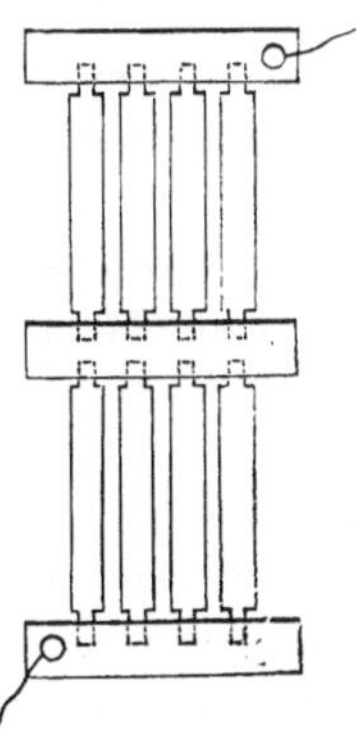

Fig. 182.

Als Batterie verwendet man wenige Elemente von geringem Widerstand; der durch die Contacte variirte Strom wird aber nicht direct in die Linie, sondern in die primäre Spirale eines kleinen Inductionsapparates geschickt, während erst die in der secundären Spirale erzeugten Inductionsströme in die Linie gelangen. Die Variation des Contactwiderstandes lässt sich nämlich nicht wohl höher als einige S. E. treiben; würde man aus Contact, Batterie, Linie und Empfänger einen einzigen Stromkreis bilden, so müsste man der Linie einen sehr geringen Widerstand geben, damit der Contactwiderstand den wichtigsten Widerstand im Kreise bilde und die Variation des Stroms möglichst stark werde. Durch die Einschaltung des Inductionsapparates wird die secundäre Spirale gleichsam zur Batterie und man kann also den Widerstand der Linie hoch wählen.

Das Mikrophon ist auch vielfach als Empfänger versucht worden; wenn die Contacte nämlich vom Strom durchflossen werden, übt der Strom eine die Kohlen auseinander treibende Kraft aus, die Kohlen werden im Tacte des Tones erschüttert und daher auch der Resonanzboden und das empfangende Ohr. Diese Wirkung ist vorhanden, indess so schwach, dass sich vermittelst derselben nicht genügende Empfindlichkeit erreichen lässt.

Verbindet man ein gutes Mikrophon mit einem empfindlichen Telephon, so ist noch gute Verständigung möglich, wenn der sprechende Mund auch mehrere Schritte vom Mikrophon und das empfangende Ohr 10—30 cm vom Telephon entfernt ist; auch lassen sich Geräusche, die man sonst kaum vernimmt, wie das Summen oder Kriechen gewisser Insekten, dadurch bemerklich machen.

10. Die Veränderung der Schwingungen. Es gibt mehrere Ursachen, welche aus physikalischen Gründen die Art der Schwingungen, welche in das telephonische System (Geber, Leitung, Empfänger) gelangen, verändern müssen, so dass, streng genommen, nie dieselbe Art von Klang, welche die Sprachwerkzeuge des Gebenden von sich gegeben haben, in das Ohr des Empfangenden gelangt. Wir wollen diese Ursachen etwas näher betrachten.

Schon die Membran des Gebers, bestehe er aus Telephon oder Mikrophon, verändert die dieselbe erregenden Luftschwingungen, weil sie gewisse elastische Eigenschaften besitzt.

Jede Membran besitzt eine Anzahl Eigentöne, d. h. Schwingungsformen, welche ihren elastischen Eigenschaften besonders zusagen und in welchen sie selbst schwingt, wenn sie frei schwingen kann. Wird dieselbe z. B. auf irgend eine Weise durch Anstreichen mittelst eines Violinbogens in freie Schwingungen versetzt, so gibt sie eine Reihe ganz bestimmter Töne von sich, deren Natur mit den elastischen Eigenschaften der Membran und der Art ihrer Einklemmung in Beziehung steht.

Sind die Schwingungen der Membran „gezwungene", d. h. erfolgt die Erregung in einem bestimmten Tact, welcher durch das Mitschwingen der Membran nicht geändert wird, so folgt zwar die Membran dieser Erregung und gibt denselben Ton wieder, in welchem der Erreger schwingt, aber in verschiedener Stärke, je nachdem dieser Ton in einfacher Beziehung zu einem der Eigentöne der Membran steht oder nicht. Ist der Erregerton gleich einem der Eigentöne der Membran oder steht er wenigstens in einfachem harmonischen Verhältniss zu demselben, so erklingt die Membran stark, bei allen anderen Tönen dagegen schwach.

Hieraus geht hervor, dass, wenn das Gewirre von Tönen, welches unsere Sprache enthält, auf die Membran wirkt, dieselbe jene Töne zwar sämmtlich in gewissem Grade wiedergibt, einzelne derselben jedoch bedeutend stärker, als die anderen; es muss also das Tonbild durch die elastischen Eigenschaften der Membran eine gewisse Aenderung erfahren.

Diese Einwirkung der Elasticität der Membran ist um so stärker, je mehr Dicke und Elasticität die Membran besitzt; weiche und schwach gespannte Membranen, z. B. diejenigen aus Gummi, Haut oder Blase, folgen, nach allgemeiner Annahme, den Schwingungen eines Erregers besser als harte und stark gespannte. Allein praktische Versuche haben ergeben, dass die Eisenmembran eines Telephons oder der Resonanzboden eines Mikrophons eine gewisse Dicke besitzen muss; die Neigung zu Eigentönen muss also in diesen Membranen entschieden ausgebildet sein.

Eine zweite Art der Veränderung, welche die Membran an den erregenden Schwingungen vornimmt, besteht in dem Nachschwingen.

Klopft man auf die Membran, indem man zugleich ihre Bewegungen mittelst der später zu beschreibenden tanzenden Flamme und einem rotirenden Spiegel betrachtet, so sieht man, dass die Membran, nachdem der Stoss aufgehört hat, noch eine Zeit lang in Bewegung bleibt und Schwingungen ausführt, die allmählig schwächer werden und verschwinden — wie dies ja bei jedem pendelartig sich bewegenden Körper der Fall sein muss.

Nun gibt es eine Reihe Konsonanten, welche sich gar nicht dauernd aussprechen lassen, z. B. d, t, b, p, k u. s. w.; dieselben bestehen nicht aus Tönen, die eine Reihe von Schwingungen enthalten, sondern nur einzelne Schwingungen oder Stösse. Solche Konsonanten müssen an der Membran Nachschwingungen hinterlassen, welche die von den nachfolgenden Lauten erzeugten Schwingungen modificiren.

Solche Nachschwingungen müssen aber nicht nur bei jenen Konsonanten eintreten, sondern bei jeder Lautveränderung: wenn ein Laut ausgesprochen wird, braucht die Membran einige Zeit, um die betr. Schwingungsform genau anzunehmen, und wenn ein zweiter Laut dem ersten nachfolgt, so entstehen in der Membran Nachschwingungen des ersten und es vergeht eine kleine Zeit, bis die Membran den zweiten Laut rein wiedergibt.

Hieraus erklärt sich ferner, dass der Gesang von den Telephonen besser wiedergegeben wird, als die Sprache, weil bei dem ersteren die Töne im Allgemeinen einander viel langsamer folgen, als bei der letzteren.

Eine dritte Ursache der Veränderung, welche das Telephonsystem mit den übermittelten Lauten vornimmt, liegt in der Natur der elektrischen Induction.

Wie wir gesehen haben, werden, wenn das Telephon als Geber benutzt wird, die mechanischen Schwingungen zunächst in magnetische verwandelt und diese erzeugen in den Rollen Inductionsströme; bei dieser Verwandlung nun wird das Verhältniss der einzelnen Theiltöne eines Klanges verändert.

Gesetzt, es seien 2 Töne von gleicher Stärke in dem Klange enthalten, von denen der eine die Octave des anderen ist, dessen Schwingungen also doppelt so rasch verlaufen als diejenigen des tieferen Tones. Dann folgt aus der Theorie der Inductionsströme, dass die von dem höheren Tone inducirten Ströme doppelt so stark sind, als die von dem tieferen Ton inducirten; das Verhältniss der Intensitäten der Theiltöne wird also durch die elektrische Induction geändert und die Klangfarbe der aus einem aus zwei Telephonen bestehenden Systeme austretenden Klänge kann nicht dieselbe sein wie diejenige der in das System eintretenden Klänge.

Beim Mikrophon trifft dieselbe Bemerkung zu, weil stets ein Inductionsapparat eingeschaltet ist; es tritt jedoch noch eine andere Ungenauigkeit hinzu, nämlich die Art, wie sich der Widerstand des Contaktes während der Schwingung der Membran ändert. Es ist hierüber nichts Genaueres bekannt; indessen ist nicht anzunehmen, dass diese Veränderung gerade so erfolgt, dass die elektrischen Schwingungen in der Leitung und schliesslich die von dem Empfänger ausgegebenen Klänge den in den Geber eingegebenen genau ähnlich sind.

11. Die Wiedergabe der Sprache. Die im vorigen Abschnitt aufgeführten Nebenumstände sind zwar geeignet, Zweifel an der richtigen Wiedergabe der Sprache durch Telephon und Mikrophon zu erwecken, lassen jedoch keinen sicheren Schluss über den Grad der Ungenauigkeit zu, weil die bez. experimentellen Daten noch zu wenig bekannt sind. Die Genauigkeit der Wiedergabe der Sprache lässt sich daher nur durch Versuche ermitteln.

Solche Versuche, mit einem ausgezeichneten System von Mikrophon und Telephon angestellt, haben nun ergeben, dass die Wiedergabe sämmtlicher Vokale und Diphthongen stets eine durchaus sichere und unzweifelhafte ist, dass dagegen die Wiedergabe der Konsonanten Vieles zu wünschen übrig lässt.

Ist die Linie zwischen Mikrophon und Telephon nur ganz kurz, so erweisen sich von den Konsonanten: f, c, l, b als gut, h und s als schlecht verständlich; verwechselt werden namentlich t mit k und p, s mit w.

Schaltet man eine künstliche Linie ein, welche die Eigenschaften der 1886 gezogenen Doppellinie Paris-Brüssel (Entfernung: etwa 320 Kilom.) besitzt und welche in Wirklichkeit gute Resultate gibt, so werden die Vokale und Diphthonge immer noch gut verstanden, von den Konsonanten jedoch nur b, d, f, r, l gut, n, p, w mittelmässig, s, sch, ch, h schlecht; verwechselt werden namentlich m mit n, sch mit c und h, s mit w, f mit c.

Auffallend ist namentlich die mangelhafte Wiedergabe der Zisch- und Kehllaute.

Diese Ungenauigkeiten in der Wiedergabe der Sprache durch Telephon und Mikrophon zeigen, wie sehr wir beim telephonischen Verkehr darauf angewiesen und gewohnt sind, dasjenige, was wir nicht verstehen, zu errathen; denn es ist andererseits Thatsache, dass bei guten telephonischen Systemen, kurzen Leitungen und guter Aussprache ein wirkliches Missverständniss kaum vorkommt; dieselben stellen sich erst ein, wenn die eben genannten Bedingungen nicht genügend erfüllt sind.

Indessen stehen diese Ungenauigkeiten im Wesentlichen auf der Stufe derjenigen, die beim directen Sprechen und Hören vorhanden sind und von uns unbewusst durch Errathen überwunden werden. Nur wenige Menschen sprechen wirklich deutlich, und zum Verständniss genügt uns bei jedem Wort die gute Wiedergabe der charakteristischen Laute; wir sind dieses unbewussten Ergänzens des Fehlenden, nicht

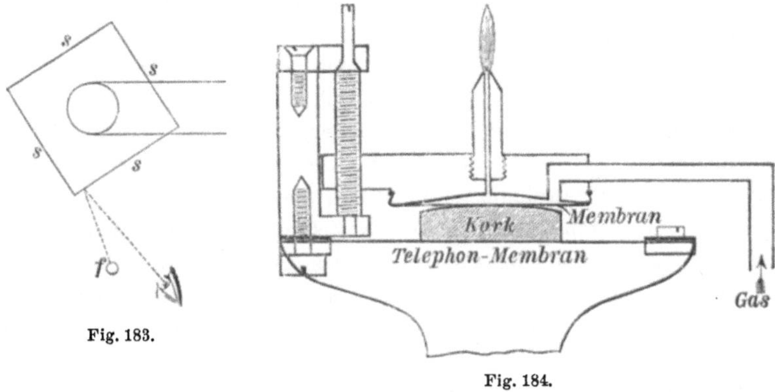

Fig. 183.

Fig. 184.

direkt Verstandenen, so gewohnt und besitzen eine solche Uebung in dieser unwillkürlichen Textverbesserung, dass wir die Ungenauigkeiten im gewöhnlichen telephonischen Verkehr ebenfalls ohne Mühe überwinden.

12. Das Telephon mit tanzender Flamme. Die Bewegungen der Telephonmembran sind ungemein klein, so dass die gewöhnlichen Mittel, durch welche man Schwingungen einer Membran sichtbar macht, versagen; bei kräftigem Singen bewegt sich die Mitte der Membran nur um einige Hundertstel Millimeter.

Um die Schwingungen gewöhnlicher Membranen sichtbar zu machen, bedient man sich u. A., nach König, der sog. tanzenden Flammen; man bildet zu diesem Zweck über der Membran einen Hohlraum, der durch die Membran abgeschlossen und von Leuchtgas durchströmt wird, das man beim Austritt aus dem Hohlraum entzündet. Durch die Schwingungen der Membran entstehen Verdünnungen und Verdichtungen des Gases, welche sich in Bewegungen der Flamme äussern; betrachtet man die Flamme *f* in einem rotirenden Spiegel *s* s. Fig. 183, so sieht man eine Reihe regelmässiger, grosser Flammenzacken von den verschiedensten Formen.

Um dieses experimentelle Mittel auf das Telephon anzuwenden, setzt man, s. Fig. 184, ein Stück Kork auf die Telephonmembran und lässt dasselbe auf eine Membran wirken, welche einen sehr engen, hohl ausgeschliffenen Hohlraum abschliesst; zündet man das durch den Hohlraum strömende Gas an und betrachtet das Flammenbild im rotirenden Spiegel, so sieht man ebenfalls zackige Flammenbilder, wenn in das Telephon gesprochen wird.

Dieser Apparat macht es möglich, die Bewegungen der Telephonmembran direct sichtbar zu machen und zu untersuchen. Taf. I zeigt die Resultate solcher Versuche, angestellt mit einer Baritonmännerstimme auf Töne verschiedener Höhe; *T* bezeichnet das Flammenbild der Telephonmembran, *M* dasjenige einer gleichzeitig von der Stimme erregten Membran aus dünnem Gummi.

Aus diesen Versuchen ergeben sich als Eigenthümlichkeiten der Telephonmembran: 1. dass von den Vocalen i bedeutend schlechter, als die anderen, a und o am besten wiedergegeben werden; 2. dass die Schwingungen der Telephonmembran zwar stets ähnlich derjenigen der Stimme oder der gewöhnlichen Membran, aber immer etwas complicirter ausfallen. Hierdurch werden die oben angestellten Betrachtungen über die Veränderung der Schwingungen durch das Telephonsystem bestätigt.

Spricht man Konsonanten in das Telephon ohne darauf folgenden Vocal oder mit einem stummen e, so erhält man sehr geringe Flammenzacken, bei reinen Konsonanten beinahe nichts. Auch hierdurch werden die oben besprochenen Sprechversuche mit Konsonanten bestätigt.

C. Wechselstrommaschinen.

13. Uebersicht. Wechselstrommaschinen nennt man Maschinen, bei welchen mechanische Arbeit in elektrische Ströme von wechselnder Richtung verwandelt wird. Diese Maschinen bezeichnen zugleich die erste Stufe in der Entwicklung der elektrischen Maschinen im Allgemeinen; denn es ist in der Natur der Sache begründet, dass man in den meisten Fällen der Erzeugung elektrischer Ströme aus mechanischer Arbeit ohne besondere Vorkehrungen nicht gleichgerichteten Strom, sondern Wechselströme erhält.

Das Urbild der meisten Wechselstrommaschinen besteht in der Combination eines permanenten Magnets und eines Elektromagnets, d. h. eines mit Draht bewickelten Eisenkerns; auf irgend eine Weise werden Elektromagnet und Magnet einander genähert oder von einander entfernt und dadurch entstehen Inductionsströme in der Wickelung des Elektromagnets.

Die Ursachen, welche die Entstehung von Strömen bewirken, liegen theils in dem Eisenkern, theils in den Magneten. Wenn kein Eisenkern vorhanden wäre, so würden auch durch die Bewegung der Rolle oder des Magnets Ströme inducirt; wäre kein Magnet vorhanden und könnte man ohne denselben den Magnetismus des Eisenkerns verändern, so würden ebenfalls Ströme in den Drahtrollen erzeugt.

Diese beiden Ursachen wirken nicht immer in demselben Sinn und es ist oft umständlich, dieselben einzeln zu verfolgen und die Gesammtwirkung aus den beiden Einzelwirkungen zusammenzusetzen. Glücklicherweise ist dies auch nicht nöthig, solange nur das Wesentliche des Vorgangs betrachtet werden soll, denn die eine Ursache ist stets weitaus überwiegend.

Die Wirkung der Eisenkerne ist nämlich gewöhnlich viel stärker als diejenige der Magnete, obgleich der Magnetismus der Eisenkerne geringer ist, als derjenige der Magnete, weil der erstere ja vermittelst Induction durch den letzteren entsteht. Die Lage der Eisenkerne in Beziehung zu den Drahtrollen ist jedoch stets für die Stromerzeugung eine viel günstigere als diejenige der Magnete; desshalb genügt es, die Wirkung der Elektromagnete allein ins Auge zu fassen, um die Vorgänge in der Maschine zu übersehen; allerdings setzen wir hierbei voraus, dass die Eisenkerne verhältnissmässig stark gewählt sind.

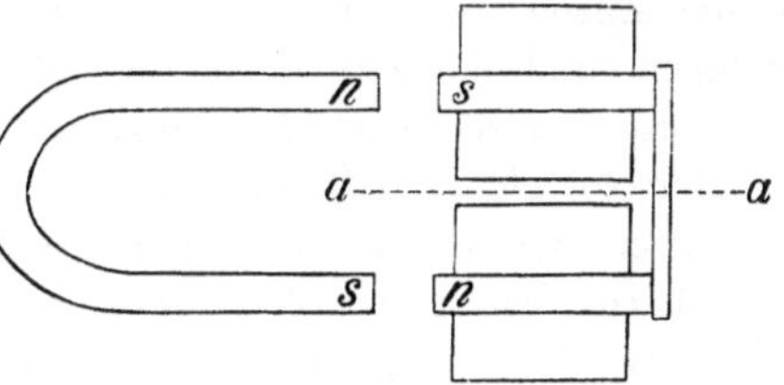

Fig. 185.

14. Magnet und Elektromagnet. Betrachten wir zunächst den Fall, in welchem ein hufeisenförmiger Elektromagnet einem feststehenden Magnet genähert und von demselben entfernt wird, s. Fig. 185. Man übersieht sofort, dass die günstigste Lage des Elektromagnets diejenige ist, in welchem die Eisenkerne in der Verlängerung der beiden Schenkel des Hufeisenmagnets liegen, — weil alsdann der im Eisen inducirte Magnetismus am grössten ist. Ausserdem ist ohne Weiteres klar, dass bei der Annäherung Strom der einen Richtung, bei der Entfernung Strom der anderen Richtung in der Drahtrolle entsteht, wenn deren Stromkreis geschlossen wird; bringt man also die Annäherung und Entfernung auf irgend welche Art in regelmässiger Weise hervor und verbindet die Enden der Wickelung des Elektromagnets mit den Enden einer äusseren, feststehenden Leitung, so entstehen in diesem Stromkreis regelmässige Wechselströme.

In Bezug auf die mechanische Arbeit verhalten sich der Eisenkern und die Wickelung des Elektromagnets verschieden.

Bei der Annäherung wird der Eisenkern vom Magnet angezogen, es kostet also keine mechanische Arbeit, um den Eisenkern zu nähern; sondern die Arbeit wird durch den Magnetismus geleistet. Dagegen kostet die Entfernung mechanische Arbeit, und zwar ist die mechanische Arbeit der Entfernung gleich der magnetischen Arbeit der Annäherung.

Bei der Wickelung kann nur mechanische Arbeit in Frage kommen zwischen der Wickelung und dem permanenten Magnet; zwischen Wickelung und Eisenkern kann von keiner mechanischen Arbeit die Rede sein, da ihre relative Lage nicht geändert wird. Wenn der in Wickelung auftretende Strom bloss von dem Magneten inducirt würde, so würde aus dem Lenz'schen Gesetze folgen, dass sowohl die Annäherung, als die Entfernung Arbeit kostet, weil die Ströme stets in der Richtung inducirt werden, dass sie die Bewegung hindern. Nun erhellt aber aus den Inductionsgesetzen, dass der Strom, welcher durch das Entstehen des Magnetismus des Eisenkerns in der Wickelung inducirt wird, dieselbe Richtung hat, wie der durch die Annäherung an den Magnet inducirte, und dass ebenso der durch das Verschwinden des Magnetismus des Eisenkerns entstehende Strom gleiche Richtung hat, wie der durch die Entfernung von dem Magneten inducirte; nur sind die der Annäherung und der Entfernung entsprechenden Ströme viel geringer als die dem Entstehen und Verschwinden des Magnetismus entsprechenden. Es kostet also um so mehr mechanische Arbeit, um die Wickelung dem Magneten sowohl zu nähern, als von demselben zu entfernen.

Fassen wir die Arbeitsvorgänge zusammen, so sehen wir, dass die Hinundherbewegung der Wickelung mechanische Arbeit erfordert, diejenige des Elektromagneten aber nur bei der Entfernung.

Die Form der Stromcurve ergibt sich im Wesentlichen leicht, wenn man die oben mitgetheilte Bemerkung benutzt, dass die Veränderungen des Magnetismus des Eisenkerns das wesentlich Bestimmende

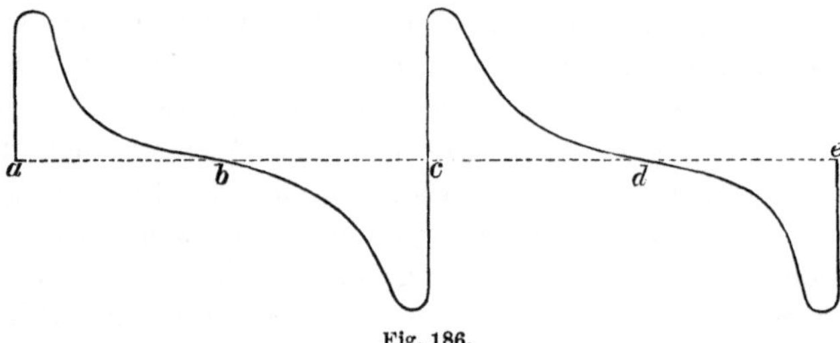

Fig. 186.

sind. Da nun jene Veränderungen in der Nähe des Magnets am stärksten sind und mit der Entfernung vom Magnet rasch abnehmen, so muss, wenn die mechanische Bewegung gleichförmig geschieht, die Stromcurve ungefähr die vorstehende Gestalt annehmen:

Additional material from *Handbuch der Elektricität und des Magnetismus*
ISBN 978-3-642-50378-8 (978-3-642-50378-8_OSFO1),
is available at http://extras.springer.com

Hierbei entsprechen die Perioden *bc, de,* der Annäherung, die Perioden *ab, cd,* der Entfernung.

Man kann nun noch die Stromcurve verändern, wenn man der hinundhergehenden Bewegung eine Drehung des Elektromagnets zufügt; diese Drehung erfolgt nach der Entfernung und zwar so, dass derjenige Eisenkern, der früher dem Nordpol des Magnets gegenüberlag, jetzt dem Südpol gegenübersteht, und umgekehrt der andere Eisenkern. Während der Drehung wird alsdann nur sehr wenig Strom inducirt, da der Magnetismus des Eisenkerns nur gering ist. Die Folge ist aber, dass der nach der Drehung durch Annäherung erfolgende Stromstoss die gleiche Richtung hat wie bei der Entfernung vor der Drehung; denn, wenn in dem einen Eisenkern bei der Entfernung z. B. nördlicher Magnetismus verschwand, so entsteht nun bei der Annäherung südlicher Magnetismus, während ohne Drehung nördlicher Magnetismus entstand; das Verschwinden eines Magnetismus erzeugt aber Strom in derselben Richtung wie das Entstehen des anderen. Die Stromcurve nimmt also, bei gleichförmiger Bewegung, die folgende Form an:

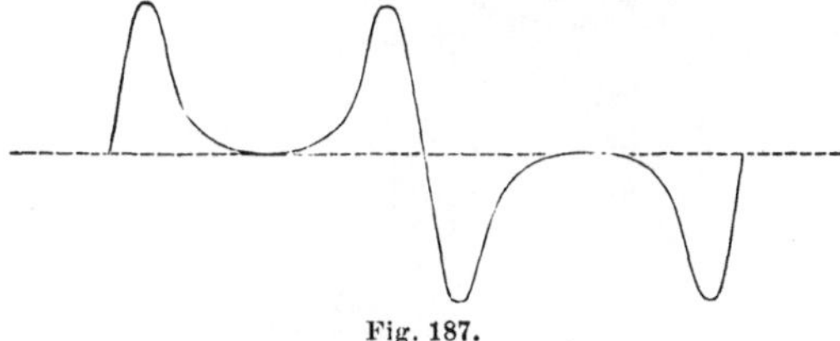

Fig. 187.

Die soeben betrachtete Form der Bewegung, bestehend aus Entfernung, Drehung und Annäherung, würde bereits umständlich erscheinen, wenn dieselbe für eine continuirlich arbeitende Maschine zu Grunde gelegt würde. Dagegen bietet sich zu diesem Zwecke ein Fall dar, der aus mechanischen Gründen den beiden bisher betrachteten vorzuziehen wäre, nämlich derjenige der reinen Drehung des Elektromagnets um eine den Eisenkernen parallele, durch die Mitte gehende Axe *aa* s. Fig. 185.

Bei dieser Drehung bewegen sich die Pole des Elektromagnets in einer Ebene; es findet Annäherung und Entfernung der Pole statt nur in anderer Weise, und ausserdem eine Vertauschung der Lagen der beiden Eisenkerne; abgesehen von der Art der Annäherung und Entfernung hat dieser Fall also dieselben Eigenschaften, wie der zweite oben betrachtete, und die Stromcurve muss also auch im Wesentlichen die in Fig. 187 angedeutete Gestalt besitzen.

15. Minenzünder von Bréguet. Bei diesem Apparat, s. Fig. 188, wird statt des Elektromagnets ein Anker bloss genähert und entfernt.

NOOS ist der permanente Magnet, auf dessen Pole die Rollen *EE* gesteckt sind. Der Anker *A*, eine Eisenplatte, ist an einem kupfernen Hebel *M* befestigt, welcher sich in *a* um eine horizontale Axe drehen lässt. Schlägt man also auf den Knopf *B*, so erhält man einen Inductionsstrom in den Windungen *EE*, wenn dieselben geschlossen sind.

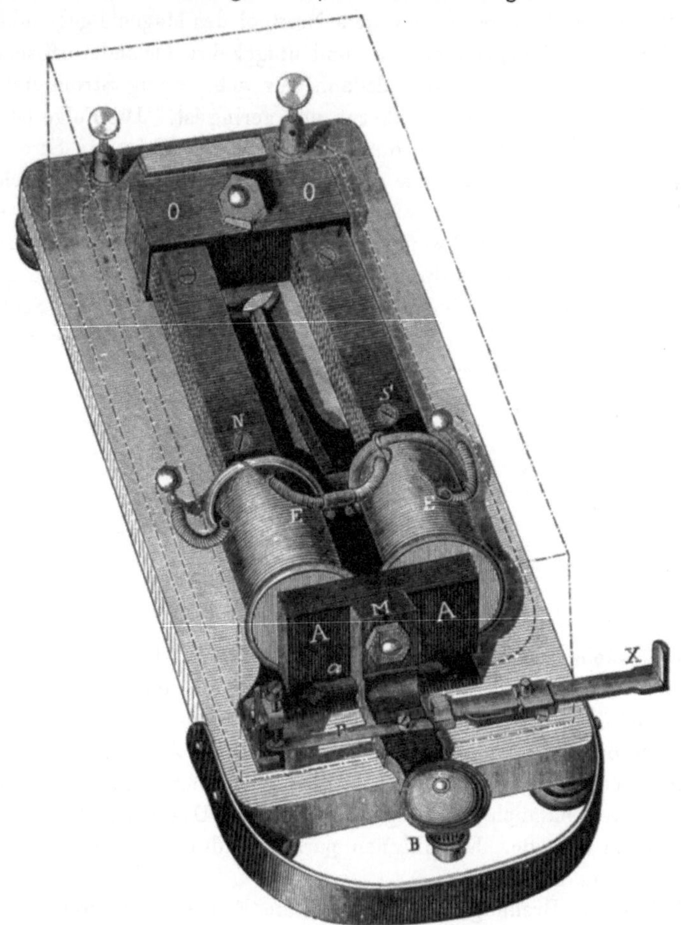

Fig. 188.

Nun ist es ein Satz der Erfahrung, dass man eine grössere Spannung des Inductionsstromes erhält, wenn man im Anfang der Entwickelung des Stromes die Rollen kurz schliesst und erst nach einer gewissen Zeit den äusseren Schliessungskreis, in welchem sich die Leitungen und die Zündpatronen befinden, einschaltet. Zu diesem Zweck ist an dem Hebel *B* eine Contactfeder *R* angebracht, welche auf die Schraube v drückt; dieser Contact, welcher den kurzen Schluss der Rollen bewirkt, bleibt eine Weile geschlossen, während der Hebel sich bereits bewegt, und öffnet sich erst in dem letzten Theil der Bewegung.

Der Apparat würde im Wesentlichen gleich wirken, wenn die Wickelung nicht auf dem festen Magnet, sondern auf dem Anker angebracht wäre; aus diesem Grunde reihen wir denselben auch unter die Apparate mit beweglichem Elektromagnet ein.

Derselbe ist namentlich dazu bestimmt, um einzelne Patronen zu entzünden, zum Abfeuern von Geschützen.

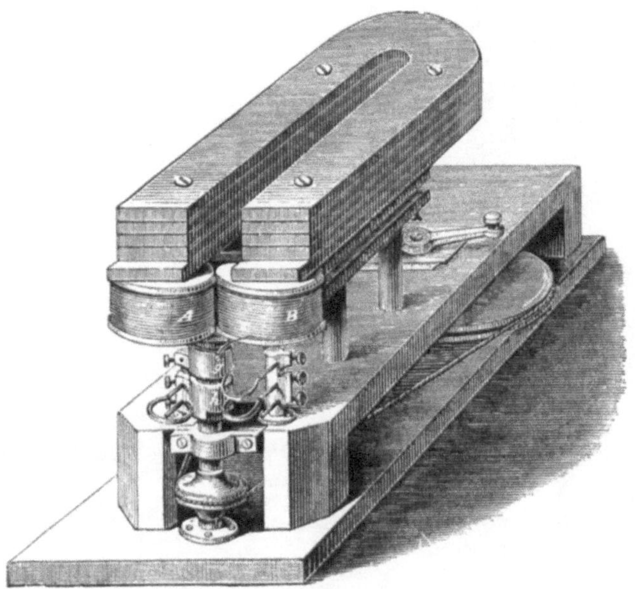

Fig. 189.

16. Aeltere Wechselstrommaschinen. Die erste magnetelektrische Maschine wurde von dem Franzosen Pixii construirt. Dieselbe bestand im Wesentlichen aus einem feststehenden, hufeisenförmigen Elektromagnet; vor demselben war ein hufeisenförmiger, permanenter Stahlmagnet drehbar aufgestellt und zwar so, dass seine Pole dicht an denjenigen des Elektromagnets vorbeistreichen konnten. (Unter Elektromagnet verstehen wir hier, wie sonst, eine oder zwei Rollen mit Eisenkernen.) Bereits bei dieser Maschine war ein Commutator angebracht, welcher die im Elektromagnet entstehenden Wechselströme in Ströme gleicher Richtung verwandelte. Die Dimensionen dieser Maschine, welche für Ampère gebaut war, waren colossal im Verhältniss zu denjenigen der jetzigen Maschinen.

Die Maschine von Pixii wurde verbessert durch Saxton, Clarke, von Ettingshausen, Stöhrer, Page, Wheatstone und führten schliesslich zu der Maschine der Compagnie „l'Alliance" in Paris, welche als die vollkommenste dieser Art zu betrachten ist.

Bei allen diesen Maschinen ist der Elektromagnet drehbar gemacht, nicht, wie bei Pixii, der permanente Magnet. Dies kommt daher, dass man bald nach Pixii es als vortheilhaft erkannte, die Dimensionen des

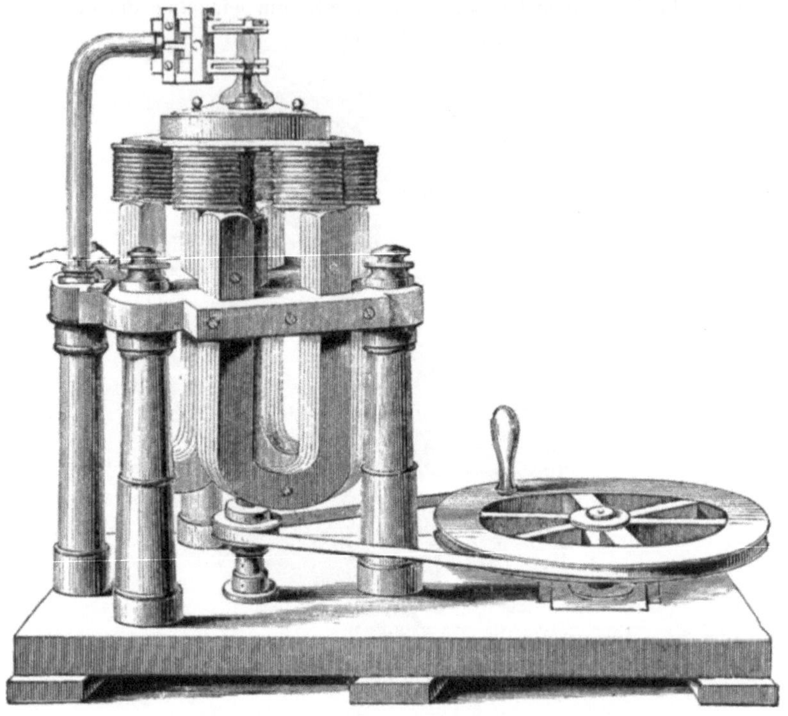

Fig. 190.

Elektromagnets klein zu wählen, dem permanenten Magnet dagegen möglichst viel Masse zu geben; als drehbarer Körper wird natürlich der weniger massive von beiden gewählt.

Fig. 189 stellt die Maschine von Ettingshausen dar. Vor den Polen eines massiven, hufeisenförmigen, magnetischen Magazins ist ein Elektromagnet mit kurzen Rollen, AB, drehbar; der Elektromagnet ist möglichst nahe an den permanenten Magnet herangeschoben. Die Axe, an welcher der Elektromagnet sitzt, trägt zugleich den Commutator gh, dessen Einrichtung wir nicht näher beschreiben wollen; die Axe wird vermittelst Kurbel, Drehscheibe und Schnurlauf in Drehung versetzt.

Fig. 190 zeigt eine von Stöhrer gebaute Maschine; dieselbe besitzt 3 hufeisenförmige permanente Magnete und, dem entsprechend, 6 Elektromagnete, welche in gleichen Abständen auf der Peripherie einer drehbaren Scheibe angebracht sind.

Kräftige Ströme, wie sie namentlich für das elektrische Licht erforderlich sind, liefert die Maschine der Compagnie l' Alliance in

Fig. 191.

Paris, s. Fig. 191. Bei dieser Maschine sind die Magnete, 24 an der Zahl, kreisförmig angeordnet, indem je drei hinter einander stehen; diejenigen Pole, welche einander unmittelbar benachbart sind, sowohl in der Richtung der Kreisperipherie, als in der Richtung der Axe der Maschine, haben stets entgegengesetzten Magnetismus. Innerhalb des mit Magneten besteckten Kranzes bewegt sich ein Cylinder, an dessen Mantel die Elektromagnete angebracht sind, und zwar so, dass in der axialen Lage je ein Elektromagnet zwischen zwei in der Richtung der Maschinenaxe hinter einander stehende Magnetpole zu liegen kommt;

die Art der Bewegung ist also eine ähnliche, wie in der Ettingshausenschen Maschine. Die Anzahl der Elektromagnete ist 32; dieselben sind natürlich so geschaltet, dass die durch die Bewegung aus einer axialen in eine äquatoriale Lage erzeugten Ströme sich addiren. Die Enden des auf den Rollen enthaltenen Drahtes sind an zwei Federn geführt, welche auf zwei gegen einander isolirten Metallhülsen schleifen, und zwar jede Feder stets auf derselben Hülse; die Maschine liefert daher nur Wechselströme.

Diese Maschine wurde früher zur continuirlichen Erzeugung von elektrischem Licht auf Leuchtthürmen verwendet.

17. Doppel-T-Maschine von Siemens. Eine in der Form von den bisher beschriebenen Maschinen abweichende Maschine ist diejenige von Werner Siemens, der sog. Cylinderinductor oder die Doppel-T-Maschine.

Auch in dieser Maschine wird ein Elektromagnet vor Magneten gedreht; aber die Construction, namentlich des Eletromagnetes oder des bewickelten Ankers, ist eine vortheilhaftere, als bei den früheren Maschinen.

Während in den letzteren die Eisenkerne lang und dünn sind, ist hier der Anker kurz und dick gewählt, derselbe besteht nämlich im Wesentlichen aus einem Eisenstab, auf dessen Mantelfläche die Magnetpole wirken, während bei den früheren Maschinen die Magnete über den Endflächen des Eisenkerns standen. Der Anker wird also bei den letzteren der Länge nach, bei der Doppel-T-Maschine in transversalem Sinne magnetisirt.

Aus dieser Anordnung ergeben sich mehrere Vortheile.

Zunächst ist es auf diese Weise möglich, einen einzigen bewickelten Anker bei beliebig vielen Magneten zu verwenden, während bei den früheren Maschinen je zwei Magnete einen Anker erforderten, also die Anzahl der Anker mit derjenigen der Magnete im Verhältniss stand. Bei der Doppel-T-Maschine lassen sich beliebig viele Magnete, mit gleichen Polen, aufeinander legen und zu einer Säule vereinigen, ein einziger, in diese Säule gesteckter Anker, von der Länge der Höhe der Säule, nimmt die Wirkung sämmtlicher Magnete auf.

Sodann sind die magnetischen Verhältnisse günstiger für die Stromerzeugung, als in den anderen Maschinen. Die magnetische Bindung zwischen Magneten und Anker ist vollkommener, der Anker besitzt mehr Magnetismus und gibt desshalb mehr Strom; und endlich, was nicht zu unterschätzen ist, kann der Magnetismus hier rascher und kräftiger wechseln.

Wenn ein Eisenstab unter dem Einfluss rasch folgender, alternirender Magnetisirungen steht, so gibt es eine Grenze der Geschwindigkeit, bei welcher das Eisen dem Wechsel der Magnetisirung nicht mehr folgen kann. Die Stärke des Magnetismus im Eisen nimmt mit wachsender Geschwindigkeit des Wechsels rasch ab und wird schliesslich unmerklich klein. Diese Trägheit in Bezug auf Annahme von Magnetismus zeigt sich um so mehr, je länger der Stab ist; bei den magnetelektrischen Doppel-T-Maschinen muss daher bei rascher Drehung wegen der Kürze des Ankers mehr Strom erzeugt werden.

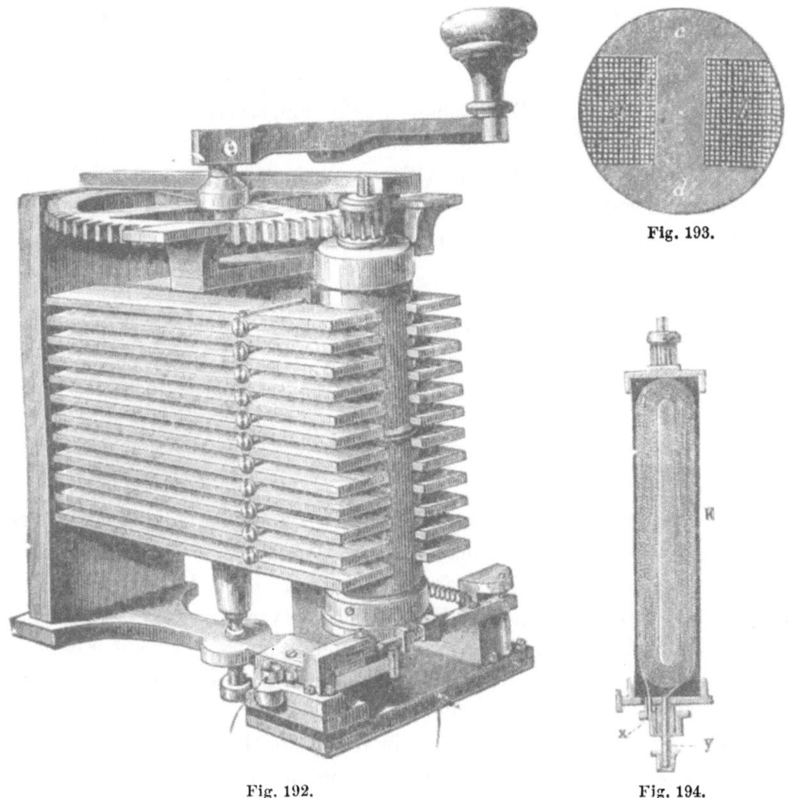

Fig. 192. Fig. 193. Fig. 194.

Endlich zeichnet sich die Doppel-T-Maschine vor den anderen dadurch aus, dass in Folge der eigenthümlichen Construction des Ankers die Trennung zwischen zwei aufeinander folgenden, gleichgerichteten Stromstössen wegfällt, und dass der Anker bei jeder Umdrehung nur zwei getrennte Stromstösse gibt, einen positiven und einen negativen, nicht vier, wie bei den anderen Maschinen.

Fig. 192 stellt eine Doppel-T-Maschine, wie solche bei Zeigertelegraphen verwendet werden, dar, Fig. 193 den Querdurchschnitt, Fig. 194 den Längsdurchschnitt des Ankers.

Die Magnete lassen sich in beliebiger Anzahl anwenden, die von der Maschine gelieferte elektromotorische Kraft ist proportional dieser Anzahl. Die einzelnen Magnete sind durch Messingstücke von einander getrennt, damit sie sich gegenseitig möglichst wenig schwächen.

Der Querdurchschnitt des Eisenkerns hat die Form eines doppelten T; der von Eisen nicht erfüllte Raum des Cylinders enthält den Draht, welcher der Länge nach über den Stab gewickelt ist. Denkt man sich den Anker ganz kurz, so dass die Höhe des Cylinders nicht grösser wäre als sein Durchmesser, so würden die Drahtwindungen die Form von Kreisen und der Eisenkern diejenige eines runden Stabes annehmen, auf dessen Endflächen Stücke aufgesetzt sind, welche die Windungen überdecken. Denkt man sich diese letzteren Stücke weg, so hat man genau die in der Alliancemaschine angenommene Anordnung von Magnet und Elektromagnet; nur die Art der Drehung des Ankers ist bei beiden Maschinen verschieden.

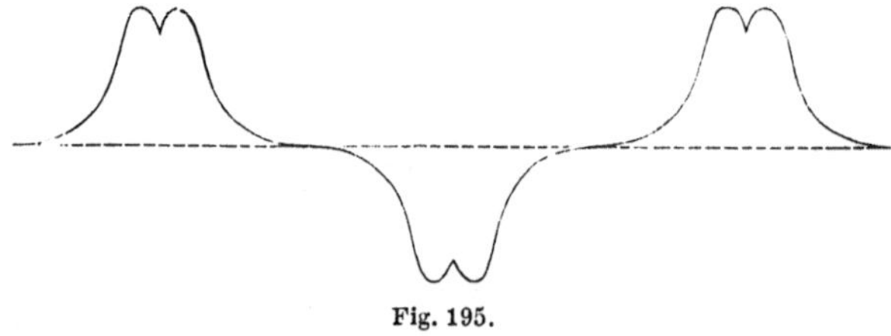

Fig. 195.

Die Magnete sind so ausgedreht, dass sie in der axialen Lage des Ankers, in welcher die Eisenflächen den Magnetpolen zugewendet sind, jene Flächen noch etwas überragen; es wird geringer Abstand zwischen Magnet und Anker mit grosser Bindungsfläche vereinigt. In der äquatorialen Lage, bei welcher die Windungen den Magneten gegenüberstehen, werden die Magnete von den Windungen überragt, aber nur so wenig, dass beinahe unmittelbar, nachdem die eine Eisenfläche einen Magnetpol verlassen hat, die andere bereits in den Bereich desselben tritt. So lange noch ein Theil dieser Eisenfläche, wenn auch ein geringer, sich in unmittelbarer Nähe eines Magnetpoles befindet, besitzt dieselbe noch kräftigen Magnetismus und nimmt auch sofort den umgekehrten Magnetismus an, sobald auf der einen Seite der letzte Theil derselben den einen Magnetpol verlassen, auf der anderen Seite aber ein kleiner Theil derselben in den Bereich des anderen Poles gerückt ist.

Da diese beiden Momente bei dieser Maschine unmittelbar aufeinander folgen und die in diesen Momenten entwickelten Stromstösse gleiche Richtung haben, so vereinigen sich dieselben zu einem einzigen Stromstoss. So lange eine Eisenfläche in dem Bereich eines und desselben Magnetpoles sich befindet, wird zwar auch etwas Strom entwickelt, weil der Magnetismus des Eisenkerns sich etwas ändert; dieser Strom ist jedoch nur gering im Verhältniss zu dem beim Uebergang von dem einen Pol zum andern entwickelten. Die Doppel-T-Maschine gibt daher bei jeder Umdrehung nur zwei Stromstösse, bei jedem Wechsel des Magnetismus im Eisenkern einen; der von derselben gelieferte Strom nimmt daher die in Fig. 195 angedeutete Form an.

18. Wechselstrommaschine von Gramme. Die Maschine schliesst sich den vorstehenden an, indem sie aus Magneten und Elektromagneten besteht, besitzt jedoch eine ganz eigenthümliche Construction.

Das Magnetsystem besteht, wie bei den meisten modernen Wechselstrommaschinen, nicht aus Stahlmagneten, sondern aus Elektromagneten, die von einem aus einer anderweitigen Elektricitätsquelle fliessenden Strom gespeist werden; man erreicht auf diese Art viel höhere Grade des Magnetismus, als mittelst Stahlmagneten.

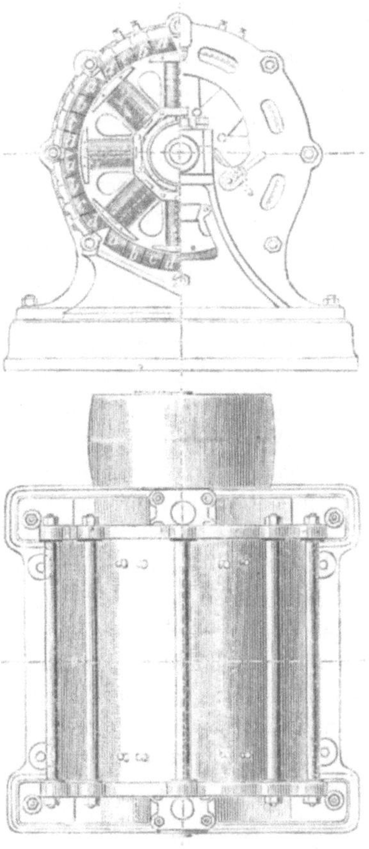
Fig. 196.

Die ganze Maschine, s. Fig. 196, hat die Form eines breiten Rades, dessen Speichen von dem Kranz getrennt sind und rotiren, während der Kranz feststeht; die Speichen bilden das Magnetsystem, der Kranz den oder vielmehr die Elektromagnete. Die Anordnung des Beweglichen und des Festen ist also hier eine umgekehrte, als in den oben behandelten Maschinen; allein, da es nur auf die relative Bewegung ankommt, hat dieser Unterschied keine principielle Bedeutung.

Das Speichensystem besteht aus Eisen und jede Speiche ist von einer Drahtrolle umgeben; die Magnetisirung ist derart, dass die an der Peripherie liegenden Pole abwechselnden Magnetismus zeigen, d. h. dass Süd- und Nordpole stets mit einander abwechseln.

Der Kranz oder das Elektromagnetsystem besteht ebenfalls aus Eisen und ist durchweg mit Draht bewickelt; die Wickelung zerfällt in eine Anzahl von Abtheilungen, deren Enden isolirt herausgeführt und in unten zu besprechender Weise mit einander verbunden sind.

Ruht das speichenförmige Magnetsystem, so entsteht in dem Eisen des Kranzes gegenüber jedem Pol einer Speiche ein ungleichnamiger Pol; da die Pole der Speichen im Zeichen abwechseln, so müssen auch die im Kranz inducirten Pole im Zeichen abwechseln. Bewegt sich das Magnetsystem, so laufen diese abwechselnden Pole des Kranzes gleichsam durch die Windungen des Kranzes hindurch und zwar wird jede Abtheilung der Wickelung in gleichen Zeitintervallen zuerst von einem Nordpol, dann von einem Südpol, dann wieder von einem Nordpol u. s. w. durchlaufen.

Nun haben wir aber S. 236 gesehen, dass, wenn ein einzelner Magnetpol durch eine geschlossene Drahtwindung sich bewegt, der in derselben inducirte Strom sowohl bei der Annäherung, als bei der Entfernung des Poles dieselbe Richtung beibehält und am stärksten ist, wenn sich der Pol in der Ebene der Windung befindet. Jede Wickelungsabtheilung erhält also z. B. einen positiven Stromstoss, wenn ein Nordpol dieselbe durchläuft, dann einen negativen durch den nachfolgenden Südpol, dann wieder einen positiven u. s. w.

Um diese Ströme nun möglichst zweckentsprechend zu combiniren, wird die Wickelung in eine grössere Anzahl kleiner Abtheilungen und von diesen immer diejenigen mit einander verbunden, welche die gleichen Stromstösse gleichzeitig erhalten. Ist z. B. die Anzahl der Speichen 8, die Anzahl der Wickelungsabtheilungen 32, so verbindet man diejenigen 8 Abtheilungen, von denen jede einer Speiche gegenübersteht, miteinander, dann diejenigen 8, von denen jede einer der ersteren benachbart ist und welche einen Stromstoss gleichzeitig erhalten, wenn die Speichen die Abtheilungen des ersten Kreises verlassen haben, u. s. w. Die Maschine erhält auf diese Weise 4 getrennte Stromkreise, die unabhängig von einander benutzt werden.

Die Stromcurve, in jedem der vier Kreise, hat die Form:

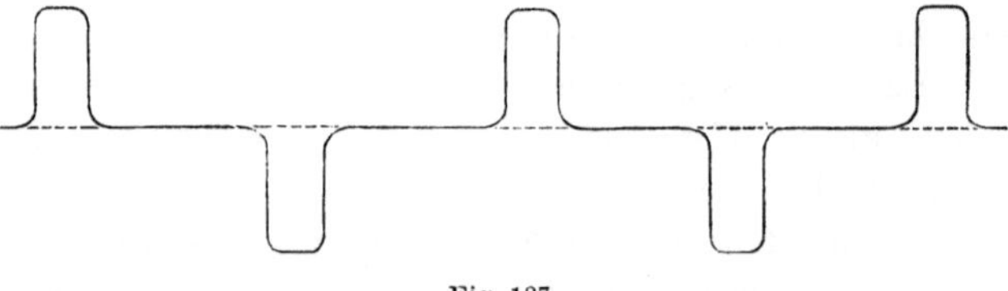

Fig. 197.

Die Gramme'sche Wechselstrommaschine war gewöhnlich mit einer dynamoelektrischen Maschine auf derselben Axe verbunden, welche den Strom für die Speichenelektromagnete lieferte.

19. Durchführen von Drähten durch magnetische Felder; Wechselstrommaschine von Siemens & Halske. Anstatt der Elektromagnete kann man auch blosse Drahtwickelungen, ohne Eisenkern, an Magneten vorbeiführen; nur hat man alsdann dafür zu sorgen, dass beide Pole jedes Magnets benutzt werden, und dass die Drahtwickelung die für Erzeugung von Inductionsströmen günstigste Gestalt erhält.

Bei allen im Vorstehenden behandelten Maschinen wirken die Eisenkerne der Elektromagnete als Anker der Magnete: es werden daher alle Pole der Magnete zur Erzeugung von Magnetismus und Strom benutzt. Fallen die Eisenkerne weg, so muss man je zwei ungleichnamige Pole der Magnete einander gegenüber setzen, und den Draht

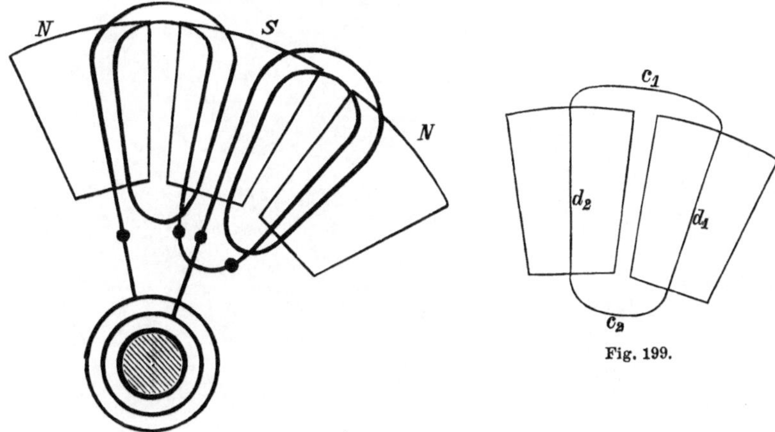

Fig. 198.

Fig. 199.

zwischen denselben hindurchbewegen; auf diese Weise binden die beiden Pole gegenseitig ihren Magnetismus, es entsteht ein kräftiges magnetisches Feld, und der Draht erhält beim Durchgang durch dasselbe die Wirkung beider Pole zugleich.

Ueber die Art, wie der Draht zu führen ist, kann ein Zweifel nicht bestehen. Wie wir S. 237 gesehen haben, ist in einem magnetischen Feld die inducirte E. M. K. ein Maximum, wenn die Richtung des Drahtes senkrecht steht zu der Richtung seiner Bewegung. Ordnet man also eine Anzahl sich gegenüberstehender Magnetpole im Kreise an (N, S, s. Fig. 197) und ist aa die Drehungsaxe der Drahtwickelung, so müssen diejenigen Stücke der Wickelung, in welchen Strom inducirt wird, radial nach der Axe zu gerichtet sein, ($d_1 d_2$, s. Fig. 198 und Fig. 199) und in solchen Abständen von einander angeordnet, dass sie alle zu gleicher Zeit in die betreffenden magnetischen Felder ein- und austreten.

Auf diese Weise entstand die Wechselstrommaschine von Siemens & Halske, s. Fig. 200. In derselben sind statt der Magnete Elektromagnete benutzt, welche von einer besonderen Stromquelle (kleine Dynamomaschine) erregt werden; dieselben sind in zwei sich gegenüberstehenden Kränzen angeordnet und zwar stehen sich nicht nur ungleichnamige Pole gegenüber, sondern auch die nebeneinander liegenden Pole sind ungleichnamig.

Fig. 200.

Die Wickelung zerfällt in einzelne Drahtrollen, welche unabhängig von einander an den Rändern einer Metallscheibe befestigt sind und daher auch einzeln abgenommen werden können. Die Form der Polschuhe der Magnete sowohl als diejenige der Drahtrollen ist im Wesentlichen ein Trapez. Theile der Wickelung $d_1 d_2$ sind diejenigen, in welchen Strom inducirt wird, die übrigen Theile $c_1 c_2$ wirken nicht elektromotorisch. So lange sich das Drahtstück d_1 in einem magnetischen Felde bewegt, bewegt sich das Stück d_2 in dem benachbarten; da die Pole in den letzteren umgekehrt angeordnet sind als in den ersteren, so sind die in den Stücken d_1 d_2 inducirten Ströme von entgegengesetzter

Richtung; dadurch aber wird ein Kreislauf hergestellt, die inducirten elektromotorischen Kräfte unterstützen einander und liefern nach Aussen einen ihrer Summe entsprechenden Strom.

Die einzelnen Rollen lassen sich parallel oder hintereinander schalten; die beiden Enden der Wickelung sind, wie bei allen Wechselstrommaschinen, an zwei auf der Axe sitzende Metallringe geführt, auf welchen feststehende Bürsten schleifen und den Strom nach Aussen führen.

Fig. 200 zeigt diese Maschine in ihrer wirklichen Gestalt mit der erregenden Dynamomaschine; die ungefähre Gestalt der Stromcurve zeigt Fig. 201.

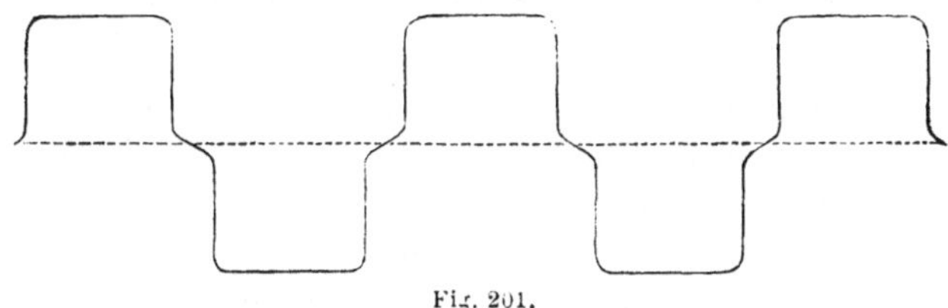

Fig. 201.

Fügt man kleine Eisenkerne in die Rollen ein, so wird der Strom allerdings verstärkt; allein die Eisenkerne werden durch die in denselben inducirten Ströme stark erwärmt und zwar um so mehr, je grösser sie sind, und ausserdem scheinen sich für Bogenlicht die ohne Eisenkerne erzeugten Ströme besser zu eignen.

20. Wirkungsweise der Wechselstrommaschinen. Es ist ohne Weiteres klar, dass zwei Momente auf die Leistungsfähigkeit einer Wechselstrommaschine von wesentlichem Einfluss sind: der Magnetismus der Magnete und die Geschwindigkeit der Drehung oder die Tourenzahl. Der einzelne Stromstoss ist proportional dem Magnetismus der Eisenkerne in denjenigen Maschinen, in welchen die Eisenkerne von wesentlicher Bedeutung sind, oder der Stücke des magnetischen Feldes, wo keine oder nur schwache Eisenkerne zur Anwendung kommen. Ferner ist die mittlere elektromotorische Kraft proportional der Anzahl der Stromstösse in der Zeiteinheit, also der Tourenzahl der Maschine.

Die Wirkungsweise dieser Maschinen wäre einfach zu übersehen, wenn ein Umstand nicht hinzukäme, der nicht unwesentlichen Einfluss besitzt und sich durch einfache Anschauung nicht behandeln lässt; nämlich die Selbstinduction. Weil die Ströme in den stromerzeugenden Rollen schnell und rasch wechseln, übt jede Windung eine erhebliche Induction auf die benachbarten Windungen aus, durch welche die Stromentwickelung gestört, die Stromimpulse verringert und ihre Form verändert wird.

Da dieser Einfluss sich nur durch Rechnung behandeln lässt, muss derselbe unserer Darstellung fern bleiben; wir erwähnen jedoch denselben, damit der Leser nicht in den Irrthum verfalle, die Wirkungsweise dieser Maschinen ohne Berücksichtigung dieses Einflusses betrachten zu wollen.

VIII.

Elektromagnetische Apparate für gleichgerichteten Strom.

Die Anwendung des gleichgerichteten Stroms begreift die wichtigsten technischen Anwendungen der Elektricität in sich: die elektrischen Maschinen im engeren Sinn und die Telegraphenapparate; unter den ersteren sind diejenigen Maschinen zu verstehen, durch welche durch Bewegung elektrische Ströme von gleicher Richtung erzeugt werden, oder welche durch gleichgerichteten Strom in Bewegung gesetzt werden.

Diese beiden ausgedehnten Gebiete umfassen beinahe ganz das, was man heutzutage unter der Bezeichnung „Elektrotechnik“ versteht, und sind, vom technischen Standpunkt aus betrachtet, beide von gleicher Wichtigkeit. Stellt man sich jedoch auf den physikalischen Standpunkt — wie es unsere Absicht in dieser ganzen Schrift ist —, so bieten die Telegraphenapparate nur geringen Anlass zur Betrachtung, die Maschinen dagegen ausgedehnten Anlass; die Ausdehnung der Besprechung fällt daher für unsere Zwecke für diese beiden Abschnitte sehr ungleich aus.

A. Maschinen für gleichgerichteten Strom.

Bei der Besprechung dieser Maschinen folgen wir im Wesentlichen ihrer geschichtlichen Entwickelung: der Denkprocess, welcher sich in den Erfindern der Maschinen, von den ersten Anfängen bis zu der modernen Dynamomaschine, vollzogen hat, eignet sich auch am besten als Leitfaden für denjenigen, der das Wesen dieser Erfindungen kennen lernen will. Von diesem Gang weichen wir jedoch ab in Beziehung auf das dynamoelektrische Princip: dasselbe wurde vor Erfindung der Maschinen für constanten Strom (Pacinotti-Gramme, v. Hefner) entdeckt, während wir die Besprechung der letzteren Maschinen vorher bringen; wir erreichen dadurch, dass die auf die Ankerschaltung und die Stromcommutirung bezüglichen Abschnitte einander folgen und eine continuirliche Entwickelung darstellen.

Wir werden daher nach einander besprechen: die Magnetmaschinen mit zweitheiligem Commutator, welche aus den Wechselstrommaschinen durch Anwendung der einfachsten Commutation hervorgingen, die Magnetmaschinen für constanten Strom, d. h. diejenigen, welche nicht nur Strom von gleicher Richtung, sondern auch von constanter oder beinahe constanter Stärke liefern, die Dynamomaschinen, welche durch Anwendung des dynamoelektrischen Princips auf die vorstehenden Constructionen entstanden, und die unipolaren Maschinen.

a) Magnetmaschinen mit zweitheiligem Commutator.

1. Der zweitheilige Commutator. Werfen wir einen Blick auf die Stromcurven, welche die verschiedenen, im vorigen Abschnitt besprochenen Wechselstrommaschinen liefern, so ersehen wir, dass jede derselben aus einer Reihenfolge von gleichen positiven und negativen Perioden bestehen, deren Form gleich und deren Zeichen nur verschieden ist. Es folgt daraus, dass, wenn durch irgend eine Vorrichtung die Verbindung der Polklemmen der Maschine mit dem äusseren Widerstand in der einen Hälfte der Perioden stets umgekehrt wird, man im äusseren Kreis nur Ströme gleicher Richtung erhält.

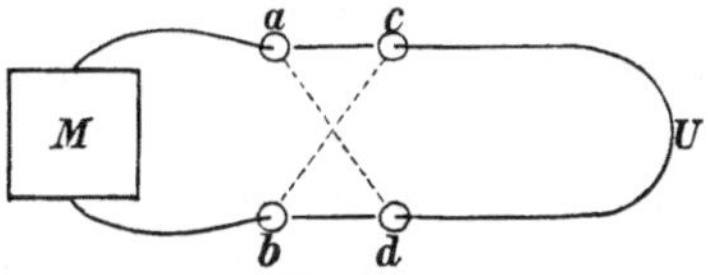

Fig. 202.

In Fig. 202 stelle M die Maschine dar, a, b, die Enden der Drahtwickelung der Maschine, c, d, diejenigen des äusseren Kreises; wenn a mit c, b mit d verbunden ist, gebe die Maschine während der einen Periode Ströme in den äusseren Kreis von derselben Richtung; dann hat man während der zweiten Periode, die bei derselben Verbindungsweise Ströme von entgegengesetzter Richtung liefern würde, nur a mit d, b mit c zu verbinden, um auch während dieser Periode im äusseren Kreis Ströme von derselben Richtung zu erhalten, wie in der ersten Periode. Die Stromrichtung in der Drahtwickelung der Maschine wechselt alsdann noch wie ohne Commutation, diejenige im äusseren Kreis dagegen nicht mehr.

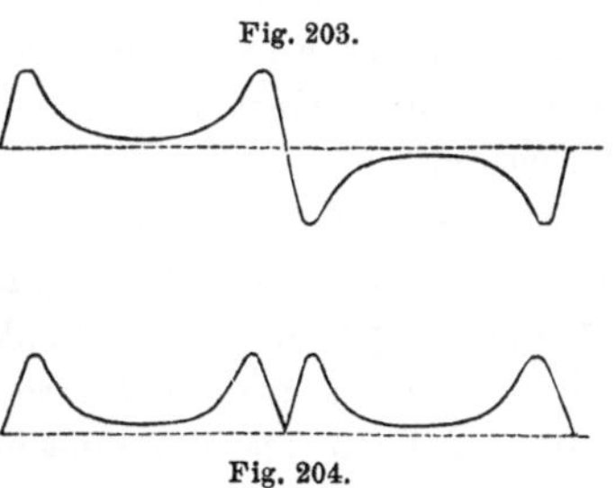
Fig. 203.

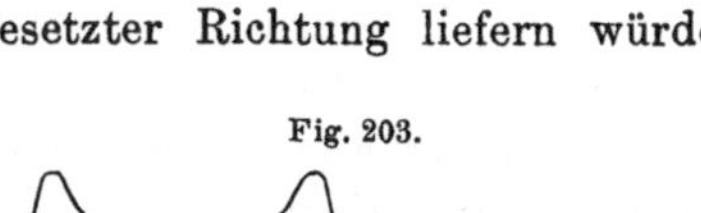

Fig. 204.

War, ohne Commutation, die Stromcurve im äusseren Kreis wie in Fig. 203 angedeutet, so verwandelt sie sich durch die Commutation in die in Fig. 204 angegebene Curve.

Diese Art von Commutation erreicht man mittelst des zweitheiligen Commutators, Fig. 205. Auf der Axe der Maschine werden die beiden Hälften eines Metallringes auf irgend eine Art so befestigt, dass sie von einander isolirt sind, (eine der beiden Hälften kann mit der Axe in leitender Verbindung stehen oder ein Stück derselben bilden); die Enden a, b der Drahtwickelung des sich drehenden Elektromagnets oder des „Ankers“ sind mit diesen Hälften verbunden. Auf diesen Ringhälften schleifen zwei feststehende Drahtbürsten oder Metallbleche mm, an welche die Enden c, d des äusseren Kreises geführt sind. Während der einen Hälfte der Umdrehung ist a mit c, b mit d, während der anderen Hälfte a mit d, b mit c verbunden.

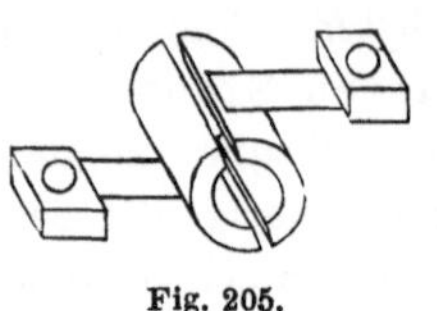

Fig. 205.

Durch Anbringung eines zweitheiligen Commutators können sämmtliche Wechselstrommaschinen in Gleichstrommaschinen verwandelt werden.

2. Die Funken am Commutator. Versieht man irgend eine der geschilderten Wechselstrommaschinen mit einem zweitheiligen Commutator, so sieht man während des Ganges lebhafte Funken zwischen Bürsten und Commutator auftreten, die um so stärker sind, je grösser die Maschine und je stärker ihre Inanspruchnahme ist. Diese Funken sind hauptsächlich Oeffnungsfunken, d. h. sie rühren von den Extraströmen her, welche entstehen, wenn die Verbindung der Bürste mit dem betreffenden Commutatorstück aufgehoben wird; diese Ströme rühren aber, wie wir gesehen haben, von der Selbstinduction her, theils von der Induction von Draht auf Draht in der Ankerwickelung, namentlich aber von der Induction des Eisens auf den Draht.

Diese Funken bildeten nun, vom Anfang der Entwickelung der elektrischen Maschinen an, das Haupthinderniss für diese Entwickelung, weil durch dieselben der Commutator allmählig zerstört wird. Die Vermeidung der Funken bildete daher von Anfang an einen der wichtigsten leitenden Gesichtspunkte bei der Construction der Maschinen für Gleichstrom.

Nun entsteht aber immer ein Funke beim Oeffnen des Bürstencontacts, wenn unmittelbar vorher Strom im Kreise vorhanden war; denn die Hauptursache des Funkens, das Eisen des Ankers, lässt sich nicht vermeiden; man hat also danach zu streben, dass unmittelbar vor dem Oeffnen des Bürstencontacts wenig oder kein Strom herrscht, was nur durch passende Construction der Maschine erreicht werden kann.

Betrachtet man von diesem Gesichtspunkt aus die verschiedenen Maschinenconstructionen, so erkennt man, dass bei den älteren Constructionen die Commutation zwar in einem Augenblick erfolgt, wo die Stromcurve durch Null geht, dass aber kurz vorher und kurz nachher dieselbe steil ansteigt; da nun die Schleifbleche nie in einem Punkte oder einer Linie, sondern stets des guten Contacts wegen in einer Fläche in gewisser Breite aufliegen, so müssen bei diesen Maschinen erhebliche Funken auftreten.

Die Doppel-T-Maschine von W. Siemens ist die einzige der älteren Maschinen, bei welcher die Hauptstromstösse nicht in der Nähe, sondern in der Mitte zwischen den Punkten, an welchen die Curve durch Null geht, auftreten; diese Maschine zeichnet sich daher durch geringere Funken, unter sonst gleichen Verhältnissen, vor den erstgenannten aus.

In diesem Umstand und in der zweckmässigeren Construction des Elektromagnets, welche bei gleichen Massen wesentlich höhere Leistung ermöglicht, als bei den älteren Maschinen, sind die Gründe zu suchen, aus welchen es erst mittelst der Doppel-T-Maschine praktisch gelang, bedeutendere Stromwirkungen zu erzielen, bei nicht zu grossen Massen; diese Construction war es auch, mittelst welcher die ersten, später zu besprechenden dynamoelektrischen Maschinen hergestellt wurden.

Was die neueren Wechselstrommaschinen, diejenigen von Gramme und Siemens & Halske, betrifft, so zeigen die bezw. Stromcurven, dass die erstere sich besser zur Verwandlung in eine Gleichstrommaschine eignet, weil zwischen den einzelnen Stromstössen erhebliche stromlose Räume sich befinden, während bei der letzteren Maschine diese Räume nur von geringer Ausdehnung sind. In neuerer Zeit hat jedoch überhaupt diese Art, Gleichstrommaschinen zu construiren, weniger Interesse mehr, da die unten zu besprechenden Systeme für constanten Strom in den meisten Beziehungen die aus Wechselstrommaschinen hervorgegangenen Gleichstrommaschinen bei Weitem übertreffen.

b) Magnetmaschinen für constanten Strom.

3. Uebersicht. Die Magnetmaschinen mit constantem Strom sind eine Errungenschaft der neuesten Zeit; von der Erfindung derselben in Verbindung mit der Entdeckung des weiter unten zu besprechenden dynamoelektrischen Princips datirt eigentlich erst die Einführung der Elektricität in die Grossindustrie.

Allerdings versuchte man, bald nach der Construction der besseren Wechselstrommaschinen, dieselben im Grossen auszuführen, sowohl für Wechselstrom als für Gleichstrom (mit dem zweitheiligen Commutator).

Man gelangte jedoch nur bei Wechselstrom zu einem gewissen Ziel; namentlich wurden mit der Alliancemaschine und der Doppel-T-Maschine kräftige Bogenlichter erzeugt. Die grösseren Gleichstrommaschinen, die man auf diese Art namentlich mit dem Doppel-T-System herstellte, litten an den Uebelständen starker Funken am Commutator und bedeutender Erwärmung des Eisens im Anker, so dass ein dauernder praktischer Betrieb nicht möglich war. Ausserdem wurde die Anwendung dieser Maschinen auf manche technische Zwecke dadurch verhindert, dass die Stromstärke bedeutend und in heftiger Weise variirte.

Das erste Maschinensystem, welches beinahe constanten Strom lieferte, war dasjenige von Pacinotti-Gramme; demselben folgte bald das System von v. Hefner-Alteneck; diese beiden Systeme sind auch heute noch die Grundformen, aus welchen die vielen und mannigfaltigen, in der Technik verwendeten Systeme abgeleitet sind.

4. Maschine von Pacinotti-Gramme. Dieses System ist von Prof. Pacinotti in Pisa erfunden und zuerst als magnetelektrische Maschine (mit Elektromagneten statt Stahlmagneten) in kleinem Modell ausgeführt; die Erfindung blieb jedoch beinahe unbekannt. Obschon der Erfinder nie eine grössere Maschine construirte, geht aus seinen Veröffentlichungen hervor, dass er die Bedeutung seiner Erfindung vollständig kannte. Lange Zeit nachher wurde dieselbe Maschine von dem Mechaniker Gramme in Paris zum zweiten Male erfunden, im Grossen ausgeführt und in die Industrie eingeführt. Aus der Pacinotti'schen Maschine entwickelte sich die Hefner'sche als eine Abänderung der ersteren, dieselbe lässt sich jedoch auch als unabhängig von der Pacinotti'schen Idee von einem anderen Princip ausgehend darstellen. Später gelangte auch Pacinotti zu der Hefner'schen Construction, ohne die bereits vorher erfolgte Veröffentlichung derselben zu kennen.

Die Verdienste bei der Herstellung dieser Maschinen bestehen in der Erfindung der magnetelektrischen Combination und in der Construction grosser, praktisch brauchbarer Maschinen; da die letztere Aufgabe bedeutende, hier nicht zu besprechende Schwierigkeiten birgt, sind beide Verdienste als ziemlich gleichwerthig zu betrachten.

Die magnetische Combination der Pacinotti'schen Maschine besteht in einem eisernen Ring, welcher in der in Fig. 206 angegebenen Weise einerseits von einer nordmagnetischen (N), andererseits von einer südmagnetischen (S) Fläche beinahe vollständig umfasst wird. Auf diese Weise wird der Ring in transversalem Sinne magnetisirt, wesshalb ihn auch Pacinotti „Transversalelektromagnet“ nennt: die eine Hälfte desselben wird südmagnetisch, die andere nordmagnetisch, und zwar häuft sich der freie Magnetismus in überwiegendem Masse an der äusseren

Seite desselben an, da dort eine kräftige magnetische Bindung mit den äusseren Magnetflächen stattfindet: die innere Seite des Ringes wird um so weniger freien Magnetismus zeigen, je dicker der Ring ist.

Lässt man diesen Ring um seine Axe rotiren, so wird er in magnetischer Beziehung stets dasselbe Bild zeigen wie in der Ruhe; die magnetischen Axen der Theilchen werden allerdings in steter Bewegung sein, aber an derselben Stelle des von dem Ring ausgefüllten Raumes wird stets derselbe Magnetismus herrschen. Wäre die Drehung eine so rasche, dass die magnetischen Axen der Theilchen nicht mehr schnell genug folgen können, so würde das magnetische Bild bei Bewegung gegenüber demjenigen bei Ruhe allerdings etwas Veränderung zeigen, aber es würde doch während der Bewegung stets gleich bleiben.

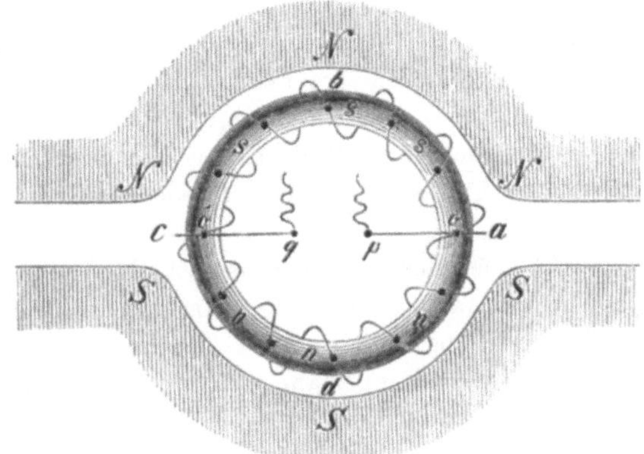

Fig. 206.

Dieses Gleichbleiben des magnetischen Bildes während der Bewegung ist charakteristisch für die Pacinotti'sche und die Hefner'sche Maschine und bildet die Grundbedingung für die Constanz des Stromes.

Denken wir uns nun den Ring ruhend und eine einzelne, den Ring umschlingende, geschlossene Drahtwindung auf demselben verschiebbar und betrachten die Inductionsströme, welche in derselben durch die Verschiebung entstehen müssen; wir sehen hierbei vorläufig von der Wirkung der äusseren Magnetflächen ganz ab.

Befindet sich die Windung bei *a* und wird in der Richtung nach *b* hin verschoben, so gelangt sie von einer Gegend, wo kein freier Magnetismus im Ringe herrscht, in eine solche, wo südlicher Magnetismus herrscht. Es entsteht ein Inductionsstrom in derselben von derselben Stärke und Richtung, als wenn die Windung sich nicht bewegt hätte, aber die von derselben umschlungene Stelle des Ringes südlich magnetisch geworden wäer.

Bewegt sich nun die Windung weiter über die südmagnetische Hälfte des Ringes, so werden stets Ströme gleicher Richtung in derselben inducirt wie beim Ausgang von der Stelle *a*. Denn der Fall stimmt mit dem S. 189 ff. besprochenen überein, bei welchem eine Windung sich über einen Magnetpol weg bewegt und auf dem ganzen Wege Ströme derselben Richtung inducirt werden; statt des einen Magnetpols haben wir hier eine Anzahl aneinander gereihter, gleichnamiger Magnetpole, von denen jeder beim Durchgang durch die Windung einen Stromstoss erzeugt. Die Richtung der auf den einzelnen Strecken der Bewegung erzeugten Ströme wird stets dieselbe bleiben, die Stärke derselben veränderlich, wenn die Windung Stellen von ungleichem Magnetismus überstreicht, constant dagegen da, wo gleicher Magnetismus im Ringe herrscht, also auf der ganzen Strecke mit Ausnahme der beiden Stellen bei *a* und *c*, an welchen keine äussere Fläche gegenübersteht.

Sobald die Windung über *c* hinausgelangt, wechselt der Magnetismus unter derselben und mit dem Magnetismus die Richtung des inducirten Stromes; beim Durchgange durch *c*, wie durch *a*, wird kein Strom inducirt.

Während des Umlaufes der Windung werden also, wenn der Magnetismus des Eisenringes auf jeder Hälfte constant ist, während der einen Hälfte des Umlaufes beinahe constante Ströme der einen Richtung, während der anderen Hälfte beinahe constante Ströme der anderen Richtung inducirt; der Stromwechsel findet an den magnetisch indifferenten Stellen *a* und *c* statt.

Man denke sich nun den ganzen Ring mit einer Lage besponnenen Drahtes umwickelt, aber so, dass bei jeder Windung auf der oberen Seite des Ringes eine Stelle nackt bleibt; wenn alsdann an irgend welchen Stellen Schleiffedern aufgelegt werden, so wird jede Windung in dem Augenblick, in welchem sie unter einer solchen Feder vorbeistreicht, mit derselben Contact erhalten (siehe Fig. 207).

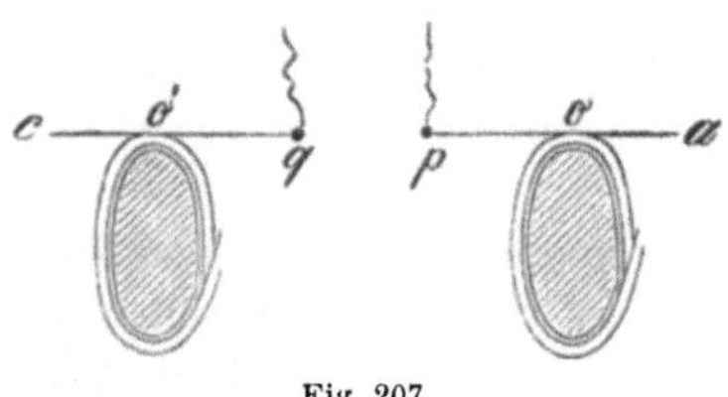

Fig. 207.

Nun denke man sich das Magnetsystem, die Flächen N und S und den Ring, ruhig, dagegen die ganze Drahtwickelung rotirend, die Schleiffedern an den Stellen $o\,o'$ (s. Fig. 206) aufliegend, so muss stets in der Wickelung auf der Strecke $a\,b\,c$ der Strom der einen Richtung, auf der Strecke $c\,d\,a$ derjenige der anderen Richtung herrschen. Beide Ströme treten an den Stellen $o\,o'$, an welchen keine elektromotorische Kraft herrscht, in den äusseren Schliessungskreis *omo'*, und man ersieht aus dem Stromschema Fig. 208, dass durch diese Schaltung beide Ströme vereinigt werden: sie stossen an den Stellen *omo'* gleichsam gegen einander und fliessen vereinigt in die äussere Schliessung ab.

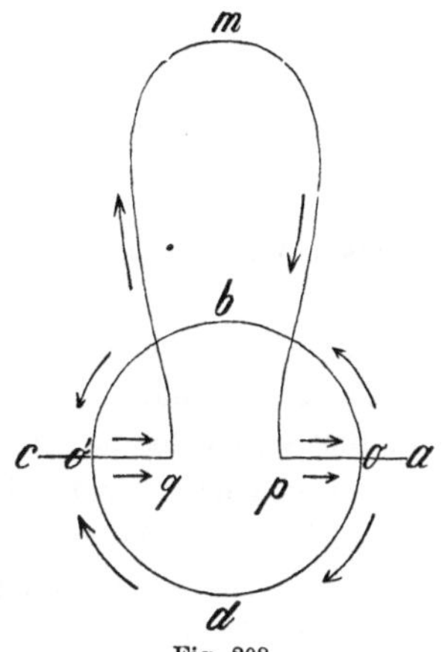

Fig. 208.

Mechanisch lässt es sich nun nicht ausführen, dass der Ring stille steht, während die Drahtwickelung rotirt; da aber, wie wir gesehen haben, das magnetische Bild auch bei rotirendem Ring dasselbe bleibt, so darf der Ring mit der Wickelung gedreht werden, ohne dass die elektrische Wirkung Schaden leidet.

Diese Maschine ist in jeder Beziehung einer galvanischen Batterie zu vergleichen, indem sie elektromotorische Kraft und Widerstand besitzt; führt man diesen Vergleich durch, so hat man sich, wie in Fig. 209 angedeutet, in den beiden Zweigen *abc* und *cda* je eine Batterie vorzustellen, welche parallel geschaltet und mit den gleichnamigen Polen an die Ableitungsstellen *o o'* angelegt sind.

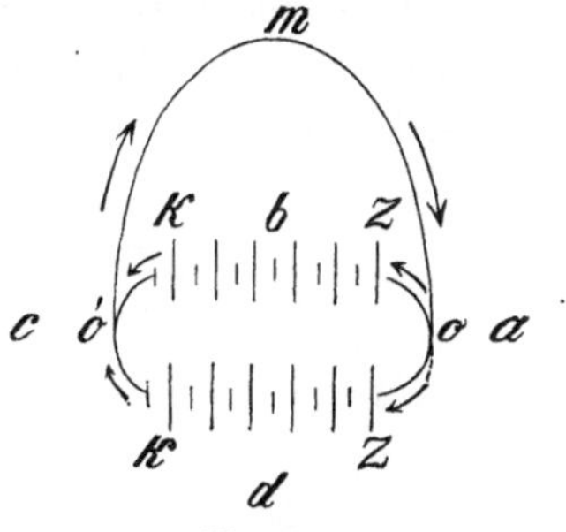

Fig. 209.

Die W i c k e l u n g des Pacinotti'schen Ringes bildet ein in sich geschlossenes Ganzes, das durch die Schleiffedern in zwei gleiche Hälften getheilt wird. Der Widerstand der Wickelung, von den Schleiffedern aus gemessen, ist daher gleich dem vierten Theil des eigentlichen Drahtwiderstandes.

Im Vorstehenden sind die wesentlichen Vorgänge in der Pacinotti'schen Maschine beschrieben; indessen ist noch ein Moment nachzutragen, welches nicht unwesentlich mitwirkt, nämlich die durch d i e ä u s s e r e n M a g n e t e erzeugten Inductionsströme.

Bisher haben wir nur die Induction betrachtet, welche von dem Eisenring des Ankers auf die Wickelung ausgeübt wird; dieselbe ist g l e i c h i n a l l e n T h e i l e n d e r W i c k e l u n g (pro Längeneinheit des Drahts), wenn der Magnetismus in jeder Ringhälfte überall gleich ist. Fig. 210 zeigt einen Querschnitt, durch die Mitte der Maschine geführt; die Strompfeile zeigen die Richtungen der durch die Induction des Eisenrings erzeugten elektromotorischen Kräfte an.

Nun wirken aber ausserdem noch die magnetischen Flächen der

äusseren permanenten Magnete *N*, *S*, s. Fig. 210, welche die Magnetisirung des Eisenringes verursachen.

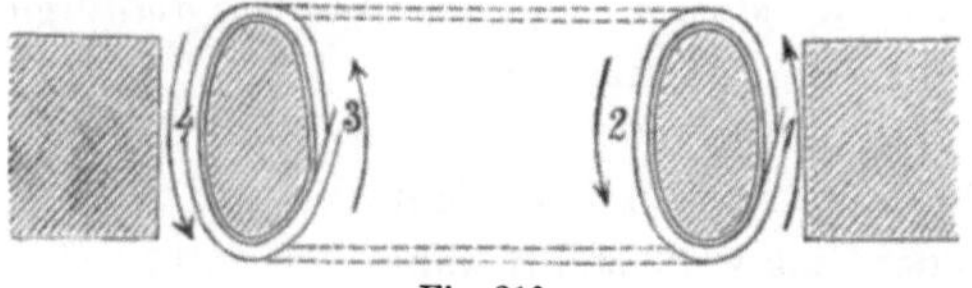

Fig. 210.

Diese Wirkung kann in den zwischen Eisenring und Magnet liegenden Wickelungstheilen 1 und 4 die Induction nur verstärken; denn der Magnetismus der Magnetflächen ist stets entgegengesetzt demjenigen der zunächst liegenden Ringhälfte und wir haben gesehen, dass ein Draht, der senkrecht zu seiner eigenen Richtung zwischen zwei entgegengesetzt magnetisirten Flächen durchgeführt wird, von beiden Flächen in demselben Sinne inducirt wird.

Auf die inneren Windungstheile (2, 3) dagegen wirkt die Induction der äusseren Magnete in demselben Sinne, wie in den Theilen 1, 4, also entgegengesetzt der Wirkung des Eisenringes. Hier ist also der Einfluss der äusseren Magnete schädlich; jedoch ist die durch diesen Einfluss hervorgerufene Verstärkung in 1 und 4 wegen der geringeren Entfernung grösser, als die Schwächung in 2 und 3; es bleibt also in Summe eine Verstärkung der Wirkung durch die äusseren Magnete über; man sieht jedoch, dass die Wirkung des Eisenringes die Hauptwirkung bleibt.

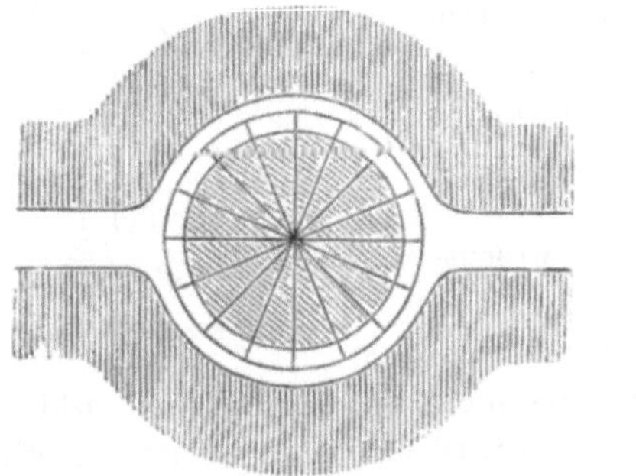

Fig. 211.

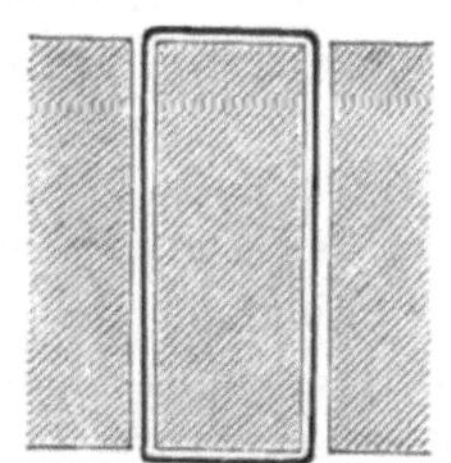

Fig. 212.

5. Maschine von v. Hefner-Alteneck. Dieses Maschinensystem basirt auf der vorstehenden Betrachtung, nach welcher die inneren Zweige (2, 3) der Pacinotti'schen Maschine weniger elektromotorische Kraft erhalten, als die äusseren. Hienach muss es von Vortheil sein, wenn man die inneren Zweige weglässt und die äusseren Zweige unter einander verbindet, und zwar stets die diametral oder beinahe diametral gegenüber liegenden. Eine solche Anordnung stellen Fig. 211 und Fig. 212 schematisch dar.

Durch das Wegfallen der inneren Windungen wird der innere Hohlraum des Ringes frei und lässt sich mit Eisen ausfüllen; auf diese Weise verwandelt sich der Pacinotti'sche Ring in den Hefner'schen Cylinder.

Bei den Maschinen steht das magnetische Bild im Raume still, obschon das Eisen des Ankers sich dreht und man darf daher, um die Wirkungsweise zu übersehen, annehmen, dass die äusseren Magnete und das Eisen des Ankers still stehen und nur die Drahtwickelung sich bewegt. Dadurch erscheint aber die Hefner'sche Maschine in einem neuen Licht, da die Hauptwirkung offenbar von den parallel zur Axe liegenden Drahttheilen ausgeht und diese sich wesentlich in zwei homogenen magnetischen Feldern bewegen, die eine Hälfte in dem einen, die andere Hälfte in dem andern. Der Grundgedanke bei der Hefner'schen Maschine besteht also in der Durchführung von Drähten durch magnetische Felder, bei der Pacinotti'schen in Durchführung von magnetischen Polen durch Drahtringe.

Die über die Stirnflächen des Hefner'schen Cylinders senkrecht zur Axe laufenden Drahttheile üben jedenfalls geringere Wirkung aus, als die der Axe parallel liegenden Drähte; indessen ist eine Wirkung vorhanden ebensogut, wie bei den senkrecht zur Axe liegenden Drähten des Pacinotti'schen Ringes; denn ein solcher Theil bewegt sich über magnetische Flächen weg, welche Ströme in demselben Sinne induciren, wie die in den magnetischen Feldern befindlichen Fortsetzungen des Drahtes. Immerhin ist diese Wirkung eine geringere, als die Hauptwirkung und es nimmt desswegen der Hefner'sche Cylinder in der Richtung der Axe eine längliche Gestalt an, damit der grösste Theil des Drahtes durch die magnetischen Felder geht.

Die Schwierigkeit bei der Ausführung der v. Hefner'schen Maschine bestand nun wesentlich in der Schaltung.

Die oben beschriebene Pacinotti'sche Schaltung lässt sich nicht unmittelbar auf die v. Hefner'sche Maschine übertragen. Denn es ergibt sich unmittelbar aus dem Anblick der Fig. 213 und Fig. 214, dass, wenn man die inneren Windungen weglässt und je zwei einander diametral gegenüberstehende, äussere Windungen direct mit einander verbindet, schliesslich die beiden Windungen, welche gerade unter den Schleiffedern liegen, mit einander verbunden werden müssen. Die ganze Drahtwickelung wäre also in diesem Falle stets kurz geschlossen und die Schleiffedern könnten nicht den geringsten Theil des Stromes nach Aussen abführen.

Diese Schwierigkeit hat v. Hefner durch das Wickeln in zwei Umgängen überwunden.

Fig. 213.

Die Fig. 213 u. 214 stellen den Gang der v. Hefner'schen Wickelung schematisch dar. Auf der vorderen Stirnfläche sind die am Rande liegenden Drahtstellen mit fortlaufenden Nummern bezeichnet, so dass man den Gang des Drahtes übersichtlich verfolgen kann.

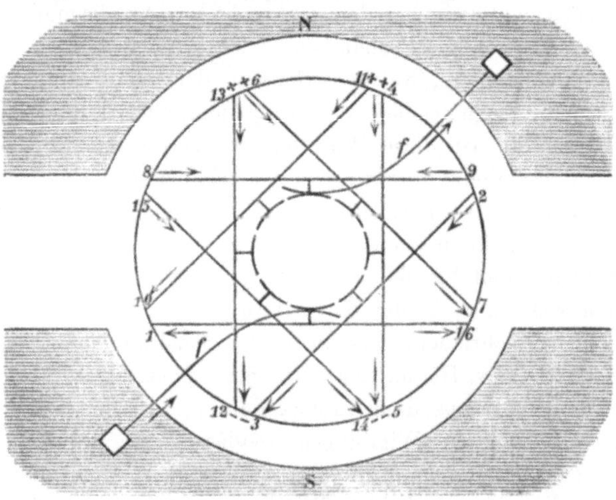

Fig. 214.

Die Wickelung fängt bei **1** an, geht nach hinten, über die hintere Stirnfläche und nach vorne zurück, wo sie bei 2 anlangt, dann quer über die vordere Stirnfläche nach 3, nach hinten, nach vorne (**4**), hinüber nach 5 u. s. w. bis nach 16; 16 wird mit 1 verbunden, so dass die Wickelung einen in sich zurückkehrenden Kreis bildet, wie der Pacinotti'sche Ring.

Jedesmal, wenn der Draht die vordere Stirnfläche überschreitet, wird derselbe mit einer Lamelle des Commutators verbunden und zwar in regelmässig fortschreitender Weise, wie die Fig. 213 zeigt; desshalb muss der Commutator halb so viel Lamellen erhalten, als Drähte auf dem Cylindermantel liegen.

Die Schleiffedern *f*, *f* werden an zwei gegenüberliegende Lamellen angelegt; die letzteren müssen so liegen, dass die mit denselben unmittelbar verbundenen Drähte (8, 9; 1, 16) nicht mehr in den magne-

Fig. 215.

tischen Feldern liegen; wie aus der Figur hervorgeht, gibt es nur zwei bestimmte Stellen, die diese Eigenschaften besitzen.

Die Pfeile in Fig. 214 zeigen die Stromrichtungen an.

Man sieht, dass die Wickelung zwei Umgänge macht, oder dass der Draht den Cylindermantel doppelt bedeckt. Denn in dem ersten Umgang (1 bis 8) ist bereits der ganze Mantel symmetrisch mit Drähten bedeckt; der zweite Umgang (8 bis 16) bedeckt also zum zweiten Mal. Statt zweier Umgänge kann man auch 4, 6 u. s. w., überhaupt jede gerade Zahl nehmen; aber in diesem Punkt liegt das Wesen der Wickelung; bei einer ungeraden Anzahl von Umgängen wäre die Wickelung kurz geschlossen und keine Stromabführung nach Aussen möglich.

Bei der Hefner'schen Maschine lässt sich die Drahtwickelung mechanisch unabhängig von dem Eisencylinder machen. Der

Draht wird nämlich in diesem Falle nicht auf den Eisenkern gewickelt, sondern auf einen Blechcylinder von Messing oder Neusilber; die Axe dieses Cylinders ist hohl und dreht sich um die Axe des Eisenkerns. Wie wir jedoch gesehen haben, hat das Feststellen des Eisenkerns in elektrischer Beziehung keinen Vortheil, wenn nicht etwa die Drehungsgeschwindigkeit so gross ist, dass bei mitlaufendem Eisenkern die magnetische Drehung der Theilchen nicht rasch genug erfolgt; diese Veränderung des Magnetismus scheint bei den in Wirklichkeit vorkommenden Geschwindigkeiten noch nicht aufzutreten. Es laufen daher auch bei den Hefner'schen Maschinen die Eisenkerne meistentheils mit.

Fig. 215 stellt eine Pacinotti'sche Magnetmaschine, von Gramme in Paris, dar.

Ein aus einzelnen Lamellen zusammengesetzter Hufeisenmagnet ist an den Polen N, S, mit halbkreisförmig ausgeschnittenen, eisernen Ansätzen versehen, deren Endflächen die Polflächen bilden. In dem von diesen Ansätzen gebildeten Hohlraum läuft der mit Draht bewickelte, eiserne Ring AB; der Zwischenraum zwischen Ring und Polfläche ist möglichst gering gehalten. Die Axe des Ringes ruht in festen Lagern; auf den vom Zuschauer abgewendeten Theil der Axe ist ein Zahnrad aufgesteckt, welches in ein anderes, grösseres, mit einer Kurbel drehbares Zahnrad eingreift. Auf dem vorderen Theile der Axe ist der Commutator angebracht, d. h. ein System von zur Axe parallelen, gegen einander isolirten Kupferstreifen, gegen welches zwei aufrecht stehende, kupferne Federn oder Bürsten schleifen; diese letzteren sind durch verschiedene Verbindungsstücke und Klemmen mit den Drähten F und E, den Enden des äusseren Schliessungsdrahtes, verbunden.

Jeder Kupferstreifen des Commutators steht mit einer Stelle der Drahtwickelung in leitender Verbindung und zwar entsprechen diese Stellen den in der schematischen Darstellung, Fig. 205, durch Punkte bezeichneten Stellen; statt also, wie bei jener Darstellung angenommen wurde, die Commutatorfedern direct auf jenen Stellen schleifen zu lassen, versetzt man gleichsam, in der angedeuteten Weise, dieselben an einen besonderen Kreis von geringerem Umfange und lässt dort die Federn aufliegen; dies geschieht namentlich, um die Stösse, welche die unvermeidlichen kleinen Unebenheiten der Kupferstreifen bei der Drehung auf die Schleiffedern ausüben, möglichst gering und den Contact dadurch möglichst sicher zu machen. Die Kupferstreifen sind so angeordnet, dass die Federn stets auf denjenigen schleifen, welche in Verbindung mit den augenblicklich zwischen den Polflächen befindlichen Stellen, M, M' der Wickelung, stehen.

Zwischen je zwei Stellen der Wickelung, welche mit je zwei aufeinander folgenden Kupferstreifen verbunden sind, liegt nicht bloss eine

Windung, wie in der schematischen Darstellung, Fig. 205, angenommen ist, sondern eine ganze Anzahl. Es ist jedoch vortheilhaft, möglichst wenig Windungen zwischen zwei solchen Stellen zu lassen, d. h. die Anzahl der Abtheilungen, in welche die ganze Wickelung zerfällt, möglichst gross zu machen. Je mehr Windungen zwischen zwei solchen Stellen liegen, desto grössere Differenz in der elektrischen Spannung herrscht an denselben, und desto stärker werden die Funken, welche zur Commutatorfeder überspringen, wenn dieselbe von einem Kupferstreifen auf den anderen übergeht.

Fig. 216.

Fig. 216 stellt eine ältere Magnetmaschine von v. Hefner-Alteneck (Siemens & Halske) dar. Bei derselben besteht das magnetische Magazin aus zwei Reihen von je 25 Hufeisenmagneten, welche mit gleichnamigen Polen gegen einander gelegt sind. Je 50 gleichnamige Pole sind an einem halbrund ausgedrehten Eisenstück befestigt, dessen innere Fläche dann eine Polfläche bildet. Der Anker besteht aus einem langen Eisencylinder, welcher in der oben angegebenen Art der Länge nach mit Draht bewickelt ist. Diejenigen Stellen der Wickelung, welche mit den Schleiffedern in Contact treten sollen, sind, wie bei der obigen Maschine, mit den Kupferstreifen des Commutators verbunden, gegen welche die Bürsten oder Federn des Commutators angedrückt sind. Die in obiger Figur dargestellte Maschine besitzt vier Bürsten, statt, wie gewöhnlich, zwei; es wird hierdurch bewirkt, dass stets zwei benachbarte Kupferstreifen mit einem Ende der äusseren Schliessung in

Contact treten; diese Einrichtung vermindert die Stärke der am Commutator auftretenden Funken.

Die vier Bürsten sind an einem Metallstück befestigt, welches sich um die Axe des Cylinders drehen lässt; die schleifenden Bürsten lassen sich daher auch an andere Stellen der Wickelung anlegen, als gerade an denjenigen, welche sich jeweilen zwischen den beiden Polflächen befinden. Die Erfahrung hat nämlich gezeigt, dass die Stellen der Wickelung, welche ohne elektromotorische Kraft sind, und mit welchen die Schleifbürsten zu verbinden sind, nicht zwischen beiden Polflächen liegen, in der Linie *a'b'*, Fig. 217, sondern etwas verschoben sind nach *ab*. Diese Verschiebung geschieht stets im Sinne der Drehung und rührt von der magnetisirenden Wirkung des Stromes in den sich drehenden Drähten auf den Eisenkern des Ankers her.

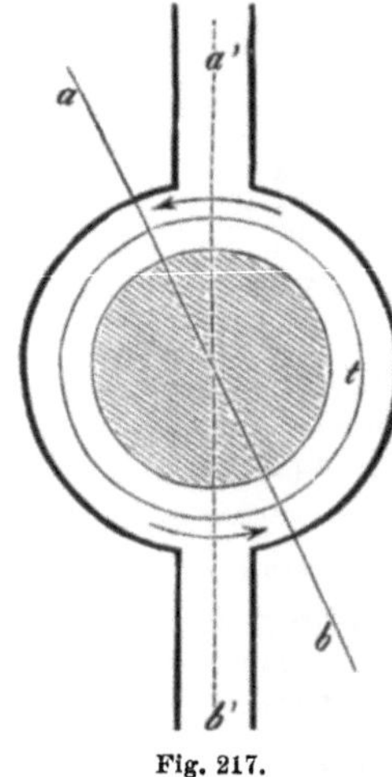

Fig. 217.

Interessant ist der Verlauf der elektrischen Spannung innerhalb einer solchen Maschine, wenn sie in Thätigkeit versetzt wird.

Die Wirkungen, welche eine solche mit constanter Geschwindigkeit gedrehte Maschine ausübt, sind dieselben, wie diejenigen einer galvanischen Batterie; sie besitzt eine gewisse elektromotorische Kraft und einen gewissen Widerstand, welche unabhängig von dem äusseren Schliessungskreis sind; es lässt sich stets eine galvanische Batterie zusammenstellen, welche eine bestimmte Magnetmaschine ersetzt, und stets eine Magnetmaschine construiren, welche eine bestimmte Batterie ersetzt. Der Verlauf der Spannung innerhalb einer Magnetmaschine jedoch ist ein ganz anderer als derjenige innerhalb einer Batterie.

Wenn die Magnetmaschine ungeschlossen gedreht wird, d. h. ohne dass ihre Endklemmen unter sich verbunden sind, so findet an diesen Endklemmen, oder wie wir in Zukunft sagen, an den Polen eine bestimmte Differenz der elektrischen Spannung statt; dies ist ihre elektromotorische Kraft, wie die elektromotorische Kraft einer Batterie durch die Spannungsdifferenz an den Polen dargestellt wird, wenn die Batterie ungeschlossen ist. Dieselbe hängt nur ab von der Geschwindigkeit und ist bei constanter Geschwindigkeit constant.

Betrachtet man in diesem Falle den Verlauf der Spannung zwischen den Polen, so findet man bekanntlich bei der Batterie, dass die Spannung sich sprungweise ändert: auf den Metallen und den Flüssigkeiten ist sie constant, an den Berührungsstellen zwischen Metall und

Flüssigkeit findet eine constante Differenz der Spannung statt. Innerhalb der Magnetmaschine kann sich die Spannung nur continuirlich ändern, da an keinem Punkte eine elektromotorische Kraft in dem Sinne auftritt, wie bei der Batterie an den Berührungsstellen zwischen Metall und Flüssigkeit. Vielmehr wird in jedem einzelnen Stück des auf dem Anker befindlichen Drahtes durch die Drehung desselben vor den Polflächen der Magnete eine Differenz der Spannung an den beiden Enden des Stückes erzeugt, welche proportional der Länge des Stückes ist. Da dies für die kleinsten Stücke des Drahtes gilt, so muss die Spannung in dem ganzen Draht des Ankers gleichmässig ansteigen oder fallen.

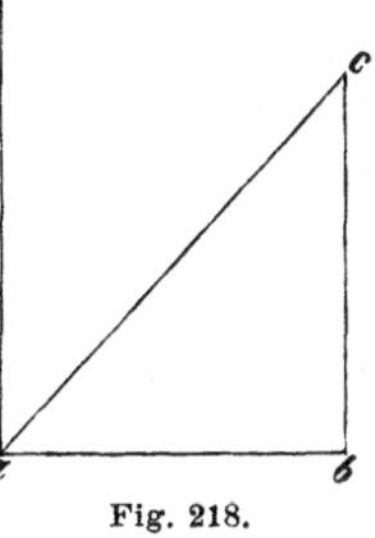

Fig. 218.

Wenn wir also, wie früher S. 63 ff., den Verlauf der Spannung graphisch so darstellen, dass die Abscisse den Widerstand des Drahtes, die Ordinate die Spannung vorstellt, so muss die Spannung innerhalb der Magnetmaschine im ungeschlossenen Zustande, wie in Fig. 218, verlaufen (*a* und *b* sind die Pole der Maschine, der Pol *a* ist an Erde gelegt gedacht); *bc* ist also die elektromotorische Kraft der Maschine.

Im geschlossenen Zustande, wenn der äussere Schliessungskreis keine elektromotorische Kraft enthält, muss also die Spannung in einer

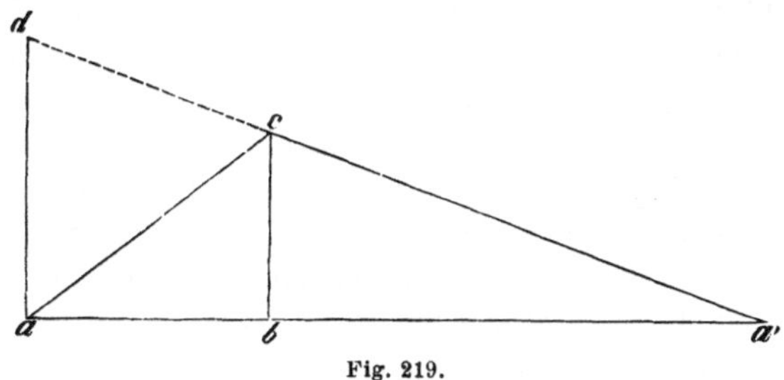

Fig. 219.

gebrochenen geraden Linie, *aca'*, Fig. 219, verlaufen: *ab* bedeutet den Draht des Ankers, *ba'* die äussere Schliessung, *a* und *a'* bedeuten beide denselben Pol der Maschine. Man erhält dieselbe gebrochene Linie, indem man *ad* gleich der elektromotorischen Kraft (= *bc* in Fig. 218) macht und *da'* zieht, hierdurch ist der Punkt *c* bestimmt und daher auch die Linie *ac*.

Man kann sich die Magnetmaschine als eine Batterie von sehr vielen Elementen von sehr geringer elektromotorischer Kraft denken; für diesen Fall geht die für eine Batterie geltende Treppenlinie, Fig. 46, in die Fig. 219 angegebene über.

Elektromotorische Kraft und Widerstand einer Magnetmaschine hängen ganz von der Art der Wickelung des Ankers ab; beide sind um so grösser, je dünner der Draht dieser Wickelung.

Was die Abhängigkeit der elektromotorischen Kraft von der Geschwindigkeit der Drehung betrifft, so ist dieselbe sehr einfach: es herrscht einfache Proportionalität.

Dieser Umstand ist für wissenschaftliche Versuche sehr wichtig, indem hierdurch für die elektromotorische Kraft ein nicht elektrisches, rein mechanisches Mass gegeben ist. Der einzige Umstand, welcher dieses einfache Verhältniss zwischen elektromotorischer Kraft und Drehungsgeschwindigkeit stören könnte, ist die Veränderung der Magnete, von deren Kraft die elektromotorische Kraft noch ausserdem abhängt. Da diese Veränderungen aber nur sehr langsam vor sich gehen, so bleibt für alle, auf nicht zu lange Zeit sich erstreckende Versuche jenes einfache Verhältniss bestehen.

c) Die Dynamomaschinen.

6. Das dynamoelektrische Princip. Bald nachdem die industriellen Erfinder angefangen hatten, grössere magnetelektrische Maschinen zu construiren, stellte sich das Bedürfniss ein, Elektromagnete statt der Stahlmagnete zu verwenden. Wenn man die Wirkung der Maschine durch Vermehrung der Stahlmagnete zu steigern suchte, so gelangte man sehr bald zu bedeutenden Dimensionen — wie das Beispiel der Alliance-Maschine zeigt — während ein durch Batterie erregter Elektromagnet leicht auf dieselbe Kraft bei viel geringerer Grösse gebracht werden kann. Die Anwendung von Elektromagneten führte in naturgemässer Entwickelung auf die Entdeckung des dynamoelektrischen Princips, und durch diese Entdeckung erst wurde die Construction grosser stromgebender Maschinen ermöglicht; die Grenze dieser Construction ist durch jene Entdeckung sogar soweit gerückt, dass dieselbe zur Zeit als noch nicht erreicht zu betrachten ist.

Zunächst wurden von Wilde und Ladd in England grosse Siemens'sche Doppel-T-Maschinen gebaut, in welchen ein Elektromagnet die Stelle der Stahlmagnete vertrat; der Elektromagnet wurde nicht durch Batterie, sondern durch eine kleinere Doppel-T-Maschine mit Stahlmagneten erregt, welche zugleich mit der ersteren Maschine in Drehung versetzt wurde. An der kleineren Maschine musste ein Commutator angebracht werden, um den Strom derselben gleich gerichtet zu machen, da der Elektromagnet stets dieselbe Polarität behalten musste; wenn die Maschine sehr rasch gedreht wird, so wird, trotz der wechselnden Stärke ihres Stromes, der Magnetismus des Elektromagnets beinahe constant, da derselbe wegen der grossen Eisenmasse den Stromschwankungen nicht mehr folgen kann und in Folge dessen einen mittleren Werth annimmt. Die grosse Maschine, deren Anker den zur Verwendung im äusseren Stromkreis kommenden Strom liefert, liess sich nicht mit einem Commutator versehen, wegen zu grosser Funken, konnte also nur Wechselströme geben; man erreichte jedoch schon auf diesem Wege kräftigere Licht- und Wärmewirkungen, als mit allen früheren Maschinen mit Stahlmagneten.

Nun warf sich die Frage auf, ob diese beiden Maschinen sich nicht in eine einzige vereinigen liessen, oder ob die stromgebende Maschine ihren Elektromagnet nicht selbst erregen könne.

Dass man den Strom einer Magnetmaschine mit gleichgerichtetem Strom benutzen kann, um die Magnete zu verstärken, ist unmittelbar klar; denn ebenso gut, als man durch diesen Strom irgend einen Elektromagnet erregt, kann man auch die Magnete der Maschine mit Drahtrollen versehen und vom Strom durchlaufen lassen; je weicher die Magnete sind, desto grösser ist dann die Verstärkung des Magnetismus durch den eigenen Strom der Maschine. Denkt man sich z. B. eine Doppel-T-Maschine mit Magneten aus weichem Stahl, auf welche Drahtrollen gesteckt und so geschaltet sind, dass der der im Anker stehende Strom vor dem Eintritt in den äusseren Kreis dieselben durchläuft und den Magnetismus verstärkt, so leuchtet ein, dass eine solche Maschine Anfangs zwar schwachen Strom gibt wegen der geringen Stärke der Magnete, dass aber der Magnetismus dieser letzteren durch den Strom der Maschine verstärkt wird und dadurch auch wieder in der Maschine ein stärkerer Strom erzeugt wird. Weicher Stahl aber kann unter dem Einfluss eines kräftigen Stromes einen viel höheren Magnetismus annehmen, als harter Stahl; man sieht daher die Möglichkeit, dass in einer solchen Maschine sowohl der Magnetismus als der Strom eine bedeutendere Stärke erreichen können, als in einer Maschine mit unbewickelten Schenkeln.

Je weicher man den Stahl nimmt, desto geringer wird sein remanenter Magnetismus, desto grösser aber der Magnetismus, welchen derselbe unter Einfluss von Strom annehmen kann. Auf den letzteren Magnetismus aber kommt es allein an; mit dem remanenten Magnetismus fängt die Maschine bloss an, derselbe dient nur dazu, um die Erzeugung von Strom in Gang zu bringen; jedoch die Stärke desselben hat durchaus keinen Einfluss auf die schliessliche Stärke des Magnetismus in der Maschine.

Den weitaus grössten Magnetismus unter Einfluss von Strom nimmt weiches Eisen an; dafür ist aber sein remanenter Magnetismus sehr gering. Da nun die kleinste Spur von Magnetismus genügt, um Strom zu erzeugen, und da auch das weichste Eisen noch remanenten Magnetismus besitzt, so ist kein Grund vorhanden, wesshalb man für die (umwickelt gedachten) äusseren Magnete statt des weichen Stahles nicht weiches Eisen nehmen sollte; im Gegentheil muss eine solche Maschine gerade die grösste Wirkung geben. Eine solche Maschine ist aber nichts weiter als die dynamoelektrische Maschine, welche Werner Siemens im December 1866 und beinahe gleichzeitig Wheatstone im Februar 1867 erfanden.

Beide Erfinder knüpften ihre Erfindung an die Siemens'sche Doppel-T-Maschine, indem sie dieselbe in eine dynamoelektrische umwandelten; das Princip aber ist ein allgemeines und lässt sich unmittelbar auf jede

Fig. 220.

magnetelektrische Maschine mit gleichgerichtetem Strom anwenden, also namentlich auch auf die Maschinen von Pacinotti und v. Hefner. Jede dieser Maschinen lässt sich in eine dynamoelektrische verwandeln dadurch, dass man an Stelle der Stahlmagnete Elektromagnete, d. h. mit Draht von passendem Widerstande bewickelte Eisenstücke setzt und die Wickelung so schaltet, dass der aus dem Anker kommende Strom zuerst die Elektromagnete umläuft und dann in den äusseren Schliessungskreis eintritt. Die Elektromagnete nennt man gewöhnlich Schenkel.

7. Maschine Pacinotti - Gramme. Fig. 220 zeigt eine dynamoelektrische Maschine nach dem Pacinotti'schen System von Gramme.

An einem aus zwei starken, eisernen Platten bestehenden Gestell sind oben und unten die Elektromagnete in horizontaler Lage befestigt; dieselben haben die gewöhnliche Form von bewickelten Eisenplatten. Jeder dieser Elektromagnete ist in der Mitte durch eine verticale eiserne Platte in zwei Hälften getheilt; jede dieser Platten ist halbkreisförmig ausgedreht, so dass sie einen Theil des Ankers, dicht anschliessend, umgibt. Die inneren Flächen dieser Stücke sind die Polflächen der Maschine: der Stromlauf in den Elektromagneten ist so angeordnet, dass die eine von den beiden eisernen Platten nördlich, die andere südlich magnetisirt wird. Die Platten des Gestells bilden die magnetische Verbindung zwischen den beiden Elektromagneten. Das Magnetsystem lässt sich auch so auffassen, als ob die beiden Rollen rechts, die obere und untere, mit ihren Eisenkernen und der sie verbindenden Platte des Gestells einen in der gewöhnlichen Weise bewickelten Elektromagnet bildete, und die beiden Rollen links mit der anderen Gestellplatte den anderen Elektromagnet, und als ob beide Elektromagnete mit gleichnamigen Polen gegen die ausgedrehten, mittleren Platten gesetzt wären.

Zwischen den Polflächen befindet sich der drehbare Anker, der Pacinotti'sche Ring, auf dessen Axe, auf der rechten Seite, der Commutator aufgesetzt ist. Dieser letztere hat dieselbe Einrichtung, wie bei den Magnetmaschinen von Gramme und von v. Hefner; man sieht in der Figur die eine kupferne Bürste, welche gegen die den einzelnen Abtheilungen des Ankers entsprechenden Kupferstücke schleift. Die vielen, aus dem Anker nach rechts vorstehenden Blechstücke sind Verbindungsstücke zwischen der Wickelung und den Kupferstücken des Commutators.

8. Maschine von Hefner-Alteneck (Siemens & Halske). Fig. 221 stellt die ältere, Fig. 222 die neuere Form dieser Maschine dar.

Das Hauptmerkmal, wodurch sich diese Maschine von der Pacinotti-Gramme'schen unterscheidet, besteht in der Construction und Schaltung des Ankers, wie bereits besprochen. Da nun bei diesem System die über die Stirnflächen des Ankers, senkrecht zur Axe, geführten Drähte weniger Wirkung ergeben, als die parallel zur Axe geführten, so fällt bei dieser Maschine die Länge des Ankers stets grösser aus als der Durchmesser, während bei der Gramme'schen Maschine der Durchmesser grösser ist; hierin ist einer der Gründe enthalten, wesshalb die Schenkel bei dieser Maschine eine andere Gestalt erhalten haben.

Bei der älteren Form haben die Schenkel sog. Bandform, d. h. die Eisenkerne der Elektromagnete bilden im Ganzen ein System, das man sich durch das Herumführen eines breiten, dicken Eisenbandes

Fig. 221.

Fig. 222.

um den Anker entstanden denken kann. Fig. 223 stellt den Querschnitt dieses Systemes dar; an 4 Stellen ist jenes Band von Drahtspulen umgeben, welche in n, n Nordpole, in s, s Südpole erzeugen; man kann das elektromagnetische System, wie bei Gramme, als aus zwei Hufeisen bestehend auffassen, welche mit den gleichnamigen Polen aufeinander stossen. Das Schenkeleisen dieser Construction ist Schmiedeeisen.

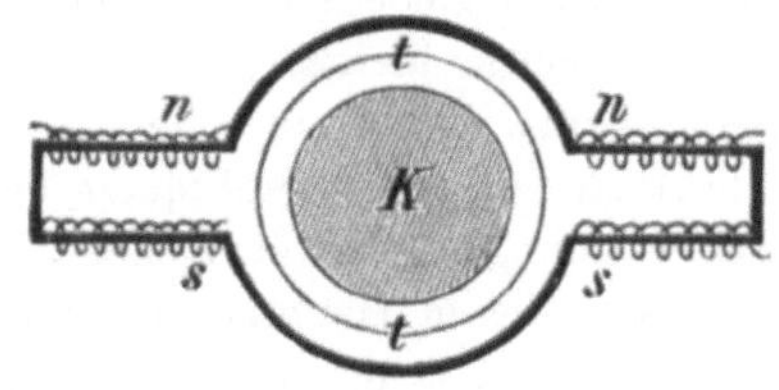

Fig. 223.

In der neueren Construction (Modell H) wird als Schenkeleisen Gusseisen verwendet; der ganze Körper der Maschine, mit Ausnahme der Lagerböcke und der Anker, besteht aus einem einzigen Gussstück. Die beiden Schenkel sind Cylinder, über welche die beiden Spulen gestülpt werden und welche halbrunde Ausschnitte besitzen, welche den Anker dicht umhüllen.

Der Commutator dieser letzteren Form ist ein sog. Luftcommutator, d. h. die einzelnen Kupferlamellen, welche an den Bürsten vorbeistreichen, sind nicht durch Isolirmassen, sondern durch Lufträume von einander getrennt; jede Lamelle lässt sich abnehmen.

9. Die Schaltungen der Dynamomaschine. Im Stromkreis einer stromerzeugenden Dynamomaschine sind 3 Theile zu unterscheiden: der Anker (a), welcher den Strom erzeugt, die Schenkel oder Elektromagnete (s), welche den Magnetismus hervorbringen, und der äussere Kreis (u), in welchem elektrische Arbeit geleistet wird.

Es gibt nur zwei Hauptarten der Schaltung dieser drei Theile des Stromkreises:

1. die directe Schaltung, bei welcher Anker, Schenkel und äusserer Kreis hinter einander geschaltet sind (s. Fig. 224).

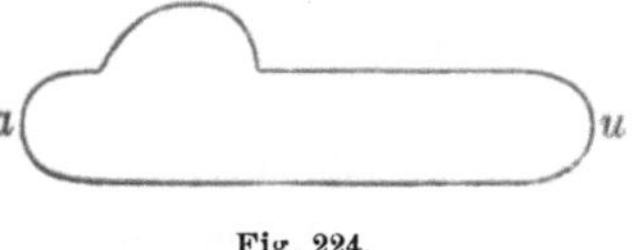

Fig. 224.

2. die Nebenschlussschaltung, bei welcher Anker, Schenkel und äusserer Kreis zwischen zwei Punkten, den Polen der Maschine, parallel geschaltet sind, bei welcher also die Schenkel im Nebenschluss zu Anker und äusserem Kreis liegen, s. Fig. 225.

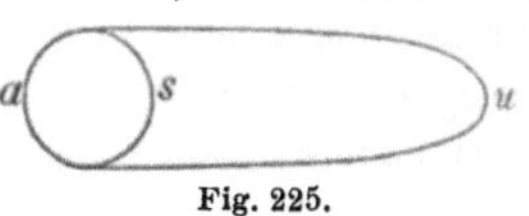

Fig. 225.

Die Schenkelwickelungen bei directer und bei Nebenschlussschaltung unterscheiden sich vor Allem durch die Dicke des Drahtes und die Anzahl der Windungen. Da bei directer Schaltung die Schenkelwickelung den vollen Strom aus dem Anker erhält, so muss der Drahtquerschnitt dem vollen Strom entsprechend gewählt werden; es genügen aber verhältnissmässig wenige Windungen, um den nöthigen Magnetismus zu erzeugen. Bei Nebenschlussschaltung dagegen darf die Schenkelwickelung nur einen kleinen Theil des Ankerstroms erhalten, damit der äussere Strom nicht zu sehr geschwächt wird; es muss daher ihr Widerstand hoch, der Drahtquerschnitt gering sein; man bedarf aber vieler Windungen, um genügenden Magnetismus zu erzeugen.

Ausser diesen Hauptarten der Schaltung gibt es noch gemischte Wickelungen, d. h. solche, bei denen ein Theil (mit dickem Draht) direct, ein anderer Theil (mit dünnem Draht) im Nebenschluss geschaltet ist; wir werden eine solche Wickelung bei Besprechung der Gleichspannungsmaschine kennen lernen.

10. Die Dynamomaschine mit directer Schaltung. Bei der Betrachtung des elektrischen Verhaltens einer Dynamomaschine muss man sich zunächst von dem Argwohn befreien, dass dieses Verhalten vom Zufall abhänge, weil bei jeder Inbetriebsetzung zunächst eine Selbsterregung erfolgt und diese vom remanenten Magnetismus abhängt. Wenn auch dieser letztere sehr variabel ist, so hängen doch die Magnetismen und Stromstärken, welche nach der Selbsterregung auftreten, nur in geringem Masse vom remanenten Magnetismus ab, im Wesentlichen dagegen von den elektrischen und mechanischen Verhältnissen, unter welchen die Maschine in Gang gesetzt wird.

Für eine direct geschaltete Maschine ist klar, dass eine Selbsterregung nur entstehen kann, wenn die Pole durch einen äusseren Widerstand geschlossen sind, weil nur dann sich Strom entwickeln kann. Arbeitet die Maschine bei constanter Geschwindigkeit und schaltet man zunächst einen sehr grossen, dann immer kleinere äussere Widerstände ein, so sind die Stromstärken Anfangs gering und wachsen langsam, bis bei einem ziemlich genau bestimmten äusseren Widerstand ein viel kräftigerer Strom sich zeigt, der dann bei abnehmendem Widerstand schnell ansteigt.

Dieses Verhalten rührt davon her, dass die Maschine Anfangs bloss als magnetelektrische arbeitet, wobei der remanente Magnetismus die Rolle des permanenten Magnetismus spielt und durch den in der Maschine herrschenden Strom wenig oder gar nicht verändert wird, während von einem bestimmten Widerstand an das dynamoelektrische Ansteigen eintritt.

Das elektrische Verhalten einer direct geschalteten Dynamomaschine ist nun, auch abgesehen von der Selbsterregung, ein complicirtes und lässt sich ohne Rechnung oder ein System graphischer Darstellungen nicht beschreiben. Man hat eine Anzahl elektrischer Grössen: Stromstärke (J), Polspannung (P), elektromotorische Kraft (E), und ausserdem die „äusseren Bedingungen“: den äusseren Widerstand (u) und die Geschwindigkeit (v) des Ankers; diese sämmtlichen Grössen hängen von einander ab, aber im Allgemeinen nicht in einfacher Weise; es gibt nur Eine Art, durch welche sich das Verhalten der Maschine durch eine einzige Curve oder einfache Formel darstellen lässt, die sogenannte Stromcurve.

Von den elektrischen Grössen ist zunächst klar, dass, wenn alle Widerstände bekannt sind, zwei derselben sich berechnen lassen, wenn die dritte gegeben ist. Ist z. B. die Stromstärke J bekannt, und bezeichnen: a den Widerstand des Ankers, d denjenigen der (direct geschalteten) Schenkel, $W = a + d + u$ den Gesammtwiderstand des Kreises, so ist

$$E = JW, \quad P = Ju = E\frac{u}{W}.$$

Sucht man nun die Abhängigkeit der Stromstärke J von den äusseren Bedingungen, der Geschwindigkeit v und dem äusseren Widerstand u, darzustellen, so hat man im Allgemeinen Eine abhängige und zwei unabhängige Variabeln; diese Abhängigkeit lässt sich also durch eine Curve nicht darstellen.

Eine Vereinfachung bringt nun die folgende Betrachtung.

Die E. M. K. E ist proportional dem Magnetismus M und der Geschwindigkeit v, oder

$$E = fMv,$$

wo f eine Constante; es ist daher auch der Strom

$$J = \frac{E}{W} = \frac{fMv}{W}.$$

Nun kann aber der Magnetismus M nur von der Stromstärke abhängen, d. h.

$$M = F(J),$$

wo F ein Functionszeichen, und man hat

$$J = \frac{fv}{W} F(J), \quad \text{woraus}$$

$$\frac{J}{F(J)} = f\frac{v}{W} \quad . \quad . \quad . \quad . \quad . \quad . \quad 1)$$

Links steht eine Function der Stromstärke, rechts das Verhältniss der Geschwindigkeit zum Gesammtwiderstand $\left(\frac{v}{W}\right)$; es kann also die Stromstärke nur von diesem Verhältniss abhängen.

Stellt man also an einer direct geschalteten Dynamomaschine eine Reihe von Versuchen bei verschiedenen Geschwindigkeiten und Widerständen an und berechnet für jeden Versuch das Verhältniss $\frac{v}{W}$, so lässt sich das Verhalten der Maschine durch eine einzige Curve darstellen, wenn man $\frac{v}{W}$ als Abscisse und die Stromstärke J als Ordinate aufträgt.

Für diese „Stromcurve" erhält man nun die in Fig. 226 dargestellte Form: einem langsamen Ansteigen, vom Nullpunkt aus, folgt eine ziemlich scharfe Wendung (entsprechend dem Beginn der dynamoelektrischen Wirkung) und ein Uebergang in eine gerade Linie; der anfängliche Verlauf kommt in Wirklichkeit nicht in Betracht, da man die Maschine für so kleine Stromstärken nicht benutzt; das Verhalten der Maschine ist also im Wesentlichen durch eine gerade Linie dargestellt.

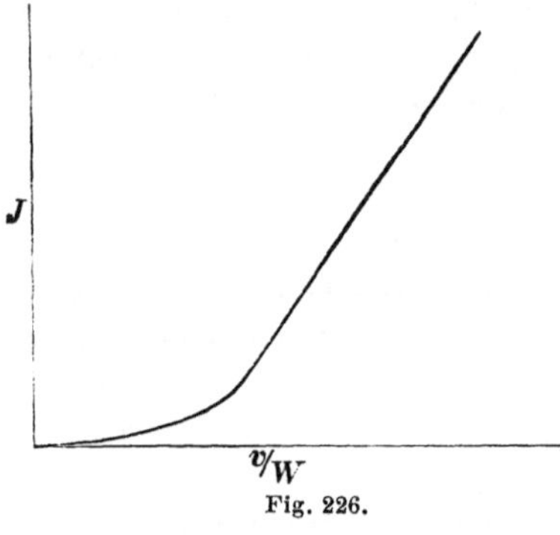

Fig. 226.

Aus der Natur dieser Curve ergibt sich zunächst, dass die Stromstärke einen praktisch erheblichen Werth erst annimmt, nachdem das Verhältniss $\frac{v}{W}$ einen gewissen Werth überschritten hat.

Arbeitet man bei constantem äusseren Widerstand und lässt die Geschwindigkeit allmählig wachsen, so liefert die Maschine erheblichen Strom erst, nachdem eine gewisse Geschwindigkeit überschritten ist, welche man daher auch die todten Touren nennt. Bei Maschinen mit schmiedeeisernen Schenkeln und starker Schenkelwickelung, welche also leicht Magnetismus annehmen, und bei normalem äusseren Widerstand, d. h. bei demjenigen, der normaler Geschwindigkeit, normaler Polspannung und normaler Stromstärke entspricht, betragen die todten Touren etwa $\frac{1}{10}$ — $\frac{1}{7}$ der normalen Geschwindigkeit, bei Maschinen mit gusseisernen Schenkeln und schwacher Schenkelwickelung, welche also schwer magnetisirbar sind, etwa $\frac{1}{2}$ — $\frac{1}{3}$.

Ferner zeigt die Stromcurve, dass der Strom denselben Werth behält, wenn das Verhältniss $\frac{v}{W}$ denselben Werth behält; hat man also z. B. bei einem bestimmten Werth von $\frac{v}{W}$ einen bestimmten Werth des Stromes und möchte den letzteren bei einem grösseren äusseren Widerstand wieder erhalten, so hat man die Geschwindigkeit in demselben Masse zu vergrössern, wie der äussere Widerstand vergrössert wurde.

Auch die Rolle, welche die Magnetisirung der Schenkel spielt, lässt sich aus der Stromcurve erkennen.

Aus Betrachtungen, die wir hier nicht vorführen, erhellt, dass wenn die Maschine sich unendlich leicht magnetisirt, also namentlich sehr viele Schenkelwindungen besitzt, die Stromcurve durch den Anfangspunkt geht (s. punktirte Linie, Fig. 227) und zwar parallel dem geraden Theil einer bei geringerer Schenkelwickelung sich ergebenden Stromcurve; je schwerer sich die Maschine magnetisirt, desto grösser werden der Abstand beider Linien und die todten Touren (a); die Maschine muss also gleichsam ein Stück Geschwindigkeit, oder genauer gesprochen, ein Stück von $\frac{v}{W}$ opfern, um sich selbst zu magnetisiren.

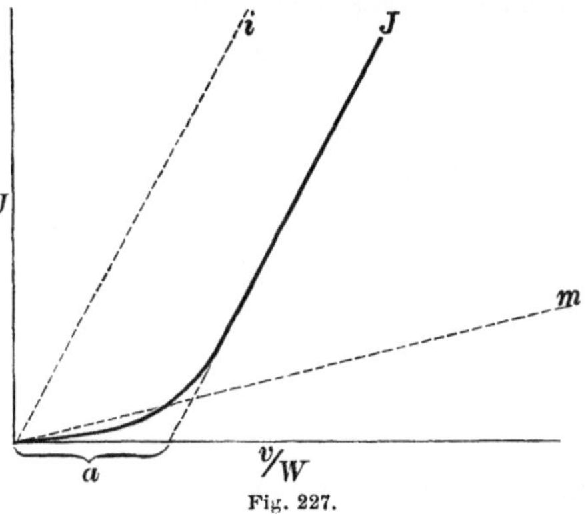

Fig. 227.

Ersetzt man die elektromagnetischen Schenkel durch Magnete, ohne den Anker zu verändern, so nimmt die Stromcurve die Gestalt m, s. Fig. 227, an. Dieselbe geht durch den Nullpunkt, weil die Maschine nicht für die Magnetisirung zu sorgen hat, ergibt aber in dem Bereich von $\frac{v}{W}$, in welchem die Dynamomaschine kräftige Ströme liefert, viel geringere Stromstärken. Diess rührt davon her, dass der Magnetismus der Stahlmagnete viel schwächer ist als derjenige der elektromagnetischen Schenkel, wenn einigermassen kräftiger Strom herrscht.

11. Die Dynamomaschine mit Nebenschlussschaltung. Der Unterschied der Nebenschlussschaltung und der directen äussert sich zunächst in der Selbsterregung. Während die direct geschaltete Maschine ohne äusseren Schluss sich nicht erregen kann, ist dies bei der Nebenschlussmaschine der Fall, weil dieselbe einen in sich geschlossenen Kreis bildet. Dagegen erregt sich die letztere nicht, wenn man ihre Pole kurz schliesst, d. h. durch einen Draht von sehr geringem Widerstand verbindet, weil alsdann kein Strom durch die Schenkel gehen kann; bei der direct geschalteten Maschine dagegen ist die Selbsterregung die leichteste und schnellste, wenn die Pole kurz geschlossen sind. Bei der Nebenschlussmaschine darf also, damit eine Selbsterregung möglich sei, der zwischen den Polen eingeschaltete äussere Widerstand nicht unter einem gewissen Werth liegen.

Wie bei der directen Wickelung, so gibt es auch bei der Nebenschlussschaltung nur eine einzige Art, wie man das elektrische Verhalten der Maschine durch eine Curve darstellen kann; es ist dies die sog. Polspannungscurve.

In Bezug auf den Magnetismus herrscht zwischen der direct geschalteten und der Nebenschlussmaschine vor Allem der Unterschied, dass derselbe bei der ersteren Maschine vom Hauptstrom, bei der letzteren von dem Theil des Hauptstroms, der durch die Nebenschlusswickelung geht, abhängt. Dieser letztere Strom ist aber gleich dem Verhältniss der Polspannung zu dem Widerstand der Nebenschlusswickelung; da der letztere constant ist, kann man bei der Nebenschlussmaschine den Magnetismus auch als abhängig von der Polspannung betrachten.

Wir haben auch hier, wie bei der direct geschalteten Maschine, für die elektromotorische Kraft

$$E = fMv;$$

es ist aber, wenn P die Polspannung, φ ein Functionszeichen,

$$M = \varphi(P).$$

Um nun E ebenfalls durch P auszudrücken, bezeichnen wir mit w den aus dem äusseren Widerstand (u) und dem Nebenschluss (n) gebildeten Zweigwiderstand $\left(\frac{1}{w} = \frac{1}{u} + \frac{1}{n}\right)$, mit W den Gesammtwiderstand und erhalten

$$E = P\frac{W}{w}.$$

Die Gleichung für E wird daher:

$$P\frac{W}{w} = fv \, . \, \varphi(P) \qquad \text{oder}$$

$$\frac{P}{\varphi(P)} = fv\frac{w}{W} \quad . \; . \; . \; . \; . \; . \; . \; . \quad 2)$$

Links steht eine Function der Polspannung, rechts das Product der Geschwindigkeit v mit dem Widerstandsverhältniss $\frac{w}{W}$; es kann also umgekehrt die Polspannung nur von der Grösse $v\frac{w}{W}$ abhängen.

Es ist also auf diese Weise auch hier die Abhängigkeit einer elektrischen Grösse von einer einzigen, aus der Geschwindigkeit und Widerständen zusammengesetzten Grösse gefunden, während alle anderen Arten der Darstellung auf zwei unabhängige Variabeln führen.

Die Form nun, welche sich für diese Polspannungscurve (Abscisse: $v\frac{w}{W}$, Ordinate: P, s. Fig. 228) aus Versuchen ergibt, ist eine ganz ähnliche, wie bei der Stromcurve: zuerst ein langsames, krummliniges Ansteigen, dann eine ziemlich scharfe Wendung und Uebergang in eine gerade Linie.

Wie bei der directen Schaltung, so kann, wie sich aus dieser Curve ergibt, bei der Nebenschlussschaltung die Polspannung einen erheblichen Werth nur annehmen, wenn die Grösse $v \frac{w}{W}$ den Werth überschritten hat, den man erhält, wenn man den geradlinigen Theil der Curve rückwärts verlängert und die Abscissenaxe schneiden lässt. Nun ist aber das Verhältniss $\frac{w}{W}$ am grössten, wenn gar kein äusserer Kreis vorhanden ist und die Maschine nur in sich arbeitet. Die Geschwindigkeit, bei der die Maschine angeht, ist also ohne äusseren Kreis die kleinste; schaltet man äusseren Widerstand ein, so bedarf das Angehen einer grösseren Geschwindigkeit. Es gibt also auch hier todte Touren; jedoch ist der Werth derselben von dem äusseren Widerstand abhängig, wie bei der directen Schaltung, nur in anderer Weise.

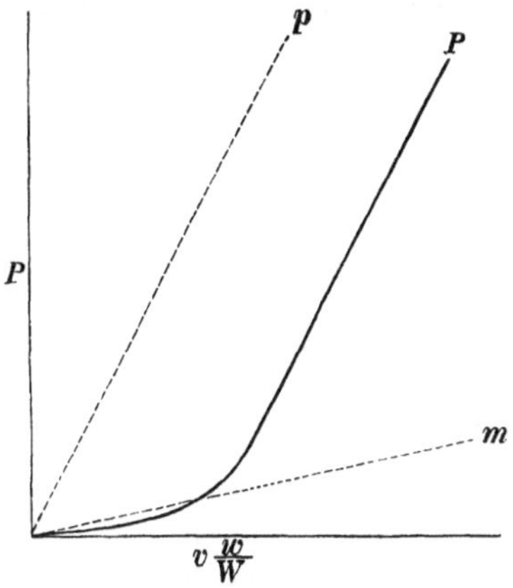

Fig. 228.

Aus der Polspannungscurve ist ferner zu schliessen, dass, wenn die Grösse $v \frac{w}{W}$ denselben Werth hat, auch die Polspannung denselben Werth hat. Hat man z. B. ohne äusseren Kreis bei einer bestimmten Geschwindigkeit eine gewisse Polspannung erhalten, so erhält man dieselbe Polspannung wieder bei äusserem Widerstand und höherer Geschwindigkeit, aber bei demselben Werth von $v \frac{w}{W}$.

Würde die Maschine unendlich viel Schenkelwindungen besitzen, so würde die Polspannungscurve eine Gerade p werden, die durch den Anfangspunkt geht und parallel dem geradlinigen Theil einer bei beschränkter Schenkelwickelung sich ergebenden Stromcurve. Es wird also auch hier gleichsam Geschwindigkeit oder ein Stück von $v \frac{w}{W}$ geopfert, um die Schenkel zu magnetisiren.

Auch der Vergleich mit der Magnetmaschine fällt ähnlich aus, wie bei der directen Schaltung.

12. Gemischte Wickelung; Gleichspannungsmaschine. Wir haben bereits bemerkt, dass man in der Technik auch gemischte Schenkelwickelungen anwendet, d. h. solche, die theils aus directer, theils aus Nebenschlusswickelung bestehen; die wichtigste Anwendung dieser Combination ist die Gleichspannungsmaschine.

Für mehrere technische Zwecke, namentlich für elektrische Glühlampen, ist es nothwendig, dass die elektrische Maschine stets dieselbe Polspannung (bei constanter Geschwindigkeit) liefert, unabhängig von der Grösse des äusseren Widerstandes oder der Anzahl der eingeschalteten Glühlampen.

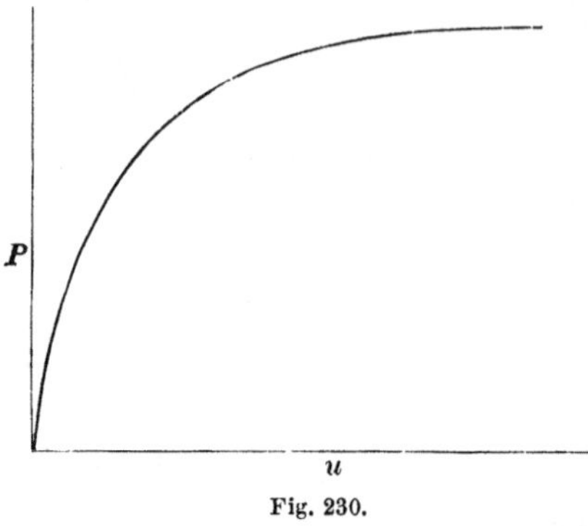

Fig. 230.

Nun zeigt die Nebenschlussmaschine in dieser Beziehung, bei constanter Geschwindigkeit, folgendes Verhalten, s. Fig. 230 (Abscisse: äusserer Widerstand u, Ordinate: Polspannung P): die Polspannung steigt bei wachsendem äusseren Widerstand Anfangs rasch, dann immer langsamer und nähert sich zuletzt asymptotisch einem bestimmten Grenzwerth. Die ganz kleinen äusseren Widerstände kommen nun praktisch nicht in Betracht, da bei denselben die Maschine überanstrengt würde; es bietet also die Nebenschlussmaschine in dem praktisch einzuhaltenden Bereich der äusseren Widerstände bereits eine ziemlich constante Polspannung dar.

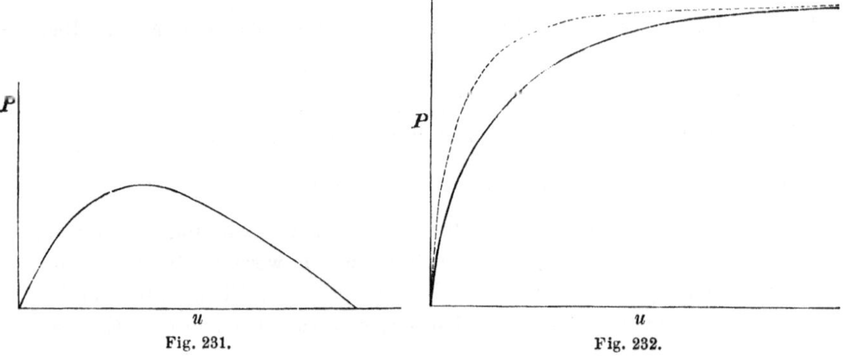

Fig. 231. Fig. 232.

Eine Maschine mit directer Schaltung verhält sich anders, s. Fig. 231: die Polspannung steigt auch, mit wachsendem äusseren Widerstand, Anfangs rasch, erreicht aber alsdann ein Maximum und sinkt zuletzt allmählig auf Null zurück.

Man sieht, dass, wenn man zu der Curve für Nebenschlussschaltung eine zweite von ähnlichen Eigenschaften, wie bei directer Schaltung, addirt, s. Fig. 232, man die erstere Curve wesentlich verbessert und, abgesehen vom anfänglichen Verlauf, einer geraden Linie recht nahe bringen kann. Man hat desshalb versucht, die Hauptschenkelwickelung der Maschine als Nebenschluss auszuführen, derselben aber noch eine zweite corrigirende, von geringerer Wirkung, von directer Schaltung, zuzufügen, und es gelang auf diese Weise Maschinen zu construiren, deren Polspannung in dem praktischen Bereich des äusseren Widerstandes nur ganz wenig von einer constanten Grösse abweicht.

13. Secundäre Erscheinungen. Wir wollen noch kurz zwei secundäre Erscheinungen besprechen, deren Einfluss, namentlich bei den neueren Dynamomaschinen, zwar nicht bedeutend ist, welche jedoch physikalisches Interesse darbieten.

Die eine ist die Rückwirkung der Ströme in den Ankerdrähten auf den Magnetismus. Der Magnetismus wird im Wesentlichen durch die Schenkelwindungen erzeugt, durch den Magnetismus und die Drehung der Ankerwindungen entsteht elektromotorische Kraft und Strom in den Ankerdrähten; daraus geht unmittelbar hervor, dass der Strom in den Ankerdrähten den Magnetismus schwächt. Denn, wie wir S. 182 gesehen haben, dass der durch Bewegung erzeugte Inductionsstrom stets die Bewegung zu hemmen sucht, so ist auch seine magnetische Rückwirkung stets derart, dass der Magnetismus geschwächt wird.

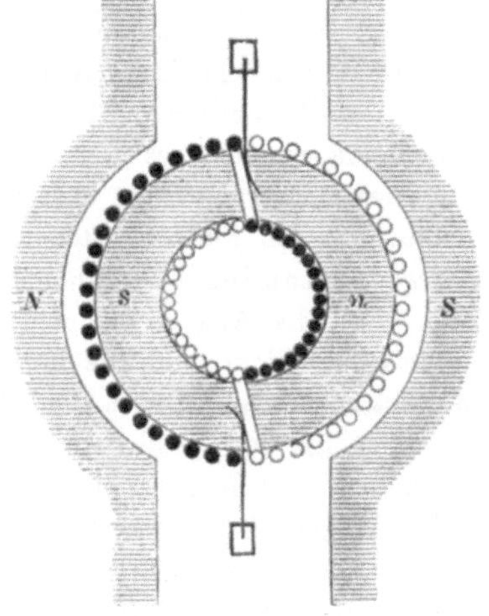

Fig. 233.

Wie diese Schwächung erfolgt, sehen wir am einfachsten am Pacinotti-Gramme'schen Ring. Die Wickelung desselben bildet ein in sich zurückkehrendes überall gleichartiges Ganzes, in dessen beiden Hälften aber die Stromrichtung verschieden ist; zeichnen wir die Drahtquerschnitte der einen Stromrichtung voll, diejenigen der anderen leer, so ergibt sich das in Fig. 233 wiedergegebene Bild. Die Ankerwickelung bildet also zwei halbkreisförmige, galvanische Schrauben, die an den beiden Stellen, wo die Bürsten anliegen, mit ihren Polen auf einander stossen; und zwar sind diese Pole, wie sich aus der Stromrichtung ergibt, gleichartige, zwei Nordpole bei der einen, zwei Südpole bei der anderen Stromableitungsstelle.

Diese beiden Schrauben müssen daher den durch die Schenkelwirkung hervorgerufenen Magnetismus des Ankers verändern; würden sie allein wirken, so würden sie an jeder Ableitungsstelle einen Pol erzeugen, während die Schenkel allein an diesen Stellen neutralen Magnetismus, und die Pole (n, s) senkrecht dazu erzeugen.

Die Ankerwickelung übt daher eine drehende und eine schwächende Wirkung auf den von den Schenkeln hervorgerufenen Magnetismus aus; da aber ferner die Bürsten an den magnetisch neutralen Stellen aufliegen sollen, ist man genöthigt, dieselben zu drehen, und zwar, wie man durch Betrachtung der Stromrichtungen und der magnetischen Polaritäten findet, in der Richtung der Drehung des Ankers, siehe S. 322. Dasselbe gilt auch für die v. Hefner'sche Maschine.

Eine andere, mehr verborgene secundäre Erscheinung ist der Einfluss der Selbstinduction.

Wir wir gesehen haben, kostet es bei jedem Strom eine gewisse Arbeit, um denselben zu erzeugen und es geht ebenso viel Arbeit verloren (d. h. wird in andere Energieformen verwandelt), wenn der Strom aufhört. Nun wird aber jedesmal, wenn eine Commutatorlamelle an der Bürste vorbeigeht, in einer Anzahl von Windungen die Stromrichtung umgekehrt, d. h. der frühere Strom vernichtet und der entgegengesetzte Strom erzeugt; dieser Vorgang kostet Arbeit, und enthält eine der Ursachen, wesshalb die an der Riemscheibe der Maschine aufgewendete mechanische Kraft nicht ganz in elektrische Energie verwandelt wird, sondern ein kleiner Theil verloren und in andere Energieformen umgewandelt wird.

Dieser Energieverlust äussert sich theilweise in den an den Bürsten oft auftretenden Funken, stets aber in einer Vermehrung des Ankerwiderstandes. Wie man sich durch directe Messungen überzeugen kann, hat die Ankerwickelung in Bewegung einen erheblich höheren elektrischen Widerstand, als in Ruhe, und zwar ist die Vermehrung um so stärker, je mehr Draht die Wickelung enthält.

In Folge dessen wird in den neueren Constructionen der Dynamomaschinen danach gestrebt, das Gewicht des Kupferdrahtes auf dem Anker möglichst zu verringern.

14. Die Dynamomaschine als elektrischer Motor. Schickt man in eine Dynamomaschine elektrischen Strom, so werden die Schenkel magnetisirt und es entsteht zwischen den magnetischen Polflächen und den vom Strom durchflossenen Ankerdrähten eine Zugkraft, durch welche der Anker in Bewegung versetzt wird. Wirkt an der Riemscheibe des Ankers eine Bremskraft, z. B. von einer mit derselben in Verbindung stehenden Arbeitsmaschine, so stellt sich zwischen der mechanischen Bremskraft und der elektrischen Zugkraft Gleichgewicht her, wenn ein solches möglich ist, und die Dynamomaschine wirkt als elektrischer Motor.

Es erhellt, dass bei dieser Anwendung der Dynamomaschine die elektrische Zugkraft (K) eine wichtige Rolle spielt, da von ihr das Bewegungsgleichgewicht abhängt; dieselbe muss proportional sein dem Magnetismus (M) der Polflächen und der in dem Anker herrschenden Stromstärke (J_a), ausserdem der Anzahl der Windungen (n) und gewisser Constanten (c):

$$K = c n M J_a .$$

Bei einer Maschine mit directer Schaltung ist der Ankerstrom gleich dem Schenkelstrom und der Magnetismus hängt von dieser Stromstärke ab, also hängt auch die Zugkraft nur von der Stromstärke ab. Wäre der Magnetismus proportional der Stromstärke, so wäre die Zugkraft proportional dem Quadrat des Stromes; die Abhängigkeit zwischen Magnetismus und Strom ist aber von der S. 246 besprochenen Natur; die Abhängigkeit der Zugkraft vom Strom hat daher die in Fig. 234 (Ordinate: Zugkraft, Abscisse: Strom) dargestellte Form, nämlich anfänglich ein krummliniges Ansteigen und dann allmähliger Uebergang in eine Gerade. Bei starken Strömen ist also die Zugkraft im Wesentlichen proportional dem Strom.

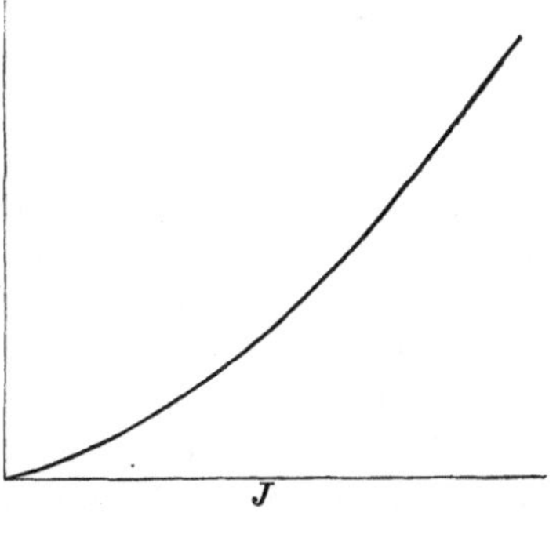

Fig. 234.

Die Richtung, in welcher sich der Anker in Bewegung setzt, hängt ab von der Art der Schaltung.

Bei der directen Wickelung muss die Drehungsrichtung im treibenden Zustand (Motor) entgegengesetzt derjenigen im getriebenen Zustand (Stromerzeuger) sein. Denn, wenn die Maschine als Stromerzeuger arbeitet, so ist die Zugkraft der Bewegung entgegengesetzt gerichtet; dieselbe muss durch die Zugkraft des Riemens überwunden werden. Wird nun der Riemen abgeworfen und von Aussen ein Strom in die Maschine geschickt von derselben Richtung, wie ihn die Maschine zuvor erzeugte, so sind Magnetismus und Stromrichtung in den Ankerdrähten von demselben Sinn wie zuvor, also auch die Zugkraft; da nun aber der Anker der elektrischen Zugkraft folgen kann, dreht er sich in entgegengesetzter Richtung, wie im getriebenen Zustand.

Die Nebenschlussmaschine verhält sich anders.

Arbeitet dieselbe als Stromerzeuger, so zeigt Fig. 235 die in den verschiedenen Zweigen (*a* Anker, *n* Nebenschluss, *u* äusserer Kreis) herrschenden Stromrichtungen. Wirft man nun wieder den Riemen ab und schickt von Aussen Strom von derselben Richtung, wie er zuvor hatte, in die Maschine, so verändert sich die Stromrichtung, s. Fig. 236, in den Schenkeln, nicht dagegen im Anker. Der Magnetismus ändert also sein Zeichen, der Ankerstrom nicht, die Zugkraft erhält demnach entgegengesetzte Richtung wie im getriebenen Zustand; in dem letzteren Zustand sind jedoch die elektrische Zugkraft und die Bewegung einander entgegengesetzt gerichtet, im treibenden Zustand gleichgerichtet: also ist die Drehungsrichtung im treibenden Zustand (Motor)

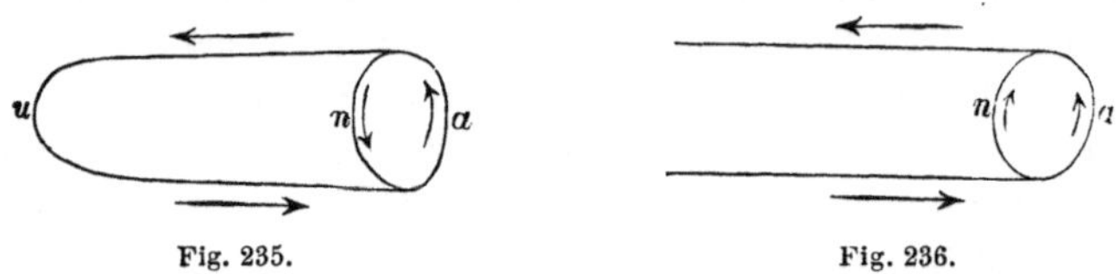

Fig. 235. Fig. 236.

gleichgerichtet derjenigen im getriebenen Zustand (Stromerzeuger).

Durch ähnliche Betrachtungen überzeugt man sich, dass die absolute Stromrichtung keinen Einfluss hat auf die Drehungsrichtung, dass vielmehr die letztere für beide Stromrichtungen dieselbe ist; sie hängt also nur davon ab, ob die Maschine als Stromerzeuger oder als Motor verwendet wird.

Der Strom, der eine als Motor arbeitende Dynamomaschine treibt, muss ebenfalls von einer Dynamomaschine oder einer grossen Batterie erzeugt werden; diese Combination nennt man eine elektrische Kraftübertragung, oder, besser ausgedrückt, elektrische Uebertragung von Energie; auf diese Weise können beliebig grosse Arbeitskräfte auf grössere Entfernungen elektrisch übertragen werden.

Eine nähere Betrachtung dieser, sowie anderer technischen Anwendungen der Dynamomaschinen müssen wir uns versagen, da wir hier nur die physikalischen Merkmale zu besprechen haben.

B. Telegraphenapparate.

Eine der wichtigsten Anwendungen der Eigenschaften des gleichgerichteten Stroms enthält die Telegraphie. Obschon dieser älteste Zweig der Elektrotechnik technisch einen reicheren Inhalt und eine grössere Ausdehnung besitzt, als die übrigen, neueren Zweige, bieten

Fig. 237.

Fig. 238.

die Telegraphenapparate für den physikalischen Gesichtspunkt, den wir in dieser Schrift festhalten, nur wenig Interessantes.

Die sämmtlichen elektromagnetischen Apparate der modernen Telegraphie zerfallen in physikalischer Beziehung in zwei Kategorien, nämlich in unpolarisirte und polarisirte Apparate; beide Arten von Apparaten lassen sich sowohl zur Hervorbringung von telegraphischer Schrift (Schreibapparate), als zur Schliessung und Oeffnung von Contacten (Relais) und zur Auslösung von mechanischen Bewegungen (bei Druckapparaten) verwenden.

Der unpolarisirte Apparat besteht aus einem einfachen Elektromagnet mit beweglichem Anker; sobald ein Strom irgend welcher Richtung durch den Apparat geht, wird der Anker angezogen; die Bewegung des Ankers wird dann dazu benutzt, um ein telegraphisches Zeichen (sichtbar oder hörbar) zu geben, einen Contact zu schliessen u. s. w. Hört der Strom auf, so geht der Anker vermöge der Kraft einer Feder oder eines Gewichtes in seine Ruhelage zurück.

Die polarisirten Telegraphenapparate sind Combinationen von Elektromagneten und permanenten Magneten; man kann einen polarisirten aus einem unpolarisirten Apparat in der Weise entstanden denken, dass sowohl dem Elektromagnet als dem Anker durch Anlegen von Stahlmagneten permanenter Magnetismus ertheilt wird. Wenn der Strom einen solchen Apparat durchfliesst, so wird nicht Magnetismus erzeugt, wie im unpolarisirten Apparat, sondern der vorhandene Magnetismus gestärkt oder geschwächt. Die so entstehenden, anziehenden oder abstossenden Kräfte lassen sich ebenfalls zur Hervorbringung von Bewegungen des Ankers benutzen; allein die Wirkungsweise dieser Apparate unterscheidet sich dadurch wesentlich von derjenigen der unpolarisirten, dass dieselbe von der Stromrichtung abhängt. Denn, wenn z. B. der positive Strom in einem Theil des Apparates den Magnetismus verstärkte, so muss der negative Strom denselben schwächen; bringt also der positive Strom eine Bewegung des Ankers nach rechts hervor, so erzeugt der negative Strom eine solche nach links.

Zu welchen Zwecken diese Eigenschaft der polarisirten Apparate benutzt wird, haben wir hier nicht zu erörtern; wir wollen nur zur Veranschaulichung einen der bekanntesten polarisirten Apparate beschreiben, das polarisirte Relais von Siemens & Halske, welches in den Fig. 237 und 238 im Querschnitt und in der Ansicht von Oben dargestellt ist.

E ist der aus zwei Schenkeln zusammengesetzte Elektromagnet von Hufeisenform, auf dessen Enden die verstellbaren Polschuhe nn aufgesetzt sind. An das die beiden Schenkel verbindende Querstück A ist der gebogene Stahlmagnet NS angeklemmt, so dass die beiden Elektromagnetschenkel nordmagnetisch werden; das Südpolende des Magnets hat die Form einer Gabel, zwischen deren Zinken (in *B*) die Axe des Ankers *C* gelagert ist; der Anker ist von hartem Stahl und wird durch die Nähe des Stahlmagnets permanent magnetisch, so dass das zwischen den Polschuhen befindliche Ende südmagnetisch wird. Ist dieses Ende von den Polschuhen genau gleich weit entfernt, so befindet sich der Anker in einem labilen Gleichgewicht, da er von beiden Seiten mit gleicher Kraft angezogen wird; durch Verstellung der Polschuhe ist aber leicht zu erreichen, dass er von einer Seite stärker angezogen wird. Geht ein Strom von solcher Richtung durch die Rollen des Elektromagnets, dass der Magnetismus des dem Anker näher liegenden Polschuhes geschwächt, derjenige des anderen Polschuhes gestärkt wird, so wird der Anker nach dem letzteren Polschuh hingezogen, kehrt aber nach dem Aufhören des Stromes in seine anfängliche Ruhelage zurück.

Der Anker trägt eine Messingzunge *C'*, deren Ende zwischen den Contactschrauben *D*, *D'* spielt; die Bewegung des Ankers kann daher benutzt werden, um einen Stromkreis zu schliessen und zu öffnen.

IX.

Die elektrischen Erscheinungen in Kabeln.

1. Uebersicht. Kabel nennt man eine zum Telegraphiren bestimmte Leitung, welche nicht, wie in gewöhnlichen Leitungen, über der Erdoberfläche, sondern unter derselben angebracht und daher entweder in den Erdboden, oder in das Wasser des Meeres, der Seen oder Flüsse eingebettet ist. Da sowohl das Wasser, als der Erdboden als ein einziger Leiter von ungeheurer Ausdehnung zu betrachten ist, muss der Leitungsdraht des Kabels der ganzen Länge nach isolirt werden; dies geschieht dadurch, dass der ganze Leitungsdraht mit einer gleichmässigen Schicht von Guttapercha, Gummi oder anderen isolirenden Materialien umgeben wird. Ein auf diese Weise isolirter Draht heisst Kabelader; jedes Kabel enthält eine oder mehrere solcher Adern; die Vereinigung von Adern oder die Aderlitze wird mit Hanf und mit Eisendrähten bewickelt, um dem Kabel die mechanischen Eigenschaften zu ertheilen, welche dasselbe während der Legung und nachher besitzen muss.

In neuerer Zeit greifen immer mehr die Bleikabel Platz, d. h. Kabel, die aus einem oder mehreren, mit Baumwolle besponnenen Kupferdrähten und einer äusseren Hülle von Blei bestehen und deren ganzes Innere mit einer Isolirmasse getränkt ist.

In elektrischer Beziehung ist die Kabelader, oder, wie wir von nun an der Kürze wegen sagen, das Kabel, als ein Leitungsdraht zu betrachten, umgeben von einer isolirenden Schicht, deren Oberfläche, die mit Feuchtigkeit bedeckte und oxydirte Oberfläche der Guttapercha oder das Blei des Bleikabels, leitend ist; hieraus ergibt sich unmittelbar die elektrische Natur des Kabels.

Der Leitungsdraht zunächst besitzt, wie jeder Metalldraht, einen gewissen Widerstand; da derselbe beinahe ohne Ausnahme aus Kupfer angefertigt wird, nennt man denselben den Kupferwiderstand des Kabels.

Der Kupferdraht ist aber nicht der einzige leitende Bestandtheil des Kabels, auch die isolirende Hülle leitet stets etwas. Dies gilt nicht nur für Guttapercha, Gummi und Harze, welche Körper bei der Kabelfabrikation zur Anwendung kommen, sondern wahrscheinlich für alle sog. Isolatoren.

Wenn man bei einem Stück eines sog. Isolators findet, dass es bei Anwendung der stärksten Batterien und der empfindlichsten Instrumente keinen nachweisbaren Strom durchlässt, so ist damit nicht bewiesen, dass dieses Stück nicht leitet, sondern nur, dass seine Leitungsfähigkeit kleiner ist, als die kleinste Leitungsfähigkeit, welche wir unter den betreffenden Umständen noch nachweisen können; häufig lässt sich bei einem Isolator noch Leitungsfähigkeit nachweisen, wenn die Umstände für diesen Nachweis möglichst günstig sind, während unter ungünstigen Umständen keine Spur von Leitungsfähigkeit zu entdecken ist.

So ist es z. B. leicht, einen Cylinder von Guttapercha herzustellen, bei welchem, von einer Endfläche zur anderen, mit der stärksten Batterie und dem empfindlichsten Instrument sich keine Leitung nachweisen lässt. Drückt man diesen Cylinder zusammen, so dass er immer kürzer und dicker wird, so stellt sich, wenn diese Operation bis zu einem gewissen Punkte getrieben ist, deutlich nachweisbare Leitung ein und nimmt zu, je mehr der Cylinder zusammengedrückt wird. Denkt man sich ferner die ganze Guttapercha, welche den Kupferdraht eines atlantischen Kabels umgibt, abgestreift und zu einem Würfel geformt, so wird es mit den feinsten Mitteln gerade noch gelingen, die Leitung von einer Seite des Würfels zur anderen zu zeigen, während dagegen dieselbe Guttapercha, wenn sie in die Form der Kabelhülle gebracht ist, eine Leitung besitzt, welche sich mit ziemlich groben Instrumenten nachweisen lässt. Aus diesem Grunde ist eher die Annahme gerechtfertigt, dass kein Isolator wirklich absolut isolirt, dass vielmehr sämmtliche Isolatoren eine schwache Leitungsfähigkeit besitzen, welche sich jedoch nicht immer nachweisen lässt, da die Leitungsfähigkeit unserer experimentellen Hülfsmittel eine bestimmte Grenze hat.

Vorab ist dies bei den zu Kabelhüllen verwendeten Isolatoren der Fall, die Kabelhülle leitet also stets etwas; den Widerstand, den dieselbe dem Strom entgegensetzt, nennt man den Isolationswiderstand. Wenn also der Kupferdraht des Kabels in einen Stromkreis eingeschaltet wird, von welchem ein Punkt an Erde liegt, so geht stets ein, wenn auch schwacher Zweigstrom vom Kupferdraht durch die Kabelhülle zur Erde.

Das Kabel ist aber nicht nur (in doppelter Beziehung) ein Leiter, sondern auch ein Condensator: die isolirende Schicht ist die Kabelhülle, die eine Belegung die Oberfläche des Kupferdrahtes, die andere Belegung die leitende Schicht an der Oberfläche der Kabelhülle; und zwar hat das Kabel, wie schon S. 25 bemerkt wurde, die Form der gewöhnlichen Leydner Flasche. Als solche besitzt das Kabel eine Capacität der Ladung, und dies ist die dritte elektrische Constante desselben.

Die Ladung des Kabels ist natürlich am grössten, wenn ein Ende desselben isolirt, das andere an den einen Batteriepol, Erde an den anderen Batteriepol gelegt wird; aber es ist auch Ladung vorhanden, wenn das eine Ende nicht isolirt, sondern an Erde gelegt wird. Im Allgemeinen wird daher stets, wenn ein Strom in das Kabel geschickt wird, wenigstens ein Theil der Elektricität des Stromes zur Ladung des Kabels verwendet; diese Elektricität verlässt den Draht nicht, sondern bleibt an der Oberfläche des Drahtes liegen, so lange als die Umstände, welche die Ladung bedingten, sich nicht ändern.

Auch ein oberirdischer Telegraphendraht nimmt eine gewisse Ladung an und besitzt eine gewisse Capacität; der Isolator ist die Luft, die eine Belegung die Oberfläche des Drahtes, die andere die Oberfläche der Erde, der Bäume u. s. w., überhaupt der den Draht umgebenden Leiter. Diese Ladung ist jedoch nur sehr gering; ihr Einfluss beim Telegraphiren tritt höchstens bei sehr langen Leitungen bemerkbar auf, beim Telephoniren dagegen schon bei kurzen Leitungen.

Durch die doppelte Fähigkeit der Ladung und der Leitung nimmt das Kabel eine ganz eigenthümliche Stellung ein: als Stromleiter gehört res unter die galvanischen Apparate, als Condensator unter die Apparate der statischen Elektricität. Die elektrischen Erscheinungen am Kabel umfassen also das ganze Gebiet der Elektricität, und zwar desshalb, weil die Ladungscapacität im Vergleich zu derjenigen der gewöhnlichen Ladungsapparate, z. B. der Leydner Flasche, eine sehr grosse ist. Bei einer Leydner Flasche werden kräftige Wirkungen der Ladung nur dadurch erzielt, dass man die Spannung der Elektricität sehr gross nimmt, d. h. als Elektricitätsquelle die Elektrisirmaschine verwendet, nicht eine galvanische Batterie; beim Kabel dagegen hat man grosse Capacität — 1 Kilometer eines Unterseekabels hat ungefähr dieselbe Capacität, wie 300 Leydner Flaschen mittlerer Grösse — und erhält desshalb auch bei Verwendung der geringen Spannungen des galvanischen Stromes bedeutende Wirkungen der Ladung.

Dadurch aber, dass die Ladung bei Kabeln so bedeutend ist, erleiden alle Stromerscheinungen, wie man sie sonst, ohne gleichzeitige Ladung, kennt, sehr wesentliche Veränderung; das Telegraphiren auf Kabeln muss daher ganz anderen Anforderungen genügen und bedarf ganz anderer Methoden des Stromgebens und Stromempfangens, als dasjenige auf oberirdischen Linien.

Wir werden zunächst die oben bezeichneten elektrischen Constanten, dann die Stromerscheinungen in Kabeln und schliesslich die mit den letzteren in Zusammenhang stehenden Versuche über die Geschwindigkeit der Elektricität besprechen.

A. Die elektrischen Constanten des Kabels.

2. Kupferwiderstand. Für den Kupferwiderstand des Kabels gelten die auf S. 61 ff. besprochenen Gesetze.

Für die Abhängigkeit von den Dimensionen und der Leitungsfähigkeit des Materials hat man die Gleichung

$$w = \frac{1}{k} \frac{l}{q},$$

worin w der Widerstand in Siemens'schen Einheiten, k die Leitungsfähigkeit (Quecksilber = 1), l die Länge, q der Querschnitt. Will man den Widerstand in Ohm ausdrücken, so hat man noch durch 1,06 zu dividiren.

Für die Abhängigkeit von der Temperatur darf man, wo es sich nicht um grosse Genauigkeit handelt, die Zunahme des Widerstandes proportional der Temperaturzunahme setzen und, wie bei allen reinen Metallen, den Arndsen'schen Coefficienten

$$0{,}00366$$

benutzen.

Da jedoch das in Kabeln verarbeitete Kupfer nie rein ist und namentlich durch das Giessen Beimischung von nicht leitendem Kupferoxydul, und durch das Ausziehen zu Draht solche von Eisen und Stahl erhält, so ist die Arndsen'sche Formel nicht ganz richtig. Die folgende quadratische Formel schliesst sich dem Verhalten des reinsten Kupferdrahtes besser an:

$$k_t = k_o \left\{1 - 0{,}003765\, t + 0{,}00000834\, t^2\right\},$$

wo k_t die Leitungsfähigkeit bei der Temperatur t, k_o diejenige bei 0^0, t die Temperatur in Graden Celsius. (Im letzten Abschnitt befindet sich eine nach dieser Formel berechnete Tabelle.)

Etwas verwickelter als bei einfachen Drähten gestaltet sich die Berechnung des Kupferwiderstandes bei Kabeln durch den Umstand, dass bei den letzteren häufig Litzen zur Anwendung kommen, d. h. Stränge, die aus mehreren seilartig zusammengedrehten Drähten bestehen, z. B. eine siebendrähtige s. Fig. 239.

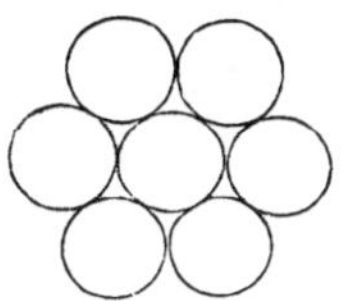

Fig. 239.

Schneidet man eine solche Litze senkrecht zur Axe, so sind die Querschnitte der äusseren, schiefliegenden Drähte Ellipsen, der Gesammtquerschnitt also grösser, als die Summe der Querschnitte der Drähte; zugleich ist aber die Länge der äusseren Drähte grösser als diejenige des mittleren oder eines gerade gestreckten Drahtes; endlich sind die Drähte meist etwas isolirt gegen einander in Folge der Art der Fabrikation. Die Berechnung des Widerstandes einer Litze hängt also von verschiedenen Umständen ab und weicht etwas von der entsprechenden Berechnung bei Einem Draht ab.

3. Isolationswiderstand. Wenn das eine Ende eines Kabels isolirt und das andere Ende an Batterie gelegt wird, so erhält man folgenden Verlauf des Stromes im Galvanometer:

Zuerst schlägt die Nadel plötzlich und heftig aus, wie bei der Ladung eines Condensators, dann kehrt sie beinahe ebenso rasch zurück in eine gewisse Ablenkung, welche nun verhältnissmässig langsam mit der Zeit abnimmt; die Abnahme dieser Ablenkung geschieht Anfangs rasch, dann immer langsamer, bis endlich nach längerer Zeit eine constante Ablenkung eintritt, welche sich nicht mehr verändert.

Der erste plötzliche Stromimpuls ist der Ladungsstrom, von welchem weiter unten die Rede sein wird; die nach erfolgter Ladung vorhandene Ablenkung ist ein Mass des Isolationsstromes oder des Stromes, der von dem Kupferdraht des Kabels aus durch die Kabelhülle zu der feuchten Oberfläche der Kabelhülle, also zur Erde, geht. Aus der Stärke dieses Stromes lässt sich bei bekannter Empfindlichkeit des Galvanometers der Widerstand der Kabelhülle berechnen, oder der sog. Isolationswiderstand, indem man annimmt, dass dieser Widerstand gleich dem Verhältniss der im Kupferdraht herrschenden Spannung zu der Stärke des Isolationsstroms sei; denkt man sich statt der

Kabelhülle einen Draht, welcher denselben Widerstand besitzt, wie jene, so hat man den ganzen Kupferdraht als einen einzigen Punkt, nämlich als den Anfangspunkt des Drahtes, die Oberfläche der Kabelhülle oder die Erde als den Endpunkt desselben zu betrachten.

Der sog. Isolationswiderstand des Kabels nimmt also unter dem Einfluss des Stromes mit der Zeit zu, bis er einen constanten Werth erreicht.

Wenn man nun das Kabel, nachdem der Isolationsstrom sein Minimum erreicht hat, von der Batterie wegnimmt und an Erde legt, so erhält man eine der eben beschriebenen ähnliche, aber umgekehrte Erscheinung.

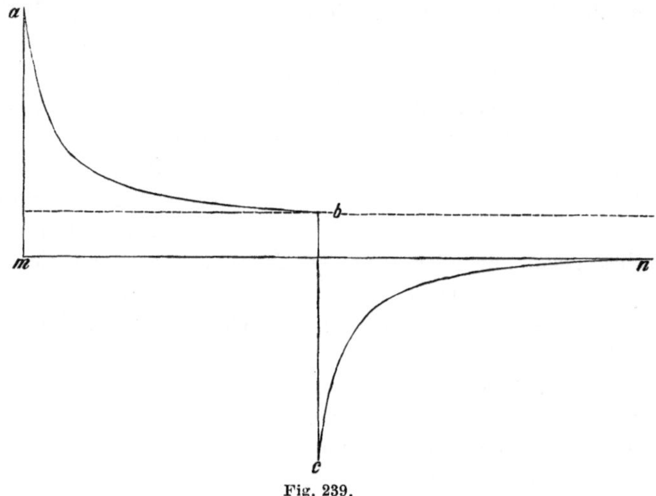

Fig. 239.

Zuerst erfolgt die Entladung: die Nadel schlägt wieder plötzlich und heftig aus, aber nach der entgegengesetzten Seite. Dann kehrt sie wieder in eine Ablenkung zurück, welche sich langsam mit der Zeit verändert, bis schliesslich jeder Strom aufhört; die Zeit, welche das Kabel braucht, um alle Elektricität abzugeben, ist ungefähr ebenso gross, als diejenige, die es zur Aufnahme derselben nöthig hat.

Wenn also ein Kabel zuerst an Batterie gelegt wird, bis der Isolationswiderstand sein Maximum erreicht hat, und dann an Erde, so nimmt der Isolationsstrom den in Fig. 239 angedeuteten Verlauf. Der Isolationswiderstand entspricht dem reciproken Werth des Isolationsstromes, da die von der Batterie gelieferte Spannung constant ist.

Man sieht, dass das Verhalten des Isolationsstromes in keiner Weise durch die bisher von uns behandelten Stromerscheinungen erklärt wird.

Entschiedene Aehnlichkeit hat der vorliegende Stromverlauf mit demjenigen eines eine galvanische Zersetzungszelle durchlaufenden Stromes: auch in diesem Falle nimmt der Strom ab bis zu einem gewissen Minimum, und wenn die Batterie aus dem Kreise ausgeschaltet wird, erhält man einen Strom entgegengesetzter Richtung, der rasch abnimmt und schliesslich verschwindet. Zwischen beiden Erscheinungen besteht nur der Unterschied, dass der Verlauf des Isolationsstromes ein viel langsamerer ist, als derjenige des Stromes mit Zersetzungszelle; dieser Unterschied ist jedoch nicht wesentlich, sondern hängt mit den Dimensionen zusammen.

Von dem letzteren Strome wissen wir, dass die Ursache seines Verlaufes in der Polarisation liegt, d. h. einer elektromotorischen Gegenkraft, welche der Strom selbst erzeugt, und welche, wenn die Batterie ausgeschaltet ist, selbst Strom gibt. Es geht daher aus der Uebereinstimmung des Verlaufes der beiden Stromerscheinungen hervor, dass wahrscheinlich auch der Isolationsstrom in der Kabelhülle eine elektromotorische Gegenkraft erzeugt, welche wächst, bis sie ein gewisses Maximum erreicht hat, und nach Wegnahme der Batterie einen entgegengesetzt gerichteten Strom gibt, durch welchen sie selbst wieder aufgezehrt wird.

Eine chemische Zersetzung in der Kabelhülle ähnlich derjenigen in der Zersetzungszelle darf aber desshalb nicht angenommen werden.

Dies geht schon daraus hervor, dass eine gute Kabelhülle viele Jahre hindurch die stärksten Ströme erträgt, ohne sich wesentlich zu verändern, dass also die Wirkungen, welche der Isolationsstrom in der Kabelhülle hervorbringt, stets wieder aufgehoben sind, sobald der Strom aufgehört hat, während in einer Zersetzungszelle die durch den Strom getrennten Körper sich oft nicht wieder von selbst verbinden nach dem Aufhören des Stromes.

Die elektromotorische Gegenkraft des Isolationsstromes entsteht vielmehr wahrscheinlich durch die Elektrisirung der inneren Theile der Kabelhülle und lässt sich am besten an der Hand der Faraday-schen Vertheilungstheorie erklären, welche wir S. 23 erwähnt haben. Durch den Durchgang des Stromes findet in derselben wahrscheinlich eine Art elektrischer Polarisation statt: die Theilchen der Kabelhülle, welche im natürlichen Zustande bereits Elektricität besitzen, beladen sich mit noch mehr Elektricität und stellen sich mit ihren elektrischen Axen in eine bestimmte Richtung zu dem durchgehenden Strom. Dieser Vorgang findet langsam statt wegen der schlechten Leitungsfähigkeit von einem Theilchen zum andern, und wegen der molecularen Kräfte, welche sich der Drehung der Theilchen entgegensetzen. Sobald der Kupferdraht des Kabels an Erde gelegt wird, geben die Theilchen nach und nach das Mehr von Elektricität, welches sie vorher aufgenommen haben, wieder an den Kupferdraht ab.

Die eben angedeutete Art der Erklärung ist übrigens nicht als etwas Bewiesenes, sondern nur als Vermuthung zu betrachten.

Welche Vorstellung man sich auch über die Natur dieser Elektrisirung der Kabelhülle bilden mag, so geht doch stets soviel daraus hervor, dass der Begriff des Isolationswiderstandes, wie derselbe gewöhnlich, und so auch im Obigen, definirt ist, ein uneigentlicher ist. Wir bezeichnen damit, da die elektromotorische Kraft der Batterie bei den Versuchen constant bleibt, eigentlich nur den reciproken Strom, aufgefasst als Widerstand, während gerade die Veränderung des Isolationsstromes ihre Ursache mehr in der Veränderung der elektromotorischen Kraft, als in derjenigen des Widerstandes hat.

Ob und zu welcher Zeit der Isolationsstrom wirklich den Widerstand der Kabelhülle angibt, d. h. an welchem Punkte der Curve, Fig. 239, die elektromotorische Kraft der Batterie die einzige in dem Stromkreise ist, lässt sich noch nicht entscheiden. Nach der oben angedeuteten Erklärung hätte man, wie beim Strom in der Zersetzungszelle, jenen Widerstand aus dem Anfangswerth des Isolationsstromes zu berechnen, nach einer anderen Erklärung dagegen aus dem stationären Endwerthe.

Welche Zähigkeit das Material der Kabelhülle, die Guttapercha oder das Gummi, in Bezug auf das Annehmen und Abgeben der Elektricität besitzt, geht aus folgender, leicht zu beobachtender Thatsache hervor.

Man lege z. B. ein Kabel 2 Minuten lang an den positiven Pol einer kräftigen Batterie, dann $^1/_4$ Minute lang an den negativen Pol einer gleich starken Batterie und dann an Erde. Beobachtet man die in der letzten Periode auftretenden Ströme an einem empfindlichen Instrument, so sieht man zuerst, wie gewöhnlich, einen kräftigen, negativen Entladungsstrom, dann einen schwachen, negativen, abnehmenden Isolationsstrom, entsprechend dem Theile cn in der Curve Fig. 239. Dieser letztere Strom sinkt nun rascher auf Null, als sonst, wenn das Kabel vor der letzten Ladung an Erde gelegen hat, und geht sogar über ins Positive. Es ist also in diesem Fall die erste, positive Elektrisirung der inneren Schichten der Kabelhülle durch die zweite, negative nicht völlig aufgehoben worden; als das Kabel an Erde gelegt wurde, besassen die dem Kupferdraht zunächst liegenden Schichten negative Elektrisirung, die tiefer liegenden dagegen noch positive; es entluden sich daher zuerst die inneren und dann die äusseren Schichten.

Ganz ähnliche Erscheinungen zeigen sich bei Magneten. Wenn ein Magnet durch eine vom Strom durchflossene Rolle magnetisirt wird, so lässt sich nachweisen, dass der Magnetisirungsprocess erst die obersten Schichten des Magnets ergreift und dann allmählig in die Tiefe dringt. Ist der magnetisirende Strom nicht stark, oder ist die Zeit seiner Einwirkung kurz, so wird der Magnet nur bis zu einer gewissen Tiefe durch den Strom magnetisirt, und die tiefer liegenden Schichten behalten die Magnetisirung, welche sie vorher besassen. Wenn also der Magnet *AB* zuerst durchweg so magnetisirt wird, dass der Nordpol bei *A*, der Südpol bei *B* erscheint, dann durch einen schwächeren Strom in umgekehrter Weise, so erhält der Magnet die in Fig. 240 angedeutete Art der Magnetisirung: inwendig bleibt die erste Magnetisirung und darüber erstreckt sich eine umgekehrt magnetisirte Schicht. Ist die letztere Schicht stark genug, so wirkt der Magnet nach Aussen, als wenn das eine Ende durchweg nordmagnetisch, das andere durchweg südmagnetisch wäre. Legt man nun den Magnet in Säure und lässt denselben sich auflösen, indem man von Zeit zu Zeit seinen Magnetismus untersucht, so tritt ein Punkt ein, wo der Magnetismus sich umkehrt; dann ist nämlich die obere Schicht enfernt, und die untere, umgekehrt magnetisirte, wirkt allein nach Aussen.

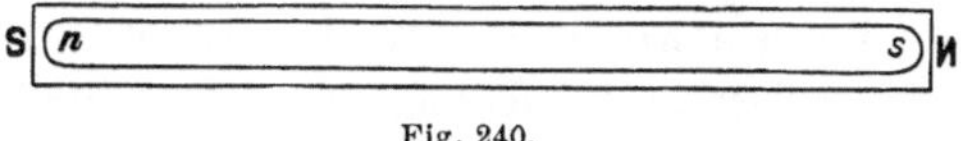

Fig. 240.

Die Elektrisirung der Isolatoren hat überhaupt eine grosse Aehnlichkeit mit der Magnetisirung von Stahl; freilich herrscht der wichtige Unterschied, dass man es im ersteren Falle mit ruhender Elektricität, im letzteren mit Magnetismus oder strömender Elektricität zu thun hat. —

Sehr bedeutend ist der Einfluss der Temperatur auf den Isolationswiderstand.

Der Widerstand der Guttapercha und des Gummi nimmt mit der Temperatur ab, wie derjenige der leitenden Flüssigkeiten oder der Leiter zweiter Klasse.

Die Veränderlichkeit des Widerstandes dieses Körpers ist aber viel grösser, als diejenige aller anderen Körper. Wie aus den S. 104 mitgetheilten Coefficienten hervorgeht, müsste man ein reines Metall um etwa 270° erwärmen; um demselben den doppelten Widerstand zu ertheilen, concentrirtes Kupfervitriol dagegen um etwa 40° abkühlen; bei gewöhnlicher Guttapercha gibt bereits eine Abkühlung um 5° den doppelten Widerstand, bei Gummi eine solche um 14°.

Die Veränderung des Widerstandes mit der Temperatur erfolgt auch bei den genannten Isolatoren nach einem anderen Gesetz.

Bei Metallen und Flüssigkeiten kann man, wenn es sich nicht um grosse Temperaturdifferenzen handelt, die Veränderung des Widerstandes proportional der Temperaturveränderung setzen, so dass, wenn w_t der Widerstand bei der Temperatur t, w_o derjenige bei der Temperatur 0°, α der Temperaturcoefficient,

$$w_t = w_o (1 + \alpha t).$$

Hieraus folgt, dass gleichen Temperaturdifferenzen stets gleiche Differenzen des Widerstandes entsprechen; denn, wenn $w_{t_,}$ der Widerstand bei der Temperatur $t_,$, so ist

$$1) \quad . \; . \; . \; . \; . \; . \; . \quad w_{t_,} = w_o (1 + \alpha t_,), \text{ also}$$

$$w_{t_,} - w_t = \alpha w_o (t_, - t).$$

Wenn also z. B. der Widerstand eines Drahtes von 0° zu 5° um 3 S.E. sich vermehrt, so wird er auch von 20° zu 25° um 3 S.E. zunehmen.

Bei Guttapercha, Gummi, den Harzen und Oelen ist dies nicht mehr richtig; bei beiden ist die Abnahme des Widerstandes von 20° zu 25° bedeutend grösser, als diejenige von 0° zu 5°; bei diesen Körpern entsprechen gleichen Temperaturdifferenzen nicht gleiche Differenzen, sondern gleiche Verhältnisse des Widerstandes.

Wenn $w_{t_,}$, $w_{o_,}$, t dasselbe bedeuten, wie oben, und a ein Coefficient, so ist für Guttapercha und Gummi:

$$2) \quad . \; . \; . \; . \; . \; . \; . \quad w_t = w_o \,.\, a^t.$$

Für die Temperatur $t_,$ hat man daher

$$w_{t_,} = w_o \,.\, a^{t_,}; \text{ es ist also}$$

$$\frac{w_{t_,}}{w_t} = a^{t_, - t},$$

d. h. das Verhältniss der Widerstände bei zwei verschiedenen Temperaturen hängt nur ab von der Temperaturdifferenz, nicht von dem absoluten Werth der Temperaturen.

Logarithmisirt man diese Formel, so kommt

$$3) \quad . \; . \; . \quad \log w_{t_,} - \log w_t = (t_, - t) \log a$$

oder die Differenz der Logarithmen der Widerstände ist proportional der Temperaturdifferenz.

Es ist also z. B. die Differenz der Widerstände bei 20° und 25° viel grösser, als diejenige bei 5° und 0°, aber das Verhältniss ist dasselbe: der Widerstand bei 25° verhält sich zu demjenigen bei 20°, wie der Widerstand bei 5° zu demjenigen bei 0°.

Dadurch, dass der Isolationswiderstand bei einer bestimmten Temperatur keine constante Grösse ist, wird auch die Temperaturreduction abhängig von der Zeit, d. h. von der Dauer der Elektrisirung.

Wenn die Elektrisirungscurve, d. h. die Veränderung des Isolationswiderstandes mit der Dauer der Elektrisirung für alle Temperaturen dieselbe wäre, dann würde auch der Temperaturcoefficient a, s. Gleichungen 2) und 3), für alle Temperaturen derselbe sein. Dies ist aber nicht der Fall. Die Zunahme des Isolationswiderstandes mit der Dauer der Elektrisirung ist bei niederer Temperatur viel grösser, als bei höherer; also ist auch das Verhältniss der Widerstände bei zwei verschiedenen Temperaturen, und in Folge dessen der Coefficient a, z. B. nach der 1sten Minute, bedeutend geringer als nach der 10ten oder 20sten Minute.

Diese doppelte Abhängigkeit des Isolationswiderstandes von der Temperatur und der Dauer der Elektrisirung ist bis jetzt noch nicht durch eine einzige Formel ausgedrückt worden. Beim praktischen Kabelmessen wird gewöhnlich der Isolationswiderstand nach einer bestimmten Zeit der Elektrisirung, nach einer oder nach zwei Minuten, als Mass angenommen und für diese Grösse der Temperaturcoefficient a bestimmt.

Am Schluss dieser Schrift befindet sich eine Tabelle und einige Messungen, welche eine Uebersicht über diese doppelte Abhängigkeit gewähren.

Man sieht, dass die Kabelhülle der Elektrisirung um so weniger Widerstand entgegensetzt, je höher ihre Temperatur ist. Hiernach müsste es sogar eine Temperatur geben, bei welcher dieselbe sofort durch die erste Einwirkung des Stromes durch alle Schichten hindurch völlig elektrisirt wäre. Diese Temperatur müsste jedenfalls höher als 30^0 sein; da aber bei einer solchen Temperatur Guttapercha und Gummi anfangen weich zu werden, sind bisher solche Beobachtungen nicht gemacht worden.

Auch dieses Verhalten der Isolatoren ist ähnlich demjenigen der Magnete. Die Elektrisirung eines Isolators hat Aehnlichkeit mit der Magnetisirung eines Magnetes; beiden Vorgängen stellen sich Molecularkräfte entgegen, welche das Anwachsen der Elektrisirung bez. der Magnetisirung verzögern; bei den Magneten nennt man diese Molecularkraft die Coërcitivkraft.

Wie S. 228 bemerkt wurde, nimmt die Coërcitivkraft in Magneten mit steigender Temperatur ab, die Magnetisirung findet also bei höherer Temperatur weniger Hindernisse, gerade so wie die Elektrisirung eines Isolators.

Der Isolationswiderstand ist auch abhängig von dem Druck, unter welchem die Oberfläche der Kabelhülle steht, und zwar in nicht unbedeutendem Masse; daher kommt es, dass in tiefer See liegende Kabel bei gleicher Temperatur höhere Isolation besitzen, als vor der Legung in der Fabrik oder an Bord des Schiffes.

Für das praktische Kabelmessen ist es nun wichtig, nicht nur das

Verhalten einer guten Kabelhülle zu kennen, sondern auch die Eigenschaften und die Entwickelung von Fehlern.

Das Vorkommen von Fehlern in der Kabelhülle bei der Fabrikation völlig zu vermeiden, ist fast unmöglich; das Umpressen der Kupferlitze mit Guttapercha oder Gummi, anderen Isolationsmaterialien lässt sich nie in solcher Vollkommenheit ausführen, dass der Ueberzug nicht eine Anzahl Luft- und Wasserblasen enthält. Hieraus entspringt namentlich die Nothwendigkeit, Kabel, welche gut isolirt und dauerhaft sein sollen, nicht in einer einzigen Operation mit Guttapercha oder Gummi zu umpressen, sondern denselben mehrere übereinander lagernde Ueberzüge zu geben, bei dünneren Kabeln zwei, bei dickeren drei und mehr. Durch dieses Verfahren wird die Isolation ganz bedeutend erhöht und gleichsam versichert: im Allgemeinen werden die schlechten Stellen des einen Ueberzuges auf gute Stellen des anderen Ueberzuges zu liegen kommen und umgekehrt, so dass nur in Ausnahmefällen zwei schlechte Stellen sich überdecken und einen wirklichen Fehler, d. h. eine schlechte Isolation der Kupferlitze, bilden.

Bei Bleikabeln wird Luft und Feuchtigkeit aus dem Isolationsstoff grösstentheils dadurch entfernt, dass man die aus besponnenen Drähten bestehenden Kabeladern vor dem Tränken durch Erwärmung und Auspumpen von Luft sorgfältig trocknet und bei dem Tränken selbst ebenfalls Erwärmung und Luftverdünnung anwendet.

In Folge dieser Vorsichtsmassregeln bleiben nur wenige versteckte Fehler übrig, welche theils an der Verschiedenheit der Messungen bei verschiedener Stromrichtung, theils an unregelmässigen Schwankungen des Isolationsstromes erkannt werden.

Bei der Isolationsmessung ist es Regel, dass das Kabel vor der Messung möglichst lange an Erde liegt, dann z. B. mit dem Kupferpol einer Batterie von 100 bis 200 Elementen gemessen, hierauf wenigstens eine Stunde an Erde gelegt und endlich mit dem Zinkpol derselben Batterie gemessen wird; je länger das Kabel ist, desto länger lässt man dasselbe zwischen beiden Messungen an Erde liegen. Ein völlig gutes Kabel muss unter diesen Umständen mit Kupfer und Zink nach gleicher Dauer der Elektrisirung denselben Isolationswiderstand zeigen; jede Differenz der Messungen mit Kupfer und Zink zeigt das Vorhandensein eines Fehlers an, und je grösser diese Differenz, desto grösser ist der Fehler.

Vorausgesetzt ist hierbei, dass bei beiden Messungen die Temperatur dieselbe und vor der Messung jede ältere Elektrisirung der Kabelhülle entfernt sei.

Sobald der Fehler sich mehr und mehr vergrössert, treten ausserdem noch andere Erscheinungen hinzu: die Abnahme des Isolationsstromes mit der Dauer der Elektrisirung verändert sich, wird in den meisten Fällen geringer, hier und da auch grösser; schliesslich, wenn der Fehler sich ganz entwickelt hat, schwankt der Isolationsstrom in unregelmässiger Weise um einen mittleren Werth. In dem letzteren Falle ist ziemlich sicher auf einen directen Contact zwischen Kupfer und Wasser, wenn auch nur durch einen haarfeinen Gang in der Isolationshülle, zu rechnen.

Die Isolation, welche eine Schicht aus irgend einem isolirenden Material bewirkt, ist überhaupt stets nur eine relative und gilt bloss für eine gewisse Grenze der elektrischen Spannung. Ein Kupferdraht z. B., welcher nur mit einer dünnen Schicht von Guttapercha bedeckt ist, kann recht gute Isolation zeigen, so lange man eine geringe Anzahl von Elementen benutzt; bei Anwendung stärkerer Batterien jedoch wird die Schicht bald an der schwächsten Stelle vom Strom durchbrochen, so dass ein Isolationsfehler entsteht. Wählt man die isolirende Schicht stärker, wie bei Unterseekabeln, so wird die Isolation auch einer Batterie von mehreren 100 Elementen widerstehen, während der Schlag einer mit der Elektrisirmaschine geladenen Leydner Flasche dieselbe mit Leichtigkeit durchbricht.

Endlich haben wir noch zu erwähnen die Abhängigkeit des Isolationswiderstandes von den Dimensionen des Kabels.

Wenn D der äussere Durchmesser des Kabels, also derjenige der Kabelhülle, d der Durchmesser der Kupferlitze, so ist der Isolationswiderstand eines Kabels von der Länge l in Kilometern:

$$4) \quad \ldots\ldots \quad w = a \frac{\log \frac{D}{d}}{l}.$$

Hier ist a eine Constante, welche von dem Material und der Temperatur abhängt.

Für Guttapercha bei 15° C. ist ungefähr:

$$a = 2500 \text{ Millionen Ohm},$$

für Gummi bei 15° C.:

$$a = 25000 \text{ Millionen Ohm}.$$

Die hier für a gegebenen Werthe sind nur als Mittelwerthe anzusehen, von denen die den einzelnen Sorten des Materials entsprechenden Werthe erheblich abweichen können.

Man sieht aus dieser Formel, dass es bei dem Isolationswiderstand nur auf das Verhältniss des äusseren zum inneren Durchmesser der Kabelhülle ankommt, nicht auf die absoluten Werthe derselben; wenn also der Durchmesser der Kupferlitze in demselben Masse vergrössert oder verkleinert wird, als derjenige der Kabelhülle, so bleibt der Isolationswiderstand derselbe. Die Dicke der Kabelhülle ist also nicht allein massgebend für die Isolation, sondern auch die Dicke des Kupferdrahtes.

Man sieht ferner aus dieser Formel, dass der Isolationswiderstand umgekehrt proportional der Länge des Kabels ist.

Dies ist selbstverständlich. Denn der Isolationswiderstand ist dem Widerstand eines Körpers zu vergleichen, dessen eine Endfläche die Oberfläche der Kupferlitze und dessen andere Endfläche die Oberfläche der Kabelhülle ist, und in welchem der Strom von einer Endfläche zur anderen geht. Die Grösse der Endflächen aber ist proportional der Länge des Kabels, und der Widerstand umgekehrt proportional einer Endfläche; also ist derselbe umgekehrt proportional der Kabellänge.

4. **Die Ladung.** Wenn ein Kabel einen unendlich grossen Isolationswiderstand hätte, so würde beim Anlegen desselben an die Batterie — wenn das andere Ende isolirt ist — nur ein Ladungsstrom auftreten, d. h. ein Strom, der dem Kabel die seiner Eigenschaft als Condensator entsprechende Ladung zuführt. Wird das Kabel entladen, so entsteht ein Entladungsstrom, der dem Ladungsstrom gleich, aber entgegengesetzt gerichtet ist.

Die Ladungströme sind keine stationären Ströme, d. h. Ströme, deren Stärke einen constanten Werth behält, sondern dauern nur kurze Zeit und sind innerhalb derselben nie constant. Die Art der Veränderung der Stromstärke und die Dauer des Stromes ist in verschiedenen Fällen verschieden — so dauert bei langen Kabeln der Ladungsstrom länger und verändert sich langsamer, als bei kurzen Kabeln — immerhin ist aber die Dauer des Ladungsstromes in den gewöhnlichen Fällen so kurz, dass derselbe auf ein Galvanometer wirkt, wie ein nur einen Augenblick andauernder Stromstoss, oder wie eine bestimmte Menge Elektricität, welche auf einmal dem Kabel zugeführt wird. Dieselbe Menge Elektricität wird durch den Entladungsstrom dem Kabel entzogen, daher sind beide Ströme gleich gross.

Die Ladungsströme haben in ihrem Verlauf viele Aehnlichkeit mit Inductionsströmen. Wie der Ladung eine Entladung entspricht, so entspricht einem Inductionsstrom der einen Richtung ein solcher in der entgegengesetzten Richtung, wie z. B. beim Schliessen und Oeffnen eines primären Stromkreises. Der Verlauf von Ladung und Entladung ist zwar stets derselbe, während, wie wir gesehen haben, inducirte Oeffnungs- und Schliessungströme sehr verschiedenen Verlauf zeigen; allein in den meisten Fällen ist dieser Verlauf so rasch, dass sie auf die gewöhnlichen Instrumente wie momentan verlaufende Ströme wirken; in diesem Falle aber üben auch z. B. ein Oeffnungs- und ein Schliessungsstrom gleiche und entgegengesetzte Wirkungen aus.

Der Unterschied zwischen Ladungs- und Inductionsströmen besteht, abgesehen von den Ursachen dieser Ströme, darin, dass nach der Ladung das Kabel oder der Condensator freie Elektricität enthält, welche durch die Entladung wieder entfernt wird, während nach jedem Inductionsstrom der Leiter, in welchem derselbe auftrat, keine freie Elektricität mehr besitzt.

Wir haben bereits S. 24 erwähnt, dass die Ladung eines Condensators proportional sei der Capacität desselben und der Spannung der Elektricitätsquelle. Für die letztere können wir auch die elektromotorische Kraft der Batterie setzen; die Formel für die Capacität des Kabels oder eines cylindrischen Condensators ist S. 24 gegeben worden.

Man hat daher für die Ladung eines Kabels (bei isolirtem Ende)

$$1) \quad . \; . \; . \; . \quad L = p \, . \, E C = p \, E \, i \frac{2 \pi l}{\log \frac{D}{d}};$$

hier bedeuten:

L die Ladung des Kabels,
p einen constanten Factor, der von den Masseinheiten abhängt,
E die im Kabel herrschende Spannung,
C die Capacität des Kabels,
i das specifische Ladungsvermögen der Kabelhülle,
l die Länge des Kabels,
D den Durchmesser der Kabelhülle,
d denjenigen des Kupferdrahtes.

Die Ladung des Kabels ist also proportional der elektrischen Spannung, dem specifischen Ladungsvermögen des Materials, aus welchem die Kabelhülle besteht, und der Länge des Kabels; die Abhängigkeit der Ladung von dem äusseren und inneren Durchmesser ist nicht einfacher Natur.

Man sieht aus der Formel, dass es für die Ladung nur auf das Verhältniss der beiden Durchmesser des Kabels ankommt, nicht auf die absolute Grösse. Wählt man also dieses Verhältniss immer gleich, nimmt man z. B. den äusseren Durchmesser der Kabelhülle stets 3 mal so gross, als den Durchmesser des Kupferdrahtes, so bleibt die Ladung stets dieselbe unter sonst gleichen Verhältnissen.

Denkt man sich den Kupferdraht mit einer ganz dünnen Schicht des Isolators überzogen, so ist die Abhängigkeit der Ladung von den Dimensionen des Kabels eine einfache. Denn wenn wir in obiger Formel die Dicke der Kabelhülle $h = D - d$ einführen, so wird:

$$\frac{1}{\log \frac{D}{d}} = \frac{1}{\log \frac{d+h}{d}} = \frac{1}{\log \left(1 + \frac{h}{d}\right)};$$

ist nun die Dicke der Kabelhülle klein im Verhältniss zu derjenigen des Kupferdrahtes, so darf man für $\log\left(1+\frac{h}{d}\right)$ setzen: $\frac{h}{d}$, und es wird

$$\frac{1}{\log\left(1+\frac{h}{d}\right)}=\frac{d}{h},$$

oder: wenn die Schicht des Isolators dünn ist, so ist die Ladung umgekehrt proportional der Dicke jener Schicht.

Denkt man sich nun die Dicke der isolirenden Schicht allmählig zunehmend, und betrachtet die entsprechende Abnahme der Ladung, so wird diese Abnahme verhältnissmässig stets geringer. Dies geht deutlich aus der folgenden Tabelle hervor, in welcher für einige Werthe von $\frac{D}{d}$, welche den ganzen Bereich der in Wirklichkeit möglichen Werthe dieser Grösse umfassen, die entsprechenden Werthe der Ladung berechnet sind, die Ladung für $\frac{D}{d}=2$ gleich 100 gesetzt.

$\frac{D}{d}=$	1,5	2	2,5	3	3,5	4	5	7	10	15	20
$L=$	171	100	75,6	63,1	55,3	50,0	43,0	35,6	30,1	25,6	23,1

Bei Unterseekabeln ist das Verhältniss von $\frac{D}{d}$ meist wenig verschieden von 3, bei den neuen unterirdischen Linien in Deutschland dagegen 2,5, bei den in Wirklichkeit zur Verwendung kommenden Guttaperchadrähten ist $\frac{D}{d}$ wenigstens $=2$, höchstens $=4$. Für diese Grenzen aber $\left(\frac{D}{d}=2\text{ bis }4\right)$ ist, wie aus obiger Tabelle hervorgeht, die Ladung annähernd proportional $\frac{d}{D}$; für Werthe unter 2 von $\frac{D}{d}$ ist die Veränderung der Ladung stärker, für Werthe über 4 schwächer, als der Proportionalität mit $\frac{d}{D}$ entspricht. —

Betrachten wir nun die Vorgänge bei der Ladung des Kabels näher.

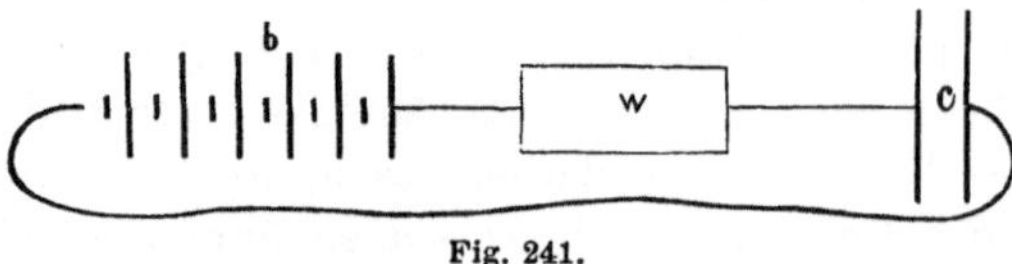

Fig. 241.

Denken wir uns zunächst einen Stromkreis, bestehend aus einer Batterie b, einem Widerstand w und einem Condensator c, Fig. 241, und betrachten die Einflüsse der elektromotorischen Kraft der Batterie, des Widerstandes und der Capacität des Condensators auf den Ladungsstrom.

Durch die Quantität der Ladung, s. Formel 1), ist der Ladungsstrom in einer Beziehung bestimmt: der Ladungsstrom hat gleichsam die zur Ladung nöthige Menge Elektricität nach dem Condensator zu führen; es ist also hierdurch die Leistung bestimmt, welche der Ladungsstrom im Ganzen auszuführen hat. Stellen wir den Ladungsstrom dar, indem wir die Zeit als Abscisse, die Stromstärke als Ordinate auftragen, Fig. 242, so ist die Quantität der Ladung gleich dem Inhalt der von der Stromcurve und der Abscissenaxe eingeschlossenen Fläche; dieser Inhalt ist also durch die elektromotorische Kraft der Batterie und die Capacität des Condensators bestimmt.

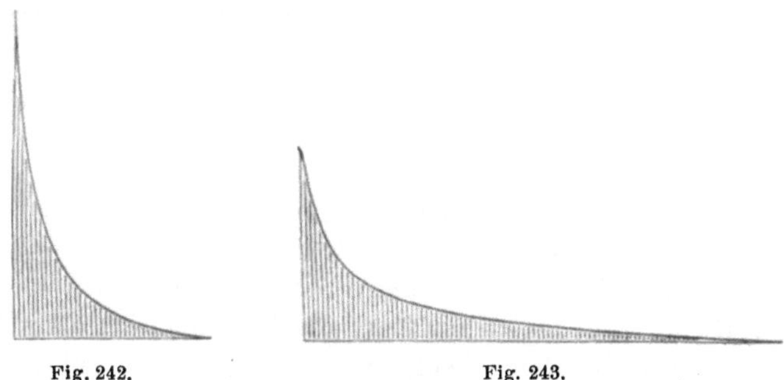

Fig. 242. Fig. 243.

Nicht bestimmt aber ist hierdurch der Verlauf des Ladungsstromes. Bei derselben Capacität und derselben Batterie kann der Ladungsstrom von Fig. 242 die Form von Fig. 243 annehmen; der Stromverlauf ist in diesem Fall ein ganz anderer, obschon der Inhalt der umschlossenen Fläche derselbe geblieben ist.

Insofern bleibt unter allen Umständen der Verlauf des Ladungsstromes ein ähnlicher, als derselbe stets im ersten Augenblick die grösste Stärke besitzt, dann fällt, erst rasch, dann immer langsamer, und schliesslich allmählig verschwindet. Die beiden charakteristischen Merkmale dieser Stromcurve sind: der Anfangswerth des Stromes und die Geschwindigkeit des Fallens.

Der Anfangswerth des Ladungsstromes ist gleich dem Strom bei kurzem Schluss, d. h. dem Strom, welchen man erhält, wenn man den Condensator aus dem Kreise ausschaltet und die Batterie unmittelbar durch den Widerstand w schliesst; derselbe ist also nur abhängig von der elektromotorischen Kraft der Batterie und dem Widerstand des Stromkreises, nicht von der Capacität des Condensators.

Die Geschwindigkeit des Fallens des Ladungsstromes hängt

ab vom Widerstand des Stromkreises und von der Capacität des Condensators, und zwar von beiden Grössen in gleichem Masse. Je grösser Capacität und Widerstand, desto langsamer fällt der Ladungsstrom.

Damit hängt aber unmittelbar die Dauer des Ladungsstromes zusammen; da nämlich durch die Verhältnisse im Stromkreis einerseits der Anfangswerth des Ladungsstromes und die Art seines Abfalls, andrerseits der Inhalt der von der Stromcurve eingeschlossenen Fläche gegeben ist, so ist hierdurch auch die Dauer des Stromes bestimmt.

Die Dauer des Ladungsstromes ist also um so grösser, je grösser der Widerstand und je grösser die Capacität; vom Widerstand hängt dieselbe aber mehr ab als von der Capacität, weil derselbe nicht nur die Art des Abfalls des Stromes beeinflusst, wie dies auch die Capacität thut, sondern auch den Anfangswerth.

Um diese für das praktische Kabelsprechen nicht unwichtigen Verhältnisse zu veranschaulichen, gebrauchen wir das schon früher benutzte Bild eines Wasserstromes.

Denken wir uns einen leeren Wasserbehälter, auf dessen Grund eine Röhre führt, von welcher ein Ende mit einer Wasserquelle von bestimmter Leistungsfähigkeit verbunden ist. Es soll ferner eine Einrichtung getroffen sein, welche, sobald das Niveau im Wasserbehälter anfängt zu steigen, die Röhre hebt, so dass ein Ende derselben immer auf dem Niveau der Quelle, das andere auf demjenigen des Behälters liegt. Die Quelle ist zu vergleichen mit der Batterie, ihre Fallhöhe mit der elektromotorischen Kraft der Batterie, der Reibungswiderstand der Röhre mit dem Widerstand des Stromkreises, der Wasserbehälter mit dem Condensator, die Grösse des Behälters mit der Capacität des Condensators.

Wenn das erste Wasser durch die Röhre fliesst, ist es offenbar ganz gleichgültig, wie gross der Wasserbehälter ist, da das Wasser sich ganz ungehindert am Boden desselben ausbreiten kann. Die Röhre bietet einen gewissen Reibungswiderstand dar, und es fliesst daher im Anfang so viel Wasser durch die Röhre, als bei der betr. Fallhöhle und dem betr. Widerstand der Röhre überhaupt fliessen kann. Der Anfangswerth des Stromes hängt also nicht von der Grösse des Behälters ab, sondern ist derselbe, als wenn der Behälter unendlich gross und das Niveau in demselben constant wäre. Dieser Fall entspricht aber demjenigen des Stromes bei kurzem Schluss, wie wir denselben oder definirt haben.

Sobald das Niveau im Behälter anfängt zu steigen und das eine Ende der Röhre sich hebt, wird die Niveaudifferenz zwischen Quelle und Behälter kleiner, also der Strom schwächer. Das Fallen des Stromes muss sowohl vom Widerstand in der Röhre, als von der Grösse des Behälters abhängen: denn je grösser der Widerstand und der Inhalt des Behälters ist, desto langsamer füllt sich der Behälter und desto langsamer verringert sich die den Strom bestimmende Niveaudifferenz; von der Geschwindigkeit des Fallens des Stromes hängt aber auch die Dauer der Füllung des Behälters ab; da für diese letztere aber auch der Anfangswerth des Stromes massgebend ist, hat der Widerstand, der sowohl den Anfangswerth, als die Fallgeschwindigkeit des Stromes beeinflusst, grösseren Einfluss auf die Dauer des Stromes, als die Grösse des Behälters.

Wie auch der Widerstand beschaffen sein möge, stets hat der Strom dieselbe Arbeit zu leisten, nämlich den Behälter zu füllen; diese Leistung entspricht der Fläche, welche bei der graphischen Darstellung der Stromcurve von dieser und der Abscissenaxe eingeschlossen wird.

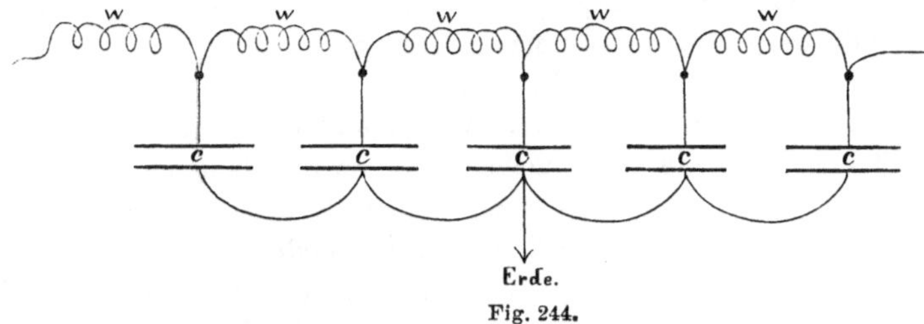

Fig. 244.

Wir haben bisher nur die Ladung eines Condensators besprochen; das Kabel ist allerdings ein Condensator, aber ein Condensator mit Widerstand. Wenn wir uns das Kabel in eine beliebige Anzahl gleicher Stücke getheilt denken, so stellt jeder einzelne Theil, wie klein er auch sein mag, ein Stück Leitungsdraht mit einem gewissen Widerstand und einen Condensator vor. Wenn man also ein künstliches Kabel aus Drahtwiderständen w und Condensatoren c zusammensetzen will, so müsste dies in der in Fig. 244 angedeuteten Weise geschehen, indem man das Ende jedes Widerstandes mit der einen Belegung eines Condensators und die anderen Belegungen sämmtlicher Condensatoren unter einander und mit der Erde verbindet; die ersteren Belegungen entsprechen alsdann der Innenfläche der Kabelhülle oder der Oberfläche des Kupferdrahtes, die letzteren der Aussenfläche der Kabelhülle. Die Anzahl der einzelnen Theile eines solchen künstlichen Kabels müsste aber eine möglichst grosse sein; je grösser dieselbe ist, desto getreuer ist die Uebereinstimmung der Erscheinungen am künstlichen Kabel mit denjenigen am wirklichen.

Hieraus ist aber ersichtlich, dass die Ladungserscheinungen am Kabel nicht unmittelbar dieselben sind, wie die oben betrachteten an einem einzigen, mit einem einzigen Widerstaud verbundenen Condensator. Im Wesentlichen jedoch stimmen beide Fälle überein: Widerstand und Capacität üben beim Kabel ähnliche Einflüsse auf den Verlauf des Ladungsstromes aus wie bei jener einfacheren Combination und aus denselben Gründen; nur ist die Uebereinstimmung der Erscheinungen keine genaue.

Hierbei ist nicht zu übersehen, dass als Widerstand ausser demjenigen des Kupferdrahts des Kabels auch derjenige der Batterie mitwirkt; und zwar kann dieser Einfluss ziemlich bedeutend sein. Der Batteriewiderstand wirkt genau so, wie ein vor das Kabel geschalteter Widerstand.

In der vorstehenden Betrachtung wurde stets vorausgesetzt, dass das Ende des Kabels isolirt sei; dies ist im Allgemeinen beim Telegraphiren nicht der Fall, sondern es befinden sich hierbei vielmehr, mit wenigen Ausnahmen, vor beiden Enden des Kabels Widerstände, vor dem Kabelanfang der Widerstand der Batterie, hinter dem Kabelende derjenige des Empfangsapparates.

Auch in diesem Falle findet Ladung statt; dieselbe ist aber kleiner als bei dem an einem Ende isolirten Kabel, und der Zufluss und Abfluss von Elektricität kann nicht mehr bloss am Kabelanfang, sondern an beiden Enden des Kabels zugleich stattfinden.

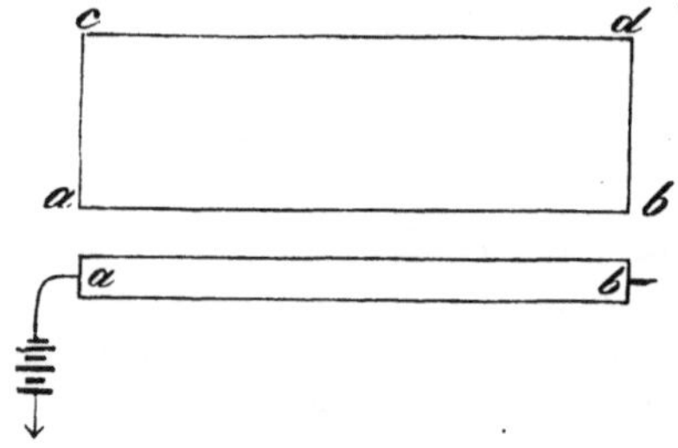

Fig. 245.

Fig. 246.

In dem bisher behandelten Fall (Fig. 245) ist die Spannung an allen Stellen des Kabels gleich; die Spannung wird daher durch eine der Abscissenaxe parallele Gerade cd dargestellt, der Inhalt des Rechtecks $abcd$ ist ein Mass für die Ladung oder die Elektricitätsmenge, welche im Kabel gebunden ist.

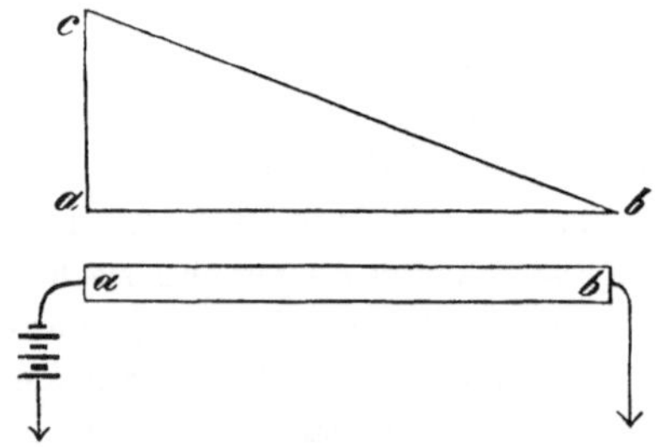

Ist das Ende des Kabels an Erde gelegt (Fig. 246), so wird die Spannung durch die schiefe Gerade bc dargestellt, welche die Werthe der Spannung am Anfang und am Ende des Kabels miteinander verbindet, die Elektricitätsmenge, die im Kabel gebunden ist, durch den Inhalt des Dreiecks abc. Hieraus geht unmittelbar hervor, dass die Ladung des Kabels, wenn das Ende an Erde gelegt ist, die Hälfte von der vollen Ladung des Kabels (d. h. wenn das Ende isolirt ist) beträgt.

Was den Process der Ladung und Entladung bei an Erde gelegtem Ende betrifft, so ist von der ersteren klar, dass dieselbe nur vom Kabelanfang aus stattfindet, weil am anderen Ende keine Ursache vorhanden ist, welche Elektricität aus der Erde in das Kabel treiben sollte.

Anders ist es mit der Entladung; diese geschieht nach beiden Seiten hin, wie bei einem an zwei Stellen angebohrten Wassergefäss. Hieraus geht hervor, dass der Strom der Entladung am Kabelanfang dem Strom der Ladung entgegengesetzt gerichtet ist, wie bei isolirtem Kabelende, dass am Kabelende dagegen Ladungs- und Entladungsstrom dieselbe Richtung haben.

Was die Elektricitätsmengen betrifft, die bei der Entladung durch die beiden Enden des Kabels strömen, so ergibt die Theorie, dass zwei Drittel der Ladung durch den Kabelanfang, ein Drittel durch das Kabelende strömen.

Befinden sich vor und hinter dem Kabel Widerstände, so werden die Verhältnisse etwas verwickelter.

Den Verlauf der Spannung, nach erfolgter Ladung des Kabels, erhält man auch in diesem Falle, wenn man, wie sonst, sämmtliche Widerstände auf der Abscissenaxe aufträgt und den Werth der Spannung am Anfangspunkt (elektromotorische Kraft der Batterie) mit dem Endwerth derselben (Null) durch eine Gerade verbindet. Es ist aber wohl zu beachten, dass von der ganzen Leitung nur das Kabel Ladung besitzt, nicht die vor und hinter dasselbe geschalteten Drähte.

Wenn jedoch jene Widerstände ungefähr gleich und im Verhältniss zu demjenigen des Kabels klein sind, so verhalten sich die bei der Entladung durch Anfang und Ende des Kabels strömenden Elektricitätsmengen ähnlich wie ohne Einschaltung von Widerständen. —

Die Einheit, in welcher man in neuerer Zeit die Capacitäten sowohl von Condensatoren als von Kabeln misst, ist die Mikrofarad; diese Masseinheit ist ein Glied des sog. absoluten Masssystems, dessen Definitionen wir später wiedergeben.

Wie man bei der Herstellung von Widerstandsscalen eines Metalles bedarf, dessen Widerstand sich mit der Zeit möglichst wenig ändert, so bedarf man zur Herstellung von Capacitätsscalen eines Isolators, dessen specifisches Ladungsvermögen möglichst constant bleibt. Der Körper, welcher sich hierzu am besten eignet, ist Glimmer. Condensatoren aus Glimmer, sowie aus anderen isolirenden Materialien, werden stets so angefertigt, dass man isolirende Platten und Stanniolblätter von rechteckiger Form in der in Fig. 247 und Fig. 248 angedeuteten Weise abwechselnd übereinander schichtet. Jedes Stanniolblatt steht auf einer Seite aus der Schicht der isolirenden Platten vor, während es auf den übrigen drei Seiten den Rand jener Platten nicht erreicht. Die Stanniolblätter stehen abwechselnd nach verschiedenen Seiten vor, z. B. die Blätter 1, 3, 5, 7 u. s. w. nach rechts, die Blätter 2, 4, 6 u. s. w. nach links; die nach einer Seite vorstehenden Enden derselben werden untereinander verbunden und bilden zusammen eine Belegung.

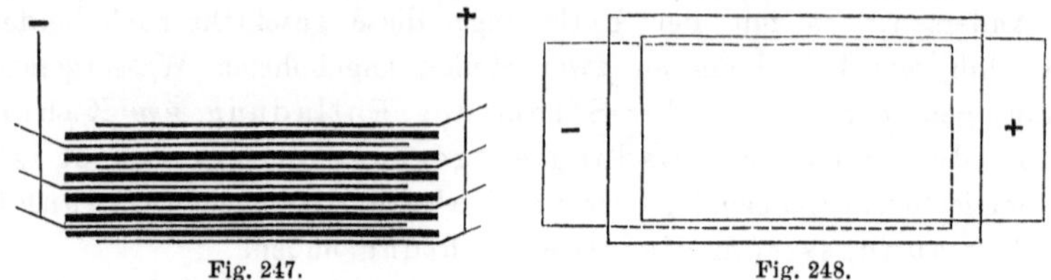

Fig. 247. Fig. 248.

Auf diese Weise lassen sich beliebig Condensatorscalen anfertigen und die einzelnen Abtheilungen, wie bei einem Gewichtssatz, so wählen, dass man innerhalb bestimmter Grenzen jedes beliebige Vielfache der Capacitätseinheit durch Stöpselung herstellen kann. Fig. 249 stellt eine solche Scale (von Siemens & Halske) vor: die einen Belegungen sämmtlicher einzelner Condensatoren sind unter sich und mit der äussersten Klemme links verbunden, welche gewöhnlich mit der Erde verbunden wird; die die anderen Belegungen sind einzeln an die mit Zahlen bezeichneten Klemmen geführt, welche durch Stöpselung beliebig mit der quer liegenden Klemme verbunden werden können. Dieser Condensator gibt alle Vielfache der Mikrofarad von 1 bis 10; um z. B. eine Capacität von 7 Mikrofarad herzustellen, hat man die Klemmen 5 und 2 mit der Querklemme zu verstöpseln; es stellt dann diese letztere Klemme den Anfang einer Belegung eines Condensators von 7 ^{mi} vor, die äusserste Klemme links den Anfang der anderen Belegung.

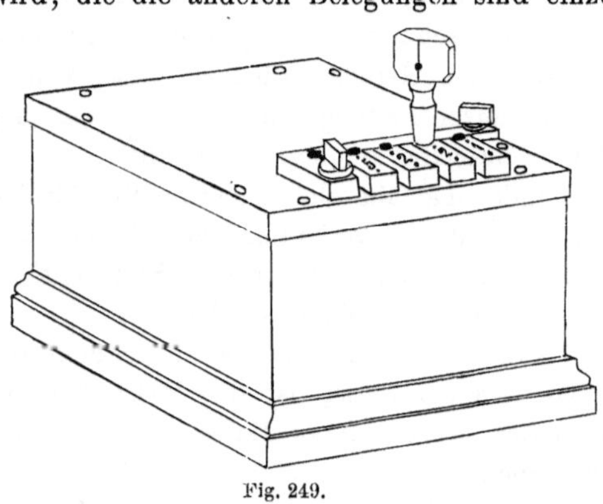

Fig. 249.

Um grosse Condensatoren bis zu 100 oder 1000 ^{mi}, wie es in der telegraphischen Praxis vorkommen kann, herzustellen, ist Glimmer zu theuer. Sobald es auf die genaue Justirung des Condensators nicht ankommt, wählt man als isolirende Masse feines Papier, welches mit Paraffin, Wachs, Schellack u. s. w. getränkt ist. Diese sog. Papiercondensatoren verändern sich meist mit der Zeit in ihrer Capacität, halten sich aber ziemlich in der Isolation; die Veränderungen der Capacität gehen gleichmässig vor sich, so dass das Verhältniss der einzelnen Capacitäten ziemlich constant bleibt.

Die Isolation jedes Condensators ist natürlich relativ, wie diejenige der Kabel, s. S. 355, und gilt nur bis zu einer gewissen Spannung der Elektricität. So werden z. B. sämmtliche, zum Telegraphiren benutzte Condensatoren und Kabel von dem Strom einer Elektrisirmaschine oder einer mit derselben geladenen Leydener Flasche durchgeschlagen, während sie für Batterien bis zu 200 Elementen die Isolation halten.

B. Stromerscheinungen im Kabel.

5. **Die Verzögerung und die Schwächung.** Wie wir gesehen haben, unterscheidet sich das Kabel von der oberirdischen Leitung dadurch, dass es eine grosse Ladungscapacität (vgl. S. 345) besitzt, während dieselbe bei der letzteren so gering ist, dass sie bei langsamen elektrischen Vorgängen gar nicht bemerkt wird. Dieser Unterschied macht sich bei allen Stromerscheinungen so fühlbar, dass dieselben beim Kabel im Vergleich zu der oberirdischen Linie vollständig veränderte Gestalt annehmen, und zwar sowohl in Bezug auf den zeitlichen Verlauf als die Stärke der Ströme.

Das Kabel lässt sich in keiner Weise durch Widerstände ersetzen, eher jedoch die oberirdische Linie, wenigstens für sämmtliche in der telegraphischen Praxis vorkommenden langsamen Stromvorgänge und für die bei denselben in Betracht zu ziehende Genauigkeit. Die oberirdische Linie ist ein Kabel von sehr geringer Capacität; sie lässt sich ersetzen durch ein Kabel, dessen isolirende Hülle sehr bedeutende Dicke hat, da bei der Ladung der oberirdischen Linie die Oberfläche des Drahtes der einen Belegung, die Oberfläche der Erde, der Bäume, der Häuser u. s. w. der anderen Belegung entspricht. Das Kabel liesse sich höchstens durch eine oberirdische Linie ersetzen, welche dicht über der Erdoberfläche, aber gut isolirt gegen dieselbe, gezogen wäre.

So gut aber, als die oberirdische Linie Ladungscapacität besitzt, muss jeder isolirte Draht und jeder isolirte Leiter eine gewisse, wenn auch sehr kleine Capacität besitzen. Denn jedes System von Leitern, das vom Strom durchflossen wird, mag es nun ein irgendwie aufgewickelter, oder ein ausgespannter Draht, oder endlich irgend eine Reihe von körperlichen Leitern sein, ist von einem isolirenden Material begrenzt; jenseits dieser letzteren befinden sich wieder Leiter, die wieder isolirt sein können, meistens aber mit Erde verbunden sind. Also muss, wenn die erstgenannten Leiter mit Elektricität geladen werden, in den letzteren Elektricität gebunden werden und demgemäss in den ersteren eine Ladung entstehen.

Streng genommen gibt es also keinen Leiter ohne Capacität und keine Stromerscheinungen ohne Ladung; es sind daher die Stromerscheinungen im Kabel als der allgemeine Fall zu betrachten, welcher alle anderen umfasst.

Wenn ein leitender Draht keine oder nur sehr geringe Capacität besitzt, so sind die Stromerscheinungen einfacher Natur. Hat man einen geschlossenen Drahtkreis, so ist stets der elektrische Strom an allen Stellen desselben gleich stark, und alle Veränderungen treten an allen Stellen zu gleicher Zeit auf; ist der Draht an einem Ende isolirt, so entstehen überhaupt keine Strömungen.

Besitzt dagegen der Draht eine in Betracht kommende Capacität, wie das Kabel, so ist der Strom im geschlossenen Kreise im Allgemeinen an keiner Stelle eben so stark, wie an einer anderen, und die Veränderungen treten auch nicht überall zu gleicher Zeit ein; ist der Draht an einem Ende isolirt, so können Ströme entstehen, — die Ladungsströme.

Betrachten wir den Fall eines Stromimpulses, wie solche beim Telegraphiren auf oberirdische Linien gewöhnlich benutzt werden; das Ende der Leitung ist in diesem Fall durch einen Widerstand mit Erde verbunden, der Anfang wird auf kurze Zeit an den Pol einer constanten Batterie, deren anderer Pol mit Erde verbunden ist, und dann an Erde gelegt. Ist die Leitung eine oberirdische und gut isolirt, so entwickelt sich der Strom sofort in voller Stärke und zwar an allen Punkten der Leitung zu gleicher Zeit — wenigstens ist mit gewöhnlichen Apparaten keine Zeitdifferenz nachzuweisen. Aus der gleichzeitigen Entwickelung des Stromes folgt, dass die Elektricität den Draht in kaum messbar kleiner Zeit durchläuft; die Gleichheit der Stromstärke zeigt an, dass alle Elektricität, die am Anfang in die Leitung eintritt, dieselbe am Ende auch wieder verlässt.

Anders beim Kabel. Bildet man ein längeres Kabel aus einzelnen Stücken und schaltet zwischen diese Stücke Apparate ein, welche den Strom anzeigen, so lässt sich leicht nachweisen, dass einerseits eine deutlich bemerkbare Zeit vergeht, bis der Strom von einer Stelle des Kabels zu einer anderen gelangt, und andrerseits, dass die an den einzelnen Stellen auftretenden Ströme um so schwächer sind, je weiter die betr. Stellen vom Anfang entfernt sind.

Darin offenbart sich die Verzögerung und die Schwächung der Ströme im Kabel; dieselben treten im Allgemeinen bei allen Kabelströmen auf, gleichviel welche Schaltung mit dem Kabel vorgenommen, und in welcher Weise dasselbe mit Batteriepolen und Erde verbunden wird. Wir müssen jedoch gleich hinzusetzen, dass diese Bezeichnungen nur allgemeiner Natur und völlig unbestimmt sind, indem die Art der

Verzögerung und der Schwächung eines Kabelstromes von den in jedem einzelnen Falle herrschenden Verhältnissen abhängt und bei demselben Kabel bei verschiedenen Stromvorgängen sehr verschieden ausfallen kann.

Dass eine Schwächung des Stromes im Kabel eintreten muss, lässt sich zunächst an dem oben genannten Beispiele leicht übersehen. Wenn das Kabel vor dem Anlegen des einen Endes an Batterie entladen war, so muss die Elektricität, die durch das Anlegen an Batterie in dasselbe eintritt, zum Theil dazu verwendet werden, um das Kabel zu laden; es bleibt daher in jedem einzelnen Stück des Kabels Elektricität zurück, und es fliesst immer weniger Elektricität weiter; es muss also der Strom, der am Kabelanfang seine volle Stärke besass, mit der Entfernung vom Kabelanfang abnehmen.

Dasselbe gilt aber auch im Allgemeinen für den Fall, dass das Kabel vor dem Eintritt des Stromes geladen ist. Für den Strom kommt es, wie unten ausführlicher auseinandergesetzt wird, nur auf die Differenz der elektrischen Spannungen an, nicht auf den absoluten Werth derselben; wenn also das Kabel seiner ganzen Länge nach mit Elektricität von gleicher Spannung geladen ist und der Anfang an einen Batteriepol von anderer elektrischer Spannung gelegt wird, bleiben die Stromverhältnisse dieselben, als ob das Kabel vorher gar nicht geladen wäre und der Anfang an einen Batteriepol gelegt würde, dessen Spannung gleich der Differenz der im ersteren Fall vorkommenden Spannungen wäre. Eine Schwächung des Stromes bei seiner Fortpflanzung durch das Kabel muss also in diesem Fall aus demselben Grund eintreten, wie oben.

Findet ein in das Kabel geschickter Strom Stellen im Kabel, deren elektrische Spannung bereits vorher gleich oder beinahe gleich ist derjenigen, welche der Strom an dieser Stelle herzustellen sucht, so verringert dieser Umstand die Schwächung des Stromes; es lassen sich sogar Fälle denken, in denen der Strom zu derselben Zeit an zwei verschiedenen Stellen des Kabels gleich stark oder an weiter entfernten stärker ist, als an der näher liegenden. Dies sind jedoch einzelne Ausnahmen, die für eine allgemeine Charakterisirung dieser Ströme nicht ins Gewicht fallen.

Es fragt sich nun, welches die Ursache der bei den Kabelströmen beobachteten Verzögerung ist.

Zunächst muss eine Verzögerung entstehen, wenn es richtig ist, dass die Elektricität sich nicht augenblicklich fortpflanzt, sondern eine bestimmte Fortpflanzungsgeschwindigkeit besitzt. Weiter unten werden wir sehen, dass dies allerdings wahrscheinlich ist; wenn es aber auch der Fall ist, so hat jedenfalls die Fortpflanzungsgeschwindigkeit der Elektricität einen Werth, der demjenigen der Lichtgeschwindigkeit gleich oder nahe gleich, also sehr gross ist.

Diese Art von Verzögerung kann auch bei den längsten Kabeln nur einen geringen Werth haben, so dass die in Wirklichkeit auftretenden Verzögerungen nicht aus dieser Ursache abgeleitet werden können. Für ein atlantisches Kabel beträgt die aus der Geschwindigkeit der Elektricität berechnete Verzögerung etwa 0,015 Sekunden, während der Werth der wirklichen sog. Verzögerung wenigstens 0,3 Sekunden ist.

Die Ursache dessen, was man beim Kabel Verzögerung nennt, liegt jedenfalls, wie bei der Schwächung, in der Ladung. Die Kraft, welche die Elektricität im Kabel von einer Stelle zur anderen treibt, hat ihre Ursache in der Differenz der elektrischen Spannung an den beiden Stellen, indem nach dem Grundgesetz der Elektricität zwischen zwei benachbarten Stellen von verschiedener Spannung ein elektrischer Strom entstehen muss, wenn nicht diese Spannungsdifferenz durch äussere Kräfte aufrecht erhalten wird. Dieser treibenden Kraft wirkt die Ladung entgegen, oder vielmehr die Anziehung der durch das Auftreten von Elektricität im Innern des Kabels an die Oberfläche der Kabelhülle gezogenen Elektricität. Diese Anziehung von Seiten der äusseren Elektricität bewirkt nicht nur ein Festhalten der inneren Elektricität, also eine Schwächung des Stromes, sondern auch eine Verzögerung der Bewegung der Elektricität.

Wie schon oben bemerkt, müssen die Verzögerung und Schwächung für jeden einzelnen Fall besonders betrachtet werden, da sich dieselben in jedem einzelnen Falle anders gestalten.

Die einzelnen Fälle, welche wir im Folgenden behandeln, sind das Ansteigen des Stromes beim Anlegen einer constanten Batterie und die Fortpflanzung von regelmässigen Wechselströmen oder elektrischen Wellen.

Die Betrachtung des ersteren Falles gibt uns, wie wir sehen werden, die Mittel an die Hand, sämmtliche in der Kabeltelegraphie vorkommenden Stromvorgänge kennen zu lernen; der letztere Fall bietet theils wissenschaftliches Interesse dar, indem dessen Betrachtung gestattet, die Fortpflanzung der Elektricität mit derjenigen des Schalles, des Lichtes und der Wärme zu vergleichen, theils technische Anwendungen auf das Telephoniren.

Den Schluss der Betrachtung über die Stromerscheinungen im Kabel bildet diejenige über die Induction in Kabeln.

6. **Spannung und Strom beim Anlegen von Batterie.** Die Sprechfähigkeit eines Kabels hängt ab von der Curve des ansteigenden Stromes; so nennen wir nämlich die Curve, nach welcher der Strom am Ende eines Kabels ansteigt, wenn der Anfang des Kabels an den Pol einer constanten Batterie gelegt wird, während das Ende an Erde liegt.

Diese Curve könnte man auch die charakteristische Curve des Kabels nennen; denn, wenn dieselbe für irgend ein Kabel bekannt ist, lässt sich stets für eine beliebige Reihe von Stromimpulsen, die am Anfang des Kabels ertheilt werden, die Wirkung bestimmen, welche diese Ströme im Kabelende, also im Empfangsapparat hervorbringen; es lässt sich also mittelst der Kenntniss dieser Curve in allen in der telegraphischen Praxis vorkommenden Fällen der Verlauf des Stromes im Empfangsapparat bestimmen.

Im Folgenden betrachten wir, bevor wir diese Curve und ihre Verwendung eingehender besprechen, den elektrischen Zustand des ganzen Kabels in allen seinen Theilen, wenn am Anfang Batterie anliegt und das Ende mit Erde verbunden ist, und zwar sowohl die Vertheilung der elektrischen Spannung als die Stromverhältnisse. Bei dieser Darstellung beschreiben wir die Resultate, welche die Theorie der Elektricitätsbewegung in Kabeln ergibt, und begründen dieselbe soweit, als dies ohne Theorie möglich ist.

Der Verlauf der elektrischen Spannung lässt sich, im Allgemeinen wenigstens, leicht übersehen.

Zu Anfang, vor dem Anlegen der Batterie, ist die Spannung im ganzen Kabel Null. Durch das Anlegen der Batterie an den Kabelanfang erhält daselbst die Spannung plötzlich den Werth der Spannung des Batteriepols, während die Spannung im ganzen Kabel und auch in der Nähe des Kabelanfangs nur einen sehr geringen Werth annimmt; die Spannung an dem an Erde gelegten Kabelende bleibt stets gleich Null. Die Spannungen am Anfang und am Ende des Kabels bleiben von da an dieselben; zwischen diesen beiden Fixpunkten hebt sich die Curve Fig. 250, welche die Vertheilung der Spannung längs des Kabels darstellt, immer mehr, Anfangs rascher, dann immer langsamer, bis dieselbe in die schiefe Gerade übergeht, welche die Vertheilung der Spannung im stationären Zustand darstellt. Der stationäre Zustand tritt ein, wenn alle Theile des Kabels sich vollständig mit Elektricität geladen haben; wenn dieser Zustand erreicht ist, wird von der Elektricität, welche am Kabelanfang eintritt, kein Theil mehr zur Ladung des Kabels verwendet; es fliesst also in jedem einzelnen Stück des Kabels gerade so viel Elektricität auf der einen Seite ein, als auf der anderen Seite ausfliesst; der Strom und die Vertheilung der Spannung sind daher dieselben, wie wenn das Kabel keine Ladung hätte; es muss also die Spannung durch eine Gerade dargestellt werden, welche die Werthe der Spannung am Anfang und am Ende des Kabels verbindet.

Fig. 250 stellt die Vertheilung der Spannung im Kabel zu verschiedenen Zeiten dar; die Abscissen sind die Entfernungen (x) der einzelnen Stellen im Kabel vom Anfang in Theilen der ganzen

Länge (l), die Ordinaten die Spannung, wobei die Spannung am Kabelanfang = 100 gesetzt ist. Die einzelnen Curven gelten für verschiedene Zeitpunkte, welche in gleichen Zwischenräumen auf einander folgen, und zwar sind die Zeiten (t) in einer gewissen Einheit a gerechnet, deren Bedeutung und deren Werth bei den einzelnen Kabeln weiter unten besprochen wird.

Der Verlauf der Spannung lässt sich auch noch auf eine andere Art graphisch darstellen, indem man nämlich für die Veränderung der

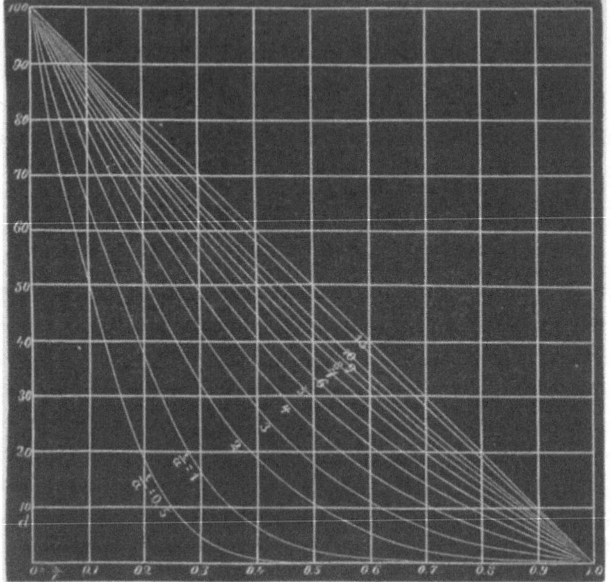

Fig. 250.

Vertheilung der Spannung im Kabel zu verschiedenen Zeiten.

Spannung mit der Zeit an jedem Punkt des Kabels eine Curve entwirft und diese Curven auf demselben Felde vereinigt. Dies ist in Fig. 251 geschehen; die Abscissen sind die Zeiten (in der Einheit a ausgedrückt), die Ordinaten die Spannungen, die einzelnen Curven gelten für verschiedene Entfernungen (x) vom Kabelanfang, diese Entfernungen sind in Theilen der Länge (l) ausgedrückt. Fig. 251 gibt also ein Bild des Verlaufs der Spannungen nach der Zeit an verschiedenen Stellen des Kabels.

Die beiden Curventafeln, Fig. 250 und Fig. 251, zeigen deutlich, dass die Spannung bereits unmittelbar nach dem Anlegen der Batterie im ganzen Kabel einen von Null verschiedenen Werth hat, dass also die Elektricität sich in unmerklich kurzer Zeit durch das ganze Kabel verbreitet, wenn dieser Werth auch Anfangs nur ein unmerklich kleiner ist, und zwar um so mehr, je grösser die Entfernung vom Kabelanfang ist.

Für die telegraphische Praxis jedoch sind nicht die Spannungsverhältnisse massgebend, sondern die Stromverhältnisse, da die sämmtlichen bis jetzt construirten telegraphischen Empfangsapparate auf der Wirkung des Stromes, nicht der Spannung, beruhen.

Es lässt sich nun die Stromstärke stets aus der Vertheilung

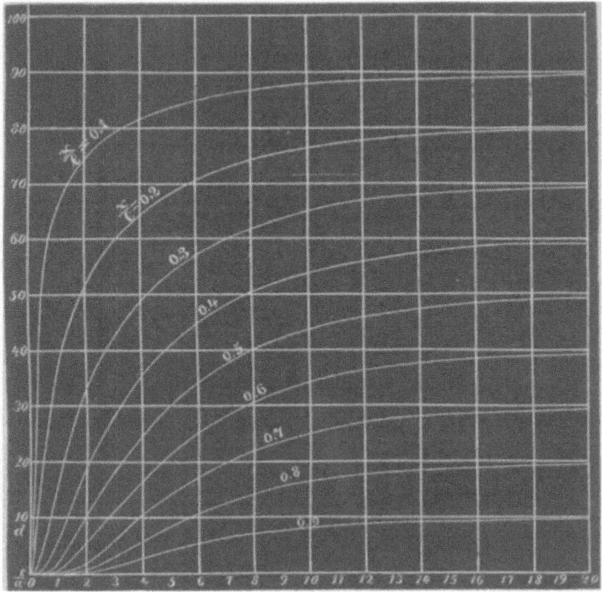

Fig. 251.

Verlauf der Spannung an verschiedenen Punkten des Kabels.

der Spannung ableiten; wenn man nämlich für irgend einen Zeitpunkt die Vertheilung der Spannung im Kabel kennt, so erhält man ein Mass für die in diesem Augenblick an irgend einem Punkte des Kabels herrschende Stromstärke, indem man an diesem Punkt die Tangente an der Curve der Spannung construirt; es ist stets die Stromstärke an irgend einem Punkte proportional der Tangente an die Curve der Spannung.

Dies ist ein allgemeiner Satz, welcher für alle beliebigen Spannungscurven gilt, die in einem Leitungsdrahte vorkommen können, und ist in der Definition des elektrischen Stroms begründet. Nach dieser Definition ist der Strom an jeder Stelle des Drahtes proportional der Leitungsfähigkeit, dem Querschnitt und dem Gefälle der Spannung; da

Leitungsfähigkeit und Querschnitt im ganzen Draht dieselben sind, ist das Gefälle der Spannung ein Mass für die Stromstärke. Unter Gefälle der Spannung verstehen wir die Differenz der Spannungen an den Enden eines kleinen Drahtstückes, welches an dem Punkte, für den die Stromstärke gesucht wird, liegt, dividirt durch die Länge dieses Stückes.

Fig. 252 zeigt die Vertheilung der Stromstärke im Kabel zu verschiedenen Zeiten.

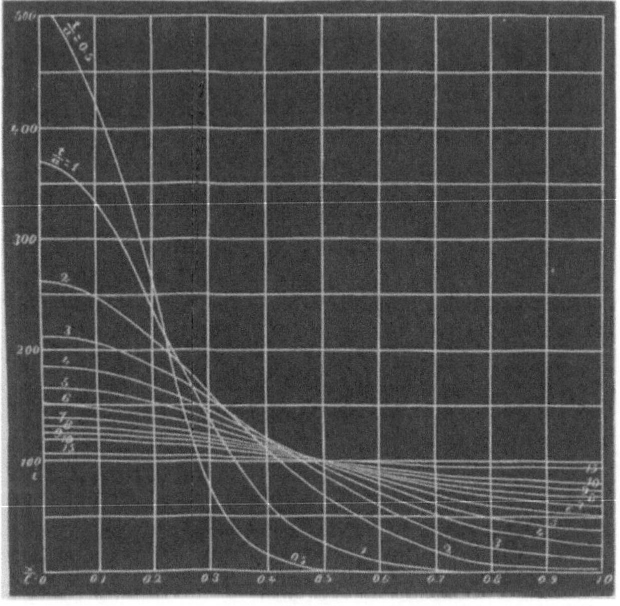

Fig. 252.
Vertheilung der Stromstärke im Kabel zu verschiedenen Zeiten.

Die Vertheilung der Stromstärke im stationären Zustande gibt eine der Abscissenaxe parallele Gerade; wie oben bemerkt, muss in diesem Falle der Strom an allen Punkten gleich und von derselben Stärke sein, wie wenn die Kupferlitze des Kabels frei in der Luft ausgespannt wäre, also wenig oder keine Ladung hätte. Die stationäre Stromstärke ist gleich 100 gesetzt; die Zeiten sind, wie oben, in der Einheit a gemessen.

Anfänglich, kurz nach dem Anlegen der Batterie, zeigt die Stromcurve am Anfang des Kabels sehr hohe Werthe. Es muss hierbei bemerkt werden, dass in der den Curven zu Grunde liegenden Rechnung der Widerstand der Batterie als sehr klein angenommen ist, was bekanntlich in Wirklichkeit nie der Fall ist. Wenn es der Fall wäre, so wäre der Strom am Kabelanfang im ersten Augenblick nach dem Anlegen der Batterie unendlich gross; da jede Batterie einen Widerstand von endlicher Grösse besitzt, kann dieser Strom nicht grösser sein, als derjenige, welchen man bei kurzem Schluss der Batterie erhält.

Wenn man also den Widerstand der Batterie in Rechnung zieht, so erhalten die Stromcurven etwas veränderte Form, namentlich betrifft dies die Stromstärken in der Anfangsstrecke der Kabel und in der ersten Zeit nach dem Anlegen der Batterie. Diese Veränderung ist erheblich, wenn das Kabel kurz ist, also wenig Widerstand hat, der Widerstand der Batterie dagegen gross ist. Bei längerem Kabel und bei einer guten Batterie von geringem Widerstand — welcher Fall dieser ganzen Betrachtung eigentlich zu Grunde liegt — sind die in Fig. 252 enthaltenen Curven beinahe genau richtig.

In der ersten Zeit nach dem Anlegen der Batterie fallen die Stromcurven vom Kabelanfang aus sehr rasch ab; in den entfernteren Theilen des Kabels und am Ende zeigt sich kaum merklicher Strom. Je länger die Batterie wirkt, desto mehr fällt die Stromstärke am Kabelanfang und steigt dafür am Ende; mit wachsender Zeit nähern sich die Stromcurven immer mehr der Mittellinie, d. h. dem stationären Zustand. Dieser Zustand stellt sich nach der Theorie erst nach sehr langer Zeit ganz genau her; in Wirklichkeit kommt es jedoch nur darauf an, dass die Abweichungen der Stromcurve von der Mittellinie für unsere Instrumente unmerklich sind, und dies ist schon nach ziemlich kurzer Zeit der Fall, da die Grösse a, in welcher die Zeiten hier gemessen sind, gewöhnlich nur einen geringen Bruchtheil einer Secunde beträgt.

Schon bei einem oberflächlichen Anblick der Fig. 252 muss es auffallen, dass alle Stromcurven in gleichmässiger Weise um die Mittellinie herumschwanken, so dass, wenn man bei irgend einer der Curven das Mittel aus allen Stromstärken nimmt, dieses Mittel gleich der stationären Stromstärke 100 zu sein scheint.

Dies ist nicht nur ungefähr, sondern genau richtig und lässt sich theoretisch beweisen. Das Mittel der zu irgend einer Zeit im Kabel vorhandenen Stromstärken ist stets gleich der stationären Stromstärke, oder: die Summe der im ganzen Kabel in Bewegung befindlichen Elektricität ist zu allen Zeiten gleich. Natürlich gilt dieser Satz nur für den vorliegenden Fall, d. h. so lange am Kabelanfang constante Batterie, am Ende Erde anliegt.

Die Stromstärke am Kabelanfang, welche gleich der in der Batterie herrschenden Stromstärke ist, steigt anfangs plötzlich auf einen hohen Werth und sinkt alsdann allmählig auf den Werth des stationären Stromes herunter. Hätte das Kabel keine Ladungscapacität, so würde an dieser Stelle von Anfang an der Werth des stationären Stromes herrschen. Es geht hieraus hervor, dass die Batterien beim Telegraphiren auf Kabeln viel mehr angestrengt werden, als beim Sprechen auf Ueberlandlinien.

Die Curven zeigen ferner, dass in der ganzen zweiten Hälfte des Kabels die Stromstärke nie grösser wird als die stationäre Stromstärke, während in dem grösseren Theile der ersten Hälfte, wie am Kabelanfang, kurz nach dem Anlegen der Batterie die Stromstärke höhere Werthe annimmt, als die stationäre beträgt.

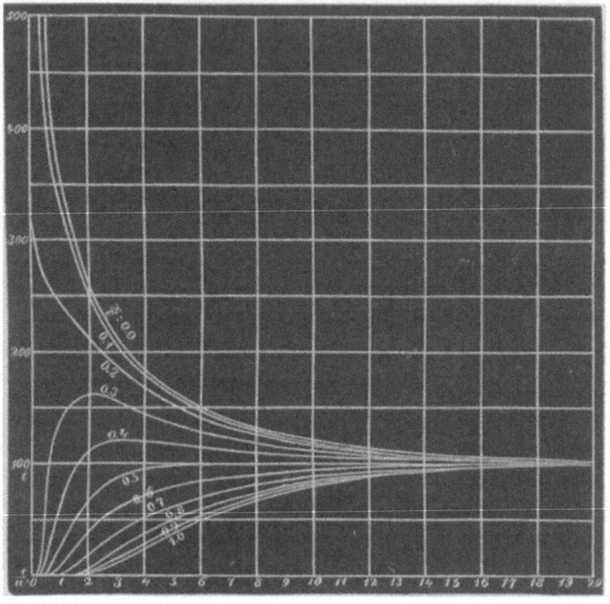

Fig. 253.

Zeitlicher Verlauf des Stromes an verschiedenen Punkten des Kabels.

Diese Unterschiede werden deutlicher, wenn man, wie in Fig. 253, den zeitlichen Verlauf des Stromes an verschiedenen Punkten des Kabels graphisch darstellt; die Abscissen sind daselbst die Zeiten, die Ordinaten die Stromstärken, die einzelnen Curven gelten für die einzelnen Stellen (x) des Kabels. Hier zeigt sich deutlich, dass die Stromcurven beinahe in der ganzen ersten Hälfte des Kabels gleichsam einen Höcker besitzen, der über die Linie der stationären Stromstärke hinaus reicht, dass aber dieser Höcker bei den Stromcurven in der Mitte und der zweiten Hälfte des Kabels fortfällt. Der Uebergang der Curven einer Form in die andere findet etwa bei 0,4 der Länge des Kabels statt.

Es geht hieraus auch hervor, dass das Kabel beim Telegraphiren in der Mitte am wenigsten angestrengt wird, am meisten dagegen an den beiden Enden.

Die Stromcurve am Ende des Kabels, $\left(\frac{x}{l} = 1{,}0\right)$, die letzte der in der Figur gezeichneten, ist diejenige, welche wir die Curve des ansteigenden Stromes nennen.

7. Die Curve des ansteigenden Stromes. Die Gestalt dieser Curve charakterisirt sich folgendermassen: sie beginnt im Anfangspunkte 0, besitzt aber im Anfang nur sehr geringe Höhe und Steigung, dann steigt sie ziemlich plötzlich und steil in die Höhe; nachdem sie ungefähr ein Drittel des Werthes des stationären Stromes erreicht hat, tritt ein Wendepunkt ein, d. h. während vorher die Steilheit der Curve immer mehr zunahm, nimmt sie von diesem Punkt an immer wieder ab, die Tangente der Curve, welche vorher sich nach der verticalen Richtung hin drehte, bleibt an diesem Punkte stehen und dreht sich nachher zurück, der horizontalen Richtung zu. Wir können demnach an dieser Curve drei Theile unterscheiden: das Anfangsstück, vom Anfangspunkt bis zum Beginn der steilen Steigung, das steile Ansteigen, und der allmählige Uebergang in den stationären Strom. Die Grenze zwischen dem zweiten und dritten Theil der Curve, jener Wendepunkt, ist ein scharf bestimmter Punkt und lässt sich bereits in einer graphischen Darstellung mit ziemlicher Sicherheit erkennen; die Grenze dagegen zwischen dem ersten und zweiten Theil ist keine scharf bestimmte.

Wir denken uns nun am Ende des Kabels ein Instrument eingeschaltet, welches, wenn es vom Strom durchflossen wird, ein Zeichen gibt, einen Telegraphenapparat oder einen Galvanometer u. s. w. in Bewegung setzt, und betrachten die Wirkung des Stromes. Jedes Instrument der angegebenen Art besitzt eine bestimmte Empfindlichkeit, d. h. der Strom muss eine gewisse Stärke erreicht haben, wenn das Instrument ein Zeichen geben soll; ein Instrument, das jede Spur von Strom anzeigt, gibt es nicht. Das Zeichen wird also erst an einem gewissen Punkte der Curve des ansteigenden Stromes erfolgen, nämlich an dem Punkte, an welchem die Curve die der Empfindlichkeit des Instruments entsprechende Stromstärke erreicht hat. Bevor der Strom diesen Punkt erreicht hat, verhält sich das Instrument, als wenn kein Strom durch dasselbe flösse.

Hieraus folgt, dass bei jedem Instrument, das den Strom am Kabelende anzeigt, nach dem Anlegen der Batterie eine gewisse Zeit vergeht, bis dasselbe den Strom anzeigt; diese Zeit nennt man die Verzögerung. Bei Kabeln von einigermassen erheblicher Länge lässt sich die Thatsache der Verzögerung leicht beobachten, wenn Anfang und Ende des Kabels an demselben Ort liegen und man daher direct beurtheilen kann, ob zwischen Abgang und Ankunft des Stromes eine merkliche Zeit vergeht oder nicht. Es folgt aber auch aus der Natur der Curve, dass bei demselben Kabel die Grösse der Verzögerung abhängig sein muss von der Empfindlichkeit des Instruments, das den Strom anzeigt, und zwar in dem Sinne, dass empfindlichere Instrumente weniger Verzögerung zeigen, als weniger empfindliche.

Die Erscheinung der Verzögerung ist also zwar für Kabel durchaus charakteristisch, indem bei Oberlandlinien mit gewöhnlichen Instrumenten keine Spur von Verzögerung wahrgenommen werden kann; die Verzögerung aber in der oben gegebenen gewöhnlichen Definition ist keine so genau bestimmte Grösse, um als Massstab für die Sprechfähigkeit des Kabels dienen zu können.

Da nach der Theorie die Curve des ansteigenden Stroms im Anfangspunkt beginnt, müsste man dadurch, dass man das Empfangsinstrument immer empfindlicher macht, die Verzögerung immer mehr verringern und schliesslich auf eine unmerklich kleine Grösse reduciren können. Dieser Versuch ist bisher noch nicht ausgeführt worden; die Thatsache jedoch, dass die Verzögerung um so grösser ausfällt, je unempfindlicher das Instrument ist, lässt sich experimentell nachweisen.

8. Das Product: Widerstand × Capacität. Wir haben bisher die Verhältnisse der Spannung und des Stromes im Falle des Anlegens von Batterie an ein Kabel betrachtet, ohne auf die elektrischen Eigenschaften des Kabels Bezug zu nehmen. Diese Betrachtungen gelten auch für ein ganz beliebiges Kabel. Spannnng und Strom bieten bei allen Kabeln dasselbe Bild, nur der Massstab (a), mit welchem die Zeit gemessen wird, ist bei verschiedenen Kabeln verschieden.

Es gilt nämlich für den vorliegenden Fall folgender Satz: die Zeiten, bei welchen in verschiedenen Kabeln an einander entsprechenden Stellen dieselbe Spannung und Stromstärke eintritt, verhalten sich wie die Producte Widerstand × Capacität ($W.C$).

Dieser Satz gilt nicht nur für verschiedene Kabel, von verschiedener Construction oder verschiedener Länge, sondern natürlich auch für verschiedene Längen desselben Kabels. In dem letzteren Falle sind Widerstand und Capacität der Längeneinheit bei beiden Kabeln gleich, es verhalten sich also die Widerstände sowohl als die Capacitäten beider Längen wie diese Längen selbst, also die Producte: Widerstand × Capacität wie die Quadrate der Längen. Für verschiedene Längen desselben Kabels lässt sich daher jener Satz folgendermassen aussprechen:

Die Zeiten, bei welchen in verschiedenen Längen desselben Kabels an entsprechenden Stellen dieselbe Spannung und Stromstärke eintritt, verhalten sich wie die Quadrate der Längen.

Der Ausdruck: „entsprechende Stellen“ ist dahin zu verstehen, dass die betr. Stellen der beiden Kabel im Verhältniss zu den Längen der beiden Kabel ähnlich liegen müssen, oder dass die Entfernungen der beiden Stellen von den bez. Kabelanfängen sich verhalten wie die Längen der beiden Kabel; man hat also das Ende des einen Kabels mit dem Ende des anderen, die Mitte des einen mit der Mitte des anderen u. s. w. zu vergleichen.

Der Satz gilt nicht für verschiedene Stellen desselben Kabels; man darf nicht z. B. Mitte und Ende desselben Kabels unter einander vergleichen. Zwischen den Spannungs- und Stromverhältnissen der Mitte und des Endes eines Kabels bestehen charakteristische Unterschiede, welche sich nicht einfach aussprechen lassen; z. B. zeigt eine und dieselbe Stelle eines Kabels, welche 500 km vom Anfang entfernt ist, charakteristisch verschiedene Curven für Spannung und Strom, wenn sie einmal als Ende eines Kabels von 500 km Länge und dann als Mitte eines Kabels von 1000 km Länge benutzt wird. Dagegen zeigen das Ende eines Kabels von 500 km und das Ende eines Kabels von 1000 km Curven von gleichem Charakter, welche einander decken, wenn man die Zeiten auf gleiches Product Widerstand $\times$ Capacität reducirt.

Wir müssen ferner hinzufügen, dass der Satz, wie er oben ausgesprochen ist, nur gilt, wenn Spannung und Stromstärke im stationären Zustande an den beiden zu vergleichenden Stellen gleich sind. Ist dies nicht der Fall, so sind Spannungs- und Stromstärken zu den im Verhältniss der Producte: Widerstand $\times$ Capacität stehenden Zeiten nicht gleich, sondern sie verhalten sich wie die bez. Spannungs- und Stromstärken im stationären Zustand.

Wir beziehen den Satz vorläufig nur auf den dieser ganzen Betrachtung zu Grunde liegenden Fall, dass der Kabelanfang an Batterie, das Kabelende an Erde liegt und vor dem Anlegen der Batterie das Kabel ohne Elektricität war; wir werden jedoch sehen, dass der Satz allgemeiner Natur ist.

Wenn nun die einzelnen Werthe für Spannung und Strom im vorliegenden Fall bei allen Kabeln gleich sind für Zeiten, die sich wie die Producte: Widerstand $\times$ Capacität verhalten, so müssen umgekehrt die Curven für Spannung und Strom völlig übereinstimmen, wenn man die Zeiten in einer Einheit misst, welche proportional jenem Product ist. Als solche Einheit hat man die Grösse a gewählt, welche auch bei den oben gegebenen Curven angewendet ist; wenn W der Widerstand (in Ohm), C die Capacität des Kabels (in Mikrofarad), so ist

$$a = 0{,}02332\, WC,$$

oder wenn w der Widerstand der Längeneinheit (z. B. Kilometer), c die Capacität der Längeneinheit, l die Länge des Kabels,

$$a = \frac{0{,}02332}{1000000}\, w c l^2$$

Die Grösse a, welche eine Zeit bedeutet, hat also für jedes Kabel einen anderen Werth; die Curven für Spannung oder Strom an zwei entsprechenden Punkten zweier Kabel fallen zusammen, wenn man bei jedem Kabel die Zeit in dem diesem Kabel entsprechenden Werth von a misst. Die oben gegebenen Curventafeln gelten also für jedes Kabel; für jedes einzelne Kabel ist dann, um die Zeit in Secunden auszudrücken, die Grösse a zu berechnen.

Bei den neuen unterirdischen Kabeln in Deutschland ist das Product etwa: $wc = 1{,}83$, bei 15^0 C., per Kilometer. Für ein solches Kabel von 558,3 km Länge: Linie Berlin — Frankfurt, ist

$$a = 0{,}01371 \text{ Secunden};$$

die Fig. 250 bis 253 stellen also Spannung und Strom in der besprochenen Weise auf dieser Linie dar, wenn für a dieser Werth eingeführt wird.

Dieselben Curven gelten z. B. für die Linie Frankfurt — Kiel, 956,5 km, wenn für a der Werth

$$a = 0{,}04023 \text{ Secunden}$$

eingeführt wird.

Wir wollen endlich noch den Satz über das Product: Widerstand $\times$ Capacität an einigen Beispielen illustriren, indem wir die Zeit nicht in der Massgrösse a, sondern in Secunden rechnen.

Fig. 254 stellt die Stromcurven am Ende oder „die Curven des ansteigenden Stroms" für drei Kabel dar, deren Längen sich wie 1 : 2 : 3, deren Producte WC sich also wie 1 : 4 : 9 verhalten; die Grösse a beträgt

für Kabel	1	$a = 0{,}0227$	Sec.
- -	2	$a = 0{,}0908$	-
- -	3	$a = 0{,}2043$	- ;

die Zeiten sind in Hundertstel-Secunden aufgetragen. (Z. B. Theilstrich 120 auf der Abscissenaxe bedeutet 1,20 Secunden.) Man lege durch diese Curven irgendwo eine der Abscissenaxe parallele Gerade; die Werthe, welche die Abscissen des Schnittpunktes dieser Geraden mit den drei Curven besitzen, sind die verschiedenen Zeiten, zu welchen in den verschiedenen Kabeln der Strom dieselbe bestimmte Stärke erreicht. Man kann sich leicht überzeugen, dass die zusammen gehörigen Zeiten sich stets wie 1 : 4 : 9 verhalten.

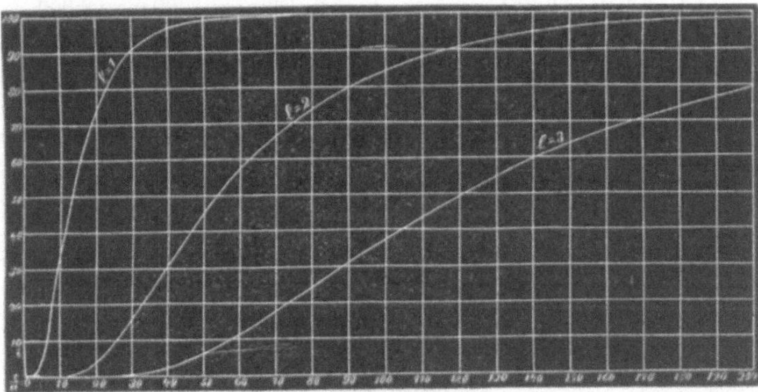

Fig. 254.

Dieselben Bemerkungen gelten für Fig. 255, welche die Stromcurven in einem Viertel der Länge auf denselben Kabeln in derselben Weise darstellt.

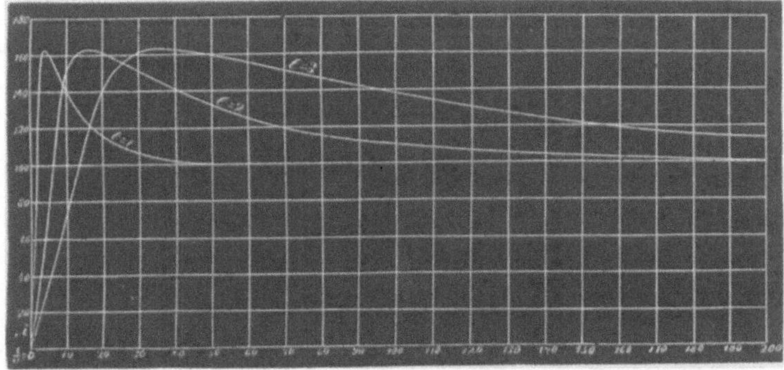

Fig. 255.

9. Numerische Werthe und experimentelle Bestimmungen der Curve des ansteigenden Stromes. Die folgende Tabelle gibt die Werthe der Abscissen und Ordinaten einer Reihe von Punkten der Curve des ansteigenden Stromes; i bedeutet die Stromstärke, (der stationäre Strom ist gleich 100 gesetzt), die Zeiten (t) sind in der Massgrösse a ausgedrückt.

$\frac{t}{a}$	i	$\frac{t}{a}$	i	$\frac{t}{a}$	i	$\frac{t}{a}$	i
0,7	0,000	2,0	2,461	3,6	19,844	12,0	87,384
0,8	0,001	2,1	3,100	3,8	22,590	14,0	89,978
0,9	0,005	2,2	3,818	4,0	25,352	16,0	94,976
1,0	0,016	2,3	4,616	4,5	32,184	18,0	96,830
1,1	0,041	2,4	5,487	5,0	38,748	20,0	98,000
1,2	0,089	2,5	6,427	5,5	44,882	22,0	98,738
1,3	0,170	2,6	7,432	6,0	50,558	24,0	99,204
1,4	0,296	2,7	8,495	6,5	55,718	—	—
1,5	0,476	2,8	9,613	7,0	60,412	—	—
1,6	0,720	2,9	10,778	8,0	68,428	—	—
1,7	1,037	3,0	11,986	9,0	74,872	—	—
1,8	1,430	3,2	14,508	10,0	80,020	—	—
1,9	1,904	3,4	17,139	11,0	84,121	—	—

Auf den unterirdischen Kabeln in Deutschland sind auch Versuche ausgeführt worden (von Siemens & Halske), um diese bisher nur theoretisch bekannte Curve experimentell zu prüfen.

Die Versuche wurden mittelst des Russschreibers ausgeführt, eines später näher zu beschreibenden Instrumentes, welches gestattet, die Stromcurven durch eine feine Spitze auf einem continuirlich berussten Papierstreifen (weiss auf schwarz) unmittelbar aufzutragen. Die vermittelst dieses Instrumentes erhaltenen Streifen (von der Breite gewöhnlichen Telegraphenpapiers) wurden mit Vergrösserung photographirt und sind, ohne Veränderung, als Fig. 256 auf der angehefteten Tafel durch Lichtdruck getreu wiedergegeben.

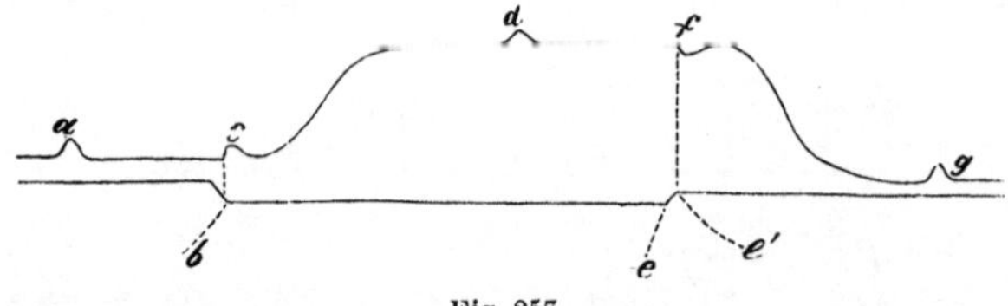

Fig. 257.

Jeder dieser Streifen enthält zwei Linien; die obere ist die Stromcurve am Kabelende, die untere wurde durch eine Spitze hervorgebracht, die direct mit dem stromgebenden Taster verbunden war, so dass die Zeitpunkte des Anlegens und Abnehmens der Batterie genau markirt wurden. Die kleinen Höcker *a*, *d*, *g*, Fig. 257, in der oberen Linie, sind Secundenmarken, welche ebenfalls durch Wirkung des Stromes auf den Russschreiber, jedoch ganz unabhängig von dem Stromkreise des Kabels hervorgebracht wurden. Durch das Anbringen dieser Secundenmarken wird es möglich, die den einzelnen Punkten der Curve

Additional material from *Handbuch der Elektricität und des Magnetismus*
ISBN 978-3-642-50378-8 (978-3-642-50378-8_OSFO2),
is available at http://extras.springer.com

entsprechenden Zeiten wirklich zu messen. Die Ecke *b* in der unteren Linie entspricht dem Niederdrücken des Tasters, also dem Anlegen der Batterie an den Kabelanfang, die Ecke *e* dem Loslassen des Tasters, die Ecke *e'* dem Anlegen von Erde an den Kabelanfang. Den Punkten *b* und *e'* in der unteren Linie entsprechen in der oberen Linie eine kleine Erhebung bei *c* und eine kleine Senkung bei *f*; dies sind Inductionsstösse, welche die Ladung bez. Entladung des Kabelanfangs in dem beim Versuch dicht daneben liegenden Kabelende erzeugen. Zwischen *c* und *d* hat man die Curve des ansteigenden Stromes für das neben dem Streifen angegebene Kabel; die sich zwischen *f* und *g* erstreckende Curve bietet genau das umgekehrte Bild wie die erstere, und zeigt den allmähligen Abfall des Stromes am Kabelende, wenn der Kabelanfang nach eingetretenem stationären Strom an Erde gelegt wird. Auch eine oberflächliche Betrachtung der einzelnen Streifen zeigt, dass erhebliche Zeiten vergehen, bis der Strom im Kabel sein Maximum, den stationären Werth, erreicht; die Curven geben ferner ein deutliches Bild von der verschiedenen Geschwindigkeit, mit welcher der Strom in Kabeln von verschiedenen Längen ansteigt.

Die Curven sind auch einer eingehenden Berechnung unterworfen und vermittelst des Satzes vom Product $W \times C$ auf einander reducirt worden, und es hat sich eine befriedigende Uebereinstimmung mit der Theorie ergeben, so dass diese letztere durch diese Versuche auch als experimentell begründet zu betrachten ist.

10. Ausdehnung auf beliebigen Batteriewechsel am Kabelanfang. Alle bisherigen Betrachtungen gelten nur für den Fall, dass am Kabelanfang Batterie, am Kabelende Erde anliegt, und vor dem Anlegen das Kabel keine Elektricität enthielt. Wir wollen jetzt diese Betrachtungen ausdehnen auf den Fall, dass Batteriepole und Erde in beliebiger Reihenfolge an den Kabelanfang angelegt werden. Der Einfachheit halber behandeln wir hierbei nur die Stromcurve am Ende, weil diese für die Fälle der praktischen Telegraphie allein in Frage kommt; die Betrachtungen gelten jedoch für die Spannungs- und Stromverhältnisse im ganzen Kabel.

Zunächst setzen wir den Fall, dass in dem Zeitpunkt, an welchem Batterie angelegt wird und welchen wir als Zeitanfang wählen, Elektricität in irgend welcher Menge und Vertheilung im Kabel vorhanden sei, dass aber Anfang und Ende des Kabels an Erde liegen; dieser elektrische Zustand, den man Anfangszustand nennt, soll aber vollständig bekannt sein, und es soll ferner bekannt sein, in welcher Weise dieser Anfangszustand sich weiter verändern würde, wenn keine Batterie an das Kabel angelegt würde.

Es sei z. B. der Strom am Kabelende am Zeitanfang $= ab$, Fig. 258, und die Curve *bc* stelle den Verlauf dieses Stromes dar, welcher stattfinden würde, wenn an Anfang und Ende des Kabels dieselben Bedingungen herrschten, wie vor dem Zeitanfang.

Wenn am Zeitanfang keine Elektricität im Kabel wäre, aber an diesem Zeitpunkt Batterie angelegt würde, so würde der Verlauf des Stromes am Kabelende, wie wir oben gesehen haben, durch die Curve *ad* dargestellt sein.

Nun findet in Wirklichkeit Beides statt, d. h. es ist ein Anfangszustand vorhanden, und es wird am Zeitanfang Batterie angelegt; der in Folge dieser beiden Ursachen eintretende Verlauf des Stromes ist derselbe, als wenn jede dieser beiden Ursachen allein wirkte und in jedem Zeitpunkte der von der einen Ursache herrührende Strom zu dem von der anderen Ursache herrührenden zu addiren wäre.

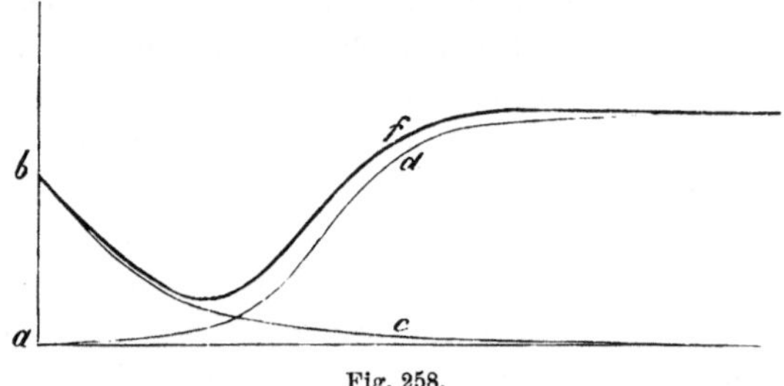

Fig. 258.

Dieser Satz gilt ganz allgemein für eine beliebige Anzahl von Einzelwirkungen. Wenn mehrere Ursachen, beliebiger Art, zugleich auf den Strom am Kabelende einwirken, so ist ihre Gesammtwirkung stets gleich der Summe der Einzelwirkungen. Im vorliegenden Fall stellt nun die Curve *bc* die eine Einzelwirkung, diejenige des Anfangszustandes, und die Curve *ad* die andere Einzelwirkung, diejenige der angelegten Batterie, dar; um also den in Folge beider Ursachen eintretenden Stromverlauf zu erhalten, hat man für jeden Werth der Abscisse, der Zeit, die bei den für diesen Werth geltenden Ordinaten oder Stromstärken der Curven *bc* und *ad* zu addiren. Auf diese Weise erhält man die Curve *bf*.

Wenn nun bereits im Anfangszustand der Anfang des Kabels nicht an Erde, sondern an einem Batteriepole von der Spannung A lag und dann an einen Batteriepol von der Spannung B gelegt wird, so ist die Einzelwirkung der letzteren Batterie so zu berechnen, als ob vorher der Kabelanfang an Erde gelegen habe und dann mit einem Batteriepol von der Spannung $B-A$ verbunden worden sei.

Es liege z. B. der Kabelanfang zuerst an Erde, dann werde er zur Zeit *a*, Fig. 259, mit dem Kupferpole von 100 Elementen (Spannung *A*), endlich zur Zeit *c* mit dem Zinkpole von 100 Elementen (Spannung *B*) verbunden, so wird der Strom am Kabelende von der Zeit *a* bis zur Zeit *c* durch die Curve *af* dargestellt. Von *c* an haben wir zwei Einzelwirkungen, welche zu summiren sind: den Anfangszustand (die Zeit *c* wird für diese neue Periode Zeitanfang), welcher für sich in der Curve *fb* verlaufen würde, und die Wirkung, welche die zweite Batterie für sich hervorbringen würde. Diese letztere Einzelwirkung ist nun so zu berechnen, als ob der zur Zeit *c* angelegte Batteriepol die Spannung $B - A$ von $-100 - 100 = -200$ Elementen besässe (die Spannung von Kupferpolen wird als positiv, diejenige von Zinkpolen als negativ in Rechnung gebracht). Eine Spannung von -200 Elementen am Kabelanfang würde für sich am Kabelende den Strom *cd* erzeugen; der in Wirklichkeit eintretende Stromverlauf wird nun so berechnet, dass von *c* an für jede Abscisse die entsprechenden Ordinaten der Curven *fb* und *cd* algebraisch addirt werden; so erhält man die Curve *fg*; es ist demnach *afg* der wirkliche Stromverlauf.

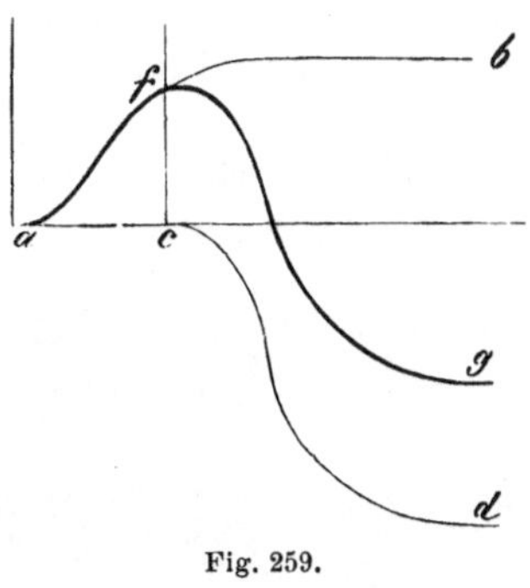

Fig. 259.

Hätte man zur Zeit *c* Erde angelegt statt -100 Elemente, so wäre $B = 0$ gewesen; man hätte daher in diesem Fall das Hinzufügen einer Spannung von $B - A = -100$ Elementen am Kabelanfang in Rechnung ziehen müssen.

Man sieht leicht ein, dass sich die Stromcurve stets berechnen lässt, wenn man an den Kabelanfang nach einander zu beliebigen Zeiten beliebige Batteriepole und Erde anlegt, indem stets beim Eintritt einer neuen Periode die Wirkung sämmtlicher früheren Perioden als Anfangszustand für diese neue Periode behandelt wird.

Das Anlegen von verschiedenen Batterien und von Erde an den Kabelanfang ist aber zugleich das Mittel, welches zum Telegraphiren verwendet wird; es lassen sich also auf die angegebene Weise sämmtliche beim Telegraphiren vorkommende Fälle behandeln, d. h. es lässt sich, bei jeder beliebigen Stromgebung am Kabelanfang, die Stromcurve am Kabelende bestimmen, und umgekehrt die Art der Stromgebung am Kabelanfang, welche die zum Telegraphiren am meisten geeignete Stromcurve am Kabelende erzeugt.

11. Die Kabeltelegraphie. Als Anwendung der vorstehenden Betrachtungen wollen wir noch Versuche mittheilen, durch welche die wichtigsten Erscheinungen bei der modernen Kabeltelegraphie illustrirt wurden. Diese Erscheinungen lassen sich vollständig auf Grund der vorstehenden Betrachtungen erklären; wir enthalten uns jedoch der Vorführung dieser Erklärungen, weil dieselben im Ganzen nicht einfach ausfallen.

Betrachten wir zunächst den Verlauf eines einfachen Stromimpulses im Kabel, wie er durch die Fig. 260 a bis f dargestellt wird; diese Figuren wurden bei Siemens und Halske mittelst des Russschreibers an einem künstlichen Kabel von 13 000 Ohm Widerstand und 645 Mikrofarad Capacität erhalten; die Zeitdauer des Impulses betrug etwa 0,5 Secunden. Der Russschreiber war nicht gleichsam als Stück des Kabels eingeschaltet, sondern zwischen einem Punkt des Kabels und Erde; derselbe liefert daher ein Bild des Verlaufs der Spannung an der betreffenden Stelle, nicht des Stromes. Die erste Figur gibt den Spannungsverlauf am Anfang des Kabels, die zweite in $^1/_{12}$ der Länge, die dritte in $^1/_6$, die vierte in $^1/_3$, die fünfte in $^2/_3$, die letzte am Ende des Kabels wieder.

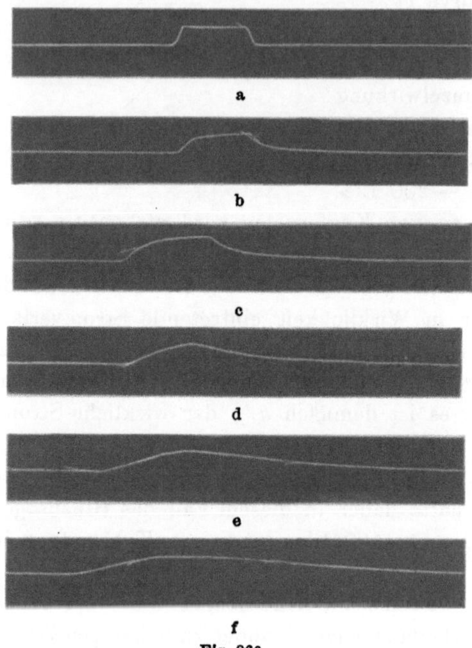

Fig. 260.

In Wirklichkeit vermindert sich die Stärke des Impulses bedeutend beim Durchgang durch das Kabel; in den vorstehenden Versuchen wurde jedoch die Emfindlichkeit des Russschreibers stufenweise vergrössert, so dass die Zeichen ungefähr dieselbe Höhe erhielten.

Wie man sieht, wird der Impuls um so mehr deformirt, je mehr er im Kabel fortschreitet und zwar in dem Sinn, dass das Ansteigen der Spannung verlangsamt, das Abfallen dagegen verzögert wird. Beim Austritt aus dem Kabel hat sich die Ausdehnung des Impulses, der Zeit nach, bedeutend vergrössert und die Form abgerundet, der Impuls sieht aus wie ausgewalzt.

Die Fig. 261 a bis e zeigen den Verlauf eines Doppelimpulses, bestehend aus einem positiven Impuls, gefolgt von einem gleich starken und gleich langen negativen Impuls. Die Erscheinungen an der ersten Hälfte sind dieselben wie oben; die zweite negative Hälfte dagegen rundet sich nach und nach ab und verschwindet schliesslich scheinbar, so dass beim Austritt aus dem Kabel nur ein positives Zeichen erscheint, dessen Länge aber gegenüber derjenigen des einfachen positiven Impulses bedeutend abgekürzt ist.

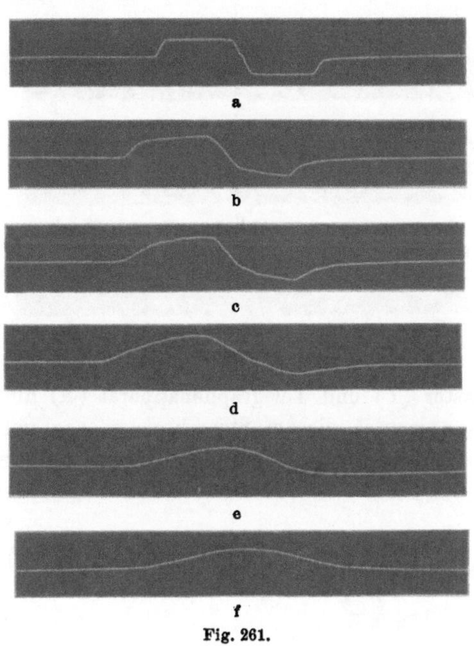

Fig. 261.

Man kann die Form des Doppelimpulses aus derjenigen des einfachen Impulses für irgend eine Stelle im Kabel construiren auf folgende Weise: wenn die Zeitdauer des positiven Impulses = 1 gesetzt wird, so stimmt der Verlauf des Doppelimpulses von der Zeit 0 bis 1 mit derjenigen des einfachen Impulses, für dieselbe Kabelstelle, überein; von der Zeit 1 an hat man von dem Verlauf, den der positive Impuls für sich haben würde, denjenigen zu subtrahiren, den ein einfacher negativer Impuls, von der Zeit 1 anfangend, für sich haben würde; auf diese Weise entsteht der wirkliche, in der Figur ausgezogene, Verlauf des Doppelimpulses.

Eine noch schärfere Abkürzung des Endzeichens erhält man, wenn man dem positiven Impuls einen längeren negativen Impuls von gleicher Stärke und diesem noch einen kurzen positiven Impuls folgen lässt, siehe Fig. 262 a bis e. Auch hier runden sich die Ecken ab, namentlich der Anfang des ersten positiven und derjenige des negativen Impulses, und man erhält am Ende des Kabels ein Zeichen, das an Schärfe und geringer Zeitdauer auch demjenigen des Doppelimpulses überlegen ist.

Es darf jedoch nicht ausser Acht gelassen werden, dass durch Anwendung von negativen Impulsen die Stärke des am Kabelende auftretenden Zeichens erheblich verringert wird; dies kommt in den obigen

Figuren nicht zur Anschauung, weil die Empfindlichkeit des Apparates bei jeder Figur eine andere ist.

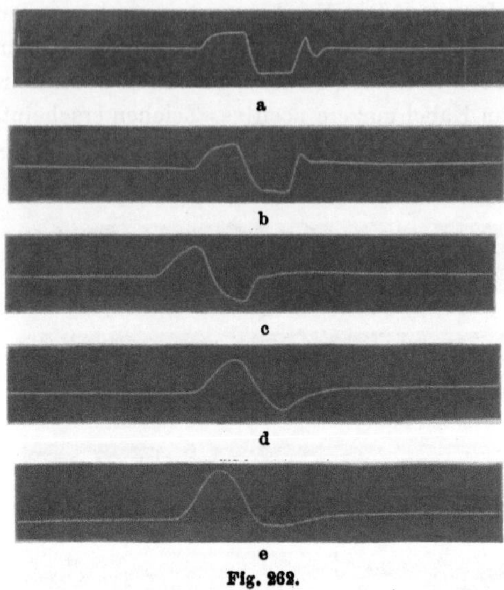

Fig. 262.

Aus dem Obigen geht hervor, dass durch zweckmässige Verwendung von alternirenden Impulsen das am Kabelende auftretende Zeichen bedeutend abgekürzt, das Telegraphiren also erheblich beschleunigt werden kann. Dieses Mittel ist in Wirklichkeit auch vielfach angewendet, aber bald durch die Anwendung von Condensatoren verdrängt worden.

Schaltet man eine Reihe von Condensatoren mit Batterie (B), Taster (T) und Telegraphenapparat (A) hintereinander, s. Fig. 263, so kann man in diesem Stromkreis ebenso gut und schnell telegraphiren, wie wenn statt der Condensatoren Widerstand eingeschaltet wäre; geringe Capacität der Condensatoren wirkt wie hoher Widerstand, sehr grosse Capacität entspricht kurzem Schluss.

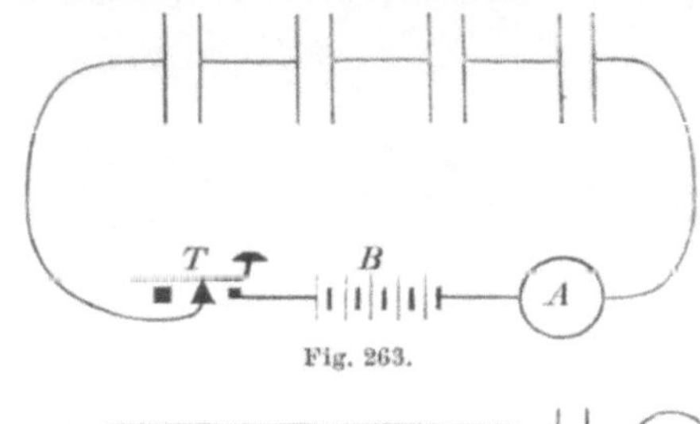

Fig. 263.

Beim Kabeltelegraphiren mit Condensatoren schaltet man entweder einen Condensator C hinter das Kabel K, siehe Fig. 264, oder ausserdem noch einen solchen vor das Kabel, zwischen Batterie und Kabel, siehe Fig. 265.

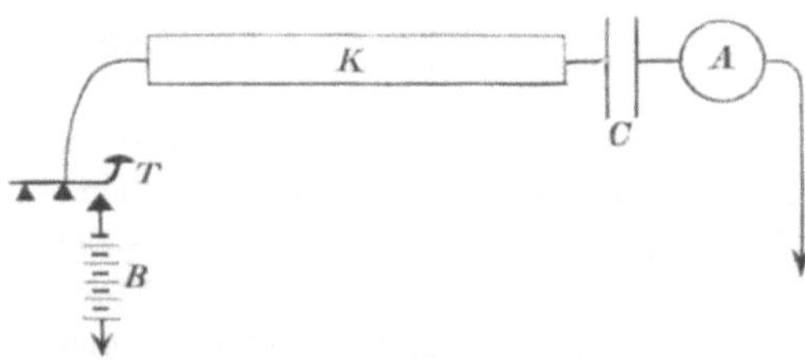

Fig. 264.

Die Capacität der Condensatoren muss den Eigenschaften des Kabels angepasst werden; ist z. B. der Condensator am Ende zu klein, so werden die Zeichen zu schwach, und man braucht zu viel Batterie; ist er dagegen zu gross, so werden die Zeichen nicht genügend abgekürzt.

Der Condensator am Ende ist der wichtigere von beiden und trägt am meisten zur Abkürzung des Zeichens bei; der ankommende Strom wird durch denselben gleichsam gestaut und in gedrängterer Form wieder in das Empfangsinstrument entladen. Der Condensator am Kabelanfang dient in ähnlicher Weise dazu, um den durch den Batterie-

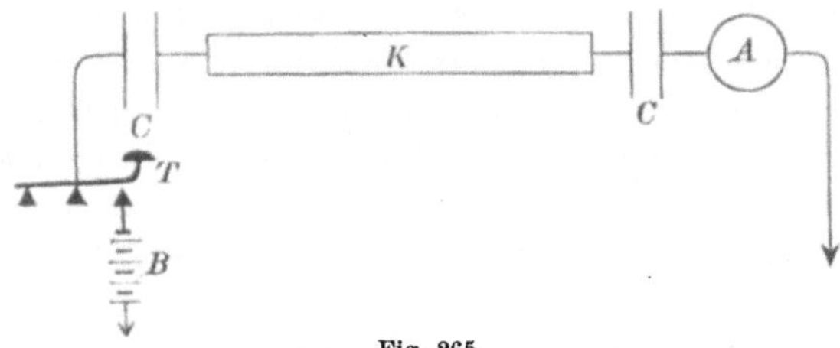

Fig. 265.

widerstand etwas verzögerten Eintritt des Stromes in das Kabel plötzlicher und concentrirter zu machen; denselben Zweck würde man erreichen, wenn man eine Batterie von sehr geringem Widerstand anwendete.

Fig. 266 a und b stellen die Wirkung der Condensatoren dar, d. h. die Zeichen, welche man am Ende eines atlantischen Kabels mittelst des Russschreibers erhält, wenn man drei verhältnissmässig rasch aufeinander folgende einfache Impulse einmal ohne Condensatoren (a) und dann mit Condensatoren (b) an beiden Enden in das Kabel schickt. Ohne Condensatoren sind die Zeichen kaum von einander zu unterscheiden und der Strom steigt während dieser Zeichen stetig an, weil das Kabel nach jedem Zeichen nicht genügend entladen wird. Durch Anwendung der Condensatoren (Fig. 266 b) werden die Zeichen deutlich getrennt, wird das Ansteigen des Stromes vermieden und die Entladung nach Ablauf der Zeichen abgekürzt.

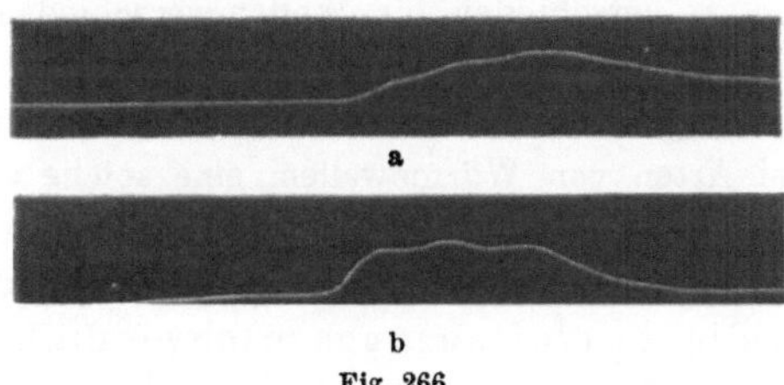

Fig. 266.

12. Elektrische Wellen im Kabel. Der wissenschaftlich interessanteste Fall elektrischer Vorgänge im Kabel ist die Fortpflanzung elektrischer Wellen, und zwar desshalb, weil dieselbe eine directe Vergleichung der Elektricität mit Schall, Licht und Wärme gestattet.

Vom Schall wissen wir, dass dessen Ursache in Verdichtungs- und Verdünnungswellen besteht, welche in der Luft, oder einem anderen elastischen Körper erregt werden. Diese Wellen pflanzen sich mit constanter Geschwindigkeit fort, und zwar ist es bezüglich der Grösse dieser Geschwindigkeit gleichgültig, ob die Wellen stark oder schwach erregt werden, und ob die Schwingungen schnell oder langsam auf einander folgen, d. h. ob die Töne hoch oder tief sind.

Dasselbe ist der Fall beim Licht. Vom Licht ist es zum Mindesten sehr wahrscheinlich, dass es aus Schwingungen des sog. Aethers besteht, d. h. eines feinen, nicht direct wahrnehmbaren Stoffes, der nach der Annahme vieler Physiker alle Räume und Körper durchdringt. Auch hier herrscht, in demselben Medium, dieselbe Fortpflanzungsgeschwindigkeit für sämmtliche Schwingungen. Namentlich hat die Farbe des Lichts, welche beim Schall der Höhe des Tones, also der Schnelligkeit der Schwingungen entspricht, beinahe gar keinen Einfluss auf die Grösse der Fortpflanzungsgeschwindigkeit.

Anders ist es bei der Wärme. Beinahe die einzigen Wärmeschwingungen, welche in der Natur vorkommen, treten bei der Temperatur der Erde, in Folge des Eindringens der Stromwärme, auf. Die Sonnenwärme ist eine periodisch wirkende Ursache, ähnlich wie eine hin und her schwingende Saite oder die schwingenden Aethertheilchen einer leuchtenden Flamme. Dieselbe erzeugt in der Erde ein periodisches Ansteigen und Sinken der Temperatur, also Wärmewellen, welche sich von der Erdoberfläche aus nach dem Innern fortpflanzen.

Diese Wärmewellen besitzen ebenfalls eine constante Fortpflanzungsgeschwindigkeit, d. h. sie pflanzen sich in gleichen Zeiten um gleiche Strecken fort; allein dieselbe ist verschieden für Wellen verschiedener Perioden.

Die Sonnenwärme besitzt zugleich zwei Perioden, eine tägliche und eine jährliche, gibt also zwei Arten von Wärmewellen, eine solche von langsamem und eine von raschem Verlauf. Die Wellen der jährlichen Periode pflanzen sich nun bedeutend langsamer fort als diejenigen der täglichen Periode. Also ist die Fortpflanzungsgeschwindigkeit der Wärmewellen um so grösser, je rascher dieselben aufeinander folgen. Was ferner die Stärke der Wellen betrifft, so erleiden die Wärmewellen bei ihrer Fortpflanzung eine Schwächung, welche eine geometrische Progression befolgt.

Es fragt sich nun, wie sich die Wellen der Elektricität verhalten, ob dieselben sich in der Weise fortpflanzen wie bei Schall und Licht, d. h. unabhängig von der Schnelligkeit des Verlaufs der Wellen, oder wie bei der Wärme.

In neuerer Zeit hat diese Frage technische Wichtigkeit erlangt durch das Telephon; Alles, was Mikrophon und Telephon von sich geben und empfangen, sind elektrische Wellen. Bald nachdem diese Instrumente in den allgemeinen Gebrauch getreten waren, fand man, dass in Bezug auf die Entfernung diese Art der telegraphischen Mittheilung viel grösseren Schwierigkeiten begegnet, als die gewöhnliche Telegraphie; die Gründe dieses Verhaltens sind physikalischer Natur und liegen in der Art der Fortpflanzung elektrischer Wellen.

Besteht die Leitung aus Kabeln, d. h. besitzt sie verhältnissmässig bedeutende Capacität, so sind die bestimmenden elektrischen Factoren der Leitungswiderstand und die Capacität; der dritte, weiter unten zu besprechende Factor, die Selbstinduction, kommt kaum in Betracht.

Bei Kabeln verhält sich nun die Fortpflanzung elektrischer Wellen nicht ähnlich wie bei Licht und Schall, sondern wie bei der Wärme; d. h. jede Welle pflanzt sich mit einer gewissen, gleichbleibenden Geschwindigkeit fort, die letztere ist aber abhängig von der Zeitdauer der Welle, oder von der Geschwindigkeit, mit welcher die Wellen auf einander folgen, und ferner von dem Product: Capacität $\times$ Widerstand.

Ist C die Capacität, W der Widerstand der Längeneinheit des Kabels, n die Anzahl der Wellen in der Zeiteinheit, so ist die Fortpflanzungsgeschwindigkeit proportional der Grösse:

$$\sqrt{\frac{n}{CW}}$$

Schneller aufeinander folgende Wellen pflanzen sich also rascher fort, als langsam verlaufende, und dieselbe Welle bewegt sich in einem Kabel mit dünner Kupferseele langsamer als in einem solchen mit dickem Kupfer, weil das Product: CW im ersteren Fall grösser ist.

Dies gilt für einfache, sog. Sinuswellen, d. h. Wellen, bei denen die elektrische Spannung oder der Strom gleich einer Sinusfunction der Zeit ist; das Aussehen solcher Wellen stellt Fig. 267 dar (Abscisse: Zeit, Ordinate: Spannung oder Strom).

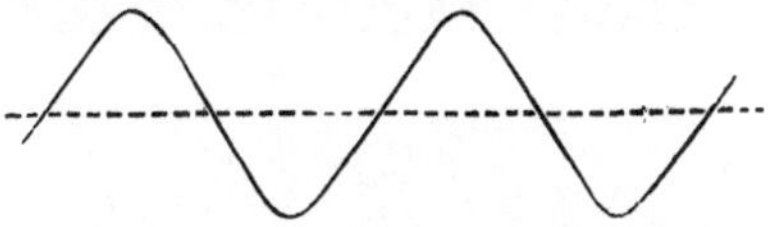

Fig. 267.

Wie wir aber S. 282 gesehen haben, haben die beim Telephoniren entstehenden elektrischen Wellen nicht solche einfache Gestalt, sondern complicirtere, da einfache Sinuswellen einem einzelnen Ton entsprechen, im Telephon aber stets Klänge, d. h. Complexe mehrerer Töne, auftreten.

Aus dem Obigen folgt nun, dass beim Telephoniren im Kabel jeder Ton eines Klanges sich mit einer anderen Geschwindigkeit fortpflanzt; es muss also die ankommende Welle eine andere Gestalt haben, als die abgehende, obschon beide aus denselben Tönen zusammengesetzt sind.

Diesen Unterschied nun nimmt unser Ohr nicht wahr; in demselben wird stets dieselbe Klangempfindung erzeugt, wenn dieselben

Töne auf dasselbe einwirken, wenn auch die denselben entsprechenden Schwingungen durch verschiedene Fortpflanzung gegen einander verschoben sind.

Wichtig für das Telephoniren ist dagegen die Schwächung, welche die elektrischen Wellen im Kabel erleiden.

Dass eine solche Schwächung eintreten muss in Folge der Ladung, haben wir bereits bei den Stromimpulsen gesehen; sie ist jedoch bei diesen letzteren von der Form derselben abhängig und befolgt kein einfaches Gesetz.

Bei elektrischen Wellen dagegen hat man das folgende Gesetz, bei Fortpflanzung in einem sehr langen Kabel: wenn s_0 die höchste Spannung am Anfang des Kabels, s diejenige in der Entfernung x vom Anfang und C, W, n die oben angegebenen Bedeutungen besitzen, e die Grundzahl der natürlichen Logarithmen, so ist

$$s = s_0 \, e^{-\sqrt{CWn}}$$

Die Schwächung ist also um so grösser, je rascher die Folge der Wellen und je grösser das Product: CW, oder je höher der Ton und je dünner die Kupferseele des Kabels. Ausserdem folgt aus der numerischen Berechnung, dass die Schwächung bei Tönen der menschlichen Sprache bereits bei wenigen Kilometern Kabel bereits sehr erheblich ist.

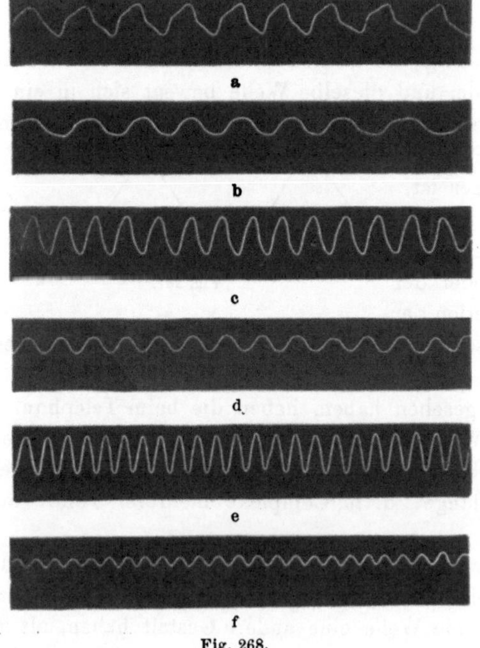

Fig. 268.

Hieraus erklärt sich, dass die Kabel dem Telephoniren viel mehr Schwierigkeiten entgegensetzen, als den langsamen Impulsen des Telegraphirens und dass auch, wenn die Intensität der aus dem Kabel austretenden Wellen praktisch noch genügt, die Intensitätsverhältnisse der einzelnen Töne gegen einander stets geändert wird, dass die Klangfarbe also am Kabelende eine andere ist, als am Kabelanfang.

Diese Erscheinungen werden veranschaulicht durch die Fig. 268 a bis f, welche an einem kürzeren Kabel mittelst eines Siemens'schen Doppel-T-Inductors als Geber und eines Russschreibers als Empfänger erhalten wurden; die Fig. a, c, e stellen die Wellen vor, die Fig. b, d, f diejenigen hinter dem Kabel dar; in den Fig. a, b machte der Geber 25 Umdrehungen per Secunde, in den Fig. c, d 38, in den Fig. e, f 65; die Geschwindigkeit des Russschreiberstreifens und die Empfindlichkeit blieb wesentlich dieselbe. Man sieht die Schwächung in allen Fällen, um so mehr jedoch, je höher der Ton oder je rascher die Folge der Wellen; eine Formveränderung der Welle ist auch bei den Fig. c, d u. e, f zu erkennen.

Besteht die Leitung aus oberirdisch geführten Drähten oder aus Widerstandsrollen, so tritt für elektrische Wellen ausser dem Widerstand und der Capacität noch ein neues Moment hinzu: die Selbstinduction, welche die Erscheinungen noch mehr complicirt.

Den Einfluss, den dieses Moment auf das Entstehen und Verschwinden von Strömen ausübt, haben wir S. 191 kurz beschrieben; er geht dahin, dass „die Ecken abgerundet“ werden.

Der Einfluss, welchen einfache elektrische Wellen in einem Draht ohne Ladung oder Capacität durch die Selbstinduction erleiden, ist ein anderer: die Form bleibt dieselbe, dagegen werden die Wellen etwas verzögert und erleiden eine Schwächung, welche, wie bei den Wellen im Kabel, um so grösser ist, je höher der Ton, oder je rascher die Wellen aufeinander folgen. Diese Einflüsse machen sich jedoch nicht mit solcher Stärke geltend, als die Einflüsse der Ladung im Kabel, wenn in beiden Fällen der Leitungsdraht derselbe ist, weil die Selbstinduction einfacher ausgespannter Drähte erst bei grösseren Entfernungen wesentlich in Rechnung fällt.

In Wirklichkeit gibt es nun, streng genommen, weder eine Leitung ohne Selbstinduction, noch eine solche ohne Ladung; beide Momente sind stets in gewissem Masse vorhanden. Die vereinigte Wirkung derselben lässt sich in Worten nicht wohl darstellen; wir begnügen uns mit der für die praktische Telephonie wichtigen Bemerkung, dass beide Momente dahin wirken, dass die Wellen geschwächt werden und zwar um so mehr, je höher der Ton ist, der sie erzeugt; bei längeren oberirdischen Leitungen verursachen daher beide Momente eine Schwächung vorwiegend der höheren Töne, also eine Veränderung der Klangfarbe.

Die Wirkung der Selbstinduction lässt sich unmittelbar mittelst des Telephons mit tanzender Flamme zeigen. Schaltet man zwischen Mikrophon und Telephon eine Reihe von sog. Klappenmagneten, d. h. kleinen Elektromagneten, wie sie auf den telephonischen Vermittelungsämtern benutzt werden, singt einen Vokal in das Mikrophon und vergleicht das so erhaltene Flammenbild (M) mit demjenigen (W), welches man bei Einschaltung desselben Widerstands, wie auf den Klappenmagneten, aber in bifilar gewickelten Rollen und ohne Eisenkerne, so erhält man Figuren, wie die in Fig. 269 enthaltenen. Aus denselben geht hervor, dass die Selbstinduction nicht nur erhebliche Schwächung erzeugt, sondern auch die Anzahl der Zacken in den Flammenbildern vermindert.

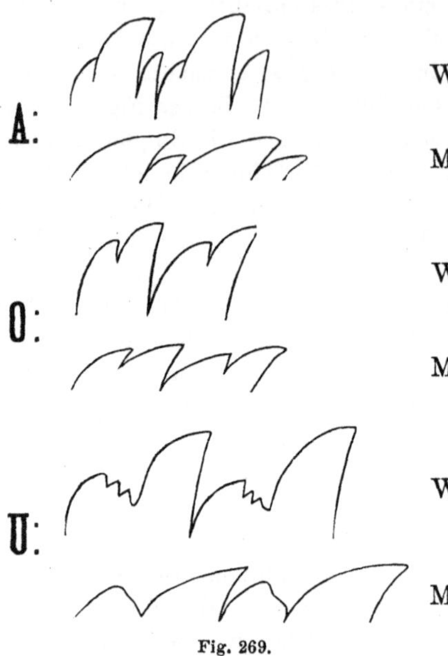

Fig. 269.

Die Selbstinduction von oberirdischen Leitungen ist allerdings erst bei grösseren Längen gleich derjenigen von Elektromagneten; aber beide Grössen sind qualitativ von gleicher Natur und nur quantitativ verschieden.

13. Induction in Kabeln und oberirdischen Leitungen. Wenn zwei Leitungen nahe neben einander liegen, so bemerkt man auf der einen Stromerscheinungen, wenn auf der anderen Ströme circuliren. Dies sind Inductionserscheinungen, welche von wesentlich verschiedenen Ursachen herrühren; die eine dieser Ursachen ist die secundäre Ladung und kommt hauptsächlich bei Kabeln vor, d. h. bei Leitungen, die eine beträchtliche Capacität besitzen; die andere Ursache ist die Voltainduction, oder Induction von Strom durch Strom und kommt bei allen Leitungen vor.

Die secundäre Ladung muss stets auftreten, wenn mehrere Kabeladern dicht neben einander liegen und die Oberflächen der isolirenden Hüllen der Kabeladern nicht völlig mit Feuchtigkeit überzogen sind. Wenn die Kupferlitze einer Kabelader geladen wird, so erzeugt diese Ladung in allen benachbarten Leitern, d. h. in Leitern, die jenseits der die Kupferlitze umgebenden, isolirenden Hülle liegen, eine Gegenladung; ist nun eine Stelle an der Oberfläche der die Kupferlitze umgebenden Kabelhülle ohne Feuchtigkeit, so gehört daselbst die Kabelhülle der benachbarten Ader noch zu der umgebenden isolirenden Schicht, und es muss daher in der Kupferlitze der benachbarten Ader ein Ladungsstrom entstehen, eben so gut, wie in der die Kabelhülle der ersteren

Ader bedeckenden Feuchtigkeit; die Kupferlitze der zweiten Ader gehört alsdann mit zu der äusseren Belegung der Leydener Flasche, welche die erstere Kabelader vorstellt.

Auch bei längeren, gut isolirten oberirdischen Leitungen tritt secundäre Ladung auf. In diesem Falle ist die Luft die isolirende Schicht; eine benachbarte Leitung bildet daher stets einen Theil der äusseren Belegung für die Leydener Flasche, deren innere Belegung die von der Batterie geladene Leitung vorstellt. Die Wirkungen sind jedoch hier bedeutend geringer, als bei Kabeln, wegen der Kleinheit der primären Ladung.

Die secundäre Ladung ist proportional der primären Ladung, oder der Ladung des primären Drahtes; hieraus folgt, dass die secundäre Ladung proportional ist der elektromotorischen Kraft der Batterie, der Länge der beiden Leitungen, und der Ladungscapacität der Längeneinheit einer Leitung.

Dieselbe wird am einfachsten beobachtet, wenn man die einen Enden beider Drähte isolirt und die anderen Enden, das eine Ende durch Batterie, das andere durch ein Galvanometer an Erde legt, siehe Fig. 270.

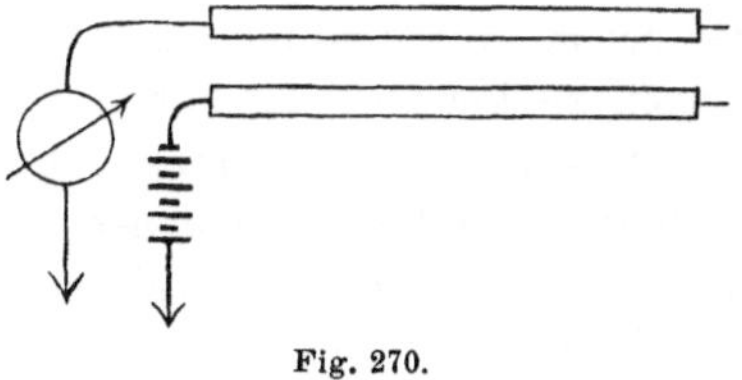
Fig. 270.

Die Richtung des Stromes der secundären Ladung ist in diesem Falle stets entgegengesetzt derjenigen des Stromes der primären Ladung.

Zwischen zwei benachbarten Kabeladern verschwindet die secundäre Ladung vollständig, wenn die Oberfläche der Kabelhüllen leitend gemacht wird; und zwar genügt hierfür bereits eine geringe Leitungsfähigkeit der die Oberfläche bedeckenden Schicht. Wenn man z. B. zwei nebeneinander aufgewickelte Guttaperchadrähte, welche bei trockener Oberfläche secundäre Ladung zeigen, in Wasser taucht, so verschwindet jede Spur von secundärer Ladung, und ebenso, wenn man den primären Draht mit Staniol oder Kupferband bewickelt.

Die Voltainduction befolgt ganz andere Gesetze.

Zunächst kann Voltainduction nur auftreten, wenn jede der beiden Leitungen, die primäre und die secundäre, einen geschlossenen Kreis bildet; in dem in Fig. 270 dargestellten Fall tritt also keine Voltainduction auf.

Der secundäre, in der Nebenleitung erzeugte Strom hat bei der Entstehung des primären Stromes die entgegengesetzte, bei dem Aufhören desselben die gleiche Richtung, wie der primäre Strom; so lange der primäre Strom constant bleibt, wird kein secundärer Strom im Nebendraht inducirt.

Der secundäre Strom der Voltainduction ist proportional dem primären Strom und umgekehrt proportional dem Widerstand des secundären Drahtes.

Die Voltainduction ist ebenfalls abhängig von der Leitungsfähigkeit der die Kabelhüllen bedeckenden Schicht, aber in ganz anderer Weise als die secundäre Ladung. Während bei dieser letzteren nur eine sehr geringe Leitungsfähigkeit der Oberflächenschichte genügt, um die secundäre Ladung zu vernichten, üben bei der Voltainduction schlechtleitende Schichten, wie namentlich Wasser, gar keinen Einfluss aus; und es gelingt nur die Voltainduction zu verringern, indem man die Leitungsfähigkeit jener Schicht aufs Höchste steigert, z. B. dadurch, dass man dicke Kupferbleche zwischen die beiden Kabeladern bringt.

Bei zwei benachbarten oberirdischen Leitungen hat man stets Voltainduction und zwar ist dieselbe ziemlich unabhängig von der Entfernung der Leitungen von einander.

Für den telegraphischen Betrieb ist es wichtig, die Abhängigkeit der secundären Ladung und Voltainduction von der Länge der Leitungen zu kennen; bei kurzen Linien sind nämlich beide Erscheinungen so schwach, dass sie praktisch nicht ins Gewicht fallen; bei langen Leitungen frägt es sich daher, welche von beiden Erscheinungen überwiegt, weil davon die Beseitigungsmittel abhängen.

Wenn, wie im telegraphischen Betrieb stets der Fall ist, jede Leitung für sich einen geschlossenen Kreis bildet, so treten secundäre Ladung und Voltainduction zusammen auf, da nicht nur eine am Ende isolirte primäre Leitung Ladung annimmt, sondern auch eine mit dem Ende an Erde gelegte.

Von der secundären Ladung ist es einleuchtend, dass dieselbe auch in diesem Fall proportional der Länge der Leitung ist, wenn stets dieselbe Batterie angewendet wird, und dass sie in noch höherem Masse mit der Länge zunimmt, wenn, wie in Wirklichkeit der Fall, bei längeren Leitungen die Batterien stärker genommen werden.

Bei der Voltainduction dagegen ist allerdings die im Nebendraht inducirte elektromotorische Kraft proportional der Länge der Leitungen, aber der Widerstand der secundären Leitung ist ebenfalls proportional der Länge (wenn wir den Widerstand der eingeschalteten Apparate als unerheblich betrachten); der secundäre Strom der Voltainduction ist daher bei gleicher Stärke des primären Stromes unabhängig von der Länge der Leitungen, dieser secundäre Strom ist daher bei den längsten Leitungen nicht wesentlich stärker, als bei einer kurzen.

Hieraus folgt, dass die Störungen, welche namentlich bei längeren

Kabeln durch Induction von einer Leitung auf der anderen erzeugt werden, hauptsächlich der secundären Ladung zuzuschreiben sind, dass dieselben also erheblich verringert werden, wenn die Oberflächen der Kabelhüllen mit einer leitenden Schicht überzogen werden.

Hierdurch wird es begreiflich, dass in den modernen Telephonkabeln, welche viele isolirte und durch Hüllen aus Stanniol oder Kupfer von einander getrennte Drähte enthalten, die Induction von einem Draht auf den benachbarten nur noch klein sind und erst bei grösseren Längen störend auftreten.

C. Die Fortpflanzungsgeschwindigkeit der Elektricität.

Wir besprechen zunächst die verschiedenen Messungen und Methoden und dann die Resultate.

14. Messungen. Wir theilen im Folgenden die allgemeine Anordnung und wichtigsten Resultate der hieher gehörigen Versuche mit.

Zunächst sind eine Anzahl Versuche von den Amerikanern Walker, Mitchel, Gould angestellt worden, in welchen zum Zeichengeben Elektromagnete oder chemische Telegraphen benutzt wurden. Die Resultate dieser Versuche sind nicht als massgebend zu betrachten, da die Zeiten, welche der Magnetismus des Elektromagnets braucht, um sich zu verändern (anzusteigen oder abzufallen), und deren auch die Flüssigkeit des präparirten Papiers im chemischen Telegraphen bedarf, um sich zu zersetzen, keineswegs gering sind, und was die Hauptsache ist, nicht genau constant bleiben. Bei der Messung so kleiner Zeiträume dürfen nicht Apparate verwendet werden, welche, um das Zeichen zu geben, etwa eben so viel Zeit brauchen, als der zu messende Zeitraum beträgt, weil die Variationen dieser Zeit zu sehr ins Gewicht fallen und die Bestimmung dieser Zeit für sich eine ähnliche Aufgabe bildet, wie die Messung der Geschwindigkeit der Elektricität selbst.

Messungen mit Apparaten, welche augenblicklich, ohne Zeitverlust, wirken, sind theils mit dem elektrischen Funken, theils mit dem galvanischen Strom angestellt worden.

Der älteste und zugleich berühmteste dieser Versuche rührt von Wheatstone her; durch diesen Versuch wurde zum ersten Mal die Verzögerung der Entladung einer Leydener Flasche auf einem Kupferdraht von einer halben engl. Meile Länge, wenn auch nicht genau, so doch überhaupt nachgewiesen.

Weil die Entladung einer nicht mit Erde verbundenen Leydener Flasche von beiden Belegungen derselben zugleich ausgeht, musste die Leitung in zwei Hälften getheilt und die Verzögerung zwischen Anfang oder Ende der Leitung und der Mitte derselben beobachtet werden. Auf einem Funkenbrett, Fig. 271, waren neben einander drei Paare von isolirten Metallkugeln aufgestellt; zwischen den Kugeln jedes Paares sprang ein Funke über; die Drähte 1 und 6 waren mit den beiden Belegungen der Leydener Flasche verbunden, zwischen 2 und 3 befand sich die eine, zwischen 4 und 5 die andere Hälfte der Leitung.

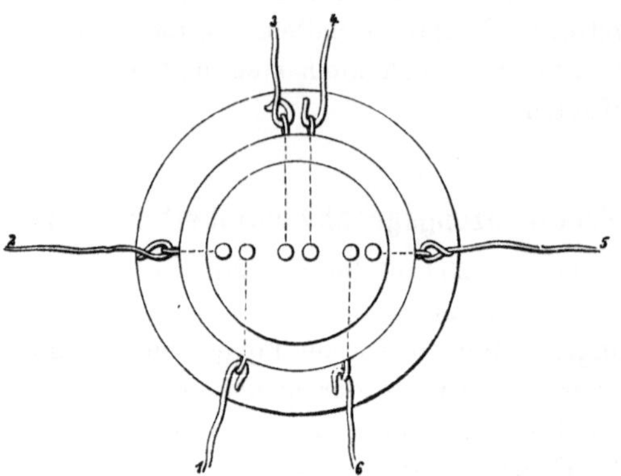

Fig. 271.

Die drei Funken wurden in einem mit grosser Schnelligkeit rotirenden Spiegel betrachtet. Dieses ist ein Mittel, welches in neuerer Zeit vielfach angewendet wird, um rasch wechselnde Erscheinungen zu untersuchen. Da jeder der Funken eine gewisse, wenn auch sehr kleine Zeit dauerte, erschien dessen Bild im bewegten Spiegel nicht als ein leuchtender Punkt, wie in einem ruhenden Spiegel, sondern als eine leuchtende Linie, deren Länge der Dauer des Funkens entsprach. Wenn die drei Funken gleichzeitig stattfanden (bei Einschaltung kurzer Drähte statt der langen Leitungen), so erblickte man im Spiegel drei genau

Fig. 272. 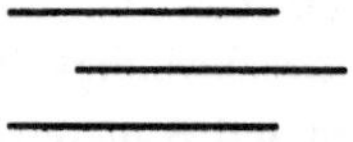 Fig. 273.

unter einander liegende Linien, Fig. 272; wurden nun die langen Leitungen eingeschaltet, so zeigte sich die mittlere Linie, welche von dem in der Mitte der Leitung überspringenden Funken herrührte, etwas seitlich verschoben, Fig. 273, und zwar in der der Drehung des Spiegels entgegengesetzten Richtung.

Hierdurch war die Verzögerung der Entladung zwischen den Enden und der Mitte der Leitung nachgewiesen; die Grösse derselben wurde von Wheatstone ungefähr geschätzt und daraus die Geschwindigkeit der Elektricität auf etwa 60000 geogr. Meilen in der Secunde berechnet.

Fizeau und Gounelle und später Guillemin und Bourneuf wandten galvanische Batterien und als Messinstrumente Galvanometer an. Die von denselben angewendete Methode stimmt im Wesentlichen mit der sonst unter dem Namen der Pouillet'schen Zeitmessungsmethode bekannten überein.

Nach dieser Methode wird in den Anfang der Leitung ein Strom geschickt und kurze Zeit nachher die Verbindung, welche sonst zwischen dem Ende der Leitung durch das Galvanometer mit dem anderen Pole der Batterie besteht, unterbrochen. Geschieht diese Unterbrechung unmittelbar nach dem Anlegen der Batterie, so gibt das Galvanometer keinen Ausschlag, da der Strom noch nicht bis an das Ende der Leitung gelangt ist; vermehrt man nun allmählig die Zeit zwischen dem Anlegen der Batterie und der Unterbrechung am Ende der Leitung, so wird, wenn dieser Zeitraum einen gewissen Werth erlangt hat, das Galvanometer ausschlagen; dieser Werth ist alsdann die Zeit, welche der Strom braucht, um die Leitung zu durchlaufen.

Statt eines einfachen Stromes wandten die genannten Beobachter eine Reihe von Strömen an, welche in regelmässiger Folge in den Anfang der Leitung geschickt wurden; das Ende der Leitung wurde abwechselnd mit dem Galvanometer verbunden und abgenommen. Auf diese Weise erhielt man, wenn die Ströme rasch genug aufeinander folgten, im Galvanometer einen constanten Ausschlag, der von der Stellung des Unterbrechers und der Geschwindigkeit der Stromfolge abhängig war; aus den Minimis und Maximis, welche der Galvanometerausschlag bei langsam veränderter Geschwindigkeit der Stromfolge zeigte, liess sich dann die Zeit berechnen, welche der Strom braucht, um die Leitung zu durchlaufen.

Der Versuch trägt eine unverkennbare Aehnlichkeit mit der Messung der Geschwindigkeit des Lichtes durch Fizeau und Foucault.

Fizeau und Gounelle arbeiteten mit einer Linie, welche theils aus Eisen-, theils aus Kupferdraht bestand; sie suchten die Fortpflanzungsgeschwindigkeit in diesen beiden Drähten zu erhalten, indem sie die Länge der Leitung und die Art der Zusammensetzung derselben, aus Eisen und Kupfer, variirten. Sie schlossen aus ihren Versuchen, dass der Querschnitt des Leiters keinen Einfluss auf die Fortpflanzungsgeschwindigkeit ausübe, wohl aber glaubten sie einen Einfluss des Materials zu erkennen; sie fanden für Eisen: 13 600 geogr. Meilen in der Secunde, für Kupfer: 24 500 Meilen.

Während bei allen früheren Messungen die Ladung der Leitung gar nicht erwähnt wird — wahrscheinlich, weil diese Eigenschaft der Leitung noch zu wenig bekannt war —, begannen bereits Fizeau und Gounelle den Einfluss derselben bei ihren Versuchen zu bemerken, ohne die Ursache jedoch zu kennen. Guillemin beschäftigte sich eingehender mit dieser Frage und erkannte im Allgemeinen die Art des Einflusses, welchen die Ladung auf den Verlauf und die Stärke der Ströme ausübt. Bei den Messungen von Guillemin und Bourneuf welche sonst ähnlich denjenigen von Fizeau und Gounelle angestellt waren, wurde denn auch für die Entladung der Linie gesorgt, indem die Linie nach jeder Stromgebung nicht isolirt, sondern an Erde gelegt wurde.

Guillemin und Bourneuf fanden für die Fortpflanzungsgeschwindigkeit in Eisen: 24 300 Meilen in der Secunde.

Neuere Messungen wurden von Werner Siemens angestellt, und zwar, wie bei Wheatstone, mittelst Entladung einer Leydener Flasche.

Der von Siemens angewendete Chronograph besteht aus einer mit grosser Geschwindigkeit und zugleich grosser Regelmässigkeit rotirenden Stahlscheibe, auf welche die Entladungsfunken aus einer festen, dicht an der Scheibe befindlichen Platinspitze überspringen. Wenn die Scheibe vorher berusst wird, so erzeugt jeder überspringende Funke eine kleine russfreie Fläche, in deren Mitte sich die Funkenmarke, ein scharfer, glänzender Punkt, befindet. Durch genaue Messung des Abstandes zwischen zwei Funkenmarken und der Drehungsgeschwindigkeit der Scheibe lässt sich die Zeit berechnen, welche zwischen den beiden Funken verstrichen ist.

Die Platinspitze wird mit dem Ende der Leitung, die Stahlscheibe mit der Erde, die eine Belegung der geladenen Leydener Flasche mit dem Anfang der Leitung verbunden; um die Flasche zu entladen, wird die andere Belegung der Leydener Flasche an Erde gelegt, die Ladung der Flasche durchläuft daher die ganze Leitung und geht dann auf die Scheibe über. In demselben Augenblick, in welchem die Ladung dieser Flasche in den Anfang der Leitung tritt, wird eine zweite Leydener Flasche entladen und eine entsprechende Funkenmarke erzeugt, so dass auf der Scheibe Abgang und Ankunft des Entladungsstromes durch Funkenmarken aufgezeichnet werden.

Die Versuche wurden an gut isolirten Linien aus Eisendraht angestellt, deren Länge bez. ungefähr 1, 2, 3, 4, 5 Meilen betrug. Es ergab sich aus denselben:

1) dass die Zeit, welche der Entladungsstrom der Leydener Flasche braucht, um die Leitung zu durchlaufen, proportional der Länge der Leitung ist;

2) dass die Fortpflanzungsgeschwindigkeit (im vorliegenden Fall) im Mittel 30 200 geogr. Meilen in der Secunde beträgt.

Die neuesten Versuche sind von Hagenbach angestellt und zwar mit elektrisch erregten Stimmgabeln und den sog. Lissajous'schen Figuren.

Stellt man zwei gleiche Stimmgabeln so auf, dass die Zinken der einen in einer verticalen, diejenigen der anderen in einer horizontalen Ebene schwingen, lässt man ferner einen Lichtstrahl zuerst von einer Stirnfläche der einen, dann von einer Stirnfläche der anderen Gabel reflectiren, und fängt den Strahl auf einem Schirm auf, so erhält man, wenn die Gabeln schwingen, verschiedene Lichtbilder auf dem Schirm, aus denen auf die Eigenschaften der Schwingungen zurückgeschlossen werden kann. Schwingen beide Gabeln genau gleichzeitig, so erhält man einen Kreis; fangen die Schwingungen nicht zu gleicher Zeit an, so erhält man eine Ellipse, aus deren Form man die Zeit berechnen kann, um welche die Schwingungen der einen Gabel später anfangen, als diejenigen der anderen.

Man versicht nun beide Gabeln mit Elektromagneten derart, dass, wenn die letzteren Magnetismus besitzen, die Zinken der Gabeln aus ihrer Gleichgewichtslage herausgebogen werden; an der einen Gabel ist ein Contact mit Selbstunterbrechung angebracht, ähnlich wie bei der Wippe eines Voltainductors, durch welchen der Strom stets unterbrochen wird, wenn die betr. Zinke sich eine Strecke weit aus der Gleichgewichtslage bewegt hat; die Elektromagnete der anderen Gabel werden durch den von der ersten Gabel in regelmässiger Weise geöffneten und geschlossenen Strom periodisch erregt. Es werden auf diese Weise die Gabeln in genau gleichzeitige, regelmässige Schwingungen versetzt.

Schaltet man nun zwischen die beiden Gabeln eine oberirdische Leitung von erheblicher Länge, so schwingen die Gabeln nicht mehr gleichzeitig, sondern die hinter der Linie eingeschaltete fängt ihre Schwingungen später an und zwar um die Zeit, welche der Strom braucht, um die Leitung zu durchlaufen; diese Methode gibt also ein Mittel, um die Fortpflanzungszeit der Elektricität zu messen.

Hagenbach hat Leitungen bis zu ca. 306 Kilometer Länge eingeschaltet und findet, dass die Fortpflanzungszeiten den Quadraten der Längen proportional sind, und glaubt, dass die Versuche sich aus der Wirkung der Ladung erklären, wie die Erscheinungen im Kabel.

15. Besprechung der Versuche. Wir schicken voraus, dass die Frage der Fortpflanzungsgeschwindigkeit der Elektricität nicht als gelöst zu betrachten ist; bei keiner der beschriebenen Arbeiten sind alle wesentlich in Frage kommenden Gesichtspunkte genügend berücksichtigt, und auch die Theorie ist noch nicht weit genug vorgeschritten, um die Versuchsresultate in endgültiger Weise zu prüfen und festzustellen.

Die Momente, welche den Verlauf der Erscheinungen bestimmen, sind, wie wir bereits früher hervorhoben, der Widerstand, die Ladung und die Induction, und zwar gehört zu der letzteren sowohl die Selbstinduction des Drahtes, als die Induction benachbarter Drähte, namentlich, wenn die Leitung aus zwei parallelen, an demselben Gestänge befestigten Drähten besteht.

Von diesen drei Momenten hat man das letzte gerade bei den Arbeiten über die Fortpflanzungsgeschwindigkeit der Elektricität bis jetzt ganz vernachlässigt und erst in neuester Zeit genauer zu studiren begonnen, aus Veranlassung der erheblichen Wirkungen, welche die Selbstinduction beim Telephoniren auf langen Leitungen ausübt.

Namentlich ist bei den neuesten Versuchen der bedeutende Unterschied hervorgetreten, der in der Selbstinduction zwischen Kupfer und Eisen herrscht: während beim Kupfer nur die neben einander liegenden „Stromfäden“ auf einander inducirend wirken, kommt beim Eisen die magnetisirende Wirkung der Ströme auf das Eisen selbst hinzu; die Selbstinduction ist daher im Eisen, unter sonst gleichen Umständen, bedeutend grösser als im Kupfer.

In wie merkwürdiger und theilweise scheinbar widersprechender Weise diese drei Momente die Erscheinungen der Fortpflanzung beeinflussen, geht aus der folgenden, theilweise wiederholten Zusammenstellung der theoretischen Ergebnisse für einzelne besondere Fälle hervor:

1) In einer Leitung, die nur Widerstand und weder Ladung noch Selbstinduction besitzt, würde ein elektrischer Impuls sich mit der Fortpflanzungsgeschwindigkeit des Lichtes (ca. 40 000 geogr. Meilen per Secunde) fortpflanzen (Kirchhoff).

2) In Kabeln von endlicher Länge, bei denen die Selbstinduction vernachlässigt werden kann, verhalten sich die Zeiten, in welchen an den Kabelenden analoge elektrische Erscheinungen (z. B. derselbe Punkt in der Curve des ansteigenden Stroms) auftreten, wie die Quadrate der Längen der Kabel.

3) In einem unendlich langen Kabel, bei dem die Selbstinduction vernachlässigt werden kann, pflanzen sich elektrische Sinuswellen mit constanter Geschwindigkeit fort; diese Geschwindigkeit ist umgekehrt proportional der Wurzel aus der Schwingungsdauer der Welle, der Capacität und dem Widerstand der Längeneinheit des Kabels.

4) In einer Leitung, die nur Widerstand und Selbstinduction zeigt, keine Ladung, ist der Strom in allen Theilen der Leitung stets gleich stark, zeigt also keine oder nur eine geringe Verzögerung; aber zwischen dem Strom und der an einem Ende wirkenden elektromotorischen Kraft besteht eine Verzögerung, welche proportional der Selbstinduction und umgekehrt proportional dem Widerstand ist.

Der den Versuchen zu Grunde liegende Fall von oberirdischen Leitungen, welche sowohl Induction als Ladung besitzen, ist theoretisch noch nicht endgültig und genau behandelt.

X.
Die elektrischen Messinstrumente.

1. Uebersicht. Die elektrischen Messinstrumente zerfallen in zwei Klassen: in solche, welche auf Wirkungen der Elektricität beruhen, und welche daher direct zur Messung des elektrischen Zustandes dienen, und in solche, welche Körper enthalten, die, wenn sie der Einwirkung der Elektricität unterworfen werden, in Bezug auf Massgrössen der Elektricität einfache Verhältnisse darbieten. Die ersteren sind diejenigen, welche zur Messung des elektrischen Stromes und der elektrischen Spannung dienen, die letzteren sind die Widerstands- und Ladungsscalen, d. h. künstlich hergestellte Reihen von Körpern, welche in Bezug auf Ladung und Widerstand einfache Massverhältnisse darbieten, und mit welchen die zu untersuchenden Körper verglichen werden.

Diese Eintheilung der elektrischen Messinstrumente ist durch die Natur der Sache bedingt. Denn einerseits bestehen sämmtliche elektrische Messungen in Strom- oder Spannungsmessungen oder lassen sich auf solche zurückführen; andererseits hängt das Verhalten eines Körpers in Bezug auf elektrische Vorgänge nur von seinen Widerstands- und Ladungsverhältnissen ab.

Diese Bemerkungen gelten für das ganze Gebiet der Elektricität, für den Galvanismus sowohl als für Reibungselektricität; im Folgenden wird jedoch nur das auf den Galvanismus Bezügliche berücksichtigt.

Die elektrischen Messinstrumente zerfallen in die folgenden Gruppen:

1. die Galvanometer und Strommesser, welche auf der mechanischen Wirkung eines vom Strom durchflossenen Leiters auf Magnete oder Eisenstücke beruhen;

2. die Dynamometer oder Strommesser, welche auf der mechanischen Wirkung eines vom Strom durchflossenen Leiters auf einen anderen vom Strom durchflossenen Leiter beruhen;

3. die Voltameter oder Strommesser, welche auf der chemischen Zersetzung einer vom Strom durchflossenen Flüssigkeit beruhen;

4. die Elektrometer, welche auf der gegenseitigen mechanischen Wirkung von elektrisch geladenen Körpern beruhen;

5. Widerstandsscalen und Messbrücken;

6. Ladungsscalen oder Condensatoren.

In praktischer Beziehung unterscheiden sich diese Gruppen folgendermassen. Die Galvanometer werden am häufigsten angewendet und zwar für die kräftigsten Ströme sowohl, als die schwächsten, aber nur für gleichgerichtete Ströme; die Dynamometer sind gleich anwendbar für gleichgerichtete Ströme und für Wechselströme, für schwache Ströme erreicht ihre Empfindlichkeit jedoch bei Weitem nicht diejenige der Galvanometer; die Voltameter werden meist nur verwendet, um die Strommessungen auf absolutes Mass zurückzuführen; mittelst der Elektrometer werden unmittelbar Spannungen gemessen, gleichviel ob dieselben durch gleichgerichtete oder Wechselströme erzeugt sind; die Widerstands- und Ladungsscalen dienen gleichsam als Massstäbe.

A. Die Galvanometer.

2. Uebersicht. Das Galvanometer ist weitaus das wichtigste Instrument des Elektrikers. Einerseits ist nämlich die Strommessung die am häufigsten vorkommende Messung; andererseits ist das Galvanometer das einfachste und bequemste unter den elektrischen Messinstrumenten, so dass aus diesem Grunde auch oft bei Messungen, welche naturgemässer mit anderen Instrumenten ausgeführt werden müssten, die Messmethode so eingerichtet wird, dass das Galvanometer als Messinstrument verwendet werden kann.

G a l v a n o m e t e r nennen wir j e d e s Instrument, welches auf der Wirkung eines vom Strom durchflossenen Leiters auf einen oder mehrere Magnete oder Eisenstücke beruht und welches zur Strommessung dient. G a l v a n o s k o p e nennt man, namentlich in der telegraphischen Praxis, diejenigen Instrumente, welche das Vorhandensein von Strömen anzeigen, ohne zugleich für S t r o m m e s s u n g construirt zu sein; die Beschreibung derselben gehört nicht hierher. Es versteht sich von selbst, dass sich jedes Galvanometer zugleich als Galvanoskop verwenden lässt.

Die C o n s t r u c t i o n stimmt bei allen Galvanometern im Allgemeinen überein; sie bestehen sämmtlich aus einer Anzahl von f e s t s t e h e n d e n D r a h t w i n d u n g e n, welche, wenn sie vom Strom durchflossen werden, auf einen oder zwei, um eine Axe d r e h b a r e M a g n e t e oder Eisenstücke wirken. Wir werden allerdings auch Instrumente kennen lernen, bei denen das Magnetsystem fest und die Drahtwindungen beweglich sind; dieselben gehören aber nicht mehr zu den eigentlichen Galvanometern, da sie bis jetzt wenigstens nicht zur Strommessung verwendet werden.

Bei der Construction eines Galvanometers sind hauptsächlich zwei Punkte massgebend: die E m p f i n d l i c h k e i t und die A r t d e r M e s s u n g.

Wie verschieden die E m p f i n d l i c h k e i t der Galvanometer in verschiedenen Fällen sein muss, geht schon aus einer oberflächlichen Uebersicht über die in der Technik vorkommenden Stromstärken hervor. Die stärksten in der Technik vorkommenden Ströme betragen etwa 1000 Ampère (bei den dynamoelektrischen Maschinen für chemische Zersetzung), die schwächsten dagegen (bei Isolationsmessungen von Kabeln) auf etwa $\frac{1}{1000 \text{ Millionen}}$ Ampère. Jedes einzelne Galvanometer eignet sich aus verschiedenen Gründen nur für einen gewissen Bereich von Stromstärken; wenn es nun auch, namentlich bei feinen Instrumenten, wie wir sehen werden, Mittel gibt, um diesen Bereich zu vergrössern, so erhellt doch aus den obigen Zahlen, dass schon der verschiedenen Empfindlichkeit wegen die Technik einer Reihe Galvanometer von verschiedener Construction bedarf.

Was die Arten der Messung betrifft, so hat man es beinahe nur mit denjenigen Fällen zu thun, in welchen die Wirkung der Windungen auf den Magnet ein einfaches Gesetz befolgt. Der Strom lässt sich zwar auch messen, wie wir sehen werden, wenn dieses Wirkungsgesetz complicirt und theoretisch nicht bekannt ist, indem dasselbe dann empirisch ermittelt wird, und diese Art wurde im Anfang der Entwickelung der Galvanometrie öfter angewendet; je mehr jedoch die Construction der Galvanometer fortschritt, desto mehr wurde auch diese Art der Messung in den Hintergrund gedrängt, so dass dieselbe heutzutage weniger mehr angewendet wird.

Die Vorschriften, welche sich aus der Rücksicht auf Empfindlichkeit für die Construction ergeben, sind einfach: die Empfindlichkeit ist um so grösser, je grösser die Anzahl der Windungen ist, je enger der Wickelungsraum die Nadel umschliesst, und je geringer die äussere magnetische Richtkraft (Erde, Richtmagnete) ist.

Die aus der Rücksicht auf die Empfindlichkeit sich ergebenden Vorschriften sind aber nicht die einzigen, welche in der Construction zu erfüllen sind; es hat vielmehr die Art der Messung ebenfalls Einfluss auf die Construction. Da die Vorschriften beiderlei Art sich nicht immer zugleich erfüllen lassen, so lässt sich bei der Construction im Allgemeinen nicht eine bestimmte Empfindlichkeit mit einer bestimmten Messungsart verbinden; und es haben sich in Folge dieses Verhältnisses in der Galvanometrie eine Reihe einzelner, individuell verschiedener Formen ausgebildet, deren jede nur eine beschränkte Anwendbarkeit besitzt.

Bevor wir zur Besprechung dieser einzelnen Formen übergehen, betrachten wir die Arten der Messung und die magnetischen Combinationen, welche zur Erhöhung der Empfindlichkeit angewendet werden.

3. Die Arten der Messung. Wenn man die Einwirkung einer vom Strom durchflossenen Windung auf eine drehbare Magnetnadel untersucht, so findet man drei Fälle, in welchen diese Wirkung ein einfaches Gesetz befolgt. Wenn der Erdmagnetismus die einzige Kraft ist, welche der von dem Strom ausgeübten Kraft entgegenwirkt, so folgt, da die Wirkung des Erdmagnetismus ebenfalls ein einfaches Gesetz befolgt, dass im Gleichgewicht, in welchem die Wirkungen beider Kräfte sich aufheben, auch ein einfaches Gesetz zwischen dem die Windung durchlaufenden Strom und der Ablenkung der Nadel herrschen muss.

Dieses einfache Gesetz ist in den erwähnten drei Fällen: 1. das Tangentengesetz, 2. das Sinusgesetz, 3. die Proportionalität.

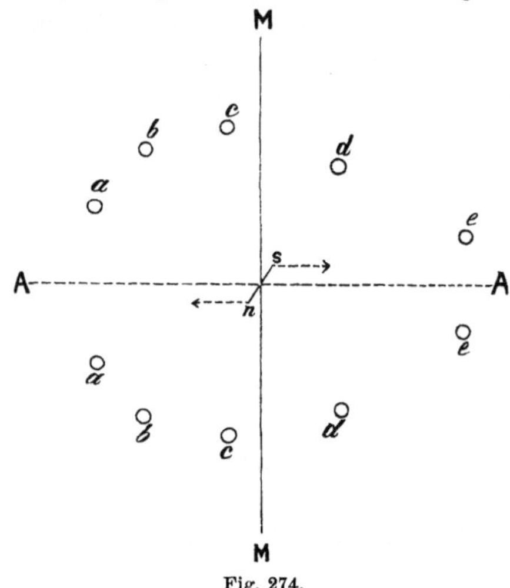

Fig. 274.

1. Das Tangentengesetz gilt, wenn die Entfernungen der Windungen von der Nadel gross sind im Verhältniss zu den Dimensionen der Nadel.

Fig. 274 stellt den horizontalen Durchschnitt durch ein System solcher, um den Magnet in sonst beliebiger Weise angeordneter, kreisförmiger Windungen *aa*, *bb*, *cc*, *dd*, *ee* dar, deren Axe *AA* durch den Mittelpunkt des Magnets geht. *MM* ist die Richtung des magnetischen Meridians. Jede dieser Windungen übt, wenn sie sämmtlich vom Strom in gleicher Richtung durchflossen werden, auf die Pole des Magnets Kräfte aus, welche denselben in der Richtung der Axe zu bewegen suchen, den Nordpol nach der einen, den Südpol nach der anderen Seite. Diese Kräfte sind allerdings von verschiedener Grösse je nach dem Durchmesser des Kreises der Windung und der Entfernung der Kreisebene vom Magnet; aber die Kräfte, welche eine Windung ausübt, bleiben gleich gross für alle Winkel, welche die Magnetnadel mit dem magnetischen Meridian macht. Der Grund dieser Constanz der Kräfte liegt darin, dass die Dimensionen der Nadel klein sind gegen die Entfernungen von den Windungen; je kleiner dieses Verhältniss ist, desto strenger gilt jene Constanz.

Es gilt also in diesem Fall die Betrachtung, welche bereits S. 218ff. gegeben wurde, und welche wir kurz wiederholen wollen.

MM ist die Richtung des Meridians; *na* und *sb* sind die Kräfte, welche der Erdmagnetismus auf die Pole ausübt, np und sq diejenigen, welche alle Windungen zusammen ausüben. Diese Kräfte werden sämmtlich nach der Richtung der magnetischen Axe ns und senkrecht dazu zerlegt; die ersteren heben sich gegenseitig auf, die letzteren sind: np'', sq'', die Componenten der Wirkung des Erdmagnetismus, und na'', sb'', die Componenten der Wirkung des Stromes; von diesen müssen sich im Gleichgewichte die beiden, an demselben Pole angreifenden Componenten aufheben.

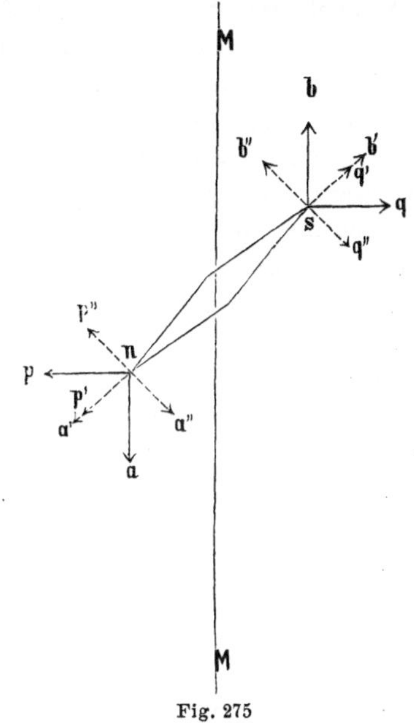

Fig. 275

Die Wirkung des Erdmagnetismus (na oder sb) sei pHm, wo m der Magnetismus eines Poles der Nadel, p eine Constante, diejenige des Stromes (np oder sq) sei cmi, wo i die Stromstärke, c eine Constante, φ der Winkel, den die magnetische Axe ns mit dem magnetischen Meridian bildet. Dann ist

$$\text{die Componente } na'' = pHm \sin\varphi,$$
$$\text{die Componente } np'' = cmi \cos\varphi,$$

also im Falle des Gleichgewichts

$$cmi \cos\varphi = pHm \sin\varphi, \quad \text{und daher}$$

$$1) \quad . \; . \; . \; . \; . \; . \; . \; . \quad i = \frac{pH}{c} \operatorname{tg}\varphi,$$

oder der Strom proportional der Tangente der Ablenkung der Nadel, unabhängig von dem Magnetismus der Nadel.

2. Das Sinusgesetz herrscht, wenn die relative Lage der Nadel zu den Windungen bei Wirkung des Stromes dieselbe ist, wie ohne Strom, die Formen der Windungen und die Entfernungen derselben von der Nadel können hiebei beliebige sein.

Der angegebene Fall lässt sich nur verwirklichen, wenn die Windungen drehbar sind und zwar um die Drehungsaxe der Nadel, und wenn die Theilung, über welcher die Nadel spielt, fest mit den Windungen verbunden ist. Wenn kein Strom wirkt, zeigt die Nadel, die alsdann in der Richtung des magnetischen Meridians liegt, auf einen Strich der unter ihrer Spitze befindlichen Theilung, gewöhnlich auf Null. Wenn der Strom geschlossen wird, schlägt die Nadel aus und bleibt auf einem anderen Theilstrich stehen; nun wird die Theilung sammt den Windungen so lange gedreht, bis die Nadel wieder auf Null steht und der Winkel, um welchen man gedreht hat, gemessen.

Bei diesem Verfahren muss die Wirkung des Stroms auf die Nadel unabhängig von dem Winkel sein, um welchen man die Windungen dreht, weil diese Wirkung nur von der relativen Lage der Windungen gegen die Nadel abhängt und diese hier dieselbe bleibt; dieselbe ist aber proportional der Stromstärke. Die Componente der Wirkung des Stromes nach der auf die Nadelaxe senkrechten Richtung ist daher $= cmi$, wo c eine Constante, i die Stromstärke, m der Magnetismus eines Poles der Nadel. In Fig. 275 hätte man sich p auf p'', q auf q'' fallend zu denken.

Die entsprechende Componente des Erdmagnetismus ist, wie im Falle des Tangentengesetzes, $= pHm \sin \varphi$, wenn φ der Winkel, welchen beim Gleichgewicht die Nadelaxe mit der Richtung des magnetischen Meridians bildet, oder der Winkel, um welchen man bei der Einstellung die Windungen gedreht hat.

Man hat also im Gleichgewicht:

$$cmi = pHm \sin \varphi, \text{ und daher}$$

$$2) \quad \ldots\ldots\ldots \quad i = \frac{pH}{c} \sin \varphi,$$

oder der Strom ist proportional dem Sinus des Winkels, um welchen man die Windungen gedreht hat, unabhängig von dem Magnetismus der Nadel.

3) Die Proportionalität findet statt, wenn die Ablenkungen der Nadel klein sind; Form und Entfernung der Windungen können beliebige sein.

Die Bedingung des Tangentengesetzes bestand darin, dass die Entfernung der Windungen von der Nadel gross sei im Verhältniss zu der Länge der Nadel, oder was dasselbe ist, dass bei verschiedenen Ablenkungen der Nadel jene Entfernung im Wesentlichen gleich gross bleibe und nur geringe Veränderungen erleide.

Diese Bedingung wird offenbar auch erfüllt, wenn die Entfernung der Windungen von der Nadel zwar möglichst gering ist, wenn aber die Nadel nur ganz kleine Ablenkungen erhält. Ist jene Entfernung gross, so kann die Nadel beliebige Ablenkungen erhalten, ohne dass die Entfernung sich wesentlich ändert; je kleiner jene Entfernung ist, desto geringer sind die Ablenkungen, welche die Nadel erhalten darf, ohne dass das Tangentengesetz seine Gültigkeit verliert.

Wir haben also auch in diesem Fall

$$i = \frac{pH}{c} \operatorname{tg} \varphi,$$

oder, da für kleine Werthe von φ die Tangente gleich dem Winkel ist,

$$i = \frac{pH}{c} \varphi, \text{ oder:}$$

der Strom ist proportional der Ablenkung der Nadel, unabhängig von dem Magnetismus derselben.

4) Auch Galvanometer, deren Construction es nicht gestattet, eine der drei vorstehend beschriebenen Messungsarten anzuwenden, lassen sich als Messinstrumente verwerthen, wenn man dieselben graduirt.

Unter Graduirung versteht man die empirische Ermittelung der Stromstärken, welchen die einzelnen Grade der Theilung entsprechen. Man stellt durch Combination verschiedener Batterien und Widerstände künstlich eine Reihe von Strömen von bekannter Stärke her und misst die Ausschläge, welche sie am Galvanometer hervorbringen. Aus dieser Reihe von Bestimmungen lässt sich alsdann, durch graphische Aufzeichnung oder durch mathematische Interpolation, die Curve ermitteln, welche die Abhängigkeit der Stromstärke vom Ausschlage darstellt, und eine Tabelle berechnen, welche für jeden Grad der Theilung die entsprechende Stromstärke angibt.

Wie schon oben bemerkt, wendet man diese Methode wegen der Umständlichkeit, mit welcher die Ausführung derselben verknüpft ist, nur im Nothfalle an und wenn andere Gründe die Anwendung der einfachen Messungsarten verbieten.

4. Messungsarten bei den empfindlicheren Magnetsystemen. Wir haben die Fälle des Gleichgewichtes zwischen Strom und Magnetismus betrachtet unter der Voraussetzung, dass das Magnetsystem des Galvanometers aus einer einzigen Nadel bestehe, auf welche von Aussen bloss der Erdmagnetismus wirkte. Um die Empfindlichkeit, namentlich bei Spiegelgalvanometern, zu erhöhen, wird theils die auf die Nadel wirkende Richtkraft geschwächt, theils die Wirkung des Stromes auf die Nadel erhöht; dies geschieht durch Anwendung von astatischen Nadeln und Richtmagneten. Wir wollen untersuchen, ob in diesen Fällen die oben angegebenen Messungsarten noch richtig sind.

Wir betrachten zunächst die astatische Nadel ohne Richtmagnet.

Die beiden, zu einem astatischen Paare verbundenen Nadeln seien mm, $m'm'$, Fig. 276. Der von denselben eingeschlossene Winkel sei e, ferner φ der Winkel, welchen die stärkere von beiden, mm, mit dem magnetischen Meridian MM einschliesst. Im Gleichgewicht ohne Wirkung des Stromes muss die Summe der senkrecht zu den Nadeln richteten Componenten Null sein. Man hat daher, wenn m, m' bez. die (absoluten) Magnetismen der Nadelpole bezeichnen, H die horizontale Componente des Erdmagnetismus, und φ_0 den Winkel, den die stärkere Nadel ohne Wirkung des Stroms mit dem magnetischen Meridian bildet, oder den Winkel der Ruhelage,

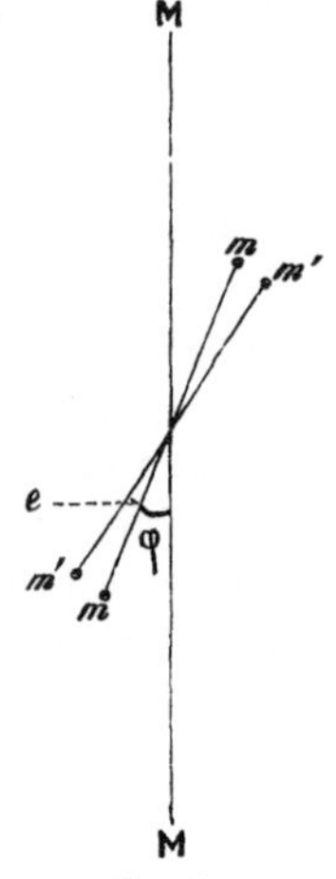

Fig. 276.

$$Hm \sin \varphi_0 - Hm' \sin (\varphi_0 + e) = 0.$$

Wenn es auch vielleicht unmöglich ist, die magnetischen Axen der beiden Nadeln genau parallel zu stellen, den Winkel e also gleich Null zu machen, so ist dieser Werth doch jedenfalls sehr klein; man kann also $\sin e = e$, $\cos e = 1$ setzen. Die obige Gleichung wird alsdann:

$$Hm \sin \varphi_0 - Hm' \sin \varphi_0 - Hm'e \cos \varphi_0 = 0,$$

woraus

$$\operatorname{tg} \varphi_0 = \frac{m'}{m - m'} e = \frac{e}{\frac{m}{m'} - 1}.$$

Aus dieser Gleichung ergibt sich, dass die Ruhelage eines astatischen Nadelpaares nur abhängt von dem Winkel zwischen beiden Nadeln und dem Verhältniss der Magnetismen der Pole, also nicht von dem absoluten Werth des Magnetismus.

Wenn, wie man es in der Praxis namentlich liebt, der Winkel zwischen beiden Nadeln zwar klein, aber der Unterschied zwischen der Magnetisirung der Nadeln noch erheblich ist, so weicht die Ruhelage wenig ab vom magnetischen Meridian, da diese Abweichung alsdann nicht viel grösser ist, als der Winkel zwischen den beiden Nadeln. Verstärkt man nun den Magnetismus der schwächeren Nadel immer mehr, so weicht die Ruhelage der astatischen Nadel immer mehr ab vom magnetischen Meridian, und endlich, wenn der Magnetismus der beiden Nadeln völlig gleich geworden ist, stellt sich die Ruhelage auf 90^0 (vom magnetischen Meridian an gerechnet).

Ist der Winkel zwischen beiden Nadeln wirklich Null, und sind auch die (absoluten) Magnetismen der Nadeln genau gleich, so wird $\operatorname{tg} \varphi_0$ unbestimmt, d. h. die astatische Nadel ist in jeder beliebigen Lage im Gleichgewicht. Dieser Fall lässt sich in Wirklichkeit kaum herstellen, und wenn man denselben auch mit grosser Sorgfalt beinahe erreicht hat, so macht sich bei diesem hohen Grad der Astasie der sonst unmerkliche Einfluss der temporären Magnetisirung der Nadeln durch den Erdmagnetismus fühlbar, welcher in verschiedenen Ablenkungen verschieden ist und daher das Eintreten der oben genannten Erscheinung verhindert.

Die Ruhelage eines astatischen Nadelpaares ohne Stromwirkung nennt man auch die freiwillige Ablenkung derselben.

Betrachten wir nun die Einwirkung des Stromes auf die astatische Nadel, ohne Mitwirkung eines Richtmagnets.

Von den oben beschriebenen Messungsarten kann die erste hiebei nicht in Betracht kommen, da dieselbe einen grossen Abstand der Windungen von der Nadel voraussetzt, während astatische Nadeln nur angewandt werden, um grössere Empfindlichkeit zu erzielen, wobei aus demselben Grunde die Windungen möglichst nahe um die Nadeln gelegt werden.

Wir machen in der ganzen folgenden Betrachtung die Voraussetzung, dass der Winkel zwischen beiden Nadeln (e) Null oder verschwindend klein sei. Wenn dieser Winkel einen erheblichen Werth besitzt, so werden beide Messungsarten ungenau, sowohl die Sinusmethode als diejenige der kleinen Ablenkung. Bei der Anfertigung der Nadeln muss also dafür gesorgt werden, dass der Winkel zwischen beiden Nadeln verschwindend klein sei.

Wenn $e = 0$, so hat man für das Gleichgewicht bei Anwendung der Sinusmethode die Gleichung:

$$Hm \sin\varphi - Hm' \sin\varphi - cmi - c'm'i = 0;$$

hier bedeuten H, m, m', φ, bez. dasselbe, wie S. 408, ferner i die Stromstärke, c die Wirkung des Stromes 1 auf einen Pol der Nadel m, wenn dessen Magnetismus $= 1$ ist, c' die entsprechende Grösse für einen Pol der Nadel m'. Es folgt hieraus:

$$\sin\varphi = \frac{i}{H}\,\frac{cm + c'm'}{m - m'} = \frac{ic}{H}\,\frac{1 + \frac{c'}{c}\frac{m'}{m}}{1 - \frac{m'}{m}}$$

und ferner:

$$2) \quad \ldots\ldots\; i = \frac{H}{c}\,\frac{1 - \frac{m'}{m}}{1 - \frac{c'}{c}\frac{m'}{m}} \sin\varphi.$$

Es ist also auch in diesem Falle der Strom proportional dem Sinus der Ablenkung, die Methode also anwendbar.

In welchem Masse der Ausschlag vergrössert wird durch Anwendung der astatischen Nadel, geht aus einer Vergleichung von Gleichung 2) mit der dem Fall einer einfachen Nadel entsprechenden, Gleichung 2) auf S. 406 hervor. Der Ausschlag wird vergrössert, weil der Strom auf zwei Nadeln im gleichen Sinne wirkt, und weil die Richtkraft des Nadelpaares viel kleiner ist als diejenige einer einfachen Nadel.

Der Ausschlag oder die Empfindlichkeit ferner ist nicht abhängig von der absoluten Stärke des Magnetismus, sondern nur von dem Verhältniss der Magnetismen beider Nadeln, oder von dem Grade der Astasie.

Bei Anwendung der Methode der kleinen Ablenkung hat man die Gleichung:

$$Hm \sin\varphi - Hm' \sin\varphi - cmi \cos\varphi - c'm'i \cos\varphi = 0.$$

Hieraus erhält man

$$\operatorname{tg}\varphi = \frac{i}{H}\,\frac{cm + c'm'}{m - m'} = \frac{ic}{H}\,\frac{1 + \frac{c'}{c}\,\frac{m'}{m}}{1 - \frac{m'}{m}}$$

und

$$3) \quad \ldots\ldots \quad i = \frac{H}{c}\,\frac{1 - \frac{m'}{m}}{1 + \frac{c'}{c}\,\frac{m'}{m}}\operatorname{tg}\varphi,$$

eine Gleichung, die sich von 2) nur durch das Auftreten von $\operatorname{tg}\varphi$ für $\sin\varphi$ unterscheidet; statt $\operatorname{tg}\varphi$ ist bei kleiner Ablenkung φ zu setzen.

Es ist also hier der Strom proportional der Ablenkung, und daher die Methode anwendbar. Die soeben gemachten Bemerkungen über Vergrösserung der Empfindlichkeit und Abhängigkeit des Ausschlags vom Magnetismus gelten auch hier.

Wir wollen endlich noch den Fall untersuchen, wenn die astatische Nadel unter dem Einfluss zweier Richtmagnete S und S_1, siehe Fig. 277, steht. Diese letzteren sollen ziemlich weit entfernt von der Nadel sein, so dass je nur ein Pol eines Richtmagnets als wirksam anzusehen ist; S liegt in der Richtung des magnetischen Meridians, S_1 in der dazu senkrechten Richtung; die beiden Nadeln sind als parallel vorausgesetzt.

Der Richtmagnet S ist der sog. Hauy'sche Stab; derselbe wird angewendet, um die Astasie des Magnetsystems zu erhöhen; derselbe muss dem Erdmagnetismus entgegen wirken.

Ohne Wirkung des Stromes hat man die Gleichung:

$$(H - S)\,m \sin\varphi_0 - (H - S)\,m' \sin\varphi_0 - S_1 m \cos\varphi_0 + S_1 m' \cos\varphi_0 = 0;$$

hieraus folgt für die Ruhelage φ_0:

$$4) \quad \ldots\ldots\ldots \quad \operatorname{tg}\varphi_0 = \frac{S_1}{H - S}.$$

Diese Gleichung zeigt, dass ein Abweichen der astatischen Nadel vom magnetischen Meridian nur erfolgt, wenn der Richtmagnet S_1 wirkt, und dass man durch Verstärkung desselben die Nadel bis beinahe um

90° drehen kann; diese Drehung erfolgt um so leichter, je mehr der Richtmagnet S die Wirkung des Erdmagnetismus aufhebt; diese Drehung ist ferner unabhängig von dem Magnetismus der Nadeln.

Wenn der Strom wirkt, so hat man die Gleichung:

$$(H-S)(m-m')\sin\varphi - S_1(m-m')\cos\varphi - i(cm+c'm')\cos\varphi = 0,$$

woraus:

$$\operatorname{tg}\varphi = \frac{i(cm+c'm') + S_1(m-m')}{(H-S)(m-m')}.$$

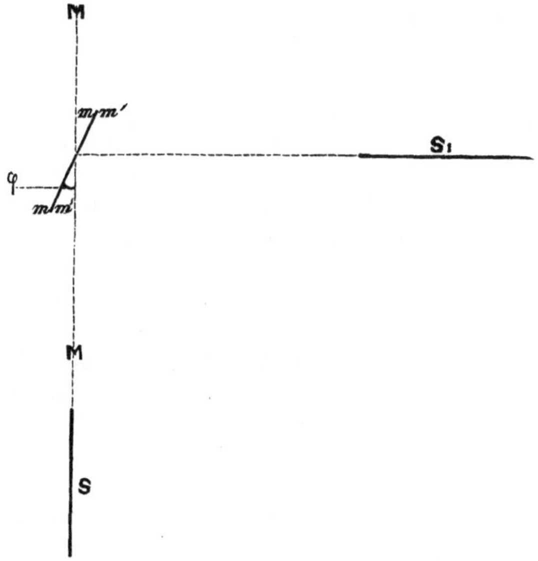

Fig. 277.

Nun ist aber der Winkel, den man beobachtet, nicht φ, sondern $\varphi-\varphi_0$, da die Ablenkungen von der Ruhelage aus gerechnet werden; der Winkel φ_0 oder die Abweichung der Ruhelage vom magnetischen Meridian ist gewöhnlich nicht bekannt.

Ziehen wir Gleichung 2) von der letzterhaltenen ab, so ergibt sich

$$\operatorname{tg}\varphi - \operatorname{tg}\varphi_0 = \frac{i}{H-S}\,\frac{cm+c'm'}{m-m'} = \frac{ic}{H-S}\,\frac{1+\frac{c'}{c}\frac{m'}{m}}{1-\frac{m'}{m}}.$$

Es ist nun die Ablenkung $\varphi-\varphi_0$ eine kleine Grösse, deren höhere Potenzen vernachlässigt werden dürfen. Unter dieser Voraussetzung kann man sich leicht überzeugen, dass in erster Annäherung

$$\operatorname{tg}\varphi - \operatorname{tg}\varphi_0 = \varphi - \varphi_0,$$

also

$$\varphi - \varphi_0 = \frac{ic}{H-S} \frac{1 + \frac{c'}{c}\frac{m'}{m}}{1 - \frac{m'}{m}}$$

und

$$5) \quad \ldots \ldots i = \frac{H-S}{c} \frac{1 - \frac{m'}{m}}{1 + \frac{c'}{c}\frac{m'}{m}} (\varphi - \varphi_0);$$

es ist also der Strom proportional der Ablenkung, diese Art der Messung daher anwendbar.

Auch für diesen Fall hängt die Empfindlichkeit nur von dem Verhältniss der Magnetismen der beiden Nadeln ab; sie ist um so grösser, je geringer der Unterschied dieser Magnetismen oder je höher die Astasie der Nadeln, aber auch je vollständiger die Wirkung des Erdmagnetismus durch den Richtmagnet S aufgehoben wird.

Der Ausschlag ist ferner gänzlich unabhängig von dem Richtmagnet S_1, senkrecht zum Meridian; derselbe kann nur dazu dienen, die Ruhelage der Nadel beliebig zu verändern, hat aber keinen Einfluss auf die Empfindlichkeit.

Für den Fall eines für kleine Ablenkung gebauten Galvanometers mit einfacher Nadel und 2 Richtmagneten hat man in der obigen Gleichung 5) bloss $m' = o$ zu setzen; man erhält auf diese Weise

$$6) \quad \ldots \ldots \ldots i = \frac{H-S}{c} (\varphi - \varphi_0).$$

Diese Gleichung zeigt, dass in diesem Falle die Erhöhung der Empfindlichkeit bloss auf der Abschwächung des Erdmagnetismus durch den Magnet S beruht.

Die vorstehende Betrachtung gibt die Grundzüge der Theorie der sämmtlichen feineren Galvanometer und wird uns als Grundlage für die Besprechung derselben dienen.

5. Bewegung der Galvanometernadeln. Wir haben bereits S. 220 die Bewegung einer Galvanometernadel im Allgemeinen besprochen; wir wollen hier die Formel für die Schwingungsdauer des Magnets geben und die Dämpfungsverhältnisse betrachten.

Es wurde bereits S. 220 bemerkt, dass die Schwingung einer Galvanometernadel in jeder Beziehung einem schwingenden Pendel zu vergleichen ist, weil in beiden Fällen die Bewegung um eine feste Drehaxe unter dem Einfluss einer Kraft von constanter Richtung und Grösse erfolgt; der Erdmagnetismus mit oder ohne Hauy'schen Stab wirkt bei der in horizontaler Ebene schwingenden Galvanometernadel wie die Schwerkraft bei dem in verticaler Ebene schwingenden Pendel.

Für die Schwingungsdauer T eines einfachen Pendels, d. h. eines Pendels, bei welchem die Stange sehr leicht ist und das am Ende derselben befestigte Gewicht als in einem Punkte vereinigt gedacht werden kann, hat man bekanntlich das Gesetz:

$$T = \pi \sqrt{\frac{M}{mlg}};$$

hier bedeuten: π die bekannte Zahl, M das Trägheitsmoment, m die Masse des Gewichts, l die Länge der Stange, g die Beschleunigung der Schwerkraft.

In ganz ähnlicher Weise erhält man für die Schwingungsdauer einer einfachen bloss unter dem Einfluss des Erdmagnetismus stehenden Galvanometernadel:

$$1) \ldots \ldots \quad T = \pi \sqrt{\frac{M}{mlH}};$$

hier bedeuten: T die Schwingungsdauer, M das Trägheitsmoment, m den Magnetismus eines Pols, l den Abstand eines Pols von der Drehaxe, H die horizontale Componente des Erdmagnetismus.

Hat die Magnetnadel, wie gewöhnlich, die Form eines langen, schmalen und dünnen Stabes, so ist das Trägheitsmoment proportional dem Quadrat der halben Länge, der Ausdruck unter der Wurzel wird daher proportional der halben Länge l selbst.

In diesem Fall ist also die Schwingungsdauer:

- proportional der Quadratwurzel aus der Länge,
- proportional der Quadratwurzel aus der Masse,
- umgekehrt proportional der Quadratwurzel aus der magnetischen Richtkraft,
- umgekehrt proportional der Quadratwurzel aus dem Magnetismus der Nadel.

Hieraus ergibt sich auch, dass die Schwingungsdauer der Nadel vergrössert wird durch Anwendung des Hauy'schen Stabes oder Verwandlung der einfachen Nadel in eine astatische; denn im ersteren Falle wird die magnetische Richtkraft verringert, im letzteren hat man als Magnetismus der Nadel den Unterschied der Magnetismen der beiden Nadeln in Rechnung zu bringen. Je weiter man durch Anwendung der genannten Mittel die Astasie der Nadel treibt, desto langsamer schwingt dieselbe, bis zuletzt bei vollkommener Astasie die Schwingungen überhaupt aufhören würden, während die Gleichgewichtslage eine völlig unbestimmte würde.

Bei der obigen Formel 1) ist vorausgesetzt, dass die Bewegungen der Nadel ohne Widerstand geschehen; nach dieser Voraussetzung würde aber eine Nadel, einmal abgelenkt, nie zur Ruhe kommen, sondern stets hin und her schwingen. In Wirklichkeit sind nun stets, wie beim Pendel, widerstehende Kräfte vorhanden, welche die Bewegung mindern und die Nadel allmählig zur Ruhe bringen, nämlich die Reibung auf der Spitze, wenn die Nadel auf einer solchen schwingt, und der Luftwiderstand. Diese Kräfte sind jedoch meist von geringem Belang und müssen auf dieser Stufe bleiben, da sonst Ungenauigkeiten in der Messung auftreten. Die Praxis des Beobachtens am Galvanometer verlangt aber entschieden einen kräftigen Widerstand in der Bewegung, damit die Zeit, in welcher die Nadel zur Ruhe kommt, möglichst klein wird.

Der Widerstand, welchen man zu diesem Zweck am Galvanometer anbringt, oder die Dämpfung, wie man denselben gewöhnlich nennt, ist meist elektrischer Natur und besteht in der Rückwirkung der von dem Magnet in den umgebenden Leitern inducirten Ströme auf den Magnet. Bereits die Windungen des Galvanometers üben, wenn sie geschlossen sind, eine dämpfende Kraft auf die Bewegung des Magnets aus, ohne das Gleichgewicht desselben irgendwie zu verändern, (abgesehen von den Spuren von Eisen, welche der Kupferdraht enthält); meistens bringt man aber, wie die später zu gebenden Beschreibungen zeigen, noch ausserdem in der nächsten Umgebung der Magnete Kupfermassen an, welche zu keinem anderen Zwecke dienen, als zu demjenigen der Dämpfung.

Die Dämpfung durch Inductionsströme ist eine Kraft, welche, ähnlich wie der Luftwiderstand, proportional der Geschwindigkeit der Bewegung des Magnets wirkt. Zieht man diese Kraft (D) in Rechnung, so erhält man für die Schwingungsdauer der Nadel:

$$2) \quad . \; . \; . \; . \; . \quad T = \pi \sqrt{\frac{M}{mlH - D}} \, ;$$

es ergibt sich aus dieser Gleichung, dass die Schwingungsdauer mit der Dämpfung zunimmt.

Für das praktische Beobachten ist aber nicht direct die Grösse der Schwingungsdauer das Wichtigste, sondern die Grösse der Beruhigungszeit, und diese hängt, ausser von der Schwingungsdauer, von der Abnahme der Amplituden der Schwingungen ab.

Ein völlig ungedämpfter Magnet, wenn es einen solchen gäbe, würde, einmal abgelenkt, stets dieselben Schwingungen machen, die Amplituden oder die Weiten der Schwingungen würden stets gleich bleiben.

Bei einem gedämpften Magnet dagegen nehmen die Amplituden ab, und zwar nach einer geometrischen Reihe, deren Exponent der dämpfenden Kraft proportional ist. Je stärker die Dämpfung ist, desto schneller nehmen die Amplituden ab, desto kleiner würde, wenn die Schwingungsdauer dieselbe bliebe, die Beruhigungszeit sein. Nun nimmt allerdings die Schwingungsdauer mit zunehmender Dämpfung auch etwas zu, aber bei Weitem nicht in demselben Masse, in welchem die Amplituden abnehmen; die Beruhigungszeit ist daher trotzdem bei grösserer Dämpfung bedeutend kleiner als bei geringerer Dämpfung.

Denkt man sich die Dämpfung immer mehr zunehmend, so nehmen die Amplituden immer mehr ab, die Schwingungsdauer dagegen zu. Schliesslich tritt ein Zustand ein, in welchem der Magnet gar keine Schwingungen mehr macht, oder in welchem die Schwingungsdauer unendlich gross ist. Dies ist der Fall, siehe Gleichung 2), wenn

$$mlh = D,$$

wenn die magnetische Richtkraft gleich der dämpfenden Kraft ist; dieser Zustand heisst der aperiodische oder schwingungslose Zustand. Wenn eine Nadel aperiodisch ist, so bewegt sie sich, wenn sie z. B. durch einen Strom aus der Ruhelage abgelenkt wird, auf ihre neue Ruhelage zu, ohne dieselbe zu überschreiten; je mehr sie sich derselben nähert, desto langsamer wird ihre Bewegung, und sie erreicht eigentlich ihre neue Ruhelage erst nach sehr langer Zeit vollständig.

Der aperiodische Zustand bietet den grossen Vortheil dar, dass die Bewegung der Nadel unmittelbar ein Bild der Stromvorgänge gibt, ohne dasselbe durch Schwingungen zu verwirren; dies ist namentlich bei Strömen, welche ihre Richtung und Stärke fortwährend ändern, sehr wichtig. Es darf hierbei jedoch nicht ausser Acht gelassen werden, dass stets durch die Dämpfung eine gewisse Verzögerung zwischen dem Strom und der Bewegung der Nadel stattfindet, oder dass die Nadel jede Veränderung des Stromes erst nach einer gewissen Zeit angibt, da sie stets Zeit braucht, um von einer Ruhelage in eine andere überzugehen; die Stromstärke und der Stand der Nadel stimmen nur überein, wenn die Nadel stille steht.

Wird die dämpfende Kraft D grösser als mlH, so wird der Zustand überaperiodisch; in diesem Zustand verhält sich Alles ähnlich, wie im aperiodischen Zustand, nur die Zeit, welche die Nadel braucht, um eine neue Ruhelage zu erreichen, ist um so grösser, je mehr der Zustand überaperiodisch ist.

Aus der Formel 2) für die Schwingungsdauer erhellt, dass der aperiodische und überaperiodische Zustand nicht nur durch Vermehrung der dämpfenden Kraft, sondern auch durch Verringerung der magnetischen Richtkraft (mlH), d. h. durch Anwendung von astatischen Nadeln oder Anbringung des Hauy'schen Stabes, herbeigeführt werden kann. Die Vortheile und Nachtheile der verschiedenen Arten, den aperiodischen

Zustand herbeizuführen, werden wir bei Gelegenheit der Spiegelgalvanometer behandeln.

6. Construction der Galvanometer. Die Gesichtspunkte, welche die Construction eines Galvanometers beherrschen, sind hauptsächlich die folgenden: die Empfindlichkeit und die Genauigkeit, die Aufhängung, die Dämpfung und die Art der Ablesung.

Ueber die Empfindlichkeit haben wir bereits oben einige Bemerkungen gemacht bei Besprechung der Magnetsysteme, welche ja massgebend sind für die Grösse der Empfindlichkeit. Jedes Galvanometer wird natürlich nicht empfindlicher construirt, als es nöthig ist; die Empfindlichkeit hängt ausser von der Beschaffenheit des Magnetsystems von den Eigenschaften des Wickelungsraumes und von der Art der Aufhängung und der Ablesung ab; die letzteren Punkte besprechen wir unten.

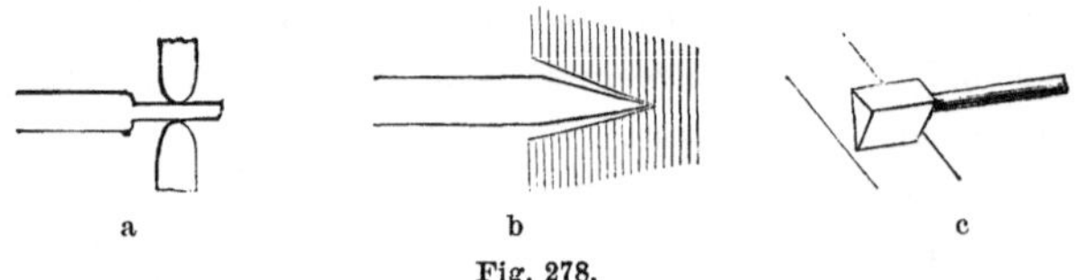

Fig. 278.

Die Genauigkeit ist nicht dasselbe, wie die Empfindlichkeit; es kann ein Galvanometer sehr empfindlich sein und doch nur ungenaue Messungen gestatten, z. B. ein solches mit stark astasirtem Magnetsystem. Im Gegentheil, so lange höhere Genauigkeit durch Astasirung des Magnetsystems erreicht wird, ist die Genauigkeit um so geringer, je grösser die Empfindlichkeit ist, namentlich weil der Nullpunkt mit zunehmender Astasie unsicher wird. Indessen handelt es sich oft nur darum, das Vorhandensein des Stromes und seine Richtung zu constatiren, wie z. B. bei Widerstandsmessungen mittelst der Wheatstone'schen Brücke; dann ist eigentliche Genauigkeit nicht erforderlich.

In Bezug auf die Aufhängung hat man die Wahl zwischen folgenden Einrichtungen.

Die Ebene, in welcher sich der Magnet dreht, wird entweder vertical oder horizontal gewählt. Die Galvanometer ersterer Art nennt man auch Verticalgalvanometer; bei denselben liegt die Axe horizontal und es lassen sich die gröbsten Arten der Aufhängung anwenden; man bedient sich solcher Instrumente für technische Zwecke, bei welchen eine sorgfältigere Behandlung nicht verlangt werden kann. Die Galvanometer mit horizontaler Schwingungsebene und verticaler Axe sind feiner und genauer, verlangen aber auch mehr Sorgfalt in der Behandlung.

Bei den Verticalgalvanometern hat man die Wahl zwischen

Anwendung von: Zapfen s. Fig. 278a, Spitzen s. Fig. 278b und Schneiden s. Fig. 278c. Die Zapfen bleiben auch bei sorgfältigster Ausführung die gröbste Art der Aufhängung, freilich auch die sicherste und praktischste; mit Schneiden lässt sich, wie bei der Wage, eigentlich höchste Empfindlichkeit und Genauigkeit erreichen, aber nur bei ausgezeichneter Ausführung, namentlich vollständigem Parallelismus der Schneiden.

Bei den Galvanometern mit horizontaler Schwingungsebene besteht die Aufhängung aus: einem Coconfaden, zwei Coconfäden, einer Torsionsfeder mit einem Coconfaden oder einer einzigen Spitze. Ein einziger Coconfaden wird bei den feinsten Instrumenten (Spiegelgalvanometer) verwendet; zwei Fäden oder Drähte (bifilare Aufhängung) wurden meist früher bei sehr schweren Magnetstäben benutzt; Torsionsfeder mit Coconfaden gibt weniger Empfindlichkeit, aber mehr Stabilität und bedarf weniger aufmerksamer Behandlung. Eine einfache Spitze ist die einfachste und beliebteste Art der Aufhängung, reicht jedoch für genauere Messungen nicht aus. Man kann auch zwei Zapfen oder Spitzen verwenden; indess geschieht dies selten.

Die Anbringung einer Dämpfung ist mit den meisten neueren Instrumenten verbunden, weil dadurch die Beruhigungszeit, also auch die Zeit, welche eine Beobachtung in Anspruch nimmt, erheblich vermindert wird. Man unterscheidet zwischen elektrischer Dämpfung, Dämpfung durch Luftwiderstand und solche durch Flüssigkeitsreibung.

Zum Behuf der elektrischen Dämpfung wird der Magnet mit Kupfermassen umgeben; in diesen letzteren werden durch die Schwingungen des Magnets Inductionsströme erregt, welche auf den Magnet anziehend wirken und zwar stets in dem Sinn, dass seine Bewegung gehindert wird.

Um Luftwiderstand zu erzeugen, befestigt man Flügel aus Glimmer oder Aluminium an dem Magnet und sorgt dafür, dass die durch den Flügel bei der Bewegung getroffene Luft möglichst wenig Gelegenheit zum Ausweichen hat; Flügel, welche in einem grossen offenen Raum sich bewegen, sind wenig wirksam.

Um die Reibung in einer Flüssigkeit zur Dämpfung zu benutzen, befestigt man auf der Axe einen mit Flüssigkeit gefüllten Hohlkörper; bei der Bewegung wird die Flüssigkeit erst nach und nach mitgenommen, und es entstehen Reibungen in derselben und an den Wänden, welche die Bewegung dämpfen.

Die Ablesung geschieht entweder direct, indem die Nadel oder ihr Zeiger über einem Theilkreis schwingt, oder vermittelst Spiegels; wir wollen die letztere Art näher beschreiben.

Befestigt man an der Nadel einen Spiegel und lässt auf denselben einen von einem festen Punkte ausgehenden Lichtstrahl fallen, so macht der vom Spiegel reflectirte Strahl die Bewegung der Nadel mit, und zwar ist stets, nach dem Gesetz der Reflexion, die Drehung des reflectirten Strahls doppelt so gross als diejenige des Spiegels; es gibt daher die Drehung des reflectirten Strahls ein Mass für die Wirkung des Stromes auf die Nadel. Der Weg, welchen jener Strahl bei der Drehung beschreibt, ist natürlich um so grösser, je grösser die Entfernung vom Spiegel ist, in welcher man den Strahl auffängt; es bildet daher die Vergrösserung dieser Entfernung ein Mittel dar, um die Bewegung der Nadel in beliebigem Masse zu vergrössern.

Der Lichtstrahl, dessen Drehung beobachtet wird, lässt sich nun entweder mittelst eines Fernrohrs beobachten, oder objectiv darstellen; es gibt daher eine Spiegelablesung mit Fernrohr und eine solche mit objectiver Darstellung.

Die Einrichtung der ersteren Art von Spiegelablesung zeigt Fig. 279. Eine Scale c ist senkrecht zu der Verbindungslinie zwischen der Mitte des Spiegels s und der Mitte der Scale aufgestellt; dieselbe wird gut beleuchtet, sei es durch auffallendes Licht, wenn die Scale undurchsichtig ist, sei es durch durchscheinendes Licht, wenn die Scale transparent ist. Auf den Spiegel wird das Fernrohr f gerichtet und zwar so, dass man in demselben die Scale sieht; dreht sich der Spiegel, so gelangen nach einander immer andere von der Scale ausgehende Lichtstrahlen in das Fernrohr, man sieht daher in demselben die Scale an dem Fadenkreuz vorbeiziehen. Um das Fernrohr auf die Scale einzustellen, sucht man zuerst mit blossem Auge eine Stelle, an welcher man im Spiegel die Scale sieht, stellt das Fernrohr an dieser Stelle auf und richtet dasselbe ungefähr auf den Spiegel; nun zieht man das Fernrohr ganz aus, drückt es allmählig zusammen, bis man den Spiegel sieht, und richtet das Fernrohr genauer; dann drückt man weiter zusammen, bis man die Scale sieht.

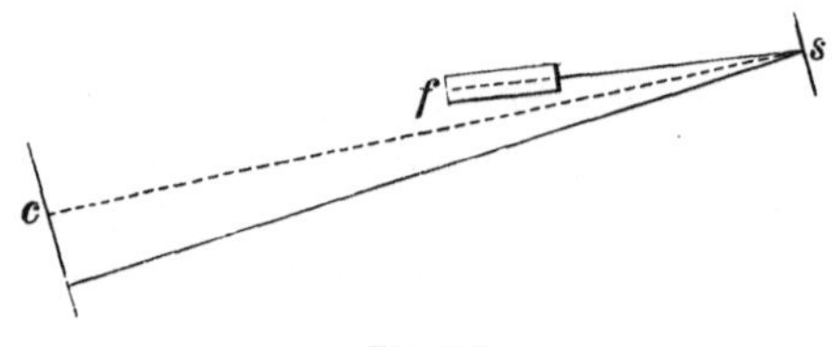

Fig. 279.

Die Entfernung des Fernrohrs vom Spiegel ist für die Grösse der Ablenkung gleichgültig; diese richtet sich nur nach der Entfernung der Scale vom Spiegel. Das Fernrohr kann seitwärts von der Scale, wie in der Skizze, oder auch, wie es meistens geschieht, genau über oder unter der Scalenmitte aufgestellt werden.

Die Spiegelablesung mit objectiver Darstellung zeigt Fig. 280; p ist die Flamme einer flachbrennenden Lampe (Petroleum, Gas oder elektrisches Licht), *m* ein Spalt, *l* eine Linse, *s* der Spiegel, *c* die Scale. Die Linse wird so lange verstellt, bis man auf der Scale ein scharfes Bild des Spaltes *m* erhält; dreht sich der Spiegel, so wandert dieses Bild auf der Scale.

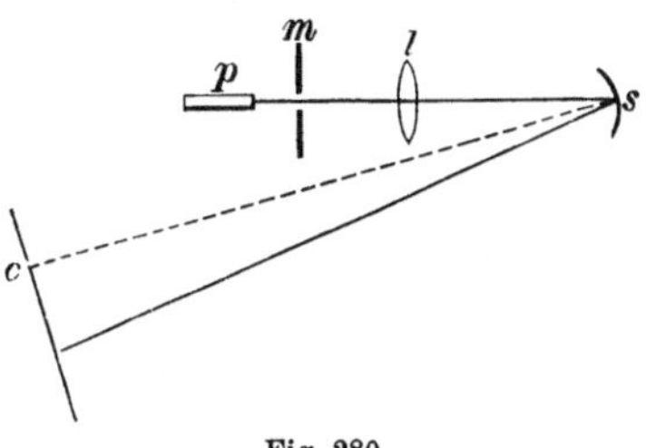

Fig. 280.

Der Spalt *m* wird entweder eng gewählt, so dass man auf der Scale eine schmale Lichtlinie erhält, oder aber breit mit einem über die Mitte gespannten feinen Draht; im letzteren Fall dient das Bild des Drahtes zur Ablesung. Kommt es nicht auf genaue Ablesungen an, so nimmt man das Bild der Flamme und lässt den Spalt weg.

Der Spiegel wird häufig schwach hohl gewählt; in diesem Falle kann die Linse entbehrt werden, wenn man die Entfernung des Spaltes vom Spiegel so wählt, dass auf der Scale ein gutes Bild entsteht. Ist der Spiegel plan, so ist die Linse nöthig.

Gewöhnlich wird der Spalt unter der Scale, die Linse vor und die Lampe hinter derselben angebracht.

Die Spiegelablesung mit objectiver Darstellung ist in der gewöhnlichen Ausführung nicht so genau, wie diejenige mit Fernrohr; sie bietet jedoch den Vortheil, dass mehrere Personen zugleich beobachten können und das Auge weniger angestrengt wird.

7. Der Nebenschluss. Bevor wir zur Besprechung der einzelnen Formen des Galvanometers übergehen, müssen wir eine Vorrichtung erwähnen, durch welche sich der Bereich der Anwendbarkeit des Galvanometers beinahe beliebig erweitern lässt, den sog. Nebenschluss.

Der Nebenschluss besteht aus einer Reihe von Widerständen, welche in einfacher numerischer Beziehung zu dem Widerstand des Galvanometers stehen, und durch deren Anwendung es möglich ist, von jedem zu messenden Strom nur einen bestimmten Theil durch das Galvanometer zu schicken.

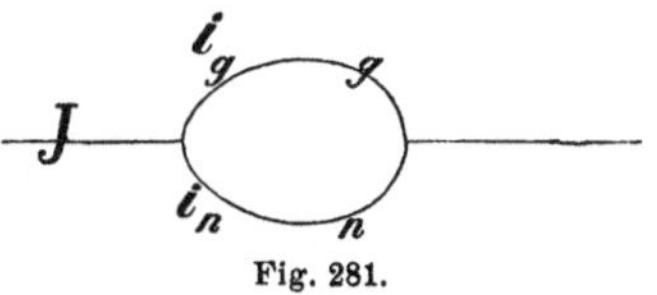

Fig. 281.

Der Nebenschluss wird stets parallel zum Galvanometer geschaltet, s. Fig. 281; es sei der Widerstand des Nebenschlusses, *n*, der m^{te} Theil des Widerstandes *g* des Galvanometers:

$$n = \frac{g}{m},$$

wo *m* eine ganze Zahl.

Wenn J der Strom im Hauptkreise, i_g der durch das Galvanometer und i_n der durch den Nebenschluss gehende Strom, so ist

$$i_n + i_g = J$$

$$i_n : i_g = g : n = g : \frac{g}{m} = m : 1;$$

hieraus erhält man

$$i_g = J \frac{1}{m+1}, \quad i_n = J \frac{m}{m+1}.$$

Ist also der Widerstand des Nebenschlusses z. B. der 4te Theil desjenigen des Galvanometers, so geht der 5te Theil des Stromes durch das Galvanometer; ist $\frac{n}{g} = \frac{1}{9}$, so ist $\frac{i_g}{J} = \frac{1}{10}$; ist $\frac{n}{g} = \frac{1}{372}$, so ist $\frac{i_g}{J} = \frac{1}{373}$ u. s. w.

Legt man den Nebenschluss, wie es gewöhnlich geschieht, so an, dass dessen Widerstände bez. $= \frac{1}{9}, \frac{1}{99}, \frac{1}{999}$ u. s. f. des Widerstandes des Galvanometers sind, so geht bei deren Anwendung bez. $\frac{1}{10}, \frac{1}{100}, \frac{1}{1000}$ u. s. f. des Hauptstromes durch das Galvanometer. Man sieht, dass auf diese Weise das empfindlichste Galvanometer auch für die stärksten Ströme verwendet werden kann.

Ist der Widerstand des Galvanometers nicht sehr klein im Verhältniss zu den übrigen Widerständen des Stromkreises, so muss die durch Einschaltung verschiedener Nebenschlüsse hervorgerufene Veränderung des Hauptstromes J in Rechnung gezogen werden.

8. Galvanometer mit Theilkreis. Galvanometer mit Theilkreis nennen wir diejenigen, bei welchen grössere Ablenkungen beobachtet werden, wozu ein Theilkreis nöthig ist; die im Folgenden beschriebenen sind: der Batterieprüfer, die Tangentenbussole, die Sinusbussole, die Sinustangentenbussole und das astatische Nadelgalvanometer.

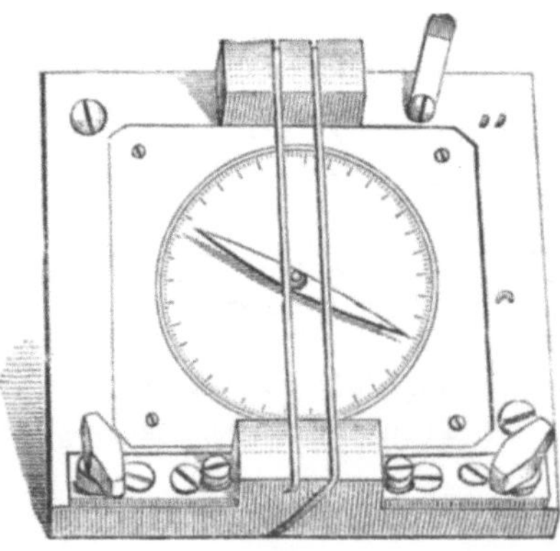

Fig. 282.

Den Batterieprüfer stellt Fig. 282 dar. Derselbe besteht einfach aus zwei Windungen von 1 bis 2 mm dickem Kupferdraht, welche ziemlich dicht um eine auf Spitze schwingende Magnetnadel geführt sind. Der Widerstand der Windungen beträgt höchstens $\frac{1}{100}$ S.E. Das Instrument dient zur Prüfung von Elementen und Batterien.

Das Gesetz, welches in diesem Fall zwischen der in den Windungen herrschenden Stromstärke und dem Ausschlag der Nadel besteht, ist nicht das Tangentengesetz, weil der Abstand der Windungen von der Nadel bei Weitem nicht gross genug ist; das Gesetz ist überhaupt nicht einfacher Natur. Der Batterieprüfer wird daher nur so verwendet, dass man sich bei guten Exemplaren der verschiedenen Arten von Elementen den bezüglichen Ausschlag ungefähr merkt und danach die Güte der zu prüfenden Elemente beurtheilt.

Der Batterieprüfer von Siemens & Halske gibt für die von derselben Firma gelieferten Elemente ungefähr folgende Ausschläge:

Elemente:	Ausschlag:
Daniell'sches mit Thonzelle	50°
Meidinger'sches Element	40°
Amerikanisches Element	55°
Grosses Pappelement	25°
Kleines Pappelement	8°.

Der Hauptvortheil des Batterieprüfers besteht darin, dass mit demselben sich ebensogut Elemente, wie Batterien von beliebig vielen Elementen prüfen lassen. Da nämlich der Widerstand des Batterieprüfers, sowie derjenige der Zuleitungsdrähte klein ist im Verhältniss zu demjenigen des Elementes, so ist die Stromstärke, welche beim Anlegen dieses Instrumentes auftritt, im Wesentlichen dieselbe wie bei kurzem Schluss. Nun gibt aber bei kurzem Schluss eine Batterie von beliebig vielen Elementen dieselbe Stromstärke wie ein Element, wenn die einzelnen Elemente denselben Widerstand besitzen; also ist auch der Ausschlag am Batterieprüfer derselbe.

Wenn aber auch eine grössere Batterie den Ausschlag zeigt, welcher einem guten Element zukommt, so ist dennoch möglich, dass dieselbe ein oder mehrere Elemente von zu grossem Widerstande enthält, so lange dieser Ueberschuss an Widerstand klein ist im Verhältniss zu demjenigen der Batterie. Beim Prüfen von Batterien zeigt der Batterieprüfer nur dann schlechte Elemente an, wenn deren Widerstand bereits sehr hoch ist. Um sicher zu gehen, theilt man daher, wenn die ganze Batterie auch den richtigen Ausschlag gibt, dieselbe in Gruppen von 5 bis 10 Elementen und misst diese einzeln.

Die Tangentenbussole zeigt Fig. 283 und zwar in der Form, welche Gaugain und Helmholtz derselben ertheilt haben (Construction Siemens & Halske).

Die Tangentenbussole ist ein Galvanometer mit Theilkreis, bei welchem das Tangentengesetz (s. S. 218 u. 404) zur Anwendung kommt.

Wie wir bei Besprechung dieses Gesetzes gesehen haben, besteht die Grundbedingung der Anwendbarkeit derselben in weitem Abstand der Windungen von der Nadel; ein solches Galvanometer kann daher seiner Natur nach sich nur für stärkere Ströme eignen.

Gibt man ferner den Windungen Kreisform, so lässt sich die Wirkung derselben auf die Magnetnadel theoretisch genau berechnen

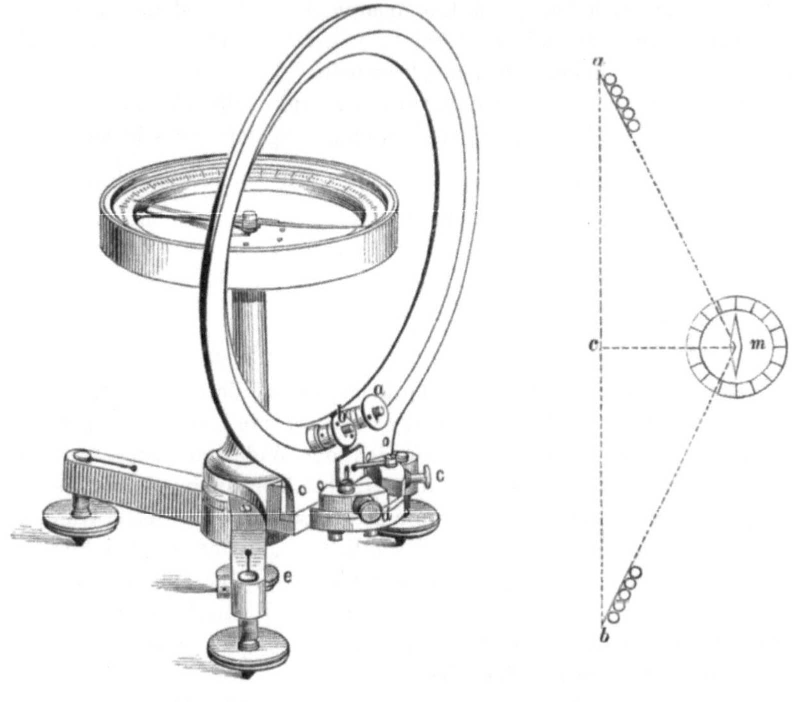

Fig. 283. Fig. 284.

und auf diese Weise zum Voraus bestimmen, wie stark der Strom sein muss, der eine bestimmte Ablenkung der Nadel hervorbringt; bei der Tangentenbussole ist daher unmittelbar durch die Construction ein absolutes Strommass gegeben, und zwar ist dieselbe das einzige Galvanometer, welches diese Verwendung gestattet.

Bei der einfachen Construction der Tangentenbussole wird die Nadel in die Ebene der Windung oder, bei mehreren Windungen, in die mittlere Windungsebene gesetzt. Nun ist aber das Tangentengesetz nur richtig, wenn die Länge der Nadel verschwindend klein ist im Verhältniss zu der Entfernung der Windungen. Dies ist in Wirklichkeit bei keiner Construction der Fall, jede Tangentenbussole zeigt kleine Abweichungen von dem Gesetz, und es handelt sich darum, dieselben möglichst klein zu machen. Es lässt sich nun theoretisch zeigen, dass diese Abweichungen bereits bedeutend kleiner werden, wenn man die Windungen seitwärts von der Nadel anbringt, siehe Fig. 284, und zwar so, dass der Durchmesser jeder Windung gleich der vierfachen Entfernung derselben vom Mittelpunkt der Nadel ist ($ab = 4\,cm$); wenn dies bei jeder Windung erfüllt sein soll, so müssen dieselben, wie in der Figur angedeutet, angeordnet werden. Diese Anordnung liegt auch der in Fig. 283 dargestellten Construction von Siemens & Halske zu Grunde.

In dieser Construction wird ausser den auf dem Messingring angebrachten (fünf) Windungen jener Ring selbst noch als Stromleiter benutzt, wenn die Ströme so stark sind, dass der Ausschlag bei Anwendung der Windungen zu gross wird. Die Klemmen a, b führen zu dem Messingring, die Klemmen c, d zu den Drahtwindungen.

Wenn die Nadel in der Windungsebene liegt, hat man für den Strom i:

$$i = \frac{dH}{4\pi} \operatorname{tg} \varphi,$$

oder

$$i = p \operatorname{tg} \varphi, \quad \text{wo } p = \frac{dH}{4\pi}.$$

Hier ist d der Durchmesser der Windung, H die horizontale Componente des Erdmagnetismus, φ die Ablenkung der Nadel; die Grösse p nennt man den Reductionsfactor. Wenn man d in Millimetern und H in absolutem Masse ausdrückt, so ist die Stromstärke in absolutem sog. magnetischem Masse ausgedrückt. Der Reductionsfactor p stellt die Stromstärke vor, welche einer Ablenkung von 45^0 entspricht.

Befindet sich die Windung seitwärts von der Nadel, so erhält der Reductionsfactor den Werth:

$$p = \frac{dH}{4\pi \sin^3 u},$$

wenn u der Winkel zwischen den Linien am und cm.

Wenn mehrere Windungen angebracht sind und nahe zusammenliegen, so erhält man den Reductionsfactor derselben, wenn man für den Durchmesser d das Mittel aus den Durchmessern der Windungen nimmt und den hieraus für die mittlere Windung gefundenen Reductionsfactor durch die Anzahl der Windungen dividirt.

Bevor man mittelst der Tangentenbussole eine Messung ausführt, wird zunächst die Ebene des Theilkreises mittelst der Stellschrauben so gestellt, dass der an der Nadel befestigte Zeiger von Aluminium überall in gleichmässiger Höhe über dem Theilkreise schwingt, dann der Theilkreis gedreht, bis die Nadel auf Null steht, und hierauf mittelst der Schraube *e* festgestellt. Die beiden Zuleitungsdrähte müssen dicht neben einander und senkrecht zum magnetischen Meridiane liegen. Eisentheile und Magnete sind aus der Umgebung der Nadel möglichst zu entfernen.

Wie bei allen Magnetnadeln, die auf Spitze schwingen, tritt auch hier mit der Zeit ein Wachsen der Reibung ein, welches sich sowohl in Trägheit der Bewegung, als auch in Unsicherheit der Ruhelage äussert. Dieser Uebelstand wird oft theilweise beseitigt, wenn man die Nadel möglichst kräftig magnetisirt, indem kräftigerer Magnetismus nicht die Ablenkungen verändert, wohl aber die Bewegung lebhafter und sicherer macht.

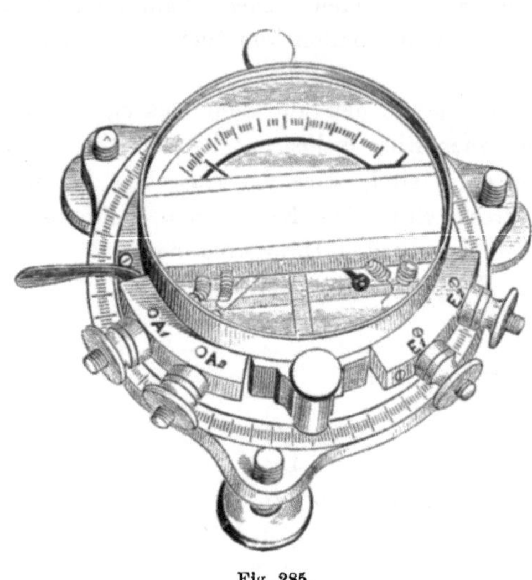

Fig. 285.

Die Sinusbussole, Fig. 285 (Construction Siemens & Halske), ist ein Galvanometer mit engen Windungen; die Weite der Windungen ist, wie wir gesehen haben, bei Anwendung des Sinusgesetzes beliebig.

Der Galvanometerrahmen, in welchem die Spitze, worauf die Nadel schwingt, und die Arretirungsvorrichtung angebracht ist, ist in einem besonderen, drehbaren Gehäuse befestigt, an welchem ausserdem noch der Theilkreis, über welchem der auf der Nadel senkrecht zu derselben befestigte Zeiger spielt, und die Klemmen für die Zuleitungsdrähte sitzen. Die Drehung dieses Gehäuses wird auf einem zweiten, festen Theilkreis abgelesen, innerhalb dessen sich das Gehäuse dreht.

Vor der Messung wird durch Drehung des Gehäuses der Zeiger auf Null gestellt und die Stellung des Gehäuses an dem äusseren Theilkreise abgelesen. Dann wird der Strom geschlossen und das Gehäuse der abgelenkten Nadel nachgedreht, bis der Zeiger wieder auf Null steht; liest man nun die Stellung des Gehäuses wieder ab und zieht von dem jetzt abgelesenen Winkel den der früheren Stellung entsprechenden Winkel ab, so erhält man den Winkel der Drehung, dessen Sinus der Stromstärke proportional ist.

Das in der Figur dargestellte Instrument ist zugleich ein Differentialgalvanometer.

Differentialgalvanometer nennt man jedes Galvanometer, das zwei getrennte gleiche Drahtwickelungen besitzt, die sich so schalten lassen, dass auf die Nadel nur die Differenz der beiden, die Windungen durchlaufenden Ströme wirkt; auf diese Weise lassen sich zwei Ströme einander gleich machen, indem nämlich die Stärke des einen Stroms so lange verändert wird, bis die Differenzwirkung auf die Nadel Null ist.

Bei einem vollständig justirten Differentialgalvanometer müssen zwei Bedingungen erfüllt sein: die beiden Windungen müssen gleichen Widerstand und gleiche Wirkung auf die Nadel besitzen. Beide Bedingungen zugleich zu erfüllen ist ohne eine besondere Regulirvorrichtung schwierig; gewöhnlich erfüllt man nur die eine Bedingung, nämlich diejenige der gleichen Wirkung auf die Nadel, da die durch das Nichterfüllen der anderen Bedingung entstehende Differenz der Widerstände sich bei Messungen leicht in Rechnung ziehen lässt. Bei dem hier beschriebenen Instrument sind meistens beide Bedingungen erfüllt.

Die Gleichheit der Wirkung auf die Nadel wird geprüft, indem man denselben Strom durch beide Windungen hinter einander in entgegengesetzter Richtung (Zuleitungen bei A_1 A_2, Klemmen E_1 E_2 mit einander verbunden) schickt; ist Gleichheit der Wirkung vorhanden, so bleibt die Nadel ruhig.

Sind ausser den Wirkungen auf die Nadel auch die Widerstände gleich, so bleibt die Nadel auch ruhig, wenn die Windungen parallel, mit entgegengesetzter Stromrichtung, geschaltet werden (Zuleitungen bei A_1 A_2, Klemme E_2 mit A_1, E_1 mit A_2 verbunden).

Die Sinustangentenbussole, s. Fig. 286 (Construction Siemens & Halske), lässt sich für Messungen nach dem Sinusgesetz und für solche nach dem Tangentengesetz benutzen. Der Draht ist auf einen Holzring gewickelt, dessen mittlere Ebene durch den Mittelpunkt der Nadel geht, und welcher weit genug von der Nadel entfernt ist, um das Tangentengesetz anwenden zu können. Die Windungen bestehen aus zwei Theilen, deren jeder zwei besondere Klemmen besitzt, einem dickeren Draht von 16 Windungen und ungefähr 0,09 S. E. Widerstand und einem dünneren Draht von ungefähr 1000 Windungen und 140 bis 150 S. E. Widerstand. Für Messungen nach dem Tangentengesetz werden der dickere Draht und eine kurze Magnetnadel, für Messungen nach dem Sinusgesetz der dünnere Draht und eine lange Nadel angewendet; für die letzteren ist, wie bei der oben beschriebenen Sinusbussole, ein äusserer, fester Theilkreis angebracht, in welchem sich der innere, über welchem die Nadel spielt, dreht. Um bei der Messung nach dem Sinusgesetz den Bereich der messbaren Stromstärke zu erweitern, ist ein Nebenschluss zu den Windungen mit dünnerem Draht mit den Widerständen: W, $\frac{1}{4} W$, $\frac{1}{9} W$, (wenn W der Widerstand der Windungen) beigegeben, so dass man von jeder vorkommenden Stromstärke i die Theile $\frac{1}{2}\, i$, $\frac{1}{5}\, i$ und $\frac{1}{10}\, i$ durch die Bussole leiten kann. (Ueber die Einrichtung solcher Nebenschlüsse siehe S. 419.)

Fig. 286.

Das astatische Nadelgalvanometer, Fig. 287, ist für keine der drei beschriebenen Messungsarten bestimmt und dient mehr zur blossen Beobachtung schwächerer Ströme, nicht zu genauen Messungen.

Die Windungen umschliessen die untere Nadel möglichst eng, die obere Nadel befindet sich dicht über den Windungen; auf die untere Nadel wirken sämmtliche Windungen, auf die obere wirkt im Wesentlichen nur die obere Hälfte der Windungen, die untere Hälfte derselben wirkt sogar in entgegengesetztem Sinne auf die obere Nadel. Das Nadelpaar ist an einem Coconfaden aufgehängt.

Will man die Empfindlichkeit möglichst steigern, so müssen die Nadeln möglichst astatisch gemacht werden. Die obere Nadel wird meistens als die stärkere gewählt; grössere Astasie erhält man daher durch Schwächung des Magnetismus derselben, was am besten durch blosses Annähern von gleichnamigen Magnetpolen an die Spitzen der Nadel geschieht. Vergrösserung der Astasie erkennt man leicht an der Vergrösserung der Schwingungsdauer; hat man den Magnetismus der oberen Nadel zu stark geschwächt, so schlägt das Nadelpaar um 180° um.

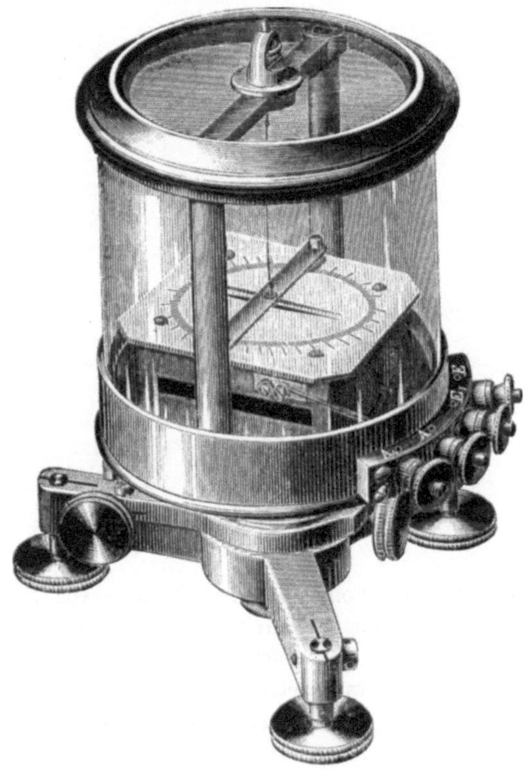

Fig. 287.

Bei höherer Astasie kommt es vor, dass die Nadel ausser der Gleichgewichtslage im magnetischen Meridian, parallel den Windungen, noch zwei andere, seitwärts gelegene, sog. diagonale Gleichgewichtslagen besitzt, bei welchen sie nach grösseren Ausschlägen stehen bleibt, ohne auf Null zurückzukehren. Dies rührt von den Spuren von Eisen her, welche stets in dem Kupfer der Windungen enthalten ist, dessen Einfluss sich aber erst geltend macht, wenn die Richtkraft des Erdmagnetismus durch Astasirung der Nadel sehr abgeschwächt ist. Um diesen Uebelstand zu beseitigen, bringt man mit Vortheil ein magnetisirtes Stück einer Nähnadel als Richtmagnet in der Nähe des Nullpunktes der Theilungen an.

9. Spiegelgalvanometer. Spiegelgalvanometer sind Galvanometer mit Spiegelablesung, bei welchen also das Magnetsystem nur kleine Bewegungen macht.

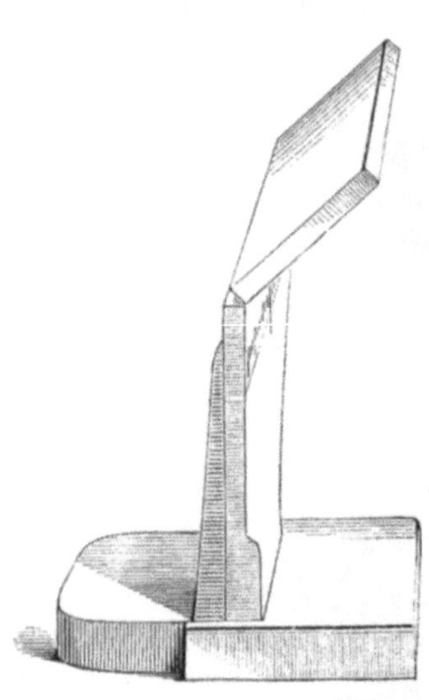

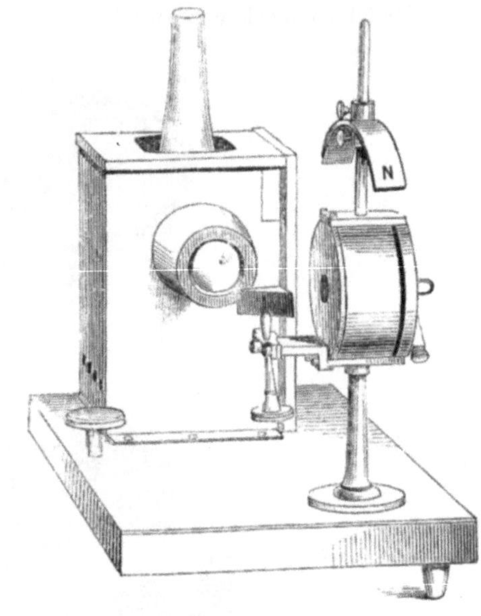

Fig. 288.

Wir beschreiben im Folgenden drei Formen von Spiegelgalvanometern nach Constructionen von Siemens & Halske: das transportable Spiegelgalvanometer mit **einer** Rolle, das aperiodische und das astatische Spiegelgalvanometer.

Das transportable Spiegelgalvanometer mit **einer** Rolle, Fig. 288, lässt sich nach einiger Uebung ebenso sicher und leicht aufstellen, wie ein Galvanometer mit Nadel auf Spitze.

Die Magnetaufhängung ist eine Nachahmung derjenigen des Thomson'schen Spiegelgalvanometers, welches zum Kabelsprechen bestimmt ist, mit dem Unterschiede, dass bei diesem Instrumente der Magnet selbst als Spiegel benutzt wird, während bei dem Thomson'schen Instrumente gläserne Spiegel angewendet werden, auf deren Rücken Magnete in Form von kleinen Stäbchen (Fig. 289) aufgeklebt sind.

Fig. 289.

Die ganze Magnetaufhängung besteht nämlich in einem cylindrischen Kupferstück, s. Fig. 290, das von hinten in die Mitte der Galvanometerrolle eingeschoben wird. Das Kupferstück besitzt hinten eine Handhabe, vorn einen engen Hohlraum, welcher durch Glas verschlossen ist und in welchem sich der Magnetspiegel befindet. Dieser letztere ist äusserst leicht (0,1 g Gewicht), in der Mitte kaum 0,35 mm dick und schwach ausgehöhlt, mit einer Brennweite von ungefähr 50 cm. Er hängt oben und unten an je einem ganz kurzen Coconfaden, welche durch feine Oeffnungen aus dem Hohlraum heraus in zwei Nuthen geführt sind, die sich längs des Kupfercylinders erstrecken. Die in Betracht kommende Länge eines solchen Fadens, vom Aufhängepunkt bis zur Peripherie des Spiegels, ist sehr gering, etwa 3 mm, daher die von dem Faden ausgeübte Richtkraft viel bedeutender, als bei den feineren Spiegelgalvanometern; dafür bildet aber die ganze Aufhängung ein einziges, leicht transportirbares Stück.

Fig. 290.

Die Rolle des Galvanometers trägt oberhalb einen halbrunden Richtmagnet N, der sich beliebig drehen und an einer Stange auf- und abschieben lässt. Vor der Rolle befindet sich ein in Kugelgelenk drehbares Prisma, an dessen hinterer (diagonalen) Fläche das aus der Laterne kommende Licht reflectirt und auf den Magnetspiegel geworfen wird. Die Laterne, welche mit dem Galvanometer auf demselben Bret befestigt ist, enthält eine Petroleumlampe mit Flachbrenner und einer runden Oeffnung gegenüber der Flamme; über diese Oeffnung ist ein feiner Draht gespannt, und an dieselbe schliesst sich eine Rohrhülse, in welcher das die Linse tragende Rohr sich verschieben lässt. Das Bret, welches Galvanometer und Laterne trägt, lässt sich mit einer Stellschraube verstellen. Gegenüber der Galvanometerrolle wird eine auf besonderem Stativ angebrachte Scale aufgestellt, welche durch ein überhängendes Bretchen etwas verdunkelt werden kann.

Beim Gebrauch wird die breite Fläche der Flamme in die Linie: Linse — Draht gebracht und das Prisma so gedreht, dass der Reflex auf den Magnetspiegel fällt, wovon man sich durch unmittelbares Hineinsehen in den Spiegel überzeugt. Alsdann verfolgt man den Lauf des vom Spiegel reflectirten Strahls mittelst eines Stückes Papier, auf welches man den Strahl auffallen lässt, und stellt das Prisma so, dass das vom Prisma reflectirte Licht mitten auf den Spiegel fällt und das vom Spiegel reflectirte unmittelbar über dem Prisma fortgeht. Durch Drehung der an dem Fussbret angebrachten Stellschraube bringt man alsdann den Strahl auf die Höhe der Scale und durch Drehung des Mag-

Fig. 291.

netes N auf die gewünschte Stelle der Scale. Zuletzt wird die Linse so lange verschoben, bis das auf der Scale erscheinende Bild des Drahtes scharf ist, und das den Magnet enthaltende Kupferstück so lange gedreht, bis das Bild auf der Scale horizontal schwingt.

Das Instrument lässt sich in jeder beliebigen Ebene aufstellen, da der Richtmagnet kräftig genug ist, um dem Magnet jede Richtung zu geben. Der Richtmagnet wird gewöhnlich nur den Erdmagnetismus verstärkend gebraucht; das Auf- und Abbewegen desselben verändert die Empfindlichkeit in ziemlich weiten Grenzen.

Bei mittlerem Stande des Richtmagnets und einer Wickelung mit dünnstem Kupferdraht (10000 E, 30000 U) gibt das Instrument ungefähr einen Ausschlag von 1 mm für einen Strom von 1 Daniell in 7 Millionen S. E. bei 1 Meter Entfernung der Scale.

Das Instrument ist weniger für genaue Strommessungen, als für Brücken- und ähnliche Messungen bestimmt.

Das aperiodische Spiegelgalvanometer (Fig. 291) ist, wie das vorige Instrument, ein Galvanometer mit Einer Nadel, ist aber, im Gegensatz zu jenem, für genaue Messungen bestimmt. Es eignet sich zu diesem Zweck um so mehr, als die Bewegung seines Magnets durch eine eigenthümliche Construction des letzteren bereits ohne Anwendung von astasirenden Richtmagneten beinahe oder völlig aperiodisch ist, was, wie wir S. 415 gesehen haben, für die Schnelligkeit der Ausführung der Messungen von hohem Werthe ist.

Fig. 292.

Dieses Instrument ist ausserdem verhältnissmässig kräftig und gross gebaut, so dass es sich auch für objective Darstellung von Stromerscheinungen für ein grösseres Publikum und überhaupt für Spiegelablesung mit weiter Entfernung der Scale eignet.

Als Nadel dient der von W. Siemens angegebene Glockenmagnet, Fig. 292. Derselbe hat die Gestalt eines aufgeschnittenen Fingerhutes, die Pole befinden sich an dem unteren Ende, während das kuppelförmige, obere Ende magnetisch indifferent ist. Der freie Magnetismus der Pole hat etwa dieselbe Kraft, wie bei einem Stabe von der doppelten Länge des Glockenmagnets; das Trägheitsmoment dagegen ist ein viel geringeres, als dasjenige eines solchen Stabes. Die magnetische Bindung, welche zwischen den einander nahe gegenüberstehenden Polflächen besteht, beschränkt allerdings den nach Aussen wirkenden Magnetismus, verhindert aber zugleich freiwillige, bei anderen Magneten mit der Zeit stets eintretende Verringerung des Magnetismus.

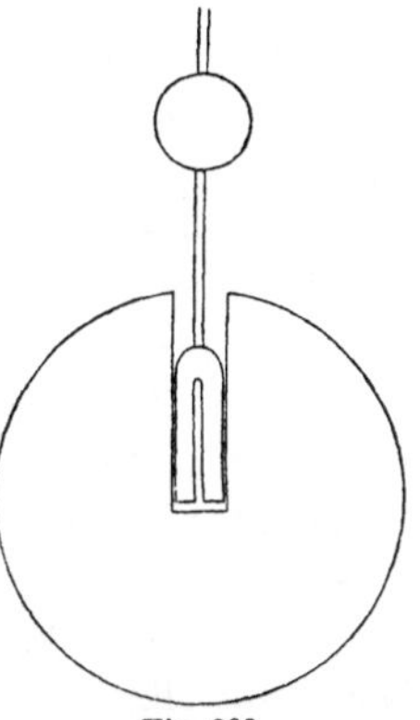

Fig. 293.

Dieser Glockenmagnet schwingt in einer massiven Kugel aus bestleitendem Kupfer, siehe Fig. 293. Die Dimensionen dieser letzteren sind so gewählt, dass die von derselben ausgeübte dämpfende Kraft beinahe ebenso gross ist, als wenn der Magnet von einer sich ins Unendliche ausdehnenden Kupfermasse umgeben wäre. Durch die Stärke dieser Dämpfung und den geringeren Betrag des Trägheitsmoments des Magnets wird es möglich, dass der Magnet sich aperiodisch bewegt.

Bringt man, z. B. unter dem Instrument an einer Stange, einen Richtmagnet an, so lässt sich durch denselben erstens die Empfindlichkeit verändern, zweitens aber auch die Art der Bewegung; lässt man den Richtmagnet astasirend, d. h. dem Erdmagnetismus entgegen, wirken, so erhält man überaperiodische Bewegung; wirkt der Richtmagnet im Sinne des Erdmagnetismus, so macht der Magnet eine oder mehrere Schwingungen um seine Gleichgewichtslage.

Die beiden Rollen sind an der Kupferkugel angeschraubt und lassen sich abnehmen und durch andere ersetzen, ohne dass dabei die Stellung des Instrumentes sonst verändert wird. Die Kupferkugel mit den Rollen lässt sich drehen und mittelst einer unten an dem Dreifuss angebrachten Schraube feststellen. Der Spiegel lässt sich ebenfalls beliebig drehen, sowie das die Glasröhre tragende Gehäuse, in welchem der Spiegel schwingt, und an welchem das vor den Spiegel zu setzende Planglas sitzt.

Um das Instrument aufzustellen, werden zunächst die Rollen abgenommen und die Fussschrauben des Dreifusses so lange verstellt, bis der Magnet frei schwingt. Dann werden die Rollen angeschraubt und die Windungsebene derselben ungefähr in den magnetischen Meridian gestellt. (Genauer erkennt man die Stellung im Meridian an der Gleichheit der Ausschläge für gleiche Ströme von entgegengesetzter Richtung.) Das Spiegelgehäuse wird gedreht, bis das Planglas mit den Richtungen nach dem Fernrohr oder der Lichtflamme und der Mitte der Scale ungefähr gleiche Winkel bildet; steht also das Fernrohr oder die Flamme in der Mitte der Scale, so kommt das Planglas senkrecht zu der Richtung nach dem Fernrohr zu stehen. Endlich wird der Spiegel parallel zu dem Planglas gestellt, während kein Richtmagnet auf den Magnet wirkt. Um die Einstellung der Spiegelablesung zu erleichtern, ist an der Fassung des Spiegels eine Stellschraube angebracht, durch welche dessen Neigung verändert werden kann.

Bei einer Drahtwickelung von 2000 S. E. (beide Rollen zusammen) und einem Abstand der Scale von 1 Meter gibt das Instrument einen Ausschlag von etwa 1 mm bei einer Stromstärke von 0,000035 Ampère.

Die astatischen Spiegelgalvanometer sind die empfindlichsten und genauesten galvanischen Messinstrumente und zugleich diejenigen, welche für feinere Messungen, sowohl bei starken als bei schwachen Strömen, am allgemeinsten verwendet werden.

Ein weit verbreitetes Instrument ist das astatische Spiegelgalvanometer von W. Thomson, s. Fig. 294, welches sich namentlich durch ein äusserst leicht gearbeitetes Magnetsystem auszeichnet. Das letztere besteht nämlich aus einem Aluminiumdraht, an welchem oben ein schwach hohles Spiegelchen, unten ein rundes Stück Glimmer gekittet ist; auf den Rücken des Spiegelchens und auf das Glimmerblatt sind mehrere Magnetstäbchen (aus Uhrfedern) aufgekittet; an dem unteren Magnetsystem ist noch ein langer Flügel aus Aluminium oder Glimmer befestigt, als Luftdämpfung. Jedes Magnetsystem ist von zwei Drahtrollen umgeben, welche nicht auf Rahmen gewickelt sind, sondern bloss durch Klebstoff zusammgehalten werden. Das astatische Magnetsystem ist an einem kurzen Faden aufgehängt an einem Messinggestell, das zugleich zur Befestigung der Drahtrollen dient. Den Fuss bildet eine Platte aus Horngummi mit den nöthigen Klemmen und Stellschrauben; über den Galvanometerkörper wird ein viereckiger Glaskasten gestülpt, über welchem der durch eine Mikrometerschraube bewegliche Richtmagnet angebracht ist.

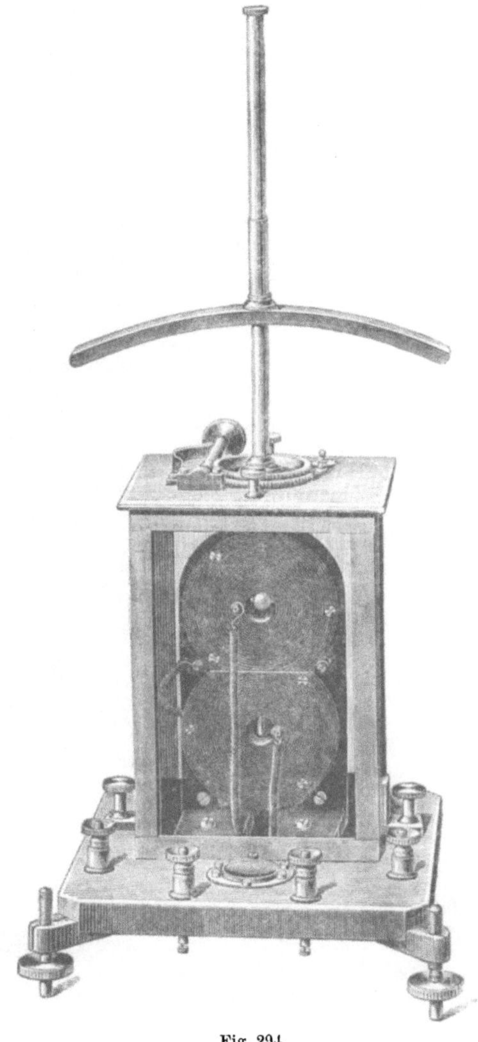

Fig. 294.

Fig. 295 stellt das astatische Spiegelgalvanometer von Siemens & Halske dar, welches sich im Allgemeinen durch solideren Bau und einzelne Verbesserungen auszeichnet, aber auch eine complicirtere Construction besitzt.

Die Magnete sind kleine Glockenmagnete; sie schwingen in Kupferhülsen, sind also elektrisch gedämpft; das astatische Magnetsystem ist viel schwerer und kräftiger gebaut als bei Thomson, ohne dass die Schwingungsdauer eine grössere ist. Für den Transport werden die Magnete mittelst Schrauben an die Kupferhülsen angedrückt, so dass dann das ganze Instrument einen festen Körper bildet.

Der Spiegel ist plan, sehr leicht, nicht aufgeklebt, sondern frei in drei Gäbelchen hängend. Derselbe ist nicht mit einem der Magnete verbunden, sondern in der Mitte zwischen den beiden Magnetsystemen

befestigt, ist aber zugleich nach allen Seiten drehbar. Hiedurch wird erreicht, dass der Spiegel bei Erschütterungen der ruhigste Theil des Systems ist, ferner, dass die Einstellung der Rollen und der Magnete

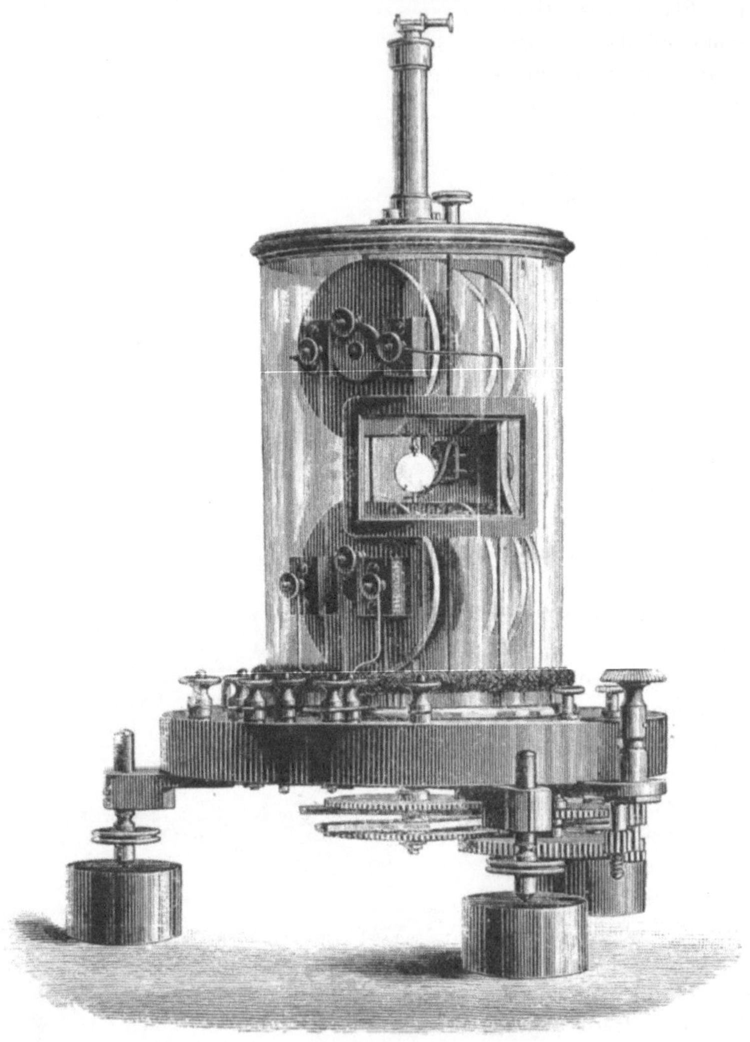

Fig. 295.

unabhängig von denjenigen des Spiegels ist; da die erstere von dem magnetischen Meridian, die letztere dagegen von örtlichen Verhältnissen abhängt, so ist eine solche Trennung auch zweckmässig.

Ferner ist bei diesem Instrument der Richtmagnet unter der Grundplatte des Instrumentes angebracht und durch eine besondere Construction die sonst lästige Verschiebung unnöthig gemacht. Der Richtmagnet besteht nämlich aus zwei beinahe genau gleich und ganz schwach magnetischen Magneten, welche durch ein Treibwerk aus Zahnrädern beliebig gedreht und gekreuzt werden können, d. h. entweder bei gleichbleibender Kreuzung gedreht, oder bei gleichbleibender Mittellinie gekreuzt werden können. Die Kreuzung ersetzt die Verschiebung bei einem einfachen Richtmagnet, da durch dieselbe jene beiden Magnete

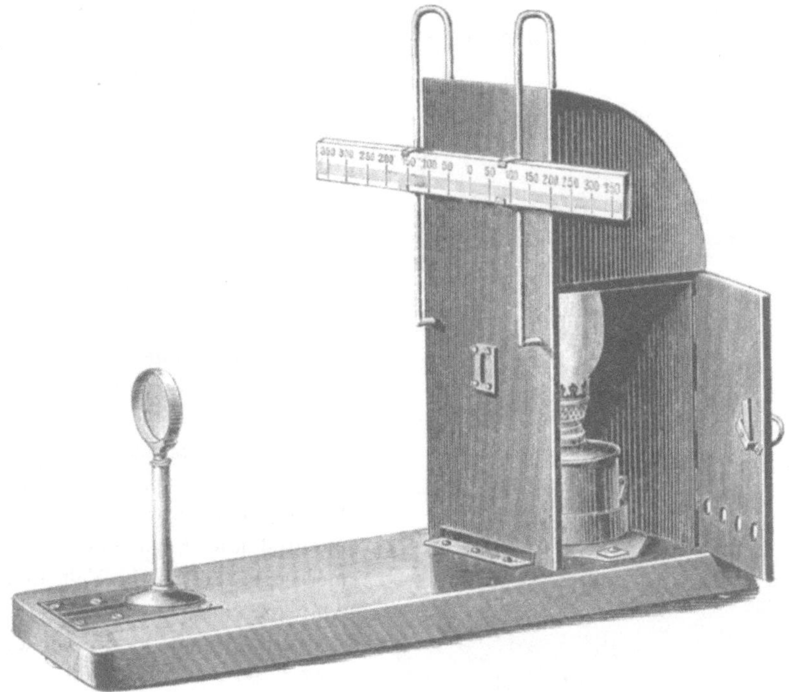

Fig. 296.

nach Belieben addirt und subtrahirt und zwischen diesen beiden Grenzlagen in alle möglichen Combinationen gebracht werden können.

Der Aufhängungspunkt des Fadens ist drehbar, wodurch sich die Ungleichheiten der Ausschläge nach verschiedenen Seiten entfernen lassen. Die Drähte auf den Rollen treten nirgends zu Tage, so dass Beschädigungen derselben ausgeschlossen sind.

Fig. 296 zeigt eine sog. Laterne (von Siemens & Halske), wie sie zur objectiven Ablesung von Spiegelgalvanometern benutzt wird.

Eine gewöhnliche Petroleumlampe ist in einem viereckigen Blechgehäuse eingeschlossen und beleuchtet einen Spalt, in dessen Mitte ein

28*

feiner Draht vertical ausgespannt ist. An demselben Blechgehäuse sitzt ein Gestell, an welchem sich, mit der Hand, die Scale in einfachster Weise horizontal und vertical verschieben lässt. In einiger Entfernung von dem Gehäuse ist eine Linse angebracht, durch deren Verschiebung die genauere Einstellung des Lichtbildes auf der Scale bewirkt wird.

Die Ablesevorrichtungen mittelst des Fernrohres bestehen im Wesentlichen aus einem mit den nöthigen Feinstellungen versehenen Fernrohr und einer senkrecht dazu aufgestellten Scale.

10. Technische Galvanometer. Unter dieser Bezeichnung versteht man heutzutage namentlich diejenigen Galvanometer, welche zum Messen von Strom und Spannung bei den Dynamomaschinen dienen. Von diesen Instrumenten wird keine grosse Genauigkeit verlangt, weil die elektrischen Werthe bei einer in Betrieb befindlichen Maschine wegen der unvermeidlichen Schwankungen in der Geschwindigkeit nie constant sind; andrerseits ist aber nothwendig: einfache, sichere Handhabung des Instruments und unmittelbare Angabe der gemessenen Werthe in Volt und Ampère.

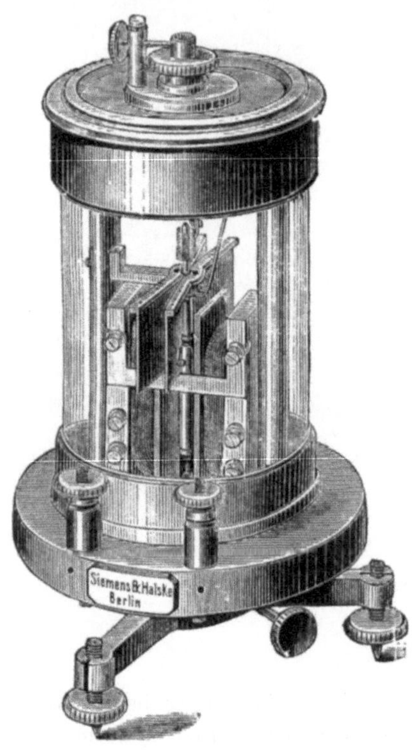

Fig. 297.

Die constructive Entwickelung dieser Instrumente ist wohl noch nicht abgeschlossen und eine eingehendere Darstellung würde uns hier zu weit führen. Wir wollen desshalb, mehr als Beispiel, nur eines dieser Instrumente beschreiben, das in Deutschland vielfach benutzt wird, das Torsionsgalvanometer von Siemens & Halske, s. Fig. 297.

Der Magnet dieses Instrumentes ist ein ziemlich grosser Glockenmagnet, der an Coconfaden und einer Torsionsfeder aus feinem Draht aufgehängt ist; seitlich sind zwei Drahtrollen aufgestellt. Geht Strom durch den Draht, so wird der Magnet zur Seite gedreht; diese Drehung hebt man durch eine entgegengesetzte Drehung der Torsionsfeder auf und führt den Magnet wieder in seine ursprüngliche Lage zurück; der Winkel, um welchen man die Torsionsfeder gedreht hat, ist alsdann ein Mass für die Stärke des Stromes in den Drahtrollen.

Sowohl der Magnet, als das Messingstück, an welchem das Ende der Torsionsfeder sitzt, trägt je einen Zeiger, die beinahe in derselben Ebene unter einer im Deckel des Instrumentes angebrachten Glastheilung spielen. Zunächst wird der Magnetzeiger auf Null gestellt durch Drehung des Gestells des Instruments, auf welchem die Drahtrollen befestigt sind; hiebei stellt man den Torsionszeiger ebenfalls auf Null. Geht Strom durch das Instrument, so dreht man den Torsionszeiger so lange, bis der Magnetzeiger wieder auf Null steht, und liest die Stellung des Torsionszeigers ab. Diese Ablesung gibt alsdann direct die Stärke des Stromes im Instrument in Ampère, abgesehen vom Komma, welches durch Widerstandsverhältnisse bestimmt ist.

Die Schwingungen des Magnets werden durch eine Luftdämpfung beruhigt: an der Axe sind nämlich Glimmerflügel befestigt, welche zwischen feststehenden Metallflächen sich bewegen.

Eine Eigenthümlichkeit des Instruments besteht darin, dass der Widerstand desselben auf eine einfache Zahl, 1 Ohm oder 100 Ohm, justirt ist. Kennt man also die Stromstärke im Instrument, ausgedrückt in Ampère, so kennt man auch die an den Klemmen des Instruments herrschende Spannung in Volt; denn die letztere ist gleich dem Product der Stromstärke und des Widerstands des Instruments. Durch diese Einrichtung wird das Instrument befähigt, sowohl Ströme als Spannungen direct anzugeben.

Zu dem Instrument werden Widerstandskasten beigegeben mit Rollen, deren Widerstände 9, 99, 999 mal so gross sind, als derjenige des Instruments, durch deren Einschaltung also die Empfindlichkeit auf $\frac{1}{10}$, $\frac{1}{100}$, $\frac{1}{1000}$ des ursprünglichen Werthes reducirt wird.

Wir wollen die Handhabung an Beispielen zeigen.

Das Torsionsgalvanometer für stärkere Ströme hat 1 Ohm Widerstand und ist so justirt, dass $1^{0} = 0{,}001$ Volt an den Klemmen des Instruments ist. Schaltet man den zugehörigen Widerstaud w vor das Instrument g und legt die Enden a und b des so gebildeten Stromzweiges an irgend zwei Stellen des Stromkreises einer Dynamomaschine an, so misst man unmittelbar die zwischen jenen Stellen herrschende Spannungsdifferenz. Ist z. B. der Widerstand 99 Ohm eingeschaltet

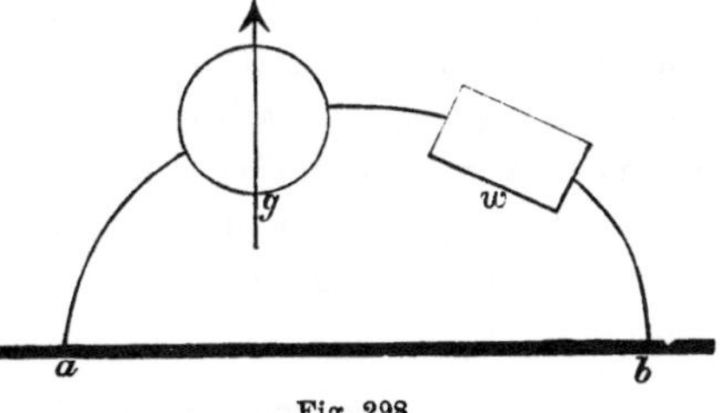

Fig. 298.

($1^0 = 0,1$ Volt), und liest man 68^0 ab, so ist diese Spannung $= 6,8$ Volt.

Man kann nun auch hieraus die im Hauptkreis herrschende Stromstärke bestimmen, wenn zwischen den Punkten a und b ein Widerstand von bekannter Grösse, im Hauptkreis, eingeschaltet ist; zu diesem Behufe wählt man wieder Widerstände von einfachen dekadischen Werthen: 1, 0,1, 0,01 Ohm. War z. B. der Widerstand $a\,b$ im Hauptkreis 0,1 Ohm, und war die Ablesung, wie oben, 68^0 bei der Empfindlichkeit: $1^0 = 0,1$ Volt, so ist die Spannung zwischen a und $b = 68 \times 0,1 = 6,8$ Volt und die im Stück $a\,b$ des Hauptkreises herrschende Stromstärke $= \frac{6,8 \text{ Volt}}{0,1 \text{ Ohm}} = 68$ Ampère.

Diese einfache Rechnung ist nur richtig, wenn der Widerstand des Galvanometerzweiges bedeutend grösser ist als derjenige, der zwischen den Punkten a und b im Hauptkreis herrscht, oder also, wenn der Strom im Galvanometerzweig nur klein ist gegenüber dem Strom im Hauptkreis.

Die Angaben des Instruments hängen ab von der Grösse des magnetischen Moments des Glockenmagnets; ändert sich das letztere, so ändert sich auch die Empfindlichkeit. Durch sorgfältige Auswahl des Stahls, durch ein eigenthümliches Härtungsverfahren, sowie durch längeres Erhitzen des fertigen Magnets auf 100^0 werden die Schwankungen des magnetischen Moments auf ein Minimum reducirt.

Für viele Zwecke der technischen Praxis, bei Beleuchtungsanlagen namentlich, genügt das Torsionsgalvanometer nicht, weil dasselbe die Spannungen oder Ströme nicht selbst anzeigt, sondern es hiezu einer Einstellung bedarf. Es sind nun auch eine Reihe von direct anzeigenden Instrumenten construirt; wir gehen jedoch, wie schon oben bemerkt, auf deren Beschreibung nicht ein.

Einen Punkt von allgemeinem Interesse wollen wir indessen hervorheben; dass nämlich in mehreren dieser technischen Galvanometer mit Erfolg **Eisenkörper** statt der Magnete verwendet sind, dass also der Strom den Magnetismus selbst erzeugt. Diese Abänderung ist allerdings eine Quelle von Ungenauigkeiten; dieselben lassen sich jedoch durch geeignete Construction und Handhabung soweit beseitigen, als es die technische Praxis verlangt.

B. Die Elektrodynamometer.

Wie wir gesehen haben, spielen die **Wechselströme** in der Wissenschaft sowohl als in der Technik eine wichtige Rolle; man bedarf daher auch Messinstrumente für Wechselströme.

Die Galvanometer eignen sich hiezu nicht. Wenn die Wechselströme langsam auf einanderfolgen, so lassen sich dieselben sowohl an Galvanometern als am Russschreiber beobachten; eigentliche Messungen sind aber schwierig auszuführen, weil die Eigenbewegung der Galvanometernadel bez. der Russschreiberrolle zu sehr in Betracht kommt. Je rascher nun die Wechselströme auf einanderfolgen, desto geringer wird der Ausschlag bei jenen Instrumenten, und es tritt endlich der Fall ein, dass der Ausschlag vollständig aufhört oder vielmehr unmerklich klein wird, weil die eigene Trägheit die Magnetnadel oder die Russschreiberrolle verhindert, den wechselnden Stromimpulsen zu folgen.

Das einzige Instrument, mit welchem alle, auch die schnellsten Wechselströme sich messen lassen, ist das Dynamometer von W. Weber, dessen schematische Anordnung Fig. 299 zeigt.

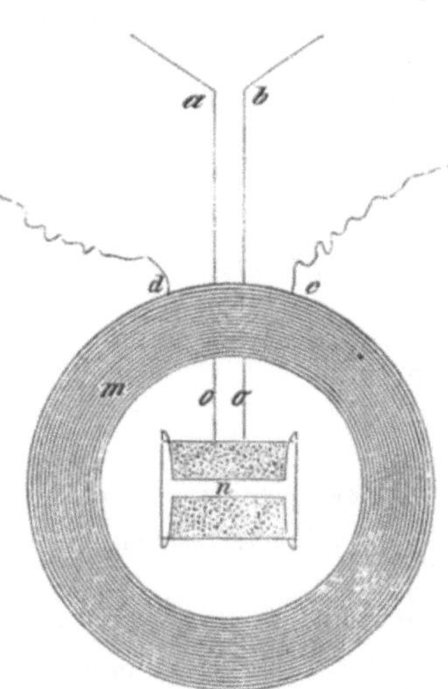

Fig. 299.

Dasselbe ist ein Galvanometer, bei welchem der Magnet durch eine vom Strom durchflossene Rolle ersetzt ist. Die äussere Rolle *m* entspricht der Rolle eines Galvanometers, die innere Rolle *n* dem Magnet; die Axe der inneren Rolle steht im Ruhezustande senkrecht auf derjenigen der Galvanometerrolle. Die Einführung des Stromes in die innere Rolle geschieht vermittelst der dünnen Drähte *o o*, welche zugleich die Aufhängung der Rolle bilden (bifilare Aufhängung, s. S. 417). Bei empfindlicheren Instrumenten wird die innere Rolle an einem dünnen Draht aufgehängt, während die zweite Zuleitung aus einer feinen Drahtspirale besteht, welche von der Rolle vertical nach unten führt.

Das Dynamometer wird wie ein Galvanometer mit einfacher Nadel meist so aufgestellt, dass die Windungsebene der äusseren Rolle in dem magnetischen Meridian, diejenige der inneren Rolle senkrecht dazu steht.

Fliesst ein Strom durch die innere Rolle, so wird dieselbe nicht abgelenkt, wenn ihre Axe genau im magnetischen Meridian liegt; sowie dieselbe Axe dagegen einen Winkel mit dem magnetischen Meridian macht, so sucht der Erdmagnetismus die vom Strom durchflossene Rolle zu drehen und zwar stets in den magnetischen Meridian, bei der einen Stromrichtung nach der einen, bei der entgegengesetzten Stromrichtung nach der entgegengesetzten Seite.

Fliessen Ströme durch beide Rollen, so entsteht eine Ablenkung, deren Richtung dieselbe bleibt, wenn die Stromrichtung gewechselt wird, und welche nur von der Art abhängt, wie die beiden Rollen geschaltet sind, ob nämlich Strom zugleich bei beiden Rollen in die Anfänge der Drahtwickelung, oder bei der einen in den Anfang, bei der anderen in das Ende eintritt. Die Grösse der Ablenkung dagegen ist abhängig nicht nur von den Stromstärken, sondern auch vom Erdmagnetismus, und verändert sich daher beim Stromwechsel.

Wenn φ die Ablenkung der Axe der inneren Rolle aus dem magnetischen Meridian, J der Strom, H die horizontale Componente des Erdmagnetismus, p, q, r constante Coefficienten, so hat man im Gleichgewicht:

$$1) \quad . \quad . \quad pJ^2 \cos\varphi + qJH \sin\varphi - r \sin\varphi = 0;$$

ändert der Strom seine Richtung, so hat man im Gleichgewicht:

$$2) \quad . \quad . \quad pJ^2 \cos\varphi - qJH \sin\varphi - r \sin\varphi = 0.$$

Aus 1) folgt:

$$\operatorname{tg} \varphi_1 = \frac{pJ^2}{r - qJH},$$

aus 2):

$$\operatorname{tg} \varphi_2 = \frac{pJ^2}{r + qJH};$$

die Ablenkungen sind also, wenn jeder Strom so lange dauert, bis die Gleichgewichtslage angenommen ist, verschieden für verschiedene Stromrichtungen.

Wenn nun die Ströme so rasch ihre Richtung wechseln, dass die bewegliche Rolle nicht mehr den einzelnen Impulsen folgen kann, sondern eine mittlere Gleichgewichtslage annimmt, so hat man nicht mehr die den einzelnen Strömen entsprechenden Drehungsmomente in Rechnung zu bringen, sondern ihre Summe; desshalb müssen sich aber die vom Erdmagnetismus herrührenden Momente aufheben, weil sie das Zeichen stets wechseln, und man behält eine Gleichung von der Form:

$$pJ^2 \cos\varphi - r \sin\varphi = 0, \quad \text{woraus}$$

$$3) \quad . \quad . \quad . \quad . \quad . \quad . \quad . \quad . \quad \operatorname{tg}\varphi = \frac{p}{r} J^2.$$

Die Tangente der Ablenkung ist also proportional dem Quadrat des Stromes; ist die Ablenkung klein (bei Spiegelablesung), so darf die Ablenkung selbst proportional dem Quadrat des Stroms gesetzt werden. In allen Fällen ist die Ablenkung eines solchen Dynamometers unabhängig vom Erdmagnetismus.

Lässt man den Strom nur durch die bewegliche Rolle gehen, so wirken nur der Erdmagnetismus und das mechanische Moment der Aufhängevorrichtung auf dieselbe. Lässt man die Ströme ganz langsam wechseln, so dass die Rolle stets Zeit hat, sich ins Gleichgewicht zu stellen, so erfolgt bei der einen Stromrichtung eine Ablenkung nach der einen, bei der anderen Stromrichtung eine solche nach der anderen Seite. Diese Ablenkungen sind gleich, wenn die Ruhelage der Rolle senkrecht zum magnetischen Meridian steht, bei allen anderen Ruhelagen ungleich. Wechseln nun die Ströme rascher, so werden die Ablenkungen kleiner, weil das Gleichgewicht sich bei jedem Impuls nicht mehr herstellen kann; bei sehr raschem Wechsel erfolgt kein Ausschlag mehr, weil die den beiden Stromrichtungen entsprechenden Drehungsmomente entgegengesetzt gleich sind und ihre Summe sich aufhebt, die Rolle aber gleichsam zu schwerfällig ist, um den einzelnen Impulsen zu folgen, und nur eine der Summe der Impulse entsprechende Stellung einnehmen kann.

Geht nun der Strom auch durch die festen Rollen, so kommt eine Wirkung hinzu, die von der Stromrichtung nicht abhängig ist; bei langsamem Wechsel beobachtet man also dann ähnliche Schwankungen, wie ohne die festen Rollen, aber um eine andere Gleichgewichtslage; bei sehr raschem Wechsel verschwinden die Schwankungen und die neue Gleichgewichtslage entspricht den Wirkungen der festen Rollen und der Aufhängevorrichtung, während der Erdmagnetismus auf dieselbe ohne Einfluss bleibt.

Bei allen rasch wechselnden Strömen, z. B. bei Wechselstrommaschinen und Telephonen ändert sich nicht nur die Richtung, sondern auch die Stärke der Ströme; dann gibt das Dynamometer den mittleren Werth des Quadrates der Stromstärke an.

Wir beschreiben im Folgenden zwei Constructionen von Dynamometern, eine für sehr starke und eine zweite für sehr schwache Ströme.

Ein Dynamometer, wie es von Siemens & Halske für die Messung der Ströme der dynamoelektrischen Maschinen angewendet wird, zeigt Fig. 300.

Zur Messung wird das Torsionsverfahren angewendet; die innere Rolle oder vielmehr Windung ist zu diesem Zwecke an einem Faden aufgehängt, welchen eine kräftige Spiralfeder umgibt, deren oberes Ende an einem drehbaren verticalen Stift, deren unteres Ende an der inneren Windung befestigt ist; die beiden Enden der inneren Windung tauchen in Quecksilbernäpfe, mit welchen die zur Aufnahme der äusseren Zuleitungen bestimmten Klemmen leitend verbunden sind. Diese Art der Verbindung ist in diesem Falle möglich, weil man es hier mit verhältnissmässig bedeutenden Kräften zu thun hat; bei feineren Instrumenten lässt sich dieselbe nicht anwenden.

Die äussere Rolle zerfällt in zwei Abtheilungen: die eine enthält wenige Windungen dicken Drahtes, die andere viele Windungen dünneren Drahtes; man kann nach Belieben die eine oder die andere Abtheilung einschalten; hiedurch wird der Bereich der Messungen vergrössert. Das Instrument wird in den Hauptstromkreis der Dynamomaschine eingeschaltet.

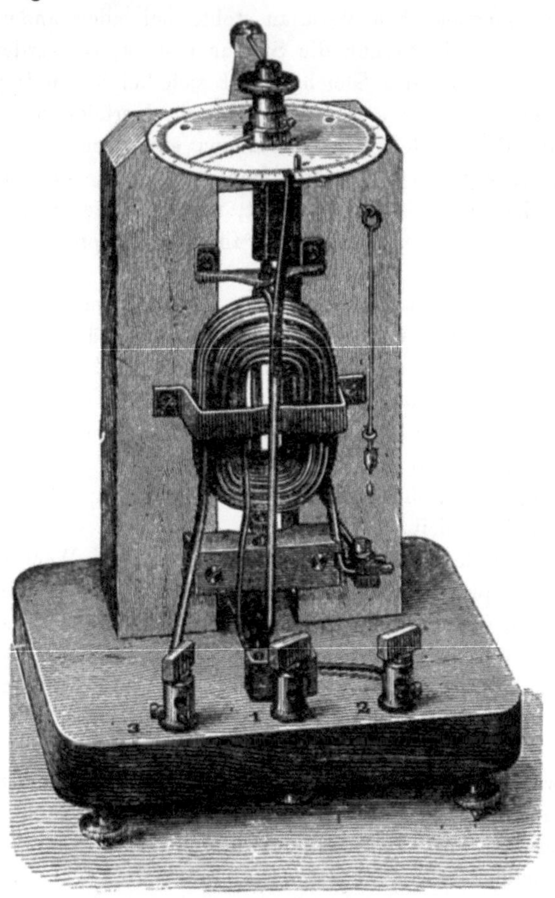

Fig. 300.

An dem vorderen Theile der inneren Windung ist ein schmaler Blechstreifen angesetzt, dessen Ende oben auf einer horizontalen, über dem Holzgestell angebrachten Theilung spielt; der Nullpunkt dieser Theilung ist der Punkt, auf welchen der Zeiger stets gestellt wird. In der Mitte der Theilung erhebt sich ein Messingcylinder, an welchem das obere Ende der Spiralfeder befestigt ist, und auch ein bis an die Theilung reichender horizontaler Zeiger, welcher den Torsionswinkel der Spiralfeder anzeigt.

Beim Gebrauch wird zunächst das Instrument durch die drei unter dem Fussbrett liegenden Fussschrauben so eingestellt, dass die beiden in Quecksilbernäpfe tauchenden Drahtenden frei spielen.

Wenn kein Strom durch das Instrument geht, so müssen beide Zeiger auf Null stehen. Sobald der Strom eintritt, schlägt der an der

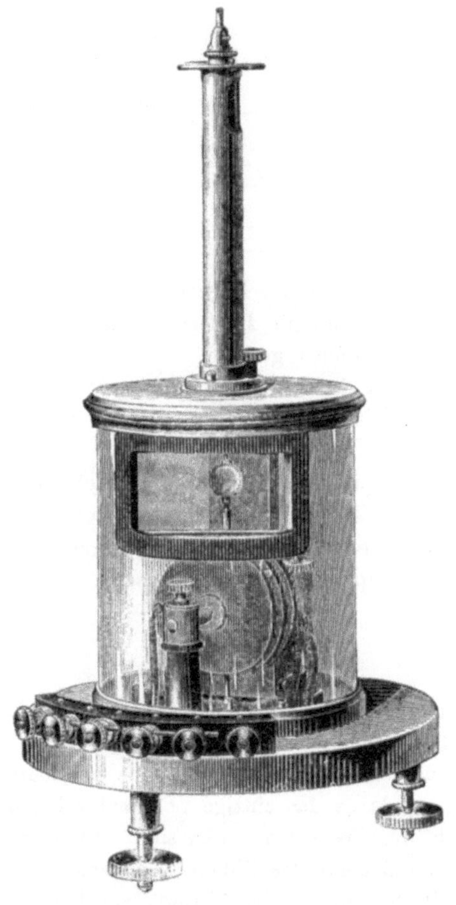

Fig. 301.

inneren Windung befestigte Zeiger aus; nun dreht man an der randrirten Schraube jenes Messingcylinders, bis der Zeiger der Windung wieder auf Null steht. Der Stand des Torsionszeigers gibt dann den Winkel, um welchen man die Spiralfeder tordirt hat; dieser Winkel ist proportional dem Quadrate der Stromstärke.

Fig. 301 stellt ein Elektrodynamometer für schwache Ströme von Siemens & Halske dar.

Bei diesem mit feinstem Draht bewickelten Instrument ist für die bewegliche Rolle die empfindlichste Aufhängung und die günstigste Form gewählt. Diese Rolle ist an einem sehr dünnen Platindraht aufgehängt, durch welchen zugleich der Strom eintritt; der Austritt erfolgt nach Unten durch zwei seitlich angebrachte, sehr feine Spiralfedern. Die Rolle hat die Form einer Kugel und schwingt in einem kugelförmigen Hohlraum, den die beiden festen Rollen bilden; auf diese Weise bleibt die relative Lage des beweglichen Körpers gegen die festen stets dieselbe und die Entfernung der auf einander wirkenden Windungen eine möglichst geringe.

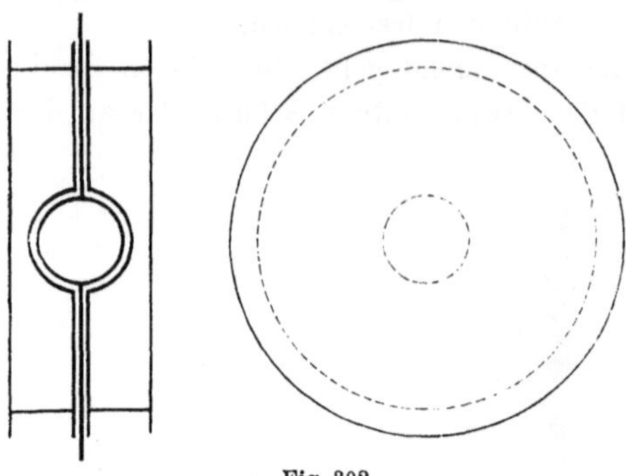

Fig. 302.

Die Dämpfung wird durch Flügel hervorgebracht, welche sich in einem mit Wasser gefüllten, in der Fussplatte angebrachten Behälter bewegen.

Die Ablesung ist Spiegelablesung, die Einrichtung derselben ähnlich derjenigen am astatischen Spiegelgalvanometer, s. S. 434.

Mit diesem Instrument lassen sich die durch Singen oder lautes Sprechen erzeugten Telephonströme nachweisen.

C. Die Voltameter.

Die Beschreibung des Wasser- und des Silbervoltameters haben wir bereits S. 141 gegeben.

Im technisch-wissenschaftlichen Gebrauche ist heutzutage nur das Silbervoltameter, da es das einzige Voltameter ist, dessen Angaben bis auf Bruchtheile des Procentes genau sind. In neuerer Zeit ist das elektrochemische Aequivalent des Silbers von verschiedenen Seiten mit grosser Genauigkeit bestimmt: der Strom von 1 Ampère schlägt per Secunde 1,118 mg, per Stunde 4,026 g Silber nieder. Das Silbervoltameter bietet in Folge dessen ein bequemes und sicheres Mittel, um Stromstärken in absolutem Masse zu bestimmen, und wird desshalb ziemlich allgemein benutzt, um technische Galvanometer auf Ampère zu aichen; aus den Stromstärken kann man auf die Spannungen übergehen, wenn die betreffenden Widerstände in Ohm bekannt sind.

D. Die Elektrometer.

11. Uebersicht; Quadrantenelektrometer. Elektrometer nennt man jedes Instrument, das zur Messung der elektrischen Spannung dient.

S. 38 haben wir bereits ein Elektrometer beschrieben, das sich zu exacten Messungen verwenden lässt, das Dellmann'sche; dasselbe würde

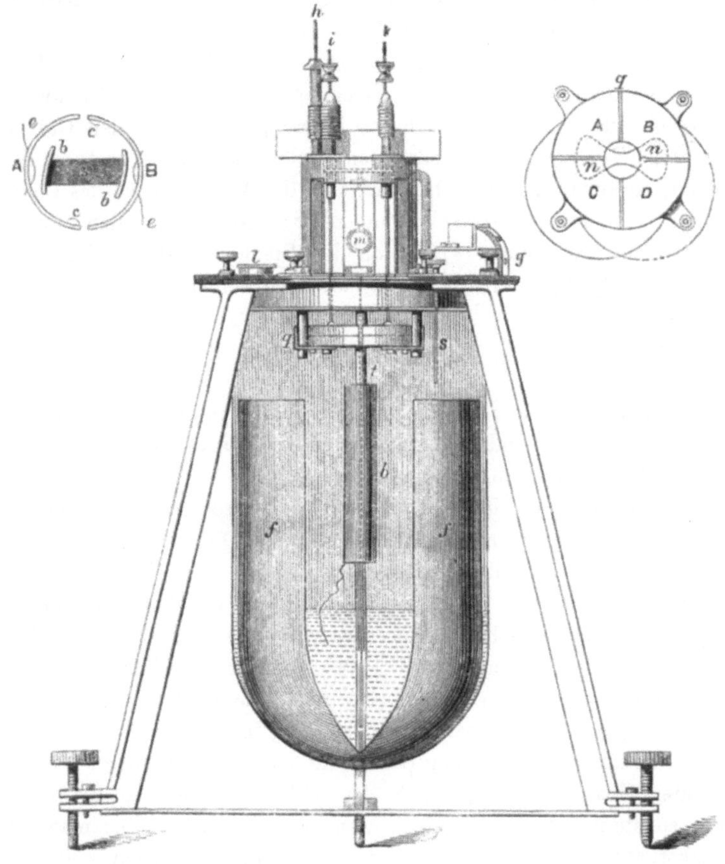

Fig. 303.

jedoch für viele Zwecke bei Weitem nicht empfindlich genug sein; in diesen Fällen lässt sich nur das folgende Instrument verwenden.

Das Quadrantenelektrometer von W. Thomson ist eines der sinnreichsten Instrumente der Neuzeit; die Sicherheit und Empfindlichkeit der Messung ist bei demselben bis zu einem so hohen Grade erreicht, dass alle anderen Elektrometer weit hinter demselben zurückstehen.

Das Princip, nach welchem das Elektrometer seinen Namen erhalten hat, besteht in folgendem Vorgang.

Falls ein nierenförmig ausgeschnittenes Blech *nn*, Fig. 303, Einzelfigur rechts, welches um eine zur Ebene der Zeichnung senkrecht stehende Axe drehbar ist, elektrisirt ist, und sich unter oder über demselben vier quadrantenförmige Flächen *A*, *B*, *C*, *D* befinden, welche mit abwechselnden Zeichen elektrisirt sind, (*A* und *D* mit entgegengesetzter Elektricität als *B* und *C*), so erhält das Blech *nn* eine Drehung, wenn es in der in der Figur angedeuteten Lage sich befindet, da jede Hälfte desselben von einer benachbarten Fläche angezogen, von der anderen abgestossen wird. Lässt man dieser Drehung, wie bei den Galvanometern, eine Richtkraft entgegenwirken, welche das Blech stets in seine Mittellage zurückzuführen sucht, und sind die Ablenkungen des Bleches nur klein, so sind diese Ablenkungen (φ) proportional dem Product der elektrischen Spannung (s) der an das Blech und der Differenz der Spannungen (S_1, S_2) der an die Quadranten angelegten Elektricitätsquellen, so dass

$$1) \quad \ldots\ldots \quad \varphi = ps\,(S_1 - S_2),$$

wo p ein constanter Factor. Die elektrischen Spannungen auf dem Blech und den Quadranten sind bez. gleich den Spannungen der an dieselben angelegten Elektricitätsquellen.

Dieses Princip ist in dem Quadrantenelektrometer so ausgeführt, dass sowohl oben als unten feste Bleche *A*, *B*, *C*, *D* das bewegliche Blech *nn* oder, wie wir dasselbe fortan nennen, die „Nadel" umschliessen, und dass die direct über einander liegenden und die diametral einander gegenüberstehenden gleich elektrisirt werden, da *B* mit *C* und *A* mit *D* durch Draht verbunden ist; die Nadel ferner ist bifilar aufgehängt und mit Spiegelablesung versehen, so dass die Beobachtungsart derjenigen am Spiegelgalvanometer durchaus ähnlich ist.

Um nun aus der Ablenkung φ auf eine der drei im Elektrometer vorkommenden Spannungen s, S_1, S_2 zu schliessen, müssen die beiden anderen constant gehalten werden, wenigstens so lange, bis man statt der Elektricitätsquelle, deren Spannung bestimmt werden soll, eine andere von bekannter Spannung angelegt hat. Zu diesem Zweck ist das ganze Elektrometer in eine Leydener Flasche gesetzt und ausserdem eine kleine Maschine angebracht, welche es ermöglicht, die Spannungsdifferenz der Belegungen dieser Flasche constant zu halten.

Fig. 303 stellt das Elektrometer schematisch dar.

Ein unten geschlossener Glascylinder ist oben in einen Metallring gefasst; an diesem Ring sind drei nach unten führende, mit Stellschrauben versehene Schienen angebracht, welche die Füsse des Instruments bilden. Auf den Ring lässt sich dicht schliessend eine Messingplatte aufschrauben, an welcher alle zu dem Elektrometer gehörigen Theile sitzen mit Ausnahme der Leydener Flasche, zu deren Herstellung das Glasgefäss benutzt ist.

Um das Glasgefäss in eine Leydener Flasche zu verwandeln, sind an der Aussenseite Stanniolstreifen *f* aufgeklebt, welche mit dem Dreifuss und der ganzen äusseren Armirung Verbindung haben; inwendig dagegen ist bis etwa $\frac{1}{4}$ der Höhe concentrirte Schwefelsäure eingefüllt, welche den ganzen inneren Raum trocken hält und am Glase eine, die innere Flaschenbelegung bildende, leitende Oberfläche herstellt.

Zunächst sitzen an der Messingplatte die vier oben besprochenen Quadranten *A*, *B*, *C*, *D*, deren Form und Verbindung die Einzelzeichnung rechts zeigt; drei derselben sind fest, der vierte dagegen ist von Aussen verstellbar und zwar mittelst einer Mikrometerschraube, welche in dem Gehäuse *g* verborgen ist. Zu zweien dieser Quadranten führen zwei Drähte, welche in den Klemmen *i* und *k* endigen.

Zwischen den Quadranten schwebt die Nadel *nn*, von Aluminiumblech, welche durch eine dünne Stange mit dem in engem Raum schwingenden Spiegel *m* verbunden ist; über dem Spiegel endigt jene Stange in ein horizontales Querstäbchen, an dessen Ende die beiden die bifilare Aufhängung bildenden Coconfäden angeknüpft sind; die oberen Enden der Fäden sind an einer Vorrichtung befestigt, welche gestattet, die Entfernung der oberen Befestigungspunkte der Fäden, sowie ihre Spannung in einfacher Weise zu verändern. Mit der Spiegelaufhängung ist ferner der ins Innere der Flasche herabreichende Messingcylinder *b* verbunden, welcher durch einen herabhängenden Platindraht in Verbindung mit der Schwefelsäure steht. Die Stange, an welcher die Nadel *nn* befestigt ist, reicht in den Messingcylinder, so dass sie bei heftigen Bewegungen an denselben anschlagen muss, und ist ebenfalls mittelst eines feinen, durch ein kleines Gewicht gestreckten Platindrahtes mit der Schwefelsäure verbunden.

Ueber der Aufhängungsvorrichtung des Spiegels, in leitender Verbindung mit demselben, erhebt sich eine horizontale Messingscheibe (in der Figur punktirt); diese Scheibe wirkt, wenn elektrisirt, auf ein kleines, in einer flachen Dose über der Scheibe eingeschlossenes Elektrometer, welches nur dazu bestimmt ist, die Ladung der Leydener Flasche zu messen, oder vielmehr anzuzeigen, ob dieselbe von dem constanten Werth, den dieselbe besitzen soll, abweicht oder nicht. Dieses Elektrometer, welches in der Figur weggelassen ist, besteht im Wesentlichen aus einem dünnen horizontalen Aluminiumblech, welches durch zwei horizontale, gespannte Fäden in der Schwebe gehalten wird, und an welchem ein Zeiger sitzt, der dessen Bewegungen anzeigt. Dieses

Blech steht in Verbindung mit der äusseren Belegung der Flasche, die oben genannte Messingscheibe dagegen, welche dem Blech gegenübersteht, mit der inneren Belegung. Die gegenseitige Anziehung des Blechs und der Scheibe hängt von der Grösse der Ladung der Flasche ab und drückt sich in dem Stand des an dem Blech befestigten Zeigers aus. Für denjenigen Stand des Zeigers, welcher der normalen Ladung entspricht, ist eine Marke angebracht, und jede Abweichung der Ladung von dem normalen Betrage wird durch Abweichung des Zeigers von dieser Marke erkannt.

Die dritte der über das Elektrometer hervorragenden Klemmen, *h*, ist um ihre Axe drehbar, und bringt durch Drehung den Draht *h*, der gewöhnlich isolirt ist, in Verbindung mit der inneren Belegung der Flasche. Diese Klemme wird nur zur ersten Ladung der Flasche (durch eine Elektrisirmaschine oder ein Elektrophor) benutzt.

Einer der interessantesten Theile des Instrumentes ist der sogen. Replenisher, oder die kleine Maschine, welche dazu dient, die Ladung der Flasche auf dem normalen Stand zu erhalten; dieses Maschinchen ist nichts anderes, als eine Art Influenzelektrisirmaschine, s. S. 29 ff., jedoch vor der Erfindung der letzteren construirt.

Dieselbe ist an und um den von Aussen drehbaren Stift *s* angebracht (in der Hauptfigur weggelassen) und schematisch in der Einzelfigur links dargestellt.

An dem Stift *s* sitzt ein horizontales Stück Horngummi mit zwei schief angesetzten, kleinen Messingscheibchen *bb*. Diesem drehbaren Theil stehen zwei feste, halbkreisförmige Metallreifen *A*, *B* gegenüber, in deren Mitte, in Verbindung mit denselben, je eine Contactfeder *e* angebracht ist; am Rande jedes Reifens befindet sich noch je eine andere Contactfeder *c*; die Federn *c c* sind unter einander verbunden, aber gegen alle übrigen Theile isolirt.

A steht in Verbindung mit der einen Flaschenbelegung, *B* mit der anderen. Wenn die Scheibchen *bb* die Contactfedern *cc* berühren, so werden sie dadurch unter sich verbunden; hierbei stehen sie den entgegengesetzt geladenen Flächen *A* und *B* gegenüber, es wird also auf jedem der beiden Scheibchen etwas Ladung inducirt, welche sie nicht austauschen können, sobald sie die Federn *cc* verlassen, da sie alsdann gegen einander isolirt sind. Dreht man nun den Stift *s* weiter, bis die Scheibchen *bb* an die Federn *ee* anstossen, so gibt jedes Scheibchen seine Ladung an einen der beiden Streifen und daher an eine der beiden Flaschenbelegungen ab. Es wird also die Ladung der Flasche auf diese Weise etwas verstärkt oder geschwächt, und zwar, wie sich leicht übersehen lässt, verstärkt bei einer Drehung in dem der Drehung des Uhrzeigers entgegengesetztem Sinn, geschwächt bei einer Drehung im Sinn des Uhrzeigers.

Mittelst dieses Maschinchens und des kleinen, eben beschriebenen Elektrometers lässt sich daher die Ladung der Flasche stets auf einen bestimmten constanten Werth bringen.

Aufstellung und Behandlung des Quadrantenelektrometers sind schwieriger, als bei den Spiegelgalvanometern; ihre Beschreibung würde uns zu weit führen; wir geben daher nur einige Notizen über die Art der Messung.

Wie oben mitgetheilt, ist die Nadel stets mit der inneren Flaschenbelegung verbunden, also mit einer constanten Ladung versehen. Will man nun die Spannung einer Elektricitätsquelle bestimmen, so legt man diese letztere an zwei der Quadranten an, misst den Ausschlag, legt statt der Elektricitätsquelle von unbekannter Spannung eine solche von bekannter Spannung an und misst auch den jetzt entstehenden Ausschlag. Das Verhältniss der Ausschläge ist dann gleich dem Verhältniss der Spannungen.

Häufig hat man es aber mit Elektricitätsquellen zu thun, welche Pole von gleicher, aber entgegengesetzter Spannung besitzen, wie z. B. eine Batterie, deren Mitte an Erde gelegt ist. In diesem Falle legt man den einen Pol an zwei Quadranten, den andern an die beiden anderen an und erhält hiedurch die doppelte Wirkung; dieser Ausschlag bleibt alsdann auch derselbe, wenn in der Batterie die Erde an einer anderen Stelle, als an der Mitte, angelegt wird.

Es kann auch vorkommen, dass man die Differenz zweier Spannungen zu bestimmen hat. In diesem Fall ladet man zwei Quadranten mit der einen, die beiden anderen mit der anderen Spannung; der Ausschlag ist alsdann derselbe, als wenn ein Quadrantenpaar mit der Differenz der beiden Spannungen, das andere dagegen gar nicht geladen wäre.

Es gibt zwar eine Reihe von Messungen, welche mit dem Elektrometer und dem Spiegelgalvanometer mit beinahe gleichem Vortheil ausgeführt werden können, bei welchem eben die zu messende Grösse sowohl aus einer Strommessung, als aus einer Spannungsmessung abgeleitet werden kann. Bei einer Reihe von Erscheinungen aber lässt sich die Elektrometermessung nicht durch die Galvanometermessung ersetzen; es sind dies die Fälle, in welchen gar kein elektrischer Strom auftritt, oder wo derselbe zwar vorhanden, sich aber nicht direct durch das Galvanometer leiten lässt und zugleich durch so grosse Widerstände läuft, dass das Anbringen einer das Galvanometer enthaltenden Zweigleitung die Erscheinung wesentlich verändert; bei Wechselströmen ferner lässt sich das Elektrometer durch kein anderes Instrument ersetzen, weil es frei von Selbstinduction ist, während z. B. die Dynamometer stets Selbstinduction besitzen.

Seiner Bestimmung nach ist daher das Elektrometer ein eben so wichtiges elektrisches Messinstrument als das Galvanometer.

E. Stromregistrirapparate.

12. Stromregistrirapparate nennen wir hier solche, welche den ganzen Verlauf eines Stromes graphisch aufzeichnen; sie werden ausser zu verschiedenen wissenschaftlichen Zwecken namentlich bei der Telegraphie auf langen Kabeln und in neuester Zeit zur Registrirung der Accumulatorenströme verwendet.

Das erste Instrument dieser Art war der Siphon Recorder, von Sir W. Thomson für die Kabeltelegraphie construirt; derselbe eignet sich jedoch weniger zum allgemeinen Gebrauch wegen der complicirten Behandlung, deren derselbe bedarf.

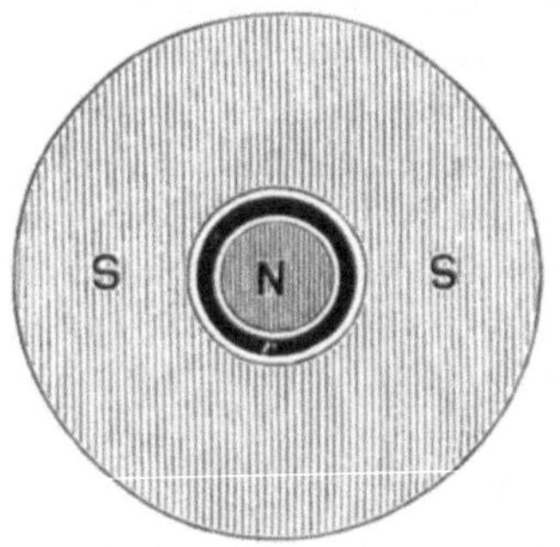

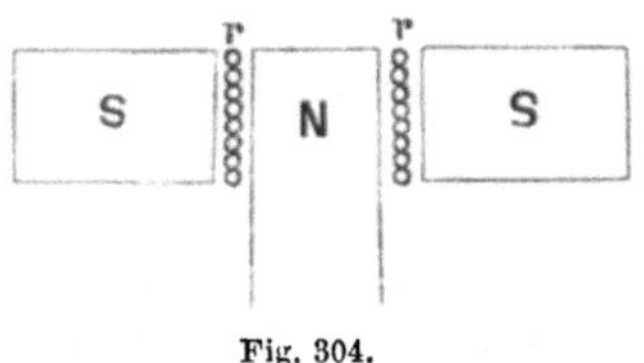

Fig. 304.

Wir beschreiben hier nur den Russschreiber von Siemens & Halske, einen Apparat, der namentlich für das Experimentiren mit nicht zu schnell sich verändernden Strömen gute Dienste leistet.

Die magnet-elektrische Combination des Russschreibers ist eine unmittelbare Anwendung des S. 237 besprochenen Falles der Bewegung eines Stromleiters im homogenen magnetischen Feld. Das letztere wird zwischen dem cylindrischen Eisenkern N und der Eisenplatte SS erzeugt.

In dem magnetischen Felde bewegt sich die Drahtrolle r, welche aus horizontalen Windungen besteht. Wird dieselbe vom Strom durchlaufen, so wird jedes einzelne Drahtstück in verticaler Richtung, nach Oben oder nach Unten, je nach der Stromrichtung, bewegt. Die Kraft, welche von den Magneten auf die vom Strom durchflossene Rolle ausgeübt wird, ist proportional der Stromstärke; hängt man daher die Rolle an einer Spiralfeder auf, so sind die Hebungen und Senkungen der Rolle proportional dem Strom.

Die Bewegungen der Rolle werden auf einen Schreibstift (aus Elfenbein oder Schildpatt) übertragen, dessen Spitze sich über einem mit constanter Geschwindigkeit vorbeigeführten Papierband in verticaler Richtung bewegt; das Papierband wird in continuirlicher Weise berusst, der Schreibstift wischt den Russ an der Stelle, an welcher er das Band berührt, ab und zeichnet also seine Bewegungen weiss auf schwarz auf. Das beschriebene Band wird alsdann durch eine etwas Harz enthaltende Flüssigkeit geführt und zuletzt über einem erhitzten

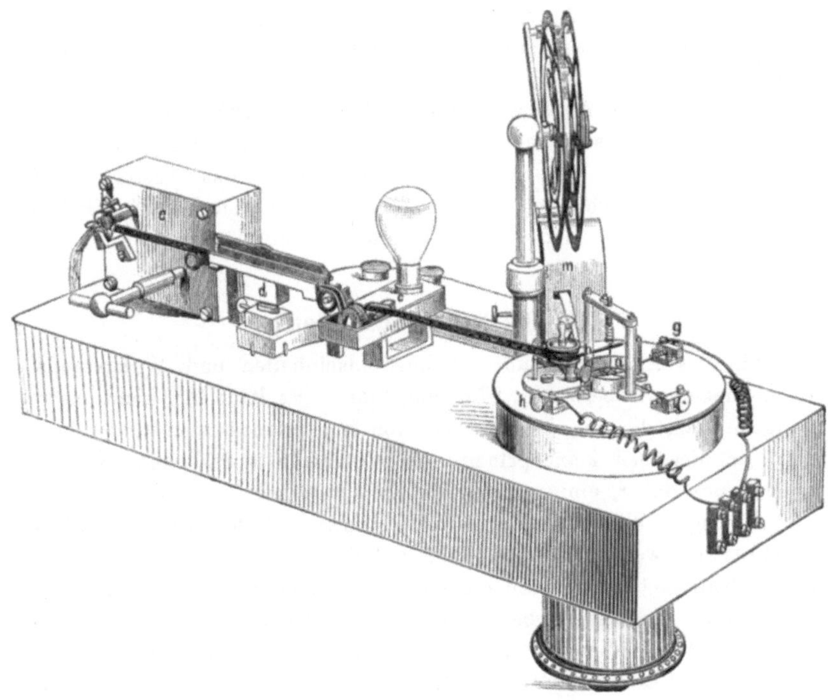

Fig. 305.

Blech getrocknet; auf diese Weise werden die Aufzeichnungen continuirlich fixirt.

Das bewegliche Röllchen ist äusserst leicht gebaut: die Windungen bestehen aus Aluminiumdraht, der nicht besponnen, sondern mit Collodium lackirt ist; das Gestell besteht aus Papier und Aluminium, die Dimensionen sind sehr klein. Die Trägheit des Röllchens ist daher gering, und es eignet sich dasselbe, um noch ziemlich rasche Stromschwankungen anzuzeigen.

Fig. 305 stellt diesen Apparat dar. Auf einem langen hölzernen Kasten sind angebracht: der verticale Ständer, welcher die Papierrolle trägt, die in dem Gehäuse *m* verborgene Russlampe, das Magnetsystem mit dem beweglichen Röllchen *a* und dem Schreibstift *b*, das Fixirungsbad *c*, die Trockenvorrichtung *d* und das Laufwerk *e*.

Das Verbrennen des Papierbands während des Berussens wird dadurch verhütet, dass dasselbe über eine grössere Metalltrommel geführt wird und sich an der Stelle, an welcher das Berussen durch die darunter stehende Flamme erfolgt, dicht an die Trommel anschmiegt; das Papierband behält auf diese Weise die Temperatur der Trommel, und diese letztere wird wegen der grossen Ausstrahlung nicht bedeutend erhitzt.

Mittelst dieses Apparates lassen sich viele Stromcurven direct aufzeichnen, die man sonst nur mühsam aus Einzelbeobachtungen construiren kann; so z. B. alle Stromcurven in Kabeln, das Ansteigen des Stromes bei Dynamomaschinen, Stromcurven, die durch starke Selbstinduction beeinflusst sind, Inductions- und Ladungsströme u. s. w.

F. Die Widerstandsscalen.

13. Das Allgemeine über Widerstandseinheiten und Widerstandsscalen haben wir bereits S. 97 ff. angeführt. Es kann hier nicht unsere Aufgabe sein, die einzelnen Formen von Widerstandsscalen zu beschreiben, da dieselben keine principiellen Unterschiede darbieten; wir begnügen uns daher, einige praktische Bemerkungen hinzuzufügen.

Je mehr Windungen eine Rolle besitzt, desto stärker wird die Induction, welche jede Windung auf die benachbarten ausübt, oder die Selbstinduction. Dieselbe kann sehr störend auftreten, namentlich bei feineren Messungen, bei welchen der Strom nur ganz kurze Zeit wirken sollte; in diesem Falle würde man wegen der Induction gezwungen sein, den Strom so lange wirken zu lassen, bis die Inductionsströme sich verlaufen haben, wenn sich die Induction nicht entfernen liesse. Dieselbe lässt sich jedoch beinahe ganz entfernen durch das sogenannte bifilare Wickeln der Widerstandsrollen, das wir bereits S. 192 angedeutet haben.

Der Widerstand jedes Drahtes wird durch Aufwickeln vermehrt, daher müssen die Widerstandsrollen nach dem Wickeln längere Zeit liegen, bis sie justirt werden können. Auch der Widerstand von Löthstellen scheint sich während einiger Zeit nach dem Löthen zu verändern.

Zum Schutz gegen Feuchtigkeit werden die Widerstandsrollen paraffinirt.

Neusilberwiderstände verändern sich mit der Zeit etwas, sowohl wenn sie nicht gebraucht werden, als namentlich wenn häufig Ströme durch dieselben fliessen. Diese Veränderung ist jedoch höchstens auf $\frac{1}{1000}$ des Werthes zu veranschlagen.

Die sog. Stöpselfehler, d. h. die Widerstände, welche durch mangelhaftes Passen der Stöpsel in den Stöpsellöchern entstehen, treten bei gut gearbeiteten Widerstandskasten erst nach langem Gebrauche wirklich störend auf.

Die Hauptschwierigkeit beim Justiren der Widerstände bildet die Temperatur, und zwar desshalb, weil die dickeren Rollen der äusseren Temperatur viel langsamer folgen, als die dünneren. Aus demselben Grunde sollte ein Widerstandskasten möglichst wenig Temperaturwechseln ausgesetzt werden und alle Rollen desselben ungefähr gleiches Gewicht besitzen.

Bei einer gut justirten Widerstandsscale ist der Widerstand jeder Rolle bis auf wenigstens $\frac{1}{1000}$ des Werthes genau.

Ausser den jetzt allgemein gebräuchlichen Widerstandsscalen mit einer Reihe von Rollen und Stöpselvorrichtung müssen noch die Wheatstone'schen Rheostaten erwähnt werden; dieselben sind zwar jetzt wenig mehr in Gebrauch, aber dennoch sehr bequem in allen Fällen, wo es auf allmählige Abstufung ohne genaue Justirung ankommt.

Ein solcher Rheostat besteht aus einem drehbaren Cylinder von Serpentin, Porzellan oder ähnlichem Material, auf welchen spiralförmig ein blanker Neusilberdraht aufgewickelt ist, und ausserdem einem Laufcontact, d. h. ein Metallröllchen, welches bei der Drehung des Cylinders den Draht entlang gleitet und auf diese Weise jede beliebige Stelle des Drahtes mit einer festen Klemme in Verbindung bringt. Durch Drehung lässt sich daher ein beliebiges Stück des aufgewickelten Drahtes zwischen zwei festen Klemmen einschalten.

Häufige Anwendung finden auch die Widerstände aus Graphit. Dieselben werden entweder durch Stampfen von fein gepulvertem Graphit in Glasröhrchen hergestellt oder dadurch, dass man in einem Horngummistück angebrachte Nuthen mit Graphit einreibt. Die erstere Methode liefert Widerstände von 1000 bis 10000 S. E., die letztere dagegen hohe Widerstände von 100000 S. E. an. Diese Widerstände sind einfach, aber nicht constant und müssen daher öfters controlirt werden.

Besondere Widerstandsanordnungen werden wir noch bei Gelegenheit der Messmethoden beschreiben.

G. Die Ladungsscalen.

14. Die allgemeine Construction der Ladungsscalen ist bereits S. 363 ff. besprochen worden. Wir haben hier nichts zuzufügen, als die Bemerkung, dass die Construction und Justirung von Ladungsscalen bis jetzt bei Weitem nicht den Grad von Genauigkeit erlangt hat, wie diejenige der Widerstandsscalen. Es liegt dies namentlich daran, dass Condensatoren in der wissenschaftlichen und technischen Praxis bei Weitem nicht in der Ausdehnung gebraucht werden, wie Widerstände; ausserdem ist das praktische Normalmass, das Mikrofarad, nicht mit der Sicherheit bestimmt und reproducirbar, wie die Widerstandseinheiten.

XI.
Die Messmethoden.

1. Uebersicht. Wir stellen im Folgenden summarisch die elektrischen Messmethoden zusammen; wir behandeln jedoch unter denselben nur diejenigen, welche den Techniker interessiren können.

Obschon die Güte der Messmethode nicht die einzige Bedingung zur Ausführung einer guten Messung ist, sondern die Anordnung der Schaltung, Verwendung von Nebenapparaten, sowie die Vorsichtsmassregeln bei der Messung selbst oft ebenso wichtig sind, wie die Wahl der Messmethode, müssen wir uns hier auf allgemeine Beschreibung der Methoden und auf die wichtigsten praktischen Bemerkungen beschränken.

Wir theilen dieselben ein in Methoden der Messung:

1. des Stromes,
2. der Spannung,
3. der elektromotorischen Kraft,
4. des Widerstandes,
5. der Ladung,

und 6. in Fehlerbestimmungen.

A. Der Strom.

2. Directe Strommessung. Der Strom lässt sich zunächst direct mittelst der beschriebenen Messinstrumente: Galvanometer, Elektrodynamometer, Voltameter messen.

Eine Forderung, welche in neuerer Zeit an alle Strommessungen gestellt wird, und deren Erfüllung erst der Messung einen allgemeinen Werth verleiht, ist die Zurückführung auf absolutes Mass, oder auf Ampère. Wie wir gesehen haben, wird dieser Zweck namentlich mittelst des Silbervoltameters erreicht; diese Bestimmung wird jedoch nur dazu benutzt, um die Angaben des beim Versuche verwendeten Strommessinstrumentes in Ampère auszudrücken.

Ist ein Instrument in Ampère geaicht, z. B. ein Torsionsgalvanometer, so lassen sich alle anderen Instrumente, sowohl empfindlichere

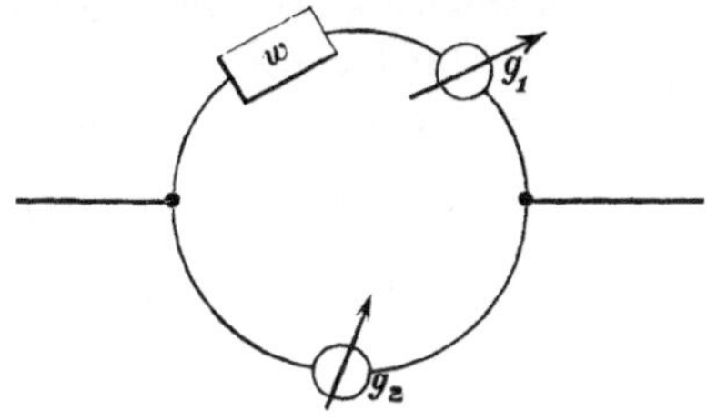

Fig. 306.

als weniger empfindliche, durch Vergleichung mit diesem Instrument ebenfalls in Ampère aichen.

Sind zwei zu vergleichende Instrumente von ähnlicher Empfindlichkeit, so werden sie hinter einander geschaltet, so dass in beiden derselbe Strom herrscht; sind die Empfindlichkeiten wesentlich verschieden, so werden beide Instrumente parallel, und vor das empfindlichere (g_1) ein Widerstand w geschaltet; die Ströme in den beiden

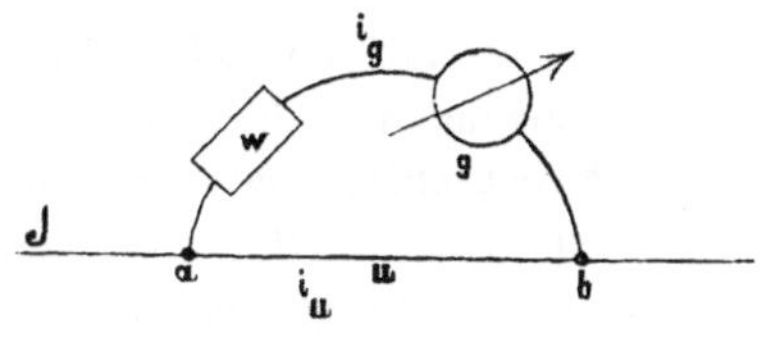

Fig. 307.

Zweigen verhalten sich alsdann umgekehrt, wie die Widerstände der beiden Zweige.

Für genauere Messungen vermeide man möglichst Instrumente mit unregelmässiger Scala, d. h. solche, bei denen der Ausschlag nicht ein einfaches Gesetz (Proportionalität, Tangente, Quadrat) befolgt.

3. Strommessung im Nebenschluss mit Galvanometer. Ist der zu messende Strom zu stark für das Strommessinstrument g, s. Fig. 307, wie namentlich bei Dynamomaschinen, so schaltet man das letztere, wenn nöthig, mit einem Widerstand w, in Nebenschluss zu einem Theil ab des Hauptkreises vom Widerstand u. Wenn i_g, i_u die Stromstärken in den beiden Zweigen, J der Hauptstrom, so ist

$$J = i_g + i_u \qquad \text{und} \qquad i_g = J\frac{u}{w+g+u},$$

also

$$J = i_g\frac{w+g+u}{u};$$

wird daher i_g mittelst des Instruments bestimmt, so lässt sich der Hauptstrom J aus i_g und den Widerständen berechnen.

Man richtet nun die Messung mit Vorliebe so ein, dass das Verhältniss $\frac{w+g+u}{u}$ eine decadische Zahl, z. B. 10, 100, ist; es muss zu diesem Zweck also $\frac{w+g}{u}$ gleich jener decadischen Zahl -1 sein, also 9, 99, 999 u. s. w.

Ist z. B. das Strommessinstrument ein Torsionsgalvanometer von 1 Ohm Widerstand, dessen Empfindlichkeit: $1^0 = 0{,}001$ Volt oder $= 0{,}001$ Ampère ist und an welchem bis 170^0 gemessen werden kann, also von 0,001 bis 0,170 Ampère, so kann man mittelst eines Nebenschlusses von $\frac{1}{9}$ Ohm von 0,01 bis 1,7 A., mittelst eines solchen von $\frac{1}{99}$ Ohm von 0,1 bis 17 A. u. s. w. messen. Schaltet man 9 Ohm vor das Instrument, so erhalten die Nebenschlüsse die Werthe: $\frac{10}{9}$, $\frac{10}{99}$, $\frac{10}{999}$ u. s. w.

Auf diese Weise lässt sich mit demselben Instrument der ganze Bereich der praktisch vorkommenden Ströme beherrschen.

4. Strommessung im Nebenschluss mit Galvanoskop. Hat man kein eigentliches Messinstrument zur Verfügung, sondern nur ein Galvanoskop, d. h. ein Instrument mit unregelmässiger Scala, so kann man dennoch gute Strommessungen ausführen, wenn das Galvanoskop bei einem einzigen Werth des Ausschlags auf Ampère geaicht ist.

Man wendet in diesem Fall wieder die Nebenschlussschaltung, Fig. 307 an, schaltet aber in w einen Widerstandskasten ein, durch welchen alle möglichen Widerstandswerthe sich herstellen lassen.

Wenn nun z. B. festgestellt ist, dass das Galvanoskop bei dem Strom von 0,1 Ampère den Ausschlag 20^0 zeigt, so schaltet man für jede Strommessung im Galvanoskopzweig so viel Widerstand ein, dass wieder der Ausschlag 20^0 auftritt; dann ist der Strom in diesem Zweig 0,1 Ampère; hieraus und aus den Widerständen im Haupt- und im Nebenzweig lässt sich der Hauptstrom alsdann berechnen nach der S. 456 mitgetheilten Formel.

5. Strommessung vermittelst Spannungsmessung. Wenn die zwischen zwei Punkten des Hauptstromkreises herrschende Spannungsdifferenz s bekannt ist, so lässt sich die Stromstärke J berechnen, wenn der Widerstand u des Stromkreises zwischen jenen Punkten bekannt ist; denn nach dem Ohm'schen Gesetz ist einfach:

$$2) \quad \ldots\ldots\ldots \quad J = \frac{s}{u}.$$

Hierbei wird vorausgesetzt, dass durch das Instrument, welches zur Messung der Spannung benutzt wird, kein wesentlicher Theil des Stromes verloren geht. Wird ein Elektrometer zur Spannungsmessung benutzt, so gilt obige Beziehung streng; wird dagegen die Spannung durch Instrumente gemessen, welche Strom brauchen, so muss der Stromverlust eventuell in Rechnung gezogen werden.

Im letzteren Fall stimmt die Methode factisch mit derjenigen in Abschnitt 3 überein. Wir können die dort gegebene Gleichung auch schreiben

$$Ju = i_g(w+g+u) \text{ oder}$$

$$(J-i_g)u = i_u u = i_g(w+g) = s,$$

wenn s die Spannungsdifferenz zwischen a und b, woraus

$$3) \quad \ldots\ldots\ldots \quad J = \frac{s}{u} + i_g.$$

Die Grösse i_g ist also die in diesem Fall beizufügende Correction.

Hat man z. B. mit einem Torsionsgalvanometer von 1 Ohm und einem Widerstand $w = 9$ Ohm an zwei Punkten des Hauptstromkreises, zwischen welchen der Widerstand $u = 0{,}1$ Ohm eingeschaltet war, $73{,}5^0$ Ablenkung gemessen, so berechnet sich der Hauptstrom nach Methode 3 folgendermassen: der Strom i_g im Instrument ist, da 1^0 einem Strom von 0,001 Ampère entspricht, 0,0735 Ampère, also der Hauptstrom:

$$J = i_g \frac{w+g+u}{u} = 0{,}0735 \frac{9+1+0{,}1}{0{,}1} = 7{,}42 \text{ Ampère}.$$

Nach Methode 5 dagegen hat man: Spannung s (zwischen a und b) $= 0{,}735$ Volt, da bei eingeschalteten 9 Ohm $1^0 = 0{,}01$ Volt ist, ferner der Strom im Instrument $i_g = 0{,}0735$ A., also

$$J = \frac{s}{u} + i_g u = \frac{0{,}735}{0{,}1} + 0{,}0735 = 7{,}42 \text{ A}.$$

B. Die Spannung.

6. Directe Spannungsmessung mit Elektrometer. Jede Spannung oder Spannungsdifferenz lässt sich zunächst, wie wir S. 446 gesehen haben, direct mittelst des Elektrometers messen.

Mit demselben wird eigentlich stets eine Spannungsdifferenz, diejenige zwischen den beiden Quadrantenpaaren, gemessen; ist aber die Spannung auf einem dieser Paare Null (Erde), so ist die Spannungsdifferenz gleich der Spannung auf dem anderen Paare.

Bei hoher Spannung lässt sich das Elektrometer nicht direct verwenden, da seine Empfindlichkeit nur in verhältnissmässig kleinem Spielraum sich verändern lässt (durch Verschiebung der Quadranten und Veränderung des Abstandes der Aufhängungsfäden).

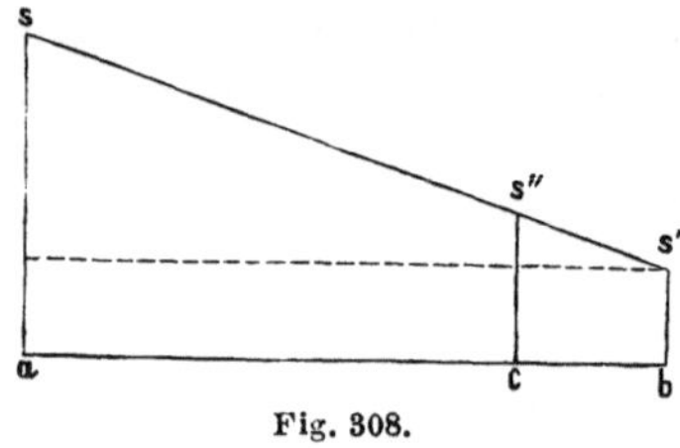

Fig. 308.

In diesem Fall schaltet man zwischen den Punkten a und b, siehe Fig. 308, an welchen die Spannungsdifferenz zu messen ist, einen grossen Widerstand acb ein; in demselben entsteht ein schwacher Strom, der die Spannungen a und b nur wenig verändert; längs demselben verändert sich die Spannung nach der Geraden ss'. Man misst statt der Spannungsdifferenz ab $(s - s')$ die Spannungsdifferenz bc $(s'' - s')$, wo c eine beliebige Stelle auf dem Drahte ab; wenn w der Widerstand ab, u der Widerstand bc, so ist

$$s - s' = (s'' - s') \frac{u}{w}.$$

Auf diese Weise lässt sich eine beliebig grosse Spannungsdifferenz in eine beliebig kleine gleichsam verwandeln und das Elektrometer für beliebig hohe Spannungen verwenden.

7. Spannungsmessung durch Strommessung. Schaltet man ein Galvanometer zwischen die beiden Punkte, deren Spannungsdifferenz zu messen ist, so durchläuft ein Strom das Galvanometer und dasselbe zeigt eine Ablenkung. Nun ist aber dieser Strom gleich dem Verhältniss der an den Galvanometerklemmen herrschenden Spannungsdifferenz zu dem Widerstand des Galvanometers; der letztere ist aber constant, also gibt die Ablenkung des Galvanometers zugleich ein Mass für die an dessen Klemmen oder an den Punkten, an welche dessen Enden angelegt sind, herrschende Spannung.

Bei dieser Methode wird vorausgesetzt, dass durch das Anlegen des Galvanometers die Spannungsdifferenz an den zu untersuchenden Punkten nicht erheblich geändert werde.

Diese Methode ist diejenige, welche bei den Spannungsmessungen in Stromkreisen elektrischer Maschinen hauptsächlich angewendet wird, weil die Galvanometer die weitaus bequemsten elektrischen Messinstrumente sind; die meisten technischen Spannungsmesser sind auf Volt geaichte Galvanometer.

8. Spannungsmessung durch Gegenschaltung. Wie schon früher bemerkt, ist das Elektrometer ein nicht leicht zu behandelndes Instrument; man sucht daher die Spannung gewöhnlich mittelst des Galvanometers zu bestimmen; alle folgenden Methoden sind für das Galvanometer bestimmt.

Auch für diese Methoden gilt die Bemerkung, dass eigentlich stets die Differenz der Spannung an zwei Punkten gemessen wird, dass aber diese Differenz gleich der Spannung eines Punktes wird, wenn der andere an Erde liegt.

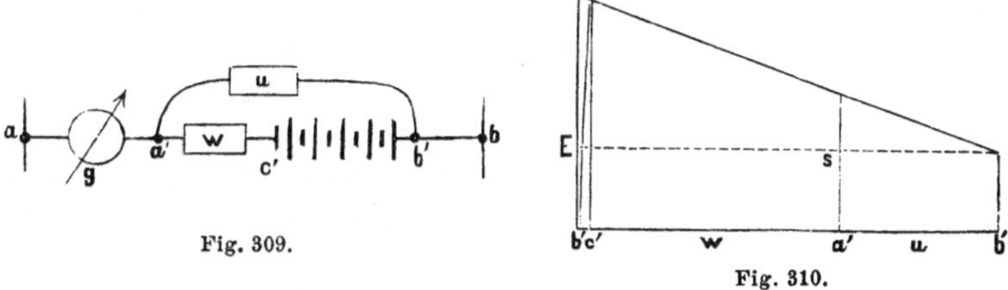

Fig. 309.

Fig. 310.

Bei der Methode durch Gegenschaltung wird die zu messende Spannungsdifferenz an den Punkten a und b künstlich durch eine Combination von Batterie und Widerständen hervorgebracht, siehe Fig. 309, 310, so dass die Spannungsdifferenz $a'b'$ gleich derjenigen ab ist; alsdann kann beim Anlegen des Zweiges $aa'b'b$ an ab höchstens ein augenblicklicher, kein constanter Strom durch das Galvanometer g gehen.

Der Zweig $a'b'$ besteht aus einer Batterie, vor welche der Widerstand w gesetzt ist, der so gross ist, dass der Batteriewiderstand im Verhältniss zu demselben klein ist, an Batterie und Widerstand w ist ein Nebenschluss durch den Widerstand u angelegt. Das Galvanometer wird zwischen a und a' oder zwischen b und b' geschaltet. Der Widerstand w bleibt constant, der Widerstand u dagegen wird so lange verändert, bis das Galvanometer keinen Strom mehr anzeigt.

Wenn dieses der Fall ist, so herrscht nur im Kreise $b'a'b'$ Strom; die Spannung in demselben ist in Fig. 446 dargestellt. Wenn E die Spannungsdifferenz $c'b'$, s diejenige $a'b'$; so ist

$$s = E\frac{u}{w+u},$$

wobei in w der Batteriewiderstand mit eingerechnet ist; s ist aber zugleich die gesuchte Spannungsdifferenz ab und E die elektromotorische Kraft der Batterie; man erhält also s in Volt ausgedrückt, wenn die elektromotorische Kraft E in Volt bekannt ist.

Der Widerstand des Galvanometers hat nur Einfluss auf die Empfindlichkeit der Messung.

Beispiel. Batterie: 10 Daniell, $E = 10{,}8$ Volt, $w = 515$ S. E. (Batteriewiderstand mitgerechnet), im Gleichgewicht $u = 131$ S. E., also

$$s = 10{,}8 \frac{131}{646} = 2{,}19 \text{ Volt.}$$

9. Spannungsmessung mittelst Condensatoren. Wenn es bei der Spannungsmessung erforderlich ist, dass die zu diesem Behuf an die Punkte a, b angelegte Schaltung keine oder nur eine sehr schwache Leitung zwischen diesen Punkten herstelle, so lässt sich die Methode der Gegenschaltung nicht gut anwenden. Verfügt man ausserdem nicht über ein Elektrometer, so wendet man die Condensatormethode an.

Fig. 311 zeigt die betreffende Schaltung, um die Spannung des Punktes a zu bestimmen. C ist der Condensator, dessen eine Klemme c durch Taster oder Stöpsel mit a oder mit e, der Klemme des Galvanometers g, verbunden werden kann. Die andere Klemme des Condensators, sowie die zweite des Galvanometers liegen an Erde.

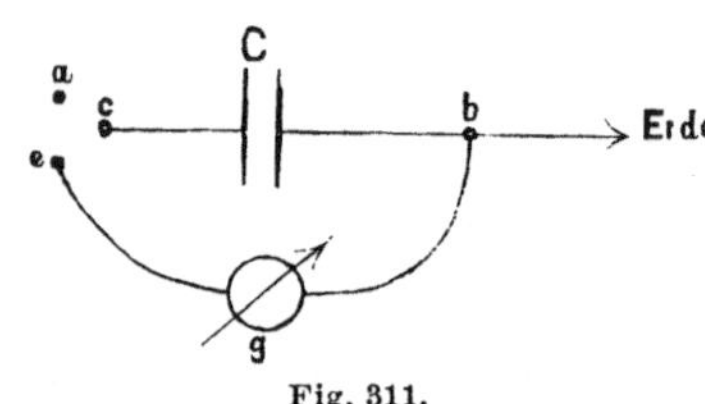

Fig. 311.

Man verbindet zuerst c mit a, wodurch der Condensator eine der Spannung in a proportionale Ladung erhält, dann mit e, wodurch Entladung durch das Galvanometer erfolgt; der Ausschlag am Galvanometer ist proportional der Spannung a.

Will man nur die Spannungsdifferenz zwischen zwei Punkten bestimmen, so schaltet man das Galvanometer vor die Klemme c des Condensators zwischen c und C, ladet diesen durch Anlegen an den einen Punkt, wobei man das Galvanometer kurz schliesst, nimmt dann den Condensator ab, öffnet den kurzen Schluss des Galvanometers und beobachtet den Ausschlag beim Anlegen an den zweiten Punkt.

Alle Spannungsbestimmungen sind leicht auf Volt zu reduciren, wenn man den Ausschlag kennt, den der Condensator, mit einer in Volt bekannten Spannung geladen, am Galvanometer gibt.

Für das Benutzen von Nebenschlüssen für das Galvanometer sind die unter dem Abschnitt: Ladung, s. unten, gegebenen Correctionen anzuwenden.

Zur Anwendung dieser Methode ist meist ein Spiegelgalvanometer nöthig.

C. Die elektromotorische Kraft.

Für die Bestimmung der elektromotorischen Kraft ist es wesentlich, ob durch das zu untersuchende Element ein Strom geht oder nicht; die Methoden der ersteren Art lassen sich nur auf constante oder beinahe constante Elemente anwenden, diejenigen der letzteren Art auch auf nicht constante Elemente.

a) Methoden mit Strom in dem zu untersuchenden Element.

10. Methode mit einfachem Strom. Man schaltet das Element mit einem Widerstand und einem Galvanometer in einen Stromkreis. Wenn der innere Widerstand des Elementes klein ist im Verhältniss zu dem äusseren Widerstand und dieser letztere stets gleich gross genommen wird, so ist der Strom ein Mass für die elektromotorische Kraft. Schaltet man daher ein zweites Element mit demselben äusseren Widerstand zusammen und misst den Strom, so verhalten sich die elektromotorischen Kräfte der beiden Elemente wie die beiden Ströme.

Diese Methode ist die bequemste und genaueste, wenn man ein Spiegelgalvanometer zur Verfügung hat; da dieses Instrument sehr empfindlich ist, kann man sehr grossen Widerstand einschalten, der Widerstand des Elementes kommt also gar nicht in Rechnung; der Strom in den Elementen ist alsdann sehr schwach.

Verfügt man nur über ein Galvanoskop, mit dem sich der Strom nicht genau messen lässt, so arbeitet man mit gleichem Ausschlag. Man schaltet das eine Element mit einem äusseren Widerstand zusammen, gegen welchen der innere Widerstand des Elementes verschwindet, und beobachtet den Ausschlag der Nadel; dann setzt man das zweite Element an Stelle des ersteren und verändert den äusseren Widerstand so lange, bis der Ausschlag derselbe ist wie vorher. Ist E die elektromotorische Kraft des ersten, E' diejenige des zweiten Elements, W, W' bez. die äusseren Widerstände, so ist

$$\frac{E}{E'} = \frac{W}{W'}.$$

11. Methode mit Condensator. Man ladet einen Glimmercondensator C mittelst des zu untersuchenden Elementes (E) und schickt die Entladung durch ein Spiegelgalvanometer g; diese Entladung ist alsdann proportional der elektromotorischen Kraft des Elementes. Schaltet man ein zweites Element statt des ersten ein, so verhalten sich die erhaltenen Ausschläge wie die elektromotorischen Kräfte der beiden Elemente;

ist die elektromotorische Kraft eines der beiden Elemente in Volt bekannt, so lässt sich diejenige des anderen ebenfalls in Volt ausdrücken. (In der Figur ist c zuerst mit a, dann mit b zu verbinden.)

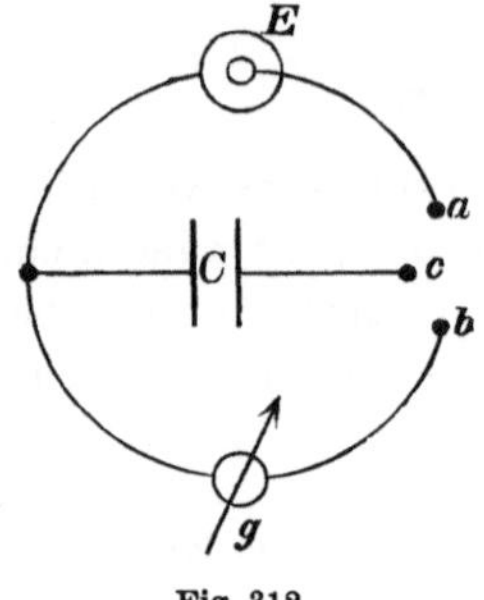

Fig. 312.

Bei dieser Methode durchlaufen Ströme die Elemente; dieselben sind jedoch sehr schwach.

12. Wheatstone'sche Methode. Die folgende Methode lässt sich auch anwenden, wenn der innere Widerstand des Elementes nicht klein ist im Verhältniss zum äusseren Widerstand; dieselbe bedarf ferner nur eines Galvanoskops, nicht eines Galvanometers.

Man schaltet das eine Element mit einem Widerstand und einem Galvanoskop zusammen und beobachtet den Ausschlag; dann verändert man den Widerstand, vergrössert denselben z. B. um u Einheiten, und beobachtet wieder den Ausschlag. Alsdann ersetzt man das Element durch das zweite und bringt mit demselben durch Verändern des Widerstandes dieselben beiden Ausschläge hervor, wie beim ersten Element; zu merken hat man sich nur den Widerstand (u' Einheiten), welchen man zu dem anfänglichen Widerstand hinzufügen muss, um den ersten Ausschlag in den zweiten zu verwandeln. Wenn E die elektromotorische Kraft des ersten, E' diejenige des zweiten Elementes, so ist

$$\frac{E}{E'} = \frac{u}{u'}.$$

Beweis. Es seien: J der dem ersten, J' der dem zweiten Ausschlag entsprechende Strom, w und w' bez. die Widerstände der beiden Elemente, W und W' bez. die für den ersten Ausschlag eingeschalteten äusseren Widerstände. Dann ist

$$J = \frac{E}{w + W} = \frac{E'}{w' + W'}$$

$$J' = \frac{E}{w + W + u} = \frac{E'}{w' + W' + u'};$$

hieraus folgt:

$$\frac{E}{E'} = \frac{w + W}{w' + W'} = \frac{w + W + u}{w' + W' + u'},$$

oder

$$\frac{w' + W' + u'}{w' + W'} = \frac{w + W + u}{w + W}.$$

Subtrahirt man in dieser Proportion jedes untere Glied von dem oberen, so folgt

$$\frac{u'}{w'+W'} = \frac{u}{w+W},$$

oder

$$\frac{u}{u'} = \frac{w+W}{w'+W'} = \frac{E}{E'}.$$

β) Methoden ohne Strom in dem zu untersuchenden Element.

Wenn kein Strom durch das Element geht, so ist die Spannungsdifferenz an den beiden Polen desselben gleich der elektromotorischen Kraft und die Bestimmung der letzteren daher nichts Anderes als eine Spannungsmessung, welche sich mit jeder der oben angegebenen Methoden ausführen lässt.

Von diesen Methoden wird am häufigsten angewandt die Methode der Gegenschaltung; dieselbe hat jedoch für den vorliegenden Zweck mehrere Modificationen erhalten, welche zu erwähnen sind.

13. Methode der Gegenschaltung. Diese Methode lässt sich zunächst unmittelbar in der unter 8 mitgetheilten Form anwenden (a, b sind hier die beiden Pole des zu untersuchenden Elements); wenn die elektromotorische Kraft der gegengeschalteten Batterie in Volt bekannt ist, so erhält man diejenige des zu untersuchenden Elementes ebenfalls in Volt.

Jene Methode ist übereinstimmend mit derjenigen von Poggendorff-Dubois, welche wir jetzt näher besprechen wollen.

Nach Poggendorff-Dubois wird ein Element, dessen elektromotorische Kraft E_0, durch einen ausgespannten Draht mn geschlossen, siehe Fig. 313. Wären dieses Element und die Verbindungen desselben mit m, n ohne Widerstand, so wären auf dem Drahte mn, wenn wir z. B. die Spannung in m als Null annehmen, alle Werthe der Spannung von Null bis zur elektromotorischen Kraft E_0 vertreten. Wenn man daher zwischen m und dem Laufcontact p ein Galvanometer und das zu untersuchende Element, dessen elektromotorische Kraft E, einschaltet, so dass es dem Element E_0 entgegenwirkt (die Schaltung der Pole ist durch die Buchstaben Z (Zink) und K (Kupfer oder Kohle) angedeutet), so muss sich durch den Laufcontact eine Stelle p finden lassen, bei welcher das Galvanometer keinen Strom anzeigt. Man hätte alsdann einfach

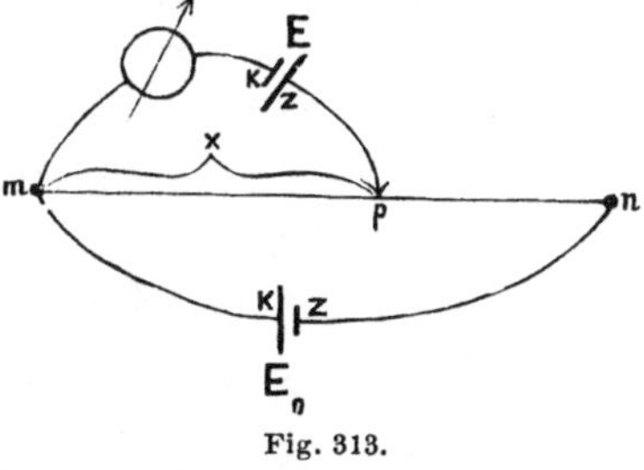

Fig. 313.

$$E = E_0 \frac{x}{l},$$

wenn x der Widerstand mp, l der Widerstand mn.

Wenn aber der Draht mn selbst keinen grossen Widerstand besitzt, muss der Widerstand des Elementes E_0 in Rechnung gezogen werden, ist also obiges Verfahren nicht richtig.

Man umgeht diese Schwierigkeit, indem man die zu vergleichenden Elemente, eines nach dem anderen, an der Stelle E einschaltet und jedes derselben mit dem Element E_0 vergleicht; aus diesen beiden Messungen folgt dann das gewünschte Verhältniss der elektromotorischen Kräfte.

Seien E_1, E_2 bez. diese elektromotorischen Kräfte, ferner x_1, x_2 die entsprechenden Drahtlängen bei eingestelltem Gleichgewicht, ferner u_0 der Widerstand des Elementes E_0, ausgedrückt als eine Länge desselben Drahtes, wie er zu mn verwendet ist, so hat man

$$E_1 = E_0 \frac{x_1}{u_0 + l}, \quad E_2 = E_0 \frac{x_2}{u_0 + l};$$

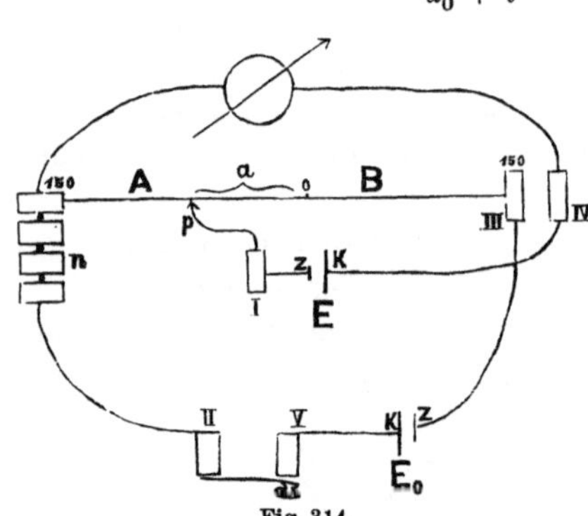

Fig. 314.

hieraus folgt

$$\frac{E_1}{E_2} = \frac{x_1}{x_2};$$

Zu dieser Messung lässt sich das weiter unten beschriebene Universalgalvanometer von Siemens & Halske verwenden. Fig. 314 zeigt, wie obige Schaltung an diesem Instrument auszuführen ist.

Die drei Stöpsellöcher der Widerstandsrollen n sind gestöpselt, der Stöpsel zwischen III und IV dagegen herausgenommen. Wenn α die Ablesung bei Gleichgewicht, von Null an gerechnet, so ist

$$x = 150 - \alpha \text{ auf der } A\text{-Seite}$$

und

$$x = 150 + \alpha \text{ auf der } B\text{-Seite.}$$

Für die Messung ist es bequemer, den Taster zwischen II und V auszuschalten, d. h. II und V zu verbinden, dagegen zwischen IV und I einen Taster einzuschalten, da man ohne den letzteren stets Strom im Galvanometer hat, bis die Gleichgewichtslage gefunden ist.

Beispiel. E_0 ein grosses Bunsen'sches Element, E_1 ein Daniell-sches mit Thonzelle, Ablesung $\alpha_1 = 95$ auf der B-Seite; E_2 ein grosses Pappelement, das längere Zeit in Gebrauch gewesen, Ablesung $\alpha_2 = 76$

auf der B-Seite; hieraus, wenn $E_1 = 1$ gesetzt wird, ergibt sich als elektromotorische Kraft des Pappelements

$$E_2 = \frac{150+76}{150+95} = \frac{226}{245} \text{ Daniell} = 0{,}922 \text{ Daniell} = 0{,}996 \text{ Volt.}$$

Noch vollkommener ist die Schaltung von Clark; Fig. 315 zeigt, wie dieselbe beim Universalgalvanometer auszuführen ist. Die Schaltung von Poggendorff-Dubois ist zu Grunde gelegt, es ist jedoch zwischen den Klemmen III, IV noch ein Normalelement (E^1) eingeschaltet und zwar so, dass im Gleichgewicht auch in diesem Zweig kein Strom herrscht. Hierdurch erlangt man aber den Vortheil, dass die gesuchte elektromotorische Kraft gleich in Theilen dieses Normalelements ausgedrückt wird.

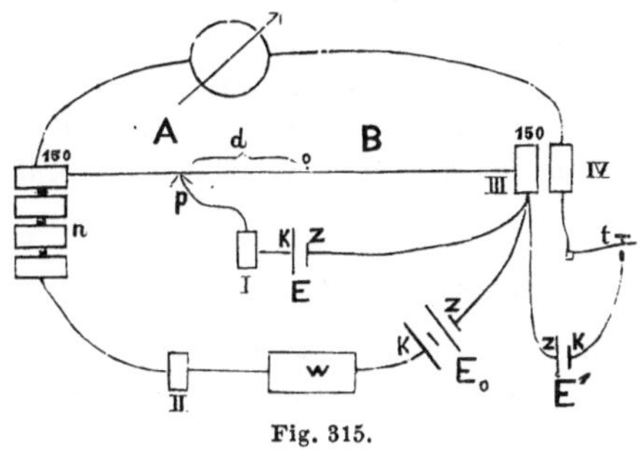

Fig. 315.

Man denke sich vorerst das zwischen III und I eingeschaltete, zu untersuchende Element weg; dann hat man eine Schaltung nach dem Schema der Fig. 313; die Elemente E_0 und E^1 wirken sich entgegen, und es muss sich daher der Widerstand W so einstellen lassen, dass im Element E^1 und dem Galvanometer kein Strom herrscht; dann ist die Spannungsdifferenz der beiden Endpunkte des ausgespannten Drahtes gleich der elektromotorischen Kraft E^1 und die Theile dieses Drahtes entsprechen unmittelbar Theilen dieser Kraft.

Fügt man nun zwischen III und I das Element E ein und verschiebt den mit I verbundenen Laufcontact längs des Drahtes, so muss sich eine Stelle finden lassen, wo ein zu diesem Element geschaltetes Galvanometer auf Null zeigen würde. Dann ist

$$E = E^1 \frac{x}{l},$$

oder beim Universalgalvanometer:

$$E = E^1 \frac{150-a}{300} \text{ auf der } A\text{-Seite,}$$

$$E = E^1 \frac{150+a}{300} \text{ auf der } B\text{-Seite.}$$

Es ist aber nicht nöthig, ein zweites Galvanometer zu dem Element E zu schalten, weil, wie leicht zu übersehen, jede Abweichung des Laufcontacts von der Gleichgewichtslage auch einen Strom im Zweig III, IV, n und dessen Galvanometer hervorruft, obschon dasselbe vor dem Anlegen des Zweigs I III auf Null gebracht war; das Galvanometer (g) kann daher auch zugleich zur Einstellung des Laufcontacts dienen.

Bei t ist ein Taster eingeschaltet, damit der Strom nicht fortwährend durch das Galvanometer geführt zu werden braucht.

Die Einstellung geschieht daher folgendermassen: nach Ausführung der Verbindungen nimmt man zuerst den an Klemme I gehörenden Draht ab und verändert den Widerstand W so lange, bis das Galvanometer g bei Drücken des Tasters t auf Null zeigt; dann legt man jenen Draht an I an und verschiebt den Laufcontact so lange, bis beim Drücken des Tasters t zum zweiten Male Gleichgewicht eintritt.

γ) Elektromotorische Kraft von Dynamomaschinen.

Bei Dynamomaschinen lassen sich die im Vorstehenden für Elemente gegebenen Methoden im Allgemeinen nicht verwenden, theils weil die elektromotorische Kraft von der Stromstärke im Anker abhängig ist, theils weil dieselbe in Folge der nie ganz zu vermeidenden Schwankungen der Geschwindigkeit sich stets verändert und dem Beobachter kaum die Zeit lässt, eine Einstellung aufzusuchen.

Wenn die Ströme in den Ankerdrähten keine Rückwirkung auf den Magnetismus ausüben würden, so erhielte man die irgend einer Geschwindigkeit und irgend einer Stromstärke (in den Schenkeln) entsprechende elektromotorische Kraft, wenn man die Schenkel durch eine zweite Maschine mit dem gewünschten Strom magnetisirt, den Anker mit der betreffenden Geschwindigkeit in Drehung versetzt und die Polspannung mittelst eines Galvanometers von verhältnissmässig hohem Widerstand misst; der im Anker herrschende Strom ist alsdann sehr gering, und Polspannung und elektromotorische Kraft nur sehr wenig verschieden.

Sobald aber Ankerströme von erheblicher Stärke vorhanden sind, wird der Magnetismus durch dieselben verringert und die elektromotorische Kraft geschwächt. Um in diesem Fall die elektromotorische Kraft zu messen, misst man die Spannung (P) (in Volt) an den Bürsten und den Ankerstrom (J_a) (in Ampère), ausserdem, durch eine besondere Messungsreihe, den Ankerwiderstand a (in Ohm) und berechnet dann die elektromotorische Kraft E wie folgt:

$$1) \quad \ldots\ldots \quad E = P + aJ_a.$$

Hierbei ist zu bemerken, dass der Ankerwiderstand in Folge der Selbstinduction keine constante Grösse ist (s. S. 338), sondern mit der

Geschwindigkeit zunimmt; die Methode, den Ankerwiderstand zu messen, wird weiter unten beschrieben.

Ist die Maschine direct geschaltet und misst man die Spannung an den Polen der Maschine, so ist, wenn J der Strom in der Maschine, a, s die bez. Widerstände von Anker und Schenkeln,

2) . . . . . $E = P + (a + s) J.$

Für Nebenschlussschaltung gilt Formel 1).

Man kann auch, bei direct geschalteten Maschinen, die Spannungsmessung weglassen, und nur die Stromstärke und den Gesammtwiderstand (W) des Stromkreises messen; es ist alsdann

3) . . . . $E = JW.$

Die Messung nach Formel 1) ist indess die genaueste.

D. Der Widerstand.

Die Widerstandsmessungen sind diejenigen, welche dem Elektriker am häufigsten vorkommen; sie theilen sich praktisch in Messungen

1. von Drahtwiderständen,
2. von hohen Widerständen (Isolationen),
3. von Flüssigkeitswiderständen.

1. Drahtwiderstände.

14. Widerstandsmessung im einfachen Stromkreis. Der zu messende Widerstand wird mit einem Galvanometer und einer Batterie in einem Stromkreis vereinigt; derselbe lässt sich alsdann durch Strommessung oder mittelst der Methode des gleichen Ausschlags bestimmen.

Hat man ein Galvanometer, mit dem sich Ströme genau messen lassen, so misst man den Strom bei Einschaltung des unbekannten Widerstandes (x), ersetzt alsdann den letzteren durch einen bekannten Widerstand (w) von ähnlicher Grösse und misst den Strom wieder. Ist J der erstere, J^1 der letztere Strom, W der ausser x oder w im Stromkreise befindliche Widerstand, so ist

$$\frac{x + W}{w + W} = \frac{J^1}{J},$$

woraus

$$x = (w + W)\frac{J^1}{J} - W = w\frac{J^1}{J} + W\frac{J^1 - J}{J}.$$

Diese Methode wendet man nur an, wenn der Batteriewiderstand im Verhältniss zu den äusseren Widerständen klein ist, weil der Batteriewiderstand von der Stromstärke abhängt. Die Messung ist am empfindlichsten, wenn $W = 0$.

Verfügt man nur über ein Galvanoskop, so arbeitet man mit gleichem Ausschlag, d. h. man ersetzt den unbekannten Widerstand durch eine Widerstandsscala und verändert diese letztere, bis der gleiche Ausschlag eintritt, wie bei dem ersteren Widerstand; dann ist der in der Scala eingeschaltete Widerstand gleich dem zu bestimmenden Widerstand.

Diese Methode ist unabhängig vom Batteriewiderstand, wenn derselbe constant ist, was für die Dauer dieser Messung anzunehmen ist. Hat sich derselbe verändert, so erkennt man dies an der Veränderung des Ausschlags, wenn man nach erfolgter Vergleichung noch einmal den unbekannten Widerstand einsetzt.

15. Widerstandsmessung mit Differentialgalvanometer. S. 425 ist die Einrichtung und Justirung eines Differentialgalvanometers beschrieben. Um dasselbe zu Widerstandsmessungen zu benutzen, schaltet man die beiden Windungen desselben, u_1 und u_2, Fig. 316, in zwei Zweige, von denen der eine den unbekannten Widerstand x, der andere die Widerstandsscala enthält: die beiden Windungen sind so eingeschaltet, dass die beiden Ströme in entgegengesetztem Sinn auf die Nadel wirken; man sucht den Werth von w, bei welchem die Nadel auf Null steht.

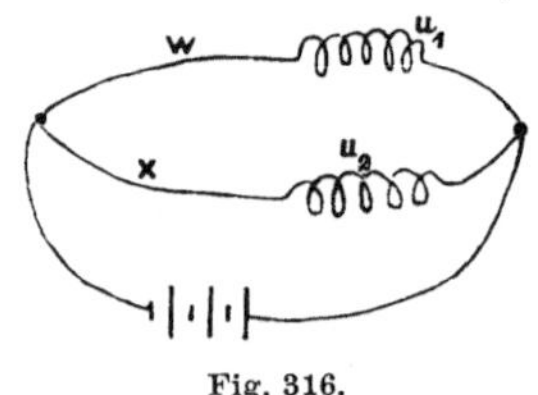

Fig. 316.

Ist das Galvanometer so justirt, dass bei Hintereinanderschaltung der beiden Windungen die Nadel auf Null steht, so müssen die beiden Zweigströme bei obiger Messung gleich sein; dann ist aber

$$x + u_2 = w + u_1,$$

oder

$$x = w + u_1 - u_2.$$

Haben die Windungen ausserdem noch gleichen Widerstand ($u_1 = u_2$), so ist

$$x = w.$$

Ist das Galvanometer so justirt, dass die Nadel bei Parallelschaltung der Windungen auf Null zeigt, ohne dass die Widerstände u_1 und u_2 gleich sind, so müssen sich beim Gleichgewicht die Ströme umgekehrt verhalten wie die Widerstände der Windungen; es ist also

$$\frac{x + u_2}{w + u_1} = \frac{u_2}{u_1},$$

oder

$$\frac{x + u_2}{u_2} = \frac{w + u_1}{u_1},$$

woraus

$$x = w\frac{u_2}{u_1}.$$

Die erstere Art der Galvanometerjustirung ist also richtiger.

16. Wheatstone'sche Brücke. Diese Methode wird am häufigsten zur Bestimmung von Widerständen benutzt; das Schema stellt Fig. 317 dar. Dasselbe lässt sich auch in der in Fig. 318 angegebenen Weise als ein Viereck mit zwei Diagonalen darstellen: die Seiten des Vierecks sind die vier Widerstände w_1, w_2, w_3, w_4, eine Diagonale der Galvanometerzweig, die andere der Batteriezweig; da, wo die beiden Diagonalzweige in der Figur sich zu schneiden scheinen, ist keine Stelle elektrischer Verbindung zu denken.

Die Widerstandsmessung mittelst dieser Schaltung beruht auf dem Satz, dass, wenn der Strom (i) im Galvanometerzweig Null ist, die 4 Widerstände in einfacher Proportion stehen, so dass

$$\frac{w_1}{w_2} = \frac{w_3}{w_4}.$$

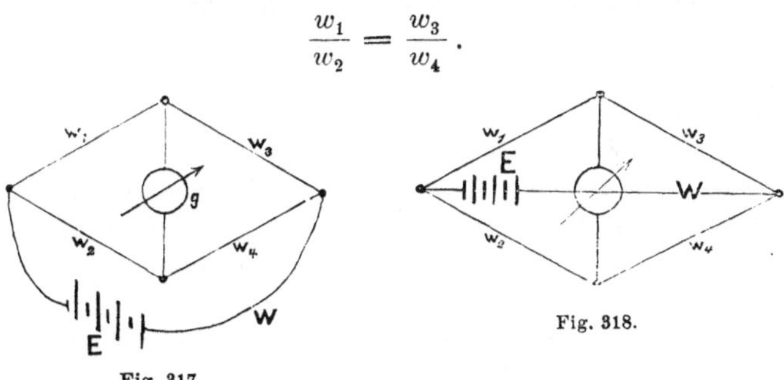

Fig. 317.

Fig. 318.

Die allgemeinen für dieses Schema geltenden Gleichungen haben wir bereits S. 67 abgeleitet; wir stellen dieselben, indem wir dieselben Bezeichnungen beibehalten, für das Viereck noch einmal auf, unter der Annahme, dass der Strom im Galvanometerzweig Null ist. Mittelst der Kirchhoff'schen Gesetze erhält man in diesem Fall:

$$i_1 = i_3, \quad i_2 = i_4,$$

$$(\text{Kreis } w_1, g, w_2) : (i_1 w_1 - i_2 w_2) = 0,$$

$$(\text{Kreis } w_3, g, w_4) : (i_3 w_3 - i_4 w_4) = 0.$$

Hieraus folgt

$$\frac{i_1}{i_2} = \frac{w_2}{w_1}, \quad \frac{i_3}{i_4} = \frac{w_4}{w_3},$$

und, da

$$\frac{i_1}{i_2} = \frac{i_3}{i_4},$$

$$\frac{w_1}{w_2} = \frac{w_3}{w_4}.$$

Ist daher einer der vier Widerstände unbekannt, so lässt sich derselbe vermittelst dieser Proportion aus den Werthen der drei anderen berechnen.

Wenn der unbekannte Widerstand x im Zweige 1 liegt, also $w_1 = x$ ist, so hat man

$$x = w_2 \frac{w_3}{w_4};$$

es ist also $x = w_2$, wenn $w_3 = w_4$. Man nennt daher w_2 den Vergleichswiderstand, w_3, w_4 die Brückenzweige.

Von den vielen Formen, in welchen die Wheatstone'sche Brücke ausgeführt wird, sind namentlich zwei zu erwähnen, die Brücke mit Widerstandsscala und die Drahtbrücke.

Bei der Brücke mit Widerstandsscala ist der Vergleichswiderstand eine Widerstandsscala, die Brückenzweige sind feste Widerstände, die Einstellung geschieht vermittelst des Vergleichswiderstandes. Jeder Brückenzweig besteht aus einer Reihe von Widerständen mit den Werthen: 0,1, 1, 10, 100 u. s. w., welche sich durch Stöpselung beliebig einschalten lassen.

Sind die Brückenzweige einander gleich, so ist im Gleichgewicht der unbekannte Widerstand gleich dem Vergleichswiderstand; in diesem Fall gibt man den Brückenzweigen Werthe, welche demjenigen des unbekannten Widerstandes möglichst nahe kommen.

Ist der unbekannte Widerstand besonders niedrig, oder besonders hoch, so misst man mit Uebersetzung, d. h. man gibt den Brückenzweigen verschiedene Werthe. Die oben beschriebene Einrichtung gestattet es, dem Verhältniss $\frac{w_3}{w_4}$ den Werth einfacher Potenzen von 10 zu geben, einerseits die Werthe: 1, 10, 100 u. s. w., andrerseits die Werthe 1, $\frac{1}{10}$, $\frac{1}{100}$ u. s. w. Im Gleichgewicht ist daher der Vergleichswiderstand gleich einem Vielfachen des unbekannten Widerstandes. Auf diese Weise lassen sich einerseits sehr kleine, andrerseits sehr grosse Widerstände mit derselben Widerstandsscala messen.

Bei der Drahtbrücke ist der Vergleichswiderstand unveränderlich, die beiden Brückenzweige sind aus einem Draht gebildet, längs welchem sich ein Laufcontact verschieben lässt, mit welchem ein Pol der Batterie verbunden ist. Die Summe $w_3 + w_4$ ist also in diesem Fall constant, dem Verhältniss $\frac{w_3}{w_4}$ dagegen lässt sich jeder beliebige Werth ertheilen. Die Einstellung des Gleichgewichts erfolgt mittelst des Laufcontacts.

Diese Art von Brücke dient, wenn mit den nöthigen Vorsichtsmassregeln construirt und behandelt, zu den genauesten Widerstandsmessungen, namentlich zu den Bestimmungen der Widerstandseinheit; wir verzichten jedoch hier auf die Beschreibung dieser feinsten Art von Brücke. Ausserdem lässt sich derselben für gewöhnliche Messungen leicht eine compendiöse Form ertheilen, so dass sie sich zum Transport eignet. Bei dieser einfachen Ausführung fallen jedoch aus verschiedenen Gründen die Messungen nicht so genau aus, als bei der Brücke mit Widerstandsscala.

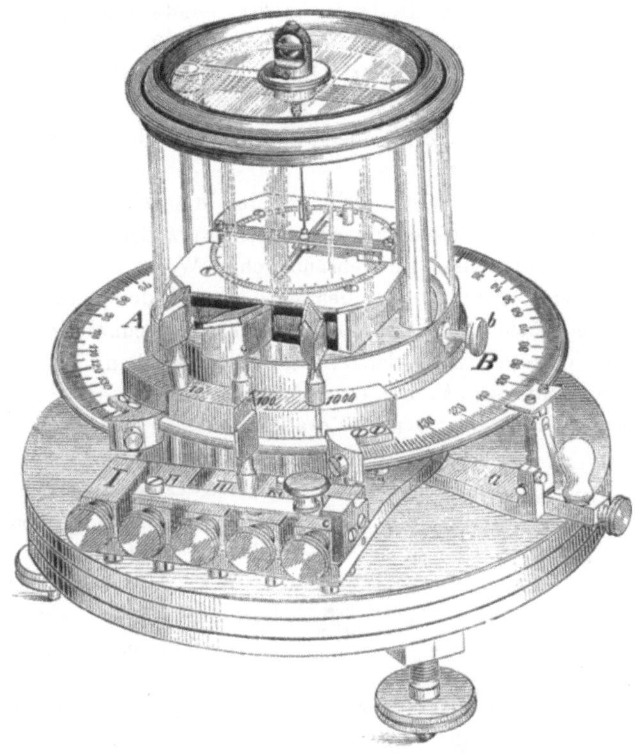

Fig. 319.

17. Universalgalvanometer. Auf die feineren Widerstandsmessungen können wir hier nicht eingehen; dagegen wollen wir ein vielfach angewendetes Instrument beschreiben, welches im Wesentlichen eine transportable Drahtbrücke mit Galvanometer ist, das Universalgalvanometer von Siemens & Halske. s. Fig. 319.

In einem cylindrischen Glasgehäuse mit abschraubbarem Deckel befindet sich ein astatisches Nadelgalvanometer mit Theilkreis. Die obere Nadel dient zugleich als Zeiger; das Nadelpaar ist an einem Coconfaden aufgehängt, der durch eine in der Mitte des Glasdeckels befindliche Schraube gehoben und gesenkt werden kann; die seitlich angebrachte Schraube *b* setzt die Arretirungsvorrichtung in Bewegung; die Wickelung des Galvanometers hat 100^E Widerstand.

Unter dem Glasgehäuse dehnt sich eine kreisförmige Schieferplatte mit Kreistheilung aus; längs dem Rande derselben zieht sich eine Nuth hin, in welche der neusilberne Brückendraht eingelegt ist; dieser Draht ist so kalibrirt, dass er an allen Stellen bei gleicher Länge gleichen Widerstand besitzt. Der Draht ist in 300 Grade getheilt; der Nullpunkt befindet sich in der Mitte, die beiden Hälften sind mit *A* und *B* (*A* links, *B* rechts) bezeichnet. Längs diesem Drahte lässt sich ein Arm *a* verschieben, welcher um die Axe des Instrumentes drehbar ist und den Laufcontact in Form einer auf den Draht drückenden, beweglichen Platinrolle *r* trägt.

Unter der Schieferplatte befinden sich die Neusilberdrähte, aus denen der Vergleichswiderstand *n* zusammengesetzt ist; die Enden sind in der bei Widerstandsscalen gebräuchlichen Weise an Klemmen mit Stöpseleinrichtung geführt; die den einzelnen Widerständen entsprechenden Stöpsellöcher sind mit 10, 100, 1000 bezeichnet; in das Loch 10 lassen sich ausserdem Widerstandsstöpsel einstecken, durch welche dieser Widerstand auf 1^E, bez. $0{,}1^E$ reducirt wird.

Unter der Schieferplatte, nach Vorne, sitzt ferner ein Gestell, welches die Klemmen I bis V, mit einem kleinen Taster zwischen II und V und einem Stöpselloch zwischen III und IV, trägt.

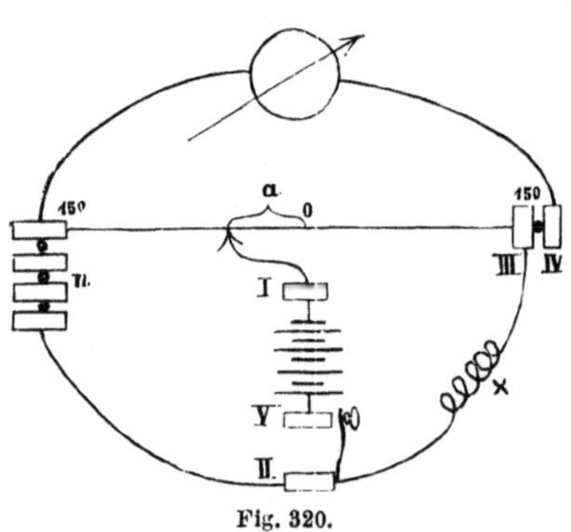

Fig. 320.

Wie das Instrument zur Bestimmung von elektromotorischen Kräften zu gebrauchen ist, haben wir bereits S. 464 angedeutet; Fig. 320 zeigt die Schaltung, welche vorzunehmen ist, um das Instrument als Wheatstone'sche Brücke zu benutzen.

Stöpselloch III, IV ist zu stöpseln, von den Vergleichswiderständen *n* ist derjenige einzuschalten, dessen Werth dem unbekannten Widerstand *x* am nächsten liegt; *x* ist zwischen II und III einzuschalten.

Wenn *a* die Ablesung des Laufcontacts bei eingestelltem Gleichgewicht, so hat man

$$\text{auf der } A\text{-Seite: } x = \frac{150 + a}{150 - a}\, n\,,$$

auf der B-Seite: $x = \frac{150 - a}{150 + a} n.$

Der Werth der Brüche $\frac{150 + a}{150 - a}$ und $\frac{150 - a}{150 + a}$ wird einer dem Instrument beigegebenen Tabelle entnommen.

Es lassen sich mit dem Instrument Widerstände von 0,2 S. E. bis 50000 S. E. messen und Fehler nach einer weiter unten beschriebenen Methode bestimmen; auch lässt sich das Galvanometer getrennt benutzen.

Das Instrument wird entweder in Siemens'schen Einheiten, oder in Ohm justirt.

Fig. 321.

18. Universalwiderstandskasten. Die Drahtbrücke hat neben ihren Vorzügen auch Uebelstände: erstens hat der Draht stets geringen Widerstand, was die Empfindlichkeit der Messung beeinträchtigt, wenn grosse Widerstände zu messen sind; zweitens muss der gesuchte Widerstandswerth stets berechnet oder aus einer Tabelle entnommen werden, ein Umstand, die für Diejenigen, die rasch und oft zu messen haben, ins Gewicht fällt.

Diese Uebelstände lassen sich vermeiden, wenn man sämmtliche Widerstände aus Rollen herstellt und, wie S. 470 auseinandergesetzt, einen Widerstandskasten als Vergleichswiderstand verwendet; man kann alsdann für die Brückenzweige auch hohe Widerstände verwenden, und der gesuchte Widerstandswerth ist, abgesehen vom Komma, direct gleich der Zahl von Einheiten oder Ohm, welche im Gleichgewicht am Widerstandskasten eingeschaltet sind.

Eine solche aus Rollen bestehende Brücke ist der Universalwiderstandskasten von Siemens & Halske, siehe Fig. 321. In demselben sind die Rollen in drei Reihen angeordnet; in der hintersten Reihe liegen die beiden Brückenzweige mit dekadischen Widerständen (1, 10, 100, 1000), in den beiden vorderen die den Vergleichswiderstand bildende Widerstandsscala von 0,1 bis 10000 S. E. oder Ohm. Mit dieser Brücke lassen sich eigentlich Widerstände von 0,0001 bis 100 Millionen messen; indessen wird die Bestimmung der niedersten und der höchsten Widerstände aus verschiedenen Gründen weniger genau, der praktisch mit Sicherheit zu beherrschende Bereich geht etwa von 0,01 bis 1 Million.

Ausser den Klemmen und Tastern für die Brückenmessung sind auch solche für die Messung von elektromotorischen Kräften, Batteriewiderständen und für Fehlerbestimmungen angebracht, welche wir nicht näher besprechen.

19. Brücke von Sir W. Thomson. Bei der Messung sehr kleiner Widerstände tritt bei der Wheatstone'schen Brücke der Uebelstand ins Gewicht, dass die Messung abhängig ist von dem Widerstand der Verbindungsstelle, durch welche der zu bestimmende Widerstand mit den übrigen Brückenzweigen verbunden ist. Diese „Klemmwiderstände“ lassen sich dadurch nicht bestimmen, dass man verschiedene bekannte Widerstände mit denselben Klemmen einschaltet und misst; denn man ist nicht sicher, dass die Klemmwiderstände bei jeder Einschaltung dieselben sind. Ganz kleine Widerstände, z. B. unter $\frac{1}{10000}$ S. E. oder Ohm lassen sich daher mittelst der Wheatstone'schen Brücke gar nicht messen.

Sir W. Thomson hat eine Modifikation dieser Brücke angegeben, bei welcher die Klemmwiderstände eliminirt werden.

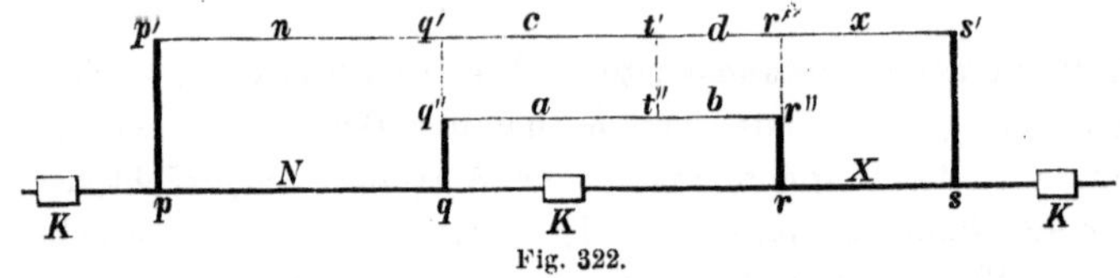

Fig. 322.

Es seien ein Normaldraht N von bekanntem Widerstand und der zu messende Draht X hintereinandergeschaltet; in unserer Figur soll X in demselben Massstab aufgetragen sein, wie N, d. h. gleiche Längen sollen gleichen Widerständen entsprechen. Vom Punkt p über $p's'$ nach s und von q über $q''r''$ nach r seien Drähte geführt von beliebigem Durchmesser; die senkrechten Stücke pp', qq', rr'', ss', die nur gezeichnet sind, um die verschiedenen Drähte auseinander zu halten, seien ohne Widerstand. Die Drähte $pqrs$, $p'q'r's'$, $q''r''$ seien, jeder für sich, von gleichmässigem Querschnitt, jeder der drei Querschnitte aber beliebig.

Schickt man durch dieses System einen constanten Strom, so ist ohne Weiteres klar, dass die Spannungen in p und p' einander gleich sind, ebenso diejenigen in q und q'', r und r'', s und s', ferner dass auf den Strecken $p's'$, $q''r''$, ps die Spannung ein gleichmässiges Gefälle hat. Verlängert man qq'' nach q', rr'' nach r', so muss die Spannung in q' gleich derjenigen in q und q'', die Spannung in r' gleich derjenigen in r und r'' sein, ebenso die Spannung in t' gleich derjenigen in t'' u. s. w.

Wählt man nun den Punkt t'' so, dass zwischen den betreffenden Widerständen das Verhältniss herrscht:

$$q''t'' : t''r'' = pq : rs$$

oder nach den aus der Figur ersichtlichen Bezeichnungen

$$a : b = N : X,$$

so muss auch auf der Linie $p's'$ sein:

$$c : d = a : b = N : X$$

und man hat ferner:

$$n : x = N : X.$$

Es ist also:

$$\frac{c}{d} = \frac{n}{x},$$

woraus man durch bekannte Umformungen erhält:

$$\frac{c}{n} = \frac{d}{x}, \qquad \frac{c}{n+c} = \frac{d}{x+d},$$

oder

$$\frac{n+c}{x+d} = \frac{c}{d} = \frac{a}{b} = \frac{N}{X}.$$

Wenn also die Stelle t'' so gewählt wird, dass zwischen den Widerständen a, b das Verhältniss besteht:

$$\frac{a}{b} = \frac{N}{X},$$

so besteht dasselbe Verhältniss auch für die Stelle t', welche gleiche Spannung hat mit t'', nämlich

$$\frac{n+c}{x+d} = \frac{N}{X}.$$

Hieraus folgt umgekehrt, dass, wenn die Widerstände in den beiden oberen Linien so gewählt werden, dass

$$\frac{a}{b} = \frac{n+c}{x+d},$$

und schaltet zwischen t' und t'' ein Galvanometer ein, so herrscht in demselben kein Strom, wenn der Widerstand so gewählt wird, dass

$$\frac{N}{X} = \frac{a}{b} = \frac{n+c}{x+d};$$

sind also sämmtliche Widerstände bekannt, so lässt sich der Widerstand X aus den übrigen berechnen.

Diese Messungsart hat vor der Wheatstone'schen Brücke den Vorzug, dass sie unabhängig von den Klemmwiderständen gemacht werden kann; denn die Klemmwiderstände kk am Normaldraht und dem zu messenden Draht fallen ausser Betracht, und wenn man die Widerstände a, b, c, d, n, x so gross wählt, dass die Uebergangswiderstände in den Punkten p, q, r, s gegenüber den Widerständen a, b verschwinden, so können auch diese Uebergangswiderstände keinen Einfluss auf die Messung ausüben.

Es muss jedoch bemerkt werden, dass nicht der ganze Draht X zwischen den Klemmen kk gemessen wird, sondern nur das Stück rs.

Die Wheatstone'sche Brücke erhält man aus der Thomson'schen, wenn man das Viereck $qq''r''r$ auf einen einzigen Punkt zusammenschrumpfen lässt; die Thomson'sche ist also allgemeiner.

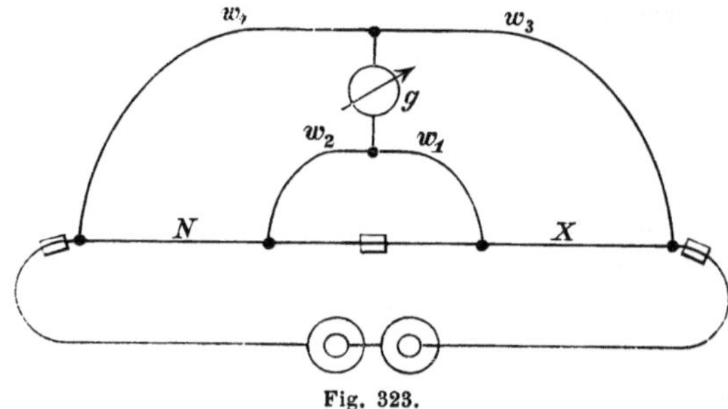

Fig. 323.

Zur Ausführung diene das Schema Fig. 323, wo g das Galvanometer; für X hat man

$$X = N\frac{w_1}{w_2} = N\frac{w_3}{w_4}.$$

Für die Widerstände $w_1 \,..\, w_4$ muss stets die Proportion herrschen:

$$\frac{w_1}{w_2} = \frac{w_3}{w_4};$$

nimmt man als Normaldraht einen möglichst dicken Draht, und macht das Verhältniss $\frac{w_1}{w_2}$ oder $\frac{w_3}{w_4}$ recht klein, so kann man noch sehr kleine Widerstände X mit Sicherheit messen.

Fig. **324** stellt eine nach diesem Princip ausgeführte Messbrücke von Siemens & Halske dar.

Der Normaldraht (dicker Neusilberdraht) ist kreisförmig ausgespannt, die Rollen, aus denen die Widerstände $w_1 \,..\, w_4$ gebildet werden, sind ebenfalls kreisförmig angeordnet; ein Contact (p, s. Fig. **322**) ist fest mit Normaldraht verbunden, der andere (q) ist als verschiebbarer Laufcontact (mit Platinröllchen) construirt und sitzt an einem drehbaren, unter der Holzplatte befindlichen Arm. Die Klemmen xx werden mit den Stellen verbunden, zwischen welchen der Widerstand gemessen werden soll, die Klemmen gg mit dem Galvanometer, bb mit der Batterie; als Galvanometer muss ein empfindliches Spiegelgalvanometer mit wenig Widerstand benutzt werden; der eine Taster schliesst den Hauptkreis, in dem die Batterie liegt, der andere Taster den Galvanometerzweig.

Die Messung geschieht ähnlich, wie bei der Wheatstone'schen Brücke, indem man dem Laufcontact verschiedene Stellungen gibt und

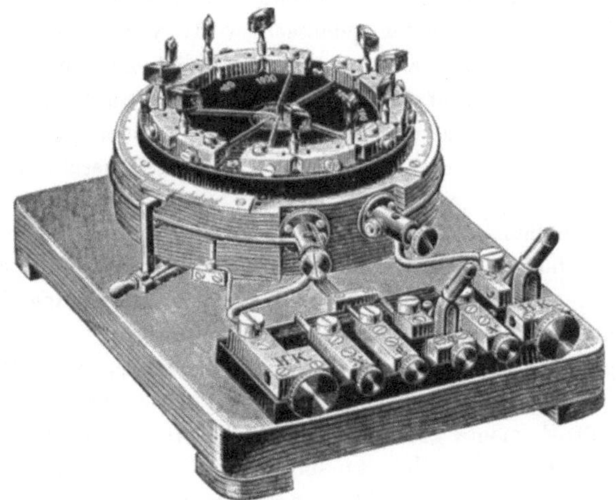

Fig. 324.

bei jeder Stellung Batterie anlegt und den Ausschlag beobachtet. Man findet auf diese Weise bald die Stelle für den Laufcontact, welche dem Strom Null im Galvanometer entspricht; die den gesuchten Widerstand in Ohm darstellende Zahl lässt sich alsdann unmittelbar am Normaldraht ablesen, das Komma wird durch die eingeschalteten, dekadischen Widerstände $w_1 \,..\, w_4$ bestimmt.

Besitzt der zu messende Widerstand Selbstinduction, so schliesst man den Galvanometerzweig erst einige Zeit nach dem Anlegen der Batterie, damit die Inductionsströme die Messung nicht beeinträchtigen.

Mittelst dieser Brücke lassen sich Widerstände bis zu $\frac{1}{\text{Millionstel}}$ Ohm messen; sie findet namentlich Anwendung bei Ankern von Maschinen, bei Kupferseilen und Kupferkabeln, welche sich mittelst der

Wheatstone'schen Brücke nicht mehr messen lassen; der grösste Widerstand, der sich noch mittelst derselben messen lässt, beträgt 1 Ohm.

2. Hohe Widerstände.

Unter hohen Widerständen verstehen wir Widerstände von über 1 Million S. E.; solche Widerstände sind namentlich die Isolationswiderstände von Kabeln.

Zur Bestimmung derselben müssen die empfindlichsten Instrumente angewendet werden, Spiegelgalvanometer und Elektrometer.

20. Isolationsmessung durch Strommessung. Die gewöhnliche Isolationsmessung geschieht nach der S. 347 ff. beschriebenen Methode, indem die Stärke eines durch den zu messenden Widerstand gehenden Stromes am Spiegelgalvanometer gemessen wird; wenn man vorher die Empfindlichkeit des Galvanometers bestimmt hat, d. h. den Ausschlag, den ein bekannter Widerstand mit derselben Batterie gibt, so lässt sich der zu messende Widerstand in S. E. oder Ohm berechnen. Wesentlich ist hierbei die Anwendung des S. 419 beschriebenen Nebenschlusses.

Bei Widerständen, welche sich mit der Zeit ändern, namentlich bei den Kabelhüllen, wendet man stark gedämpfte oder aperiodische Galvanometer an; es entspricht alsdann, auch bei Bewegung der Nadel, der Ausschlag stets beinahe genau der Stromstärke.

Beispiel. Der unbekannte Widerstand x gebe, mit 100 Elementen, am Spiegelgalvanometer den Ausschlag 273, ohne Nebenschluss. Dieselben 100 Elemente geben bei einem Widerstand von 100000^E und einem Nebenschluss $\frac{1}{999}$ den Ausschlag 507. Dann würden bei derselben Batterie, ohne Nebenschluss am Galvanometer, 100000^E einen Ausschlag geben von $507\,(999 + 1) = 507\,000$; der Widerstand x ist daher

$$x = \frac{507\,000}{273}\,100\,000^E = 185{,}7 \text{ Mill. S. E.}$$

21. Isolationsmessung aus dem Sinken der Spannung. Wenn ein Kabel geladen und dann an beiden Enden isolirt wird, so strömt die im Kabel enthaltene Elektricität allmählig durch die Kabelhülle aus; die Spannung der Elektricität im Kabel sinkt also allmählig und zwar um so mehr, je schlechter das Kabel isolirt ist; das Sinken der Spannung bildet daher ein Mittel, um den Isolationswiderstand zu messen.

Dieses Sinken der Spannung wird entweder mit dem Galvanometer oder mit dem Elektrometer gemessen.

Wendet man das Galvanometer an, so misst man zuerst den Strom bei Ladung des Kabels (Ausschlag L), isolirt das Kabel, wartet t Minuten und entladet dann das Kabel durch das Galvanometer (Ausschlag l). Wenn W der Isolationswiderstand, C die Capacität des Kabels in Mikrofarads, so ist

$$W = 26{,}85 \frac{t}{C(\log L - \log l)} \text{ Millionen S. E.}$$

Wenn der Ausschlag (mit derselben Batterie) bekannt ist, den 1 Mikrofarad gibt, so lässt sich aus dem Ladungsausschlag die Capacität C bestimmen. Empfindlicher wird die Messung, wenn man, statt das Kabel nach t Minuten zu entladen, dasselbe wieder an die Batterie legt; die Elektricität, die alsdann in das Kabel strömt, ist gleich derjenigen, welche das Kabel vorher verloren hat, $= L - l$.

Die Ausschläge und damit die Empfindlichkeit der Messung werden um so grösser, je länger das Kabel ist; die Isolation ganz kurzer Längen lässt sich auf diese Weise nicht messen.

Beispiel. 1500 Meter vom deutschen Untergrundkabel. $C = 0{,}323^{\text{mi}}$, $L = 167$, nach einer Minute $l = 145$ Scalentheile,

$$W = 26{,}85 \frac{1}{0{,}323\,(2{,}22272 - 2{,}16137)} = 1355 \text{ Mill. S.E.}$$

Wendet man dagegen das Elektrometer an, so lässt sich die Isolation von beinahe beliebig kurzen Stücken Kabel noch messen. Man misst nämlich an demselben nicht Ladungen oder Elektricitätsmengen, sondern Spannungen, und die Veränderung der Spannung ist unabhängig von der Länge.

Die Ladung des Kabels nämlich ist proportional, der Isolationswiderstand umgekehrt proportional der Länge; der Verlust aber, den die Ladung in einer bestimmten Zeit erleidet, ist umgekehrt proportional dem Isolationswiderstand, also proportional der Länge. Je länger daher ein Kabel ist, um so mehr Ladung nimmt es auf, um so mehr verliert es aber auch in einer bestimmten Zeit; die Spannung sinkt daher gleichmässig in langen und kurzen Stücken.

Wenn S die Spannung unmittelbar nach der Ladung (gleich der Spannung des angelegten Batteriepols), s diejenige nach t Minuten, so ist

$$W = 26{,}85 \frac{t}{C(\log S - \log s)} \text{ Millionen S. E.}$$

Hieraus folgt auch, dass

$$\log S - \log s = \log \frac{S}{s} = 26{,}85 \frac{t}{WC};$$

das Product WC ist unabhängig von der Länge, also auch das Verhältniss der Spannungen.

Ueberhaupt eignet sich das Elektrometer mehr zu dieser Art von Messung, da man in dem Ausschlag desselben die Spannung stets gleichsam vor Augen hat, während das Galvanometer nur das Endresultat des Vorgangs zeigt.

Der nach der vorstehenden Methode erhaltene Isolationswiderstand ist nicht der zur Zeit t wirklich vorhandene, sondern der mittlere Isolationswiderstand während der Zeit t. Man erhält also mittelst dieser Methode andere Resultate, als mit der Methode 20.

22. Löthstellenprüfung. Die höchsten Widerstände, welche der Elektriker zu prüfen hat, sind diejenigen von Löthstellen in Kabeladern; diese Widerstände werden gewöhnlich nicht in Widerstandseinheiten ausgedrückt, sondern mit denjenigen von wenigen Metern gesunder Kabelader verglichen.

Der Strom, der durch so hohe Widerstände geht, lässt sich mit den feinsten Instrumenten kaum nachweisen; man wendet daher Condensatoren an, um die durch die Löthstelle gegangene Elektricitätsmenge anzusammeln.

Die gewöhnliche Methode der Löthstellenprüfung besteht darin, dass das Kabel CC, Fig. 325, mit möglichst starker Batterie, Ende isolirt, geladen wird; die Löthstelle X wird in einen gut isolirten, mit Wasser gefüllten Trog T gelegt, in welchen zugleich eine Kupferplatte p getaucht ist; diese Platte ist mit der einen Belegung c des Condensators verbunden, während die andere c' an Erde liegt; die Ladung des Condensators wird gemessen, indem c von p abgenommen und an das Galvanometer gelegt wird, dessen anderes Ende an Erde liegt. Zu beiden Seiten des Troges muss die Oberfläche des Kabels sorgfältig gereinigt werden, damit durch die Kabeloberfläche keinerlei Ueberleitung vom Trog zur Erde stattfindet.

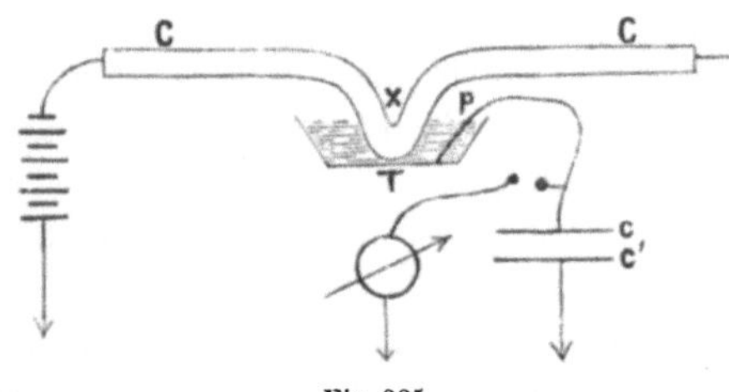

Fig. 325.

Durch die Löthstelle geht etwas Elektricität aus dem geladenen Kabel hindurch, sammelt sich in dem Condensator cc' an und kann nach einigen Minuten durch das Galvanometer entladen werden. Wiederholt man dieselbe Operation mit einem kurzen Stück Kabelader statt mit der Löthstelle, so erhält man durch Vergleichung der beiden Ausschläge ein Urtheil über die Güte der Löthstelle.

Man kann den Condensator durch die Löthstelle entladen, statt denselben zu laden, wie eben beschrieben; das Kabel wird alsdann an Erde gelegt und man misst den Ladungsverlust, welchen ein gut isolirter, geladener Condensator durch die Löthstelle in einigen Minuten erleidet. Diese Methode wird nur im Nothfall angewendet, namentlich bei Kabelreparaturen auf See, wo man kein Kabelende zur Disposition hat.

3. Flüssigkeitswiderstände.

Die Methoden zur Bestimmung von Flüssigkeitswiderständen sind verschieden, je nachdem man es mit Zersetzungszellen oder mit dem Widerstand von constanten Elementen zu thun hat.

23. Widerstand einer Batterie; Halbirungsmethode. Man schaltet die Batterie, deren Widerstand zu messen ist, mit einem Strommessinstrument von geringem Widerstand, z. B. einer Tangentenbussole oder einem Torsionsgalvanometer mit Nebenschluss, und einer Widerstandsscala w zusammen, siehe Fig. 326; der Widerstand ausserhalb der Batterie muss verschwindend klein im Verhältniss zu dem Batteriewiderstand sein. Den Ausschlag am Instrument bringt man durch die Wahl des Nebenschlusses auf eine passende Grösse.

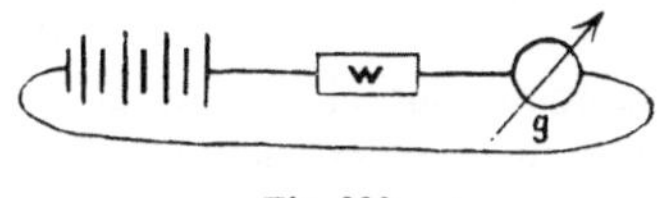

Fig. 326.

Man beobachtet den Ausschlag bei kurzem Schluss der Batterie, d. h. ohne Einschaltung von Widerstand; dann schaltet man so lange Widerstand ein, bis der Ausschlag auf die Hälfte gesunken ist; der eingeschaltete Widerstand w ist alsdann gleich dem Widerstand der Batterie.

Die beiden Ströme, bei welchen man misst, sind: der Strom bei kurzem Schluss und der Strom bei gleichem innerem und äusserem Widerstand.

Hat man ein Spiegelgalvanometer und einen hohen Widerstand u, so schaltet man (Fig. 327) die Batterie mit demselben zusammen und misst die Ablenkung; dann schaltet man eine Widerstandsscala w als Nebenschluss zu der Batterie und sucht den Widerstand, bei welchem die Ablenkung gleich der Hälfte der ersteren ist; der so gefundene Widerstand w ist gleich dem Batteriewiderstand.

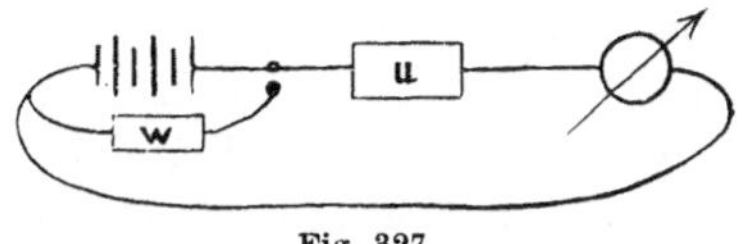

Fig. 327.

Die beiden Ströme, bei welchen man hier misst, sind der Strom bei sehr grossem äusserem Widerstand und derjenige bei gleichem innerem und äusserem Widerstand.

Aus der ersten Ablenkung am Spiegelgalvanometer lässt sich zugleich die elektromotorische Kraft bestimmen.

24. Widerstand von Batterien; Brückenmethode. Am besten ist es, die Wheatstone'sche Brücke zu verwenden; freilich bedarf man alsdann noch einer Messbatterie (siehe Fig. 328), welche ziemlich kräftig sein muss.

Das Element oder die Batterie, deren Widerstand x zu bestimmen, wird wie ein unbekannter Drahtwiderstand eingeschaltet; hat man eine Batterie von gerader Elementenzahl, so theilt man dieselbe in zwei Hälften und schaltet diese gegen einander; ist die Anzahl der Elemente ungerade, so schaltet man die nächst niedere Anzahl von Elementen in zwei Hälften gegen einander.

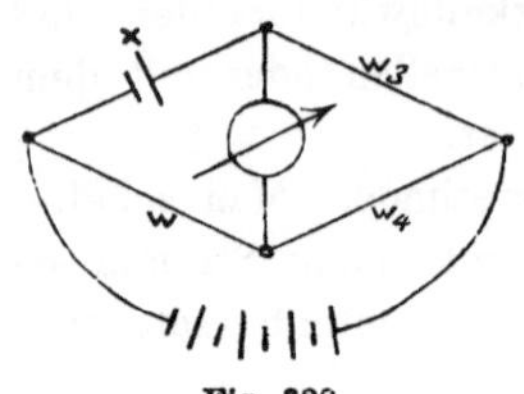

Fig. 328.

Im Galvanometer entsteht ein Ausschlag, der durch Nebenschlüsse oder Zufügung von Widerstand auf eine passende Grösse gebracht wird; in dem Zweig der Messbatterie muss sich ein Taster befinden.

Man sucht den Werth des Vergleichswiderstandes w, bei welchem der Ausschlag im Galvanometer gleich bleibt, wenn man den Zweig der Messbatterie schliesst oder öffnet. Dann findet zwischen den Widerständen der vier Viereckseiten die bekannte Proportion statt. Sind die Brückenzweige gleich, so ist w der gesuchte Batteriewiderstand.

Das Universalgalvanometer lässt sich auch für diese Messmethode benutzen.

25. Widerstand einer Zersetzungszelle. Man richtet die Zersetzungszelle als parallelepipedischen Trog ein, in welchem eine Elektrode verschiebbar ist, so dass man nach Belieben Flüssigkeitssäulen von verschiedener Länge, aber gleichem Querschnitt einschalten kann; ausser der Zersetzungszelle wird eine kräftige Batterie, eine Widerstandsscala und ein Galvanoskop eingeschaltet.

Hat man bei eingeschalteter Zersetzungszelle den Ausschlag gemessen, so schliesst man die Zersetzungszelle kurz und schaltet soviel Widerstand ein, bis der Ausschlag gleich gross wird; diese Messungen werden bei verschiedenen Längen der Flüssigkeitssäule wiederholt.

Ist l die Länge der Flüssigkeitssäule, w der an der Scala gefundene Widerstand, p eine von der Polarisation in der Zelle abhängige Grösse, a eine Constante, so ist

$$w = p + al,$$

wo al der Widerstand der Flüssigkeitssäule.

Aus zwei Beobachtungen bei den Längen l_1, l_2, welche die Widerstände w_1, w_2 ergeben, lässt sich a oder der Widerstand der Flüssigkeitssäule von der Einheit der Länge bestimmen. Man hat nämlich

$$w_1 = p + al_1$$
$$w_2 = p + al_2$$

und hieraus

$$a = \frac{w_1 - w_2}{l_1 - l_2}.$$

Damit die Polarisationsgrösse p constant sei, muss die Batterie so kräftig sein, dass die Polarisation ihr Maximum erreicht hat.

26. Polarisation und Widerstand einer Zersetzungszelle. Namentlich bei elektrolytischen Versuchen, welche bestimmt sind, die Grundlagen von technischen elektrolytischen Anlagen zu bilden, ist es von Interesse, Polarisation und Widerstand der betreffenden Zersetzungszellen zu messen. Dies ist im Allgemeinen schwierig, weil die Polarisation von der Stromstärke sehr abhängig ist, der Widerstand vielleicht auch in gewissem Grade, und sich die Polarisation nicht direct messen lässt.

Die einfachste Methode, mittelst welcher man sich wenigstens ungefähre Werthe jener Grössen verschaffen kann, besteht darin, dass man den Widerstand der Flüssigkeitssäule nach dem vorstehend beschriebenen Verfahren bestimmt und dann die Polarisation aus der Spannung an der Zersetzungszelle berechnet.

Man habe z. B. nach diesem Verfahren bei einer bestimmten elektrolytischen Flüssigkeit gefunden, dass dieselbe bei 1 qdm Querschnitt und 10 cm Länge einen Widerstand von 0,41 Ohm besitzt, und habe ferner beobachtet, dass bei 1 qdm Elektrodenfläche (von einer der beiden Elektroden) und 10 cm Abstand der Elektroden, bei 0,30 Ampère Stromstärke, 0,25 Volt Spannung an der Zelle herrscht; dann berechnet sich die elektromotorische Gegenkraft der Polarisation wie folgt: Der Flüssigkeitswiderstand ist 0,41 Ohm, die Spannung, die zur Ueberwindung dieses Widerstandes bei 0,3 Ampère gehört, beträgt $0{,}3 \times 0{,}41 = 0{,}123$ Volt; die Polarisation beträgt also:

$$0{,}25 - 0{,}123 = 0{,}127 \text{ Volt.}$$

Diese Art der Bestimmung leidet an dem Uebelstand, dass man nicht während des elektrolytischen Versuches Widerstand und Polarisation bestimmen kann, sondern noch besondere Versuche anstellen muss, um den Widerstand zu messen.

Bei der folgenden Methode ist dieser Uebelstand vermieden. Man wendet nicht zwei, sondern vier Elektroden an, siehe Fig. 329, und lässt den Strom zwischen den mittleren Elektroden a und b übergehen; die beiden, ausser der Hauptstrombahn liegenden Bleche c und d nehmen alsdann, im Wesentlichen wenigstens, die mittlere Spannung der Flüssigkeit an. Misst man also, mittelst Elektrometer oder Galvanometer von hohem Widerstand, die Spannungsdifferenzen ac und bd, so sind diese Grössen zugleich im Wesentlichen die Werthe

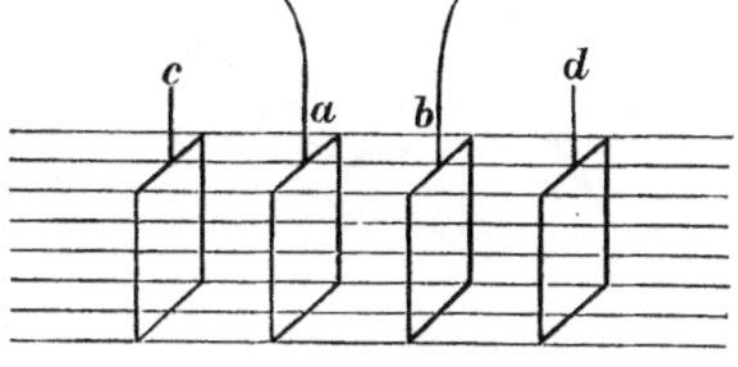

Fig. 329.

der elektromotorischen Gegenkräfte, welche an den beiden Elektroden auftreten, und ihre Summe bildet die Spannungsdifferenz ab.

Diese Methode ist namentlich angezeigt, wenn man es mit starken Polarisationen zu thun hat, gegen welche die zur Ueberwindung des Flüssigkeitswiderstandes nöthige Spannung klein ist; die genauere Inbetrachtziehung der letzteren Grösse dürfte nach dieser Methode schwierig sein.

Eine dem Princip nach genaue Trennung von Widerstand und Polarisation gibt die nachstehend beschriebene Methode.

27. Verallgemeinerte Wheatstone'sche Brücke. Der Satz der Wheatstone'schen Brücke ist nur ein specieller Fall eines allgemeinen Satzes, welcher für dasselbe Stromschema, aber für den Fall gilt, dass in sämmtlichen sechs Zweigen dieses Schema's elektromotorische Kräfte wirken. Dieser Satz lautet folgendermassen: Wenn im Wheatstone'schen Stromschema, bei beliebig vertheilten elektromotorischen Kräften, bei Schliessung und Oeffnung des einen Diagonalzweigs in dem anderen Diagonalzweig derselbe Strom herrscht, so herrscht zwischen den Widerständen der Seitenzweige die bekannte Proportion, d. h. die Producte der Widerstände je zweier gegenüberliegenden Seiten sind gleich.

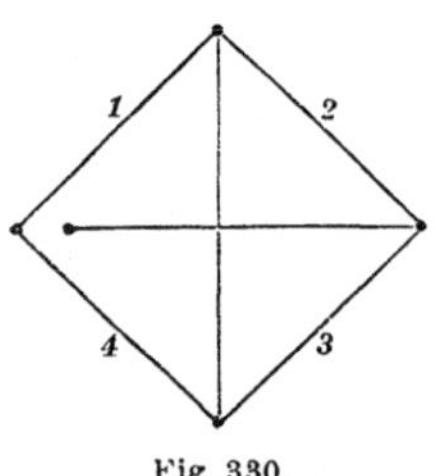

Fig. 330.

Der Beweis ist der folgende:

Fig. 331 stellt das Schema bei geöffnetem, Fig. 332 bei geschlossenem Diagonalzweig dar.

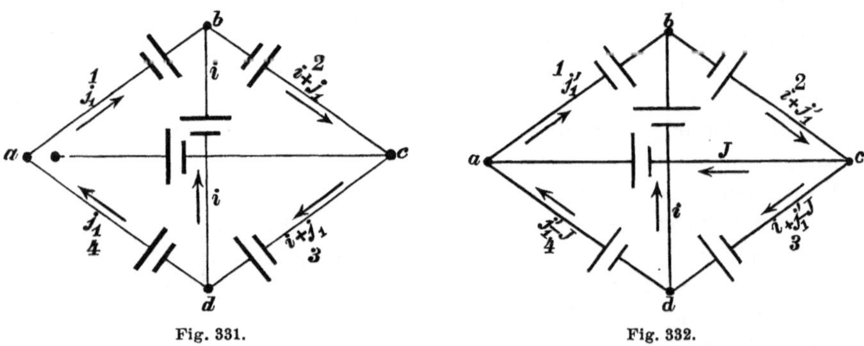

Fig. 331. Fig. 332.

Bedeuten in Fig. 331 j_1 den Strom in Zweig 1, i denjenigen im Galvanometerzweig, so ergeben sich die Stromstärken in den übrigen Zweigen nach dem ersten Kirchhoff'schen Gesetz in der in der Figur angedeuteten Weise. Nennt man ferner in Fig. 332 den Strom im Zweig 1: j_1', diejenigen in den Diagonalzweigen bez. i, J, so ergeben sich die übrigen Ströme in der in der Figur angegebenen Weise.

Wendet man nun das zweite Kirchhoff'sche Gesetz auf die Dreiecke *abd* und *bcd* in beiden Fällen an, so erhält man folgende Gleichungen (e_1 e_2 e_3 e_4 bedeuten die in den Seitenzweigen, e, E, die in den Diagonalzweigen herrschenden elektromotorischen Kräfte, w, W die Widerstände der Diagonalzweige, w_1 w_2 w_3 w_4 diejenigen der Seitenzweige):

$$e_1 - e + e_4 = j_1 w_1 - iw + j_1 w_4\,,$$
$$e_1 - e + e_4 = j_1' w_1 - iw + (j_1' - J)\, w_4\,,$$
$$e_2 + e_3 + e = (i + j_1)\, w_2 + (i + j_1)\, w_3 + iw\,,$$
$$e_2 + e_3 + e = (i + j_1')\, w_2 + (i + j_1' - J)\, w_3 + iw\,.$$

Aus den ersten beiden Gleichungen folgt:

$$j_1 (w_1 + w_4) = j_1' (w_1 + w_4) - J w_4\,,$$

oder

$$j_1' - j_1 = J \frac{w_4}{w_1 + w_4}\,;$$

aus den beiden letzteren dagegen:

$$j_1' - j_1 = J \frac{w_3}{w_2 + w_3}\,.$$

Es muss also

$$\frac{w_4}{w_1 + w_4} = \frac{w_3}{w_2 + w_3}$$

sein oder

$$w_1 w_3 = w_2 w_4,$$

was zu beweisen war.

Mittelst dieses noch wenig angewendeten Satzes ist Aussicht vorhanden, in allen denjenigen Fällen, in welchen variable Polarisationen und Widerstände zugleich auftreten, diese Grössen zu trennen und zu messen. Denn sie liefert den Werth des wahren Widerstandes; beobachtet man ausserdem Spannung und Stromstärke an dem zu untersuchenden Körper, so lässt sich die Polarisation berechnen. Zu diesen Fällen gehören namentlich: die Zersetzungszelle, der Condensator und der elektrische Lichtbogen.

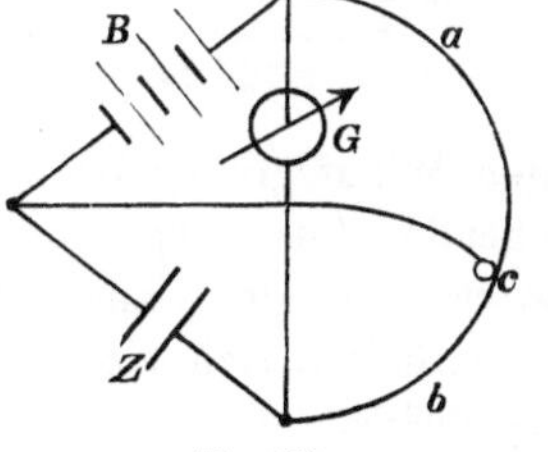

Fig. 333.

Wir wollen noch die Anwendung dieses Satzes auf die Zersetzungszelle besprechen.

Man setze die Batterie B in einen, die Zelle Z in einen anderen Seitenzweig und bilde aus den beiden übrigen Seitenzweigen einen Brückendraht, längs welchem sich der Laufcontact c verschieben lässt; der Diagonalzweig, welcher den Laufcontact enthält, wird geschlossen und geöffnet, der andere Diagonalzweig enthält das Galvanometer, womöglich ein astatisches Spiegelgalvanometer. Die beiden Diagonalzweige werden mit verhältnissmässig hohen Widerständen ausgerüstet, so dass die in denselben herrschenden Ströme klein sind gegen die in den Seitenzweigen herrschenden; dadurch wird erreicht, dass der Strom in der Zersetzungszelle nur wenig sich verändert, wenn man den Diagonalzweig schliesst und öffnet, dass also auch Polarisation und Widerstand in den beiden Fällen wesentlich dieselben sind; trotzdem ist die Empfindlichkeit der Messung durch Anwendung des Spiegelgalvanometers genügend.

Zuerst wird der Batteriewiderstand bestimmt, indem man statt der Zelle so viel Widerstand einschaltet, dass der Strom in der Batterie ungefähr gleich gross ist, wie bei eingeschalteter Zelle. Dann wird die Zelle eingeschaltet, Constanz des Stromes abgewartet und die Einstellung des Laufcontacts gesucht, bei welchem die Ablenkungen am Galvanometer gleich ausfallen. Alsdann ist, wenn w_b der Batteriewiderstand w_z derjenige der Zelle, a, b diejenigen der Brückenzweige:

$$w_z = w_b \frac{b}{a}.$$

E. Die Ladung.

Von den vielen Methoden zur Bestimmung der Ladung theilen wir nur zwei mit, von denen die eine für Condensatoren und kürzere Kabel die allgemein gebräuchliche ist, während die andere sich auch für längere Kabel eignet.

28. Ladungsmessung durch einfachen Ausschlag. Der eine Pol der Batterie wird mit der einen Belegung des Condensators, der andere Pol durch das Galvanometer mit der anderen Belegung verbunden; ist das Galvanometer ein Spiegelgalvanometer, bei welchem nur Ausschläge von wenigen Winkelgraden beobachtet werden, so ist der im obigen Fall entstehende Ausschlag proportional der elektromotorischen Kraft der Batterie und der Capacität des Condensators. Verschiedene Capacitäten verhalten sich also, bei derselben Batterie, wie die entsprechenden Ausschläge.

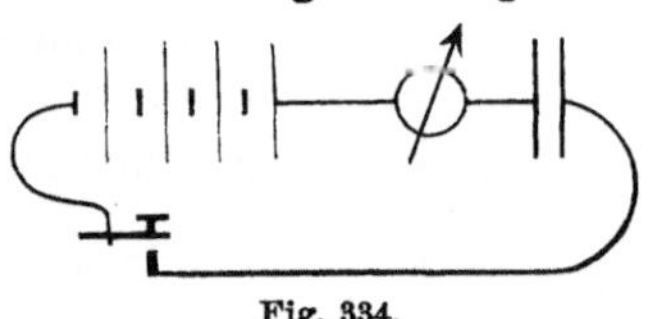
Fig. 334.

Bei dieser Methode gibt der am Galvanometer angebrachte Nebenschluss Anlass zu Irrthümern; man beobachtet nämlich bei demselben Condensator und derselben Batterie, dass die Ausschläge bei Anwendung verschiedener Nebenschlüsse nicht genau in den durch die Nebenschlüsse gegebenen Verhältnissen stehen, sondern dass der Ausschlag bei jedem Nebenschluss etwas zu klein ist und zwar um so mehr, je weniger Widerstand der Nebenschluss hat.

Dies rührt von der Induction her, welche jeder in einer Windung entstehende und verschwindende Strom auf die Nachbarwindungen ausübt; diese Inductionsströme müssen den Ladungsstrom stets verringern und um so stärker sein, je geringer der Widerstand des Kreises: Galvanometer + Nebenschluss ist, in welchem sie verlaufen.

Wenn A_1 der Ausschlag, den der Condensator ohne Nebenschluss geben würde, und welcher als Mass für die wahre Capacität zu betrachten ist, A der mit dem Nebenschluss N beobachtete Ausschlag, G der Widerstand des Galvanometers, so ist

$$A_1 = A\left(1 + \frac{k}{G+N}\right).$$

Hier ist k eine von jener Induction herrührende, constante Correctionsgrösse, welche man folgendermassen bestimmt: Man beschafft sich zwei Condensatoren, deren Capacitäten sich genau wie 1 : 2 verhalten, man misst den Ausschlag (a_1), welchen der grössere von beiden bei einem Nebenschluss $N = G$ gibt, und den Ausschlag (a_2), welchen der kleinere ohne Nebenschluss gibt; dann ist

$$k = 2\,G\left(\frac{a_2}{a_1} - 1\right).$$

29. Compensationsmethode. Die Voraussetzung, auf welcher die Methode des einfachen Ausschlags beruht, besteht darin, dass die Zeit, in welcher sich das Kabel ladet, klein sei gegen die Schwingungsdauer der Galvanometernadel. Je länger nun ein Kabel ist und je mehr Widerstand vor dasselbe geschaltet ist, desto länger wird die Ladungszeit, so dass jene Voraussetzung nicht mehr richtig und jene Methode ungenaue, d. h. zu kleine Resultate liefert.

In diesem Fall wendet man die Compensationsmethode nach der Schaltung Fig. 335 an.

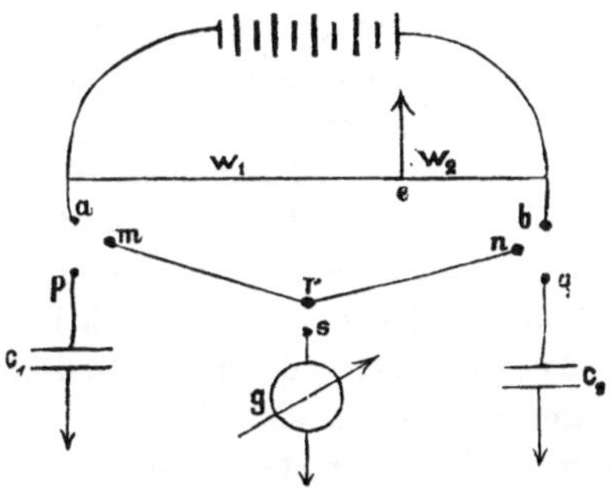

Fig. 335.

Eine Batterie B wird durch einen Widerstand $(w_1 + w_2)$, längs welchem ein Erdcontact sich verschieben lässt, geschlossen; die Endpunkte a und b erhalten hierdurch entgegengesetzte Spannungen, der eine positive, der andere negative, und durch das Verschieben des

Erdcontactes lässt sich jedes beliebige Verhältniss dieser beiden Spannungen hervorbringen.

Verbindet man nun a mit p, b mit q, so werden die beiden Condensatoren c_1 und c_2 mit den bez. Spannungen geladen; löst man diese Verbindungen und verbindet dagegen p mit m, q mit n ($n r m$ ist ein blosser Verbindungsdraht), so neutralisiren sich die Ladungen der Condensatoren bis auf einen Rest, dessen Grösse man durch Verbindung von r mit s, d. h. Entladung durch das Galvanometer g, messen kann.

Man sieht ein, dass sich für den Erdcontact eine Stelle e finden lässt, bei welcher die beiden Condensatoren gleich grosse Elektricitätsmengen, aber von entgegengesetzten Zeichen aufnehmen, so dass nach der Neutralisirung kein Rest übrig bleibt und das Galvanometer keinen Ausschlag zeigt. Dann verhalten sich die Capacitäten umgekehrt wie die Widerstände:

$$\frac{c_1}{c_2} = \frac{w_2}{w_1}.$$

Diese Methode ist unabhängig von der Ladungszeit; die Ladungszeit kann beliebig gross, die Zeit der Neutralisirung ziemlich gross genommen werden.

F. Die Fehlerbestimmungen.

Die Bestimmungen der Fehler in Oberlandlinien und namentlich in Kabeln sind im Allgemeinen unter allen in der elektrischen Technik vorkommenden Bestimmungen die schwierigsten, weil man es hier nicht, wie bei den übrigen Bestimmungen, mit constanten oder regelmässig und langsam sich ändernden Vorgängen zu thun hat, sondern mit solchen, die sich in unregelmässiger Weise ändern. Diese Bestimmungen bilden daher im Allgemeinen die besten Proben der Geschicklichkeit, der Erfahrung und der Einsicht des Elektrikers. Wie in diesem ganzen Capitel beschränken wir uns auch hier auf Angabe der Methoden und zwar nur derjenigen, deren praktischer Werth anerkannt ist.

Die Grössen, deren Veränderlichkeit die meisten Fehlerbestimmungen erschwert, sind Flüssigkeitswiderstände, welche an den fehlerhaften Stellen auftreten, und welche theils durch mechanische Ursachen, theils durch Einwirkung des Stromes heftige Aenderungen erleiden. Bei den feinen Isolationsfehlern allerdings, welche in Kabeln vorkommen, ist der Widerstand des Fehlers ziemlich constant; in diesem Fall erschwert aber die geringe Empfindlichkeit der Messung oder oft der Umstand, dass nicht beide Enden des Kabels zur Verfügung stehen, die Bestimmung.

Die Eintheilung, welche wir befolgen, richtet sich nach der Beschaffenheit der Linie, ob oberirdische Linie oder Kabel und nach den Bedingungen der Messungen, ob beide Enden der Linie an demselben Orte, ob beide Enden an verschiedenen Orten, und ob nur ein Ende zur Verfügung steht.

1. Fehler auf oberirdischen Linien.

Fall 1. Beide Enden stehen zur Verfügung an demselben Orte; d. h. ausser der fehlerhaften Linie ist noch eine zweite gegeben, welche auf der Endstation mit der fehlerhaften verbunden wird.

30. Schleifenprobe. Die sogenannte Schleifenprobe ist von allen Fehlerbestimmungsmethoden die wichtigste und beste; sie besteht in einer Anwendung der Wheatstone'schen Brücke, s. Fig. 336.

Die Brückenzweige w_3, w_4 lassen sich verändern (ausgespannter Draht mit Laufcontact oder Widerstandsscalen), die fehlerhafte Leitung ist z. B. mit a, die mit derselben an der Endstation verbundene Rückleitung ist mit b verbunden; der eine Batteriepol liegt an den Brückenzweigen w_3, w_4, der andere an Erde.

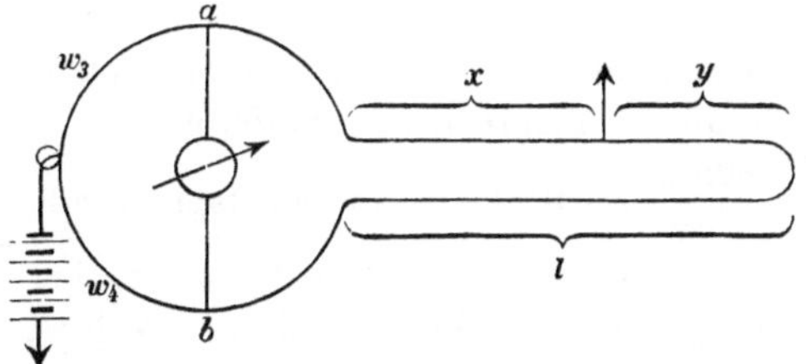

Fig. 336.

Bei Gleichgewicht ist alsdann, wenn x, y bez. die Widerstände der Strecken in der fehlerhaften Leitung vom Fehler an bis zu den beiden Enden, wenn ferner l der Widerstand einer Leitung, sowohl der fehlerhaften, als der fehlerfreien,

$$\frac{w_3}{w_4} = \frac{x}{y+l}, \qquad x + y = l,$$

also

$$x = 2\,l\,\frac{w_3}{w_3 + w_4}, \qquad y = l\,\frac{w_4 - w_3}{w_3 + w_4}.$$

Hierbei brauchen l und w_3, w_4 nicht als Widerstände gegeben zu sein, sondern nur in Längen; und zwar muss l in derselben Längeneinheit gegeben sein, in welcher man x zu bestimmen wünscht, w_3 und w_4 müssen unter sich in derselben Längeneinheit gegeben sein, z. B. in Millimetern des Brückendrahtes.

Ist z. B. $l = 15{,}2$ km, $w_3 = 44$ mm, $w_4 = 56$ mm, so ist

$$x = 30{,}4\,\frac{44}{44+56} = 13{,}38 \text{ km}, \qquad y = 15{,}2\,\frac{56-44}{44+56} = 1{,}82 \text{ km}.$$

Eine andere Form dieser Methode besteht darin, dass man $w_3 = w_4$ (zwei feste, gleiche Widerstände) macht, aber z. B. bei a eine Widerstandsscala einschaltet, s. Fig. 337, und den Widerstand w sucht, bei welchem Gleichgewicht eintritt. Es ist alsdann

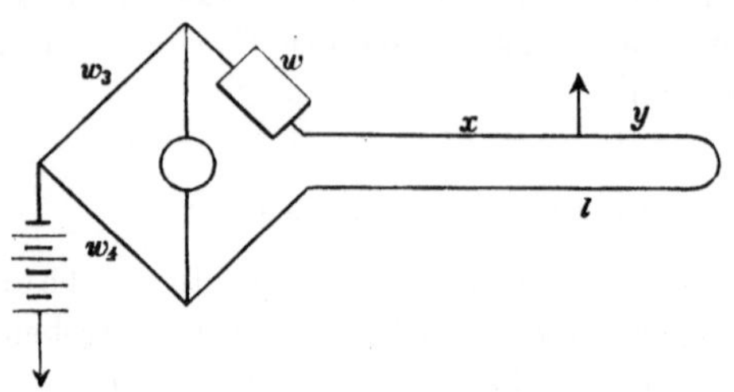

Fig. 337.

$$w + x = y + l, \quad x + y = l,$$

woraus

$$x = l - \frac{w}{2}, \quad y = \frac{w}{2}.$$

Hier muss l als Widerstand bekannt sein, x und y werden ebenfalls als Widerstände gefunden; die Entfernung der Fehlerstelle wird gefunden, indem man x bez. y durch den Widerstand der Längeneinheit des Drahtes dividirt.

Ist z. B. l = 732,4 S. E., w = 213,6 S. E., so ist

$$x = 625{,}6 \text{ S. E.}, \qquad y = 106{,}8 \text{ S. E.}$$

Wenn ferner 1 km des Leitungsdrahtes 7,35 S. E. Widerstand hat, so ist die x entsprechende Entfernung:

$$\frac{625{,}6}{7{,}35} = 85{,}1 \text{ km, die } y \text{ entsprechende} = \frac{106{,}8}{7{,}35} = 14{,}5 \text{ km.}$$

Die Einstellung des Gleichgewichts bei der Schleifenprobe ist unabhängig von dem Widerstand des Fehlers; dieselbe hat nur Einfluss auf die Empfindlichkeit der Messung.

Kann man von dem anderen Ende aus messen, so darf dies nicht versäumt werden; das Mittel aus beiden Bestimmungen ist dann der wahrscheinlichste Werth.

Fall 2. Es steht nur ein Ende zur Verfügung (keine zweite Linie).

31. Widerstand der fehlerhaften Linie. In diesem Fall bleibt nichts übrig, als den Widerstand der Linie bei isolirtem und bei an Erde gelegtem Ende zu messen; daraus liesse sich der Ort des Fehlers bestimmen, wenn der Widerstand des Fehlers bei beiden Messungen gleich wäre. Da dies wohl kaum je der Fall sein wird, kann diese Bestimmung bloss als Schätzung bezeichnet werden.

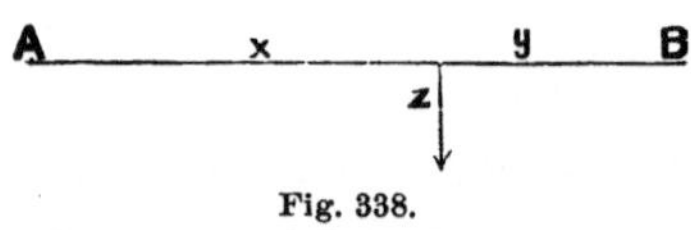

Fig. 338.

Kann man den Widerstand der fehlerhaften Linie AB, s. Fig. 338, sowohl von A, als von B aus messen, dann folgt der Ort des Fehlers am einfachsten aus den Widerstandsbestimmungen mit isolirtem Ende. Man hat in diesem Falle:

$$\text{von } A \text{ aus gemessen:} \quad w = x + z$$
$$\text{von } B \text{ aus gemessen:} \quad u = y + z;$$

da der Widerstand (l) der gesunden Linie als bekannt angenommen werden kann, ist noch

$$l = x + y;$$

hieraus folgt

$$x = \frac{l + w - u}{2}; \qquad y = \frac{l - w + u}{2}.$$

Kann man nur von einem Ende, z. B. A, aus messen, so misst man den Widerstand (w) bei isolirtem Ende B, und den Widerstand (w_1) bei an Erde gelegtem Ende B. Man hat alsdann

$$w = x + z,$$
$$w_1 = x + \frac{1}{\frac{1}{z} + \frac{1}{y}},$$
$$l = x + y;$$

hieraus folgt

$$x = w_1 - \sqrt{(w - w_1)(l - w_1)}$$
$$y = l - w_1 + \sqrt{(w - w_1)(l - w_1)}.$$

Je grösser der Widerstand des Fehlers ist, desto grösser ist der Unterschied zwischen w und w_1; wenn w und w_1 sich nicht von einander unterscheiden, ist $z = 0$, die fehlerhafte Stelle liegt direct an Erde, und es ist einfach

$$x = w = w_1.$$

32. Contact zwischen zwei Linien. Wenn ein Contact F zwischen zwei Linien, siehe Fig. 339, besteht, ohne gleichzeitige Erdverbindung, misst man (auf der Station AC) den Widerstand (w) zwischen A und C bei isolirten Enden B und D und den Widerstand (w^1) zwischen denselben Punkten, wenn B mit D verbunden ist. Man hat alsdann, wenn z der Widerstand des Contacts F und l der Widerstand einer Linie (AB oder CD)

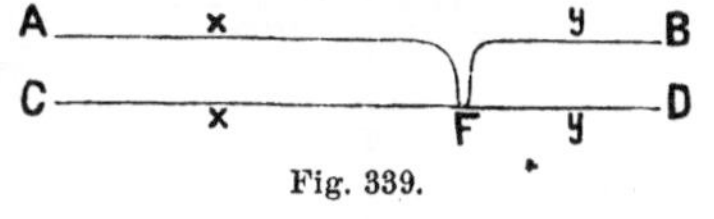

Fig. 339.

$$l = x + y,$$
$$w = 2x + z,$$
$$w^1 = 2x + \frac{1}{\frac{1}{w - 2x} + \frac{1}{2l - 2x}};$$

hieraus erhält man:

$$x = \frac{w^1}{2} - \frac{1}{2}\sqrt{(w^1 - w)(w^1 - 2l)}.$$

Kann man dieselben Messungen auf der anderen Station (BD) vornehmen, so lässt sich x noch einmal bestimmen; das Mittel aus beiden Bestimmungen ist dann genauer, als eine einzelne Bestimmung.

Diese Methode leidet an demselben Uebelstand, wie diejenige in 31., nämlich an der Veränderlichkeit von z.

2) Fehler in Kabeln.

Fall 1. Beide Enden stehen zur Verfügung an demselben Ort, entweder beide Enden des fehlerhaften Kabels (vor der Legung), oder durch Verbindung mit einer zweiten, gesunden Linie.

33. Schleifenprobe. Auch hier wendet man, wie in dem entsprechenden Fall bei oberirdischen Linien, ausschliesslich die Schleifenprobe an; natürlich muss, wie bei allen Messungen des Kupferwiderstandes von Kabeln, das Galvanometer erst eingeschaltet werden, nachdem die Ladung des Kabels vollzogen ist.

Bei feinen Isolationsfehlern muss man die Empfindlichkeit des Spiegelgalvanometers aufs Höchste steigern, durch hohe Astasirung entweder des Nadelpaares selbst oder vermittelst eines Richtmagnets, durch passende Wickelung der Galvanometerrollen (Widerstand des Galvanometers gleich der Hälfte des Kupferwiderstandes des Kabels, ebenso jeder Brückenzweig), grosse Entfernung der Scala, kräftige Batterie u. s. w.

34. Fehlersuchen bei der Fabrikation. Bei der Fabrikation werden vorkommende Fehler zuerst, so gut es geht, bestimmt und alsdann

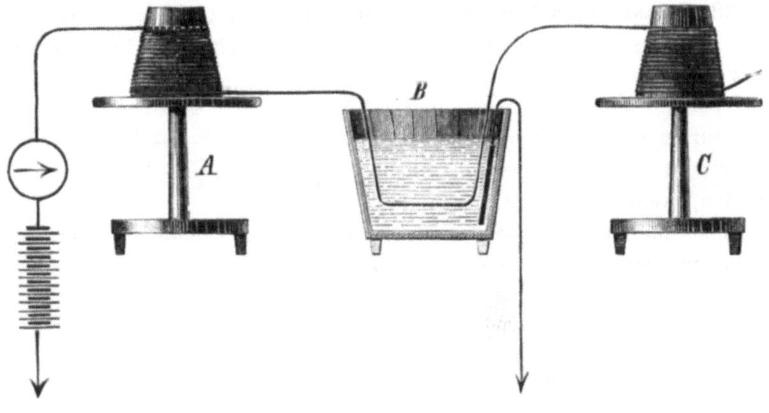

Fig. 339.

die Strecke Kabel, in welcher der Fehler sich befinden soll, folgendermassen untersucht: die fehlerhafte Strecke Kabel wird in ein mit Erde verbundenes Gefäss mit Wasser gelegt, während das übrige Kabel auf zwei isolirten Trommeln aufgewickelt und die Stellen im Kabel, welche zwischen je einer Trommel und dem Wassergefäss liegen, sorgfältig gereinigt und getrocknet. Misst man auf die gewöhnliche Weise die Isolation, so erhält man nur den Strom im Galvanometer, welcher durch den im Gefäss liegenden Theil des Kabels zur Erde geht; es ist daher leicht, die Isolation dieses Theiles zu bestimmen.

Auf diese Weise lassen sich, auch ohne Fehlerbestimmung, in jeder fehlerhaften Kabelader die fehlerhaften Stellen genau auffinden.

Fall 2. Es steht nur ein Ende des Kabels zur Verfügung.

35. Bestimmung bei gerissenem Kupferdraht. Wenn der Kupferdraht im Innern der Kabelader gerissen ist, ohne dass die Isolation an der betr. Stelle gelitten hat, so lässt sich die Länge eines Theiles des Kupferdrahtes genau bestimmen, indem man die Ladungscapacität dieses Theiles misst; da diejenige des ganzen Kabels gewöhnlich bekannt ist, so verhalten sich die Längen des Theiles und des ganzen Kabels wie die Capacitäten.

36. Widerstand des fehlerhaften Kabels. Ist der Fehler ein Isolationsfehler, ohne dass der Kupferdraht gerissen ist, so kann man die Kupferwiderstände des Kabels bei isolirtem und bei an Erde gelegtem Ende messen, wie bei einer oberirdischen Linie, s. 31; allein die bei 31 gemachten Bemerkungen gelten auch für diesen Fall.

37. Spannungsprobe. Ein besseres Hülfsmittel ist die Spannungsprobe, siehe Fig. 340; dieselbe lässt sich aber nur ausführen, wenn das Ende des Kabels isolirt und die Spannung an demselben gemessen werden kann.

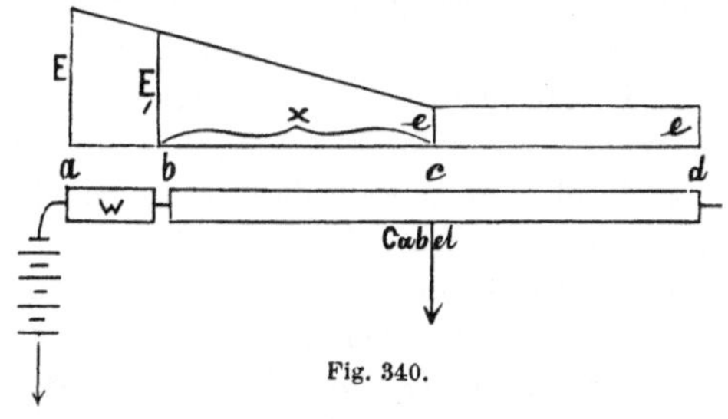

Fig. 340.

Vor das Kabel wird ein Widerstand w geschaltet, das Kabelende isolirt und vor den Widerstand eine kräftige Batterie gesetzt. Es wird, wie in der Figur angedeutet, der Verlauf der Spannung von a bis c eine schiefe Gerade sein, deren Schiefe dem durch die fehlerhafte Stelle gehenden Strom entspricht; von c an bleibt die Spannung constant bis zum Ende (der Elektricitätsverlust durch die Kabelhülle wird vernachlässigt). Am Kabelanfang misst man die Spannungen an den Punkten a, b, auf der entfernteren Station am Kabelende die Spannung in d; die Messungen müssen mittelst Elektrometer angestellt werden. Die Spannung in a sei E, in b: E_1, in c und d: e, dann ist, wenn x der Kupferwiderstand der Strecke vom Kabelanfang bis zum Fehler,

$$\frac{E_1 - e}{E - e} = \frac{x}{w + x},$$

also

$$x = w \frac{E_1 - e}{E - E_1}.$$

XII.

Das absolute Masssystem.

Nachdem im Laufe der Entwickelung der Elektricitätslehre die Gesetze, welche sich auf den elektrischen Strom beziehen, gefunden waren, machte sich in demselben Grade, in welchem die Genauigkeit der auf diese Gesetze bezüglichen Messungen fortschritt, das Bedürfniss nach einem möglichst einfachen Masssystem geltend, durch welches die das Gebiet des elektrischen Stromes beherrschenden Begriffe in einfache Beziehungen zu einander und zu anderen in der Physik und Mechanik vorkommenden Begriffen gesetzt werden.

Ein solches Masssystem, vorbereitet durch das sog. absolute magnetische System von Gauss, wurde für Elektricität durch W. Weber eingeführt, und zwar gleich in der vollkommensten Weise, indem sämmtliche Massgrössen der Electricität und des Magnetismus auf die Grundbegriffe der Mechanik, Länge, Zeit und Masse zurückgeführt wurden; diese Wahl entspricht der Anschauung, welche heutzutage die ganze Physik durchdringt, und die darin besteht, dass alle physikalischen Vorgänge mechanischer Natur sind.

Die Entwickelung eines absoluten Masssystems besteht theils in der Aufstellung und Ableitung der Begriffe der Masseinheiten, theils in der Herstellung der Grundmasse und der Ausführung aller zur Ausbildung des Systems gehörigen Massbestimmungen. Die begriffliche Arbeit wurde durch Gauss und Weber vollständig durchgeführt und bildet eine der schönsten Errungenschaften der neueren Physik. Die Massbestimmungen wurden von W. Weber angefangen und im Wesentlichen auch durchgeführt; die in dieses Gebiet fallenden Arbeiten gehören jedoch zu den schwierigsten und umfangreichsten der messenden Physik, und es kann bei denselben ein Endziel gar nicht erreicht werden, weil jede Bestimmung eine gewisse Ungenauigkeit besitzt, und es immer möglich und wünschenswerth bleibt, diese letztere zu vermindern.

Die Weber'schen Arbeiten bildeten daher den Ausgangspunkt einer langen Reihe von ähnlichen Arbeiten, die in Verbindung mit dem modernen Aufschwung der Elektrotechnik in neuerer Zeit eine bedeutende Ausbreitung und Vertiefung gewonnen haben, aber durchaus nicht als abgeschlossen zu betrachten sind. Längere Zeit hindurch waren es die „British Association for the advancement of science“ und mehrere englische Forscher, welche diese Arbeiten fortführten; in neuester Zeit betheiligen sich, namentlich zur Bestimmung der absoluten Widerstandseinheit, Forscher aller Länder.

Das Resultat dieser Arbeiten ist denn auch heutzutage soweit gediehen, dass für diejenige Genauigkeit, deren die Technik zu ihren Arbeiten bedarf, die elektrischen absoluten Grundmasse gegeben und so festgelegt sind, dass ein Verlust derselben nicht möglich ist.

Was die praktisch-technische Wichtigkeit eines absoluten Masssystems betrifft, so kann dieselbe nicht hoch genug veranschlagt werden. Jeder elektrotechnische Vorgang erlangt erst Bestimmtheit, wenn die elektrischen Grössen in feststehenden Massen gemessen werden; wirklich feststehende Masse lassen sich aber nur auf dem Wege eines absoluten Masssystems schaffen.

Absolute Systeme lassen sich auf verschiedene Arten entwickeln, theils nach dem zu Grunde gelegten Gedankengang, theils nach der Grösse der mechanischen Grundmasse. Welche Wahl man in dieser Beziehung auch treffen mag, immer werden einzelne der auf diese Weise abgeleiteten Grundmasse für die wissenschaftlich-technische Praxis viel zu gross oder zu klein sein. Es tritt alsdann das praktische Bedürfniss hervor, ausser den absoluten Grundmassen praktische Grundmasse festzusetzen, welche zu den absoluten in einfachen dekadischen Beziehungen stehen, die Bedürfnisse der Praxis aber besser befriedigen.

Die Festsetzung sowohl der mechanischen Grundmasse, als der aus den absoluten abgeleiteten praktischen elektrischen Grundmasse erfolgte durch die Pariser internationalen Congresse der Elektriker 1881 und 1882. Die praktischen Grundmasse erhielten, theilweise nach bereits früher durch die British Association eingebürgerten Vorschlägen, Namen, welche aus den Namen berühmter Elektriker abgeleitet waren. Eine Reihe berühmter Namen, den verschiedensten Nationen angehörig, wurden auf diese Weise gleichsam in die Umgangssprache der Elektriker eingeführt, jedoch nicht diejenigen der Begründer des Systems, Gauss und Weber.

1. Mechanische absolute Masse. Die Grundbegriffe der Mechanik, auf welche sich alle Begriffe der Mechanik zurückführen lassen, sind: die Länge, die Masse, die Zeit.

Masse ist nicht zu verwechseln mit dem Gewicht. Das Gewicht

eines Grammes z. B. ist der Druck, den die Masse des Grammstückes auf seine Unterlage, z. B. eine Wagschale, ausübt; derselbe Körper, der in Berlin 1 Gramm wiegt, wiegt an anderen Stellen der Erde etwas mehr oder weniger, an der Oberfläche des Mondes viel weniger, während seine Masse stets dieselbe bleibt.

Als Grundmasse für obige Begriffe sind festgesetzt worden: das Centimeter, die Masse eines Gramms, die Secunde; daher wird dieses System als C.G.S.-System bezeichnet.

Aus diesen Grundmassen sind diejenigen für die wichtigsten mechanischen Begriffe, Geschwindigkeit, Kraft, Arbeit abzuleiten.

Die Einheit der **Geschwindigkeit** ist diejenige Geschwindigkeit, bei welcher die Einheit der Länge in der Einheit der Zeit durchlaufen wird.

Bewegt sich z. B. eine Flintenkugel um 450 Meter in der Secunde, so ist ihre Geschwindigkeit gleich 45000 absolute Geschwindigkeitseinheiten.

Die Einheit der Kraft (Dyn) ist diejenige (constante) Kraft, welche der Masse von 1 Gramm nach 1 Secunde die Geschwindigkeit Eins ertheilt.

Eine constante Kraft, z. B. die Schwerkraft auf der Erde, wirkt bekanntlich auf einen frei fallenden Körper so, dass die Geschwindigkeit sich mit der Zeit gleichmässig steigert; ist die Geschwindigkeit nach der ersten Secunde 10 cm, so ist sie nach der zweiten Secunde 20 cm u. s. w. An der Erdoberfläche ist die Geschwindigkeit nach der ersten Secunde 981 cm; denken wir uns nun die Erde immer mehr zusammenschrumpfend, ihre Masse immer kleiner werdend, oder die Entfernung des frei fallenden Körpers von der Erde immer grösser werdend, so verringert sich die Geschwindigkeit nach 1 Secunde des Körpers bei freiem Fall immer mehr und wird endlich gleich 1 cm; die dieser Geschwindigkeit entsprechende Kraft ist die absolute Krafteinheit oder 1 Dyn. Die Schwerkraft an der Erdoberfläche beträgt 981 Dyn.

Die Einheit der Arbeit ist gleich der Arbeit, welche zur Hebung der Masse eines Gramms um 1 Centimeter gehört, wenn diese Masse unter dem Einfluss der Kraft von 1 Dyn steht.

Hat man die Masse eines Grammes soweit von der Erde entfernt, dass die Kraft nur noch 1 Dyn ist, so hat man die Arbeit Eins geleistet, wenn man die Masse noch um 1 cm weiter von der Erde entfernt.

2. Magnetische und elektrische Masse. Um die magnetischen und elektrischen Grössen auf die absoluten mechanischen Grundmasse zurückzuführen, müssen hauptsächlich die für die einzelnen Gebiete charakteristischen Grössen in Verbindung mit jenen Massen gebracht werden;

diese sind aber: im Gebiet des Magnetismus: die Menge des Magnetismus; im Gebiet der ruhenden Elektricität: die Menge der Elektricität; im Gebiet der elektrischen Ströme: die Stromstärke. Diese drei Begriffe stehen unter sich in Beziehungen und es lassen sich stets Masse für sämmtliche elektrische und magnetische Grössen ableiten, welchen Weg man auch einschlägt; aber in Bezug auf diejenige Grösse, welche man zuerst auf mechanisches Mass zurückführt, hat man die Wahl, und es entstehen je nach der Wahl des Ausgangspunktes verschiedene Masssysteme.

Der Ausgangspunkt besteht stets darin, dass man an den Endpunkten eines Centimeters je eine gleiche Menge des betr. Agens (Magnetismus, Elektricität) oder je einen gleichen Stromkreis sich denkt und die Menge bezw. die Stromstärke so wählt, dass die beiden Agentien sich mit der Kraft eines Dyn anziehen oder abstossen; dies so definirte Agens wird dann als Einheit gewählt und sämmtliche übrigen magnetischen und elektrischen Grössen werden auf dieselbe bezogen.

Auf diese Weise entstehen zunächst zwei verschiedene absolute Masssysteme: das elektrostatische und das elektromagnetische.

Im elektrostatischen System wird als Einheit der Elektricitätsmenge diejenige Menge definirt, welche, wenn sie an einem Endpunkt eines Centimeters wirkt, eine gleiche Menge am anderen Endpunkt mit der Kraft eines Dyn abstösst.

Im elektromagnetischen System wird die Einheit der Menge des Magnetismus in ganz ähnlicher Weise, wie im elektrostatischen die Einheit der Elektricität, und die Einheit der Stromstärke aus der Vergleichung eines Stromkreises mit einem Magnet abgeleitet.

Man kann endlich unmittelbar von der Stromstärke ausgehen, indem man sich an jedem Endpunkt eines Centimeters, senkrecht zur Verbindungslinie, einen die Fläche 1 umfliessenden Stromkreis denkt und denjenigen Strom als Einheit wählt, bei welchem die von einem Stromkreis auf den anderen ausgeübte Kraft gleich einem Dyn ist; dieser Weg führt ebenfalls auf das elektromagnetische System.

Das durch die Pariser Congresse adoptirte und seither allgemein angewendete System ist das elektromagnetische; wir beschreiben daher dasselbe etwas eingehender.

3. Das elektromagnetische Masssystem. In diesem System wird als Einheit des Magnetismus diejenige Menge von Magnetismus definirt, welche auf eine gleiche Menge in der Entfernung Eines Centimeters die Kraft von 1 Dyn ausübt.

Denkt man sich an dem einen Endpunkte des Centimeters nördlichen, an dem anderen südlichen Magnetismus, so ist das magnetische Moment dieses Magnets (Menge des Magnetismus × Poldistanz) gleich Eins.

Ferner übt bekanntlich ein Kreisstrom dieselbe Fernwirkung aus, wie ein Magnet von gewisser Stärke und zwar ist diese Wirkung proportional der umkreisten Fläche und der Stromstärke. Als Einheit der Stromstärke wird diejenige gewählt, welche ein die Fläche Eins umkreisender Strom haben muss, damit der Kreisstrom dieselbe Fernwirkung ausübt, wie ein Magnet vom magnetischen Moment Eins.

Aus der Einheit der Stromstärke leitet sich unmittelbar diejenige der Elektricitätsmenge ab, indem dieselbe gleich der beim Strom Eins in Einer Secunde durch den Querschnitt strömenden Elektricitätsmenge gesetzt wird.

Um die Einheit der elektromotorischen Kraft oder der elektrischen Spannung zu erhalten, denkt man sich ein magnetisches Feld von solcher Stärke, dass ein Magnetpol vom Magnetismus Eins an jeder Stelle des Feldes mit der Kraft Eines Dyns nach derselben bestimmten Richtung getrieben wird; man setzt in dieses Feld einen Stromleiter von 1 cm Länge und definirt als Einheit der elektromotorischen Kraft diejenige, welche in dem Stromleiter inducirt wird, wenn sich derselbe, senkrecht zu seiner eigenen Richtung, mit der Geschwindigkeit Eins bewegt.

Aus den Einheiten des Stromes und der elektromotorischen Kraft olgt die Einheit des Widerstandes als derjenige Widerstand, in welchem die elektromotorische Kraft Eins den Strom Eins hervorruft.

Endlich ist durch die Einheiten der Elektricitätsmenge und der elektromotorischen Kraft diejenige der Capacität bestimmt; derjenige Condensator besitzt dieselbe, welcher, mit der elektromotorischen Kraft Eins geladen, die Elektricitätsmenge Eins enthält.

Durch diese festgegliederte und logisch fortschreitende Reihe von Definitionen sind für sämmtliche magnetische und elektrische Grössen Einheiten aufgestellt, welche nur von der Wahl der mechanischen Grundmasse: Länge, Masse, Zeit abhängen, durch welche also die Gebiete des Magnetismus und der Elektricität mit der Mechanik aufs Engste verknüpft werden.

4. Die praktischen Einheiten. Wie bereits oben bemerkt, fallen bei jedem absoluten Masssystem nur einzelne Einheiten so gross aus, dass sie im Bereich der in der Praxis vorkommenden Grössen liegen; die Pariser Congresse haben daher die folgenden praktischen Einheiten aufgestellt, welche sich von den oben beschriebenen absoluten nur durch Potenzen von 10 unterscheiden.

Die praktische Stromeinheit ist das Ampère; man hat:

$$1 \text{ Ampère} = 10^{-1} \text{ abs. Stromeinheit.}$$

Die praktische Einheit der Elektricitätsmenge ist das Coulomb; man hat:

$$1 \text{ Coulomb} = 10^{-1} \text{ abs. Einheit der Elektricitätsmenge.}$$

Die praktische Einheit der elektromotorischen Kraft oder der elektrischen Spannung ist das Volt; es ist:

$$1 \text{ Volt} = 10^{8} \text{ abs. Einheiten der E. M. K.}$$

Die praktische Einheit des Widerstandes ist das Ohm; es ist:

$$1 \text{ Ohm} = 10^{9} \text{ abs. Widerstandseinheiten.}$$

Die praktischen Einheiten der Capacität sind das Farad und das Mikrofarad; es ist:

$$1 \text{ Farad} = 10^{-9} \text{ abs. Capacitätseinheiten.}$$

$$1 \text{ Mikrofarad} = 10^{-6} \text{ Farad.}$$

$$= 10^{-15} \text{ abs. Capacitätseinheiten.}$$

Das Ohm und die Siemens'sche Widerstandseinheit sind nur wenig von einander verschieden; da zur praktischen Darstellung des Ohm's ebenfalls nur Quecksilber gebraucht werden kann, ist für das legale Ohm festgesetzt:

$$1 \text{ legales Ohm} = 1{,}06 \text{ Siemens'sche Einheit.}$$

Aus der grossen Anzahl der heutzutage vorliegenden Bestimmungen des Ohm lässt sich der genaue Werth des Verhältnisses dieser beiden Einheiten noch nicht schliessen; indessen kann die obige Festsetzung von dem wahren Werth nur wenig abweichen.

Um das Ampère praktisch darzustellen, bedient man sich meist des elektrolytischen Silberniederschlags; genaue Untersuchungen haben ergeben, dass 1 Ampère per Secunde 0,001118 gr Silber niederschlägt.

Die elektromotorische Kraft des wichtigsten constanten Elements, des Daniell, ist wenig von 1 Volt verschieden; dieselbe hängt jedoch von der Zusammensetzung und Behandlung des Elements ab und lässt sich desshalb nur schwierig feststellen. Man nimmt an, dass

$$1 \text{ Daniell (E. M. K.)} = 1{,}088 \text{ Volt ist.}$$

Die Einheit der elektrischen Arbeitskraft ist das Volt-Ampère. Da $1 \text{ Volt} = 10^{8}$ abs. E., $1 \text{ Ampère} = 10^{-1}$ abs. E., ist das $\text{Volt-Ampère} = 10^{8} \times 10^{-1} = 10^{7}$ abs. Einheiten der Arbeitskraft, d. h. abs. E. der per Secunde ausgeübten Arbeit.

Nun übt 1 g an der Erdoberfläche die Kraft von 981 abs. E. (Dyn) aus; die Arbeit, 1 g um 1 cm zu heben, ist also gleich 981 abs. Arbeitseinheiten, die Arbeit eines Kilogrammmeters gleich $981 \times 1000 \times 100 = 9,81 \times 10^7$ abs. Arbeitseinheiten. Die Arbeitskraft von 1 Kilogrammmeter per Secunde ist gleich $9,81 \times 10^7$ abs. Einheiten der Arbeitskraft, und diejenige von 75 Kilogrammmeter per Secunde oder 1 Pferdestärke gleich $75 \times 9,81 \times 10^7 = 736 \times 10^7$ abs. Einheiten. Nun ist aber 1 Volt-Ampère $= 10^7$ abs. Einheiten der Arbeitskraft, also hat man

$$1 \text{ Pferdestärke} = 736 \text{ Volt-Ampère}.$$

Zahlen und Tabellen.

1 Siemens'sche Einheit $= \frac{1}{1,06}$ Ohm.

1 Daniell = 1,088 Volt.

1 Pferdekraft = 736 Volt-Ampère.

Der Strom von 1 Ampère zersetzt oder scheidet aus:

	per Secunde	per Stunde
	mgr.	gr.
Wasser	0,0933	0,3359
Kupfer	0,3281	1,181
Silber	1,118	4,026

Ein Draht von chemisch reinem Kupfer von 1 Meter Länge und 1 Millimeter Durchmesser wiegt 6,990 Gramm und hat einen Widerstand von 0,02158 S. E. bei 0° oder 0,02283 S. E. bei 15° C.

Das praktisch zulässige Maximum der Erwärmung eines Drahtes durch den Strom beträgt etwa 2 Ampère per Quadratmillimeter des Querschnitts.

Reduction des Kupferwiderstandes auf 15° C.

Der bei der Temperatur t gemessene Kupferwiderstand ist mit dem Coefficienten c zu multipliciren, um denselben auf 15° C. zu reduciren.

t	c	$\log c$	t	c	$\log c$
25°,0	0,9637	9,98394	12,0	1,0112	0,00485
24,5	0,9655	9,98474	11,5	1,0131	0,00566
24,0	0,9673	9,98554	11,0	1,0150	0,00647
23,5	0,9690	9,98634	10,5	1,0169	0,00728
23,0	0,9708	9,98714	10,0	1,0188	0,00809
22,5	0,9726	9,98794	9,5	1,0207	0,00890
22,0	0,9744	9,98874	9,0	1,0226	0,00972
21,5	0,9762	9,98954	8,5	1,0245	0,01053
21,0	0,9780	9,99034	8,0	1,0265	0,01134
20,5	0,9798	9,99115	7,5	1,0284	0,01215
20,0	0,9816	9,99195	7,0	1,0303	0,01297
19,5	0,9834	9,99275	6,5	1,0322	0,01378
19,0	0,9853	9,99355	6,0	1,0342	0,01459
18,5	0,9871	9,99436	5,5	1,0361	0,01541
18,0	0,9889	9,99516	5,0	1,0381	0,01622
17,5	0,9908	9,99597	4,5	1,0400	0,01704
17,0	0,9926	9,99677	4,0	1,0420	0,01785
16,5	0,9944	9,99758	3,5	1,0439	0,01867
16,0	0,9963	9,99839	3,0	1,0459	0,01948
15,5	0,9981	9,99919	2,5	1,0479	0,02030
15,0	1,0000	0,00000	2,0	1,0498	0,02112
14,5	1,0019	0,00081	1,5	1,0518	0,02193
14,0	1,0037	0,00162	1,0	1,0538	0,02275
13,5	1,0056	0,00242	0,5	1,0558	0,02357
13,0	1,0075	0,00323	0,0	1,0578	0,02438
12,5	1,0094	0,00404			

Wenn w_t der Widerstand des Kupfers bei t^0, w_{15} derjenige bei 15°, so ist

$$w_{15} = w_t \left\{ 1 - 0{,}003718\ (t - 15^0) + 0{,}00000882\ (t - 15^0)^2 \right\}.$$

Reduction des Widerstandes gewöhnlicher Guttapercha auf 15° C.

Der bei der Temperatur t gemessene G.P.-Widerstand ist mit dem Coefficienten c zu multipliciren, um denselben auf 15° zu reduciren.

t	c	log c	t	c	log c
25,0	3,757	0,57479	12,0	0,6723	9,82756
24,5	3,516	0,54605	11,5	0,6292	9,79882
24,0	3,291	0,51731	11,0	0,5890	9,77008
23,5	3,080	0,48857	10,5	0,5512	9,74135
23,0	2,883	0,45983	10,0	0,5159	9,71261
22,5	2,698	0,43109	9,5	0,4829	9,68387
22,0	2,526	0,40235	9,0	0,4520	9,65513
21,5	2,364	0,37361	8,5	0,4230	9,62639
21,0	2,212	0,34487	8,0	0,3960	9,59765
20,5	2,071	0,31613	7,5	0,3706	9,56891
20,0	1,938	0,28739	7,0	0,3469	9,54017
19,5	1,814	0,25865	6,5	0,3247	9,51143
19,0	1,698	0,22992	6,0	0,3039	9,48269
18,5	1,589	0,20118	5,5	0,2844	9,45395
18,0	1,487	0,17244	5,0	0,2662	9,42521
17,5	1,392	0,14370	4,5	0,2492	9,39647
17,0	1,303	0,11496	4,0	0,2332	9,36773
16,5	1,220	0,08622	3,5	0,2183	9,33899
16,0	1,142	0,05748	3,0	0,2043	9,31025
15,5	1,068	0,02874	2,5	0,1912	9,28151
15,0	1,000	0,00000	2,0	0,1790	9,25278
14,5	0,9360	9,97126	1,5	0,1675	9,22404
14,0	0,8760	9,94252	1,0	0,1568	9,19530
13,5	0,8199	9,91378	0,5	0,1467	9,16656
13,0	0,7674	9,88508	0,0	0,1373	9,13782
12,5	0,7183	9,85630			

Wenn w_t der Widerstand der G. P. bei t^0, w_{15} derjenige bei 15° C., so ist

$$\log \frac{w_t}{w_{15}} = -0{,}057479\ (t - 15^0).$$

Aenderung des Widerstandes von gewöhnlicher Guttapercha durch Elektrisirung bei verschiedenen Temperaturen.

Der Widerstand nach den ersten Minuten ist gleich 1 gesetzt. z = Zeit in Minuten, t = Temperatur in Graden Celsius.

$t =$	24°	22°	20°	18°	16°	14°	12°	10°	8°	6°	4°	2°	0°
$z = 1$	1,00	1,00	1,00	1,00	1,00	1,00	1,00	1,00	1,00	1,00	1,00	1,00	1,00
2	1,07	1,09	1,10	1,10	1,11	1,11	1,11	1,12	1,15	1,17	1,20	1,23	1,28
3	1,13	1,14	1,15	1,15	1,15	1,15	1,17	1,18	1,21	1,24	1,29	1,33	1,44
4	1,17	1,18	1,18	1,19	1,20	1,21	1,23	1,25	1,27	1,30	1,35	1,41	1,58
5	1,20	1,21	1,22	1,23	1,24	1,25	1,26	1,29	1,32	1,34	1,39	1,47	1,64
10	1,28	1,29	1,30	1,31	1,33	1,34	1,36	1,40	1,44	1,48	1,57	1,68	1,91
15	1,31	1,33	1,34	1,35	1,37	1,40	1,43	1,47	1,52	1,59	1,67	1,82	2,11
20	1,33	1,35	1,37	1,39	1,41	1,45	1,48	1,53	1,58	1,65	1,76	1,92	2,29
30	1,35	1,37	1,39	1,42	1,45	1,49	1,55	1,60	1,67	1,76	1,89	2,08	2,53
40	1,37	1,40	1,43	1,47	1,51	1,56	1,62	1,69	1,74	1,87	2,03	2,22	2,71

Specifische Leitungsfähigkeit der Metalle.

Quecksilber = 1 (Benoit):

Silber	63,7	Stahl	8,69
Kupfer	56,2	Zinn	8,24
Gold	43,5	Aluminiumbronce	8,03
Aluminium	30,9	Eisen	7,84
Magnesium	22,8	Platin	6,09
Zink	16,8	Blei	4,83
Cadmium	14,1	Neusilber	3,61
Messing	13,9		

Nach Siemens & Halske ist die specifische Leitungsfähigkeit von chemisch reinem Kupfer = 59,0.

Alphabetisches Namen- und Sachverzeichniss.